光機電系統整合概論

Introduction to Opto-Mechatronic Systems

國家實驗研究院
台灣儀器科技研究中心出版

序

　　科學與產業技術發展自十九世紀末逐漸走向不同發展方向，但卻息息相關環環相扣；科學研究重「究其所以」，如同拆積木一般，將創造自然現象的基本元素一塊塊卸下，仔細研究；產業技術發展則反其道而行，如重組積木般將科學研究內容重新整合，創造出新的應用價值。

　　光機電整合技術發展過程就如同積木重組一般，其發展動力來自於各項技術領域的發展與應用端的開啟；自機械領域觀點來看，1970 年代隨著半導體技術發展，單晶片與機械整合，作為感測與控制之用，伴隨 Mechatronic 一詞被提出，機電整合成為重要技術學門。隨著應用領域的變化及不同光源與光電耦合元件的發展，單純光遮斷式感測器開始應用於機電系統，隨後視覺應用也逐漸發展成熟，光學次系統整合進入機電系統成為必然發展趨勢。由光電產品角度觀之，掃瞄器、光儲存系統、投影機與平面顯示器等均是將光學與機電系統整合，光機電系統整合技術重要性不言可喻。

　　發展跨領域整合須建立共同語言，並培養瞭解各領域的專業人才，國內過去並未有相關養成教育，人才相當缺乏；近年，大專校院發現此問題，並設立相關系所；惟迄今並無相關專書可提供有意進入此一技術領域人士參考學習之用；儀器科技研究中心以過去發展光機電整合技術經驗規劃本書，並邀請國內相關領域學者專家編撰完成，名為概論實則內容完整充實，可提供有意進入此一領域者與光機電整合領域專業人員研究參考之用，並帶動國內相關科學研究的發展與產業技術的升級。

財團法人國家實驗研究院
董事長

 謹誌

中華民國九十四年七月

序

　　光機電技術是跨領域綜合性科技；是機械、電子和光學技術的集成，可提供高度多樣化、自動化並使技術產生新的突破，諸多前瞻性研究儀器設備發展也同樣植根於光機電技術整合，如 AFM 等。就產業面而言，光機電技術發展極為迅速，從簡單的消費性產品到複雜的儀器系統，光機電產業幾乎無所不在。

　　隨著消費性產品微小化與精密化，光機電整合技術重要性與日俱增。我國光機電產業歷經多年努力，已具備充分的製造基礎及完整的上、中、下游產業供應鏈；但同時此一產業也面臨全球競爭巨大壓力。在我國大量投資光機電產業今日，培養該領域及相關工業研發、製造與生產人才，實已成為我國迅速提升此一產業全球競爭力之重點。為使我國此一重要產業能夠快速向下紮根，積極投入關鍵技術開發及培養高階研發人才，實為奠定光機電產業發展根基重要法門。

　　國家實驗研究院在支援學術研究及整合國家科技發展體系上扮演重要角色，儀器科技研究中心自成立以來，即致力於光機電系統整合研究，並協助學術界及高科技產業開發新技術；在國內相關領域中具有領先地位。該中心籌劃出版「光機電系統整合概論」一書，目的就是為培養我國跨領域之光機電研究人才，以建立關鍵性元件自主能力及系統開發能量，進而拓展我國光機電產業發展空間與提升國際競爭力。

財團法人國家實驗研究院
院長

李羅權 謹誌

中華民國九十四年七月

序

　　光學、機械、電子原本是獨立的學科，隨著科技發展與日新月異的市場需求，單一領域的專業知識與技能已不敷需求，因此跨領域的工程技術發展，遂成為不得不然的結合。從機電整合、光電技術、光機整合乃至微機電或微光機電系統，皆可看到此發展趨勢。當今所謂光機電系統整合之內容重點，隨著不同領域的學者專家而有不同的研究核心，最常見的光機電系統整合研究係源自於機電整合自動化與光學感測次系統之結合，乃至於部分主張以「機電光」一詞取代光機電等等不一而足。而一般對光機電系統整合之廣義認知係機械、電子、電機、資訊、光電等學門之專業知識與技術的整合，且認為這是科技發展的新興領域與未來趨勢。因此，跨領域的光機電整合學程、附屬於工程系所的光機電組，乃至光機電工程研究所亦如雨後春筍般於各大專院校設立。

　　跨領域的整合不僅開創更寬闊的學識涵養，在綜合各領域之專業技能過程中，也激盪更多的創意與前瞻的思維，是知識創新時代重要的基礎，更豐富了許多產品與儀器設備的功能與附加價值。本中心多年來致力於光機電儀器工程技術開發與系統研製，培養了豐沛的光機電系統整合科技人力。鑑於光機電系統的整合跨越多項技術領域，其科技人力之充實將是未來學術研究與產業發展重要的環節，因此本中心費時一年半，籌劃出版「光機電系統整合概論」一書，目的就是為培養我國跨領域之光機電研究人才，以建立關鍵性元件自主能力及系統開發能量，進而拓展我國光機電產業發展空間與提升國際競爭力。

　　本書邀集了光電、機械、電機及電子領域五十餘位專家學者共同執筆，以廣義的角度探討光機電系統整合，深入淺出介紹相關專業知識以及光機電系統的遠景與未來發展。在此謹對所有參與策劃、撰稿與審稿的學者專家特致謝忱，感謝所有委員與作者的無私奉獻，本書方能順利付梓，也希望本書的出版能夠為提升國家競爭力與科技人才培育有所助益。科技發展迅速，本書內容若有未盡完善或疏漏之處，冀望讀者先進不吝指正。

國家實驗研究院儀器科技研究中心

主任

陳建人　謹誌

中華民國九十四年七月

諮詢委員

編審委員

作者

AUTHORS

王世杰　國立交通大學電機與控制博士＼工業技術研究院光電工業研究所經理

王必昌　國立成功大學航太工程博士＼揚明光學股份有限公司新產品開發中心專案經理

王安邦　德國艾蘭根紐倫堡大學博士＼國立臺灣大學應用力學研究所教授

何承舫　國立成功大學物理研究所博士肄業＼國家實驗研究院儀器科技研究中心助理研究員

余興政　國立交通大學機械研究所碩士＼工業技術研究院光電研究所副工程師

吳文中　國立臺灣大學應用力學博士＼國立臺灣大學工程科學及海洋工程學系助理教授

吳孟修　國立成功大學工程科學碩士＼國家實驗研究院儀器科技研究中心助理研究員

吳宗達　國立中央大學電機博士＼國立臺灣海洋大學電機工程研究所助理教授

李世光　美國康乃爾大學理論及應用力學博士＼國立臺灣大學應用力學研究所暨工程科學及海洋工程研究所教授

李建興　國立成功大學機械工程碩士＼國家實驗研究院儀器科技研究中心助理研究員

李舒昇　國立臺灣大學應用力博士＼國立臺灣大學應用力學研究所博士後研究員

林世聰　國立臺灣大學機械工程博士＼國立臺北科技大學光電工程系教授

林法正　國立清華大學電機工程博士＼國立東華大學電機工程學系教授

林俊鋒　國立成功大學機械工程博士＼遠東技術學院電腦應用工程系副教授

林宸生　國立中央大學光電科學博士＼逢甲大學自動控制工程研究所教授

林峻暉　國立臺灣大學應用力學所碩士＼國立臺灣大學機械系助教

林暉雄　國立交通大學光電工程研究所博士班學生＼國家實驗研究院儀器科技研究中心助理研究員

林錫寬　德國爾朗恩－紐崙堡 (Erlangen-Nurnberg) 大學製造自動化暨生產系統學博士＼國立交通大學電機與控制工程系教授

施錫富　國立中央大學光電科學研究所博士＼國立中興大學機械工程學系助理教授

孫文信　國立中央大學光電科學博士＼遠東技術學院電子系助理教授

張良知　蘇俄列寧格勒大學光學精密機械博士＼國家實驗研究院儀器科技研究中心顧問

張所鋐　美國辛辛那提大學機械工程博士＼國立臺灣大學機械工程學系教授

張勝聰　美國天主教大學物理碩士＼國家實驗研究院儀器科技研究中心副研究員

張銓仲　國立中央大學光電科學碩士＼工業技術研究院光電技術研究所組裝量測課副工程師

許俸昌　國立臺灣大學機械工程碩士＼國家實驗研究院儀器科技研究中心助理研究員

許巍耀　國立中正大學機械工程博士＼國家實驗研究院儀器科技研究中心副研究員

郭啟全　國立臺灣科技大學機械工程研究所博士班學生＼明志科技大學機械系講師

郭慧君　國立中央大學天文碩士＼國家實驗研究院儀器科技研究中心助理研究員

陳元方　美國佛羅里達大學機械工程博士 ＼ 國立成功大學機械工程學系教授
陳志隆　美國新墨西哥大學光電科學博士 ＼ 國立交通大學光電工程學系教授
陳政寰　英國劍橋大學工程博士 ＼ 國立清華大學動力機械工程系助理教授
陳昭亮　美國佛羅里達大學機械工程博士 ＼ 國立中興大學機械工程系副教授
陳炤彰　美國威斯康辛大學麥迪生機械工程博士 ＼ 國立臺灣科技大學機械工程系副教授
陳峰志　國立成功大學機械工程博士 ＼ 國家實驗研究院儀器科技研究中心組長
陳燦林　國立清華大學動力機械博士 ＼ 工業技術研究院量測技術發展中心正工程師及副組長
陳譽元　國立臺灣科技大學電機工程碩士 ＼ 工業技術研究院量測技術研究中心工程師
陳顯禎　美國加州大學洛杉磯分校機械工程博士 ＼ 國立成功大學工程科學系副教授
游漢輝　美國賓州州立大學物理博士 ＼ 國立中央大學光電科學研究所教授
黃吉宏　國立清華大學動力機械工程博士 ＼ 國家實驗研究院儀器科技研究中心組長
黃國政　國立臺灣大學機械工程博士 ＼ 國家實驗研究院儀器科技研究中心副組長
黃基哲　國立成功大學醫學工程博士 ＼ 國家實驗研究院儀器科技研究中心副研究員
黃敏睿　國立臺灣大學機械工程博士 ＼ 國立中興大學機械工程學系教授
黃鼎名　國立成功大學航空太空博士 ＼ 國家實驗研究院儀器科技研究中心組長
黃榮山　美國加州大學洛杉磯分校機械工程博士 ＼ 國立臺灣大學應用力學研究所助理教授
廖俍境　國立臺灣大學機械工程碩士 ＼ 臺灣飛利浦股份有限公司晶圓測試廠產品工程師
廖泰杉　中原大學電子工程博士 ＼ 國家實驗研究院儀器科技研究中心副組長
廖德祿　國立台灣大學電機工程博士 ＼ 國立成功大學工程科學系教授
劉乃上　美國凱斯西儲大學機械博士 ＼ 南台科技大學機械工程學系助理教授
劉正毓　美國加州大學洛杉磯分校材料工程博士 ＼ 國立中央大學化學工程與材料工程學系副
　　　　教授
蔡和霖　國立中山大學電機工程博士 ＼ 國家實驗研究院儀器科技研究中心副研究員
鄭正元　英國利物浦大學機械工程研究所雷射加工博士 ＼ 國立臺灣科技大學機械工程系教授
鄭陳嶔　國立交通大學工學院精密與自動化工程學程碩士班肄業 ＼ 工業技術研究院光電技術
　　　　研究所光學技術部專案經理
賴美玲　國立中正大學機械研究所碩士 ＼ 工業技術研究院光電研究所副工程師
戴鴻名　國立清華大學動力機械博士 ＼ 工業技術研究院量測技術發展中心工程師
顏家鈺　美國加州大學柏克萊分校博士 ＼ 國立臺灣大學機械工程學系教授
羅裕龍　美國馬里蘭大學機械工程博士 ＼ 國立成功大學機械工程學系教授
饒達仁　美國加州大學洛杉磯分校機械工程博士 ＼ 國立清華大學微機電系統工程研究所助理
　　　　教授
顧逸霞　國立清華大學原子科學博士 ＼ 工業技術研究院量測技術發展中心工程師

(按姓名筆劃序)

目錄

第一章 系統概論

1.1 光機電技術的歷史回顧

光機電 (opto-mechatronics) 技術乃泛指整合光電 (optoelectronic) 與機電 (mechatronic) 系統以操控光，使其具有所需之特性，並將其以能量 (energy)、訊號 (signal) 或訊息 (information) 的型式傳遞至所需時空領域，以達成產品設計及生產過程所需求之工程技術。所以光機電工程技術的內涵可以圖 1.1 來表示，其涵括了「光」、「機」、「電」三個大領域，實體的「光電」、「機電」或「光機」元件／次系統／系統皆是其中之基本構成要素，由此可知，光機電技術在本質上是一個高度跨領域整合的工程技術。

光機電技術包含了三個最基本的技術元素：機電、光機與光電，所以實有必要對此三種技術之演進歷史有一個基本的瞭解。首先是機電技術 (mechatronics，或譯作機電整合) 的發展。機電技術此一名詞最早見於 1969 年日本安川電機公司 (Yaskawa Electric Company Ltd.) 用於以電子控制馬達之應用；但一般廣義而言，機電技術乃泛指以電來驅動機械元件或系統，再搭配控制器與控制策略以操控機械系統，使其在設計的時間點運動至所需之位置，並使用機械或電之感測器以檢測其需求是否達成。由此觀之，機電技術的歷史應更早，而其在過去也對整個製造與產品技術扮演了極為關鍵之角色。

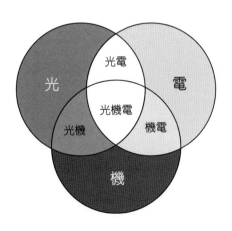

圖 1.1
光機電工程技術整合示意圖。

第一章作者為王安邦先生、鄭正元先生、黃榮山先生及郭啟全先生。

　　而光機的技術是以機械元件操控光之運動，此在過去一般歸屬於傳統光學技術範圍。光學技術於製造與產品之應用，雖然發展之歷史比機電更早，但是其操控性卻無法有效的突破，其最重要之關鍵乃是光源之尺寸、不穩定性與光的操控性 (包括光的感測與檢測技術)，以致無法大量的運用於製造與產品設計上。及至二十世紀初，愛因斯坦提出的光電效應讓光的理論架構有了重大的突破，但上述光源的實際問題卻是一直到 1960 年代雷射發明後，方有長足的進步，尤其是在製造技術上更是突飛猛進，其包括了半導體製程中最重要的光學微影技術 (photolithography) 與雷射或光電相關加工技術，雖然微影技術未必直接使用雷射光源，但很多光電及相關光學技術之進步皆因雷射技術之發展所衍生而來，由此解決了以往傳統機電加工所無法解決的問題，例如精度瓶頸與量產技術。

　　同時，亦因半導體製程所發展之固態電子技術，讓發光二極體 (light emitting diode, LED)、半導體雷射及光電檢測元件等光電技術，在輕、薄、短、小的功能需求上有長足之進步。而此種光電元件製程技術之發展，更是導致光操控技術 (尤其是光源與光感測技術) 的突飛猛進，而得以將光電技術真正應用於產品設計與製造。但當要把光電元件運用於產品設計與製造技術時，還需要加上整體系統特性要求之考量；透過將簡單的光電、機械與光機元件組裝形成模組或次系統，再將這些模組與次系統組裝成完整功能的系統，這整個設計、製作、組裝、檢測之過程與應用，便是光機電技術需求之所在。

　　圖 1.2 為光機電系統演進與關鍵元件技術發展的關係圖，此圖以關鍵元件技術發展之時程 (水平軸) 演進來表現系統之價值或性能 (垂直軸)。早期，工程機具系統的主要目的在輔助人力，所以這時候只需機械元件 (mechanical element) 即可滿足此種需求；爾後，隨著發電機的發明與電力的引入，工程機具系統逐步取代人力，引致越來越多的電機機械 (electromechanical)、電子 (electronic) 硬體被應用在工程機具系統中，以提升系統性能。

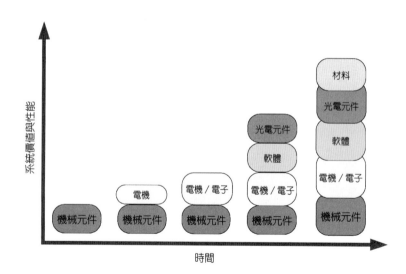

圖 1.2
光機電系統演進與關鍵構成
元件技術發展關係圖。

　　然而，這種結合機構 (mechanism)、電機與電子的機電整合，常受到硬體接線之限制，較不具彈性且無法縮小體積，此趨勢直到 1970 年代微處理器的發明，可程式控制語言的發展以及個人電腦的發明，方解決了一個發展可變、多功能、自動化機電系統之瓶頸問題。隨後，也由於以積體電路 (integrated circuit, IC) 以及微型計算機為代表的微電子技術被迅速標準化及低價化的實踐，使得以生產系統自動化為主要特徵的機電整合技術之價值與性能迅速攀升。

　　到了二十世紀 1980 年代後，半導體及大規模積體電路微細加工技術的興起，光 (例如：準分子雷射、半導體雷射) 被廣泛引用於機電的整合技術中，由於光不具質量且傳輸不需介質 (media)，且光機電系統有高能量密度與高響應 (response) 速度之優勢，藉由光電元件與機電系統的整合，大幅提升系統性能。因此形成了一個新穎之光機電整合技術，其中包括以雷射、電腦等現代技術所開發的自動化、智慧型機構設備和儀器的技術。二十世紀末，資訊科技 (information technology) 與奈米科技 (nano-technology) 的發展，讓我們重新思考物理、化學與工程的關係，也造成材料科技的蓬勃發展。所以，光機電整合技術實質上屬於廣義的機電整合技術，是集機械、電機／電子控制、資訊軟體、材料和光學物理等相關工程技術於一體，已成為製造業的一個重要技術主幹。

　　在進入二十一世紀後，半導體微電子技術、微機電技術，以及雷射技術的突飛猛進，加上快速成長的影像顯示產業與新興生物科技 (bio-technology) 產業的驅動，更是給予傳統的光電、機械、材料、資訊、化工等工業一個新的蓬勃發展契機：一個以光機電整合為手段來開創全新領域與目標的新時代已經來臨了。

　　其次，由製造或生產系統之技術層次或尺度分析，亦可窺見光機電技術整合之必然性。隨著產品精密微小化、資訊化與無線化的趨勢，產品設計與製造技術亟需推動光機電整合技術之研究。因為這些新世代產品的設計與生產製造所需之技術經常已不是傳統機構之定位或機械加工精度可及，常需使用如微影技術或精密雷射之光學能量，甚或使用精密微細模具等，以進行產品或相關零組件等之加工。

　　所以，一般光電產品如數位相機 (歸類為光輸入)、網路通訊 (光通訊)、高容量數位儲存 (光儲存) 或投影機 (光輸出) 等，都直接使用光進行資訊之處理與傳輸，光電與機電技術之高度整合便是這些產品的重要核心技術。隨著平面顯示技術之普及化，個人用資訊產品具有行動化 (mobility) 的需求，促成手機、個人數位助理 (personal digital assistance, PDA)、數位相機，乃至數位多媒體等多合一之行動資訊產品之研究與發展。由此可以看出整合光輸入、光輸出、光通訊、光儲存技術，已使得吾人過去的夢想變得不再是遙不可及，若能再使其與精密機電設計及製造技術有效整合，則將使相關技術更成熟並逐步商品化，相信可以在不久之未來創造極大之商機並造福人類。因此有效整合光電與精密機電設計與製造技術，將是未來光機電技術之重點所在。

　　光機電技術在機電與光電整合歷史的發展里程碑如圖 1.3 所示[1]。其中，在機電整合歷史的幾個代表性發展里程碑為：(1) 1920 年代自動輸送機具 (automatic transfer machine) 的發

明，(2) 1950 年代有數值控制機器 (numerical control machine) 以及工業用機器人 (industrial robot) 的發明，(3) 1960 年代移動式機器人 (walking robot)、微電子製造的發明，(4) 1970 年代有可程式控制器 (programmable language control)、微處理機、磁碟機 (floppy drive)、個人電腦，以及自動設備 (自動對焦相機、自動門、自動販賣機等) 的發明，(5) 1980 年代有微機電系統 (microelectromechanical systems, MEMS) 的發明，(6) 1990 年代有具人工智慧機器人及遙控機器人 (如登上火星機器人) 之發明。

另外，在光電歷史發展則有：(1) 1950 年代全像術 (holography) 以及光纖內視鏡的發明，(2) 1960 年代氦氖雷射、半導體雷射、可調頻雷射 (tunable laser) 以及疊紋微影技術 (moire lithography) 的發明，(3) 1970 年代電荷耦合元件 (charge coupled device, CCD) 感測器、光纖感測器的發明，(4) 1980 年代光碟片、原子力顯微鏡 (atomic force microscopy, AFM) 的發明，(5) 1990 年代互補性氧化金屬半導體 (complementary metal-oxide semiconductor, CMOS) 感測器以及微光機電 (optical MEMS) 資訊與通訊系統的發明。

在圖 1.3 中，吾人可以很清楚的發現時間軸的兩端，當時間軸越往後走時 (在圖中為往上)，機電系統中整合加入了越來越多的光電元件技術；而光電產品、製程技術中也隨處可見機電整合的技術。所以一個很清楚的事實告訴我們：隨著光電與機電技術的蓬勃發展，在我們現在所處的二十一世紀已進入光機電整合技術的時代，光電與機電技術兩者已密不可分的整合成為光機電技術了。

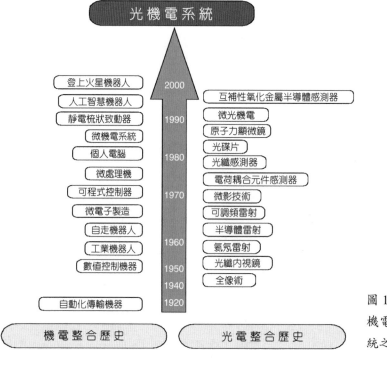

圖 1.3
機電與光電產品技術與光機電系統之發展演變關係[1]。

1.2 光機電系統之技術範疇

　　一個典型光機電技術的涵蓋範圍如圖 1.4 所示，其包含：機構設計、微處理器、精密致動器 (actuator)、光／機電感測器、人機介面 (interface)、程序／回授控制 (feedback control)、訊號處理與錯誤診斷 (diagnosis)、圖形辨識 (pattern recognition)、仿生人工智慧 (biomimetic artificial intelligence)，以及製程技術等。因為光機電技術在本質上是一個跨領域整合的工程技術，所以在目前的工程分科上，讀者可以從各個所在的領域切入，逐步拓展相關知識來開啟光機電技術的大門。

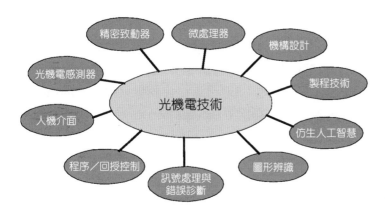

圖 1.4
典型光機電技術涵蓋範圍。

　　而整合上述光機電的分項技術，即可發展出很多不同的應用功能，例如：

1. 照度控制 (illumination control)
2. 感測 (sensing)
3. 致動 (actuating)
4. 光掃描 (optical scanning)
5. 移動控制 (motion control)
6. 視覺資訊回授控制 (visual/optical information feedback control)
7. 資料儲存 (data storage)
8. 資料傳輸 (data transmission)
9. 資料顯示 (data display)
10. 檢測 (inspection)
11. 監控／控制／診斷 (monitoring/control/diagnostic)
12. 三維形狀重建 (three-dimensional shape reconstruction)
13. 光學性質變動 (optical property variation)
14. 以感測回授為基礎之光學系統控制 (sensory-feedback-based optical system control)

15. 光學圖案辨識 (optical pattern recognition)

16. 遠端監控／控制 (remote monitoring/control)

17. 材料加工 (material processing)

18. 其他不同的功能應用

　　另外，依光學／光電元件與機電元件組合特性與互動程度的不同，光機電系統亦可以區分為三種類型：(1) 光機整合之光機電系統 (opto-mechatronically fused system)，(2) 內嵌光學／光電裝置之機電系統 (optically embedded mechatronic system)，(3) 嵌入機電裝置之光學系統 (mechatronically embedded optical system)。

(1) 光機整合之光機電系統

　　在一個光機電系統中，假如光學元件或機電元件從整個系統被個別移開後，整個系統即無法運作，這代表此光機電系統內的光學元件與機電元件是具有功能性的完全整合，藉此才能表現出整個系統之性能，此種光機整合之光機電系統產品有：自動對焦相機 (auto-focus camera)、適應性光學反射鏡 (adaptive mirror)、可調頻雷射 (tunable laser)、光／磁碟機讀取頭及光壓力感測器等。

(2) 內嵌光學／光電裝置之機電系統

　　此光機電系統基本為一個由機械、電機和電子元件所組成之機電整合系統，內嵌光學／光電裝置於機電系統內部，主要在提高系統功能 (如偵測與回授控制等)；由於光學／光電裝置與機電系統是可分離的，所以光學／光電裝置的抽離或損壞雖會影響系統功能，但機電系統仍可獨立運作。此種內嵌光學裝置之機電系統產品有：洗衣機、真空吸塵器、機器監控與控制系統、機器手臂／機器人、汽車引擎及伺服馬達等。

(3) 內嵌機電裝置之光學系統

　　此光機電系統基本上為一個光學系統，只是在系統內部嵌入了機械、電子元件 (機電裝置)，以增加其操作方便性或自動調整的功能 (最常見的如聚焦與對位)，沒有這些機電裝置，此系統仍得以手動的操作方式來執行。此種內嵌機電裝置之光學系統產品有：傳統相機、光學投影機、檢電流計 (galvanometer)、光開關 (optical switch) 及光纖波導對位模組等。

　　因為光機電工程學所操控之目標物為光，所使用工具為機電與光學元件／系統 (包括各式光學主、被動元件)，此處所謂光之操控還包含光路的設計與相關光機及機電元件之系統設計與使用，亦包括這些元件與系統之製造 (例如液晶顯示器之導光板設計與製造技術)，或改變光學特性所需之相關光學元件 (如濾光鏡) 之設計、使用與製造；另外，廣義操控之意也應包含被操控光之檢測，由此方可得知被操控之光是否符合原既定之光學特性設計的預期需求，以形成一閉迴路之光機電操控系統。

　　值得注意的是，在生產製程上，光機電系統亦包括使用機電系統以生產相關光學、光電或光機產品，其差別只是一般傳統機電系統之產品較著重於機械特性，而光機電系統則是著重光學、光電或光機特性。舉例而言，如果射出成形機所射出之產品為光學鏡片，則其泛屬於光機電整合技術，而若所射出之產品為一般泛用機構配件，則歸屬於機電工程範疇，兩者之主要差異乃在於是否引進光學特性於產品或生產製程中。因為光機電工程之操控主體為光，故其命名為『光機電』(與「光」或操控「光」相關的「機電」)，似乎比用『機電光』(與「機電」或操控「機電」相關的「光學」) 或『機光電』(使用「光電」元件或技術以操控「機構」之運動) 來得恰當。

　　另外，「光機電」與「光電」於專業技術上之分野或可以「機電」與「電機」之差異加以比擬，光機電專業技術著重於使用機電裝置，以操控光之特性的產品、製程或相關設備 (此處所謂之操控包括使用機電系統以生產具有光學特性之相關產品，如鏡片與導光板之射出等)，而光電專業技術通常較不包括使用機電裝置，其所關注的乃是使用電子能階或操控電子運動，進而以操控光之特性的研究與生產範疇 (例如藍光半導體雷射或場發射顯示器開發等)，所以後者通常較著重於光電元件或模組之設計與製程開發。但正如在第一節歷史回顧中所提到的，在二十一世紀，機電與光電技術兩者事實上已密不可分的整合成為光機電技術了；「光機電」與「光電」兩者似乎再難以作區分，似乎只能說「光電」是「光機電」的一種簡稱或慣稱了。

1.3 光機電系統應用與產業

　　從光機電技術的發展歷史來看，光機電系統乃由機電與光電系統的逐步自然整合而來，所以從跨領域的觀點，光機電系統相關產品可以歸類於新的精密機械工業產品 (機電在傳統上歸屬於機械工業)，也可以被歸類為新的光電工業產品。但我國光電工程教育過去皆隸屬於電機工程教育而非機械工程教育，而近年來光電工業的需求、成長與整體產值又相對亮麗，所以會直覺的將光機電系統相關產品歸類為光電工業產品。

　　由於光機電整合技術之目標物為光，而整體系統產品的效能也常以光之最終表現來區隔，故在產業界中，光機電技術與產品通常以光於此系統之應用目的而區分，包括有光輸入、光輸出、影像 (光電) 顯示、光儲存、光通訊 (以上五類產品之效能以光所攜帶之訊息傳輸為主)、光電檢測 (光之訊號特性處理)、光電加工、醫療及照明 (光以能量方式表現其應用特性)，因此光機電整合技術的應用與產業可簡單分為七個項目來說明。

(1) 光輸入之產業

　　光輸入產業包括影像掃描器、條碼掃描器、影印機、數位相機與數位錄影機等。台灣曾經是影像掃描器產量最大的輸出國，目前則是數位相機最大的輸出國。在目前相機手機需求日增，其自動對焦甚至變焦鏡頭 (zoom lens) 之設計與生產製造，均需大量機構設計、機電整

合設計、光學系統設計及光學級模具設計與製造，甚至模造玻璃 (molding glass) 之設計與生產，以及其生產設備之設計與製造，因此未來希望投入光輸入產業之研究人員，可以以自動化設計與製造之概念投入，方能對整個產業有更創新之競爭力。而從數位相機成本結構來看，其各關鍵零組件中，影像感測器和鏡頭約佔整體成本的五成以上；目前國內數位相機廠商生產所用之影像感測器等零組件仍以自日系廠商進口為主，所以關鍵零組件自製率的提升，仍有很大的空間。

2004 年數位相機產業之成長雖然不如預期而略趨緩和，但相信手機相機之興起，應可讓台灣從原本只能從事光學被動元件 (如鏡片) 之設計與生產製造，再向前推進至主動元件與系統 (如整個自動對焦或變焦系統) 之設計與製造，唯其中仍牽涉相當多的專利障礙尚待努力與突破。

(2) 光輸出之產業

最具代表性之光輸出產業為雷射印表機及傳真機。一般而言，消費者對印表機常以品牌作為決定購買的主要因素，目前市場上的主要品牌廠商是 HP、Epson、Canon 和 Lexmark，這四家廠商的全球市佔率大約在八成以上，而隨著彩色列印技術與價格之普及化，使得此產業之競爭更白熱化。雖然雷射印表機產業亦是我國的一大光電產業，且屬於相對成熟產業，但對雷射印表機之最重要技術核心的光機設計與製造，我國自製率仍然偏低。

以整體光機設計與全機設計製造之考量，未來可以在彩色列印技術，如多個感光鼓與雷射掃描之光機電系統設計與製造上著力。雖然近年來，多功能事務機及網路伺服印表機之普及，讓台灣生產之光輸出設備仍保有一席之地，唯 2004 年經濟復甦後，此產業 (或 PC 產業) 復甦並不如預期，此或許也意味著這個產業成熟期逐漸到來，所以應也是台灣產業再轉型至主動元件，如雷射光學引擎設計與生產之良好時機。

(3) 影像 (光電) 顯示之產業

影像顯示技術 (image display technology) 是繼半導體產業之後，另一個可能帶領台灣產業攀上高峰的高科技產業。顯示技術相關產業所涵蓋的內容相當廣泛，隨著新世代影像顯示技術的來臨，平面顯示器 (FPD) 已逐漸取代傳統陰極映像管 (CRT) 顯示器。而平面顯示器領域就技術差異又可分成電漿顯示器 (PDP)、液晶顯示器 (LCD)、有機發光二極體顯示器 (OLED)、真空螢光顯示器 (VFD)、場發射顯示器 (FED)、投影式微型顯示器 (micro display)、表面導電電子顯示技術 (surface-conduction electron display, SED) 及前瞻性 3D 顯示技術等類型。其中，液晶顯示器為目前我國影像顯示技術產業最重要的產品，而電漿顯示器與有機發光二極體顯示器正在成長，至於表面導電電子顯示技術與前瞻性 3D 顯示技術等仍在研發階段。

　　從整個影像顯示產業架構來看，影像 (光電) 顯示技術可如圖 1.5 所示粗分成上、中、下游三個層次。整體而言，我國的光電產業已具備完整的製造基礎，同時我國完整之上、中、下游產業及供應鏈業已形成，足以進行全球競爭之群聚效應。然因過去台灣以代工 (OEM) 為主的工業型態及國內市場規模較小等因素，系統相關設計與標準制定等上游領導科技與團隊關鍵技術 (know-how) 均付諸闕如，未來惟有突破此困境方有可能改變我國光電產業之基本型態，向知識供應鏈之兩端提升，並逐步取得較高之獲利。

　　由於世界主要國家 (包括台灣) 的數位廣播都將在最近陸續開播，而每年電視的估計需求量約高達 1.6 億台，因此高畫質、高解析度的大螢幕電視機市場，已經成為各種顯示技術的兵家必爭之地。從材料成本的角度來看，大型電視機 (40 吋以上) 中，當尺寸擴大時，投影式顯示器顯然比上述電漿顯示器及液晶顯示器佔優勢，但其畫質方面仍有賴關鍵元件 (如微型光閥及投影光學元件) 與系統設計及生產製造良率持續提升。

　　其中，數位微面鏡元件 (digital micromirror device, DMD) 也稱為數位式光學處理器 (digital light processing, DLP)，以及反射式晶片型液晶光閥 (liquid crystal-on-silicon, LCOS) 是目前投影式顯示器的兩大關鍵元件。前者由德州儀器 (Texas Instruments) 公司在 1980 年代開發出來，是微光機電系統最具代表性之商品化產品，其採用鏡面反射原理成像，不但有著全數位化、高對比、影像清晰等優點，配合微機電製程技術，將元件的微結構與互補金氧半導體 (CMOS) 電路整合在一起，能有效地控制微面鏡致動。

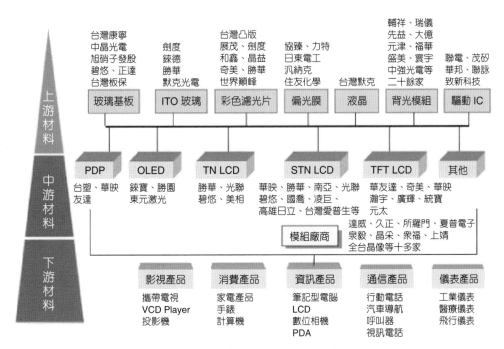

圖 1.5 平面顯示器產業產業範疇 (資料來源：影像顯示產業推動辦公室)。

　　我國廠商在 2003 年初已初步開發完成 50 吋及 65 吋的背投影式高畫質數位電視之雛型，雖然其關鍵元件 (DMD) 之製作與操控相關技術難度相當高，但因其未來技術應用領域十分寬廣 (如光纖通訊之光開關 (optical switch)、快速原型加工所需之層輪廓定義，或光學微影系統之動態光罩應用等)，所以是光機電技術人員很值得投入的領域。再者，諸如投影光機之設計與製造，以及投影式顯示器小型化後之散熱與其機構設計等，也都是值得研發之重點。

　　而反射式晶片型液晶光閥整合了液晶封裝及半導體製程技術，一片 LCOS 面板的結構包括了以矽晶圓為基板，鍍上反射層材料之後，在最上層的玻璃基之間灌入液晶 (這個步驟也是 LCOS 面板製程中最困難的部份)，透過半導體蝕刻的技術可以達到高解析度的效果。在原理上，LCOS 的投影技術與數位式光學處理器相同，均為反射式技術，光線經由分光裝置，將紅綠藍 (R、G、B) 三原色透過 LCOS 面板反射，再合光投射訊號。相較於數位微面鏡元件技術，LCOS 不利的一點為液晶對溫度變化的敏感性，因此在 LCOS 散熱的設計及技術是一個非常重要的研究課題。

(4) 光電儲存之產業

　　我國光電儲存產業的產量佔全世界最高，包括光碟片與光碟機，碟片所用母模板 (stamper) 之技術事實上可歸類為類深刻模造 (LIGA-like) 之製造技術，最後之碟片以射出成形。製程中需高度自動化方能有效降低製造成本。光碟機所需之光機電整合技術是光碟機最重要技術所在，但因高度人工組裝之需求，近年來此產業已大量移往大陸生產。可讀寫 (R/W) 碟片之工作原理乃是使用雷射光進行材料相變化之處理，使之形成非晶 (amorphous) 或是結晶 (crystallization)，從而得到 0 或 1 之資料儲存區分。從物理的觀點，其處理技術實際上就是熱處理技術，只是其所關切的不是機械性能的改變，而是光學反射率的改變。

　　故由此亦可知，只需對具傳統機械領域專長者輔以部分所需的光學知識，即可以快速的跨入此領域，成為擁有光機電整合技術之人才，在擬填補光機電或光電技術人力缺口時，是一個快速有效的辦法。另外，雖然我國為世界上光儲存產業之最大生產製造國，但是每年所付給國外之權利金亦為天價，所以實在迫切需要結合更多的學界一起來參與新技術的開發，例如：深具潛力的兆位元 (terabit (Tbit)，1 Tbit = 1000 Gbit) 未來資料存取科技，其中包括多層儲存薄膜、三維全像記憶元件、近場儲存和雙光子記錄等技術，而目前國內廠商亦正在加緊進行藍光 (blue-ray) DVD 之研發。

(5) 光電通訊之產業

　　一般認為未來資訊的傳輸正朝向兆位元的超高速時代發展。未來長距離通信與寬頻網際網路所採用之先進光纖網路，其傳輸速度將超越 1 Tbit/s，而其廣域網路 (wide area network, WAN) 和區域網路 (local area network, LAN) 的傳輸要求也將分別提升至 >100 Gbit/s 和 >10 Gbit/s 的水準。所以在技術上必須不斷提升，諸如高速光脈衝的傳輸和光信號高速切換技術的研究，方能因應所要求的水準。在光電通訊產業方面，國內目前仍以光纖及基本被動元件

(耦合器、連接器等) 的生產為主,其硬體設備中,半導體雷射與光纖之封裝技術完全是光機電技術之整合,是可以繼續再加強推動之重點。

目前主要的主動元件封裝技術為雷射銲接與五軸高精度位移平台之整合的主動對準 (active alignment),但有更多的研究著重於被動對準 (passive alignment),甚至三維光積體線路 (photonic integrated circuit, PIC) 之封裝技術與 3D 設計,更是研究學者可具有相當競爭優勢之研究項目。其次,被動元件之封裝、光開關與高密度分波多工轉換 (dense wavelength division multiplexing, DWDM) 元件及光耦合模組等,有較高附加價值之產品開發,亦是值得深入研究之主題。

(6) 光電加工之產業

傳統光電加工大多使用高功率二氧化碳 (CO_2) 或 YAG 雷射進行鋼鐵系列材料之機械加工,目前已有使用高功率半導體雷射進行相關加工。雷射加工機之設計與製造,多年前工業技術研究院機械工業研究所曾投入,目前國內亦有極少數廠商投入此一產業與其相關應用。

然而,國內工業之主軸不像美國、英國或德國有完整的航太與汽車產業,國內主要製造產業為半導體與光電產業,故為了配合我國工業特色與政策,應積極發展半導體與光電產業所需之光電加工技術,亦即發展光電能量之應用。如前所述之 R/W 碟片之記錄工作原理、光罩修補、UV 雷射於印刷電路板 (printed circuit board, PCB) 產業之應用、新光學微影技術之研發、UV 雷射於藍光 LED 藍寶石 (sapphire) 基板之切割、準分子 (excimer) 雷射於類深刻模造 (LIGA-like) 或低溫多晶矽製造等之應用。

(7) 生物科技之產業

生醫與光機電整合技術是未來生物科技的重要技術所在,例如基因之螢光判讀,以及基因之 UV 雷射切割分離重組等。目前已經成熟的光電醫療器材之研發,例如雷射手術刀、青光眼治療、牙齒美白及雷射美容等,均全部仰賴進口。因此國內研究學者應主動與相關醫學院所合作進行相關整合研究。

生醫與光機電整合技術將是未來我國之重要推動研究方向,包括光學同調斷層掃描 (optical coherence tomography, OCT)、近場光學探針研發、奈米等級之螢光單分子偵測、表面電漿子共振技術 (surface plasmon resonance, SPR)、螢光檢測式生物晶片、生物分子薄膜光學特性檢測、光動力療法之雷射光的傳遞系統、雷射光鉗、雷射共焦掃描顯微鏡 (laser confocal microscope) 及光譜分析技術等,均是研究學者可以與相關生物科技領域研究人員共同投入之研究主題。

1.4 結論

回顧光電產業技術的發展,我國光電產業之主要技術多仰賴日本、美國技術移轉而來,

　　儘管量產技術已可趕上先進國家，但其關鍵零組件及技術仍多仰賴輸入且毫無智慧財產權之談判籌碼，造成我國此一產業結構上的不穩定。此外，光機電產業專業人才的缺乏、研發規模不足與關鍵智慧財產權的缺乏，更是整個產業發展的劣勢所在。在我國大量投資光電產業之今日，其相關工業之專業研發、生產人才的缺乏與專利智財的管理，實已成為我國提升此一產業全球競爭力之瓶頸。

　　目前「兩兆雙星」中，挑戰現在及未來生產製造、研發與智財管理所需的人力缺口，以光機電為核心，結合機電自動化相關技術、微機電系統技術、生化科技、奈米科技與光電技術之有效整合並與產業串聯，才是提升光機電技術水準與提供高素質人力之不二法門。同時光機電技術的未來發展必然是受到新興、成長與成熟的產業所驅動，同時也會因為與其他技術的整合而向前推進，並同時朝向製作出輕、薄、短、小、智慧型多功能、環保省能源、低價格模組化、數位且具人性化之方向發展，並廣泛地應用於影像顯示、通訊與資訊、生物科技及奈米科技等各領域。

　　由於光機電技術至今仍屬於新興整合型之研究領域，國內外至目前為止仍較少專門著重於此一領域之研發。人才短缺是發展「光機電整合系統」最重要之問題所在，因此近年來，國內各大專院校已開始出現光機電研究所或大學部之光機電學程，以推動「光機電工程教育」，希望能替我國培育更多具有光機電整合技術之專才。至於光機電學程應可結合理、工、電、資學院的師資來讓更多的非光電與非光機電之大學部或研究所學生，接受光機電第二專長人才培育的相關訓練，如此便可以迅速補足上述的人力缺口需求，並讓不同學科間有更密切的交流、整合與互動。

參考文獻

1. H. S. Cho, ed., *Opto-Mechatronic Systems Handbook Techniques and Applications*, CRC Press (2002).
2. 李怡玫, 資料電極高頻維持驅動方式提升電漿顯示器發光效率之研究, 國立臺灣大學電機工程系博士論文 (2003).
3. 許紘齊, 精巧型矽基投影機照明系統之研究, 長庚大學光電工程系碩士論文 (2003).
4. D. A. Bradley, D. Dawson, N. C. Burd, and A. J. Loader, *Mechatronics-Electronics in Products and processes*, Chapman and Hall (1991).
5. 林俊全, 光機引擎技術分析, 光學工程, **79**, 40 (2002).
6. 洪世運, 劉醇鎧, 李正國, 黃瑞星, 林敏雄, 微光機電系統致動器, 科儀新知, **24** (4), 42 (2003).
7. 鄭嘉隆, 2003 年我國光電產業回顧與展望, 工研院經資中心 ITIS 計畫 (2004).
8. 拓璞產業研究所, 光電產業發展現況與趨勢, 台北: 拓璞科技股份有限公司 (2003).
9. 財團法人資訊工業策進會資訊市場情報中心, 光電投資導覽, 台北市: 商周出版社 (2003).

第二章 光學

2.1 光學基本原理

2.1.1 幾何光學基本定律與光線追跡

幾何光學有幾個定律，首先是光在均勻介質中以一直線前進，且其光程為可逆的。當兩光線交錯時各自獨立無干擾現象。光線在介面反射時入射角等於反射角。光線穿透不同介質時會產生折射，依據史耐爾定律 (Snell's law)：

$$n_1 \sin\theta_1 = n_2 \sin\theta_2 \tag{2.1}$$

其中，n_1、n_2 分別為兩不同介質折射率，θ_1、θ_2 分別為在兩不同介質之介面上入射角與折射角，如圖 2.1 所示。利用以上定律可以真實描繪光的前進軌跡。

(1) 六個重點

鏡組設計有六個重要的點不可不知，分別為第一主點 (principal point) 與前焦點 (focal point)、第二主點與後焦點、第一節點與第二節點 (nodal point)。

如圖 2.2 所示，若光線由左邊一點 (F) 射入一鏡組後會產生與光軸平行的光線，該點稱為第一焦點 (first focal point) 或物焦點 (object focal point)，入射光束與產生的平行光束交會於第一主平面 (first principal plane)，第一主平面與光軸的交點為第一主點 (P)，由第一主點至第

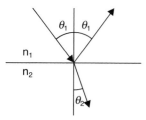

圖 2.1 反射定律與折射定律。

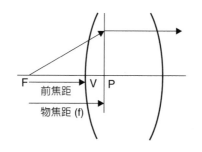

圖 2.2
第一主點與前焦點。

第 2.1.1 節及第 2.1.2 節作者為孫文信先生。

一焦點的距離 (PF) 為第一焦距 (first focal length) 或物焦距 (object focal length) f，鏡組第一面頂點 (V) 至第一焦點的距離 (VF) 為前焦距 (front focal length)。

　　同理在圖 2.3 中，平行光線從左邊進入一鏡組聚焦於光軸上一點 (F′)，該點稱為第二焦點 (second focal point) 或像焦點 (image focal point)，入射光束與匯聚光束交會於第二主平面 (second principal plane)，第二主平面與光軸的焦點為第二主點 (P′)，由第二主點至第二焦點的距離 (P′F′) 為第二焦距 (second focal length) 或像焦距 (image focal length) f'，也稱有效焦距 (effective focal length)，鏡組最後一面頂點至後焦點距離 (V′F′) 為後焦距 (back focal length)。

　　節點定義如圖 2.4 所示，當物方光線進入一鏡組在光軸上會有一共軛點 (conjugate point) 使物方光線入射角 u 等於像方光線出射角 u'，此共軛點稱為節點 (N 和 N′ 點)，其物方光線在光軸上之點稱為第一節點，而像方光線在光軸上之點稱為第二節點。如果物方折射率與像方折射率相同則 $f' = -f$，而節點位置與主點位置重疊 (N = P，N′ = P′)[1]。

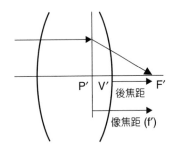

圖 2.3 第二主點與後焦點。

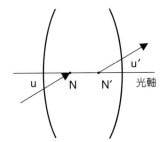

圖 2.4 第一節點與第二節點。

(2) 近軸光線追跡 (Paraxial Ray Tracing)

　　當光線以小角度入射 ($\sin\theta \approx \tan\theta \approx \theta$) 一鏡組時，光線會非常靠近光軸，光線折射定理可表示為 $n_1\theta_1 = n_2\theta_2$，以簡化光線追跡之複雜性。

・符號定義

　　光線在傳輸時，其高度定義為向上為正，向下為負；光線追跡距離往右追跡為正，往左追跡為負；鏡組焦距收斂者鏡片為正，發散者鏡片為負；鏡面曲率半徑符號定義為曲率中心位於曲面右方時為正，曲率中心位於曲面左方時為負，如圖 2.5 所示。光線至光軸角度，從光線至光軸順時針方向為正，從光線至光軸逆時針方向為負。光線在介質傳遞時，其介質折射率在光線往右追跡為正，往左追跡為負。

・近軸光線追跡公式

　　近軸光線追跡折光過程如圖 2.6 所示，n_{j-1} 與 n_j 分別表示為在介面兩邊折射率，R_j 為介面曲率半徑，C 為介面曲率中心，h_j 為光線在曲面之高度 ($h_j \approx 0$)，θ_{j-1} 與 θ_j 分別為光線在介面上入射角和折射角，u_{j-1} 與 u_j 分別表示光線入射前與入射後之收斂角，C_j 為介面曲率，即

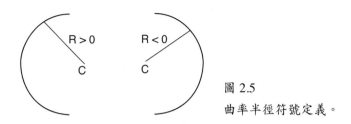

圖 2.5
曲率半徑符號定義。

曲率半徑倒數。設 $R_j > 0$、$u_{j-1} < 0$、$\theta_{j-1} > 0$、$u_j < 0$、$\theta_j > 0$ 而 $C_j = 1/R_j$，由史耐爾定律：

$$n_{j-1}\theta_{j-1} = n_j\theta_j \tag{2.2}$$

故 $\qquad n_{j-1}(h_jC_j + u_{j-1}) = n_j(h_jC_j + u_j) \tag{2.3}$

$$n_ju_j = n_{j-1}u_{j-1} - h_jC_j(n_j - n_{j-1}) \tag{2.4}$$

圖 2.7 為近軸光線追跡傳遞過程，h_j 與 h_{j+1} 分別為光線在兩介面之高度，d_j 為兩介面間距離，u_j 為在兩介面間之光線收斂角，則 $h_{j+1} = h_j + d_ju_j$。

· 有效焦距與後焦距

如圖 2.8 所示，一束平行入射光線其收斂角 $u_0 = 0$，光線在鏡組第一面高度為 h_1，h_1 為任意值，h_i 為光線在鏡組最後一面高度，u_i 為光線在像方收斂角。則鏡組後焦距與有效焦距分別定義為：

$$後焦距 = -\frac{h_i}{u_i} \tag{2.5}$$

$$有效焦距 = -\frac{h_1}{u_i} \tag{2.6}$$

有效焦距之 h_1 與 u_i 比值不隨 h_1 大小而改變。

(3) 入瞳和出瞳之位置與大小

光學系統有一光圈存在，而光學系統擋光最多的地方即光圈位置，入瞳 (entrance pupil) 為從物方所看到光圈影像，而出瞳 (exit pupil) 為從像方所看到光圈影像。在成像系統有兩條

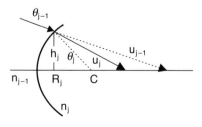

圖 2.6 近軸光線折光過程。

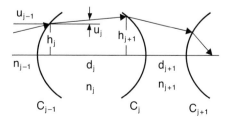

圖 2.7 近軸光線傳遞過程。

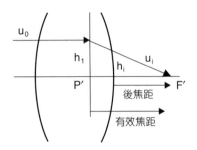

圖 2.8

有效焦距與後焦距。

代表性光線，一為主光線 (chief ray)，另一為邊緣光線 (marginal ray)。

　　主光線是由物的邊緣發出，未進入光學系統前，主光線或其延長線會進入入瞳中心；而主光線進入光學系統將交會於光圈中心點；主光線或其延長線出光學系統後交會於出瞳中心。

　　同理邊緣光線是由物中心出發，未進入光學系統前，邊緣光線或其延長線交會入瞳邊緣；當邊緣光線進入光學系統交會於光圈邊緣；邊緣光線或其延長線出光學系統後交會於出瞳邊緣。入瞳和出瞳位置與大小運算方式如圖 2.9 所示，利用主光線近軸光線追跡公式：

$$n_{j+1}\bar{u}_{j+1} = n_j\bar{u}_j - \bar{h}_j C_j(n_{j+1} - n_j) \tag{2.7}$$

$$\bar{h}_{j+1} = \bar{h}_j + d_{j+1}\bar{u}_{j+1} \tag{2.8}$$

設在光圈上主光線收斂角 $\bar{u}_s = -0.01$ (可設任意值)，主光線在光圈高度 $\bar{h}_s = 0$。主光線由光圈位置逆向追跡至第一面可得 $\bar{h}_1$、$\bar{u}_0$，入瞳位置為距第一介面距離，$l = -(\bar{h}_1 / \bar{u}_0)$，而入瞳口徑 D_{en} 可由鏡組焦距與進光量 $F/\#$ 得知，即 $D_{en} =$ 有效焦距／$(F/\#)$。同理主光線由光圈位置追跡至最後一面可得 $\bar{h}_i$、$\bar{u}_i$，出瞳位置為距最後一面距離，$l' = -(\bar{h}_i / \bar{u}_i)$，而出瞳口徑 D_{ex}

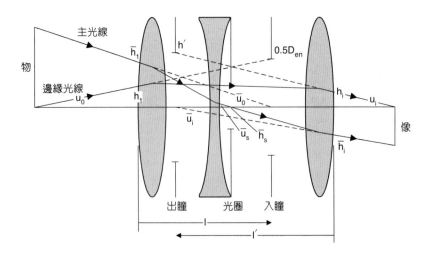

圖 2.9

入瞳和出瞳之位置與大小。

可由邊緣光線近軸追跡求得：

$$n_{j+1}u_{j+1} = n_j u_j - h_j C_j (n_{j+1} - n_j) \tag{2.9}$$

$$h_{j+1} = h_j + d_{j+1} u_{j+1} \tag{2.10}$$

由物中心描光至入瞳邊緣可得邊緣光線在鏡組第一面高度 h_1 與角度 u_0，再追跡至鏡組最後一面高度 h_i 與角度 u_i，而出瞳高度為 $h' = h_i + l' \times u_i$，故出瞳口徑 $D_{ex} = |2h'|$。

(4) 真實光線追跡[2]

近軸光線追跡是以近似值求解，但光線在大角度入射時誤差量很大，需要真正思量史耐爾定律。在光線追跡時，由於使用方法不同，可區分成同介質傳遞過程與不同介質折光過程。

・傳遞過程

一光線方向如圖 2.10 所示，可用方向餘弦 (direction cosine) 量表示 (L, M, N)，$L = \cos\alpha$、$M = \cos\beta$、$N = \cos\gamma$。傳遞過程如圖 2.11 所示，當光線由 $P_{-1}(x_{-1}, y_{-1}, z_{-1})$ 點追跡至 $P(x, y, z)$ 點可由下列公式求得。

$$\bar{x} = x_{-1} + \frac{L}{N}(d - z_{-1}) \ , \ \bar{y} = y_{-1} + \frac{M}{N}(d - z_{-1}) \ , \ \bar{z} = 0 \tag{2.11}$$

$$F = C(\bar{x}^2 + \bar{y}^2) \ , \ G = N - C(L\bar{x} + M\bar{y}) \tag{2.12}$$

$$\Delta = \frac{F}{G + \sqrt{G^2 - CF}} \tag{2.13}$$

$$x = \bar{x} + L\Delta \ , \ y = \bar{y} + M\Delta \ , \ z = N\Delta \tag{2.14}$$

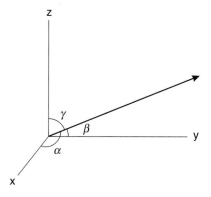

圖 2.10 光線方向餘弦。

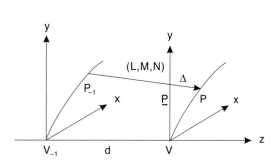

圖 2.11 真實光線球面傳遞過程。

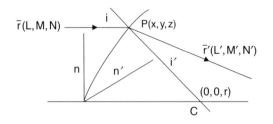

圖 2.12

真實光線球面折光過程。

· 折光過程

　　光線在不同介質傳遞會有折光現象，如圖 2.12 所示，必須遵循史耐爾定律，為使光線能具有適合下次傳遞運作形式，將結果以方向餘弦表示。

$$\cos i = N - C(Lx + My + Nz) \quad , \quad \cos i' = \sqrt{1 - \left(\frac{n}{n'}\right)^2 \left(1 - \cos^2 i\right)} \tag{2.15}$$

$$n'L' = nL - C(n'\cos i' - n\cos i)x \quad , \quad n'M' = nM - C(n'\cos i' - n\cos i)y \tag{2.16}$$

$$n'N' = nN - C(n'\cos i' - n\cos i)z + (n'\cos i' - n\cos i) \tag{2.17}$$

(5) 範例：三片鏡組

　　有一三片鏡組設計如表 2.1 所列，進光量 *F/#* 為 4.5，物在無窮遠處，半視角 20°，利用近軸光線追跡得知後焦距為 8.448 mm、有效焦距為 10 mm。

表 2.1 三片鏡組資料。

	曲面	介質	曲率 (1/mm)	距離 (mm)	材質
		空氣		無窮遠	
1	球面		0.2329494		
		玻璃		0.43	Schott-LaK21
2	球面		−0.0053303		
		空氣		1.24	
3	球面		−0.2216264		
		玻璃		0.31	Schott-F6
4	球面		0.2458756		
		空氣		0	
5	光圈		0		
		空氣		0.92	
6	球面		0.0612372		
		玻璃		0.43	Schott-LaK21
7	球面		−0.2647046		

進光量 *F/#* = 4.5　　半視角 = 20°　　後焦距 = 8.448 mm　　有效焦距 = 10 mm

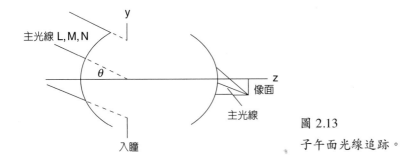

圖 2.13

子午面光線追跡。

(6) 真實像差分析

利用追跡公式，追跡至像面上，以主光線為參考點，其他光線在像面上至參考點距離即為真實像差。

・光扇圖

設方向餘弦 $L = \cos 90° = 0$、$M = \cos(90° - \theta) = \sin\theta$、$N = \cos\theta$，如圖 2.13。在入瞳子午線上均勻分割成 51 等分，每等分各追跡一條光線共 51 條光線 (包括主光線)，利用追跡公式，追跡至像面上，以主光線為參考點，其他光線在像面上至參考點距離即為像差。設光線在入瞳高度為橫座標，像差為縱座標。如圖 2.14 所示為半視角分別為 0°、14°、20° 之三片鏡組設計光扇圖。

・光點圖 (Spot Diagram)

設一束平行光線其方向為垂直 x 軸、與 z 軸夾角為 θ 的光線，則光線方向餘弦為 $L = \cos 90° = 0$、$M = \cos(90° - \theta) = \sin\theta$、$N = \cos\theta$ 在入瞳上取均勻分布之光線，如圖 2.15 所示。設在入瞳上分成 6 個同心圓，即半徑 $R = r$、$2r$、$3r$、$4r$、$5r$ 和 $6r$，其中 $R = 6r$ 為入瞳半徑，而最內層圓面積為 πr^2，兩相鄰環面積為 $\pi(nr)^2 - \pi[(n-1)r]^2 = \pi r^2(2n-1)$，故 $\pi r^2(2n-1)/\pi r^2 = 2n - 1$ 為分割 πr^2 等面積數目，如最內層再分成六等分則基礎面積為 $\pi r^2/6$ 面積，為使光線在入瞳上均勻分布，則每一 $\pi r^2/6$ 面積追跡一條光線，則共追跡 $1 + 6 (1 + 3 + 5 + 7 + 9 + 11) = 217$ 條光線，前多一條光線為主光線[3]。

圖 2.16 為光點圖，能看出像的光點大小與形狀，而點像差 TA_ρ 定義為 $TA_\rho^2 = TA_x^2 + TA_y^2$ 即在像面區分成 x-y 座標，而原點即為主光線在像面上之參考點，光點大小可由距離原點 x-y 座標值而定，即 TA_x 與 TA_y。但對離軸光線在子午線上像差，其值為非對稱分布，可以算出光點分布質量中心位置：

$$\overline{TA} = \frac{\sum_{i=1}^{N} TA_y}{N} \tag{2.18}$$

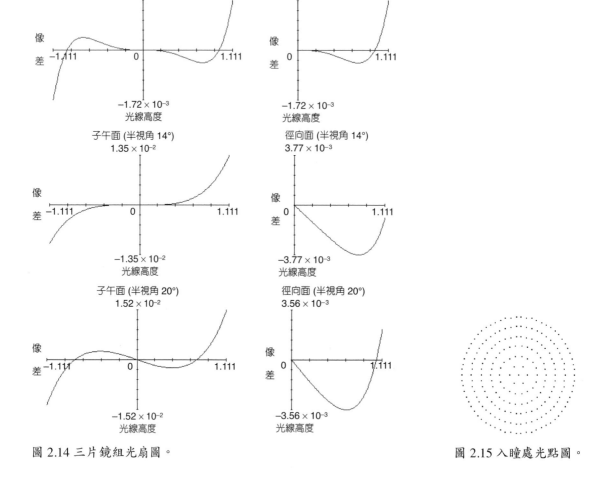

圖 2.14 三片鏡組光扇圖。　　　　　　　　　　　　　圖 2.15 入瞳處光點圖。

式中 N 為光點圖追蹤光線數目，平均根方值 TA_{rms} 可由下式得出[4]：

$$TA_{\mathrm{rms}}^2 = \frac{\sum_{i=1}^{N} TA_x^2 + (TA_y - \overline{TA})^2}{N} = \frac{\sum_{i=1}^{N} TA_\rho^2}{N} - \overline{TA}^2 \tag{2.19}$$

2.1.2 光學像差理論

　　光學像差可分成兩大類：(1) 因光線在透明介質隨不同波長而偏折角度不同所產生之色散像差 (chromatic aberration)，包括縱向色差與橫向色差；(2) 因透鏡形式所產生之像差，包括球面像差 (spherical aberration)、彗星像差 (comatic aberration)、斜射像散 (astigmatism)、視場彎曲 (curvature of field) 與畸變 (distortion) 等[5]。

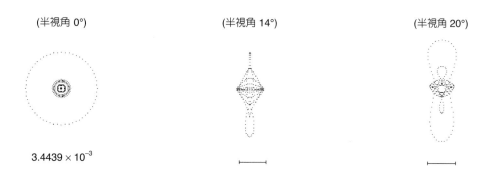

(半視角 0°)   (半視角 14°)   (半視角 20°)

3.4439×10^{-3}

橫向像差 3.4439×10^{-3} mm
縱向像差 3.4439×10^{-3} mm
光點平均根方值 8.7168×10^{-4} mm

橫向像差 7.4809×10^{-3} mm
縱向像差 2.4064×10^{-2} mm
光點平均根方值 4.9173×10^{-3} mm

橫向像差 8.5278×10^{-3} mm
縱向像差 2.8984×10^{-2} mm
光點平均根方值 5.5131×10^{-3} mm

圖 2.16 像平面光點圖分布。

(1) 色散像差

　　光線在透鏡內行走，其折射率會隨光的不同波長而改變，造成透鏡焦距隨光的波長改變而有縱向色差，且透鏡成像放大率隨光的波長改變而產生橫向色差。

· 光學玻璃折射率與波長關係

　　由於白光由不同頻率的波長 (400－700 nm) 所組成，不同波長的光源在鏡片內的光速會有所改變，其關係為速度 (v) = 光速 (c) / 折射率 (n)，一般在可見光範圍，波長越短者折射率越大，如圖 2.17。波長和折射率關係，依據德國 Schott 公司所公布的公式：

$$n^2 = A_0 + A_1\lambda^2 + A_2\lambda^{-2} + A_3\lambda^{-4} + A_4\lambda^{-6} + A_5\lambda^{-8} \tag{2.20}$$

折射率正確度在 400－700 nm 間達 $\pm 3 \times 10^{-6}$；而在 365－400 nm 和 700－1014 nm 兩個範圍也有 $\pm 5 \times 10^{-6}$ 精度。

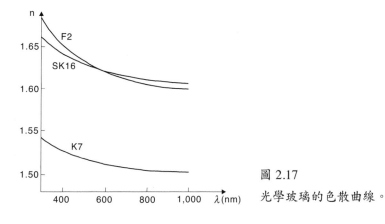

圖 2.17
光學玻璃的色散曲線。

表 2.2 標準光源種類。

波長 (nm)	符號	化學元素	顏色
365.01	i	汞	紫外
404.66	h	汞	紫
435.83	g	汞	紫藍
479.99	F'	鎘	藍
486.13	F	氫	藍綠
546.07	e	汞	綠
587.56	d	氦	黃綠
656.27	C	氫	紅
1014	t	汞	紅外

• 標準光源

　　一般光譜燈源常用來作標準光源，如表 2.2 所列，其中以黃綠光 d (λ = 587.56 nm)、紅光 C (λ = 656.27 nm) 與藍光 F (λ = 486.13 nm) 等三種波長最常使用。

• 光學玻璃種類

　　德國 Schott 公司將所生產玻璃列表如圖 2.18，橫座標為色散 V_d 值，縱座標為折射率 n_d，共有一百多種玻璃。

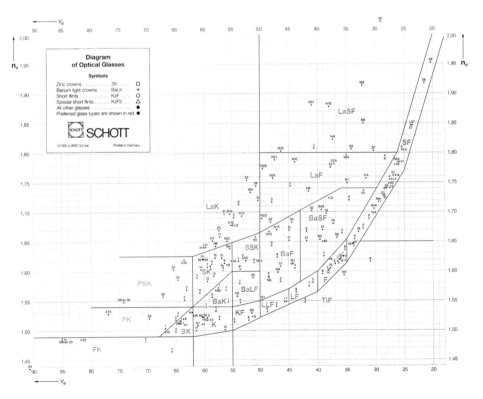

圖 2.18
Schott 公司
光學玻璃種
類。

• 薄稜鏡色散像差

圖 2.19 所示為一白光束射至一稜鏡。光線被稜鏡分散成為各單色光，僅考慮三種波長：紅光 (*C*)、黃綠光 (*d*) 與藍光 (*F*)。則每一波長之偏向可以下列薄稜鏡公式求之[6]：

$$P_C = (n_C - 1)a \tag{2.21}$$
$$P_d = (n_d - 1)a \tag{2.22}$$
$$P_F = (n_F - 1)a \tag{2.23}$$

其中，*a* 為稜鏡之頂角，n_C、n_d、n_F 分別為 *C*、*d*、*F* 三種波長在稜鏡內之折射率，稜鏡之色散差 $(P_F - P_C)$ 為：

$$P_F - P_C = (n_F - 1)a - (n_C - 1)a = (n_F - n_C)a = \frac{n_F - n_C}{n_d - 1}P_d = \frac{P_d}{V_d} \tag{2.24}$$

上式中色散 V_d 值為 $(n_d - 1)/(n_F - n_c)$。由光學觀點而言，物質的 V_d 值愈大，色散差愈小。

• 薄透鏡之縱向色差

圖 2.20 所示為一白光束射於薄透鏡，被透鏡分散為各單色光。圖中所示僅紅光 (*R*) 及藍光 (*B*)。以 $F_B - F_R$ 表示縱向色差。透鏡對黃綠色光 (*d*) 之折光率為 $F_d = (n_d - 1)(C_1 - C_2)$，其中 C_1、C_2 分別為透鏡第一面曲率與第二面曲率，同理對藍、紅色光之折光率分別為 $F_B = (n_B - 1)(C_1 - C_2)$、$F_R = (n_R - 1)(C_1 - C_2)$。故縱向色差為：

$$F_B - F_R = (n_B - n_R)(C_1 - C_2) = \frac{n_B - n_R}{n_d - 1}F_d = \frac{F_d}{V_d} \tag{2.25}$$

• 薄透鏡之橫向色差

如圖 2.21 所示，一束離軸白光光線由於波長不同，造成像面位置不同，成像高度相異，故其放大率也不同，所以紅光像高與藍光像高之差值即為橫向色差[7]。

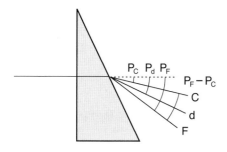

圖 2.19 稜鏡色散像差。

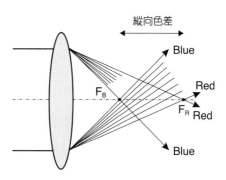

圖 2.20 縱向色差。

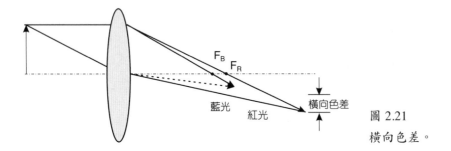

圖 2.21
橫向色差。

(2) 單色光像差

在近軸區以外，單片透鏡所成之像與近軸之理想像相差甚大。即使在近軸區內，單片透鏡亦無法使白色之各成分波長同時聚焦於一點。在以下之討論中，假定所使用之光為黃綠色 (*d* 線)，其波長為 587.56 nm。

在數學上可證明，角度 *A* 之正弦由下列級數表示之：

$$\sin A = A - \frac{A^3}{3!} + \frac{A^5}{5!} + \frac{A^7}{7!} + ...$$ (2.26)

當 *A* 角甚小時，有 $\sin A = A$ 之關係。此為近軸光線追跡理論基礎。如果取

$$\sin A = A - \frac{A^3}{3!}$$ (2.27)

則可適用於較大的區域，在此一假定下所得結果，又稱為三階理論。證明單色光像差之最簡單方式為經由光線追跡，即是將光束追跡通過透鏡之各個折射面，在每一個面均應用史耐爾定律 $n_1 \sin\theta_1 = n_2 \sin\theta_2$。此法雖然相當冗長，但可顯示出出射光之真正性質，以與近軸光線性質比較，即可求得縱向或橫向之像差。下面將討論五種不同性質之像差[8]。

・球面像差

理論上，一個完美的透鏡可將平行光軸上所發出不同高度的光線匯集於一點，但因為一般透鏡為球面鏡，會造成不同高度的平行光線匯聚於不同位置上，如圖 2.22 所示，此偏移量即為球面像差。球面像差可以定義為焦點隨通光孔徑的變化。

・彗星像差

圖 2.23 所示為彗星像差產生的原因，由離軸主光線所造成的點像作彗星狀的擴散，彗星像差會隨入瞳口徑增大而增加。

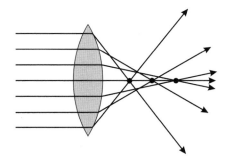

圖 2.22
球面像差。

· 斜射像散

　　自軸外物點之細小光束於經透鏡折射後形成互相正交之兩條焦線，謂之散光或像散，如圖 2.24 所示，如果像點聚焦在切向焦平面 (tangential focal plane) 上則徑向影像變模糊，同理像點聚焦在徑向焦平面 (sagittal focal plane) 則切向影像模糊。

· 視場彎曲 (場曲)

　　由於物高增長其物距比在軸上物距增長，造成像點位置不同，形成一曲面如圖 2.25 所示。使用有像面彎曲像差的透鏡，如對焦定在視野中央部分時，周邊部分會發生模糊現象。如對焦在周邊部分則中央部分會發生模糊現象。

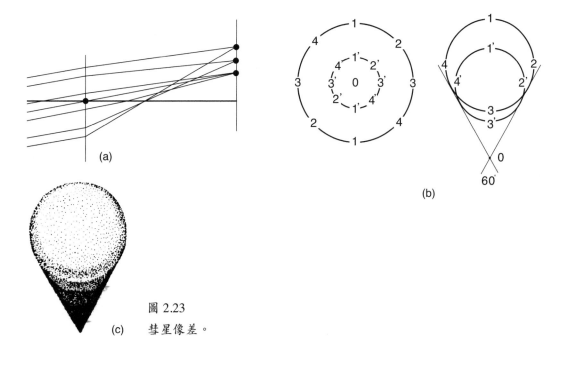

圖 2.23
彗星像差。

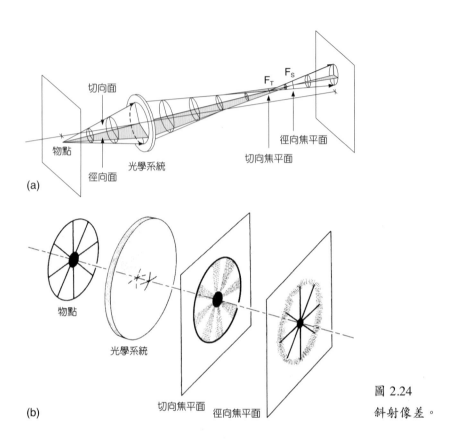

(a)

(b)

切向焦平面　　徑向焦平面

圖 2.24
斜射像差。

　　如圖 2.26 所示，像面切向聚焦曲面 Σ_T、徑向聚焦曲面 Σ_S 與帕茲伐曲面 (Petzval surface) Σ_P 滿足公式 (2.28)：

$$\Sigma_T - \Sigma_P = 3(\Sigma_S - \Sigma_P) \tag{2.28}$$

而像散 $= \Sigma_T - \Sigma_S$，當像散為零時，Σ_S、Σ_T、Σ_P 三曲面重疊，此為帕茲伐曲面。

· 畸變

　　在圖 2.27(a) 有一無畸變物體，如果像點所在位置較其理想位置遠離光軸則畸變為正，稱為針插畸變 (pincushion distortion)，如圖 2.27(b) 所示。同理，實際像點位置較理想位置近於光軸則畸變為負，或稱桶形畸變 (barrel distortion)，如圖 2.27(c) 所示。

(3) 像差的校正

　　討論光學系統的初階設計，如共軛成像位置、光闌位置、放大率或相對孔徑等，利用薄透鏡和其組合的近似特徵，可以簡化許多不必要的細節而得到非常滿意的系統數據。根據像差的校正原則，定出透鏡的聚焦能力、各分件的相對位置和鏡面曲率情形。有些簡單的透鏡系統，如雙片鏡組，通過薄透鏡公式對一些特例的像差校正提供答案。

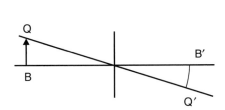

圖 2.25 場曲。

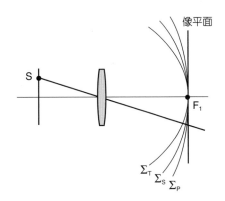

圖 2.26 切向像曲面、徑向像曲面與
帕茲伐曲面關係。

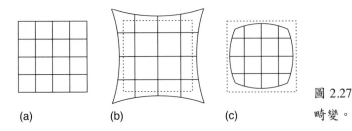

圖 2.27
畸變。

① 薄透鏡像差公式[2]

依據像差理論所導出的初級像差公式,當光闌在透鏡上為:

$$
\begin{aligned}
S_\mathrm{I} &= \frac{1}{4}h^2 K\left[\left(\frac{hKn}{n-1}\right)^2 + \frac{n+2}{n}(\Lambda+U)^2 + 2U(\Lambda+U)\right] \\
S_\mathrm{II} &= -\frac{1}{2}hKH\left[U\left(\frac{2n+1}{n}\right) + \Lambda\left(\frac{n+1}{n}\right)\right] \\
S_\mathrm{III} &= H^2 K \\
S_\mathrm{IV} &= H^2 \frac{K}{n} \\
S_\mathrm{V} &= 0 \\
C_\mathrm{I} &= \frac{h^2 K}{V} \\
C_\mathrm{II} &= 0
\end{aligned}
\tag{2.29}
$$

其中,S_I 為球面像差分布係數、S_II 為彗星像差分布係數、S_III 為像散像差分布係數、S_IV 為場曲像差分布係數、S_V 為畸變像差分布係數、C_I 為縱向色差,以及 C_II 為橫向色差。

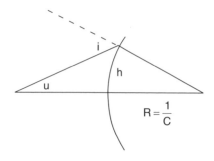

圖 2.28 鏡面光線折射情形。

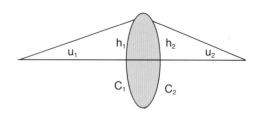

圖 2.29 鏡面形狀因子與共軛因子。

而當光闌不在透鏡上為：

$$
\begin{aligned}
S_\text{I}^* &= S_\text{I} \\
S_\text{II}^* &= S_\text{II} + HES_\text{I} \\
S_\text{III}^* &= S_\text{III} + 2HES_\text{II} + (HE)^2 S_\text{I} \\
S_\text{IV}^* &= S_\text{IV} \\
S_\text{V}^* &= S_\text{V} + HE(3S_\text{III} + S_\text{IV}) + 3(HE)^2 S_\text{II} + (HE)^3 S_\text{I} \\
C_\text{I}^* &= C_\text{I} \\
C_\text{II}^* &= C_\text{II} + HEC_\text{I}
\end{aligned}
\tag{2.30}
$$

由圖 2.28 所示，n 為折射率，h 為邊緣光線的高度，i 為入射角，u 為入射線與光軸的夾角，C 為曲率，$\bar{u}$ 為主光線與光軸的夾角，$\bar{h}$ 為主光線的高度，A 為邊緣光線折射不變量，$A = ni = n(hC + u)$，$\bar{A}$ 為主光線折射不變量，$\bar{A} = n\bar{i} = n(\bar{h}C + \bar{u})$，$H$ 為拉氏不變量，$H = n\bar{u}h - nu\bar{h}$。由圖 2.29 所示，$\Lambda$ 為薄透鏡之形狀因子 (shape factor)，$\Lambda = hC_1 + hC_2$；U 為薄透鏡之共軛因子 (conjugate factor)，$U = u_1 + u_2$；E 為光闌移動偏心率 (eccentricity) 之改變量，如圖 2.30 所示，$E_{i+1} - E_i = -d/nh_i h_{i+1}$；$K$ 為折光率，$K = K_1 + K_2$ (K_1 為第一片鏡片折光率，

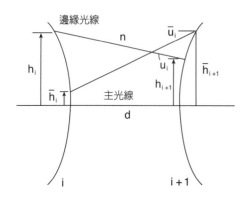

圖 2.30
光闌移位偏心率。

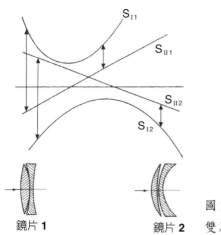

圖 2.31

鏡片 **1**　　鏡片 **2**　雙片薄透鏡組設計。

K_2 為第二片鏡片折光率)；V 為色散值。雙片鏡組三階像差為 $S_I = S_{I1}^* + S_{I2}^*$，$S_{II} = S_{II1}^* + S_{II2}^*$，$S_{III} = S_{III1}^* + S_{III2}^*$，$S_{IV} = S_{IV1}^* + S_{IV2}^*$，$S_V = S_{V1}^* + S_{V2}^*$，$C_I = C_{I1}^* + C_{I2}^*$，$C_{II} = C_{II1}^* + C_{II2}^*$。其中 1、2 分別為第一片鏡片與第二片鏡片之三階像差值。

② 雙片鏡組設計[1]

　　雙片鏡組有二個折光率及二個形狀因子，其四項變數能校正三個像差及固定有效焦距，二個形狀因子修正與形狀因子最有關係的球面像差與彗星像差，二個折光率除固定系統焦距外，並校正縱向色差。

　　由公式 (2.29) 知球面像差與形狀因子 Λ 為拋物曲線二次方關係，且折光率 K 值為正，有正值球面像差；反之折光率若為負值，有負值球面像差。而彗星像差與形狀因子為線性關係，其斜率與鏡片的折光率反號，如圖 2.31。縱向座標是像差，橫向座標是形狀因子。在雙片透鏡組合中將選擇一正一負兩種折光率的鏡片，使得正負像差能互相修正，其次選擇兩鏡片的形狀因子，使像差做最有效的修正。圖 2.31 中鏡片 **1** 為正值透鏡，鏡片 **2** 為負值透鏡。其形狀因子的選擇有二種，使鏡組像差 $S_I = S_{I1}^* + S_{I2}^* = 0$、$S_{II} = S_{II1}^* + S_{II2}^* = 0$。如果此二個形狀因子都是負值，其組合通常稱為夫琅和費式 (Fraunhofer-type)。若形狀因子皆為正值，其組合稱為高斯式 (Gauss-type) 的雙片鏡組。而雙片鏡組之像散和場曲兩者均無法消除，故僅能使用在視場範圍較小的系統中，如望遠鏡、準直鏡等。而縱向色差的校正，則由總折光率 $K = K_1 + K_2$ 和縱向色差 $C_I = [(K_1/V_1) + (K_2/V_2)]h^2$，當 $C_I = 0$，則可解

$$K_1 = \frac{V_1}{V_1 - V_2} K$$
$$K_2 = \frac{-V_2}{V_1 - V_2} K$$

$$(2.31)$$

2.1.3 干涉

(1) 前言

　　在幾何光學中，光被看成由許多如箭矢般的光線所構成，每條光線所行走路線都是直線。根據這個認知，科學家們建立出十分有效而且有用的幾何光學 (geometrical optics)，幾乎所有的成像系統 (imaging system) 基本上都是建立在幾何光學之上。

　　根據幾何光學，由於光是走直線的，所以在它行進的路程中，如果有不透明的物體，它投出的陰影應和物體的形狀相同，如圖 2.32 所示，而且邊界黑白分明。然而在雷射照射下，很容易便可看到幾何光學所不能解釋的現象。例如伸出手指迎著一束雷射光，然後讓雷射光把手指的影子投射到手指之後的白紙或白色牆壁上，如圖 2.33 所示。如果仔細觀察，此時會發現手指陰影的邊界並不如幾何光學所說的那麼清晰 (黑白分明)，而是影子的邊界由一條亮紋圍繞著，然後出現一條黑暗紋，再又是亮紋。在本圖中，那些第二級和以後更高級 (order) 的亮紋和暗紋都不明顯，不過第一級亮紋和暗紋則是十分清晰的豎立在陰影的週圍。然而根據幾何光學，光線是直走的，因此，在幾何光學的架構中，實在無法理解陰影之外會出現這些明暗相間的條紋。不過如今它們又確確實實的存在，那是什麼原因呢？

　　簡單來說，這個現象的緣由為：光也是一種波動，所以它會在陰影之邊界上產生波瀾，形成這些條紋。這現象有如水波通過一個缺口之後，那些水波會分散開來，侵入構成那個缺口的圍牆範圍之內 (參閱圖 2.34(a))。這個範圍相當於光學架構的陰影區，換句話說，在這裡陰影區的界線並不明顯。不過根據圖 2.34(b)，水波是侵入到陰影區很深遠的地方，但光波卻沒有，為什麼？另外，在水波的情況中，在陰影區的地方沒有相當於光波明暗相間的狀況，這又為什麼？或許我們太心急一點了，一下就想知道答案，這是不可能的，不過起碼對於圖 2.33 的現象，如今解決的曙光已經出現。

(2) 光的波動性質

　　從科學史來看，惠更斯 (Huygens) 早就認為光是一種波動，後來經過 Maxwell 和許多科學家的努力，光被確定為一種電磁波。它既然是一種波，所以自然也和水波一樣，具有某些

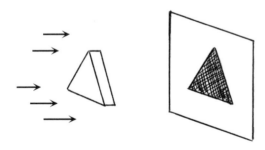

圖 2.32 由幾何光學所推得之影子。

圖 2.33 雷射光所投出之陰影。

第 2.1.3 節至 2.1.5 節作者為游漢輝先生。

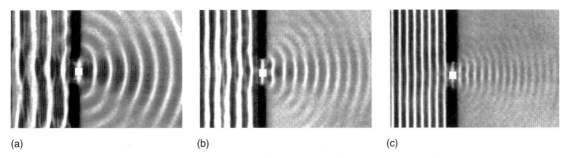

圖 2.34 水波自左邊通過圍牆缺口進入圍牆右邊的情形，圖中白色小方塊代表圍牆之缺口。(a) 水波波長比缺口長時的情形，(b) 水波波長和缺口大小差不多時的情形，(c) 水波波長比缺口略小時的情形。

相同的特性。不過由於它的波長太小，所以在日常生活的狀況中，它的波動行為並不明顯。這個道理，我們可以再一次用水波通過一個缺口的情形來加以解釋。

在圖 2.34(a) 中，缺口比水波的波長細小，水波於通過缺口後散得很開，這時波動特性很明顯。在圖 2.34(b) 中，缺口的大小和水波差不多，水波於通過缺口後，其散開的範圍收窄了一些，但還是散開，這也就是說，水波的波動特性還是顯示出來。在圖 2.34(c) 中，缺口比水波的波長略大一些，水波於通過缺口後，擴散的情形小得多了，勉強可以說是沿直線推進。上述這些現象都可以從嚴格的數學波動理論推導出來，在此不多討論。

由於光波的波長的範圍大約在 400 至 700 nm 之間 (1 nm = 10^{-9} m)，所以它比普通物體的尺度小得多，這也就是為什麼在日常生活中不容易看出光的波動特性之原因。以圖 2.34(c) 為例，當波長比缺口小一些時，水波已經不太散開而直走。如今一般來說，光波的波長比它所碰到的物體小上千萬倍，所以更是不會散開，這解釋了光雖然是波，但一般來說卻是沿直線行走而不散開的行為。事實上，除了這一點之外，還由於在日常生活的情況下，光源不外是太陽光或燈光 (包括白熾燈和日光燈)，這些光源實際上包含很多不同波長的光波，由於每種光波的波動現象互相干擾緣故，它們的波動性更不容易突顯出來。

由前面的論述，我們已確定光是一種波動，因此它應該呈現出波動的兩種特性：干涉 (interference) 和繞射 (diffraction)。在討論光的干涉和繞射前，首先介紹兩個重要的原理：惠更斯原理和疊加原理 (principle of superposition)，這兩個原理並不是專門為光而建立的，它適用於各種形式的波，光既然是一種波動，自然也應該遵守這兩個原理，因此就從這兩個原理出發來討論光的干涉和繞射。

(3) 惠更斯原理

惠更斯原理是一個描述波動在空間傳播的原理，此原理指出：光波在傳播過程中，其波前 (wavefront) 上任何一點均可視為新的波源，由這些波源再向外發出副波 (或稱子波；wavelets)，這些子波的包絡 (envelope) 就是新的波前。在一個波場中，由相同相位的點連接起來所成的面稱為波前。

　　惠更斯原理對平面波、球面波或其他形狀的波面皆同樣成立。圖 2.35 所示為一任意形狀之波前，其瞬間波前為 AB，其上各點 a、b、c 等可視為新的波源，若波的傳播速度為 v，經過 Δt 時間後，由各波源發出之子波形成許多個半徑為 $v\Delta t$ 之小圓，連接這些小圓之包絡得出 A′B′，此包線即為 Δt 時間後的新波面。圖 2.36 乃惠更斯原理應用於平面波和球面波的情況。

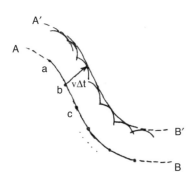

圖 2.35 惠更斯原理。

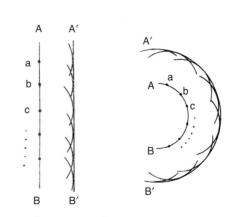

圖 2.36 惠更斯原理應用於平面波和球面波上。

(4) 疊加原理

　　在介紹疊加原理之前，必須瞭解如何定量的描述一道光波在時間上和空間上的大小。如前文所述，光是一種電磁波，所以要描述光就必須同時描述它的電場和磁場的變化。但是經過一些學者的研究，發覺描述一個光場只需描述它的電場即可。所以，一道沿 x 方向傳播的單色光的數學公式為

$$E(x,t) = E_0\cos(kx - \omega t + \theta) \tag{2.32}$$

其中 $E(x,t)$ 為在時間 t 時 x 點上的光電場，E_0 是這個光場的最大值，稱為振幅，$(kx - \omega t + \theta)$ 為這道波在 t 時 x 點的相位 (phase)，θ 為在原點之初始相位，k 為波數，ω 為角頻率。其中 k 及 ω 與波長 (λ) 及頻率 (f) 的關係為

$$k = 2\pi/\lambda \tag{2.33}$$
$$\omega = 2\pi f \tag{2.34}$$

　　圖 2.37 為兩道初始相位不同的波在某一點上隨時間的變化情形。圖 2.37(a) 中那道波的初始相位為 0，而圖 2.37(b) 中那道波的初始相位則為 $\pi/2$。如果這兩道波同時存在，那麼在

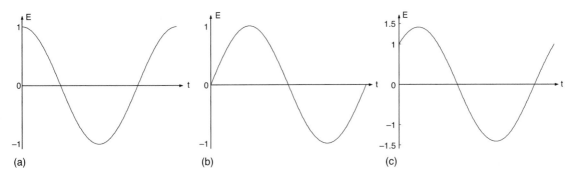

圖 2.37 (a) 一道在原點初始相位為 0 的波，(b) 一道在原點初始相位為 $\pi/2$ 的波，(c) 之曲線為 (a) 和 (b) 的曲線之和。

這一點的電場變化就如圖 2.37(c) 所示，它是圖 2.37(a) 和圖 2.37(b) 之和。這個簡單相加的過程稱為疊加原理，這是光在一般物體中和光強不很大的情形下的行為。當光在某些晶體中傳播而且光強又很強時，這個疊加原理就不正確，不過在本書中，我們不會討論到這類問題。

　　現在讓我們考慮圖 2.38 中四道光波在某一點上隨時間的變化情形。圖 2.38(a) 和圖 2.38(b) 中之兩道光相位相同，簡稱同相 (in phase)，數學上是這兩道波的原點初始相位相同。圖 2.38(a) 和圖 2.38(c) 中的兩道波稱為異相 (out of phase)，數學上是這兩道波的原點初始相位不同。圖 2.38(a) 和圖 2.38(d) 中的兩道波稱為反相，數學上是這兩道波的原點初始相位差了 180°。

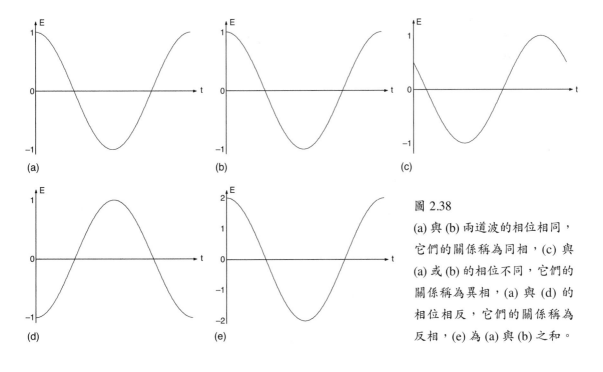

圖 2.38
(a) 與 (b) 兩道波的相位相同，它們的關係稱為同相，(c) 與 (a) 或 (b) 的相位不同，它們的關係稱為異相，(a) 與 (d) 的相位相反，它們的關係稱為反相，(e) 為 (a) 與 (b) 之和。

在現實中，如果兩道波同時落在同一點上，是無法把它們分辨開來的，此時只能看到或量測出它們的總和 (這就是疊加原理)，於是當圖 2.38(a) 和圖 2.38(b) 那兩道波同時落在同一點上時，其結果就是這兩條曲線的總和 (如圖 2.38(e) 所示)，從此圖可看出此時電場的振動加大 (變成兩倍)，在現實中，就是光的亮度變大。但是，當圖 2.38(a) 和圖 2.38(d) 那兩道波同時落在一點時，此時，在任何的時間中，此兩曲線之和都是 0，換句話說即沒有振動，也就是說其光強為 0。

(5) 光的干涉

經過前文的解說，現在我們應該了解，如有性質完全相同之兩列單色光光波同時到達空間某點，假如這兩列光波的相位同相，則互相加強，亮度增加；如相位為相反，則互相抵消，亮度銳減，這種現象稱為光之干涉。如使用之光非單色光而是白光，由於白光是由許多單色光構成，頻率互異，各單色光將各自發生干涉，以致部分單色光因干涉而加強，亮度增加；另一部分的單色光因干涉而抵消，沒有出現，因而呈現彩色。

光的干涉理論雖然非常簡單，但因光波波長太小以及其他的因素，不易察覺，直到 1880 年才由 Thomas Young 採用雙狹縫，首次完成此項實驗。因此，雙狹縫干涉實驗又名楊氏實驗。楊氏實驗裝置如圖 2.39 所示，使單色光投射在屏 A 上，入射光經由屏上小狹縫 S_0 穿過，此穿過的光成為新的光源，由 S_0 向屏 B 及其上二平行狹縫 S_1 和 S_2 上照射，穿過此二狹縫的光又成為新的光源，同時向各方向輻射，這些光大部分落在屏 C 上。因來自 S_1 和 S_2 的光係出自同一光源，其波長和頻率相等，因此當它們到達屏 C 時會因干涉而呈現明暗相間的條紋，這些條紋稱為干涉條紋，如圖 2.40 所示。圖中明亮之條紋，就是因為從 S_1 和 S_2 抵達此處之光，其光程相同，或光程相差恰好為波長的整數倍，因相位相同而加強。圖中黑暗條紋，乃是從 S_1 和 S_2 抵達此處之光，其光程差恰為光波半波長的奇數倍，因相位相反而抵消。

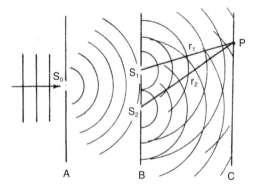

圖 2.39 楊氏雙狹縫干涉實驗。

圖 2.40 楊氏雙狹縫干涉實驗的干涉條紋。

(6) 薄膜的顏色

　　某些透明的薄膜，如肥皂泡或水面上的油層等，在日光下常呈鮮艷的色彩。這些色彩，就是由光波的干涉作用而形成。

　　為了說明薄膜上彩色的成因，我們以圖 2.41 所示的楔形結構為例。這個楔形結構表示一肥皂泡的一部分或在一水面上的油層。今有一單色光 I 由薄膜上端向下照射，部分光線在薄膜表層上反射，這就是圖中之光線 u；另一部分穿進薄膜，在薄膜底部反射，這就是光線 L。這兩條光線由於在不同的反射面上反射，一般來說會產生相差。再加上光線 L 在薄膜中往返，多走了一段距離，又產生一個光程差。因此，光線 u 和 L 兩條光線的總相差，乃反射相差和光程差所引起之相差的和。若總相差之和為 2π 的整倍數，這兩條光線將因干涉而加強，該處亮度增加；若總相差之和為 2π 的整倍數加上 180°，這兩條光線將因干涉而抵消，該處變成黑暗。一般的入射光為白光，白光是由很多種波長不同的單色光所組成。在某些區域，薄膜的厚度可能恰巧令黃色光因干涉而消失，剩下其他色光；在另一個區域，薄膜的厚度恰好將綠色的光去除，而剩下另外的色光，因而有不同的色彩出現。事實上前面之所述，也就是多層抗反射或抗穿透薄膜的最基本理論。

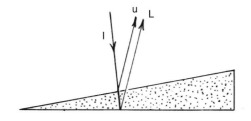

圖 2.41
薄膜彩色的成因。

2.1.4 繞射

　　從波動理論可以推出，當光遇到障礙物時，它會繞過障礙物而沿曲線進行傳播，此現象稱為光之繞射。然而在日常生活的狀況中，由於一般物品的大小比光波的波長大很多，而且光源又不是單色波，所以繞射現象不明顯。

　　在日常生活的情形中，光在通過狹縫時，一般來說，都會在狹縫後面幕上造成非常清晰的狹縫映像，如圖 2.42 所示。這是因為日常狹縫的孔徑 d 較光波波長 λ 大得多的緣故，此時光通過狹縫後，以直線的方式傳播，其波性極不顯著。但當狹縫孔徑逐漸減小，以致與光波波長相差不遠時，幕上輪廓變得模糊不清。如果狹縫孔徑變得更小，幕上亮區逐漸增大，除了中央亮帶之外，兩旁還有次亮區出現，如圖 2.43(a) 所示。這些明暗相間寬窄不一的圖樣稱為繞射圖樣，此現象即是繞射現象，前文圖 2.33 也是繞射現象的一種。

　　圖 2.43(b) 為將圖 2.43(a) 中的繞射圖樣用曲線畫出來。圖中橫座標表示繞射條紋分布的位置，縱座標表示每一繞射條紋的相對亮度。譬如在 $y = 0$ 處，曲線的縱座標最大，表示該

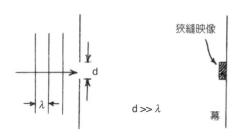

圖 2.42

當 $d \gg \lambda$ 時，光呈直線傳播，幕上呈現出狹縫的映像。

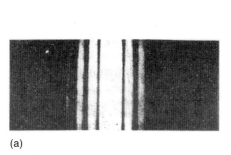

(a)

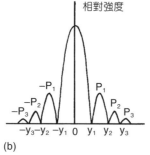

(b)

圖 2.43

(a) 單狹縫繞射圖樣，(b) 繞射圖樣的亮度分布曲線。

處最亮。但在 $y = P_1$、P_2、P_3 等，或 $y = -P_1$、$-P_2$、$-P_3$ 等處，曲線在這些位置的縱座標相對較低，表示在這些點的相對亮度較小。至於 y_1、y_2、y_3 等及 $-y_1$、$-y_2$、$-y_3$ 等處，正是繞射條紋的暗區，曲線在這些點的縱座標為零。

　　光的繞射當然不是直線傳播的結果，必須用「波動」的觀點去解釋，繞射現象是波的特性。各種波都有繞射特性，例如海港的波浪，可以繞過防波堤而使港內船舶顛簸；室內的人，可以聽到屋頂上小鳥的叫聲，這些都是波的繞射作用的結果。但是波的繞射程度與波長有關，波長愈大繞射現象愈顯著；波長愈小繞射現象愈不顯著。雖然光是電磁波，但波長太小，所以其繞射現象並不明顯，因而常被忽略。下文將介紹如何用光的波動性來解釋其繞射現象。

單狹縫繞射的波動解釋

　　假定狹縫寬度為 d，狹縫到幕的距離為 L，且 $L \gg d$，如圖 2.44 所示。當有一平面光波從左面射入到狹縫上，若想像狹縫是由 N 片缺口所組成，每片寬度為 d/N。根據惠更斯原理，每一片缺口皆為一新的點波源，由此波源各自發出副波，向幕上投射，幕上任意一點之亮度，乃各波源投射到其上的光波之總和。首先針對幕的中央 O 點，因為由每片缺口發出之光到 O 點皆有相同光程，又由於在狹縫上，各片缺口上的光線之相位相同，所以當光到達 O 點時，其相位自然依舊相同，故 O 點是繞射條紋中最亮之處。

　　至於如何求取第一條暗線的位置 y_1，為了討論方便，我們把狹縫想像成兩部分，每一部分寬度為 $d/2$，如圖 2.45 所示。再把每一部分看成許多點，每點皆相當於一個點光源。設上

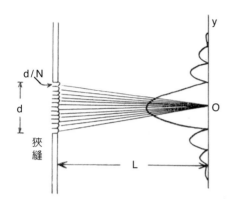

圖 2.44 繞射現象的解釋：將狹縫分成 N 片缺
　　　 口，每片缺口發出的光波到達幕上 O
　　　 點皆有相同光程，故各光線在 O 點同
　　　 相，光線因而加強，O 點最為明亮。

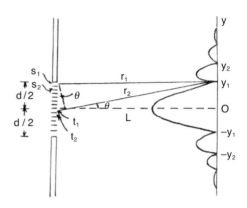

圖 2.45 y_1 是條暗線的說明：將狹縫分
　　　 成兩部分，上下兩部分發出的
　　　 光在 y_1 處互相抵消，所以 y_1
　　　 為暗線。

半部第一個點光源為 s_1，下半部第一個點光源為 t_1，若由 s_1 發出的光線到 y_1 的光程和由 t_1 發出的光線到 y_1 的光程相差半個波長，這兩條光線在 y_1 處的相位便會相差 180°，因而互相抵消。由幾何關係可推知，從上半部第二點 s_2 所發射至 y_1 的光線，和從下半部 t_2 所發射至 y_1 的光線，也會相差半波長，因而互相抵消。同理可推出，上、下兩部分對應的第三點、第四點等各點所發出的光，到達 y_1 時都相差半個波長，於是一一抵消，因而 y_1 位置為暗線。

　　由圖 2.45 可推出，屏幕上任一點至 s_1 和 t_1 之路徑差 $r_2 - r_1$ 為

$$r_2 - r_1 = \frac{d}{2}\sin\theta \tag{2.35}$$

當 $L \gg d$ 時，θ 角很小，於是 $\sin\theta \approx \tan\theta = y_1/L$，將其代入公式 (2.35) 中可得

$$r_2 - r_1 = \left(\frac{d}{2}\right)\left(\frac{y_1}{L}\right) \tag{2.36}$$

當 y_1 是暗處時，$r_2 - r_1 = \lambda/2$，所以

$$y_1 = \frac{\lambda L}{d} \tag{2.37}$$

此處 y_1 是中央亮帶 O 到第一暗線的距離。

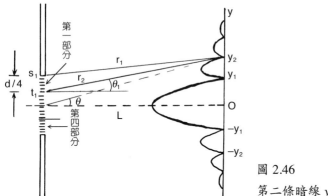

圖 2.46
第二條暗線 y_2 的位置推導圖。

　　由於對稱關係，中央亮帶的另一邊也有一條暗線，這條暗線在圖 2.45 中之 $-y_1$ 處，因 $|-y_1| = y_1$，於是中央亮帶的寬度 Δy 為

$$\Delta y = 2y_1 = \frac{2\lambda L}{d} \tag{2.38}$$

因此藉由測定中央亮帶寬度 Δy、狹縫寬度 d、狹縫到幕的距離 L，可以推出光波波長 λ。

　　下面為第二條暗線 y_2 位置的推導，由上述的論述可推想出由第一暗區 y_1 至狹縫的上下邊界的路程差為一個波長。用同樣的推理，可推出圖 2.45 中第二個暗處 y_2 至狹縫的上下邊界的路程差為兩個波長。在此為了方便說明，可把狹縫分成四個相等的部分，如圖 2.46 所示，每一部分仍舊想像為由許多點所構成。第一部分之 s_1 到 y_2 的光程，如果和第二部分之 t_1 到 y_2 的光程相差半個波長，則第一部分上各點所發出的光，將各自與第二部分各點所發出的光，在 y_2 處一一抵消。同理，第三部分各點所發出之光，在 y_2 處又與第四部分各點所發出的光相互抵消，因此，y_2 為一暗線。由圖 2.46 可以看出，y_2 處為暗線的條件為 $r_2 - r_1 = \lambda/2$，但因為

$$r_2 - r_1 \approx \left(\frac{d}{4}\right)\sin\theta_1 \approx \left(\frac{d}{4}\right)\tan\theta_1$$
$$\approx \frac{d}{4}\tan\theta \approx \left(\frac{d}{4}\right)\left(\frac{y_2}{L}\right) \tag{2.39}$$

於是

$$\left(\frac{d}{4}\right)\left(\frac{y_2}{L}\right) = \frac{\lambda}{2} \tag{2.40}$$

即

$$y_2 = \frac{2\lambda L}{d} \tag{2.41}$$

同理第 n 條暗線位置座標 y_n 為

$$y_n = \frac{n\lambda L}{d} \tag{2.42}$$

在第 $n-1$ 條暗線到第 n 條暗線之間的亮帶寬度 Δy 為

$$\Delta y = y_n - y_{n-1} = \frac{n\lambda L}{d} - \frac{(n-1)\lambda L}{d} \tag{2.43}$$

或

$$\Delta y = \frac{\lambda L}{d} \tag{2.44}$$

由此式可以說明，對於一定波長的入射光，狹縫愈窄 (d 愈小)，繞射條紋愈寬，繞射現象愈明顯。

在圖 2.43(a) 的繞射圖樣中，很明顯的，中央那一條亮帶最亮，兩旁的次級亮帶的亮度逐漸降低。其原因為到達中央亮帶的每條光線皆有相同光程，相同相位，所以彼此互相加強，故很明亮。但位於 y_1 和 y_2 之間的第一條亮帶的情形則不同 (圖 2.45 內正中間的亮帶稱為第 0 條亮帶，上下漸次出現之亮帶依次稱為第一條、第二條等亮帶。因此在圖 2.45 內，y_1 和 y_2 之間以及 $-y_1$ 和 $-y_2$ 之間的兩條亮帶都稱為第一條亮帶。)。前面說過從圖 2.45 中之 y_1 至狹縫之上下邊界的路程差為一個波長，因此我們可以推論從 y_2 至狹縫之上下邊界的路程差則為兩個波長。也因此，可以理解從 $\overline{y_2 y_1}$ 中間 (即第一亮帶之高峰的地方)至狹縫的上下邊界的路程差為一個半波長。在這情形下，我們可以把狹縫看成三等分，如圖 2.47 所示。每部分之上下邊界到 $\overline{y_2 y_1}$ 中間之路程差為半個波長。因此，第一部分發出的光到達第一亮帶的光程正好與第二部分所發出的光到達第一亮帶的光程相差半個波長，因而一一抵消。只有第三部分發出的光，到達第一亮帶時沒有抵消的對象，因而到達第一亮帶的光線實際上僅是狹縫光線的三分之一，故第一亮帶的亮度僅是中央亮帶亮度的三分之一。同理可推出到達第二亮帶上的光線僅是中央亮帶亮度的五分之一，故第二亮帶的亮度又較第一亮帶弱。依此可以推出，離中央亮帶愈遠，其亮度愈弱。

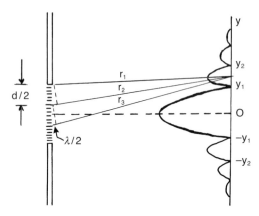

圖 2.47 第一條亮帶的亮度比中間那條亮帶
的亮度較低。

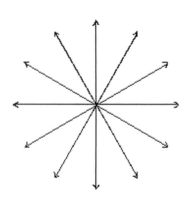

圖 2.48 自然光的電場分布。圖中每條線兩頭
都有箭頭,表示這些電場都是振動的
電場,光的傳播方向垂直穿出紙面。

2.1.5 光的偏振 (Polarization)

光是電磁波,且由許多的研究成果指出,當我們描述光波時,描述其電場部分就可以
了,所以可以簡約的說,光是一種電場的振動。因此描述光波時,實際上有兩個方向要描
述,一個是光的傳播方向,另一個是構成這束光波的電場的方向。光波的傳播方向很簡單,
它是一個單一的方向。至於電場方面,由於它是振動的,所以其方向就比較複雜,因為它會
改變。

在日常生活中所接觸到的光波大概不外乎太陽光、燈光 (日光燈或白熾燈所發出的光),
這些都是很複雜的光波,它除了包含很多種波長不同的光外,其電場的方向一般來說都是均
勻分布在垂直於它傳播方向上的平面上,如圖 2.48 所示。就是因為這些所謂自然光太複雜
了,所以很多光學的細緻現象,例如干涉和繞射都不會顯現出來。

當設法讓光的電場侷限在一個平面上時,此時這些光稱為平面偏振光 (plane polarized
light) 或線偏振光 (linear polarized light),圖 2.49 為兩種面偏振光的例子。除了面偏振光外,
還有圓偏振光 (circular polarized light),這種光的電場向量尖端不是沿著一條線來振動,而是
劃出一個圓,如圖 2.50 所示。在圖 2.50 中,E 向量的旋轉方向和時針相反 (光的傳播方向迎
向讀者),這種圓偏振光稱為右圓偏振光 (right circular polarized light);如果 E 向量的旋轉方
向和時針相同,那麼稱它為左圓偏振光 (left circular polarized light)。不過留意亦有另一派學
者反過來稱呼這兩種偏振光,即當 E 向量的旋轉方向和時針相同時稱為右圓偏振光,當 E
向量的旋轉方向和時針相反時稱為左圓偏振光。所以閱讀文獻時,對這兩個名詞要當心。

在有些情況中,光波中的 E 向量所劃出的軌跡既不是直線,也不是個圓,而是個橢圓,
此時這種光稱為橢圓偏振光。橢圓偏振光亦如圓偏振光一樣分為左橢圓偏振光和右橢圓偏振
光。它們的區分和前面所述的圓偏振光一樣,混亂情形亦相同,所謂混亂是指同樣的亦有兩
派人士,各自跟隨自己所定的習慣去區分左橢圓偏振光和右橢圓偏振光。

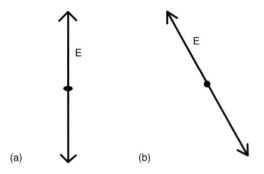

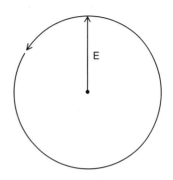

圖 2.49 (a) 和 (b) 分別是兩種面偏振光 (或稱線偏振光)。這種光的電場只侷限在圖中那條線上往復振動，光的傳播方向垂直穿出紙面。

圖 2.50 圓偏振光。迎著光波所看見的電場向量所劃出的軌跡，圖中的圓偏振光稱為右圓偏振光。

2.2 光學元件製作

2.2.1 傳統光學元件製造技術

(1) 概論

　　傳統光學鏡片製作技術是近二百年來逐漸發展而成，雖然新近有許多自動化電腦數值控制 (computer numerical control, CNC) 製造技術相繼問世，但一般光學鏡片製造公司在製作平面或球面鏡片時，依舊沿用傳統的加工技術。傳統光學鏡片製作方式依用途可分為透鏡 (lens)、反射鏡 (mirror) 及稜鏡 (prism) 等製作，其中透鏡用於光束波前 (聚焦) 修正，製作上著重曲率及厚度的控制，而反射鏡主要用於光路方向的變換，因其反射鏡面會使入射光產生兩倍於其曲率角度的變化，故製作上的精度要求需比透鏡高。至於稜鏡是用於分光、集光或改變光路方向，製作重點在於兩相鄰界面的角度精度。

　　光學鏡面的製作步驟會因不同的外形、尺寸與種類而異，但大致的流程皆類似，其可概分為選材、切割、圓整 (滾圓)、成形 (curve generating, CG)、貼附 (lapping)、研磨 (grinding)、拋光 (polishing)、塗保護膜、冷凍脫模與清洗、定心 (centering)、精度檢驗及鍍膜等 (如圖 2.51 所示)，其中鍍膜為一獨立之光學技術，故不在此討論。

(2) 選胚、切割與圓整

　　選擇毛胚時，必須將厚度之耗損量、外徑、修邊量及材質等納入加工考量，一般而言，材料的耗損量愈少愈好。光學設計人員在光路設計時，也應儘量選用強度高、穩定性好、易拋光之材料。另外，所選用的材料要避免胚體中有結石 (原料之未融物或混入雜質)、節疤 (玻璃化速度不同所致)、起筋 (原料未充分均勻混合所致) 及氣泡 (回火不當或化學作用所產生的氣孔) 等缺陷。

第 2.2.1 節作者為黃國政先生。

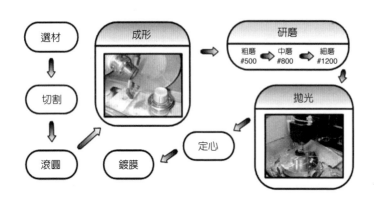

圖 2.51
傳統光學鏡片製作流程。

　　玻璃鏡片材料通常都是整塊的胚體，可先以油性或鉛筆劃出所需之形狀，依照過去的經驗保留一定的欲留量，作為加工過程中可能的磨損，例如透鏡的規格為直徑 (ϕ) × 厚度 (t) = 25×10 mm^2 時，切割出來的玻璃方塊尺寸大約是 $30 \times 30 \times 12$ mm^3 左右最為合適。將檢查無誤的胚料黏成一串，可用石臘加松香當黏貼劑，塗抹在玻璃片之間，黏貼成一個柱棒，柱棒的兩端各貼一個金屬柄，柄端各鑽一衝心鑽孔 (黏貼玻璃柱棒的動作宜在具有 V 形槽的墊板上完成)，再將玻璃棒放在圓整機上輪磨成圓棒，這個動作類似機械車床車削圓棒的加工。圓整機檯面左右運動速度需予以調整使其適合玻璃加工，另加油水混合劑作冷卻及潤滑用，圓胚棒之直徑亦須酌留定心欲度。在圓整完成後，將圓毛胚分開置入溶劑中清洗殘餘的黏貼劑。

(3) 成形

　　鏡片「成形」是指將玻璃毛胚經成形機磨製成預定曲率之鏡胚。新近產業所用成形機台除可成形毛胚外，亦具鑽孔及倒角之功能，故具有中空結構玻璃胚體可在成形機台上一次加工完成。玻璃鏡片成形時，因玻璃屬脆性材料，在其邊緣常會出現崩角現象，為了增強邊角對外力的抵抗、避免邊角崩裂的碎片對鏡面造成傷害，以及便於精密組裝等目的，通常會將鏡片邊緣的銳角磨去，此即所謂之「倒角」。

　　鏡胚曲率的形成是以杯形鑽石磨輪進行鏡片成形，其鑽石磨輪刀口半徑 (r)、直徑 (D)、中心軸傾斜角 (α) 與欲加工鏡片的曲率半徑 (R) 之關係如圖 2.52 所示。

· 磨石組織

　　鏡胚成形時，磨石的組織對成形面的影響極大；當磨石粒度愈細，成形面的表面愈精細，但切削銳利度變差。另外，磨石使用金屬結合劑，切削銳利度較樹脂結合劑為佳，但成形面的表面較為粗糙。當磨石集中度為 100 (4.4 ct/cc) 時，其磨削比 (工件磨削量／磨石消耗量) 最大，但集中度愈高，工件成形表面愈細。另外，磨粒愈突出，成形表面愈粗，而磨粒呈多角形球狀者，工件成形表面愈細。IDAS (Industrial Diamond Association Standard) 標準表示如表 2.3 所列。

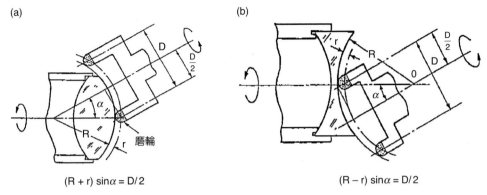

圖 2.52 鏡片成形之加工參數，(a) 凸面成形，(b) 凹面成形。

・磨削液

　　磨削液的種類有油性 (straight type)、乳化型水溶性 (emulsion type)、半透明乳化水溶性 (soluble type) 及溶解型水溶性 (solution type) 等數種。其中，油性磨削液是以軟質礦油為本體，脂肪類含量 5－10%，精密研削性能最佳。而乳化型水溶性磨削液是以礦油為基油，乳化劑含量 5－20%，以水稀釋 10－20 倍，呈乳白濁色，潤滑性良好，但浸透性及冷卻性不佳，其價格低廉。半透明乳化水溶性磨削液則為不溶性油分少，乳化劑含量多，以水稀釋 70－100 倍，浸透性、冷卻性及潤滑性均佳。溶解型水溶性磨削液的無機鹽類含量 20－30%，具有較好防鏽性。選擇磨削液時，除需具有良好的潤滑性 (可延緩磨石切刃的鈍化)、浸透性 (防止「塞目」現象發生)、冷卻性 (降低磨削的溫度) 及化學性 (可防鏽及殺菌) 外，應考量是否無引火性、不傷皮膚、無惡臭、無污染性、能清屑、易保養及不溶解光學玻璃之接著劑等。

・曲率檢驗

　　成形完成的玻璃鏡胚可用球徑計 (spherometer)、輪廓儀 (profiler) 及干涉儀 (interferometer) 等來量測其曲率半徑，但目前光學工廠最常使用球徑計來做量測，其量測步驟如下：

表 2.3 IDAS 砂輪磨石 SDC-140-N100-BA-3.0。

磨料的種類	粒度	結合度	集中度 (ct/cc)	結合劑	磨料層 厚度 (mm)
D：天然鑽石	140	J 軟	2.2 (50)	BA	3.0
SD：合成鑽石	(D＝105 μm)	L	3.3 (75)	B：樹脂結合劑	
SDC：合成鑽石		N	4.4 (100)	M：金屬結合劑	
CBN：氮化硼		P	5.5 (125)	V：瓷質結合劑	
		R 硬	6.6 (150)		

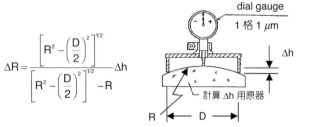

$$\Delta R = \frac{\left[R^2 - \left(\dfrac{D}{2}\right)^2\right]^{1/2}}{\left[R^2 - \left(\dfrac{D}{2}\right)^2\right]^{1/2} - R} \Delta h$$

圖 2.53
曲率半徑與高度之變化關係。

1. 先將球徑計在原器或參考之標準曲面上歸零。
2. 將球徑計移至待測件曲面上量取矢高差 (sagitta difference) Δh 值 ($\Delta h < 10\ \mu m$ 為宜)。
3. 依原器之曲率半徑 R 計算 ΔR，參考公式如圖 2.53 所示。
4. 計算待測件曲率半徑為 $R + \Delta R$。

(4) 研磨／拋光原理

　　研磨／拋光流程一般有下列三種機制：① 微小切削：利用機械方式以分子尺寸大小逐漸破碎形成切削。② 流動黏性體：鏡面與研磨劑之間的相互摩擦，局部瞬間加熱，表面凸部藉由黏性流動往凹部，填平表面凹凸。③ 化學反應：鏡面表面與水反應形成矽膠凝體 (水和層)，凝體層被研磨移除。

　　影響研磨的變數有工作物及磨具表面形狀、鏡面壓力分布、機械運動參數及研磨材料的硬度等，這些參數之間會相互影響，故研磨的物理機制相當複雜，一般為得到比較合理分析，大多數的研磨 (拋光) 理論都引用 1927 年 Preston 所發表的理論，其基礎方程式如下：

$$\text{Wear} = K \iint_{s\ t} PV\, ds\, dt \tag{2.45}$$

意即鏡面被磨去的體積正比於鏡面與工具接觸界面上的壓力與相對速度之乘積。其中，Wear 為鏡面材料被磨去的體積，P 為鏡面上某點所受的壓力、V 為該點與工具的相對速度，而 K 為比例常數，需由實驗決定之。圖 2.54 為一般研磨／拋光機構示意圖。

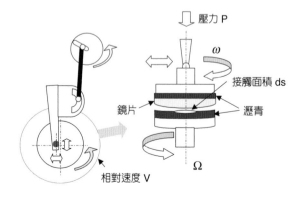

圖 2.54
研磨／拋光機構圖。

• 磨碗製作與鏡片貼附

　　在壓磨、研磨、拋光、貼附等鏡片製作流程上，一般以磨碗為主要工具。各類磨碗尺寸 (曲率半徑 R) 取決於鏡片的深度，表 2.4 為一凸面曲率半徑 250 mm 之範例。

　　透鏡的貼附數是影響控制研磨之難易度及透鏡價格的主要因素，一般須考量透鏡的直徑、形狀、厚度、生產數量及加工條件等因素之後才能決定。另外，鏡片固定在磨碗上，亦須視受力情形、溫度、精度與數量而定。通常透鏡使用瀝青當黏貼劑，而稜鏡及一般不規則的鏡片則使用石膏或松香臘等。其中，瀝青或松香臘屬黏彈性體，粗細磨或拋光時，即利用其機械性能與流變學 (rheology) 的性質，改變材料之表面品質。一般以 r/R_0 值為黏貼個數依據，依表 2.5 可概算黏貼個數。

(5) 拋光

　　在光學元件製造中，鏡片經過切削、砂磨之後其表面尚有 $2-3$ μm 厚的裂紋層，要消除這一層裂紋層的方法即為「拋光」。拋光所使用的材料有呢絨、拋光皮 (polyurethane) 及瀝青等，通常要達到高精度的拋光面，最常使用的材料是高級拋光瀝青。因為使用瀝青來拋光時，可藉由瀝青細密的表面，帶動拋光粉研磨鏡面生熱使玻璃熔化流動，熔去粗糙的頂點並填平裂痕的谷底，逐漸把裂紋層除去。

表 2.4 各類磨碗規格 (曲率半徑 250 mm)。

磨 具 種 類	R1 ($\perp$)	250 mm
貼附用磨碗	R1 – 7.0 ($\perp$)	243 mm ($\perp$)
粗磨用磨碗	R1 + 0.2 ($\cup$)	250.2 mm ($\cup$)
細磨用磨碗	R1 ($\cup$)	250 mm ($\cup$)
壓製拋光模具用磨碗	R1 ($\perp$)	250 mm ($\perp$)
拋光用磨碗	R1 + 3.0 ($\cup$)	253 mm ($\cup$)

• 瀝青層厚度採用 3 mm，$\perp$ 表示凸面，$\cup$ 表示凹面。

表 2.5 黏貼個數概算表。

貼附數	適 用 範 圍	
1	$r/R_0 > 0.65$	
3	$r/R_0 = 0.48-0.65$	
4	$r/R_0 = 0.41-0.53$	
6	$r/R_0 = 0.34-0.46$	
7	$r/R_0 = 0.20-0.38$	
>7	$r/R_0 < 0.35$	

• R_0：拋光曲率半徑，r：鏡片半徑。

利用抛光磨具做鏡面拋光前，須在拋光磨具表面附上一層拋光材料 (瀝青、羊毛氈或絨布)。一般若想得到表面品質較好的拋光鏡面，多半是使用瀝青實面磨具，且實際使用在拋光的磨具會在瀝青表層覆以網目或刻出方格溝槽或螺旋溝槽，以助排屑並可增加拋光效果。對於板狀玻璃或眼鏡等精度稍微偏低的拋光，可使用毛氈磨具。毛氈磨具是在磨具上貼上毛氈或呢絨而成，毛氈以網目較細密且精緻者為佳，若浸於松酯、瀝青及木焦油裡，則玻璃表面的「橘子皮皺紋」變少，常用在高速拋光。

・拋光劑

在製造玻璃透鏡或稜鏡時，早期所使用的拋光劑多為氧化鐵 (Fe_2O_3、Fe_3O_4)，自西元 1933 年開始，氧化鈰 (CeO_2)、氧化釷 (ThO_2) 及氧化鋯 (ZrO_2) 漸為廣用，除了拋光面好，工件受污染也少。氧化鐵以 Fe_2O_3 為主成分，普通為赤褐色的細微粉末，因拋光面不佳，目前已很少使用在精密拋光上。氧化鈰由磷酸鈰釷礦 (monazite)、草酸鈰及氫氧化鈰等所製做出來，純度愈高其加工能力也愈高 (顏色由褐色到淡黃色)。依燒結而成的溫度高低在形成氧化物時會產生硬、中、軟質的差別，硬質的氧化物其拋光能力大、壽命長，但容易刮傷；軟質的氧化物拋光能力小、壽命短，但拋光出來的表面較好。拋光材料的拋光能力並非決定在磨粒的硬度而已，磨粒的化學活性、軟化溶解溫度，以及拋光液的磨粒濃度等也是影響拋光品質的因素，例如每種拋光液都有最佳拋光量濃度，氧化鈰在 9－11 g/100 cc 時，對光學玻璃有最大拋光量。此外，拋光液的化學酸鹼值 (pH) 亦會影響拋光能力。

(6) 定心

使透鏡的幾何中心軸與光軸一致的工作過程稱為「定心」，一般所謂定心是指鏡片的對心 (centering) 與磨邊 (edging) 兩過程。透鏡經拋光後，其光軸 (兩曲率中心之連線) 往往偏離其幾何中心軸，此一現象稱為偏心 (decentration)。理論上透鏡的偏心可分為兩種誤差型式，一種是光軸與幾何中心軸平行 (如圖 2.55(a) 所示)，另一種是光軸與幾何中心軸交叉 (如圖 2.55(b) 所示)，而實際上透鏡的偏心是這兩種誤差的綜合。

一般定心機構可分為光學式及機械式兩種。光學式定心較機械式對心的精度來得高，但需花費較多調整對正的時間，生產成本較高。目前市售的光學式定心機的對心精度約為 10″，而機械式對心精度約為 3′，故光學式定心機廣泛用於偏心要求比較高和曲率小的鏡片。光學式定心光路如圖 2.56 所示，當 a 十字刻線位於 b 空心十字刻線，且不隨鏡片主軸旋轉時，即對心完成，再將鏡片主軸擺置於磨邊機磨邊即完成定心之工作。

(7) 塗保護膜、冷凍脫模與清洗

鏡片單面拋光完成後，可用毛筆沾洋乾漆或塗噴保護膜在鏡面表面上，以防鏡面表面受到傷害。大量生產中，為求快速而簡便，可改用罐裝噴漆，待鏡片兩面拋光完成後，即可進

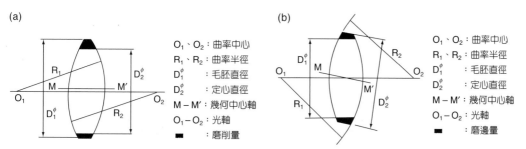

圖 2.55 透鏡的偏心型式。(a) 光軸與幾何軸平行的偏心示意圖，(b) 光軸與幾何軸交叉之偏心示意圖。

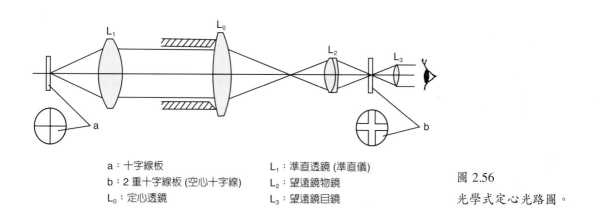

a：十字線板　　　　　　　L₁：準直透鏡 (準直儀)　　　　　　圖 2.56
b：2 重十字線板 (空心十字線)　L₂：望遠鏡物鏡　　　　　　　　光學式定心光路圖。
L₀：定心透鏡　　　　　　　L₃：望遠鏡目鏡

行冷凍脫模。冷凍脫模即是將鏡片模置入冰箱中冷凍，溫度約在零下 30 °C，利用玻璃與瀝青的膨脹係數不同，在低溫下而使得鏡片與瀝青脫開，之後再小心地將鏡片從模具上取下。

　　脫模後的鏡片上有瀝青、漆、拋光粉等附著物，須經過清洗的工作，以便於檢查及進行下一步驟。清洗透鏡的型式，視產量的大小而可採用超音波洗淨機或人工來清洗；人工清洗者需帶手套或指套，以防止洗滌液對皮膚造成刺激，其次可防止指紋印在透鏡上而造成污染。洗滌液的化學洗淨力通常是溫度愈高時愈大，而超音波的機械式洗淨力在某溫度以上時反而降低。所以洗滌液的溫度取決之重點是在於化學洗淨力或是機械式的洗淨力，通常設定為 40-80 °C (水約在 50 °C 呈現最大凡得瓦力)。一般常用的有機溶劑為乙醚及酒精的混合液。

(8) 精度檢驗

　　透鏡表面瑕疵的檢查並不十分明確，因為表面檢查憑個人視覺及方法而定，尤其是位於規格極限的邊緣品常難以取捨。故檢驗者除應對刮傷及砂孔的規範有深刻的印象外，亦要經常比對刮傷與砂孔的標準樣板，以確保檢查的正確性。通常檢驗透鏡的清潔、刮傷、砂孔及脈理、氣泡等須逐件實施，而厚度、直徑、偏心度及表面精度可抽樣檢查。

鏡片表面精度可分為形狀精度及表面粗糙度兩部分。平面鏡的形狀精度是指平坦度 (flatness)，而球面與非球面鏡的形狀精度即面形差 (figure)，而不規則度則包含散光 (astigmatism) 及其他局部不規則表面。

拋光後的鏡面反射率較高 (> 4%)，其表面精度可直接以干涉儀來測量，但由於使用干涉儀量測略為費時，故工廠要求只要精度在 $\lambda/4$ ($\lambda = 632.8$ nm) 以下者，可以使用標準片 (原器) 做線上量測，俟形狀精度進入 $\lambda/4$ 後，再改用干涉儀量測。表面精度的表示標準一般有 JIN、ISO 10110 及 DIN 3140 等三種，其中 ISO-3/a/b 標準中，a 是所容許之牛頓圈的最大圈數，b 為在直徑方向之牛頓圈的最大差值。若牛頓圈容許條數未滿一條的較高精度的鏡面，則以 λ/n 表示之。圖 2.57 即為以 Zygo-Fizeau 干涉儀測量平面、凹面及凸面鏡面之架設方式。

Zygo-GPI XP 干涉儀

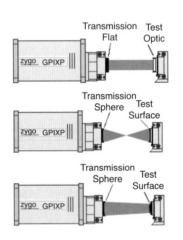

圖 2.57 平面、凹面及凸面鏡面架設方式。

(9) 結論

傳統光學加工技術流程主要用於製造平面 (含稜鏡) 及球面鏡加工，尤其是市售的標準元件 (原器) 幾乎都以傳統光學機台加上技術經驗製作而得，未來藉由高精度自動化機械設備的加入，例如鑽石車床 (single point diamond turning machine, SPDT) 及鑽石輪磨機 (diamond grinding machine, DG) 等，傳統光學加工的流程不僅可獲得簡化，其精度及良率也將一並提高。

目前許多光學廠已有高精度的加工設備，但傳統光學加工技術仍舊非常依賴技術人員的加工經驗，例如產量較少的航太級望遠鏡系統，在製造數米的主反射鏡時，皆須由具有極豐富加工經驗的老師傅執行拋光工作，以達成該反射鏡的精度要求，故未來光學廠在開發新加工技術時，除精進加工設備外，亦需重視加工技術的傳承。

2.2.2 塑膠射出成形

塑膠射出成形 (injection molding) 是常用的精密模造製程 (molding process)，其基本工作原理是將顆粒狀塑膠材料經烘乾後，由料筒進入射出成形機料管內，經由料管內熱電耦加溫和射出驅動裝置，如螺桿 (screw) 轉動後使塑膠材料與料管內壁產生剪切熱，將固態的塑膠材料熔融成液態，再由射出驅動裝置加壓進入模穴 (mold cavity) 中充填凝固成形。塑膠材料的種類繁多，常用於光學元件的有光學級壓克力 (聚甲基丙烯酸甲酯，PMMA)、聚碳酸酯 (polycarbonate, PC) 及近來由 Zeon 公司出產的 ZEONEX 等高透明度和低收縮率的塑膠材料。以下針對新近光機電元件之射出成形原理與技術發展作介紹，分為射出成形機種類、射出成形模具設計 (mold design)、射出成形模流分析 (mold flow analysis) 與參數設定，以及光機電元件 (如塑膠模造鏡片 (molding lens) 和稜鏡等光學元件) 最需注意之射出成形所造成誤差與補償方式等。

(1) 射出成形機種類

射出成形機通常是以鎖模噸數或射出計量來區分機型大小，若以鎖模方式來區分，可分為肘節式 (toggle) 與直壓式兩種；以驅動方式來區分，可分為全油壓式、半油壓式與全電式等；而以射出機構來區分，一般射出成形機料管內有柱塞式 (plunge or ram) 或往復式螺桿兩種[12]，較新型的精密微量射出成形機則有螺桿預塑式等設計，圖 2.58 至圖 2.60 為各式射出機構之圖示。

目前常見的射出螺桿如圖 2.61 所示，一般可分為進料、壓縮和計量等三段，各段依不同塑膠材料及射出成形製程有不同的螺距 (pitch) 及壓縮比設計[13]，預塑式設計則是兼顧螺桿計量準確，以及柱塞可在瞬間產生高射速 (injection velocity) 與高射壓 (injection pressure) 之優點，因此常應用於微結構 (micro feature) 之射出成形；若以射出方式來區分，可分為直立式、半直立式和臥式三種，圖 2.62 為半直立式射出成形機圖示，其料管為直立式，但模具

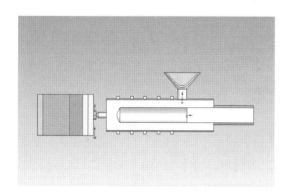

圖 2.58 柱塞式射出成形機。

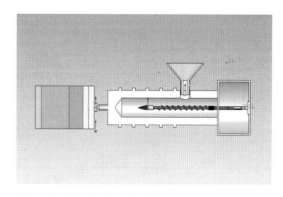

圖 2.59 螺桿式射出成形機。

第 2.2.2 節作者為陳炤彰先生。

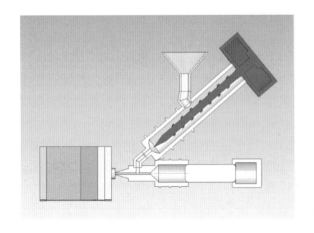

圖 2.60
螺桿預塑式射出成形機。

是一般臥式合模設計，可節省模具之流道與機台擺設空間，極適合對稱形之精密射出成形件，如雷射印表機內用的小齒輪。

(2) 射出成形模具設計

　　射出成形模具之設計除了模仁之模塊形狀與嵌入方式之外，主要有澆口位置與設計、流道與流道平衡、模座選擇、冷卻水路與頂出方式等，射出成形模具設計的好壞會直接影響射出之成形參數的操作視窗 (operation window) 與成形週期長短，同時也關係到成品品質。一般而言，射出成形週期為合模、射出充填 (filling)、保壓 (packing)、冷卻 (cooling)、開模及頂出等步驟，精密射出成形之保壓和冷卻常佔成形週期 60% 以上，甚至在成品厚薄不一的塑膠模造光學元件應用時，有可能是射出充填的數十倍或更長的時間，所以射出成形模具之設計更需考慮周詳。

　　對於澆口位置與設計，關鍵在於射出充填完全以及是否符合要求，一般外形種類的模具設計原則，如中間進澆可使流道長度一致、厚端進澆可使充填壓力降低等，但在塑膠模造光

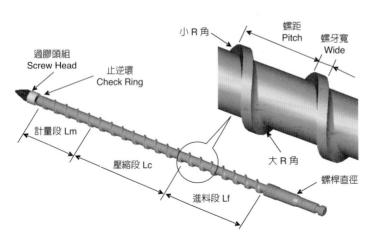

圖 2.61
射出螺桿之分段與設計。

圖 2.62 半直立式射出成形機 (樹研工業公司提供)。

學元件應用時,因光路 (optical path) 或組裝的考量,澆口位置常多所限制,所以澆口之形狀與尺寸大小更加重要。對於流道部分,因量產需求,一模多穴的設計常是模具設計之另一考驗,原則上仍必須滿足多模穴儘量射出充填之需求,再考慮流道和澆口等料頭之節省。

模座選擇部分則多需配合射出成形機之鎖模尺寸限制與標準模座規格,目前 3D-CAD 軟體多有模具精靈 (mold wizard),包括標準模座資料庫等,對於模座選擇上非常方便。對於冷卻水路設計,通常需搭配油溫機與水溫機之進出規格,由於光機電元件多是形狀精度與光電特性皆需符合要求之成品,冷卻水路應廣義的稱為模具溫度 (以下稱為模溫) 控制系統的一部分[14,15],即整體考量模溫之加熱方式,如電熱棒、加熱線圈或紅外線等,在模板內仍需預留位置,冷卻水路則是進入冷卻區時之模溫降溫需求,所以在量產時,常需多台模溫機之搭配,才能保持良率之穩定。

最後在頂出方式上,首先是頂出銷位置之安排,因光機電元件多有光電應用之考量,常見的是在成品外的位置實施多點頂出或直接以模仁頂出方式設計,另外還有頂出時直接剝料等量產考慮。

對於更複雜的光機電元件,如圖 2.63 所示之繞射光學元件 (diffractive optical elements, DOE) 射出成形則常採用射出壓縮成形 (injection compression molding, ICM),因篇幅有限,若對此有興趣的讀者請參見相關文獻 15－17。

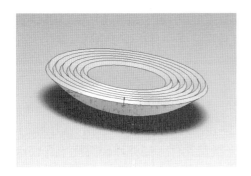

圖 2.63
繞射光學元件。

對於光機電元件之射出成形模具設計，目前電腦輔助模流分析軟體，如 Moldex、MoldFlow (MPA&MPI) 等，功能已漸臻完善，可先應用模流分析軟體，節省模具設計時間及模具修改次數。

(3) 射出成形模流分析與參數設定

塑膠射出成形過程如前所述，理論上可視為同時具強制壓力流和熱傳凝固之製程，因此數學上多由相關熱流之統御方程式 (governing equations) 來表示。但因高分子材料本身大多屬於半結晶系 (semi-crystalline) 和非結晶系 (amorphous) 材料，在液態時可視為黏彈體 (viscous-elastic body)，即高分子流變學 (rheology) 所探討範疇，其黏滯係數 (viscosity) 會隨壓力和剪切率 (shear rate) 改變，且比容 (specific volume) 也會隨壓力和溫度而改變，所以使模流分析過程更加複雜。另外如充填之噴泉流 (fountain flow) 效應及在模穴內之邊界層 (boundary layer) 凝固等都需考慮，所以目前模流分析軟體多有簡化之假設，節省計算時間。

模流分析軟體實際應用時，多先以 3D-CAD 軟體建立產品之幾何模型 (geometric model)，再建立網格模型 (mesh model)，通常網格模型會分為 1-D (如 beam element)、2-D (如三角形網格)、2.5D (如 MoldFlow 軟體的 Fusion) 及 3-D (如三角錐網格) 等，然後加上由軟體提供的高分子材料庫之材料與機械性質，以及射出成形機之規格與射出成形參數之設定，依射出成形週期主要步驟，提供射出充填、保壓和冷卻等模流分析功能。模流分析的結果顯示則有許多選擇，如充填時間 (fill time)、充填溫度、流動波前 (flow front)、平均流動速度 (average velocity)、剪切率、熔合線 (weld line)、保壓壓力、冷卻後翹曲 (warpage) 及澆口預測與一模多穴之流道平衡等。

目前模流分析軟體對大部分工業用射出成形產品大多可適用，一般會以射出充填來測試模具設計之澆流道系統設計與射出成形參數之操作視窗，驗證方式多以短射 (short shot) 方式來比對模流分析結果，若實驗與模流分析結果可容許，就會進入保壓和冷卻等分析功能。對於光機電元件之射出成形則常會在模流分析的保壓和冷卻部分有所差異，尤其是具微結構 (micro features) 的光學元件，如平面顯示器 (flat panel display, FPD) 中液晶顯示器 (liquid crystal display, LCD) 背光模組 (backlight module) 之導光板 (light guiding plate, LGP)[17] 或繞射光學元件等，因屬於相對大尺寸工件之小結構，即兼具巨觀 (macroscopic) 工件尺寸與微觀 (microscopic) 結構尺寸之多尺度分析 (multi-scaled analysis) 課題，圖 2.64 為微溝槽鏡片之網格模型，圖 2.65 為模流分析結果，這些課題對目前模流分析軟體仍具相當挑戰性。

(4) 射出成形所造成誤差與補償方式

對於光機電元件之射出成形所造成的誤差來源，可分為模仁加工形狀誤差 (form error) 及射出成形模具和參數造成的誤差，其中模仁加工形狀誤差一般會經由多次補償，以降低至原本設計的公差 (tolerance) 範圍內[18]，問題在於許多光機電元件，如非球面鏡片 (aspheric lens) 之高階設計參數常為鏡片設計者使用，但在模仁加工時卻是極大的困擾。

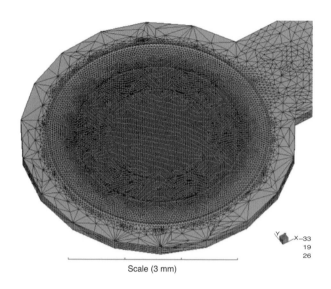

Scale (3 mm)

圖 2.64
含微溝槽鏡片之網格模型[15]。

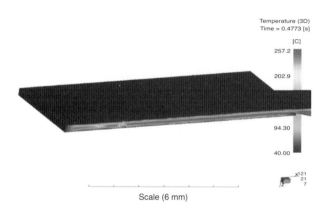

Temperature (3D)
Time = 0.4773 [s]

[C]
257.2
202.9
94.30
40.00

Scale (6 mm)

圖 2.65
含微溝槽薄片之充填後溫度剖視圖[16]。

　　至於射出成形模具和參數造成的誤差又可再細分為工件形狀誤差與光機電特性誤差，前者常因保壓冷卻後的收縮翹曲而造成形狀的誤差，後者則是多由收縮熱應力造成內部殘餘應力 (residual stress) 等[19,20]所導致。例如非球面鏡片之應用，雖然鏡片形狀誤差已符合光學設計之形狀公差規範，但組裝後卻常無法滿足光學之特性要求。

　　因此在除了試誤法 (trial and error) 的經驗法則外，目前技術上已朝向整合模流分析軟體與 CAD/CAM 軟體及表面輪廓粗度儀，如 Form Talysurf 之量測數據誤差分析等，將可能的誤差先行補償，以達到降低成本與提升量產良率之目的。

　　最後，光機電元件相關之塑膠射出成形要求除了相對於外形件射出成形較為嚴苛外，尚有光機電特性之規範，國內傳統模具業分工明確，協力廠商在各領域各有專長，但精密的光機電元件塑膠射出成形是一整合性問題，包括塑膠材料、模仁材料、系統設計、模仁加工、CAD/CAM/CAE、模具設計及射出成形等方面整合，所以需要國內系統設計廠、模仁加工和模具廠及射出成形廠與相關研究單位同心協力，才能解決問題，並提升技術與產值。

2.2.3 精密玻璃模造技術

　　傳統模造製程原本僅應用於製作低精度射出成形零件，或提供光學研磨拋光用之毛胚成形。近年來，隨著高精密模具製造技術與光學玻璃材料科學的進步，直接對光學玻璃等材質熱壓成形，以製造高精度光學元件的精密玻璃模造 (precision glass molding, PGM) 技術已漸趨成熟，對傳統光學玻璃元件的製造而言，此種無廢料之加工方法可謂一次革命。

　　由於數位資訊產業爆發性的成長，如讀寫鏡頭 (pick-up lens)、數位相機、手機相機及光通訊相關元件等，其商業用途的大量需求，精密玻璃模造技術因具有大量生產、縮短工時、降低成本等優點，早已受到廣泛應用，其相關研究論文與專利更是層出不窮。本文針對精密玻璃模造原理與相關製程技術作一概述，內容可分為：模造流程 (方法)、模仁製作與硬膜鍍製技術，以及模造玻璃材料。

(1) 玻璃模造加工製程

　　早期的玻璃模造方式，係將熔爐中熔融狀態的光學玻璃液灌倒入已加溫至玻璃軟化溫度 (glass softening point, S_P) 以上之模具中，再加壓成形。此類方式常因模具降溫太快而容易發生玻璃沾黏模具的問題，所壓製出的成品表面精度與形狀精度並不理想，良率亦不高。再者，由於熔融玻璃的溫度高，模具接觸表面損耗嚴重，減短了磨具使用的壽命。

　　新一代現行模造方式，主要可分為兩段製程，一為預先製作玻璃預型體 (glass preform)，其質量、表面粗糙度 (surface roughness) 與形狀精度 (form accuracy) 皆達到一定要求標準；二為升溫加壓模造成形。第一階段中，玻璃預型體的製程可分為下列幾項步驟：① 將模造用玻璃毛胚 (glass blank) 依實際成形品類型切割修角及圓整成預定形狀。② 接著進行鑄鐵磨盤研磨 (lapping)，使用不同粒徑之研光劑 (lapping powder) 磨粒，將預型體表面粗度控制在 $R_a <$ 0.1 μm 以下。③ 最後利用氧化鈰 (CeO_2)，進行表面精拋光 (polishing)，拋光後之高精度預型體其表面粗糙度可達 $R_a <$ 0.01 μm 以下。選擇預型體之玻璃材料需針對下列因素作考量：① 折射率 (refractive index, n_d) 與色散係數 (dispersive index 或 Abbe number, v_d)，② 應用波長範圍與穿透率 (transmittance)，③ 模造溫度條件之熱性質，如玻璃轉移溫度 (glass transition temperature, T_g)、軟化溫度，④ 與模仁表面之間的脫模性，⑤ 膨脹與收縮的範圍。圖 2.66 為日本 OHARA 公司所出品之玻璃預型體[21]。

圖 2.66
OHARA 玻璃預型體 (Glass Gobs)。

第 2.2.3 節作者為李建興先生。

第二段製程中，先將玻璃預型體置入加熱腔體 (chamber) 內上下模仁之間，隨之將腔體內氣體抽出並填充入氮氣 (N₂) 或惰性氣體，以防止加熱過程中腔體內各金屬零件產生高溫氧化。由於玻璃材料具有溫度升高其黏滯性相對降低的特性，因此利用加熱器，如紅外線加溫燈管或電阻式加熱器，將腔體內局部溫度升高至玻璃轉移溫度以上，此時採用熱電耦 (electric thermocouple) 測溫器或其他溫控設備，將模仁溫度控制在玻璃轉移點與軟化點兩溫度之間，如圖 2.67 所示，並抽出氮氣，使腔內保持真空狀態，再將上下模仁加壓，使模腔內過冷態 (subcooled) 玻璃受壓變形，轉寫成模仁預設形狀。接著保持原本所施加壓力的大小，開始緩慢降溫至玻璃轉移溫度下，並回充氮氣進入腔內，玻璃此時已近固化，再快速降溫至預設溫度，然後脫模取出模造玻璃成品，完成整個熱壓模造程序。圖 2.68 為日本東芝機械公司 (Toshiba Machine, Ltd.) 之模造設備。

(2) 模仁製作與硬膜披覆技術

模具優劣是決定熱壓成形玻璃成品品質的關鍵技術，而近年來精密模造技術的發展，與模具製作技術的進步有絕對的關係，與他類成形用模具要求不同的是，精密玻璃熱壓所需的條件有下列幾項要求：① 模仁材料需容易加工成高表面精度與形狀精度的形面；② 模仁需在重複之急速升溫與降溫過程中，表面不產生變形、裂痕或氧化作用；③ 模具在工作溫度範圍內，具有高剛性、耐衝壓強度與高硬度；④ 模仁表面與熱壓用光學玻璃在高溫時，不發生化學結合等黏附效應，其脫模效果要好。

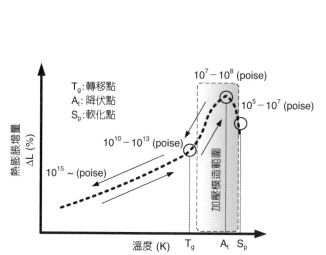

圖 2.67 玻璃熱膨脹曲線與黏滯性特定趨勢圖。

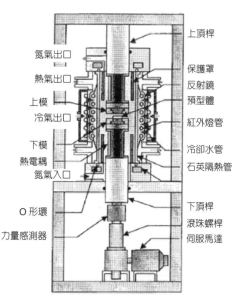

圖 2.68 日本東芝機械模造成形機 (Toshiba Machine Co., Ltd.)。

　　早期，製作模仁基材 (substrate) 都是使用金屬類材料，例如不鏽鋼 (stainless steel) 或耐熱合金，但此類材料在升降溫度過程中，原子晶粒逐漸膨脹、模仁表面容易粗糙化並產生氧化作用，以及容易與玻璃類材料有沾黏等缺點，故目前大多是以非金屬材料來製作模具。美商柯達 (Kodak) 公司在 1977 年首度提出使用碳化矽 (SiC) 與氮化矽 (Si₃N₄) 作為模具材料，此類高硬度材料擁有優良的抗變形與沖壓強度。此外，其較高的熱傳導係數，使模仁在高溫狀態下穩定性高，表面不滲透流體且與玻璃之間化學反應小，不易產生沾黏現象。

　　一般製備碳化矽或氮化矽的方法，係利用高溫熱壓燒結法製作細晶粒之碳化矽或氮化矽，亦可使用離子濺鍍法 (ion-beam sputtering deposition) 或化學氣相沉積法 (chemical vapor deposition) 製備成塊材。然而隨著各式熱壓玻璃材料種類的開發，倘若僅使用單一種材料當作模仁基材，很難達到上述精密玻璃熱壓模具之各項要求。

　　目前最廣泛的模仁製作方式，係利用超硬合金或金屬陶瓷 (metal-ceramic) 作為基材，並在其模仁壓形表面鍍製上貴金屬合金膜層，使模具不但具有足夠的強度，又有表面品質高、耐氧化及使用壽命長等優點。可當作模仁基材之材料的超硬合金是以碳化鎢 (tungsten carbide, WC) 為主要成分，而金屬陶瓷則以碳化鉻 (Cr₃C₂) 或氧化鋁 (Al₂O₃) 為主要成分，其他新興研究材料則有碳化鈦 (TiC) 合金陶瓷。

　　超精密電腦數值控制加工車床具有高剛性及高解析度 (< 0.01 μm)，精密模造玻璃所採用的模仁材料必須使用此類加工車床，依模仁材質硬脆性等級，選擇利用單點鑽石車刀進行車削，或以鑽石磨輪進行輪磨加工。加工面達到形狀精度 (< λ/10) 的要求後，最後再輔以精密拋光加工，使表面粗糙度達到 0.01 μm 以下，即完成光學級鏡面之模仁。圖 2.69 為美國 Precitech 公司的研磨碳化鎢材料模仁成品，其表面粗糙度可達 4 nm 以下。

　　模仁表面鍍製硬膜的材料大致可分為：貴金屬合金、碳系類薄膜與硼氮化物三大類。第一類貴金屬合金有鉑 (Pt)、銥 (Ir) 與釕 (Ru) 等，其中鉑金屬質地軟、具加工性，但因其耐溫約 500 °C 左右，僅適合低溫模造使用，即適用於氧化鉛 (PbO) 含量高的低溫模造材，例如 SF 系列製程，圖 2.70 為日本住田光學玻璃公司 (Sumita Optical Glass, Inc.) 的玻璃產品折射率 (n_d) 對色散係數 (v_d) 分布圖[22]。且在高溫環境中，鉑合金隨著晶粒成長而使表面出現粗化現象，可利用其他金屬如鎢 (W) 或鉭 (Ta) 的摻入而抑制晶粒成長。銥與釕屬於較硬材質，不易加工，但可耐高溫約 800 °C，適合用於氧化鉛 (PbO) 含量低之高溫模造材料 SK、BK 與

圖 2.69

超精密加工機 (Precitech Inc.) 研磨碳化鎢材料模仁成品 (表面粗度 R_a < 4 nm)。

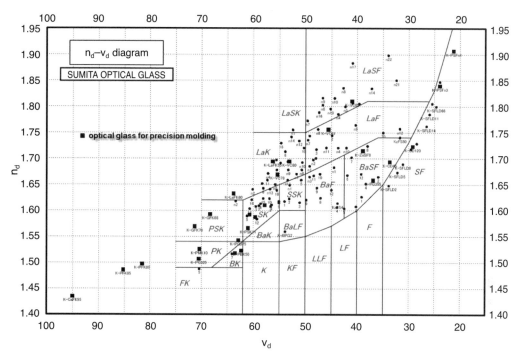

圖 2.70 日本 Sumita 光學玻璃公司的玻璃產品型號分布圖[22]。

LF 等製程。目前，利用鉑銥各成分比例合成之合金，可滿足高溫時抗沾黏與脫模性能佳的需求，但缺點是靶材與製程設備均較為昂貴。

　　第二類是碳系類薄膜，如類鑽石碳膜 (diamond-like carbon, DLC)、含氫類鑽石膜 (hydrogenated diamond-like carbon, DLC:H)、非均質碳膜 (amorphous carbon, a-C)，以及非均質含氫碳膜 (hydrogenated amorphous carbon, a-C:H) 等。目前應用最廣泛屬於類鑽石碳膜，由於其內部含有不穩定的碳，加熱後與玻璃之間產生反應，膜中的碳原子會迅速的還原玻璃內的氧化物，因而造成膜的損耗，無法長時間保護模仁。再者，由於膜層之間附著力低，使得此類硬膜厚度很難控制。除非可鍍製出品質非常接近鑽石的類鑽石膜，一般類鑽石膜並不是很適合用於高溫模造玻璃，不過其優點是可利用乾蝕刻 (dry etching) 的方式去除已受損膜層，再加以重鍍，減少了修模的成本。

　　另一類是以硼氮化物 (boron nitride) 作為硬膜材料，例如 B-N、c-BN 與 Ti-B-N 等。由於此項技術發展較晚，相關研究成果並不若前二類完整。硼氮化合物通常以貴金屬合金為頂層，金屬氮化物為中間層，由於此類化合物屬於陶瓷硬膜，耐熱性佳，在低溫或高溫環境下強度均很優異，適用於較廣泛的熱壓玻璃，且由於其靶材便宜，鍍製成本可大幅降低。但又因鍍製過程的製程參數控制非常繁雜，要鍍製出重複性高且穩定性佳的膜層並不容易。硬膜厚度依實際脫模性能與各材質損耗率來評估設計，一般適當的薄膜厚度約控制在 0.1－1000 nm，目前最好的製程技術可達到 0.1－10 nm。

　　現況中，硬膜鍍製方式主要分為離子輔助電子束氣相沉積法 (ion-beam assisted deposition, IAD)、磁控濺鍍法 (magnetron sputtering deposition)，以及電漿化學氣相沉積法 (plasma enhance chemical vapor deposition, PECVD)。除了 Ni-P-Pt、Pt-Ir-W 與 Pt-Ir-Ni 等貴金屬合金無法以電漿化學氣相沉積法製備合成之外，大多數硬膜都可適用於上述三種方式，不過仍需依其薄膜相關特性來選擇最適合的鍍製方法。在鍍製碳系薄膜時，由於碳是主要成分，容易造成腔室內的沉積污染，而使得鍍製品質穩定性降低。值得注意的是，完成鍍製後通常增加一道退火處理，可使膜層硬度增加。

(3) 熱壓玻璃材料

　　玻璃是一種具有非晶體結構之無機物，無明確的固液相界，其熔融體在冷卻過程中不會析出結晶而固化。熱壓用玻璃的組成成分可分為成形物 (former)、修正物 (modifier) 與中間物 (intermediate) 等。成形物約佔 40－50% 為玻璃的主要成分，大多是由 IIIA 與 IVA 族的氧化物，例如 SiO_2、B_2O_3、P_2O_5、GeO_2 及 V_2O_5 等組成。其中 Si 熔點高成形不易，可加入硼 (B) 或磷 (P) 以降低熔點，而 B_2O_3 與 P_2O_5 通常應用於較低溫玻璃。

　　修正物的應用目的是為了減低玻璃的黏滯性，主要成分可分為兩類，一類是添加 IA 族的氧化物，例如 Li_2O、Na_2O 及 K_2O 等組成，約佔 20－30%，可大幅降低玻璃特性溫度及避免晶體固化。其中鉀 (K) 在超過 600 °C 時會出現相變化逐漸蒸發，故模造溫度不宜高於 600 °C，而鈉 (Na) 雖然蒸發溫度約 800 °C 左右，但因其容易與貴金屬膜層產生反應，而造成表面腐蝕。另一類則是添加 IIA 族的氧化物，例如 CaO、BaO、ZnO 及 SrO 等組成，約佔 0－30%，除可維持低的玻璃特性溫度，亦可增加耐蝕性。

　　中間物添加的目的主要是增加玻璃的耐蝕性，成分有 Al_2O_3、TiO_2 及 ZrO_2 等，其中 Al_2O_3 的成分比重增加到一定含量時，具有降低玻璃黏滯度的功能。此外，目前光學熱壓玻璃的發展是以提高折射率與減低色散為目標，添加一些其他的化合物，例如 TiO_2、La_2O_3、Gd_2O_3、WO_3 及 Nb_2O_5 等，可有效調整玻璃之折射係數與色散係數等光學性質，但是增加此類化合物，常常相對減少了機械強度，使其容易破裂。再者，如 Y_2O_3 與 Ta_2O_5 的添加，對玻璃均勻度與耐蝕性都有顯著的提升。

　　高性能熱壓玻璃需具備良好的機械強度、熱穩定性與化學穩定性，最重要的是透光率要高。因此需耗費大量時間進行材料分析、材料合成，以及物理、化學、機械、光學等各種特性測試，以找出最佳原料比例。近年來，各大光學玻璃廠均致力於低溫模造玻璃材料的開發，目前已有顯著成果。例如，在 2004 年日本住田光學公司成功量產世界最低溫 (330 °C 以下) 以擠壓成形之 K-PG325 光學玻璃素材，如圖 2.71 所示，其耐水性之減量率 (weight loss, wt%) 低於 0.05%，且以此精密擠壓成形技術獨步全球。低溫模造技術的進步不僅大幅降低模仁表面修整的次數而節省成本，亦縮短了系統升降溫的時間，使整個模造製程更有效率。

圖 2.71 Sumita 光學玻璃素材 K-PG325
(Super Vidron) 模造成品。

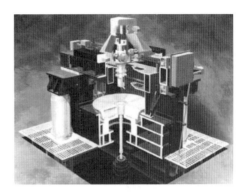

圖 2.72 大口徑光學鏡片鑽石車削機。

(4) 結論

　　未來光電元件勢必朝向輕薄短小的方向發展，精密光學模造技術最符合此一趨勢之加工需求。由於光學玻璃材料擁有硬度高、耐損耗、穿透性佳、耐溫濕及靜電等優點，特別是與生物體之間的高相容性，可應用在生物晶片等許多領域。

　　國內目前無論模造設備或技術大多源自日本，因為熱壓玻璃毛胚取得配方製備技術不易，學術研究也尚未著墨甚深，使得各廠商僅能以試誤法累積經驗，無法跨出他國業者專利限制，且國內精密模造產業各關鍵製程如預型體拋光、模具超精密加工以及模仁表面硬膜鍍製等技術分散，如果能徹底整合此一產業各分工體，應當可更有效率地開發相關模造技術與設備，全面提升產業之競爭力。

2.2.4 超精密加工技術

(1) 超精密加工技術發展歷史與產業應用

　　超精密加工機源於 1960 年代，應用於美國發展軍事、航太與能源等相關科技之所需。在 1970 年代已利用超精密加工技術來進行商業產品的加工，例如：電腦硬碟與影印機或印表機的光感元件。1980 年代，美國國家實驗室 LLNL (Lawrence Livermore National Laboratory) 開發大口徑光學鏡片鑽石車削機 (large optics diamond turning machine, LODTM)，如圖 2.72 所示。LODTM 可以製作 1.6 公尺口徑且厚度高達 0.5 公尺的大型金屬反射鏡，主要是作為太空望遠鏡的主鏡。為了得到最好的加工精度，整體機器的機座皆採用超因鋼 (super Invar) 製作，以提升機器結構穩定性，並且利用雷射干涉儀來量測刀具與工件的相對位置[32]。

　　超精密加工應用除了大型光學望遠鏡片外，其他應用在民生產業的商品也非常廣泛，例如數位相機、光碟機 (VCD/DVD) 讀寫頭、光通訊元件、雷射印表機、影印機、投影機等。由於光學品質與穩定性的要求，未來幾年非球面玻璃鏡片的產值更將持續擴大。產業的需求是生產設備與製作技術進步的原動力，近年來超精密加工機的發展若以數量觀之，主要是鑽

第 2.2.4 節作者為許巍耀先生。

石車削 (turning) 與研磨 (grinding) 整合機型為主。圖 2.73 所示為各家公司的加工機，除了能進行車削與研磨外，亦另外配有飛刀切削 (fly cutting) 或刮削 (grooving)，或是微結構元件 (micro structure) 加工。根據估計，在 2003 年 Precitech 公司約有 75 部超精密加工機台的銷售量，其價格範圍約為二十萬美元的二軸機器至一百萬美元的大型多軸機器，而 Moore 公司約有 25 部機台的銷售量[33]。

(2) 超精密加工技術要件

　　超精密加工技術的範圍包括：工具、量測、加工機械、材料、加工與環境等技術。其中，工具技術包含切削刀具技術，例如刀具成形、刀具鍍膜、刀具磨耗監控技術、刀具修正、刀具固定與調整裝置、夾治具設計與動平衡檢測及校正工具等。量測技術的相關設備有顯微鏡、輪廓掃描儀、光學干涉儀，以上儀器是用以量測加工件的表面品質或形狀精度，並以此評估加工技術的適當性。加工機械技術則包括高速主軸、驅動系統、伺服控制系統、導軌設計、冷卻系統設計、振動控制技術及位置量測。而材料技術有工件材料、刀具材料、刀具或模具鍍膜材料。加工技術包括數值控制 (numerical control, NC) 加工程式規劃、刀具參數、刀具架設、加工參數 (進給速率、主軸轉速、切削深度等)。最後，環境技術如溫濕度控制與振動控制都是屬於超精密加工的技術範圍。

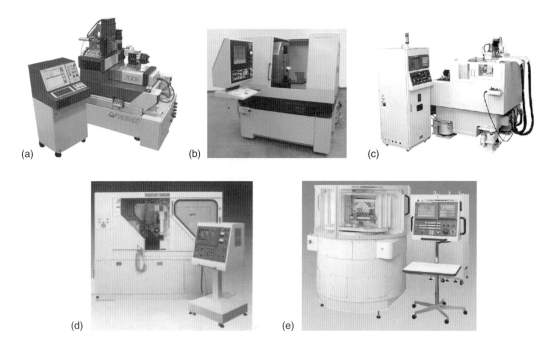

(a)　　　　　　　　　　(b)　　　　　　　　　　(c)

(d)　　　　　　　　　(e)

圖 2.73 各式超精密加工機，(a) Precitech 700FF，(b) Moore 350FG，(c) Toshiba ULG-100SH^3，(d) Nachi ASP30，(e) Fanuc ROBONANO α-0iA。

　　超精密加工機之設計、加工與組裝技術是發展超精密加工技術的基礎，其設計原則有以下幾個重點[34]：

1. 隔絕：加工系統必須隔絕來自環境的干擾，如溫度、壓力、濕度、音波或電磁波干擾，以及機器振動等。

2. 彈性平均化原則：超精密加工機是由數個運動平台構成，以達成刀具與工件的相對運動，因此採用的拘束條件需要將加工刀具或工件之運動誤差平均化，各滑軌與滑套要剛性一致且跨距的安排也要適當，運動平台才能達到最好的運動精度。

3. 阿貝原理 (Abbe principle)：加工機的各進給軸需要驅動系統使平台運動，並利用位置量測裝置使平台到達正確位置。而各進給軸之驅動軸、加工軸與位置量測軸一致的話可達到最好的運動與加工精度。但實際上機械設計必須考量零組件空間與加工空間的干涉問題，因此，驅動軸 (driving axis)、加工軸 (cutting axis) 與位置量測軸 (metrology axis) 在空間中無法一致而存在阿貝誤差 (Abbe offset)。如圖 2.74 所示，超精密加工機設計時應設法降低此項誤差，才能得到更好的加工精度。

4. 結構力流迴路設計：機台在進行加工時，切削力會透過機器結構傳遞而形成封閉的力流迴路。機器結構設計應儘量縮短力流迴路，且力流迴路中的柔性元件越少越好，如此方可提高機器結構剛性。此外軸承、結構幾何與材料選擇都要以剛性最佳化為原則。

5. 對稱設計原則：機器會因為重力與熱效應而產生結構的變形，結構對稱設計使重力與熱效應變形量的分析工作變得簡單許多，甚至某些特定方向的變形量經由對稱設計後，即不影響機器的定位或加工精度。

　　高速主軸是超精密加工機的核心元件之一，因為在進行小元件切削加工時，所使用的研削砂輪外徑相對較小。因此，為維持一定的砂輪切線速度，必須提高研削主軸的工作轉速。高速主軸的關鍵技術在於軸承設計，目前高速研削主軸大多為氣壓軸承 (air bearing) 設計。軸承材料採用多孔性材質，使軸承氣室能均勻供氣，而達到良好的運動精度。以目前的技術而言，高速主軸的運動精度即單點非同步運動 (single point asynchronic motion, SPAM) 誤差可在 10 nm 以內。

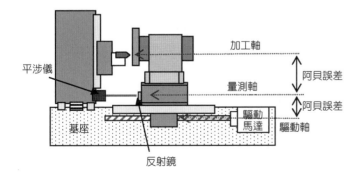

圖 2.74
阿貝原理示意圖。

　　隨著線性馬達 (linear motor) 技術的發展,線性馬達已是超精密加工機驅動系統的主流。以往所採用滾珠導螺桿驅動設計為接觸式驅動,由旋轉馬達使螺桿旋轉進而帶動螺帽與平台作直線運動,驅動系統的各項柔性元件如螺桿、支撐軸承、螺帽等,在機器運動時會因為驅動力而產生變形或振動,尤其是折返運動時更會產生失位誤差 (lost motion) 或象限突起,如圖 2.75 所示。一般而言,滾珠螺桿的慣量約佔整體驅動系統慣量的 70%,而運動平台只佔 20%-25%;換言之,線性運動時驅動系統將大部分的能量用在旋轉傳動元件上。採用線性馬達,可省略許多機械傳動元件,不但降低驅動系統的整體慣量 (inertia) 減少能量消耗;也提高驅動系統的機械剛性,使伺服控制系統頻寬提高許多,而運動輪廓精度亦隨之提升。

　　導軌設計是決定加工精度的重要因素。導軌的主要功能是讓運動平台在固定的方向上運動。超精密加工機之導軌性能要求為動作平滑且不會產生滯滑 (stick slip) 現象、運動精度佳、具有足夠的剛性、摩擦係數低、振動小、發熱量低等因素。導軌的型式可分為:滑動導軌、滾動導軌、靜氣壓導軌、靜液壓導軌、磁性導軌。一般而言,非接觸式的導軌具有較佳的運動平滑度,但其剛性較接觸式導軌低,目前超精密加工機因剛性的考量,大多採用靜液壓導軌 (hydrostatic slide) 設計。

　　超精密加工機為了使機器實際位置與命令位置一致,必須採用封閉迴路 (closed loop) 回授控制,因此位置感測器是決定超精密加工機定位精度的重要因素。位置感測器主要可分為電磁感應式 (磁性尺)、光學感應式 (光學尺) 與雷射反射式[35],以上感測器都附有週期性刻度的線性尺,量測精度受尺之熱膨脹與刻度精度影響,量測長度越長精度會隨之下降。

　　此外,近年來配合半導體雷射的使用,雷射干涉儀也可應用為超精密加工機的位置檢出裝置。雷射干涉儀不需配合刻度尺的使用,但在空氣中前進的雷射光也會隨空氣的折射率變化 (空氣折射率受溫度、濕度及壓力影響),因此其精度亦會隨量測距離下降。目前已有廠商推出解析度高達 0.07 nm 的雷射線性尺,可應用於半導體製程設備、超精密量測與檢測設備,以及超精密加工設備。

(3) 超精密加工方式

　　超精密加工的方式有車削、研磨、飛刀車削與刮削。目前產業界廣為使用的超精密加工機是車削與研磨加工。在超精密加工領域裡,單點鑽石車削 (single-point diamond turning, SPDT) 是目前精度最好的加工方式。因為鑽石具有高硬度、低摩擦係數、低熱膨脹係數等特點,並且可製作成高尖銳度的刀刃,因此採用鑽石車削可作精細加工。目前單點鑽石車削的表面粗糙度 (R_a) 可達 5 nm 以內。

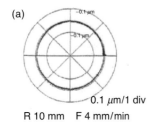

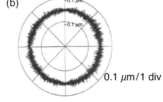

圖 2.75
象限突起與振動誤差,(a) 線性馬達驅動,(b) 滾珠螺桿驅動 (資料來源: Toshiba 公司產品型錄)。

　　單點鑽石車削的加工方式可分為定向車削與法向車削，如圖 2.76 所示。所謂定向車削是指刀具方向固定不變，法向車削是指刀具方向與車削表面的法線方向保持一致。定向車削時車刀刀刃上的切削點會隨切削位置而改變，因為刀具與工件的加工參考點是固定的，故需藉由控制器補償功能來進行刀具補償。法向切削時因為刀具方向與加工面的法線方向保持一致，刀刃上的切削點是固定的，不需作刀具補償的動作，但刀具方向需經由旋轉台控制。以上兩種車削方式皆需考量刀具磨耗、加工機結構幾何誤差與刀具補償等因素，以衡量適當的車削方式。

　　雖然鑽石車削具有上述優點，但並不是所有的材料都可適用。一般而言，脆性材料 (玻璃、陶瓷) 並不適合鑽石車削加工。另外，因為鑽石是由碳原子組成，很容易與具有 d 軌域未成對電子 (unpaired d-shell electrons) 的元素產生化學作用[36]，造成鑽石刀具的化學磨耗，尤其在單點車削時刀具切削點的溫度升高更催化化學作用。最常見的化學作用是碳原子自鑽石晶格中脫離，滲入工件與其他碳原子結合形成石墨而軟化，或是氧化形成一氧化碳或二氧化碳；另一可能是與工件中的其他原子反應形成碳化物。常用的金屬材料如鐵、鎳、鈦、鉻、鈷都不適用鑽石車削，其中，雖然純鎳無法利用鑽石車削，但無電解鎳中含有 10－12% 以上的磷，則可大為降低鑽石刀具的化學磨耗[33]。目前光學模仁的加工應用，時常是以超硬合金為基材鍍上一層較厚的無電解鎳，再經由鑽石車削得到所要的形狀與表面精度。

　　研磨加工因砂輪的剛性與磨耗等因素，使其加工形狀精度不如鑽石車削加工，但其特點是可以使用於脆性材料 (如陶瓷與玻璃) 加工。切削主軸一般採用非接觸式軸承 (氣靜壓軸承或液靜壓軸承)，因此整體切削系統的剛性會下降許多。此外，砂輪半徑亦會受加工件之形狀曲率半徑限制，因此在進行小曲率半徑元件加工時，為維持砂輪之切削速度必須相對提高主軸轉速。

　　為了得到更好的加工精度，有些機器配有加工誤差補償軟體。在車削或研磨加工完成後，量測工件表面輪廓與設計值的誤差量。根據量測得到的誤差量，利用誤差補償軟體產生新的加工路徑程式，再進行一次加工程序。一般而言，此種誤差補正加工法，再重複進行一次或兩次即可得到較好的工件精度。工件輪廓的量測方式有兩種：第一種為機上量測，是在機器的刀具 (或研削主軸) 台上另外安裝探針式掃描儀器，加工完成後，在不拆卸工件的情況下量測工件表面輪廓，可以免除工件重新夾持的誤差，但機上量測探頭與工件旋轉軸的對心校正不易；第二種是在加工完成後，將工件取下在另一部輪廓掃描儀器進行量測，雖可得到較好的量測精度，但需要將工件取下，待量測完成後再重新夾持，以進行補正加工程序。

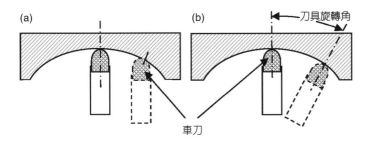

圖 2.76

刀具車削方向：(a) 定向車削，(b) 法向車削。

近年來，由於光電產業的蓬勃發展，例如顯示器之背光元件、繞射元件或光通訊產業所使用的光纖對芯裝置，需要用到 V 形溝槽。因此許多超精密加工機除了能進行車削與研磨加工外，亦將飛刀切削與刮削功能整合於加工機。上述兩種加工方式是刀具在固定的微小切削深度與加工件進行相對運動而移除材料，不同的是刮削為連續切削，而飛刀切削為不連續切削且需搭配使用工件主軸。因應產業與學術多元的需求，近年來還有許多加工方式被提出，如超音波振動 (ultrasonic vibration) 輔助切削與快速刀具伺服器 (fast tool servo)。超音波振動輔助切削，應用於超硬材料車削時可降低刀具磨耗；快速刀具伺服器則可應用於複合光學元件或陣列式光學元件的加工。

(4) 結語

超精密加工機具在各項關鍵零件 (高速主軸、導軌、驅動系統) 已有了良好的基礎，如何使加工機能發揮最大的功能，仍需累積許多實務加工經驗，例如夾具設計與製作、加工材料，以及配合的加工參數，包括：刀具材料、刀具幾何形狀、切削深度、主軸轉速與進給速率等。目前軸對稱光學元件與模仁的車削及研磨加工已較為成熟；而非軸對稱或自由曲面光學元件之加工與量測技術仍有待研究與開發，例如 $f\text{-}\theta$ 光學透鏡、複合曲面及光學鏡片陣列等。

2.2.5 微光學元件製作

所謂微光學[37] 是指研究微米、奈米級尺寸之光學元件的設計、製程技術，以及利用此類元件實現光波之發射、傳播、調變、接收的理論與技術之新學科。近年來由於微奈米半導體技術、微機電製程與封裝技術等持續不斷地發展，帶動高科技的進步，相對地檢測儀器與 3C 消費性電子產品也都朝向輕薄短小與多功能化發展，在這些微小系統中嵌入微小光學元件，已是關鍵性技術。利用電腦輔助設計 (CAD) 與微奈米加工技術製作之表面浮雕光學元件，具有重量輕、造價低廉及複製容易等優點，又能實現傳統光學難以完成之陣列化、微小化、積體化及任意波面變換等新穎功能，進而促使微光學工程與微光電技術在雷射微加工、光纖通訊技術、光計算、光連接、光資訊存取及生醫技術等眾多領域中，呈現出前所未有的商業契機與寬廣之應用領域。

微光學元件之發展主要有三個分支[38]：(1) 以折射原理為基礎之折射光學元件 (refractive optical element) 與梯度折射率 (gradient index, GRIN) 光學元件，(2) 以繞射理論為基礎之繞射光學元件 (diffractive optical element) 或二元光學元件 (binary optical element)[39]，(3) 以波導理論為基礎之波導光學元件 (optical waveguide)。三者在元件性能與製程技術上，各有其優點與特色，應用領域也不盡相同。由於半導體製程技術之蓬勃發展，使得微光學與微電子學成為相輔相成之新興技術，也是未來具有前瞻性的高科技產業。微光學元件的分類架構如圖 2.77 所示。

第 2.2.5 節作者為林暉雄先生。

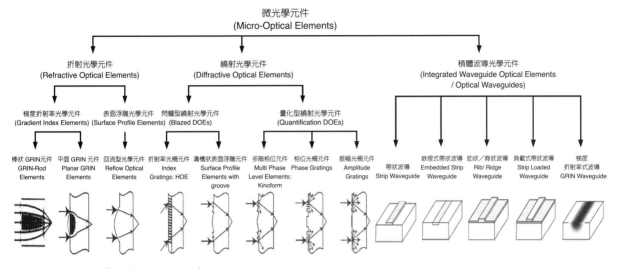

圖 2.77 微光學元件的分類組織圖。

2.2.5.1 微繞射光學元件

繞射光學理論是在 1980 年代末至 1990 年代初發展起來的,為一新興光學理論分支[39]。它是基於光波繞射理論且以半導體工業製程技術為加工方法,並研究如何利用繞射效應設計光學元件來實現各種光學功能的學科。繞射光學元件是一種振幅-相位型光學元件,其中純相位元件 (繞射相位元件) 因無能量衰減損耗且繞射效率高,近年來已廣泛應用在微光電系統中。這種純相位的繞射元件是將一個厚度連續變化的表面浮雕輪廓,微縮至約兩個波長厚度的薄層內,使其相對應的相位調制限制在 $(0, 2\pi)$ 內,理論上繞射效率可達 100%。繞射相位元件的製作方式可分為兩大類:(1) 應用於多階狀分布結構元件的光罩微影 (mask lithography) 製程技術;(2) 應用於連續相位分布結構元件的掃描微影 (scanning lithography) 製程技術[43],或稱為直寫製程技術 (direct-writing process)。

(1) 光罩微影製程技術

利用多階形狀的相位分布所形成表面輪廓結構的元件,即所謂二元光學元件。該元件的製程利用類似 VLSI 之半導體製程技術來製作繞射相位元件,一般相位分布有 2^N 個位階時,需要製作 N 個二元光罩,並進行 N 次微影與蝕刻,套刻次數愈多,誤差就愈大,進而製作高效率、高精度之二元光學元件就愈困難,其微加工程序如圖 2.78 所示。其他類似的方法,如準分子雷射光刻微加工法 (excimer laser ablation micromachining)[40-42],此光刻微加工法則無需任何半導體製程設備,僅需使用 LIGA 製程之光刻機 (如準分子雷射系統),即可完成高效率之高階繞射光學元件。此微加工製程是利用光罩投影方式,在材料 (如高分子聚合

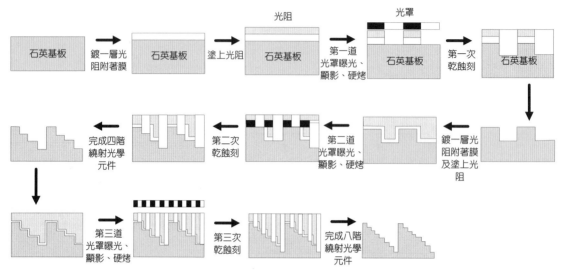

圖 2.78 八階繞射光學元件之半導體製作流程示意圖。

物：polyimide) 表面光刻圖樣，而省略了人工光罩對準、化學式顯影及蝕刻等步驟，是一種頗具有成本效益的快速製作微光學元件的流程，它可迅速地產生微繞射光學元件，其微加工程序如圖 2.79 所示。

(2) 掃描微影製程技術 (直寫製程技術)

目前連續相位分布的繞射光學元件之製作則無需光罩，即可由雷射光束或電子束在塗佈光阻的基材上曝光，改變光束的劑量以控制達到連續的表面輪廓深度，其加工流程如圖 2.80 所示。另有應用在 HEBS 玻璃的灰階光罩蝕刻法 (gray-scale mask on high-energy beam-sensitive glass)[44,45]，由於此灰階光罩法必須取得已獲專利之特殊玻璃材料 (HEBS)，用電子束直寫後製成灰階光罩，再塗佈光阻於基材上，利用半導體製程之活性離子蝕刻機蝕刻繞射光學元件；另外，亦可利用上述之準分子雷射微加工系統進行拖拉製程，製作連續式表面輪廓繞射光學元件，其加工流程如圖 2.81 所示。

2.2.5.2 微折射光學元件

折射式微光學元件主要工作原理係利用幾何光學理論為依據，故折射式微光學元件對不同波長入射光的影響，主要在微光學元件材料之折射率不同導致光波匯聚、發散或偏折之現象，而其色散 (dispersion) 現象相對地比繞射元件小[38]。相較於繞射式微光學元件，係一多層次的扁平元件，利用材料折射率或表面起伏結構的調變技術，以獲得出射光所需之波前 (wavefront)，此特性使其與入射光之波長有相當密切的關聯，入射光波長微小的變動將對出

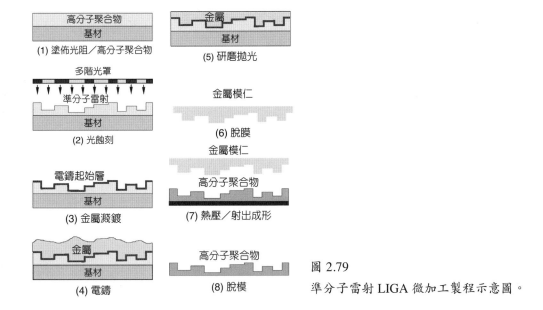

圖 2.79

準分子雷射 LIGA 微加工製程示意圖。

射光的波前造成很大影響。為能同時具有前二者的優點，目前折射式微光學元件大都結合繞射式元件形成複合式微光學元件，不但可解決有關色散、熱效應等問題，還可減少微光學元件的數量，達到減輕整體光學系統重量的目的[38]。折射式微光學元件相較於繞射式微光學元件具有較大的數值孔徑 (numerical aperture, NA)，且不同波長入射光的影響較小，並可依所需排列組合成折射式微透鏡陣列，是雷射對光纖之光束耦合、VCSEL 之光束準直、光束塑形、液晶投影電視之亮度增強等應用的重要元件[46,47]。折射式光學元件的製作方法有熱熔回流 (thermal reflow)、LIGA 製程、離子交換 (ion exchange)[48]、雷射光刻 (laser photolithography)、點膠滴置 (droplet) 製程等多種成形方式[38,39,44,49]。

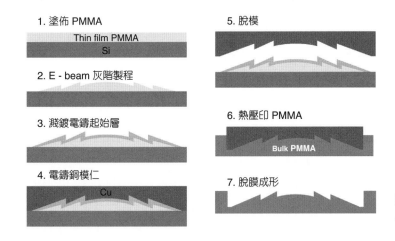

圖 2.80

電子束灰階微影技術流程示意圖。

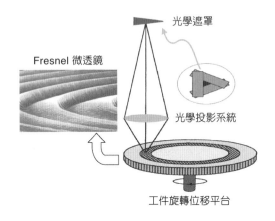

圖 2.81
雷射拖拉微加工製程製作連續式表面輪廓繞射光學
元件示意圖。

(1) 熱熔回流製程

在基板上塗抹一定厚度的光阻，利用光罩對其曝光，再經顯影、定影等手續後，形成與
透鏡口徑大小相同之圓柱狀物。然後再對光阻加熱，由於表面張力的作用，使圓柱狀物形成
半球狀外形，再以此光阻作為遮罩進行蝕刻，使半球狀外形結構轉移至基板上，此即利用熱
熔流動乾式蝕刻法製作之微透鏡陣列，可利用其半球曲率達到光線偏折之目的，其加工流程
如圖 2.82 及圖 2.83 所示。

(2) LIGA 製程

LIGA 製程係利用同步輻射光源 (X-ray) 進行高深寬比 (high aspect ratio) 之三度空間微結
構加工，其製作流程類似乾式蝕刻法。

圖 2.82 熱熔回流式乾蝕刻微透鏡陣列製程示意圖。

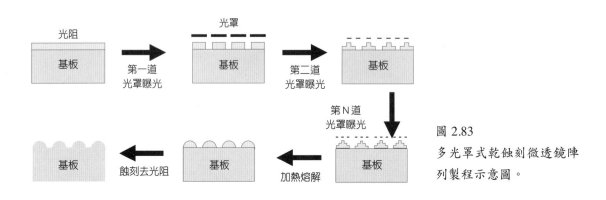

圖 2.83
多光罩式乾蝕刻微透鏡陣
列製程示意圖。

(3) 折射率梯度型離子交換製程

所謂折射率梯度型離子交換微透鏡是利用透鏡材料之折射率依一定之梯度分布,使光通過時產生偏折,而造成聚焦效果。利用離子交換法製作折射率梯度型微透鏡陣列,其方法依摻雜物質折射率與基板折射率之差異而有所不同:若摻雜物質折射率較基板之折射率高,則使用圓洞型光罩。摻雜物質是由圓洞中擴散進入基板,其形成之折射率分布,大部分是由雜質之擴散濃度來決定。若摻雜物質折射率較基板之折射率低,則使用圓盤型光罩。摻雜物質是由圓盤外方擴散而進入基板,其形成之折射率分布,則由均勻之擴散濃度與圓洞之擴散濃度兩者間之差距所決定。其製作流程如圖 2.84 所示。

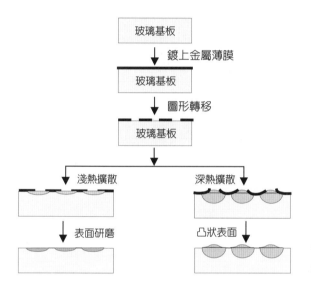

圖 2.84

使用離子交換法製作折射率梯度型微透鏡流程圖。

(4) 雷射光刻製程

利用固定的光罩並移動加工平台的加工模式,進行微透鏡的拖拉加工,此加工模式如圖 2.85 所示。由於準分子雷射為脈衝式雷射,且平台連續地移動,所以第一個雷射脈衝輸出後,會將光罩上的二維圖形光刻 (ablation) 在加工材料上,當第二個雷射脈衝輸出時,加工平台又移動了一段距離,此時再次將光罩上二維圖形光刻在加工的材料上,如此經過一連串

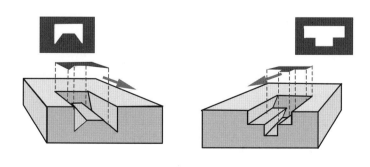

圖 2.85

雷射拖拉光刻製程示意圖。

連續光刻，結果使得光罩上透光區域大的地方被光刻的深度較深，透光區域較小的地方光刻深度相對較淺，所以形成三維的微光學透鏡。

(5) 點膠滴置製程

　　點膠滴置的微透鏡製程之架構與流程如圖 2.86 所示，主要是由點膠機與 XYZ 三軸定位平台所構成，微透鏡材料為負型光阻劑。點膠機制是利用氣壓將活塞針筒內的負型光阻劑滴置於正下方的玻璃基板上，藉由氣壓、點膠時間及針孔直徑等參數的調整，控制負型光阻劑的滴出量。此成形的微透鏡陣列必須再經軟烤、UV 曝光、曝光後烘烤等步驟，使其交聯固化。

　　若將微光學元件的基本元素：微折射元件與繞射元件，重新組合排列後，可衍生出三種功能性微光學次系統元件[50]：(1) 複合式光學元件 (hybrid optical element)、(2) 堆疊式積體光學元件 (stacked optical element)、(3) 平面式積體光學元件 (planar optical element)。

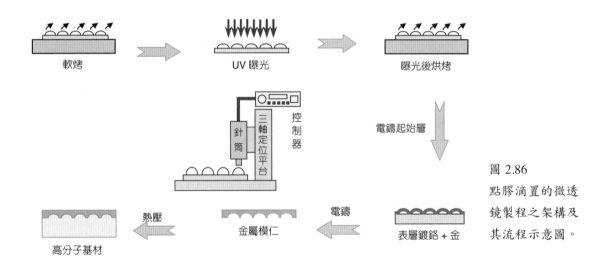

圖 2.86
點膠滴置的微透鏡製程之架構及其流程示意圖。

2.2.5.3 波導光學元件

　　近年來由於網路之快速發展，相對地帶動了通訊之高頻寬需求，未來在寬頻通訊建設的大量成長以及網際網路市場的蓬勃發展下，將深具市場潛力。因此對光通訊之光波傳輸系統需求就格外迫切，而積體波導光學和光纖之光學元件則是此系統之基礎，如光纖、雷射、光偵測器、光調變器 (modulator)、光開關 (switch) 及波長分波元件 (wavelength demultiplexer, WDM) 等。而波導光學元件目前所發展出來的製程大多使用半導體製程，其差別除了基材不同外，傳導光波的核心層 (core) 與包覆層 (cladding) 也分為有機材質與無機材質。

2.3 光學基礎量測

2.3.1 光學元件規格

　　當光學設計人員將光學系統設計完畢後，即須將各元件設計圖交付光學工廠進行加工程序，而為了讓現場加工人員能夠了解光學設計者的用意，在設計圖上即需進行各種規格標註，以使產品製作出來後能夠符合所需。其中標註規格除了設計要求值之外，一般而言還需附上容許公差值，使加工人員了解其加工精度，避免產生品質不良或是不必要的成本浪費。

　　光學元件之加工等級較一般機構件加工等級為高，故在規格表示方式上，與傳統機構件稍有不同。光學元件規格標示內容是以元件製作及檢測時，實際會遭遇到的誤差來制訂，內容包含材料性質誤差、表面精度誤差、加工偏心誤差等，而標示所使用之單位除了以一般使用之長度、重量單位之外，亦將根據該規格所常用之檢測儀器來標定，較常見的例子為表面輪廓誤差 (surface form error) 量測時所使用之雷射干涉儀波長 λ，因實際量測上所得到之資料為干涉條紋的型態及圈數，故以雷射光波長來表示是較為直覺且方便的方式。但若要得到實際長度單位則需再進行換算，市售的雷射干涉儀所使用之軟體均有提供此換算之功能[51]。

　　目前較常用光學元件之標準規格可歸類為三種：ISO 10110、DIN 3140 及 MIL-O-13830。實用上，以 ISO 10110 規格表示較為常用，但由於某些規格在產業界中已有習慣性之表示方式，故在輸出工程圖面時會再輔以 DIN 3140 或 MIL-O-13830 進行細部標註，此為設計者與製造人員之共識。ISO 10110 之圖面如圖 2.87 所示，除了鏡片外觀圖形外，欄位中另有其他標註，以記錄元件所需求的加工等級及元件特性，可使操作人員在加工時有所遵循。

　　ISO 10110 中對於光學元件的規格一般可分為七個項目，其中有三個項目在規範鏡片的材質部分，分別是殘餘應力所產生的雙折射效應 (stress birefringence)、氣泡與雜質 (bubble and inclusions)，以及材料之非均質度與脈紋 (inhomogeneity and striae) 部分。而在鏡面外形精度方面，則可分類為表面輪廓容差 (surface form tolerances)、偏心容差 (centering tolerances)，以及鏡面表面缺陷容差 (surface imperfection tolerances) 三個項目。除此之外，針對單一鏡面亦可標註其所要求之表面處理及鍍膜狀態 (surface treatment and coating)[52]。下文首先針對材質部分規範的定義加以描述。

(1) 應力雙折射效應

　　玻璃毛胚降溫退火時若採用不均勻之冷卻過程，或是毛胚成形後又採用其他製程進行加工，材質內部或表面即容易有殘餘應力產生，而這些殘餘應力將於光學材料內部產生所謂之雙折射現象。此效應是指光束經過光學材料時，受到材質不同方向上折射係數變化的影響，而以平行或垂直殘餘應力之方向透射而出，此現象將可能導致光束在元件中之光程差產生變化，而光學系統之成像品質也將受到影響。

第 2.3.1 節作者為廖俍境先生。

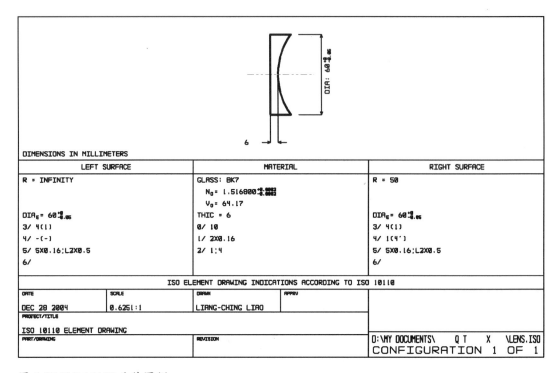

圖 2.87 ISO 10110 元件圖例。

　　雙折射效應會使光束進入材質後在不同方向產生光程差 Δs，其定義為光通過特定樣本寬度時，因應力雙折射效應所產生在正交方向的光程誤差，可以方程式表示為 $\Delta s = a \cdot \sigma \cdot K$，其中 a 為光行走距離，σ 為樣本中殘餘應力，K 則為光學應力常數 (stress optical coefficient)，此數值可在各玻璃胚料廠所提供之規格資料中查得。應力雙折射效應值的大小在 ISO 10110 規範中是以光束在樣本行進時單位行進長度 (cm) 所造成的光程差 (nm) 加以定義，以一般使用之玻璃毛胚而言，此數值應小於 10 nm/cm 方符合標準，但仍應視其體積大小及材料種類而定。圖面上標註方式為 0/A，0/ 為應力雙折射效應之標註碼，A 值為其可允許之最大應力雙折射誤差值。表 2.6 標註毛胚直徑 600 mm 以內，ISO 10110 規範對於應力雙折射效應之容許誤差建議值。

表 2.6 ISO 10110 應力雙折射效應之容許誤差建議值。

玻璃毛胚尺寸	應力雙折射效應容許誤差值		
	良好退火程序後之正常胚料品質	高精度胚料品質	特殊退火程序後之高精度胚料品質
直徑 600 mm 以內厚度 80 mm 以內	≤ 10 nm/cm 需視玻璃種類而定	≤ 6 nm/cm	≤ 4 nm/cm

(2) 氣泡及雜質

　　玻璃材料若於生產過程中處理不當即容易產生氣泡與雜質，此類缺陷會對光學成像品質產生若干的影響，但要完全將其完全消除亦不容易，因此通常光學元件規範也會對這類缺陷作一規格容差限制。所謂氣泡是指在光學胚料中存在某些氣態缺陷，一般而言剖面形狀為圓形；而雜質則包含小石頭、砂粒，或者是結晶體。

　　氣泡及雜質的數量約略正比於待測件的體積大小，而此類缺陷對於光學成像品質的影響則正比於其投影面積，因此傳統上對於氣泡及雜質的規範是以樣品單位體積中可視缺陷的剖面大小而定。在 ISO 10110 規範中以 $N \times A$ 表示，其中 N 為待測面積範圍內最大允許缺陷數，A 值則為最大可允許缺陷面積之均方根值，圖面上標註方式則為 $1/N \times A$，$1/$ 代表氣泡及雜質的標註碼。此外，氣泡及雜質若有過分集中 (concentration) 的狀況，即使符合標註容差亦視為不合格，一般而言，20% 以上的缺陷數集中於 5% 之待測面積時，則可視為缺陷過分集中。

(3) 非均質度及脈紋

　　非均質度之定義為光學折射係數在材料內所產生的連續性變化，通常是因為玻璃毛胚生產時化學成分組成的差異所造成的。對檢測人員而言，要以非破壞性的檢測方式量得光學元件的非均質度是相當困難的，因此一般均在玻璃毛胚階段即進行此項規格檢驗。其規範方式是以最大折射係數與最小折射係數之差值作限制，在 ISO 10110 規範中將其分為六個等級，如表 2.7 所列。而脈紋則是因為材質之均質度不佳，折射係數在光學材料中突然產生變化時所造成肉眼可見之條紋狀缺陷，如圖 2.88 所示。在 ISO 10110 規範中脈紋容差以其在胚料中所造成的光程差來加以限制，並將其分成五個等級。表 2.8 中記錄其區分方式，等級 1 至等級 4 僅要求檢驗造成光程差 30 nm 以上的脈紋面積比例，而等級五則要求最高精度，不允許脈紋的存在，其他方面要求則另外加以標註。對於非均質度及脈紋來說，在圖面標註其等級即可，標註方式為 $2/A；B$，其中 A 值為光學胚料非均質度可允許最大誤差等級，B 值則為脈紋的可允許最大誤差等級。

表 2.7 ISO 10110 非均質度容許誤
　　　差等級表。

等級	待測件內可允許最大折射係數變異量
0	$\pm 50 \times 10^{-6}$
1	$\pm 20 \times 10^{-6}$
2	$\pm 5 \times 10^{-6}$
3	$\pm 2 \times 10^{-6}$
4	$\pm 1 \times 10^{-6}$
5	$\pm 0.5 \times 10^{-6}$

表 2.8 ISO 10110 毛胚脈紋容許
　　　誤差等級表。

等級	試片中造成 30 nm 以上光程差變化的脈紋面積比例
1	≤ 10%
2	≤ 5%
3	≤ 2%
4	≤ 1%
5	不允許脈紋存在

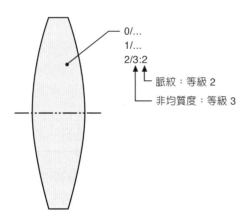

圖 2.88
光學胚料之非均質度和脈紋容許誤差等級標示圖。

(4) 表面輪廓誤差

　　光學元件製作時，各組國際規範對其外形精度皆有固定的表達方式，以球面鏡而言，為其曲率半徑誤差及偏離球面的程度；在平面鏡上，則為其平面度誤差，這些對於鏡面外形精度上的要求即可稱為表面輪廓容許誤差，其標準定義為待測件及理想標準面之表面輪廓誤差值，誤差量則是以標準面之垂直方向距離作計算。對於此項誤差值有幾個名詞及參數必須要先加以定義：

- 球面最趨近輪廓 (approximating spherical surface)：在此球面輪廓上，待測件上所有量測點數之均方根誤差總和將為最小。
- 非球面最趨近輪廓 (approximating aspheric surface)：在此旋轉對稱之表面輪廓上，待測件上所有量測點數之均方根誤差總和將為最小。
- 表面不規則度 (irregularity)：待測表面與最趨近之表面輪廓的波峰波谷誤差值，亦即待測表面偏離量。
- 旋轉對稱表面不規則度 (rotationally symmetric irregularity)：即表面不規則度中具有旋轉對稱特性的部分，此值不可能大於表面不規則度之誤差值。

表 2.9 則是實際進行表面量測時常會用到的一些參數。

　　由於表面輪廓誤差經常是以雷射干涉儀進行量測，故檢測結果也是以干涉光源的波長 λ 來表示，相關檢測技術可參照干涉儀相關章節。而在 ISO 10110 規範中，標準量測波長為 546.07 nm，若採用其他波段之干涉儀系統則需自行加以換算。表面輪廓誤差之標註方式為 3/A(B/C)，其中 A 為最大可允許之偏離平面量，B 值為最大可允許之表面不規則度，C 值為旋轉對稱不規則度之容許誤差，以上標註單位均為干涉條紋數目，而每一干涉條紋所代表之光程差為二分之一波長，若加以換算可得其公制容差範圍。舉例來說，若不規則度標示為 3/3 (1/0.5) (all ϕ 20)，則我們可以得知此光學元件表面輪廓之要求為偏離平面量需小於三條干涉條紋，亦即 1.5 倍光波長 (λ)，換算可得 0.819 μm，而對於表面不規則度之要求為一條干涉條紋，旋轉對稱表面不規則度則為二分之一條干涉條紋限制。在檢測範圍限制上，則需要

表 2.9 表面輪廓參數。

參數	說明	圖例
波峰波谷值 (PV)	待測件上最高點與最低點之高度差。	
均方根誤差值 (RMS)	待測件表面輪廓上之所有量測點與理論標準面之均方根誤差值	
表面平均粗糙度 (R_a)	表面平均粗糙度，表面上所有點數偏移量之平均值	
偏離平面量 (Sagitta Error)	待測表面最趨近輪廓之曲率半徑與理想設計曲面曲率半徑誤差值，以兩輪廓之波峰波谷值進行標註	

在待測面上任何直徑大小 20 mm 之圓形範圍內均需符合前述容差的要求，方為檢驗合格的產品。

在 ISO 10110 規範中，並沒有對於曲率半徑做限制，取而代之的是矢高誤差 (sagitta error) 的定義。事實上，這兩個定義是可以相互通用的，轉換方程式為

$$N = \frac{2\Delta R}{\lambda}\left\{1 - \sqrt{1 - \left(\frac{\phi}{2R}\right)^2}\right\} \qquad (2.46)$$

其中，N 為矢高誤差之容許干涉條紋數目，R 值為待測件曲率半徑，ΔR 為曲率半徑容許誤差值，ϕ 為量測區域之直徑大小，λ 則為其干涉儀使用之波長。只要先用標準片量出待測物之輪廓偏離量 (矢高誤差)，帶入此方程式即可求出曲率半徑誤差量為何。

(5) 偏心誤差

光學元件製作過程中由於加工精度的不足，造成光軸與鏡片機械軸無法完全重合，而使得光學系統成像時產生離軸的光學像差，例如慧差 (coma)、像散 (astigmatism) 等，此類加工上所造成的誤差，即稱為偏心誤差。而使透鏡的幾何中心軸與光軸一致的過程稱為「定心」，一般所謂定心可分為「對心」及「磨邊」兩個過程，先藉由對心找出透鏡之光軸方向，再利用磨邊程序將透鏡邊緣多餘部分移除。

偏心誤差可分為單鏡片偏心誤差及鏡組系統偏心誤差，以下針對單鏡片之各項參數加以定義：

· 光軸 (optical axis)：透鏡上兩曲率半徑中心的連線稱之為光軸。

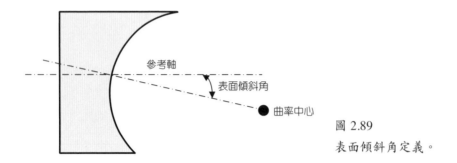

圖 2.89
表面傾斜角定義。

- 參考軸 (reference axis)：最常見之定義為鏡片環狀邊緣之中心軸，也有以鏡片其中一面之中心軸為參考軸的狀況。
- 表面傾斜角 (surface tilt angle)：表面頂點與曲率半徑中心連線跟參考軸之夾角，如圖 2.89 所示。
- 非球面表面橫向偏移量 (lateral displacement of an aspheric surface)：非球面旋轉中心至參考軸的距離。

　　在球面鏡的偏心誤差上僅需考慮表面傾斜角，而對於非球面鏡或者是光學次系統，則必須一併考量其表面傾斜角 (tilt) 及橫向偏移量 (decenter)，進行標註時亦需先在圖面上註明其參考軸為何。偏心量的標註方式在 ISO 10110 中為 $4/\sigma\,(L)$ 或者是 $4/\Delta\tau$，其中 σ 為表面傾斜角，L 為表面橫向位移量，$\Delta\tau$ 則是用於標註膠合鏡片之相對偏心量。詳細表示方式可參考以下範例，圖 2.90(a) 中以鏡片環狀外緣之中心軸為基準，標示左右兩面之容許偏心量；圖 2.90(b) 則是以左邊鏡面之中心點及其曲率半徑中心之連線為參考軸線，定義右邊鏡面之容許偏心量誤差；圖 2.90(c) 則是一非球面圖例，圖中標示其表面傾斜角誤差量容許值為 5′，而非球面表面橫向偏移容許量則為 0.05 mm。

　　在光學系統中鏡片本身偏心量與組裝精度對其成像品質有決定性的影響，故在高精度的光學系統研製時，從光學機構設計、容差分析、對心檢測方式到系統組裝程序均必須事先規劃，以期獲得一無偏心誤差之光學系統。

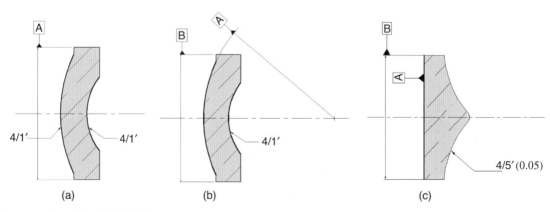

圖 2.90 偏心誤差標示圖例。

(6) 鏡片表面缺陷

在光學元件製造過程中，若採用不恰當的研磨拋光及組裝程序，即容易在鏡面表面內留下一些局部性的瑕疵，最常見的有刮傷、刺孔、表面擦傷等缺陷。此外，若鏡面鍍膜有污點或局部品質不佳亦可視為表面品質缺陷。雖然 ISO 10110 規範已對此類缺陷加以限制，但一般而言，國內光學製造廠商目前較常用的仍以美國軍規的 MIL-O-13830 為主，其標註方式為 Surface Quality < A/B，其中 A 值為待測鏡面可容許最大刮傷寬度值，單位為 μm，而 B 值則代表可允許的刺孔直徑大小，單位是 0.01 mm。故若一鏡面對其表面缺陷之要求為 Surface Quality < 40/20，即代表表面刮傷寬度需在 0.04 mm 以下，而刺孔直徑則不可大於 0.2 mm。以上規範僅針對單一缺陷，而 MIL-O-13830 中亦對總缺陷數目作限制。首先說明刮傷數量規範方式，當鏡面上已存在最大可允許刮傷時，限制方程式為

$$\sum_{n=1}^{m} w_n \frac{l_n}{D} < \frac{A}{2} \tag{2.47}$$

其中，w 為刮傷寬度，l 為刮傷長度，D 是待測面直徑，而 A 則是待測鏡面可容許最大刮傷寬度值。若待測鏡面上的刮傷並未達其最大容許值時，則可套用以下方程式

$$\sum_{n=1}^{m} w_n \frac{l_n}{D} < A \tag{2.48}$$

舉例說明，若一待測鏡面其直徑為 30 mm，表面品質要求為 40/20，且表面實際量測刮傷總計四道，分別是第一道長度 3 mm，寬度 0.02 mm，第二道長度 2 mm，寬度 0.005 mm，第三道長度 10 mm，寬度 0.02 mm，第四道長度 3 mm，寬度達到最大容許值 0.04 mm；運用前述之評估方式，代入方程式 (2.47)：

$$20 \times \frac{3}{30} + 5 \times \frac{2}{30} + 20 \times \frac{10}{30} + 40 \times \frac{3}{30} = 7 < 20 = 40 \times \frac{1}{2}$$

可得該待測面符合規格要求，而刺孔數量亦可利用類似方式對其允許總數加以限制[53]。

(7) 表面處理及鍍膜

光學元件製作完畢後，為達到提升光學品質、保護拋光面或附加其他光學功能的目的，通常會在鏡面上進行光學鍍膜。光學鍍膜對於光學性能最大的影響在其可決定鏡面對不同波段光源的穿透率及反射率，也因此賦予光學設計人員更多的彈性，無論是反射膜、抗反射膜或帶通濾波等，只要能加以運用得當，均可大幅提升光學系統的品質，圖 2.91 即是一帶通濾波片穿透率及波段分布圖形。此外，為了保護高精度光學元件或阻擋不必要的雜光進入，在光學元件表面亦經常鍍上保護膜或擋光膜層[54]。

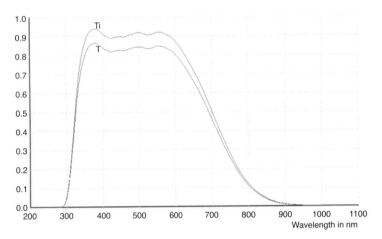

圖 2.91
帶通濾波片穿透率及波段分布
圖例。

　　對於光學鍍膜品質的標示，在 ISO 10110 規範中是以希臘字母 λ 為其標示碼，在圖面上標示時，λ 外圍圓圈與被標示面相切，鍍膜詳細內容則以箭號另外進行說明，通常包含穿透率、反射率、使用波段及使用狀況等。圖 2.92(a) 中標明鏡片右面鍍上抗反射膜，圖 2.92(b) 則為一分光鏡，在右側鏡面鍍上一層分光膜，其分光特性可從標示中讀出，其中 ρ 為穿透率，τ 為反射率，α 是吸收係數，λ 則是元件使用波段。利用這樣的標註方式即可方便的了解製造規格及使用狀況。

　　光學元件規格標註雖與其他種類加工方式的標註略有不同，但其主要目的卻是一致的，即是擔任設計人員與製造人員最主要的溝通橋樑。因此，無論是光學設計人員或者是光學工廠的加工人員，對於元件規格標註的瞭解均是十分必要的。唯有清楚且詳盡的標註，才能確保製造出來的元件能百分之百符合需求，也唯有完全符合需求的元件，方能組裝出完美的光學系統。

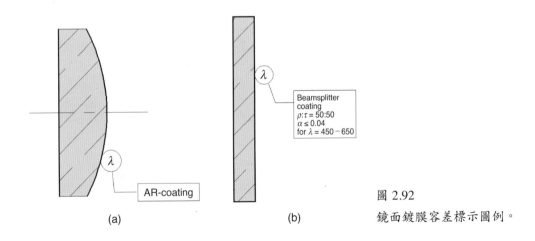

圖 2.92
鏡面鍍膜容差標示圖例。

2.3.2 量測原理與基礎檢測

現代光學儀器是光、機、電整合的裝置，而作為光學系統基本元件的透鏡隨著系統品質的提升，其規格與精度要求也漸趨嚴格規範，因此不管是對於製造過程的品質監控或是最後成品的檢驗，皆能顯示出檢測技術的重要性。本節將針對一般光學元件重要規格的量測儀器作一概略的介紹，包括球徑計 (spherometer)、準直儀 (collimator) 與自準直儀 (autocollimator)、角度儀、偏心量測儀與干涉儀等，其可檢測元件規格涵蓋曲率半徑、角度與折射率、有效焦長、偏心誤差及形狀誤差等。

(1) 球徑計

最普遍也最方便的曲率半徑量測方法即是使用球徑計，其原理為利用位於定位圓盤上之數個小球 (通常為三個) 與待測面接觸，圓盤中心有一可上下移動的探頭 (probe)，用以量測待測球面鏡的矢高 (sagitta)。在量測時，首先用一標準平板將球徑計中心探針歸零，再將待測面置於球徑計上，移動探針與待測面接觸量得其高度讀值 s，即為其矢高 (如圖 2.93)，再利用三角定理可得其曲率半徑 R 為[58]

$$R = \frac{s}{2} + \frac{(D/2)^2}{2s} \pm r \tag{2.49}$$

其中，r 為小球的半徑，D 為圓盤直徑，± 分別對應於凹面與凸面之待測物。

隨著待測物之大小，通常也必須更換不同直徑 D 的定位圓盤。利用此方式量測時，其誤差與探針讀取精度、圓盤直徑與矢高之關係可表示為

$$\Delta R = \frac{\Delta s}{2}\left[1 - \frac{(D/2)^2}{s^2}\right] \tag{2.50}$$

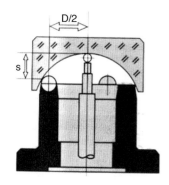
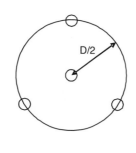

圖 2.93
球徑計量測示意圖。

第 2.3.2 節作者為王必昌先生。

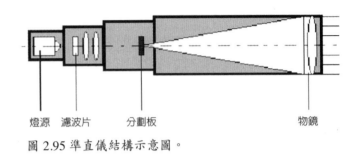

燈源　　濾波片　　　分劃板　　　　　　　　　　物鏡

圖 2.94 手持式球徑計量
　　　測示意圖。

圖 2.95 準直儀結構示意圖。

高精度的探頭讀取精度通常可達 ± 1 μm，一般的高度規 (height gauge) 或分釐卡頭 (micrometer) 也可讀取至 ± 5 μm 的精度。若取 D = 100 mm 且高度讀取誤差為 ± 5 μm，則其相對誤差 ($\Delta R/R$) 會隨著曲率半徑的增大而變大，且若曲率半徑未超過 5 公尺時，其相對誤差可小於 2%[59]。

在球面鏡製作過程中，曲率半徑為其重要控制參數之一，製作現場常使用手持式球徑計量其矢高 (如圖 2.94)，量測前要用標準樣片 (test plate) 或原器將量表校正歸零，通常會用精度為 1 μm 的比較量表，用以量測其與標準樣片的矢高誤差，進而修正控制其曲率誤差。

(2) 準直儀與自準直儀

準直儀基本上是一個提供平行光的光學鏡筒，其光學系統是為望遠鏡光學系統的應用，在光路設計上，將目鏡去掉並在物鏡焦平面上放置一分劃板 (reticle)，且加以照明，則此分劃板上發出之光經物鏡後形成平行光束，如圖 2.95 所示，此平行光束可作為量測與準直之用，故稱為準直儀。

分劃板的圖案常依使用目的的差異而有不同的設計，圖 2.96 為常用分劃板的圖樣型式。

自準直儀除具備準直儀的功能外，還可將從準直儀發出而反射回來的光成像投射在另一分劃板上，並藉由一目鏡或 CCD 取像判斷，其結構如圖 2.97 所示；主要作為反射面微小角度變化的量測，為精密角度量測不可或缺的儀器。其工作原理如圖 2.98 所示，當光源發出入射光線，經由物鏡投射平行光束於一反射鏡面時，當反射面垂直於平行光束時，則反射光

圖 2.96 分劃板型式。

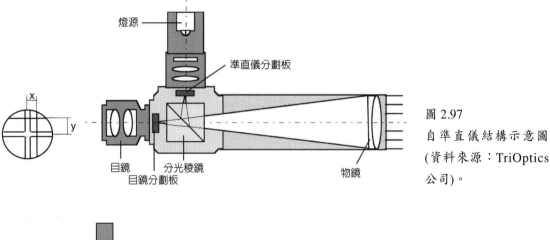

圖 2.97
自準直儀結構示意圖
(資料來源：TriOptics
公司)。

燈源

準直儀分割板

目鏡
目鏡分割板
分光稜鏡
物鏡

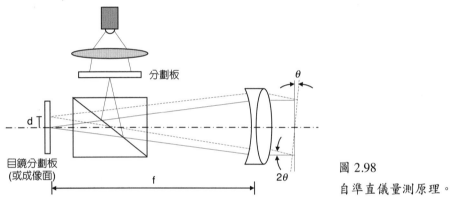

分劃板

目鏡分劃板
(或成像面)

圖 2.98
自準直儀量測原理。

束將沿原光路折回，並匯聚於成像面上；當反射面有一傾斜角度 θ 時，則反射光束將以 2θ 的反射角度折回，並於偏離原焦點 d 的位置上成像，若 f 為物鏡之焦距，則可得到 $\theta = d/2f$。

在量測時，準直儀與自準直儀通常要配合一些光學器件 (如顯微物鏡、平面鏡等) 與機械裝置，即可組成多種光學測試的儀器裝置，以解決各種光學檢測與調校的問題，下文將介紹其於光學元件的檢測應用。

· 角度量測

對於小角度楔形元件或平行度的量測，可使用一自準直儀採取如圖 2.99 的光路安排，量測時只要先將平台校正使其與自準直儀垂直 (採用十字標線的分劃板並使其重合)，而後將待測件放入，觀察十字標線自表面反射後的位置，並旋轉待測件使得一方向上 (圖中 x 軸向) 的線重合，則根據 y 軸向的位置差值 Δy 可以計算出其角度為

$$\Delta\varphi = \frac{\Delta y}{2f} \tag{2.51}$$

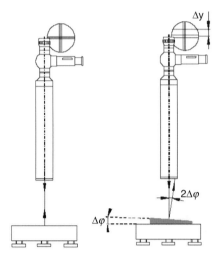

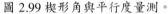

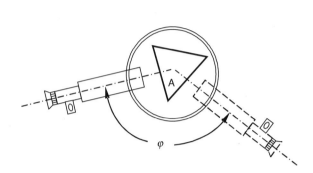

圖 2.99 楔形角與平行度量測。　　　　　　　　　圖 2.100 角度儀量測稜鏡角度。

　　稜鏡角度的量測除了自準直儀外，通常必須配合一可調平台與精密的角度分度盤，而構成一角度量測儀 (goniometer)。量測時可固定平台與分度盤，利用自準直儀的轉動來使其對準垂直於待測稜鏡角度的兩個平面；也可以使自準直儀固定，而轉動稜鏡承載平台與分度盤，藉以測得其角度。

　　實際量測時，必須調整平台上待測稜鏡的位置，使被測角的兩平面法線構成的平面與自準直儀的光軸平行。而後使自準直儀對準稜鏡的一平面，如圖 2.100 的實線所示，當看到自準直儀的兩個十字標線重合時，表示自準直儀與平面法線重合，此時由分度盤得到一角度讀值。然後重複相同動作讀取另一面的角度讀值 (如圖 2.100 的虛線)，兩讀值之差即為此兩工作面的法線夾角 φ，因此可得待測稜鏡之頂角角度 A 為

$$A = 180° - \varphi \tag{2.52}$$

・光學玻璃折射率的量測

　　光學成像系統所採用的玻璃材料，對折射率的要求是很嚴格的，而光學玻璃折射率的測量主要是依據折射定律，即藉由測量光線在不同介質中傳播時其偏折的角度來計算，因此角度的測量是折射率檢測技術的基礎。下文將介紹 Fraunhofer 的最小偏折角法 (minimum deviation method) 測量光學玻璃的折射率。

　　圖 2.101 所示，當入射角 I_1 等於出射角 I_2' 時，亦即光線對稱通過稜鏡時，其偏折角 D 為最小值 D_0，利用角度儀可以測量得頂角 A 與 D_0 的角度，導入以下公式可得該玻璃材質折射率 n：

$$n = \frac{\sin\left[\dfrac{(A + D_0)}{2}\right]}{\sin\left(\dfrac{A}{2}\right)} \tag{2.53}$$

　　最小偏折角實際測量時，同時需要一準直儀與自準直儀，由準直儀發出的平行光作為稜鏡的入射光線，而由另一自準直儀接收由稜鏡偏折出來的出射光線，並由分度盤來讀出角度值。由於折射率為波長的函數，因此由準直儀發出的光通常還必須加裝一帶通濾波片 (band pass filter)，以測得該材質於此光波段的折射率值。

・有效焦長 (effective focal length) 量測

　　有效焦長的測量有很多不同方法，在此僅介紹放大率法的量測方式，因其所需設備簡單且操作容易，也是目前生產線上最常用的量測方式，主要用於測量物鏡、相機鏡頭或目鏡等的焦長。

　　量測時待測鏡片置於準直儀的物鏡前，而準直儀物鏡焦平面上使用一已知間距為 d 的雙狹縫標靶，透過物鏡與待測鏡片，最後成像在待測鏡片的焦平面上，藉由測量所成像的線對間距 d' 而計算出待測件的焦長 f，如圖 2.102 所示。

　　因此由放大倍率的關係可得待測鏡片的焦長 M 為

$$M = \frac{d'}{d} = \frac{f}{f_c} \ \text{或}\ f = f_c \frac{d'}{d} \tag{2.54}$$

其中 f_c 為所使用準直儀的焦長。

　　實際量測時的光路安排如圖 2.103 所示，通常成像平面上兩線對間距 d' 的測量可經由一望遠鏡筒配合一具有螺旋測微頭的目鏡或是 CCD 的取像分析來獲得。

・曲率半徑量測

　　利用自準直儀來測量鏡片曲率半徑時，通常搭配光學尺的使用以記錄自準直儀上下移動

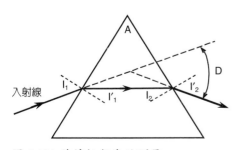

圖 2.101 稜鏡折射率的測量。

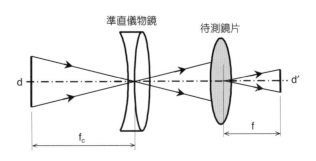

圖 2.102 焦長量測原理。

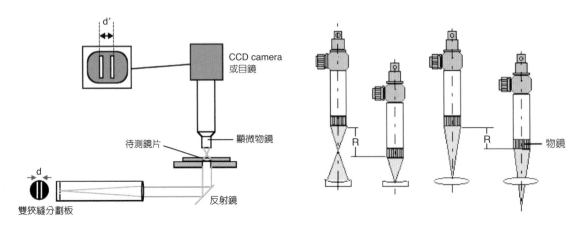

圖 2.103 焦長量測光路安排。　　　　　　　　　圖 2.104 曲率半徑的量測。

時的位置，及一將自準直儀之平行波前匯聚為球形波前的物鏡。當自準直儀聚焦於待測鏡片表面頂點 (cat's eye position) 時，將可從目鏡 (或 CCD) 上看到分劃板成像的影像，而第二個成像位置將出現在物鏡焦點與待測鏡片曲率中心重合時，此時兩位置讀數的差值就是該鏡片的曲率半徑，如圖 2.104 所示。

· 偏心量測

偏心誤差檢測依其工作原理大致可分成穿透式 (transmission) 與反射式 (reflection) 兩種方式，可由圖 2.105 來說明。使用準直儀者係為穿透模式 (transmission mode)，而使用自準直儀則為反射模式 (reflection mode)。由準直儀或是自準直儀本身發出的十字標靶經由鏡片穿透或反射進入自準直儀內的 CCD 或目鏡，當鏡片或鏡組本身有偏心誤差存在時，隨著旋轉平台的轉動，由 CCD 或目鏡所觀察到的十字標線也會繞出圓形的軌跡，此圓形軌跡的半徑代表偏心量的大小，半徑愈大，偏心誤差就愈大。

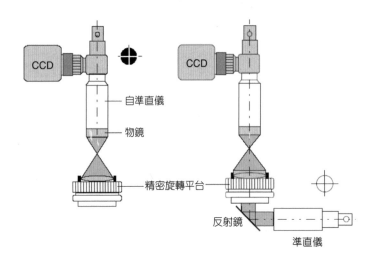

圖 2.105

(a) 反射式偏心量測，(b) 穿透式偏心量測 (資料來源：TriOptics 公司)。

實際測量時，偏心量的值可由目鏡上經特殊設計的分割板上讀取或是由 CCD 取像分析得到。而影響檢測準確度的重要因素是平台旋轉的精度，對於高精度光學系統或是鏡組的檢測常使用一空氣軸承的旋轉平台，而單鏡片的檢驗則使用一 V 形治具 (V-block) 並配合馬達、皮輪帶動鏡片，使其靠著 V 形治具旋轉，如圖 2.106 所示。

(3) 菲佐干涉儀

光學量測的領域中，干涉技術一直佔有重要地位，特別是雷射光與電腦計算的導入後，不僅可獲得很高的靈敏度與準確度，而且擴大了量測範圍，把干涉測量技術推向一新的水平，在諸多領域中都有很廣泛的應用。

干涉量測是基於光波疊加原理，產生明暗交替的干涉條紋，經由條紋的分析處理以得到被測物體的相關訊息，而光學鏡片或系統用干涉儀的量測是利用待測波前與參考標準波前產生的干涉條紋的變形量或條紋分布，來求得待測表面微觀的幾何形狀或是波前像差等。菲佐型態的干涉儀，由於具有部分共路徑 (common-path) 的特性，因此廣為使用，且是目前光學鏡片檢驗用干涉儀最常使用的方式，以下將針對菲佐型態干涉儀作介紹。

菲佐干涉儀 (Fizeau interferometer) 的基本架構如圖 2.107 所示。雷射光經空間濾波器與準直物鏡後形成平行光，當此平行光束進入標準平板時，部分光由標準參考平面回溯反射 (retro reflection)，形成參考平面波前，回到干涉儀內部；另一部分光則穿透射出，射在待測表面後返回形成待測波前，與參考光波在干涉儀內螢幕 (screen) 上形成干涉條紋，或經由 CCD 取像作進一步的條紋分析。

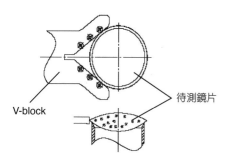

圖 2.106
單鏡片檢測用 V 形治具。

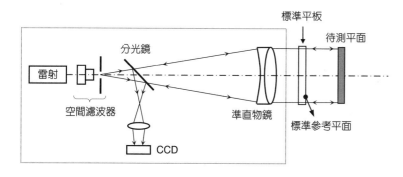

圖 2.107
菲佐干涉儀基本架構。

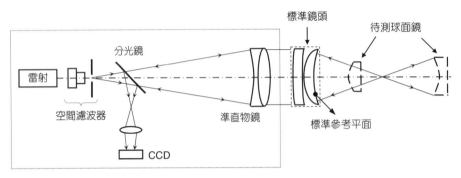

圖 2.108 菲佐干涉儀球面鏡量測光路架構。

當待測鏡片為球面鏡時,則標準平板必須更換為標準鏡頭 (transmission sphere),其光路架構如圖 2.108 所示。標準鏡頭的作用,除了匯聚球面波作為測試波前外,另一作用則是要求入射光線在最後一面 (即標準參考面) 必須垂直入射此面,產生回溯反射,然後回到干涉儀內部成為標準參考波前,與待測波前形成干涉條紋。

由於標準鏡頭 (或平板) 之標準參考面為提供菲佐干涉儀測量時的標準參考波前,因此其本身形狀誤差有極嚴格的要求;除了製造過程中要嚴格控制外,材料的選擇也應選用熱膨脹係數小、殘餘應力小和均勻性良好的光學玻璃,組裝夾持時,更要考量避免給予標準參考面過大的應力。

傳統干涉條紋的分析都是直接判讀條紋,以獲得被測波前的相位訊息,而後直到相位移干涉術 (phase shift interferometry) 的發展,才大幅提升條紋分析的精準度。其方法是經由改變參考波前與待測波前的光程差,使得其相位差發生改變,藉由連續改變不同的相位差並同時記錄其干涉條紋的變化,最後將干涉圖與相位重建分析,便可得到待測波前的形狀資料,詳細計算理論與演繹方法可參閱相關文獻與期刊。

利用菲佐干涉儀來檢驗光學鏡片表面形狀誤差,為目前最迅速便捷的檢測方式,其精度端視所使用標準鏡頭之參考平面的精度而定,一般可達 $\lambda/20$ 以上,且藉由更換標準鏡頭 (或平板),可適用於大部分的待測球面鏡。

2.3.3 非球面鏡外形檢測

在精密光學元件中,「非球面光學元件」由於具有輕、薄、短、小等優點,不但能減少光學系統之元件數目,而且能讓設計者有更寬廣的設計空間,故在光學系統上的應用甚廣,包括 LCD 投影機 (projector)、CD/DVD-ROM 讀取頭、光纖用準直儀 (collimator) 及數位相機等。另外,在相機上使用非球面鏡片可將廣角及變焦鏡頭內的反射光斑及影像扭曲等情況減至最低,使原有的鏡頭有更好的遠攝能力,此乃因「非球面光學元件」具有良好聚焦效果所致,如圖 2.109 所示。

第 2.3.3 節作者為黃國政先生。

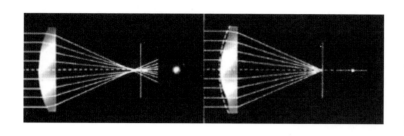

圖 2.109
非球面透鏡之聚焦效果。

　　廣義而言，非球面光學元件包含 CD/DVD 讀取頭及相機內的非球面透鏡、LCD 面板之背光板上的 Fresnel 透鏡、紅外 IR 系統上的合成鏡片 (hybrid lens) 及天文望遠鏡上的主次反射鏡 (mirror) 等皆是，其依光束調變方式可分為折射式的非球面透鏡、反射式的陶瓷鏡或金屬模具 (如圖 2.110 所示)，以及繞射式的 Fresnel 或二元透鏡等。其中以射出成形及玻璃模造之非球面鏡片 (如圖 2.111 所示) 最為常用。

圖 2.110 壓製眼鏡用的金屬模具。

圖 2.111 非球面玻璃模造鏡片。

　　非球面鏡已廣泛應於衛星、光電及通訊等高科技產業，但市售用於非球面鏡檢測的方法卻相當分歧，且量測準確度亦會因操作條件的不同而有差異。現有較具參考價值的量測方法以電腦全像 (computer generating hologram, CGH) 技術為最普遍選用的標準，但因其使用之全像玻片相當昂貴，並不適用於一些小批量的元件檢測，故目前有許多低成本的量測方式，例如表面輪廓、null-lens 補償鏡、光學掃描及刀口儀量測等，皆可供光學技術人員使用。

(1) 非球面外形數學定義

　　廣義的非球面 (non-sphere) 是泛指只要物件表面形狀不是平面或球面即可謂之。但目前一般常用非球面 (asphere) 是指軸對稱或軸外 (off-axis) 之曲線外形，其方程式可表示如公式 (2.55)，其中 A、B……G、H 為高階非球面係數值，k 為圓錐常數 (conic constant)，R_0 為中心曲率半徑，$r = (x^2 + y^2)^{1/2}$。

$$Z(r,k) = \frac{r^2}{R_0\left\{1 + \left[1 - (1+k)\dfrac{r^2}{R_0^2}\right]^{1/2}\right\}} + Ar^4 + Br^6 + Cr^8 + Dr^{10} + Er^{12} + Fr^{14} + Gr^{18} + Hr^{20} \tag{2.55}$$

如果非球面為二次曲線，則可簡化為公式 (2.56) (即高階項係數值為 0)：

$$Z(r) = \frac{r^2}{R_0 \left\{ 1 + \left[1 - (1+k) \dfrac{r^2}{R_0^2} \right]^{1/2} \right\}} \qquad (2.56)$$

如圖 2.112 所示，當 $k = 0$，曲線 $Z(r)$ 為一球面。若 $k < -1$，$Z(r)$ 為一雙曲球面 (hyperboloid)；若 $k > -1$；則 $Z(r)$ 為一橢球面 (ellipsoid)；若 $k = -1$，則 $Z(r)$ 為拋物球面 (paraboloid)。其中，虛線為一含高階項次之非球面曲線。

(2) 非球面外形量測法分類

早在西元 1927 年，Couder 就以陰影法 (knife-edge) 加兩片式補償器來作一直徑 30 mm-f/5 的拋物面鏡的量測，如圖 2.113 所示，其量測的方式是使用附加波前補償器 (wavefront corrector/compensator) 的方式將從拋物面鏡反射回來的非球面波前折射成近似球面波前，以量測其拋物面鏡之形狀所造成的高低陰影落差。此後，Dall[70] 及 Offner[71] 等人，陸續以各種波前補償的方式檢測拋物面鏡、雙曲面鏡等。另外，也有針對離球面 (sphere departure) 較小者 (< 10 μm) 的量測方法，如 Yatagai[72] 的剪切干涉法及 10.6 μm (CO_2-laser) 長波長的干涉法等。

目前已有的非球面量測法依檢驗圖的型式不同，可分為干涉圖法、陰影圖法 (knife edge test)、成像點法 (screen test) 及表面輪廓法，如表 2.10 所列，其中干涉圖法又細分為兩種：一是波前補償法 (null-test)，如 CGH 電腦全像干涉法、附加補償器法等；另外一種是非直線干涉紋波前補償法 (non-null test)，如各式剪切干涉法 (shearing interferometry)、雙波長干涉法及 Moire 疊紋法等。

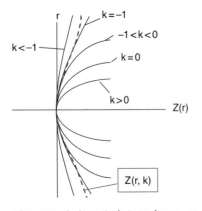

圖 2.112 非球面曲線方程式 $Z(r, k)$。

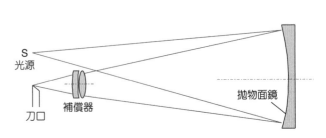

圖 2.113 Couder 非球面外形檢測法。

表 2.10 非球面外形量測分類。

檢驗圖形	量測法名稱	光學原理	適用範圍
干涉圖法	長波長干涉法	干涉	
	剪切干涉法 (Shearing interferometry)	干涉	
	附加補償器法	干涉、折射	
	全像干涉法	干涉、繞射	
	CGH 電腦全像干涉法	干涉、繞射	精度高
	雙波長干涉法	干涉	
	改良式相轉移干涉法 (Sub-Nyquist interferometry)	干涉	
陰影圖法	附加補償器法	陰影、折射	定性量測
	Ronchi法	陰影、折射、繞射	定性量測
成像點法	Harmann法	投影	大鏡片量測
	螺旋光罩法 (Helical screen)	投影	大鏡片量測
表面輪廓法	光學式 (非接觸)	干涉	小面積量測
	機械式 (接觸)		一直線量測
	掃描式 (接觸／非接觸)		

  雖然非球面檢測的方法有數十種，但適合廣範圍的量測且精度可達 $\lambda/4$ 以上的方法只有波前補償法，特別是電腦全像干涉法與附加波前補償器的方式，最近幾年已逐漸成為非球面檢測的標準方法。另外，目前光學業者用來量測非球面外形方式皆以輪廓量測為主，其中包含探針接觸式、光學干涉式及掃描式等，由於檢測成本低且較為便利，故廣為射出成形及模造玻璃透鏡業者所引用。

(3) 波前補償檢測

  在光學系統或單一鏡片中，最佳的成像波前皆為球面，但實際上當平行光源經過一平凸的球面透鏡，它的成像波前並不是球面，而是有稍許偏離球面的非球面波前，如圖 2.114 所示。波前補償的原理即是利用球面透鏡所產生的偏離球面之波前，以檢測非球面表面，而若

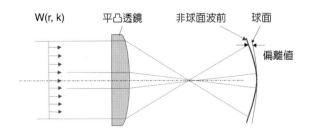

圖 2.114
偏離球面的非球面波前。

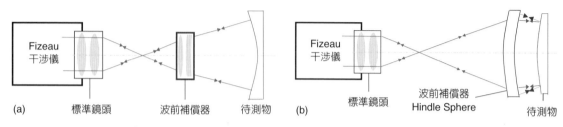

(a) 標準鏡頭　　　波前補償器　待測物　　(b) 標準鏡頭　　　波前補償器
Hindle Sphere　待測物

圖 2.115 (a) 凹非球面鏡與 (b) 凸非球面鏡波前補償檢測法。

將一片或幾片的球面透鏡或反射鏡組成一鏡組，其可將球面或平面的波前修正成與待測面近似的波前，則此鏡組即稱為波前補償器。

波前補償器架設的方式有折射式、反射式及折反射式三種。折射式波前補償器是由球面透鏡組成，至於使用多少片透鏡，端看其使用之入射波前 (平面波或球波) 與非球面之離球面值決定之，如圖 2.115 所示，波前補償器由一或兩片透鏡所組成，以球面光源入射，分別檢測凹 (concave) 與凸 (convex) 的非球面鏡。

決定補償的方式與檢測系統的架設後，補償器的元件數 (即透鏡／反射鏡的片數) 之決定非常重要。一般來說，無高階項或離球面小 (*F/#* 大者) 的待測非球面僅需一片透鏡或反射鏡即可，但具高階項或離球面大者，則需兩片以上之補償器。兩片以上之補償器則須以光學設計軟體做設計分析，以得到正確的架設位置參數。

每個波前補償器對應一組非球面外形，其曲率半徑或圓錐常數的適用範圍並不一定，一般而言，波前設計偏離值愈小，可適用的範圍愈大。波前補償器的定位精度亦會影響量測結果 (形狀精度)，實用上的定位精度通常要求在 0.1 mm 以內，所得到的量測誤差也可保持在 $\lambda/4$ 之內。物件外形偏離球面的值若不大於 3 μm (約 5 條牛頓圈)，該非球面的表面精度量測可以直接使用傳統球面檢測的結果，再經由影像處理的方式，得到真實的干涉條紋。但如果偏離球面值大於 5 條牛頓圈，如圖 2.116(a) 所示，一近拋物面鏡，其偏離值約 10 條，此時，會因條紋過密及不規則性而無法進行數值運算，必須使用附加波前補償器等方式，才能得到正確的非球面干涉條紋，如圖 2.116(b) 所示。

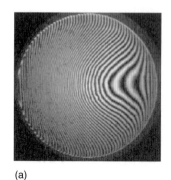
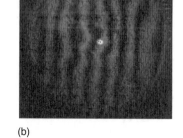

圖 2.116
(a) 補償前及 (b) 補償後之干涉條紋圖。

(a)　　　　　　　　　　(b)

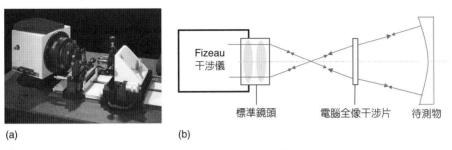

(a)　　　　　　　　　　(b)

圖 2.117 (a) Optotech CGH 干涉儀，(b) CGH 干涉儀示意圖。

　　儘管附加波前補償器的干涉方式在市面上相當普遍，但受到補償器尺寸及設計偏離值不易控制的限制，目前許多廠商改由利用一全像片繞射產生非球面波前，此法使用一電腦全像玻片代替波前補償器，其餘的架設方式大致與附加波前補償器法相同，如圖 2.117 所示。

　　電腦全像玻片製作的方法為將電腦軟體所產生出來的繞射條紋，利用化學或離子束蝕刻的方式，將繞射條紋複製於一非常薄且平行的玻片上，將此全像玻片架於定位平台即可作量測。以化學蝕刻製作出來的全像玻片，由於其繞射效率過低 (25%)，檢測精度也因而降低，故目前逐漸改用離子束搭配光罩的方式來製作，單階的繞射效率可提高為 40%，若使用二階方式製作，其繞射效率可提高為 81%。

　　除了上述的附加波前補償器與 CGH 干涉儀方式外，傳統的非球面檢測亦有使用刀口儀 (knife edge) 來做物件表面檢測。刀口儀具有成本低及靈敏度高的優點，但由於所得到的影像無法直接判讀，如圖 2.118 所示，目前多半使用在現場或不易架設干涉儀之處。另外，刀口儀的操作人員必須具備有非常多的經驗及影像判讀能力，其所得到的量測結果方有參考價值。

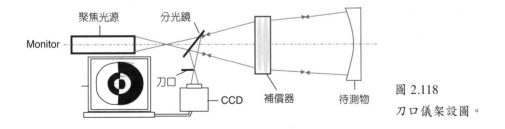

圖 2.118
刀口儀架設圖。

(4) 表面輪廓量測

　　非球面外形輪廓量測方式通常分為兩種。一種是使用探針在待測物件上拖曳，經由槓桿原理將探針所記錄的路徑以電感、壓電或光學干涉的方式放大並轉換成電子訊號，其後經由計算軟體加以分析，以得到實際外形，如圖 2.119 所示；另一種則是直接以光學干涉量測其外形，如圖 2.120 所示。前者量測空間大，可用來量測較大口徑之物件，後者常需花費很長的時間，故適合微光學元件量測。

資料來源：
www.form-taylor.com

圖 2.119
Form-Taylor 探針式輪廓儀。

資料來源：www.zygo.com

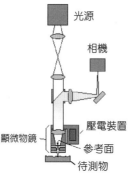

光源

相機

壓電裝置

顯微物鏡

參考面

待測物

圖 2.120
Zygo-NewView 5000 光學式輪廓儀。

　　在實用上，探針式的輪廓量測其探頭材料為人工鑽石或紅寶石 (ruby)，由於人工鑽石容易在較軟的待測物面 (如鋁或塑膠) 上造成刮痕，故目前使用以紅寶石探頭居多。近來為改良非球面量測的精度，相關研究已著重在如何減少探頭與待測物間之接觸壓力，目前已有使用氣流式的方式以降低接觸壓力至 0.1 mN、探頭半徑小於 2 μm 之機台系統，唯量測速度尚不及波前補償的方式，未來量測速度若能有效提升，探針式輪廓儀將可以開發成 3D 的量測系統。

　　光學式輪廓儀由於採用直接干涉記錄之方式，在量測的範圍及速度上皆遠不及探針式輪廓儀，量測精度亦不若探針式來得精準，但由於是非接觸的量測所以沒有物件表面刮傷的問題。光學式輪廓儀通常是由數組的物鏡、壓電裝置及 CCD 等所組成，如圖 2.120 所示，由於光學干涉取條紋像後，需經軟體計算並記錄高低落差值，故量測速度較為緩慢，適合量測直徑 10 mm、高度差數百微米以下之小型非球面元件，如圖 2.121 所示。另外，目前大部分的光學式輪廓儀都設計成有掃描的功能，但一般都使用在表面有非球面結構之三維量測上。由於光學式輪廓儀在量取表面有不連續或邊角形狀時，會發生光繞射現象，如圖 2.122 所示，進而影響量測精度，故一般要盡量避免使用光學式輪廓儀作非球面輪廓量測。

　　目前光學業者普遍使用探針式或光學式輪廓儀，以其量測數據作為非球面透鏡或模具外形之依據，多數的廠商採用量取兩軸 (x 軸及 y 軸) 的直線數據，再加以平均而得。由於現有射出成形與玻璃模造鏡片的精度誤差之軸對稱性良好，故目前「兩軸數值平均」的方法尚可

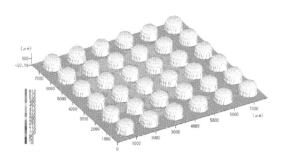

圖 2.121 BGA 錫球檢測 (資料來源：三鷹光器
株式會社)。

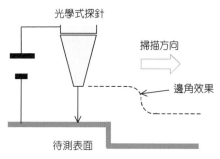

圖 2.122 光學式輪廓量測之邊角效果。

符合市場需求。另外，使用輪廓儀量測非球面外形時，由於非球面變數不只一個 (例如曲率半徑)，現有的計算軟體將無法直接判讀原設計之非球面外形，故在量測前，需提供一組參考數據 (一般為設計值) 作為比對誤差的參考。

(5) 結論

　　非球面外形量測技術發展已有數十年的歷史，但至今尚未有一套標準的量測技術，除了技術觀念保守及人才培養不易外，檢測之成本居高不下是主要原因。以製作一片直徑 50 mm、形狀精度為 $\lambda/4$ 的雙曲球面鏡為例，並以 CGH 全像干涉儀為量測依據，其製作單價竟是同尺寸及精度之球面鏡單價的數千倍以上。

　　所以目前使用於 CD/DVD 讀寫頭或數位相機中非球面元件的量測方式，是以表面輪廓儀之檢測數值作比對依據，但在不久的未來，光電產品在講求輕、薄、短、小的要求下，直徑 0.5 mm 以內的 CD/DVD 讀寫頭、光纖用準直儀及形狀精度為 $\lambda/4$ 的數位相機之非球面元件即將問世，其非球面外形之非軸對稱誤差已較原平均誤差為大，其外形誤差之軸對稱性被破壞，致使輪廓儀的「兩軸數值平均」法已不符實用，故開發一套可量測整個非球面外形的儀器系統將是未來發展之方向。

參考文獻

1. 張弘, 幾何光學, 東華書局, 32 (1985).
2. W. T. Welford, *Aberrations of the symmetrical Optical System*, London: Academics Press, 46 (1974).
3. 孫文信, 精調三階像差各分項目標值的鏡組優化設計, 中央大學光電科學研究所博士論文, 39 (2002).
4. D. Malacara and Z. Malacara, *Handbook of Lens Design*, New York: Marcel Dekker, 316 (1994).
5. M. Jalie, *The Principles Ophthalmic Lenses*, London: The Association of Dispensing Opticians (1992).
6. W. J. Smith, *Modern Optical Engineering*, New York: McGraw-Hill, 92 (2000).

7. S. F. Ray, *Applied Photographic Optics*, London: Focal Press, 93 (1988).

8. E. Hecht, *Optics*, 3rd ed., New York: Addison Wesley, 257 (1998).

9. GPI-XP Interferometer System Operation Manual OMP-0351J. Zygo Corporation.

10. L. A. Selberg, *Optical Engineering*, **31** (9), 1961 (1992).

11. 精密光學技術, 精密儀器發展中心訓練班講義 (1999).

12. 張榮語, 射出成型模具設計, Vol. 1-3, 高立圖書有限公司.

13. 蔡易仲, 陳炤彰, 倪偉烈, "防電磁波複材在射出成形之纖維排向及分散性研究", 中國機械工程學會第 17 屆全國學術研討會, 國立高雄第一科技大學 (2000).

14. 劉育銘, 石正宜, 陳炤彰, 許文獻, "光學鏡片射出成形模流分析與應用研究", 2001 高分子聯合會議暨第 24 屆高分子研討會, 國立台灣科技大學 (2001).

15. C.-C. A. Chen, H.-C. Chen , Z.-F. Lin and Y. K. Shen, "Geometric Aspect Ratio Effects on Micro-Injection Molding of Small Lens Mold with Miniature Grooves", *Proc. of the PPS-2002 Meeting of the Polymer Processing Society*, Taipei (2002).

16. 陳炤彰, 吳俊毅, 陳恩宗, "階梯式微溝槽之射出成形分析研究", 中國機械工程學會第二十一屆學術研討會論文集, 國立中山大學 (2004).

17. K. Shen, S. Y. Yang, W. Y. Wu, H. M. Jian, and C.-C. A. Chen, *Journal of Reinforced Plastics and Composites*, **23** (11), 1187 (2004). (EI/SCI Paper) (NSC 91-2212-E-011-017)

18. 陳建銘, 陳炤彰, "曲線近似法在非球面鏡片射出模仁之形狀誤差分析研究", 中國機械工程學會第二十屆學術研討會論文集, 台北市 (2003).

19. 許文獻, 陳炤彰, 戴權文, "光學鏡片射出成形模仁形狀誤差之估算研究", 2000 模具技術成果暨論文發表會, 台北市世貿中心 (2000).

20. 劉昭宏, 楊璨朴, 陳炤彰, "非球面塑膠鏡片模具收縮率之研究", 2002 年台北國際模具技術與論文發表會, 台北世貿中心 (2002).

21. HOYA, *Optical Glass Product Catalogue* (2001).

22. SUMITA Optical Glass, Inc. *Optical Glass Data Book*, 4th ed. (2004).

23. M. A. Angle, *et al., Method for Molding Glass Lenses*, US patent 3833347 (1973).

24. S. Hosoe, Y. Masaki, "High-speed Glass-molding Method to Mass Produce Precise Optics", *Proceedings of SPIE*, **2576**, 115 (1995).

25. G. E. Blair, *et al., Method of Molding Glass Elements and Element Made*, US patent 4139677 (1975).

26. S. Kouichi, *Process for Producing Glass Molded Lens*, US patent 0028558 (2005).

27. H. H. Karow, *Fabrication Methods for Precision Optics*, John Wiley & Sons. Inc., (1993).

28. H. Kazutaka, *Precision Press-molding Glass Preform, Optical Element and Processes for the Production Thereof*, European Patent 1510505 (2005).

29. K. Shishido, M. Sugiura, and T. Shoji, "Aspect of Glass Softening by Master Mold", *Proceedings of SPIE*, **2536**, 421 (1995).

30. P. W. Baumeister, *Optical Coating Technology*, Press Monograph PM137 (2004).

31. *New Machines, Tools and Processes for Modern Optics Manufacturing*, 8th Annual Summer Course,

University of Rochester, June 24-27 (2002).

32. K. Walter, *The World Most Accuracy Lath*, Lawrence Livermore National Laboratory (2001).

33. M. A. Davies, C. J. Evans, S. R. Patterson, R. Vohra, and B. C. Bergner, "Application of Precision Diamond Machining to the Manufacture of Micro-Photonics Components, *Proc. of SPIE*, **5183**, 94 (2003).

34. J. Franse, *Rep. Prog. Phys.*, **53**, 1049 (1990).

35. 井澤實 (著), 杜光宗 (編譯), 精密定位技術及其設計技術, 建宏出版社 (1992).

36. E. Paul, and C. J. Evans, *Precision Engineering*, **18** (4), 4 (1996).

37. W. B. Veldkamp, *SPIE*, **1544**, 287 (1991).

38. S. Sinzinger and J. Jahns, *Microoptics*, Weinheim: Wiley-VCH (1999).

39. W. B. Veldkamp and T. J. McHugh, *Scientific American*, **266** (5), 92 (1992).

40. G. P. Behrmann and M. T. Duignan, *Applied Optics*, **36** (20), 4666 (1997).

41. X. Wang, J. R. Leger, and R. H. Rediker, *Applied Optics*, **36** (20), 4660 (1997).

42. F. H. H. Lin, *et al.*, *SPIE*, **3511**, 35 (1998).

43. W. Daschner, M. Larsson, and S. H. Lee, *Applied Optics*, **34** (14), 2534 (1995)

44. W. Daschner, P. Long, R. Stein, C. Wu, and S. H. Lee, *Applied Optics*, **36** (20), 4675 (1997).

45. M. R. Wang and H. Su, *Applied Optics*, **37**, 7568 (1998).

46. B. P. Keyworth, D. J. McMullin, and L. Mabbott, *Applied Optics*, **36** (10), 2198 (1997).

47. N. F. Borrelli, *Microoptics Technology*, New York: Marcel Dekker (1999).

48. 西澤紘一, 光技術コンタクト, **35** (6), 79 (1997).

49. D. L. MacFarlane, V. Narayan, J. A. Tatum, W. R. Cox, T. Chen, and D. J. Hayes, *IEEE Photonics Technology Letters*, **6** (9), 1112 (1994).

50. H. P. Herzig, *Micro-Optics: Elements, Systems and Applications*, Taylor & Francis (1997).

51. D. Malacara, *Optical Shop Testing*, 2nd ed., New York: John Wiley & Sons Inc (1991).

52. *ISO 10110-1 Optics and Optical Instruments*, 1st ed., Geneva: International Organization for Standardization (1996).

53. *U.S. Military and Federal Specifications Related to Optics and Optical Instruments*, 1st ed., Philadelphia: Naval Publications and Forms Center. (1963)

54. 李正中, 薄膜光學與鍍膜技術, 第三版, 台北: 藝軒圖書出版社 (2002).

55. 儀器總覽－光學量測儀器, 國科會精密儀器發展中心 (1998).

56. J. M. Geary, *Introduction to Optical Testing*, Bellingham, Wash.: SPIE (1993).

57. W. J. Smith, *Modern Optical Engineering*, New York: McGraw Hill (1972)

58. F. Cooke, *Appl. Opt.*, **3**, 87 (1964)

59. R. E. Noble, "*Some Parameter Measurements*" in Optical Shop Testing, 1st ed., D. Malacara, ed., New York: Wiely (1978)

60. *Examples for Applications for Collimators, Telescopes, Visual and Electronic Autocollimators*, Möller-Wedel Optical GmbH.

61. http://www.trioptics.com/neu/index.php

62. http://www.moller-wedel-optical.com/

63. 李林, 林家明, 王平, 黃一帆, 工程光學, 北京理工大學出版社 (2003).

64. P. Hariharan, B. F. Oreb, and T. Eiju, *Appl. Opt.*, **26**, 2504 (1987).

65. K. Creath, *Phase-Measurement Interferometry Techniques*, Progress in Optics, Vol XXVI, pp. 349-393, Amsterdam (1988).

66. S. M. Arnold, *The International Society for Optical Engineering*, **1052**, 19 (1989).

67. S. M. Arnold and A. K. Anil, *SPIE*, **1396**, 27 (1990).

68. K. M. Leung, S. M. Arnold and J. C. Lindquist, *SPIE*, **306**, 112 (1981).

69. D. G. Bruns, *Appl. Opt.*, **22**, 12 (1990).

70. H. Dall, *J. Br. Astron. Assoc.*, **57**, 201 (1947).

71. A. Offner, *Appl. Opt.*, **2**, 153 (1963).

72. T. Yatagai and T. Kanou, *Opt. Eng.*, **23**, 357 (1984).

73. W. Silvertooth, *J. Opt. Soc. Am.*, **30**, 140 (1940).

74. J. Schlauch, *Sky Telesc.*, **18**, 222 (1959).

75. M. Daniel, *Optical Shop Testing*, Ch. 8-15 (1982).

第三章 光電轉換與整合

3.1 光電轉換基本技術

3.1.1 雷射與光源

雷射與光源為光機電系統不可或缺之元件。舉凡自然界之太陽光、月光、星光,到人工製造電燈、氣體放電燈、發光二極體 (light emitting diode, LED)、雷射等都有不同之用途,雷射光與光源都是能量,可以用電磁波或光粒子型式傳播,亦可視為光輻射,依波長可區分為紫外光 (UV)、可見光與紅外光 (IR) 三大類,其可再細分如表 3.1 所列。

(1) 雷射

雷射的特性具有高單色性、低發散性、高強光度與高同調性,為近代光電產品與量測系統必備之光源。雷射依其活性介質成分可區分為:氣體雷射、固態雷射、半導體雷射、液體雷射、化學雷射、自由電子雷射 (free electron laser) 及 X 射線雷射等。

表 3.1 光波長分類。

分　類	波長範圍 (nm)	光波名稱
紫外光	100－280	極遠紫外光
	280－315	遠紫外光
	315－380	近紫外光
可見光	380－440	紫光
	440－460	藍光
	460－495	青光
	495－540	綠光
	540－600	黃光
	600－640	橙光
	640－770	紅光
紅外光	770－1400	近紅外光
	1400－3000	中紅外光
	3000－1000000	遠紅外光

第 3.1.1 節作者為廖泰杉先生。

① 氣體雷射

　　氣體雷射又可區分如表 3.2 所列。其中，He-Ne 雷射 (633 nm、1.55 μm) 輸出穩定，有較佳之橫模 (transverse mode) TEM_{00} 光束且為可見光，同調性高，常用於光電系統調校。而離子氣體 Ar^+ 與 Kr^+ 雷射其譜線分布於可見光區，具低發散角和良好同調性，可藉由稜鏡波長選擇器調整為單一波長輸出，應用於全像術和光譜儀。

　　另外，在分子氣體雷射中，二氧化碳雷射 (10.6 μm) 的效率高、連續輸出功率大，常作為加工機用於切割等工業用途。氮氣雷射 (337.1 nm) 在高脈衝重複比之下，可以產生短脈衝 (奈秒級至微秒級) 高峰值功率輸出，常用於可調波長之染料雷射的幫浦 (pump) 光源。準分子雷射的波長通常落在紫外光波段，具有高峰值輸出，廣泛應用於科學研究上。

表 3.2 氣體雷射種類依雷射活性介質而定。

氣體雷射種類		工作波長
中性原子氣體雷射	He-Ne	0.6328 μm、1.15 μm、3.39 μm
離子氣體雷射	HeCd	0.325 μm、0.4416 μm
	Kr	0.3507 μm－0.7993 μm
	Ar	0.5145 μm、0.5017 μm、0.4965 μm、0.488 μm、0.4765 μm、0.4727 μm、0.4658 μm、0.4579 μm、0.4545 μm
	Cu	0.5105 μm、0.5782 μm
	Au	0.627 μm
	Pb	0.7229 μm
分子氣體雷射	H_2	0.16 μm
	N_2	0.3371 μm
	HF	3.1 μm
	Co	4.4 μm、5.5 μm
	CO_2	10.6 μm、9.4 μm
	H_2O	118.6 μm
	HCN	773 μm
激發活性介質雷射	ArCl	0.175 μm
	ArF	0.193 μm
	KrCl	0.223 μm
	KrF	0.248 μm
	XeBr	0.282 μm
	XeCl	0.308 μm
	XeF	0.351 μm

② 固態雷射

固態雷射所採用的活性介質是固態，它是把具有產生受激發射作用的離子摻入晶體或玻璃。固態材料中能夠產生受激發射的金屬離子主要有三類：(a) 過渡金屬離子，例如 Cr^{3+}，(b) 大多數的鑭系金屬離子，例如 Nd^{3+}、Sm^{2+}、Dy^{2+} 等，(c) 錒系金屬離子，例如 U^{3+}。作為基質的人工晶體主要有：剛玉 (Al_2O_3)、釔鋁石榴石 (yttrium-aluminum-garnet, YAG)、鎢酸鈣 ($CaWO_4$) 及氟化鈣 (CaF_2) 等，此外，尚有鋁酸釔 ($YAlO_3$)、鈹酸鑭 ($La_2Be_2O_5$) 等。固態雷射所採用的玻璃為優質的矽酸鹽光學玻璃與磷酸鹽光學玻璃。這些摻雜到晶體或玻璃中的金屬離子，其主要特點是具有寬及有效的吸收光譜帶、高螢光效率、較長的螢光壽命和較窄的螢光譜線，易於產生粒子數反轉和受激輻射。固態雷射的種類與其工作波長如表 3.3 所列。

③ 半導體雷射

半導體雷射具有體積小、效益高、消耗功率小、使用壽命長，以及容易由電流大小來調制其輸出功率、調制頻率可達 GHz 等特性。因其技術層次較高，廣泛應用於光纖通訊、資訊處理、家電用品及精密測量上之關鍵性元件。

半導體雷射的材料可分為元素半導體及化合物半導體。矽與鍺元素半導體材料是屬於間接能隙材料，不能做為發光材料。常見的發光元件材料多為直接能隙的化合物半導體，如三族、五族的砷化鎵與磷化銦，或二族、六族的硒化鋅與硫化鋅等。此外，也可利用三元或四元化合物半導體，如三元化合物半導體 $Al_xGa_{1-x}As$ 是以砷化鎵與砷化鋁所合成，調整三價元素鋁和鎵的成分比例以改變其能隙 (E)，而得到不同波長的光 ($\lambda = 1.24/E$ (μm))。半導體雷射的種類與其工作波長如表 3.4 所列。

表 3.3 固態雷射種類。

固態雷射種類	工作波長
紅寶石雷射	$0.6943\ \mu m$
Nd:YAG	$1.064\ \mu m$
Nd:Glass	$1.060\ \mu m$
Er:Glass	$1.54\ \mu m$
Er:YAG	$2.9\ \mu m$
Ho:YAG	$2.1\ \mu m$
$Cr^{+3}:BeAl_2O_4$	$0.7\ \mu m - 0.82\ \mu m$
Ti:Al_2O_3	$0.66\ \mu m - 1.18\ \mu m$
LiSAF	$0.78\ \mu m - 1.01\ \mu m$
LiCaF	$0.72\ \mu m - 0.84\ \mu m$
Erbium Fiber Laser	$1.53\ \mu m - 1.56\ \mu m$
LiF	$0.82\ \mu m - 1.05\ \mu m$
NaCl:OH	$1.42\ \mu m - 1.85\ \mu m$
KCL:Na	$2.25\ \mu m - 2.65\ \mu m$
RbCl:Li	$2.6\ \mu m - 3.6\ \mu m$

表 3.4 半導體雷射的分類及工作波長。

種類	工作波長
氮化銦鎵／氮化銦鎵／三氧化二鋁或硒化鋅兩大材料系列所製成	$0.39\ \mu m - 0.55\ \mu m$
磷化鋁銦鎵／磷化銦鎵／砷化鎵材料	$0.635\ \mu m - 0.670\ \mu m$
砷化鋁鎵／砷化鎵材料所製成	$0.75\ \mu m - 0.95\ \mu m$
砷化鋁鎵銦和砷磷化銦鎵材料系列	$0.98\ \mu m - 1.55\ \mu m$

④ 液體雷射

　　液體雷射亦稱為有機染料雷射，係將不同之染料置於雷射共振腔中作為雷射活性介質，再利用氮氣 (N_2) 雷射、氬氣 (Ar) 雷射或 Nd:YAG 雷射來誘導有機染料，使染料雷射輸出。

　　除了 X 光外，染料雷射於任何波長皆可輸出，染料雷射之介質為染料，為具有很強吸收光譜的有機物質，可提供紫外光、可見光及近紅外光之範圍的波長。染料有密集振動、轉動之能級，每一個電子能態均呈帶狀。目前可作為雷射活性介質約有數百種染料，其工作波長可在 $0.2 - 1\ \mu m$ 範圍 之間。每一種染料可以在一個區域內連續變化工作波長，其工作波長光譜可變化範圍約 $30 - 80$ nm，如表 3.5 所列。典型脈衝染料雷射的結構如圖 3.1 所示。N_2 分子雷射波長 337 nm，脈寬約 $3 - 5$ ns，其光束經柱狀透鏡聚焦成一條線而獲得極高的幫浦能量密度。照射在染料盒內，染料吸收光譜能量而發射螢光；若使用不同染料會有不同的螢光譜帶，且在光學共振腔作用下，形成雷射振盪。調整染料雷射系統內光柵則形成雷射波長連續可調之雷射。因此染料雷射所輸出光的波長與光柵的角度有密切的關聯。藉著使用不同染料，可透過手動或電腦控制步進馬達來設定染料雷射光柵級數和光柵的角度，藉此得到波長範圍 $350 - 810$ nm 間特定波長的雷射光輸出。

　　若需使用更短波長之紫外光，則需適當地選用不同角度的 KD*P 晶體波長倍頻器 (wavelength extender)，以產生範圍為 $216 - 432$ nm 的可調波長之紫外光。由於波長倍頻的輸出轉換效率通常只有 10% 左右，經波長倍頻後的光源中混合有原來的可見光及倍頻後的紫外光，因此需藉由稜鏡將可見光及紫外光分離，才能得到所需要之紫外光。

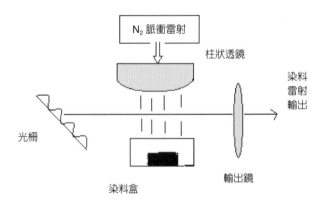

圖 3.1
脈衝染料雷射可調波長示意圖。

表 3.5 雷射幫浦染料與波長可調範圍。

峰值波長 (nm)	染料名稱	波長可調範圍 (nm)	分子量
365, 380	PBD	355－386	298
432	Coumarin 120	420－457	175
449	Coumarin 2	427－466	217
460	Coumarin 47	440－480	231
485	Coumarin152A	465－520	285
537	Coumarin 153	510－580	309
530	Rhodamin 6G	568－615	479
610	Rhodamin B	595－650	479
710	Niblau A	715－755	418
783	Methyl-DOTC	765－795	484
786	DOTO-Jodid	780－800	512
808	DOTO+Hexacyanin 3	790－810	512/536
383	Polyphenyl 2	363－400	542
415	Stilbene 1	391－435	569
435	Stilbene 3	409－465	435
518	Coumarin 30	485－535	347
535	Coumarin 6	506－558	350
540	Rhodamin 110	528－580	367
661	Dicyanomethylene	610－705	303

⑤ 化學雷射

　　化學雷射是利用化學反應形成能量分布逆轉，而達成雷射輸出，化學雷射反應器可利用閃光燈、電弧火燄加熱或直接化學反應來誘導形成雷射，化學雷射之種類及其輸出波長如表 3.6 所列。

⑥ 自由電子雷射

　　自由電子雷射的產生機制與傳統雷射不同。傳統的雷射受限於雷射增益介質 (gain medium) 的特性，難以產生遠紅外光或極短波長的雷射；而自由電子雷射直接以電子束產生輻射、不借用任何雷射介質，是目前最佳的遠紅外及紫外光高功率雷射光源。

表 3.6 化學雷射之種類。

化學雷射活性介質	工作波長 (μm)
HF	2.6－3.6
HCl	3.5－4.1
DF	3.6－4.1
HBr	4－4.7
CO	4.9－5.7
CO_2	10－11

　　典型自由電子雷射可提供工作波長約 248 nm－8 mm，脈衝最大輸出功率可達 1 GW，輸出模態為 TEM_{00}，最大缺點為體積過大。

⑦ X 射線雷射

　　X 射線雷射為最近新發展之雷射光源，基本上是將脈衝雷射 (pulse laser) 射向充滿氣體的玻璃管，使玻璃管氣體電漿中原子內的電子脫離，產生 X 射線光子 (X-ray photon)，再將 X 射線放大一百至一千倍，製成可凝聚在一起的 X 射線光束。X 射線雷射工作波長為 3.6－46.9 nm，是依其玻璃管內氣體電漿之成分來決定。表 3.7 所列為 X 射線雷射之種類。

表 3.7 X 射線雷射之種類。

種類	工作波長 (nm)	玻璃管離子氣體 (電漿) 成分
Ni-like	3.560	Au^{51+}
H-like	3.879	Al^{12+}
Li-like	8.73	Si^{11+}
Ni-like	10.456	Eu^{35+}
Ne-like	46.9	Ar^{8+}

(2) 發光二極體光源

　　發光二極體 (light emitting diode, LED) 是利用外加電壓的方式，使二極體內的電子與電洞結合過程中能量轉換產生光的輸出，其 LED 材料通常為砷、磷、鎵等 III-V 族元素，其結構示意圖如圖 3.2 所示。LED 可分類為可見光 (450－780 nm) 與非可見光 (850－1550 nm)，LED 特性為發光不產生熱、元件壽命長、反應速度很快、體積輕巧、適合量產、具高可靠度，以及應用領域非常廣泛。LED 與半導體雷射最大不同之處在於其結構，半導體雷射需要共振腔結構以產生雷射光，而發光二極體則否。發光二極體的分類及應用領域簡單敘述如下。

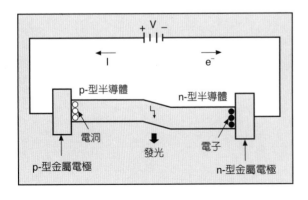

圖 3.2
發光二極體結構示意圖。

① 可見光發光二極體 (450－780 nm)

・高亮度發光二極體材料通常為 $GaInN^+$ 螢光粉、GaN^+ 螢光粉、$ZnSe^+$ 螢光粉等，白光光源可應用於資訊與通訊產品之背光源或照明類等。另外，發光二極體材料 (GaInN) 亦可應用於交通號誌類或汽車煞車燈類等用途。

・傳統亮度發光二極體材料通常為 GaP、GaAsP、AlGaAs 等，這些發光二極體應用於通訊產品，資訊產品家電產品與民生消費性電子產品等。另外，LED 材料 (AlGaInP) 可應用於交通號誌類或汽車方向燈類等領域。

② 非可見光發光二極體 (850－1550 nm)

・紅外光 (1300－1500 nm) 發光二極體材料通常為 GaAlAs 等，可作為光通訊產品之光源等。

・紅外光 (800－970 nm) 發光二極體材料通常為 GaAs、GaAlAs 等，此光源可應用於資訊與通訊產品之遙控器類及生醫保健產品等。

(3) 氣體放電光譜燈

　　氣體放電光譜燈依燈內不同之氣體或金屬蒸氣，而發出特定光譜波段之光源，各有其不同用途，依其應用於光電系統，可區分為下列三類。

・氘燈或重氫燈 (DC deuterium lamp)：此類光源應用於紫外波段之光電系統，輸出工作波長為 (180－400 nm)，連續紫外波段光譜輸出，有最佳訊雜比及很小的可見光與紅外光輸出，一般用於校準用。

・電弧燈 (DC arc lamp)：此類光源輸出工作波長為 200－2500 nm，能夠產生高亮度與很強紫外光輸出，並類似太陽光譜。其特性為燈源小且高亮度，弧光易由凹面鏡形成強準直光源。

・鹵素石英鎢燈 (quartz tungsten halogen lamp)：此類光源輸出工作波長為 240－2700 nm，其特性為便宜、高可見光輸出、高穩定度，且適合應用於輻射度 (radiance) 與光度 (luminance) 光電系統，作為量測與檢校之光源。

　　美國 Oriel 公司用於校準之稀有氣體光譜燈其可用校正波長參考如表 3.8。另外，汞光譜校正燈光源有較窄之光譜線寬，其提供校正譜線如表 3.9 所列。

　　有些低功率氣體放電光譜燈之燈光源有小的輻射面積、光弧或燈絲。某些光電應用中 (如單光儀狹縫、光纖或光樣品等) 之目標物很小，應用小的燈光源可能比大的燈光源有較佳之光通量密度。考量光學系統中其他材料性質，以及聚焦與校正補償等因素在內，則瓦級之小光源可能比千瓦級燈光源更有效率，且更容易操作與較小電量功率需求。千瓦級之燈光源缺點為會造成光學元件過熱，而容易損害光電元件，當所使用的光電系統需要照射很大面積時，才需要千瓦級燈光源。

表 3.8 稀有氣體放電光譜燈可用校正波長 (nm)。

汞氙氣體光譜燈 Hg (Ar)	氖氣體光譜燈 Neon	氙氣體光譜燈 Xenon	氪氣體光譜燈 Krypton	氬氣體光譜燈 Argon
184.9	337.8	271.7	427.4	294.3
187.1	339.3	302.4	432.0	415.9
194.2	376.6	313.8	435.5	420.1
253.7	377.7	324.3	457.7	834.8
265.4	585.2	345.9	461.9	476.5
284.8	783.9	358.0	465.9	488.0
294.7	792.7	359.6	473.9	696.5
296.7	793.7	360.6	476.6	706.7
302.2	794.3	361.6	483.2	738.4
312.6	808.2	362.4	557.0	750.4
313.2	811.9	378.1	587.1	763.5
320.8	812.9	384.2	758.7	772.4
326.4	813.6	387.8	760.2	794.8
345.2	825.9	392.3	768.5	800.6
365.0	826.6	395.1	769.5	801.5
404.7	826.7	405.0	806.0	811.5
434.7	830.0	410.9	810.4	842.5
435.8	836.6	414.6	811.3	912.3
546.1	837.8	446.2	819.0	922.4
615.0	841.7	456.9	826.3	965.8
1014.0	841.8	457.0	829.8	
1357.0	846.3	464.1	975.2	
1692.0	848.8	475.7	1363.4	
1707.3	849.5		1442.7	
1711.0	854.5			
	857.1			
	859.1			
	863.5			
	864.7			
	865.4			
	865.6			
	867.9			
	868.2			
	870.4			
	877.2			
	878.0			
	878.4			
	885.4			
	914.9			
	920.7			
	930.1			
	932.7			
	942.5			
	948.7			
	953.4			

表 3.9 汞光譜氣體放電燈常用校正波長。

線譜名稱	校正譜線波長 (nm)
I	365.01
H	404.65
G	435.84
E	546.07

(4) 其他常用燈光源

① 冷陰極螢光燈管

　　冷陰極螢光燈管 (cold cathode fluorescent lamp, CCFL) 為資訊產品光源，如作為液晶顯示器的背光源。它是屬於低壓水銀放電燈源，管內於高壓放電游離時會產生 253.7 nm 附近之紫外光，再經管內壁之螢光體轉換為可見光，具有小型、輕量化、低發熱量、低消耗功率與高亮度等優點，其發光電路如圖 3.3 所示。

② 電激發光元件

　　電激發光元件 (eletroluminescent device) 的結構為兩電極間置放螢光體或薄膜，施加一電壓產生電場使螢光體發出螢光，並穿透電極發射出去，屬於低強度光源，不同螢光體成分會產生不同顏色的光，如表 3.10 所列。可用於資訊產品之背光源或其他民生消費指示燈源。

③ 電漿發光元件

　　電漿發光元件的結構是在兩片分別有行列相互垂直的透明電極玻璃基板內封入惰性氣體 (如氦、氖等)，每一行列的交點為一個像素，像素及阻隔牆四周塗有三基色螢光粉。當驅動電路利用訊號選址、掃描與遲滯的特性，使像素受到電壓後，於電極間產生電場，使電極間之惰性氣體離子化而產生電漿，並釋出紫外線且照射螢光粉產生紅、綠、藍不同之可見光，成為全彩顯示。電漿顯示器之優點為發光效果佳、視角大、畫面聚焦精確及無失真等。

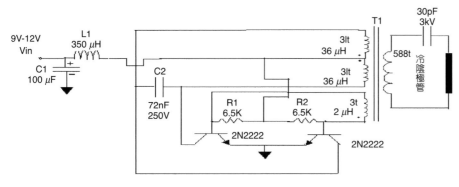

圖 3.3 冷陰極螢光燈管 (CCFL) 驅動電路。

表 3.10 電激發光元件螢光體化合物發光特性。

螢光體化合物	發光顏色
ZnS + Mn	橙
ZnS + Ce	綠
ZnS + TbF$_3$	綠
ZnS + Pr	白
ZnS + Cl	紅
ZnS + F	藍

④ 有機發光二極體

　　有機發光二極體 (organic light emitting diode, OLED) 的發光原理和無機材料發光二極體 (LED) 的發光原理相似。此元件構造是由氧化銦錫透明玻璃基板、電洞注入層、電洞傳輸層、發光層、電子傳輸層及金屬電極所組成，如圖 3.4 所示。使用透明材料氧化銦錫作爲陽極導電電極，並選擇低功率函數 (即低電阻) 之金屬作爲陰極導電電極，施加一順向偏壓時，外加電壓能量將驅動電子與電洞分別由負極與正極注入此元件，當電子與電洞於傳導中相遇，形成電子－電洞復合，此時電子的狀態位置將由激態高能階回到穩態低能階，而其能量差異將分別用光子或熱量的型式放出，其中可見光的部分可被利用當作顯示功能。選擇具有螢光特質的有機材料當作發光層或發光層中摻雜染料，利用材料能階差，釋放出來的能量轉換成光子，除可提高發光效率外，也可使發光的顏色橫跨整個可見光區，以獲得需要的發光顏色。有機發光二極體之優點爲自發光、廣視角、高亮度、高輝度、高反應速度、高對比、重量輕、可全彩、低成本及低驅動電壓等。

(5) 低電壓驅動／低功率半導體發光元件電路原理與實務

　　發光元件如 LED、雷射二極體、冷陰極管在生活上的應用很廣泛。掌上型儀器或工具皆儘可能使用很低之電壓，而發光二極體 (LED) 或雷射二極體之臨界啓動電壓都在 1.6 V 以上，單顆電池一般約 1.5 V，故不能直接推動發光元件。倘若要以最經濟之方式且使用單顆 1.5 V 電池來推動發光元件，下文將介紹兩種升壓電路：① 負阻抗與電感 (*L*)、電容 (*C*) 組成升壓振盪電路，② 馳張振盪電路與電感 (*L*) 組成升壓振盪電路。

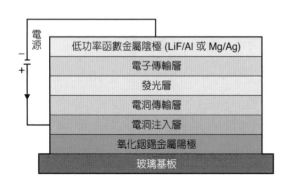

圖 3.4
有機發光二極體之傳統結構示意圖。

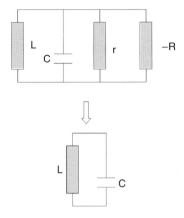

圖 3.5 *LC* 電路與負阻抗關係。

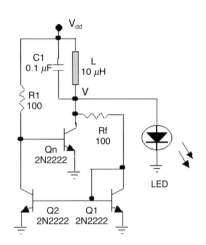

圖 3.6 負阻抗電路與低電壓驅動發光元件。

　　第一類：負阻抗與電感 (*L*)、電容 (*C*) 組成振盪器來驅動發光元件。任何實際電感與電容皆非理想，多少含有電阻成分，如圖 3.5 所示。電容與電感並聯，有一寄生電阻 *r*；倘若並聯一負電阻 (*–R*)，使負電阻消除 *LC* 並聯電路之正電阻，就變成單純 *LC* 諧振電路。由拉普拉斯轉換 (Laplace transfer) 計算，其共振頻率為 $f = 1/(2\pi\sqrt{LC})$；再由電感之自然逆抗特性會產生好幾倍施加電壓之脈衝振幅，如此就可以用很低之工作電壓，在電感之連接點有高於發光元件臨界啟動電壓。

　　圖 3.6 為使用三個 2N2222NPN 電晶體所組成負阻抗電路。假設三個電晶體之電流增益 h_{fe} 都一樣，則由此電路 V 點看進去，其電流 *I* 與 *V* 電壓關係為

$$I = \beta \frac{(V_{dd} - V_{be})}{R_1} + \beta \frac{V_{be}}{R_f} - \frac{\beta}{R_f} V \tag{3.1}$$

其中 V_{be} 為電晶體的基極－射極電壓。由上式知負電阻與 R_f 電阻有關，R_f 不能太大。負阻抗與 *LC* 電路組合成一自激式正弦振盪電路，其頻率 $f = 1/(2\pi\sqrt{LC})$，此電路振盪頻率愈高，其電感端電壓振幅愈大，但整體消耗功率也愈大。若 *L* = 10 *μ*H、*C* = 0.1 *μ*F、$R_1 = R_f = 100\ \Omega$，則振盪頻率可達 167 kHz；輸入工作電源 (*V_{dd}*) 為 0.907 V，則可使紅光雷射二極體有 1.7 mW 功率輸出，但總消耗功率約 40 mW；圖 3.7 之量測波形為工作電源 0.85 V 時，驅動紅光 LED 之情形。

　　第二類：馳張振盪電路與電感 (*L*) 組成升壓振盪電路來驅動發光元件。馳張振盪器與電感合併在一起就可產生比工作電源還高的振盪電壓，圖 3.8 為兩個電晶體、一個接地偏壓電阻、一個回授電容所組成低壓驅動發光元件電路。

　　二個共射極放大電路串接：一個 NPN 共射極放大器透過回授電容接至 PNP 共射極放大器之基極，PNP 共射極放大器之集極接至 NPN 共射極放大器之基極，如此構成一回授，符

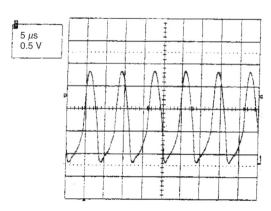

圖 3.7 量測波形為工作電源 0.85 V 時，驅動紅
光 LED 之情形。

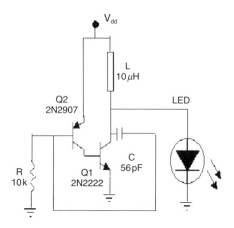

圖 3.8 低電壓來驅動發光元件 (中華民
國新型專利 192662 號，美國專
利 6603342B2)。

合巴克豪生迴路增益準則 (Barkhausen criterion)，整個迴路相移 360°；接地電阻 R 則為一偏壓電阻，振盪器之主電晶體為 NPN，此電路最小啟動工作電壓為 0.775 V；若 R = 10 kΩ、C = 56 pF、L = 10 μH，則振盪頻率約 625 kHz；若工作電壓 V_{dd} = 1 V，可以驅動紅光 LED 有 800 mcd 輸出，或藍光 LED 有 500 mcd 輸出，其工作波形如圖 3.9 所示。表 3.11 為工作電源 1 V 時，控制接地電阻，電感端點則會產生不同振盪電壓，此電路工作效率最佳可達 70% 左右。

　　另外，低功率雷射二極體非常容易損壞，必須控制雷射二極體流過之工作電流，因此一般雷射二極體構造內建有一光二極體 (photo diode)，雷射二極體大部分之光從光學共振腔出口射出，雷射二極體小部分之光就從光學共振腔另一邊漏出射向內建光二極體，做為回授控制雷射工作電流，其結構如圖 3.10 所示。

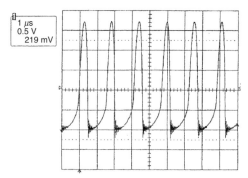

圖 3.9 R = 10 kΩ，C = 56 pF，L = 10 μH，振
盪波形約 3 V。

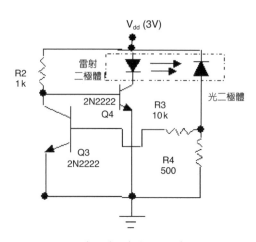

圖 3.10 低功率二極體雷射保護電路。

表 3.11 工作電源 1V 時，不同電阻其輸出電壓峰值。

Resistor	10 kΩ	100 kΩ	220 kΩ	330 kΩ
V_{peak}	11V	6V	4.2V	4V

圖 3.11
低電壓低功率二極體雷射保護電路實際模組。

　　當雷射工作電流大時，雷射光發光強，射向內建光二極體之光愈強，引出之光電流愈強，則 $R4$ 之電壓愈大，電晶體 $Q3$ 趨近飽和之回授訊號使電晶體 $Q4$ 之偏壓電流變小，相對就可降低雷射工作電流，進而控制雷射光強度輸出，亦可避免雷射燒毀。圖 3.11 為低電壓低功率二極體雷射保護電路實際模組。

3.1.2 光電二極體檢測器之選取

　　光電檢測器主要是將光訊號轉換成電子訊號的元件，常見的光電檢測器有光電倍增管 (photomultiplier tube, PMT)、光二極體 (photodiode, PD)、累增或雪崩式二極體 (avalanche photodiode, APD)、電荷耦合元件 (charge-coupled device, CCD) 與互補性氧化金屬半導體 (complementary metal-oxide semiconductor, CMOS) 感測器等。本節主要是討論一維光電檢測器，故以介紹前三種為主。

(1) 光電倍增管

　　其原理為一個超高度真空的玻璃管，其中向光的一面塗有一層特殊的金屬物質稱為光陰極板，而在玻璃管的內部裝有許多個以特殊方式排列的「倍增板」，最後有一個陽極板。上述各種元件板間均加有直流高壓電，如圖 3.12 所示，利用 R1－R10 電阻做分壓，分別產生不同的電壓差。當光子到光陰極板時，由於光電效應，其表面會產生微量的光電子，此發生於圖 3.12 下方的陰極 (編號為 **11** 的位置)，這些光電子因高壓電場的作用，而飛離光陰極板並打到第一片倍增板 (編號為 **1** 的位置)，因光電子在運動過程中得到了高壓電場提供的能量，故在打到第二片倍增板時 (編號為 **2** 的位置)，又產生了更多的光電子，如此作用反覆放

第 3.1.2 節至 3.1.5 節作者為陳顯禎先生。

大 (編號 **1-9**)，最後產生了一個能量遠遠高於最初光子的電脈衝訊號，再由陽極端輸出 (編號為 **10** 的位置)。此訊號經前置放大器放大再經過濾波器去除雜訊，通常以相對冷光量 (relative luminance unit, RLU) 為單位，一個 RLU 約等於 10 個光子。以 Hamamatsu 公司的 R5984 PMT 為例，其增益可達 10^7 倍，配合後級放大電路可量測到 fA 等級，加上其對光的高靈敏度，故可以量測到非常微弱的光源。

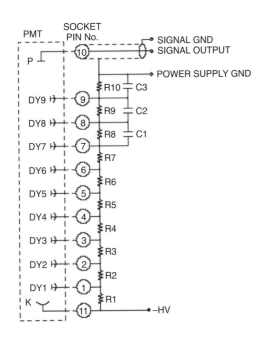

圖 3.12
光電倍增管電路圖 (取自 Hamamatsu 資料表)。

(2) 光二極體

　　光二極體之光檢測器，其結構為 p-n 接面的二極體，在 p-n 接面的空乏區上跨一內部電場，以促使可移動的載子 (電子與電洞)，移至原本多數載子處，而空乏區於 p-n 接面處向兩側擴展開來，空乏區內所產生的電場使得多數載子無法越過電場的邊界，阻止多數載子的移動，但卻使得少數載子經由電場的加速後，p 側電子往 n 側移動，n 側電洞往 p 側移動，因此形成了二極體的逆向漏電流，如圖 3.13 所示。

　　當光子射入元件的空乏區中或接近空乏區，且光子能量大於或等於元件之能階時，將會激發電子由價電帶躍升至導電帶，而留下的電洞則在價電帶。在接面處的載子對藉由外加電

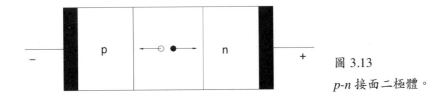

圖 3.13
p-n 接面二極體。

場的作用,可產生大於漏電流的逆向電流。較大的空乏區將會使得大多數的光子被吸收,且產生較多的載子對。然而,大的空乏區會造成較長的載子游離時間,因此在考慮光二極體的反應時間下,對於空乏區間寬度應有所限制,亦即元件的製作應在吸收效率與反應時間之間作選擇。

不同材料製作的光二極體因材料能隙之不同,對於波長有不同的響應,如圖 3.14 所示。其中,以 Si 為基材與 InGaAs 為基材的偵測器,所偵測的波長範圍分別約為 190−1100 nm 與 700−2500 nm。

另外,與其類似的還有 *p-i-n* 接面光二極體,是在 *p* 型區與 *n* 型區有一層很厚的本質層 (intrinsic layer) 存在,在本質層中沒有任何的載子,所以電阻很大。因此外加的電壓幾乎全部跨於此層之兩端,造成此層內部產生很大的電場,形成較大的空乏區,且因本質層的寬度很大,當外界光子由上方射入時,進入本質層的機率比較高,本質層吸收了光子後,產生的電子電洞對由於此處的大電場而分離輸出。因此量子效率較 *p-n* 接面光二極體還高。整體而言,*p-i-n* 接面光二極體比 *p-n* 接面光二極體反應時間快,且量子效率亦佳。*p-i-n* 接面光二極體的另一特點是當入射光波長較長時,半導體的吸收係數較低,因此在有較厚的本質層情形下,可以使入射光完全消耗於本質層中,提高量子效率,故亦適用於長波長。

(3) 累增式二極體

累增式二極體基本上是 *pn* 結構操作於很高的逆偏壓下,則載子穿過空乏區時,獲得足夠能量經碰撞去激發價電帶的電子穿過能隙,躍遷至導電帶,碰撞產生更多電子,使光電流增加約百倍左右。以 Hamamatsu 公司的 APD 為例,在直流逆偏壓 200−400 V 下,其放大倍率約為 50−100 倍。

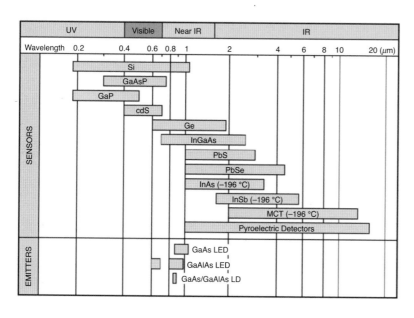

圖 3.14
PD 在不同材料下的波長響應圖 (取自 Hamamatsu 資料表)。

比較前述三種光電偵測器，特性上有相同的趨勢，光強度越強則反應出的光電子訊號越強，也分別對不同波長有不同響應，使用上的分別主要是在於偵測光的強弱。一般而言，PMT 是偵測非常微弱的光源，如螢光。PD 則可以偵測較強的光源，且有很好的訊雜比。至於 APD 則是介於中間，可偵測比 PD 還微弱的光源，卻又比 PMT 的靈敏度低。

3.1.3 光電前置放大訊號處理技術 (低頻與高頻)

在前節介紹的光電檢測器，其輸出電流都是很小的，在微弱光源下，感測器依然會得到訊號，但是否可以用電表或其他顯示儀器顯示，則端賴其是否有不錯的訊雜比及適當的放大倍率。以下將介紹訊號放大技術，分別以兩個實際的製作電路來說明低頻與高頻的訊號放大處理技術。

(1) 低頻光電前置放大訊號處理技術

利用光電二極體的光強度和電流成正比之特性，我們可以把光訊號轉換成電流訊號，如圖 3.15 所示，由此結果可得知，光強度與反應出之光電流大小是成正比的，也就是所量測到的電壓即可完全反應出光的強度大小。在此我們可以比較其輸出電壓，而知道其光強度比。若知道光的波長，亦可以用其反應響應及受光面積反推其實際光強度。

因光電二極體的電流值往往小到只有幾個 μA 而已，故需要把轉換過來的訊號放大來觀察，並配合適當的電路做回授。所以這個電流轉電壓的電路使用就非常重要了。圖 3.16 為實作電路圖，接收端由光電二極體接受光子能量而產生電流，經由反向輸入之回授運算放大器產生電壓輸出，其特點有極大輸入阻抗、極小輸出阻抗與極大的差動放大比等。

其工作原理是利用放大器的負向回授，藉由一個大電阻 R_f (回授電阻)，先將電流轉電壓，再經過一個電壓放大器，藉由調變可變電阻 R_f 來控制輸出的電壓值，此電路有四段電

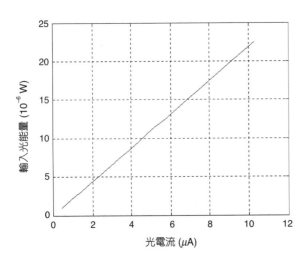

圖 3.15

光強度經由光電二極體所反應之光電流對應圖。

阻 L、M、H、U，其阻值分別為 10^3、10^5、10^7、$10^9\,\Omega$ 其對應於圖 3.16 分別為 R_L、R_M、R_H、R_U；可因光強度作改變，光強度太強，可以撥至較小電阻，反之則是撥到大電阻，根據公式 $V_{out} = -R_f\,I_{sig}$，可量測到的最小電流為 nA 等級。在此電流放大器回授部份會加入電容，以防止電流訊號在高頻時不穩定，其截止頻率為 $f_c = 1/2\pi R_f C$。因此於 H 與 U 加入 $C_{H,U} = 10$ pF，則在放大倍率為 10^7 與 10^9 時，頻寬分別為 1.6 kHz 與 16 Hz 左右，同理分別在 L 與 M 加入 C_L 與 C_M 時，其分別為 10 nF 與 1 nF，如此可達到頻寬為 16 kHz 與 1.6 kHz。因此，放大倍率越大時，截止頻率越低，除了是考量放大器的增益頻寬積，也是因為在放大倍率越高時，雜訊亦會越大，故截止頻率越低是必要的。

(2) 高頻光電前置放大訊號處理技術

下文將以 Hamamatsu 公司所生產的 Si PIN 二極體的實際電路設計說明此技術。

此 PD 反應的波長範圍從 320 至 1100 nm，在波長約 645 nm 時，其反應響應為 0.45 A/W，在逆向偏壓 10 V 時，截止頻率約 25 MHz。由於此光二極體前面加裝硼矽玻璃 (borosilicate glass) 透鏡，只針對約 ± 10 度的入射光源有反應，有利於避除不必要的外來光源，減少外界訊號對光二極體的干擾。

用於此種高速的光電檢測放大電路，如圖 3.17 所示。電路中對光二極體施加逆向偏壓，可增大頻寬、提升其線性度及降低其暗電流。藉由負載電阻 R_L，進行電流與電壓的轉換，光二極體頻寬問題與此電阻有關，必須在所需的輸出電壓與檢測的頻寬之間作考量。由

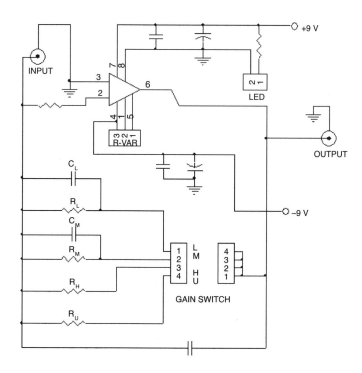

圖 3.16
低頻光電前置放大器電路圖。

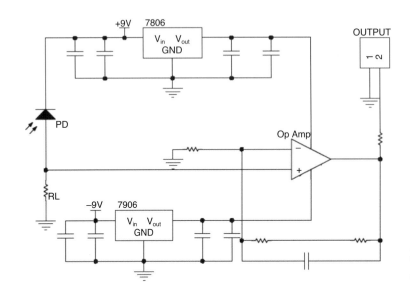

圖 3.17
高頻光電前置放大器電路圖。

於光二極體在逆向偏壓 10 V 之電容值 C_t (PD 自身的等效電容) 為 3 pF，假設調頻訊號最大的偏移量到達 20 MHz，根據公式求得

$$R_L = \frac{1}{2\pi \times 20 \times 10^6 \times 3 \times 10^{-9}} = 2652\,(\Omega) \tag{3.2}$$

　　由於在此電路中的逆向偏壓略低於 10 V，電容值會大於 3 pF，在電阻的使用選擇 $R_L = 1$ kΩ 之電阻，進行電流與電壓的轉換。

　　放大器使用電流回授放大器，電流回授放大器能提供較電壓回授放大器更大的頻寬，較適用於高頻放大電路。又電流回授放大器的頻寬限制，回授電阻具有較大的影響力，在使用上應注意避免使用過大的回授電阻，以免造成振盪或是頻寬不足等問題。

3.1.4 雷射光量自動控制

　　由於雷射二極體對於本身或外界環境引起的溫度變化相當敏感，當雷射二極體工作在相同的順向電流時，在不同的溫度會有不同的輸出功率。對於某些需要輸出功率穩定性很好的雷射光源之應用來說，例如類比光通訊等，在這些應用上，若是雷射光源的輸出功率隨著溫度變化而飄移，會造成接收端的訊號誤判等一些問題，因此需要借助一些特別的回授驅動電路，以解決溫度變化造成雷射輸出功率飄移的問題。

　　為消除溫度影響雷射輸出功率的問題，一般常用的雷射二極體驅動電路有自動電流控制電路 (automatic current control, ACC) 以及自動功率控制電路 (automatic power control, APC)。

自動電流控制電路大多應用於功率在 5 mW 以上的較大功率雷射二極體驅動方面，此驅動電路原理是以固定大小的順向電流去驅動雷射二極體，再搭配溫度回授控制系統使雷射二極體在定溫下工作，達到穩定雷射功率的目的。而自動功率控制電路大多應用在功率小於 5 mW 的小功率雷射二極體驅動方面，其原理是在光路中加入對雷射輸出光強度的偵測機制，此光強度訊號再經由電路回授控制器使雷射光輸出的功率穩定，圖 3.18 為自動功率控制電路的範例電路，此電路包含三個部分：(1) 緩啟動器 (soft starter)，(2) 光功率監視器，(3) 比例積分控制器 (proportional integral (PI) controller)，下文將分別介紹之[12-14]。

(1) 緩啟動器

　　由於雷射二極體無法承受瞬間的大電流，為了避免在電源開啟時的瞬間電流變化過大而造成雷射二極體的損壞，故藉由電阻和電容製作一緩啟動器，使得電源開啟時，其電源的電壓會對電容充電而達到電源電壓緩慢上升的作用，再經由達靈頓電路 (Darlington pair) 進行電流放大，此緩啟動器的時間常數 (time constant) 設定可依不同的雷射二極體需求而做不同的調整，此範例電路的時間常數 $t_s = 47 \times 10^{-6} \times 10^4 = 0.47$ s。

(2) 光功率監視器

　　此部分是整體回授控制系統的回授訊號來源，由光二極體偵測雷射二極體的輸出功率所產生的光電流，此光電流流經固定電阻 R2、可變電阻 VR1，在電阻兩端轉換成電壓差，經一電壓隨耦器 (voltage follower) 隔絕後級的負載影響將此電壓輸出至 PI 控制器。控制電壓的大小可藉由調整可變電阻 VR1 的大小來決定，而控制電壓大小也因此決定了雷射二極體的輸出功率大小。

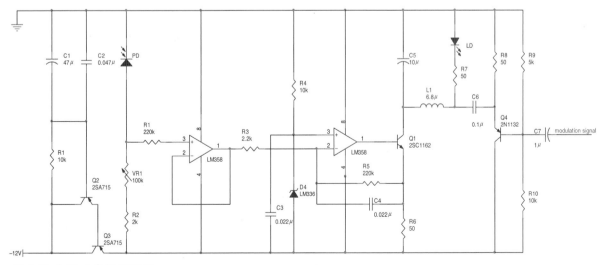

圖 3.18 自動功率控制電路。

需要注意的是，R2 和 VR1 電阻值總和不能過小，其估計方式為 $P \times S \times R > 2.5$，其中 P 為雷射二極體的最大輸出功率、S 為光二極體的靈敏度 (photodiode sensitivity)、R 為使電流轉換成電壓的電阻 R2 + VR1 的大小。當 R 值小到不符合條件時，電壓隨耦器的輸出將無法達到設定的參考電壓 (此電路之參考電壓由 LM336 設定為 2.5 V)，此時電路便沒有辦法控制雷射二極體的輸出功率，而會以電路系統所設定的最大驅動電流去驅動雷射二極體，為了避免此種情況發生，R6 的電阻值設定為 2 kΩ 當作起始值。

(3) 比例積分控制器

利用 LM336 的參考電壓二極體來製作一穩定參考電壓 2.5 V，與電壓隨耦器的輸出作比較，兩者之間的誤差值為 PI 控制器的輸入，經由 PI 控制器來動態控制雷射二極體的驅動電流，提高輸出穩定度。由於控制器輸出電流較小，需藉由一功率電晶體 Q1 作電流放大功用 (一般工作電流至少 10 mA 以上)，用來推動雷射二極體。為了保護雷射二極體，在驅動迴路上還串聯 50 Ω 的電阻 R15 作為限流，以防止驅動電流過大而將雷射二極體燒毀。

經由以上三部分能確實達到雷射二極體的輸出功率穩定，為了使雷射光源能夠耦合調變訊號進來 (圖中的 modulation signal)，此電路還設計可以加入耦合交流訊號的部分，調變訊號經過交聯電容去除調變訊號的直流部分後，經過電晶體放大電流，便可以將交流訊號載波在原本設計的直流訊號上，為了不使調變訊號影響到原始直流訊號的穩定度，在雷射二極體的主要驅動迴路上串連一個電感 L1，避免交流訊號的影響。此電路設計所能耦合的交流訊號週期要小於 PI 控制器的時間常數，若耦合的交流訊號頻率過低，則其光強會經由光二極體回授到控制器，最後會被控制器補償回來而達不到調變訊號的目的。

3.1.5 類比訊號與數位訊號品質評估

在光電轉換技術方面，不管是用何種感測器，原始得到的訊號都是類比的電流或是電壓訊號。在評估此類比訊號時，需考慮感測器本身的解析度以及量測環境的控制。選取感測器之前，應先估計待測光的強度，若光源強度夠強，使用光二極體來量測就已經足夠；但是在一些螢光量測或是其他微弱光訊號的量測應用上，可能就必須使用光電倍增管 (photomultiplier tube, PMT) 才能量測到訊號。以光二極體來說，感測器本身的暗電流 (dark current) 大約是 0.1 nA 左右，而且光二極體本身不具有放大光電流訊號的功用，所以光二極體所能量測的最小光源極限大約是 $(1 \text{ nA})/S$，其中 S 為光二極體的靈敏度，單位為 A/W。若是以光電倍增管當感測器的話，因為光電倍增管可以將光電流放大 $10^3 - 10^7$ 倍左右，且其本身的暗電流大約是 nA 等級，所以換算起來，光電倍增管可以量測的最小光源極限大約是光二極體的 $10^{-6} - 10^{-2}$ 倍左右。

　　選取適當的感測器後，再來就是量測環境的控制以及評估。在光學量測上，除了要隔絕一般日光燈或其他光源的影響外，還要注意系統中是否有其他非待測光源的雜光，例如一些偏極片或透鏡的反射光，這些雜光都會影響量測訊號的訊雜比。

　　不管是使用何種感測器，通常後級需要一個電流轉電壓放大器 (current to voltage amplifier) 用來把微小的電流放大並且轉換成電壓訊號，電流轉電壓放大器可分為線性放大及對數放大兩種，各有不同的功用。採用線性放大方式的電流轉電壓放大器會有比較好的精確度，用於辨別強度差異不大的訊號時，會有較好的效果，缺點就是量測的訊號強度範圍較小，一般都是採用可以選取不同放大倍率來補償此不足；使用對數放大的電流轉電壓放大器不需選取放大倍率即可以量測較大的強度範圍，但是量測精確度較差。在實際使用上可依不同的量測需求選用適合的電流轉電壓放大器。

　　放大後的類比訊號為了運算及儲存的需要，通常需要經過類比數位轉換器 (analog-to-digital converter, ADC) 來做數位化的動作，類比數位轉換器的解析度決定於元件的位元數，但不同的元件其精確度會因為其內部電路設計的雜訊影響而有些許的差異，其精確度會比解析度來得低一些，系統設計上可依類比訊號的訊雜比來挑選適合的類比數位轉換器。一般來說，可挑選 ADC 之精確度略大於光電流經轉換後電壓訊號的訊雜比。

　　使用類比數位轉換器時，有兩點值得討論的部分，分別為電源與接地、訊號前處理及接線，以下就各部分來做一些探討[15-16]。

　　電源部分包含使 IC 工作的電源及晶片的參考電壓，兩者的穩定度會直接影響其訊雜比，若是電源及參考電壓的雜訊大過其 IC 的精確度，則此 IC 無法達到預期的效果。以一個 8 位元、輸入範圍為 $0-5$ V 的類比數位轉換器為例，其解析度為 20 mV，這代表其電源以及參考電壓的變動量須小於 20 mV，如此才能將此 IC 的效能完全發揮出來。若是系統所使用的電源供應器無法達到要求，就必須使用一些穩壓電路與 IC 來改善電源的不穩定性。

　　接地方面的一般作法會將類比訊號接地和數位訊號接地做個區分，以防止數位的高頻訊號影響類比訊號，在電路上，一般會使用磁珠隔離來將類比訊號與數位訊號的接地加以區隔，除了將類比及數位訊號的接地做區隔外，最好還能將接地連接在一個大導體上作為一個準位，如此對於訊雜比的提升有一定的幫助。

　　此外，雜訊的耦合也會因電路中具有或使用共同阻抗 (common impedance) 而產生。如系統中的數位及類比兩個電子電路因為有著共同的接地阻抗，因此會彼此影響。另外一種狀況則發生在兩個電子電路共同使用同一個電源供應器。若是數位電子電路突然產生較大的電流，則類比電子電路的供應電壓將會因共用電源線間的共同阻抗與內阻而降低。從數位子電路流出之數位迴路電流會在共用之迴路阻抗產生高頻數位雜訊，此雜訊在類比子電路的迴路產生接地跳動，不穩定的接地會嚴重衰減低頻類比電路的訊雜比，像是運算放大器和類比數位轉換器等。這種耦合效應可藉由降低共同阻抗而減弱 (加寬電源線的拉線寬度)，但內阻來自電源供應器則無法改變。此種狀況，在接地迴路的導線也有相同的效應，由此可知電源供應器的輸出阻抗 (output impedance) 也會影響電路對雜訊的抵抗能力。

　　電源和接地都沒問題了，再來就要注意其訊號的輸入範圍，最好能將待測訊號放大或縮小至 IC 全部動態範圍 (full dynamic range)，如此才能將類比數位轉換器的所有有效位元完全使用，而不會因為有效位元沒有完全使用而降低訊號的訊雜比。

　　此外，雜訊會耦合到電路內的較明顯方式之一是透過電導體。假如訊號線經過一個充滿雜訊的環境，訊號線將受感應拾取雜訊訊號並傳至電路內部的其他部分。因此，從感測器到前級的電流轉電壓放大器之間的訊號線長度應盡量縮短，並採用有隔離的低阻抗訊號線，如此可降低微弱光電流訊號線在環境中所拾取的雜訊。當然，類比電壓訊號在轉換成數位訊號之前，訊號線長度應小於 1 米，並採用有隔離的訊號線。

3.2 二維成像訊號處理

3.2.1 CCD 及 CMOS 感測器

　　電荷耦合元件 (charge-coupled device, CCD) 與互補性氧化金屬半導體 (complementary metal-oxide semiconductor, CMOS) 感測器是取像系統中最常使用的影像感測器，置於光學系統之焦平面上。通常是一組對光可感應的單位 (又稱像素 (pixel)) 所組成的陣列 (一維或二維)，可將光輻射能量轉換成電荷。而影像感測器的品質與其相關電路的設計，對整個取像系統的效能有極大的影響。

(1) 電荷耦合元件 (CCD)

　　CCD 的工作原理可分成以下幾個步驟：

1. 每個像素可以採光二極體 (photodiode, PD) 或是 photoMOS 的結構，我們以 photoMOS 為例，如圖 3.19 所示，p 型矽基板上覆蓋薄薄一層絕緣氧化物，其上再放置金屬電極 (electrode)，當光子入射到矽時，若能量足以激發價電子進入導電帶，則會引發光電轉換效應，產生正比於光子數量的電子－電洞對 (electron-hole pair)。

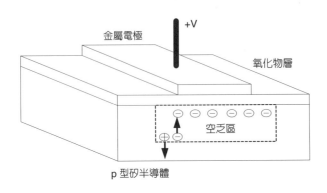

圖 3.19
PhotoMOS 的基本架構。

第 3.2.1 節作者為吳宗達先生。

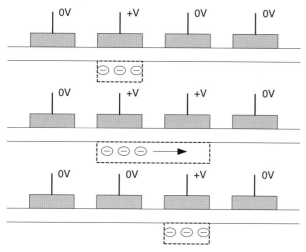

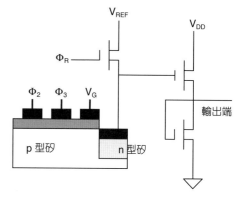

圖 3.21 CCD 的訊號輸出電路。

圖 3.20 CCD 的電荷移轉。

2. 當正電壓加在電極上時，絕緣層下的 p 型矽產生空乏區 (depletion region)，並累積光電效應所產生的負電荷，而正電荷則排入矽基板。正電壓也因此產生所謂的位能井 (potential well)，將電荷收集於內而不外漏。

3. 透過控制每個電極上的偏壓，可以達到移動電荷的目的。如圖 3.20 所示，首先電荷聚集在加上正電壓的位能井內。若此時相鄰的電極上也加上正電壓，會使得電荷平均分配在兩個像素單元上。接著原本電極上的正電壓消失，則使得電荷移轉 (charge transfer) 至新的位能井內，也就是電荷向右移動了一個像素單元。因此 CCD 也等於是一組序列讀取暫存器 (serial readout register)，將光電轉換訊號依序送至輸出端。

4. CCD 內的電荷依序往最後端的輸出級移動，而輸出級通常會再加入 n 型矽成為二極體 (diode)，等效為一個電容器 (電容量，C) 負責儲存電荷 (電荷量，Q)，並將電荷轉成電壓 ($V = Q/C$)，再輸出至感測元件外的訊號處理電路。電路如圖 3.21 所示，每次在電荷向右移動之前會先有一個重置 (reset) 時脈訊號 Φ_R，首先關閉重置開關 (reset switch) 讓參考電壓 V_{REF} 與輸出端等效電容導通，這將使得電容充電至參考電壓位準。接著很快的將重置開關打開阻斷參考電壓，此時 CCD 的驅動時脈將最後一單元的電荷移至輸出端電容，產生電壓位準下降，而這個電壓差即正比於光電轉換產生的電荷量大小，也就是我們要的每個像素單元的電壓訊號。而後面的源級隨耦合器則作為緩衝放大器之用，其增益 G 接近 1。因此輸出 $V_{signal} = G n_e q/C$，其中 n_e 為電子數，q 為單位電荷量 (1.6×10^{-19} 庫侖)。而 Gq/C 又稱為輸出電荷轉換增益 (charge conversion gain)，意指每單位電荷在輸出端可轉換成的電壓大小。此處 V_G 電壓值比時脈的高電壓 (high) 值低，但高於其低電壓 (low) 值。因此當 Φ_3 為 low 時，電荷以擴散 (diffusion) 的方式進入 V_G 閘再進入等效電容內。

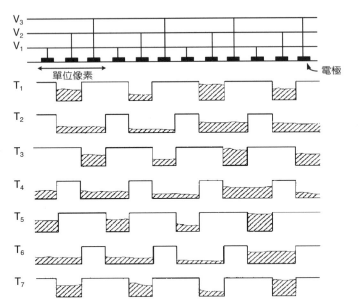

圖 3.22

使用三相時脈驅動 (3-phase clocking) 的 CCD 電荷移轉。

　　真實 CCD 的電荷移轉需要透過特殊的時脈來控制每個電極上的偏壓，完成電荷循序向外移動的任務。而 CCD 的驅動時脈設計各有不同，大致可分為四相 (4-phase)、三相 (3-phase)，以及兩相 (2-phase) 的時脈設計。以三相時脈為例，如圖 3.22 所示，實際上以每三個電極組成一個單位像素，而每經過六個單位時間後 ($T_1 - T_7$)，電荷由前一個像素移轉到下一個像素。圖 3.23 則為相對應的三相時脈波形，基本上使用相同週期脈波，但三個脈波彼此相位偏移。二相與四相驅動時脈原理亦相同。

　　依陣列的維度架構，CCD 可分為一維的線型 (linear) 與二維的面型 (area) 兩種。線型CCD 顧名思義是由像素排成一維矩陣，同一時間僅取一條線型影像。所以在應用上由感測器或是待照物在另一個維度移動，即可成為二維影像，簡單的例子如掃描器以及福爾摩沙二號衛星上的遙測影像儀。一般而言，線型 CCD 的架構又可分為單輸出與雙輸出兩種。單輸出的 CCD 如圖 3.24 所示，光二極體上所累積的光電荷首先透過移轉閘 (transfer gate) 送至一個序列讀取暫存器 (serial readout register)。移轉閘的開關亦是透過一個特殊時脈驅動，而當電荷完全傳至暫存器上時，關閉移轉閘以便將後來光二極體上產生的光電荷隔離。接下來便依 CCD 原理將電荷依序傳至輸出放大器。

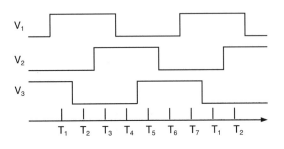

圖 3.23

標準三相時脈。

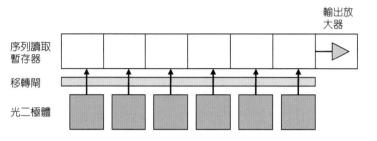

圖 3.24
單輸出線型 CCD。

　　另一種雙輸出的架構如圖 3.25 所示,奇數與偶數像素分別進入不同的序列讀取暫存器中,再依序傳至個別的輸出端。雙輸出 CCD 的優點是電荷在序列讀取暫存器中所要移動的次數減少一半,使得電荷移轉效率 (charge transfer efficiency) 提高。這是由於電荷每由一個像素移轉到下一個像素時,總是會有非常少數的電荷停留在原像素沒被移走,電荷每次成功移轉的比例稱為移轉效率。而移轉次數少則留下較少的殘留電荷,總體移轉效率提高,影像品質也較佳。另一個優點是在 CCD 的尺寸相同的情況下 (序列讀取暫存器大小固定),雙輸出比單輸出可以有較小的像素間隔 (pixel pitch),因此提高成為兩倍的解析度。然而由於雙輸出CCD 使用兩個不同的輸出放大器,增益的些微差異與雜訊大小的不同,會使得輸出影像的奇數與偶數像素產生亮度上的偏差,常需要用後端影像處理的方法來校正與調整。

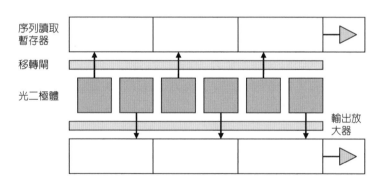

圖 3.25
雙輸出線型 CCD。

　　面型的 CCD 架構大致可以分為三種:全圖框式 (full frame)、圖框移轉式 (frame transfer) 及交線移轉式 (interline transfer)。全圖框式 CCD 的架構最簡單,如圖 3.26 所示,整個 CCD 感測器的面積幾乎都是感光區。電荷一列接著一列向下進入序列讀取暫存器中,然後依序一個像素接著一個像素向右送往輸出放大器。每當一列輸出完畢之後再由下一列進入序列讀取暫存器。然而由於整個面積隨時都在感光,所以需要搭配快門 (shutter),在感光完成後電荷移轉的同時,阻擋光線進入影像感光區,如此才能避開讓影像模糊的 smear 效應。而如同線型 CCD 一樣,全圖框式 CCD 也可以使用多個輸出端,讓電荷同時往不同的輸出端送出,增加電荷傳送速度也增加移轉效率。

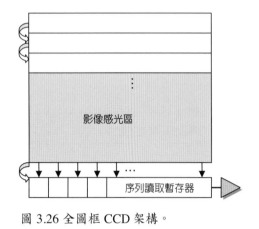

圖 3.26 全圖框 CCD 架構。

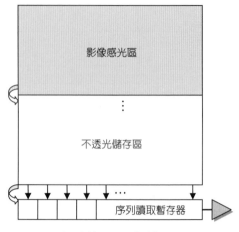

圖 3.27 圖框移轉 CCD 架構。

　　圖框移轉式 CCD 的架構如圖 3.27 所示，分為影像感光區、不透光儲存區，以及序列傳送區。影像感光之後產生的電荷迅速傳到儲存區 (僅需 500 μs)，而儲存區上方有遮蔽，可以擋掉光線避免發生光電轉換效應。接著儲存區的電荷如同全圖框式的方式一列一列移到序列讀取暫存器，然後一個一個像素電荷往外傳送。在電荷移轉的同時，影像感光區也開始感測另一張影像。也因為電荷傳送到儲存區所花的時間遠小於全圖框式的電荷移轉時間，smear 效應也較為減低。而採用此架構時每個像素的感光面積比率 (filling factor) 也較高，所以提高了影像感度與品質。因此，圖框移轉式 CCD 適用於讀取速度要求比全圖框式 CCD 更快的高階 CCD 數位相機。

　　交線移轉式 CCD 的架構較為複雜，分為影像感光區、不透光垂直移位暫存器，以及序列讀取暫存器。首先透過控制移轉閘將感光區所產生的電荷送至相鄰的不透光垂直移位暫存器 (shielded vertical transfer register)，每一行 (column) 的感測區旁都搭配一行的不透光垂直移位暫存器，讓電荷能以最快的速度一次全部移動到不透光區 (大約只要 1 μs)。電荷移位到垂直移位暫存器後，便以一次一列 (row) 像素的次序移到序列讀取暫存器中，再循序列方式將電荷移到輸出端。

　　交線移轉式 CCD 的最大優點在於電荷移轉到不透光區的速度非常快，所以此架構比起前兩者更不會產生 smear 影像，可以使用在更短的曝光時間需求。而且透過控制移轉閘的開關以及增加所謂的防曝光排流 (antibloom drain)，便可控制影像感光時間，將非取像時間所產生的感光電荷排除，所以不需要外接快門。這種架構有時候又稱之為電子快門 (electronic shutter)，曝光時間可以比機械式快門短得多，適合應用於快速移動的物體。然而由於穿插在感光區的不透明區比例高，使得感光面積比率因此而降低，感光面積比率較低影響影像的感度。不過若在每個像素上使用微鏡片 (microlens) 將光聚焦於感光區內，則可以大大改善感光面積比率的問題，當然成本也會因此而增多。

(2) 互補性氧化金屬半導體 (CMOS) 感測器

　　CMOS 感測器是以 CMOS 半導體製程所製造，這種矽製程由於應用廣泛且價格較低，所以 CMOS 感測器已成為台灣數位相機市場的主流。CMOS 感測器的架構可分為被動式像素感測器 (passive pixel sensor, PPS) 及主動式像素感測器 (active pixel sensor, APS)。被動式像素感測器架構簡單且成本低，耗電量也低，如圖 3.29 所示，每一個像素都可以透過列選取 (row select) 將訊號傳至行電容器 (column capacitor) 與行放大器 (column amplifier) 中，然後再透過行解碼器與多工器作行選取 (column select) 直接將訊號取出。但每個像素裡的電路並沒有包含放大器，因此耗電量較低，像素較小，但訊雜比較低，影像亮度動態範圍也較低。

　　而主動式像素感測器則針對 CMOS 感測器高雜訊的缺點，在每一個像素中加入放大器以及其他電路。如圖 3.30 所示，每個像素皆有一級放大器與重置 (reset) 裝置。所以這種架構比被動式像素感測器所產生的影像畫質好、訊雜比高，且動態範圍較大。然而因為主動電路所佔的面積較大，使得每個像素的感光面積比例較低 (即感光面積比率較低)，影響捕捉光線的強度，因此影像的感度會變差。一般而言，CCD 的感光面積比率可以達到 60%，但 APS CMOS 的感光面積比率卻只有約 20%－30%。但同樣的可以在每個像素上加上微鏡片將光聚焦於感光區內，可使得感光面積比率提高二至三倍，這樣不但大幅改善了影像品質，也提高了 CMOS 對於 CCD 的競爭力，尤其是在高階相機的市場上。

　　由於 CCD 與 CMOS 感測器的結構與製程不同，因此各有優缺點，也各有應用的領域，其特性比較如表 3.12 所列。本質上 CCD 有較低的暗電流雜訊，每個像素的感光面積比率也較高，故感光度也較佳，因此能得到較佳的影像品質。然而 CCD 需要特別的製程與設備，而不是一般的半導體製程，所以不易在感測器內整合其他處理電路，需要搭配額外的訊號處理元件與電路。而且 CCD 的驅動時脈複雜，同時需要多種時脈波形與特定電壓，所以需要

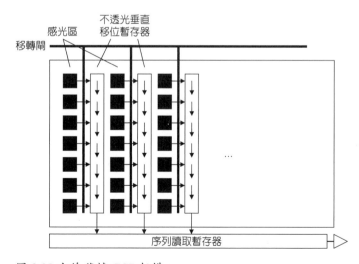

圖 3.28 交線移轉 CCD 架構。

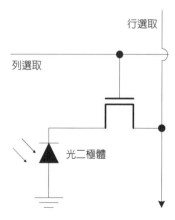

圖 3.29 CMOS 被動式像素感測器。

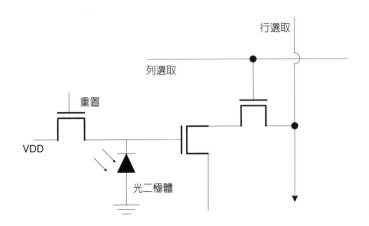

圖 3.30
CMOS 主動式像素感測器。

搭配周邊時脈驅動電路，將數位時脈升壓並濾波處理成所需要的個別類比時脈。所以整體的 CCD 電路耗電量較大，也較佔空間，且成本較高，因此適合用於高階數位相機與精密量測儀器。

　　CMOS 感測器則由於運用標準半導體的 CMOS 製程，不但可以與其他類比電路、A/D 轉換器、數位訊號處理電路整合在單一晶片系統中，成本價格也因此較為便宜。而且 CMOS 感測器使用單一電壓並僅需單一時脈，這也使得整體耗電量比 CCD 低，系統體積較為輕薄短小。然而 CMOS 感測器先天上暗電流雜訊較高，感光面積比率較低，使得感光度較差，雖然可以使用微鏡片改善，但整體來說影像品質較 CCD 產品來得差。所以 CMOS 感測器主要應用的市場在於低價的中低階數位相機，以及要求輕、薄、短、小的個人行動產品，如 PC camera、汽車倒車雷達、影像電話、手機相機、保全系統、視訊會議以及玩具等。

表 3.12 CMOS 與 CCD 特性比較。

特性	CCD	CMOS (APS)
像素大小	$2.5-10\ \mu m$	$4-10\ \mu m$
量子效率 (quantum efficiency, QE)	佳 (> 50%)	佳 (> 50%)
影像訊雜比 (SNR)	較高	較低
感光面積比 (filling factor)	較高 (感光度較好)	較低 (感光度較差)
訊號動態範圍 (線性)	較佳	較差
電源與耗電量	多電壓、耗電量較大	單一電壓源、低耗電
體積與重量	較大	較小
系統整合性	製程特殊，不易與後端電路整合	使用標準的 CMOS 製程，與後級影像處理電路整合可實現單一系統晶片
成本價格	高，需其他周邊電路配合，如訊號放大處理以及脈波驅動電路	低，訊號放大功能內建，且僅需提供單一時脈，周邊電路簡單且容易大量生產

3.2.2 A/D 轉換處理

本節主要是介紹如何將視訊的類比訊號轉換成數位資料之過程，在數位化的過程中，會因電路品質的優劣產生不同誤差來源[20]，如偏移誤差 (offset error)、增益誤差 (gain error)、相異性非線性誤差 (differential nonlinearity error, DNLE) 及整數性非線性誤差 (integral nonlinearity error, INLE) 等，然而在解析度的選擇上，位元數的多寡亦會產生若干的誤差[17]。此外，當訊號送於類比數位轉換器 (analog digital converter, ADC) 時，需經箝制 (clamp) 技術及線取樣保持差分 (sample/hold line differential) 電路，使訊號能不失真的被擷取，箝制技術會搭配相關雙次取樣 (correlated double sample, CDS) 的方法進行擷取[18]。本節亦將介紹目前經 ADC 後輸出至後端的資料格式[21]。

(1) 誤差種類
① 偏移誤差

偏移誤差是由於 ADC 的電壓位準偏移所造成，其定義是指理想 (ideal) ADC 轉換後曲線與實際 (real) ADC 轉換後曲線在最低轉換階層 (level) 之差，如圖 3.31 所示。此誤差會以相同的偏移大小影響所有的數值，考量此誤差時排除其他三種誤差所造成的影響。

② 增益誤差

增益誤差是由於 ADC 中對輸入訊號的大小有不同的增益所致，其定義是指理想 ADC 轉換曲線與實際 ADC 的轉換曲線在最高數位輸出值之差，如圖 3.32 所示。考量此誤差時亦排除其他三種誤差所造成的影響。

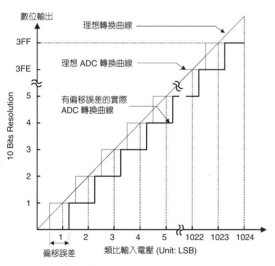

圖 3.31 偏移誤差。

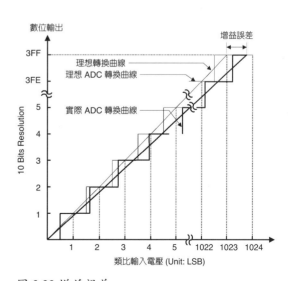

圖 3.32 增益誤差。

第 3.2.2 節至第 3.2.4 節作者為黃基哲先生。

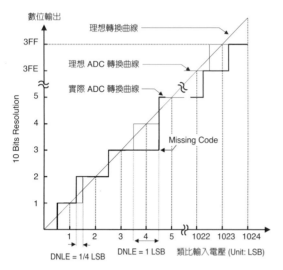

圖 3.33 相異性非線性誤差。

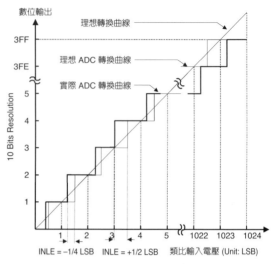

圖 3.34 整數性非線性誤差。

③ 相異性非線性誤差

　　相異性非線性誤差是由於 ADC 內各參考位準偏移所造成，其定義是指實際 ADC 的轉換曲線在各轉換階層的寬度與理想 ADC 轉換曲線階層的寬度之最大誤差，如圖 3.33 所示。此誤差如果小於一個最小重要性位元 (least significant bit, LSB)，則將不會造成 ADC 中錯誤碼 (missing code) 的發生。考量此誤差時亦排除其他三種誤差所造成的影響。

④ 整數性非線性誤差

　　整數性非線性誤差亦是由於 ADC 內各參考位準偏移所造成，有時也被視為簡單的線性誤差，其定義是指理想 ADC 轉換曲線與實際 ADC 的轉換曲線在各轉換階層中之最大誤差量，如圖 3.34 所示。考量此誤差時也必須排除其他三種誤差所造成的影響。

　　將類比訊號轉換成數位資料的量化過程中，必須考慮選用多少位元數來表示擷取到的訊號，不論以多少個有限的位元數來表示，皆會產生量化誤差。如圖 3.35 所示，$x(t)$ 為視訊訊號，$x_q(t)$ 為量化後的訊號，$e(n)$ 為使用 n 個位元時所產生的量化誤差，假設此誤差是非時變且不會隨選用位元數的多寡而有所差異。在此定義一個參數為最小重要性位元 (LSB)，其值的計算是將欲解析的電壓範圍除以使用位元數所產生的階層。故可計算量化誤差之功率，由 $-LBS/2$ 積分至 $+LSB/2$，得到量化誤差為 $LSB^2/12$，與訊號功率之比，經公式 (3.3)，可得知每增加一個位元解析度，提高訊雜比約 6.02 個 dB 值。P_x 為 $x(t)$ 的功率，P_n 則為用 n 個位元時量化誤差的功率，在此則為 $LSB^2/12$。

$$\text{SNR} = 10\log_{10}\frac{P_x}{P_n} = 10\log_{10}P_x + 10.8 + 6.02n \tag{3.3}$$

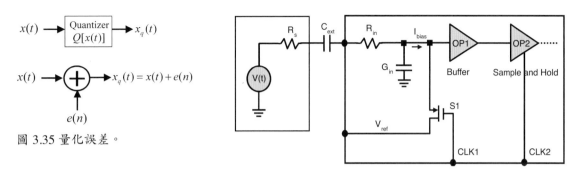

圖 3.35 量化誤差。

圖 3.36 CDS－線箝制法及 CDS－位元箝制法電路示意圖。

(2) 箝制技術

　　然而目前所使用 CMOS 感測元件因製造成本優勢的考量，會將此數位化步驟置入於感測元件同一顆晶片上進行生產，以降低成本，所以若使用此種元件，其輸出的訊號往往已經是處理過的數位資料。只需輸入幾種時脈訊號，例如 ADC CLK、HSYNC 或 VSYNC 等，以及單一電壓源時就可將已數位化的資料擷取出來。假若使用 CCD 感測元件，因其製程上的差異不似 CMOS 感測元件與週邊電路是採用相同製程，故其輸出訊號是類比視訊訊號，就得經由外部數位化轉換成數位資料，在此 A/D 轉換處理端就得配合 CCD 元件的輸出時序及訊號的動態範圍等條件進行電路設計。而針對視訊訊號目前所使用的 A/D 轉換處理端，大多採用兩種箝制技術，一種是線箝制 (line clamp)，另一種是位元箝制 (pixel clamp)。搭配以上兩種箝制技術，可使用相關雙次取樣 (correlated double sample, CDS) 的方法進行後續的類比至數位轉換。下文將詳細介紹相關雙次取樣－線箝制法 (CDS-line clamp) 及相關雙次取樣－位元箝制法 (CDS-pixel clamp) 二種搭配電路。在這二種電路中，首先介紹搭配的電容值大小及所需擷取的脈衝寬度，其由一些參數值來決定。另一部分是描述此二種電路所需的時脈訊號關係。

　　使用箝制技術搭配相關雙次取樣，其電路示意圖如圖 3.36 所示，左方塊中表示視訊訊號源之等效電路，$V(t)$ 為視訊訊號，R_s 為訊號源的等效內電阻。右方塊中表示具 CDS 功能之 ADC 晶片的等效電路，R_{in} 為 ADC 晶片內的等效輸入電阻，C_{in} 為 ADC 晶片內的等效電容，I_{bias} 為偏移電流，C_{ext} 為進行箝制時用於產生箝制電壓所需的電容，此電容值大小的選擇會受所選用的時脈寬度 (t_{pwb})、位元數及電壓位準所影響，下文將會詳加描述。OP1 為緩衝單元，OP2 為取樣及擷取訊號的控制單元，S1 為控制開關，配合 CLK1 及 CLK2 兩時脈訊號進行箝制電壓的擷取，及經消去箝制電壓的視訊訊號之取樣與擷取。爾後送至後端電路如圖 3.37 所示，其中包含可規劃式增益電路 (programmable gain amplifier, PGA) 及位準偏移電路，PGA 可將訊號依使用者進行增益調整，改變設定暫存器便可改變增益大小。

　　偏移電路是由數位類比轉換器 (digital analog converter, DAC) 所構成，改變暫存器中的數位值，經 DAC 產生偏移電壓以調整進入 ADC 前的電壓位準。若使用多通道輸入晶片時，會

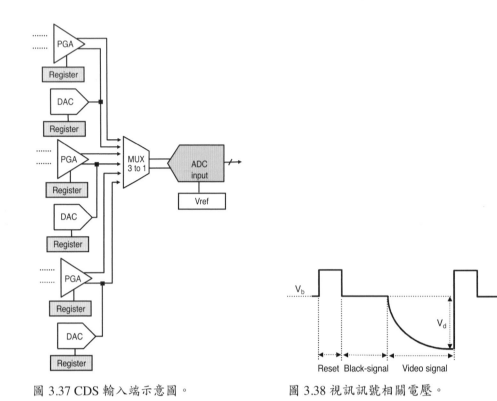

圖 3.37 CDS 輸入端示意圖。　　　　　圖 3.38 視訊訊號相關電壓。

經過一個多工器 (multiplex, MUX) 來選擇欲數位化的通道，一般使用 CCD 感測器輸出三種顏色的視訊訊號 (紅 (R)、綠 (G)、藍 (B))，便可配合此種多通道的輸入晶片以節省成本，但得付出轉換時間效率較低的代價。若考慮影像擷取速度，可同時使用三個 ADC 以增加圖框率 (frame rate) 或線率 (line rate)。

① 相關雙次取樣－線箝制法

使用相關雙次取樣－線箝制法及相關雙次取樣－位元箝制法，皆必須決定如圖 3.36 中的外加電容 (C_{ext}) 值的大小，此值因使用線箝制法或位元箝制法有些許不同，主要受電容儲存電荷時間長短的影響。此電容值由充電兩端的電壓、流經電流的電阻值、充電時脈的時間、每一條線的像素數 (pixel) 及視訊訊號與背景電壓之壓降等參數值來決定此電容所能選用的最小及最大值。如公式 (3.4) 所示，V_b 為視訊訊號的暗電壓 (black voltage) 或稱背景電壓。V_c 為在 ADC 晶片內用於箝制時所需的電壓準位，一般廠商提供的晶片亦可用軟體來規劃此電壓大小。視訊訊號中之相關電壓如圖 3.38 所示。V_e 為 ADC 晶片最小的解析度，譬如使用 12 位元數 (bits) 的 ADC，其欲量化的動態範圍為 2 V，經計算則 V_e 等於 0.488 mV。R_s 及 R_{in} 分別為訊號源及 ADC 晶片內的等效內電阻。t_{pwb} 為箝制時所使用時序脈衝的時間寬 (pulse width for black level)，n 為一條線上的像素數目。由以上的參數值可得最大電容值。如公式

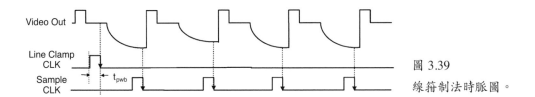

圖 3.39
線箝制法時脈圖。

(3.5) 所示，由 V_d 視訊訊號與背景電壓之壓降、I_{bias} 偏移電流及 T 一個像素間之週期，可計算得最小電容值：

$$C_{ext(max)} = \frac{t_{pwb} \cdot n}{(R_s + R_{in}) \cdot \ln\left(\dfrac{V_b - V_c}{V_e}\right)} \tag{3.4}$$

$$C_{ext(min)} = \frac{I_{bias} \cdot n \cdot T}{V_d} \tag{3.5}$$

我們舉例說明採用相關雙次取樣－線箝制法，假設使用一個 12 bits 的 ADC，欲量化的動態範圍為 2 V、I_{bias} = 10 nA、V_b = 5 V、V_c = 4 V、R_s = 50 Ω、R_{in} = 100 Ω、n = 10、t_{pwb} = 100 ns、T = 200 ns，根據公式 (3.4) 及公式 (3.5)，經計算首先可得 V_e = 0.488 mV，得電容最大值 $C_{ext(max)}$ = 874.3 pF 及電容最小值 $C_{ext(min)}$ = 10 pF。然而在一般電路板上因連接腳及電路板間會有大小約 50 pF 寄生電容，所以後者為其電容的最小值主要的影響。

使用相關雙次取樣－線箝制法的時脈訊號如圖 3.39 所示，因為是線箝制法所以箝制訊號一條線才發生一次，而每一個像素皆有一個時脈訊號，同時也必須提供給 ADC 轉換起始的時脈訊號。

② 相關雙次取樣－位元箝制法
使用相關雙次取樣－位元箝制法決定電容值大小，其中最大值的選擇由以公式 (3.6) 及公式 (3.7) 來決定。公式中的參數說明如上一節所描述。多增加 V_b' 的參數，其定義為像素間背景電壓最大變化的差異值。經兩式計算取計算後較小值做為最大電容值。

$$C_{ext(max)} = \frac{I_{pwb}}{(R_s + R_{in}) \cdot \ln\left(\dfrac{V_b'}{V_e}\right)} \tag{3.6}$$

$$C_{ext(max)} = \frac{t_{pwb} \cdot n}{(R_s + R_{in}) \cdot \ln\left(\dfrac{V_b - V_c}{V_e}\right)} \tag{3.7}$$

$$C_{ext(min)} = \frac{I_{bias} \cdot T}{V_d} \tag{3.8}$$

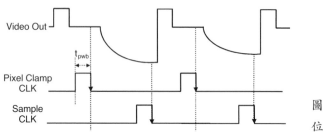

圖 3.40
位元箝制法時脈圖。

　　然而電容的最小值可由公式 (3.8) 計算得到，但一般經計算得到的值約數個 pF，遠小於由電路板及導線所產生約在 50 pF 上下的寄生電容，所以後者為電容的最小值主要的決定因素。

　　舉例說明採用相關雙次取樣－位元箝制法，假設使用一個 12 bits 的 ADC，欲量化的動態範圍為 2 V、I_{bias} =10 nA、$V_b' = 2$ mV、$V_b = 5$ V、$V_c = 4$ V、$R_s = 50\ \Omega$、$R_{in} = 100\ \Omega$、$n = 10$、$t_{pwb} = 100$ ns、$T = 200$ ns，根據公式 (3.6) 及公式 (3.7)，經計算首先可得 $V_e = 0.488$ mV，由公式 (3.6) 得電容最大值為 236.3 pF，則 $C_{ext(max)} < 236.3$ pF。經公式 (3.7) 得另一最大值為 $C_{ext(max)}$ = 874.3 pF，由兩個最大值擇一較小者 $C_{ext(max)}$ = 236.3 pF，經公式 (3.8) 得電容最小值 $C_{ext(min)}$ = 10 pF。然而在一般電路板上因連接腳及電路板間會有大小約 50 pF 寄生電容，所以其電容的最小值將受後者為主要的影響。

　　使用相關雙次取樣－位元箝制法的時脈訊號如圖 3.40 所示，因為是位元箝制訊號在每一個像素的背景電壓訊號段時產生箝制時脈，並且在像素中的視訊訊號段亦產生一個取樣時脈，同時也必須提供給 ADC 轉換起始的時脈訊號。

③ 線取樣保持差分法

　　可使用外部取樣和保持 (sample and hold, S/H) 電路與減法器，經相減運算後，得到欲轉換的視訊訊號，再送入後端 ADC 進行數位化。其電路示意圖如圖 3.41 所示，電路主要由 OP1、OP2 及 S/H 三個元件所構成，OP1 功能主要負責作為視訊訊號的緩衝單元，使後端電

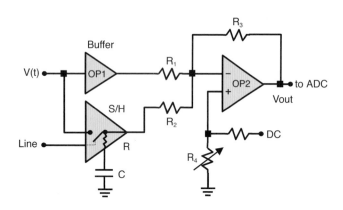

圖 3.41
線取樣差分法示意圖。

路有較好的訊號品質。S/H 是用來擷取視訊訊號中的參考電壓，然後送至 OP2 進行差分相減，OP2 的輸出端便可得到經相減運算後的視訊訊號。其中，$V(t)$ 為視訊訊號，line CLK 為取樣和保持所需的線參考電壓擷取時脈訊號，R_1、R_2、R_3 為減法器所需的電阻，R 為 S/H 晶片中的內電阻，若使用外部電路時，其 R 為外部導線或外加的電阻值，C 為外加的電容，R_4 為調整輸出訊號的偏移電壓準位。

如公式 (3.9) 所示，V_l 其定義為背景電壓最大變化的差異值，V_e 為後 ADC 晶片最小的解析度，如先前計算使用 12 位元數的 ADC，其量化的動態範圍為 2 V，則 V_e 等於 0.488 mV。t_{psh} 為擷取時所需要使用時序脈衝的時間寬 (pulse width of S/H line)。由以上的參數值可得電容值及所需使用的時序脈衝寬。

$$C = \frac{t_{psh}}{R \cdot \ln\left(\dfrac{V_l}{V_e}\right)} \tag{3.9}$$

我們舉例說明採用線取樣保持差分法，使用一個 12 bits 的 ADC，欲量化的動態範圍為 2 V、V_l = 2 mV、R = 300 Ω、t_{psh} = 100 ns，經計算首先可得 V_e = 0.488 mV，由公式 (3.9) 得電容值為 236.3 pF。

使用線取樣保持差分法所需的時脈與相關雙次取樣一線箝制法的時脈訊號相類似，如圖 3.39 所示，擷取脈衝在視訊訊號中的一條線訊號取樣一次。同時每一個像素皆有一個時脈訊號，必須提供給 ADC 起始的時脈訊號，進行量化轉換。

(3) 輸出格式

ADC 輸出的格式大致有幾種：二補數式 (twos complement)、偏移二值式 (offset binary)、一補數式 (ones complement)、符號式 (sign magnitude)，輸入的範圍為最大值 (+full scale) 至最小值 (–full scale)，採用 10 個位元數可得 LSB 值，如表 3.13 所列。經 ADC 轉換後的視訊數位資料經常傳送至後端，進一步執行數位訊號處理器 (digital signal processor, DSP) 處理及運算，此時資料匯流排中的 ADC 輸出格式就必須加以考慮與選擇，可省去格式轉換的時間成本。

3.2.3 時脈電路處理

時脈電路主要的目的是使用時脈訊號及電壓差的變化，將 CCD 上的電荷依序的傳送出來，然而實際應用會在 CCD 感測元件上，產生 CCD 所需的電壓差及配合 CCD 所需輸入及輸出資料格式等時脈，故時脈訊號的輸入，使用者得配合 CCD 進行規劃設計。依照不同 CCD 內部電路設計，其輸出的方式大致可分成下列幾種類型[22]：線性矩陣法 (linear arrays)、

表 3.13 輸出格式。

Scale	偏移二值式	二補數式	一補數式	符號式
+Full Scale	1111....1111	0111....1111	0111....1111	1111....1111
+0.75 Full Scale	1110....0000	0110....0000	0110....0000	1110....0000
+0.5 Full Scale	1100....0000	0100....0000	0100....0000	1100....0000
+0.25 Full Scale	1010....0000	0010....0000	0010....0000	1010....0000
+0	1000....0000	0000....0000	0000....0000	1000....0000
−0			1111....1111	0000....0000
−0.25 Full Scale	0110....0000	1110....0000	1101....1111	0010....0000
−0.5 Full Scale	0100....0000	1100....0000	1011....1111	0100....0000
−0.75 Full Scale	0010....0000	1010....0000	1001....1111	0110....0000
−Full Scale + 1 LSB	0000....0001	1000....0001	1000....0000	0111....1111
−Full Scale	0000....0000	1000....0000	----....----	----....----

交錯傳輸法 (interline transfer)、前進掃描法 (progressive scan)、時間延遲積分法 (time delay and integration)、全圖框法 (full frame) 及圖框傳輸法 (frame transfer)。以上幾種方式不僅在輸出的方式有所差異,而且在光二極體 (photodiode) 佔有全部晶片的有效面積,亦有所不同。然而本節主要是陳述時脈的關係,其中結構上的配置與時脈相關之處稍作說明,接著會介紹電荷的傳輸技術,並從結構及時脈關係來觀察電荷搬移的情形[23],最後會說明時脈產生所需的方塊圖。

(1) CCD 輸出方式

① 全圖框法

　　此方法光二極體佔有全部晶片的感光有效面積最大,對光的響應最高。其感應電荷如圖 3.42 依垂直軸傳至水平軸,然後依序傳送出來。此種結構方式傳輸時只利用到感測器本身的閘門結構 (photo gates),而沒有傳輸閘的構造,所以在傳輸資料時,感測器還是在曝光的狀態,故會造成影像塗抹般模糊的效應,亦稱為 smear 現象。一般使用此種全圖框法的 CCD 會加裝機械式或電子式的快門 (shutter),以控制曝光的時間。而傳輸方式如圖 3.42 所示,由一條條的垂直軸上 CCD 像素電荷往下傳遞,經水平軸方向時脈變換,將一條條的資料傳送出來,直到將整個圖框傳送結束,再繼續從下個圖框開始。

② 圖框傳輸法

　　此種方法是使用與光二極體幾乎一樣大小的區域儲存電荷,同時在此儲存區的元件上,使用不透光的金屬保護層加以覆蓋,防止不必要的曝光效應。所以使用此方法所產生的 smear 現象,只在電荷從光二極體搬移至儲存區時才會造成,而其所需時間遠小於全圖框法所需要的時間。傳輸方式與全圖框方法不同,只是增加將光二極體搬移至儲存區的訊號,如圖 3.43 所示。

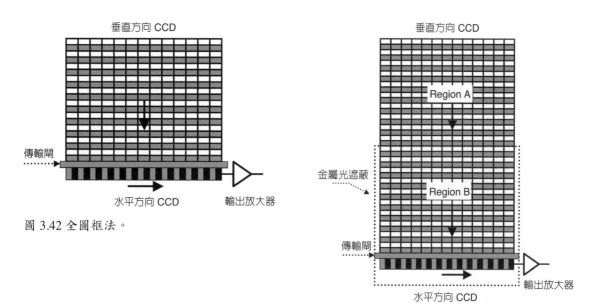

圖 3.42 全圖框法。

圖 3.43 圖框傳輸法。

③ 線性矩陣法

線性矩陣法是最簡單的配置方式,如圖 3.44(a) 所示,由光二極體、傳輸閘 (transfer gate) 及串列讀出暫存器 (serial readout register) 所組成,除了光二極體外,使用不透光的金屬保護層覆蓋,防止不必要的曝光效應。然而為加快傳輸的速度,也可使用兩條傳輸暫存器的方式,如圖 3.44(b) 所示,但相對的也降低光二極體在全晶片中的有效覆蓋因子 (fill factor)。

④ 交錯傳輸法

如圖 3.45 所示,此方法是在光二極體與光二極體間建構一組傳輸暫存器 (transfer register),此傳輸暫存器完全被不透光的金屬保護層所覆蓋。當光二極體因曝光累積電荷後能快速的傳輸至傳輸暫存器,將 smear 現象減低至最小的影響。所以調整光二極體傳輸至傳

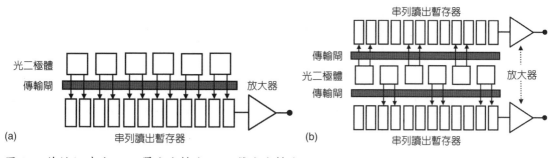

圖 3.44 線性矩陣法,(a) 單方向輸出,(b) 雙方向輸出。

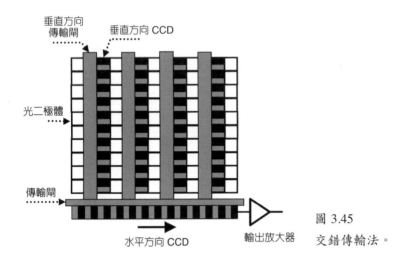

圖 3.45
交錯傳輸法。

輸暫存器間的時間也可用來控制入光量的大小。也可用電子式的快門來加以控制。然而因傳輸暫存器所需的面積不小，所以晶片上感光的有效面積也隨之減少，一般其覆蓋因子大約只有 20% 左右，所以減低了對光的靈敏度。又因為此種方法光二極體與傳輸暫存器間的電容值是結合一起，會造成傳輸速度上的限制，及殘存電荷造成影像延遲 (image lag) 的效應，此種現象可使用電洞累積 (hole accumulation) 的方式加以克服。

　　而傳輸方式有不同的變化，如二相、三相及四相等不同的控制方式，在下一章節會做進一步介紹。如圖 3.46(a) 所示，使用二相法，同時將光二極體感應之電荷儲存到傳輸暫存器，爾後分奇偶的方式傳送出來。另外一種 pseudo 二相法如圖 3.46(b) 所示，依照奇偶場方式傳送出資料，因結構上增加了感光面積，故對光的靈敏度較高，分次傳送出資料增加一倍的空間解析度，但此種方法其整體的 MTF 還是降低。

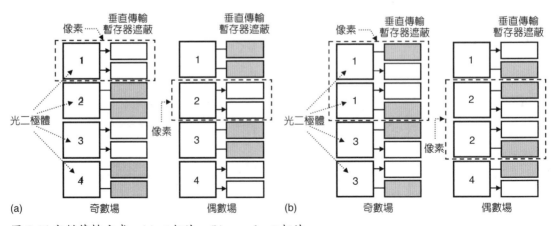

圖 3.46 交錯傳輸方式，(a) 二相法，(b) pseudo 二相法。

⑤ 前進掃描法

前進掃描法是一條接一條的掃描，以非交錯傳輸法的方式進行，此種方法最大的優點是提供同時間擷取整張影像資料，對需要精準時間的影像資料而言，是相當必需的。比較前進傳輸法與交錯傳輸法間的差異，如圖 3.47 所示，(a) 為原始影像，(b) 為交錯傳輸法所獲得的影像，有鋸齒狀 (serration) 的效應發生，(c) 為前進掃描法所擷取的影像，沒有鋸齒狀效應的產生。

⑥ 時間延遲積分法

多次曝光影像的電荷不受移動的影響而相加一起，增加移動目標物在 CCD 上的感光時間，亦同時可防止 CCD 因載體移動產生影像模糊失真。而光二極體會隨著目標物的移動，由時脈訊號產生搬移，最後由放大器元件輸出，如圖 3.48 所示，經過透鏡組物體成像在相

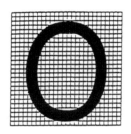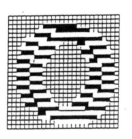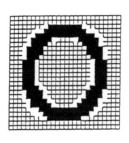

圖 3.47
前進掃描法與交錯傳輸法之差異。

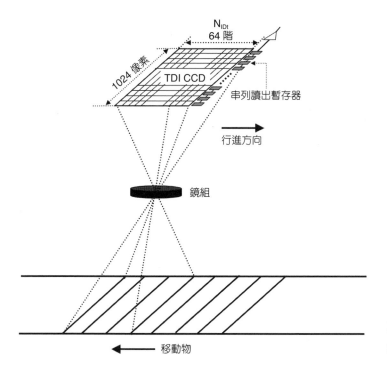

圖 3.48
時間延遲積分法之擷取。

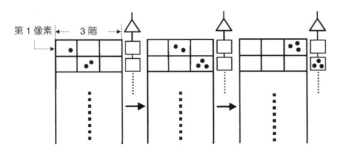

圖 3.49 時間延遲積分法之搬移。

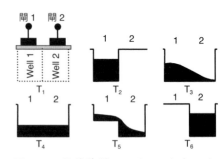

圖 3.50 電荷傳輸 T_1 至 T_6 完成一次
電荷遷移。

對的位置，此時使用的是一顆 1024 個像素 (pixel) 及 64 階 (stage) 的 CCD 元件為例，N_{TDI} = 64。箭頭指出物體移動的方向，資料由放大器元件輸出，N_{TDI} 為 TDI 有 N 移動階數。故經相加後其 SNR 提高 $\sqrt{N_{TDI}}$ 倍。如圖 3.49 所示為電荷包 (packet) 搬移至下一個感光元件而相加乘的結果。但此時感光元件因搬移相加乘電荷，會造成感光元件的飽和，所以可加入另一個結構如圖右側，經感光後的電荷，先由垂直方向的傳輸暫存器傳出，經加乘後再由水平的傳輸暫存器依序將資料傳送出來。

(2) 電荷傳輸技術

　　因光二極體受光，產生電荷的累積，電荷傳輸技術主要是利用時脈訊號及電壓差的變化，將光二極體上的電荷依序的傳送出來，提供外部電路擷取感光量的資訊。如圖 3.50 所示，在 T_1 時，兩個臨近的電荷井。在 T_2 時，閘 1 (gate1) 產生高電位差時，電荷累積在電荷井 1。在 T_3 時，閘 2 (gate2) 此時給予電位差，使電荷井 1 內的電荷流向電荷井 2 內。在 T_4 時，最後趨於兩邊電荷平衡。在 T_5 時，當閘 1 降低電位差時，電荷井 1 內的電荷被迫流向電荷井 2。在 T_6 時，最後電荷井 1 的電荷完全流至電荷井 2 中，完成一次電荷遷移的動作。

　　要將電荷傳輸出來，在目前常用的方式有四種技術：四相位法、三相位法、二相位法及 pseudo 二相位法。使用任一種方式皆可同步地將線型或面型 CCD 順著橫向或縱向，依序將一個個像素傳送出來。以下各別說明四種傳輸技術。

① 四相位法

　　四相位法給予傳輸元件四個不同時間的電壓高低，如圖 3.51(b) 所示，在 T_1 時，像素 P_n 上的第一個傳輸元件的電壓 Φ_1 為高電位，第二個的電壓 Φ_2 亦為高電位，而第三及第四個電壓 Φ_3 及 Φ_4 為低電位，此時電荷會累積在第一個及第二個傳輸元件上。在 T_2 時，電壓 Φ_1 變為低電位，電壓 Φ_3 變為高電位，此時的電荷會搬移至第二個及第三個傳輸元件上，如圖 3.51(a) 所示，從 T_1、T_2、T_3 到 T_4，電荷由第一個傳輸元件依序往右移至第四個傳輸元件，完成一個傳輸週期。

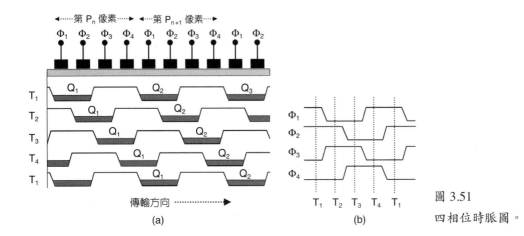

圖 3.51
四相位時脈圖。

(a)

(b)

② 三相位法

　　三相位法與四相位法是相同的傳輸方式，如圖 3.52(b) 所示，在 T_1 時，像素 P_n 上的第一個傳輸元件的電壓 Φ_1 為高電位，而第二及第三個電壓 Φ_2 及 Φ_3 為低電位，此時電荷會累積在第一個傳輸元件上。在 T_2 時，電壓 Φ_1 仍維持為高電位，電壓 Φ_2 變為高電位，電壓 Φ_3 仍為低電位，此時的電荷在第一個及第二個傳輸元件上平均分布。在 T_3 時，電壓 Φ_1 變為低電位，電壓 Φ_2 仍為高電位，電壓 Φ_3 仍為低電位，電荷集中累積第二個傳輸元件上。在 T_4 時，電壓 Φ_1 與電壓 Φ_2 不變，電壓 Φ_3 變為高電位，電荷則移至第二個及第三個傳輸元件上平均分布。在 T_5 時，電壓 Φ_1 仍為低電位，電壓 Φ_2 變為低電位，電壓 Φ_3 仍為高電位，電荷集中累積第三個傳輸元件上。在 T_6 時，電壓 Φ_1 變為高電位，電壓 Φ_2 與電壓 Φ_3 不變，電荷則移至第三個及下一個像素的第一個傳輸元件上平均分布。如圖 3.52(a) 所示，從 T_1 到 T_6，電荷依序往右移，完成一個傳輸週期。

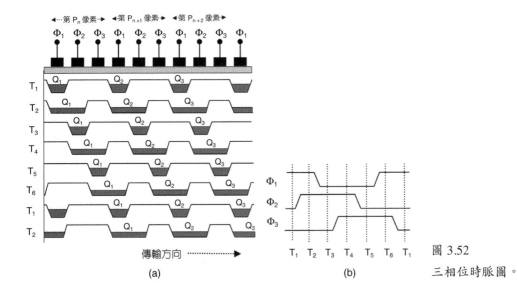

傳輸方向

(a)

(b)

圖 3.52
三相位時脈圖。

③ 二相位法

二相位法在每一個傳輸元件旁多佈入一段 n^+ 物質，使產生另一階電位差，幫助電荷的移動。如圖 3.53(b) 所示，在 T_1 時，像素 P_n 上的第一個傳輸元件的電壓 Φ_1 為高電位，而第二個電壓 Φ_2 為低電位，此時電荷就累積在第一個傳輸元件上。在 T_2 時，電壓 Φ_1 降為低電位，電壓 Φ_2 變為高電位，電荷就搬移至第二個傳輸元件上。如圖 3.53(a) 所示，從 T_1 到 T_2，電荷依序往右移，完成一連串的傳輸週期。

④ Pseudo 二相位法

Pseudo 二相位法與先前二相位法相似，同樣在每一個傳輸元件旁多佈入一段 n^+ 物質，產生另一階電位差。如圖 3.54(b) 所示，第一個及第二個傳輸元件是共用電壓 Φ_1，第三個及第四個傳輸元件是共用電壓 Φ_2。在 T_1 時，像素 P_n 上的第一個及第二個傳輸元件的電壓 Φ_1 為高電位，而電壓 Φ_2 為低電位，因傳輸元件旁佈入 n^+ 物質，電荷會累積在第二個傳輸元件上。而在 T_2 時，電壓 Φ_1 降為低電位，電壓 Φ_2 變為高電位，電荷就搬移至第四個傳輸元件上。如圖 3.54(a) 所示，從 T_1 到 T_2，電荷就依序往右移，完成一連串的傳輸週期。

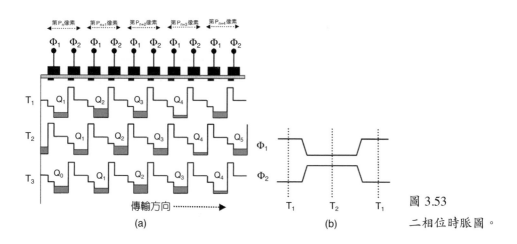

圖 3.53
二相位時脈圖。

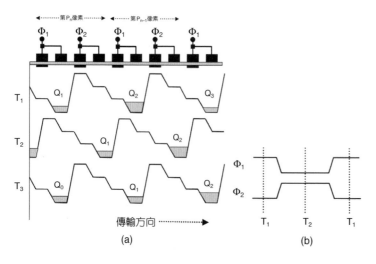

圖 3.54
Pseudo 二相位時脈圖。

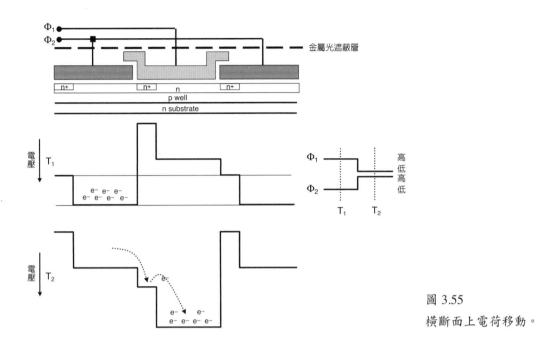

圖 3.55
橫斷面上電荷移動。

由先前介紹的四種傳輸技術,從 CCD 橫截面的角度,進一步瞭解電荷移動情形。以二相位的傳輸方法做說明,電壓 Φ_1、Φ_2 表示傳輸元件的電壓函數,傳輸元件旁佈入 n^+ 物質,產生另一電位障 (barrier),如圖 3.55 所示,T_1 到 T_2 因傳輸元件上電壓 Φ_1、Φ_2 的改變,產生電荷,由 Φ_1 的電荷井移動至 Φ_2 的電荷井。

(3) 時脈關係

瞭解在 CCD 晶片上如何傳送電荷後,接著將介紹整個 CCD 的相關結構,及所使用之時脈關係,時脈關係便是使用者欲使用此顆 CCD 所必須給予的訊號。以交錯面型 CCD 為例,如圖 3.56 所示,在光二極體的上下兩邊,上邊有曝光控制閘 (exposure control gate, LOG),用於控制曝光時間的長短,下邊有傳輸閘 (transfer gate, TG) 所連接,傳輸閘又有 TG_1 及 TG_2 所構成,經傳輸閘將光二極體上的電荷搬移至 V_1 及 V_2 垂直相位時脈 (vertical CLK phase 1,2) 所

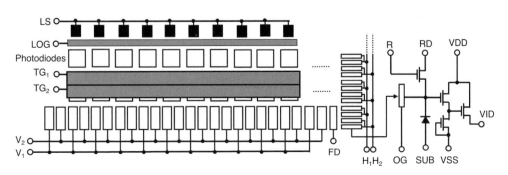

圖 3.56 交錯面型 CCD 電路結構圖。

驅動的垂直傳輸暫存器，依序將光二極體上的電荷經相位時脈的變化傳送出來。

　　而在曝光控制閘的上端有曝光電荷導出端 (exposure drain, LS)，將不是在曝光時間累積在光二極體上的電荷移除。在圖的右側，有一個像素線上的快速傾洩閘 (fast dump gate, FD)，可將整條像素上的電荷快速地傾洩掉，以備新一次儲存感應電荷。然後傳送至 H_1 及 H_2 水平相位時脈 (horizontal CLK phase 1,2) 所驅動的水平傳輸暫存器。依序將儲存於水平傳輸暫存器的電荷傳送至輸出端。輸出端是由幾個閘電路所組成，首先會經輸出閘 (output gate, OG) 做為控制視訊訊號輸出的元件。重置閘 (reset gate, R) 是將輸出的視訊訊號重置至相對的電壓值，在其旁邊有重置導出端 (reset drain)，是導出輸出端的電荷，使輸出端能維持相對的電壓值。其他如晶片基底電壓 (substrate, SUB)、電源電壓 VDD (power voltage) 及接地電壓 VSS (ground reference) 等為晶片所需的工作電壓，最後由視訊訊號輸出端 (output video, VID) 進行輸出。

　　如圖 3.57(a) 所示為光二極體在曝光前後電荷搬移的情形，在 T_1 時間當 LOG 為高電位時經 LS 移除光二極體內的電荷，在 T_2 時間光二極體經曝光後，有用的視訊電荷經 TG 傳輸閘傳送出來。圖 3.57(b) 所示控制曝光的時脈圖，T_{int} 為曝光週期，而 T_{eff} 為有效的曝光時間，這脈衝訊號也是 LOG 的控制訊號[24]。

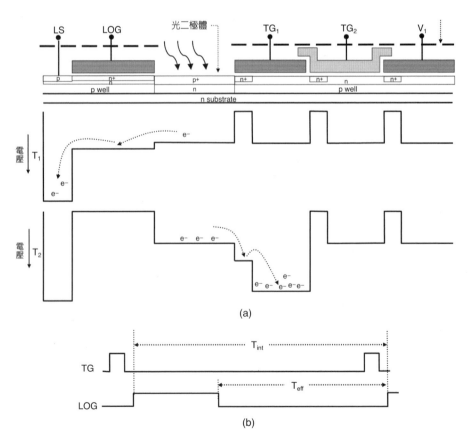

圖 3.57
光二極體，(a) 曝光前後電荷搬移情形，(b) 曝光時脈圖。

在二維成像系統中[25]，經由時脈的產生將光二極體上的電荷依序送至輸出端，如圖 3.58 所示，分別為圖 3.58(a) 中的 pixel 時脈，首先由 TG₁ 及 TG₂ 將光二極體上的電荷垂直往下移，經 V₁ 及 V₂ 的控制使電荷往右移動，再經 H₁ 及 H₂ 使用二相位法依序的送出。其間 R 產生重置電位，仿造像素 (dummy pixels) 的個數為 N_d，不透光覆蓋像素 (light shield pixels) 的個

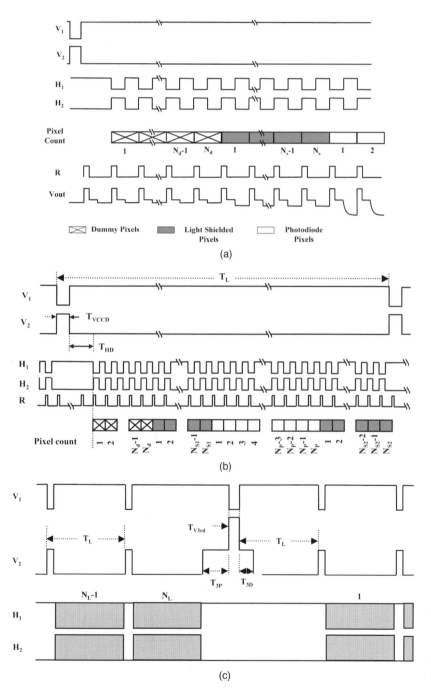

圖 3.58
Interline CCD 相關的時脈訊號，(a) pixel 時脈，(b) line 時脈及 (c) frame 時脈。

數分別在光二極體的前後為 N_{s1} 及 N_{s2}，光二極體的個數為 N_p。圖 3.58(b) 中的 line 時脈，V_1 及 V_2 產生一整條 pixel 上電荷往右移，V_1 及 V_2 亦是使用二相位法。T_L 為一條像素的週期。圖 3.58(c) 中的 frame 時脈，在 V_2 訊號上增加清除傳輸暫存器上的電荷，並再將光二極體上電荷傳送至暫存器，另一張二維影像的開始。一個 frame 上有 N_L 像素條。

(4) 時脈產生方塊圖

　　瞭解時脈與電荷的關係後，在此章節大致介紹時脈的方塊圖。如圖 3.59 所示，目前實現時脈訊號的方式，一般會使用 FPGA 或 CPLD 的元件來達成，其中最大優點是可依設計者，由電路圖介面或硬體描述語言介面進行規劃。然而由 FPGA 晶片輸出訊號的驅動能力有限，故會連接上驅動式緩衝器，以減少訊號的衰減及失真。在輸入 CCD 前會加入一級具可規劃功能的延遲電路元件，因 CCD 對時脈間的相對時間差具有很高敏感度，且各個時脈訊號彼此所行經的長度互異，故會產生不同電阻及電容的負載，此負載便會產生不同時間延遲的影響。所以使用延遲電路元件來調整彼此間的相關時脈。目前使用延遲電路元件調整的範圍，大致在數個 ns 至數十個 ns，而 FPGA 晶片可調整的範圍在 1 μs 以上。時脈訊號不僅傳送至 CCD，也輸出給 ADC 做為進行轉換的時脈訊號，同時也送出 pixel、line 及 frame 的訊號，方便外部進行訊號的擷取。

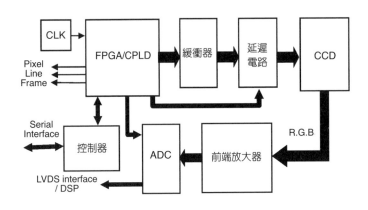

圖 3.59
時脈產生方塊圖。

3.2.4 數位訊號處理

　　如圖 3.60 所示，經 ADC 轉換後的數位化資料，若不經處理，可將視訊的數位資料及一些同步訊號，如 pixel、line 及 frame，經由輸出介面傳送出去，供後端的單元進一步處理，而介面可分為並列式及串列式的方式來傳送及接收。然而也可經數位訊號處理晶片 (digital signal processor chip, DSP) 進行影像處理，然後將處理完的資料再傳送出來，做進一步儲存或顯示。在此節中首先會概要地介紹數位訊號處理器[26]，之後說明可程式化邏輯元件 (programmable logic device, PLD) 相關資訊，最後顯示目前常使用的介面規格[27]。

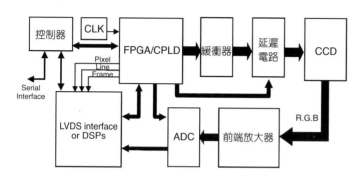

圖 3.60

具有 DSP 之時脈產生方塊圖。

(1) 數位訊號處理器

　　DSP 是經過特殊設計的微處理器，而不同類型的 DSP 內建的功能互有差異，但大部分皆具有幾種主要功能：① 內含的乘法器，目前大致使用 16 及 32 位元的資料寬度。② 單一指令週期，指令執行時需經擷取 (fetch)、解碼 (decode)、讀資料 (read) 及執行 (execute) 等四個步驟 (four stage)，在 DSP 的晶片中多會有多重匯流排 (multi-bus) 及管道 (pipeline) 的設計以達到單一指令週期完成的目的。③ 多重匯流排，如程式位址及資料位址匯流排是不同的，使用程式位址及資料位址擷取資料可同時進行。④ 零負載 (zero overhead) 的迴圈計算，使用硬體電路的設計，可使迴圈計算不再需要經軟體進行計數及判斷的工作，節省大量時間效率。⑤ 具可規劃式的快閃記憶體 (cache memory)，同時透過多重匯流排的設計，可大量的傳送或擷取內外的資料。

　　目前的 DSP 晶片，已被大量的使用在語音、通訊及影像相關工業或消費性電子產品等必須進行即時訊號處理的系統上。提供 DSP 的廠商有 Texas Instruments (TI)、Analog Devices、Motorola、NEC 等，然而各家產品皆各有特色。同時也有不少的協力廠商 (3rd parity) 提供各式各樣的解決方案。然而目前用在影像處理上較新的 DSP 技術，有如 TI 公司的 TMS320DM642 它的工作頻率是 600 MHz。而 Analog Device 公司所提供嵌入式的 ADSP-BF561 晶片，它的工作頻率是 750 MHz。另有 Motorola 公司的 MSC8103，它的工作頻率是 300 MHz 等。然而 DSP 技術的發展速度相當快速，無論是以一顆 DSP 晶片為單元的處理器，同時也朝向整合性的系統晶片 (system on chip, SoC) 方向發展。

(2) 可程式化邏輯元件

　　在時脈產生的電路目前大多使用可程式化邏輯元件 (programmable logic device, PLD) 去規劃所要產生的時脈，而 PLD 依據廠商所提供的晶片大致可分成下列四種[28]：複合型可程式化邏輯元件 (complex programmable logic device, CPLD)、場效型可程式化邏輯閘陣列 (field programmable gate array, FPGA)、簡易型程式化邏輯元件 (simple programmable logic device, SPLD) 及場效型可程式化相互接合 (field programmable inter-connect, FPIC)，其間的差異在於晶片上使用架構之差異，在就此不詳加說明。然而目前使用較多的晶片是 CPLD 及 FPGA。提供此晶片的廠商包括 Altera、Xilinx、Lattice、Vantis、Actel 等公司，然而在台灣使用最多大概是 Altera 及 Xilinx 兩家公司的產品。

欲程式化的過程所使用的語法，稱為硬體描述語言 (hardware description language)，用於描述晶片內連接的方式，目前較常使用的有 VHDL 及 Verilog HDL 兩種，另外 Altera 公司自行推出 AHDL 的語法。VHDL 語法的前身是 VHSIC (very high speed integrated circuit)，在 1985 年被發展出來，後來在 1987 年成為 IEEE-1076-1987 標準，又在 1993 再次更新為 IEEE-1076-1993 標準。而 Verilog HDL 為 Philip Moorby 在 1985 年所設計，後來在 1995 年成為 IEEE-1364 的標準。從語言上的觀點來看，VHDL 對初學者而言可能較複雜，相對地 Verilog 就顯得比較直接易懂，可直接將重心放在設計上，而非在複雜語法的學習。但相反的，VHDL 在語法上就有描述方法較為嚴謹明確的優勢。可依據使用者熟悉的軟體進行撰寫及設計。

(3) 輸出介面

由 ADC 所轉換的數位資料，因資料量大，需經高速的介面傳送出來，一般較常被使用的是搭配影像擷取卡 (grabber card)，擷取低電壓差分訊號 (low voltage different signal, LVDS) 介面訊號，又稱 TIA/EIA-644，使用差分的電器特性，達到高速傳輸的目的。而資料是以並列的方式輸出，一般資料寬為 32 位元。針對資料量大且高速視訊產品的傳輸應用，廠商整合出新的一種開放性介面規格 Camera Link，使用串並列式的方式傳輸，它實際使用的並列的資料寬為 28 位元，再配合串列的方式達到高速傳輸。而資料傳輸送至擷取端時有相同的一種介面，方便後端軟硬體的整合，此種介面已經有不少的相機製造廠商提供。

使用並列的資料格式傳送時，傳輸線是相當佔空間且不便於攜帶，故使用串列式的介面就可克服以上的缺點，如目前已常被使用的 IEEE-1394、USB 2.0 及 Ethernet 等介面。各介面的規格如表 3.14 所列，同時也加入用在硬碟或較大資料量傳輸的並列式介面，如 Wide Ultra2 SCSI 及 Parallel ATA 100 (IDE) 亦一併提供參考。

表 3.14 介面比較表。

	介面名稱 (Interface Name)	傳輸速率 (Transfer Rate)	連接的節點數 (Connect node)	節點間最長距離 (Length Between node)	標準 (Standard)
並列式	LVDS	655 Mbits/s	1	20 m (100 Mbits/s)	EIA-644 IEEE 1596.3
	Wide Ultra2 SCSI	80 Mbytes/s	15	25 m (HVD)	
	Parallel ATA 100 (IDE)	100 Mbytes/s	1	0.45 m	
串並列式	Serial ATA 1.0	150 Mbytes/s	1	1 m	
	Camera Link	2.38 Gbits/s	1	500 m	
串列式	IEEE-1394a	400 Mbits/s	63	4.5 m	IEEE1394a-2000
	IEEE-1394b	800 Mbits/s	63	4.5 m	IEEE1394b-2002
	USB 1.1	12 Mbits/s	127	5 m	
	USB 2.0	480 Mbits/s	127	5 m	
	Ethernet 100BASE-TX	100 Mbits/s	IP address	100 m	IEEE 802.3u
	Ethernet 1000BASE-T	1000 Mbits/s	IP address	100 m	IEEE 802.3ab

3.3 介面處理技術

3.3.1 IEEE 1394

(1) 簡介

　　IEEE (Institute of Electrical and Electronics Engineers, Inc.) 的中文名稱是電機電子工程學協會，該協會是目前最大的電機電子協會，主要任務是在制定電機電子的相關標準與協定。IEEE 1394 最早是由蘋果電腦於 1986 年開發出來，並稱之為 FireWire，而後 Sony 推出的 IEEE 1394 介面[29] 則稱為 i.Link。IEEE 1394 是一種高速度序列匯流排的定義標準，圖 3.61 為 IEEE 1394 的傳輸線接頭外觀，目前大多應用在 PC 與家電多媒體訊號的傳輸與溝通，例如 DV/D8 數位攝錄影機、數位相機、印表機及掃描機等。主要規格可分為：IEEE 1394 (1995 年)、IEEE 1394a (2000 年) 與 IEEE 1394b (2002 年)。

　　IEEE 1394 的主要特點是：

(a) 高速通訊，IEEE 1394a 允許最高傳輸速度至 400 Mbps，IEEE 1394b 則允許最高傳輸速度至 3200 Mbps。

(b) 自我組態定址，使用者不需要設定位址切換，不會發生潛在的位址衝突問題。

(c) 雛菊式的星狀拓樸，最多可連接 63 個裝置。

(d) 點對點的網路連接方式，不需透過 PC 作用纜線。

(e) 纜線長度：4.5 公尺。

(f) 接頭：6 pin 含電源 (圖 3.62)；4 pin 不含電源。

(g) 支援隨插即用 (plug-and-play) 與支援熱插拔 (hot-plug)，在不關機的情況下，可直接加入新的裝置並自動偵測安裝完成。

(h) 價格低，效率高。

　　市面上都有販售各種功能的 IEEE 1394 卡及控制晶片，網站上也有其詳細介紹與規格描述[30,31]。

圖 3.61 IEEE 1394 接頭。

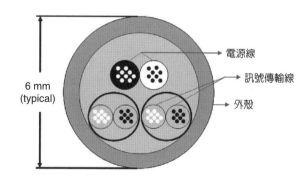

6 mm
(typical)

電源線

訊號傳輸線

外殼

圖 3.62 IEEE 1394 傳輸線剖面示意圖。

第 3.3.1 節作者為吳孟修先生。

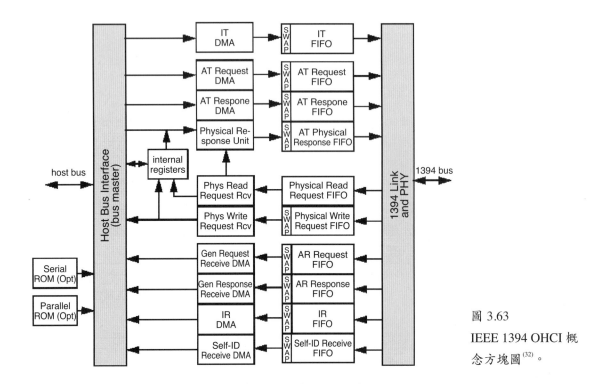

圖 3.63
IEEE 1394 OHCI 概
念方塊圖[32]。

　　圖 3.62 為 IEEE 1394 的傳輸線剖面示意圖，從圖中可以看到共有六條導線、一對電源線、兩對傳輸線，有些傳輸線只有 4 導線，靠串聯線來供電，但是對於多種設備而言，單靠串聯線供電是不夠的，所以才會加入兩條電源線。

(2) 原理

　　IEEE 1394 開放式主控介面 (open host controller interface, OHCI)[32] 是 IEEE 1394 序列匯流排的連結協定，如圖 3.63 及圖 3.64 所示，它是一種開放式規格，主要目的是提供所有 IEEE 1394 技術的支援。OHCI 主要分為四個部分：實體層 (physical layer)、連結層 (link layer)、傳輸層 (transaction layer) 及序列匯流排管理 (serial bus management layer)[30]。

① 實體層

　　轉換連結層使用的邏輯訊號成為不同匯流排所需的電器訊號，亦即對邏輯訊號做解碼與編碼。它確保一個時間內只有一個節點可以傳送資料，協調 (arbitrate) 避免資料衝突，並且定義了序列匯流排的實體介面 (mechanical interface)。

② 連結層

　　提供兩種主要的服務給傳輸層，第一種為接收確認傳輸層的單方向性 (one-way) 資料傳輸，處理所有的封包傳輸和接收 (packet transmit and receive)；第二種為提供同時性

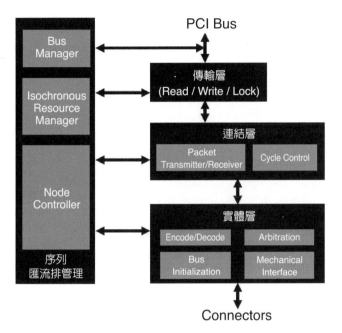

圖 3.64

IEEE 1394 OHCI 概念方塊圖。

(isochronous) 資料傳輸到應用端。所謂同時性的定義是：時間上一致、有相同的時間間隔和在一定時間間隔內不停的週期循環。

③ 傳輸層

　　執行同時性的資料傳輸以及要求反應 (request-response) 的協定，此協定符合 ISO/IEC 13213:1994 (ANSI/IEEE Std 1212,1994 Edition) Standard Control and Status Register (CSR) Architecture for Microcomputer Buses，此匯流排主要功能為提供 Read、Write、Lock 命令。

④ 序列匯流排管理

　　IEEE 1394 提供十分彈性的匯流排控制與管理，可以不需要透過個人電腦或者其他的匯流排控制器。匯流排管理提供以下幾種服務，包括頻寬與通道管理 (bus management)、匯流排 ID、同時性資源管理 (isochronous resource management)、節點控制 (node control)、連結速度，以及其硬體額外的功能[33]。

(3) 未來展望

　　隨著多媒體業的蓬勃發展，人們需要一個統一的標準介面來連接多媒體設備，而 IEEE 1394 的種種特性與優點，是一種可以滿足統一規格、普遍性高而且低成本的介面標準，加上開發或使用 IEEE 1394 具有裝置驅動程式[34] 支援微軟 Windows 作業系統 (Windows 98/2000/XP) 的優點，所以使它更具有普遍性；另外，雖然市面上有 USB 的介面與之並存，不過由於它們的特性不完全相同，仍然各有其應用的領域與發展，尤其 IEEE 1394b 的速度

表 3.15 USB 依傳輸速率不同之三種裝置類別。

裝置類別	頻寬	應用	USB 版本
低速裝置	10－100 kbps	鍵盤、滑鼠 人機介面裝置	USB 1.1 或 USB 2.0
全速裝置	500 kbps－10 Mbps 壓縮影像	聲音、通話裝置	USB 1.1 或 USB 2.0
高速裝置	25－400 Mbps	影像、儲存裝置	USB 2.0

可以達到 3200 Mbps，使得它與 USB 介面有著更不一樣的區隔領域，同時也相信 IEEE 1394 將會有另一番美好的前景。

3.3.2 USB

　　通用序列傳輸匯流排 (universal serial bus, USB) 是一可提供多樣支援 USB 之外部周邊連接到電腦主機之通用介面，係 1994 年首先由 Intel 公司提出，並獲得 NEC、IBM 等大廠支持所開發出之電腦周邊傳輸規格，至 1998 年訂定推出 USB 1.1 版，至此開始受到普遍的重視與應用，此時傳輸速度可達 12 Mbps。而為了因應更為快速的資料傳輸，2000 由 Intel、Compaq、HP、Lucent、Microsoft、NEC、Philips 等公司聯合推出新版的 USB 2.0，使得傳輸速度可達至 480 Mbps，比 USB 1.1 高出 40 倍的速度，因此可以將 USB 的應用更加擴充於影音、即時的互動媒體上、大量資料傳輸的周邊設備等等，再加上可向下支援 USB 1.1，因此提供了一個相當便捷的擴充連接介面。

(1) 優點與裝置類別

　　大致上來說 USB 具有以下之優點：

1. PC 周邊擴充容易且方便使用，最多可同時連接 127 個裝置。
2. 支援隨插即用 (plug and play) 與熱插拔 (hot plug)，並具自動偵測功能。
3. USB 1.1 可支援 1.5 Mbps 與 12 Mbps 之傳輸速率，而 USB 2.0 則可高達 480 Mbps，可支援即時之資料傳輸，並向下相容 USB 1.1。
4. 具有靈活之電源設定，其可由 USB 電纜供給電源或由外部供給，並且可支援待機與喚醒之電源管理。
5. 可設定傳輸模式為同步傳輸與非同步傳輸。
6. 價格便宜。

　　USB 依據其傳輸速率的不同，有著三種不同的裝置類別，如表 3.15 所列，包括有低速 (low-speed) 裝置、全速 (full-speed) 裝置及高速 (high-speed) 裝置。

第 3.3.2 節作者為陳顯禎先生。

(2) 基本架構

① USB 的匯流排結構

USB 在物理的連接是一階梯式星狀拓撲 (tiered star topology) 結構，如圖 3.65 所示。USB 主機 (host) 是整個匯流排結構的主控者，負責 USB 的連接、刪除與傳輸，而主機下連接一根集線器 (root hub)，其下可以連接 USB 裝置或是集線器，每個集線器為一星狀連接中心，可連接裝置或另一集線器，最多可擴充連接至 127 個 USB 周邊裝置 (集線器也算是周邊裝置一種)。對於 USB 系統來說，主控權永遠在於主機，裝置與裝置之間是沒辦法直接相互溝通的，只有透過主機端的調控才能實現。

② USB 連接

USB 的傳輸訊號與電源透過四條電纜線連接，分別為紅 (VBUS，+5V)、白 (D–)、綠 (D+)、黑 (GND)，如圖 3.66 所示。當裝置連接上主機時，D+ 與 D– 的電位會發生改變，主機便藉由此判定是否有裝置連接，並且判斷其裝置類型，同樣地可以判別裝置的移除，因此可以實現熱插拔。當連接上時，主機會給予裝置一個位址，其最多可定義到 127 個裝置，並且根據此裝置上之描述元 (descriptor) 判別此裝置，並為其自動安裝驅動程式後即可使用，因此不需要重新開機及進行中斷資源等繁瑣的硬體設定。

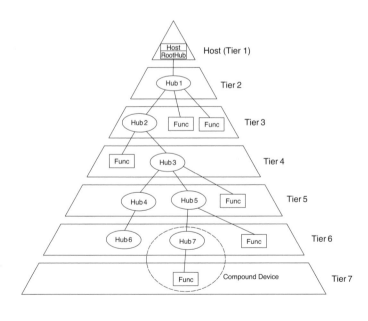

圖 3.65

USB 匯流排階梯式星狀拓撲結構。

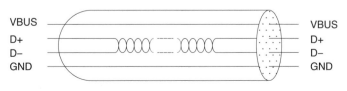

圖 3.66

USB 電纜。

③ USB 資料傳輸

　　USB 的物理聯接為一階梯式星狀拓撲結構，但是其邏輯上為以主機為中心之放射狀與裝置一對一連接。每個裝置中會有一個或多個邏輯接點在其內，每個連接點稱為端點 (endpoint, EP)，用來當作資料傳輸緩衝區，可規劃為輸入或輸出，主機與裝置之端點間的邏輯連接稱為通道 (pipe)，在邏輯上可視其為主機與端點是一對一連接的，以此作為 USB 之資料傳輸，如圖 3.67 所示為其中之一裝置與主機之邏輯連線。

　　USB 的每個端點可以獨立設定，具有四種類型之傳輸模式，可依設備需求選擇適合的傳輸類型。

· 控制型傳輸 (Control Transfer)

　　其為一雙向資料傳輸，用於較少之資料傳輸，並且用於系統與裝置端之間的配置、查詢、命令、設定等，並具有 CRC (cyclic redundancy check) 之糾錯功能，確保資料的正確性。在裝置起始連接時之裝置列舉 (bus enumeration) 也是透過控制型傳輸與裝置端之端點 0 獲得裝置之相關資訊。

· 巨量型傳輸 (Bulk Transfer)

　　其為雙向資料傳輸，多用於大量的數據資料讀取與寫入，其為一非同步傳輸模式，且具有 CRC 糾錯功能，所以能保證資料的完整正確性，但也因此無法保證其傳輸時間的準確，如於印表機、掃描機、儲存裝置等需要準確資料的情況。

· 中斷型傳輸 (Interrupt Transfer)

　　主要用於需要定時讀入或寫入資料的情況下，多半發生於少量且不可預期的數據傳輸。因為 USB 不支援硬體中斷，故此傳輸方式有如主機以輪詢 (polling) 的方式定時檢查裝置是否有數據傳入，可用於滑鼠、鍵盤、搖桿等。

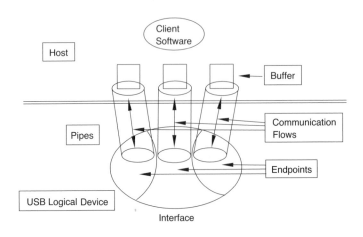

圖 3.67
USB 資料傳遞示意圖。

· 等時型傳輸 (Isochronous Transfer)

可為一雙向或單向之傳輸。此類型傳輸由於需要維持一定之傳輸速度，具保證頻寬，因此可以容許資料傳輸錯誤而無糾錯，多用於對時間需較嚴格的傳輸，如麥克風、喇叭或是即時影音的傳送。

(3) USB 開發

可至 http://www.usb.org 參考許多相關的資料與開發工具，其中可以參考 USB 1.1/USB 2.0 規格以獲得更進一步之內容，另外可以加入 USB-IF (USB Implementers Forum) 會員，以獲得許多的技術支援並可取得一 vender ID，藉由此辨識代號使得開發出之 USB 裝置得以被公認與識別。

開發一個 USB 裝置需要裝置端的硬體、韌體設計，主機端的硬體、客戶端軟體的開發、驅動程式的撰寫等各方面的配合與設計。在硬體方面目前已有許多 IC 設計廠提供 USB 相關之 IC 元件，其中不乏還有許多整合性功能存在，如微控制器、DSP、可程式邏輯元件、訊號擷取輸出等，其中 Cypress 公司是世界第一大廠，其次是 NEC，其他還有 Philips、TI、Ateml、SMsC、ST 等公司，建議讀者可以考慮本身之需求選擇，並且選擇具有完整開發資源的為佳。之後再根據相關規範協定撰寫描述元與裝置端軟硬體的開發。

在主機端由於 USB 主機控制設備之相關驅動與硬體多已整合入 PC 與作業系統之中，因此此部分並不需要做更改，而我們必須要做的就是開發裝置之驅動程式與客戶端之程式介面。USB 的驅動程式為一 WDM 驅動程式，其支援於 Windows 98SE 版本以上，在開發時需要 Windows 2000/NT DDK 或 Windows XP DDK 等驅動程式開發工具，不過寫起來既煩瑣且容易出錯，所以目前市面上有許多相關的驅動程式開發工具，不僅容易使用、不易出錯且具有縮短開發時程等優點，如 NuMega DriverStudio、Jungo Windriver 等。而在客戶端的程式撰寫介面的資料輸入與輸出，透過呼叫驅動程式的 I/O 控制，達到與 USB 裝置的溝通與傳遞。

USB 發展至今，由於其方便、傳輸速率快、低價等主要原因，使其已非常廣泛地應用於電腦周邊設備，在未來或許會開發出更為快速的傳輸介面，不過應該還是會以 USB 的優點為藍圖，提供一個更快更方便的傳輸介面。

3.3.3 LabWindows/CVI

(1) 簡介

隨著個人電腦在日常生活的普及化，以及工業界的廣泛應用，各種速度更快、功能更強、畫面更生動的量測與監控系統陸續的問世，為從事自動化工業的人士所應用。為了克服軟體與硬體間溝通與相容性的問題，所以程式這一環是非常的重要，但是對於從事自動化的工程師與研究人員並非大部分都是程式設計師，所以在使用傳統的語言上比較不方便，因此有各式各樣的專為開發電腦自動化應用的圖控式語言產生出來，而這類軟體可以支援多種硬

第 3.3.3 節作者為吳孟修先生。

體,涵蓋廣泛的應用領域包括:電子、通訊、機械、光電、化學及生醫等工業。

　　LabWindows/CVI 是上述其中的一套專用軟體,由美商國家儀器公司 (National Instruments) 出版的 ANSI C 測試與測量發展環境,從 1989 年的 DOS 版本開始不停的改良,一直到現在的 7.1 版,可以說是非常成熟的一套軟體。它可以幫助簡化艱深的程式設計過程,讓使用者可以花最少的時間與心力去完成資料的取得及處理分析,此套軟體結合了資料流與結構化程式寫作的兩種觀念,並且將結果利用虛擬儀表 VI (virtual instrument) 的工具呈現出來,所謂虛擬儀表就是以軟體模組來擷取、分析和顯示的儀表,此種儀表類似傳統的儀器,只是將它表現在電腦螢幕上而已。虛擬儀表包含了三種主要的部分:擷取、分析及顯示。

1. 擷取:將物理訊號 (例如:電壓、電流、壓力、溫度等) 轉換成數位格式的訊號,同時將訊號傳入電腦內;目前工業界大概有幾種普遍的擷取介面:隨插即用 (plug and play) 擷取卡、GPIB 介面、VXI 介面、RS-232 介面。

2. 分析:簡單來說,就是將得到的訊號 (raw data) 轉換成所需要、有意義的格式 (例如:頻率響應、直方圖等)。

3. 顯示:利用電腦的「圖形化介面視窗」或「檔案的輸出與輸入」將分析後的訊號完整呈現出來,讓使用者能在視覺上更容易的辨別資料。

　　這套軟體支援微軟的 Windows 2000/NT/XP/Me/98 作業系統,包含了十五種的函式庫 (library):

1. User Interface Library

2. IVI Library

3. Advanced Analysis Library

4. VISA Library

5. ANSI C Library

6. Utility Library

7. GPIB/GPIB 488.2 Library

8. DDE Support Library

9. ActiveX Library

10. Formatting and I/O Library

11. DataSocket Library

12. TCP Support Library

13. NI-DAQmx Library

14. VXI Library

15. RS-232 Library

這些函式庫各有各的特殊功用，透過這些函式庫可以使程式設計者更輕易的發展出所需的測試環境。對於平常慣用 C/C++ 的程式設計者，亦可以使用 Microsoft Visual C/C++、Microsoft Visual C++ .NET、Borland C/C++ Builder、Watcom C/C++ 與 Symantec C/C++ 的編譯器發展程式。

(2) 範例

在這裡舉一個利用 LabWindows/CVI 的函式庫來做影像擷取的例子，整個擷取影像系統的架構如圖 3.68 所示，擷取系統運作的原理步驟如下：

步驟 1：利用移動平台來調整 CCD 的焦距。

步驟 2：接著個人電腦透過 RS-232 送控制訊號給旋轉平台控制器，控制器將會驅動旋轉平台開始動作，同時開啟 CCD 影像擷取系統。

步驟 3：以固定角速度旋轉某個角度，並且即時儲存檔案。

步驟 4：以影像軟體開啟並處理檔案，便可獲得所擷取的影像。

LabWindows/CVI 的程式寫作與元件應用可以參考美商國家儀器公司出版的 LabWindows/CVI Basics I Course Manual[40]，程式發展的環境是 Visual C++ 6.0，作業系統則為 Windows 2000，硬體採用 Matrox 開發的 Meteor II/Digit frame grabber，擷取卡之詳細規格請參考網站文件 http://www.matrox.com/imaging/support/old_products/home.cfm，影像擷取應用相關的程式碼與函式可以在以下兩個網站 http://search.ni.com/query.html 與 http://www.matrox.com/imaging/products/mil/milguide.pdf 裡面搜尋得到，除此之外，本文稍後的部分也將附上重點原始碼，其中使用到 Matrox 發展的函式庫為 Mil 7.0 (2)，API 包括：MappAlloc()、MsysAlloc ()、MdigAlloc()、MbufAlloc2d()、MdigGrab()、MbufGet2d() 以及 Labwindows/CVI 的 User Interface Library 來完成使用者視覺介面，軟體程式發展的流程如圖 3.69 所示，以及完成的擷取資料的視窗介面圖如圖 3.70 所示。

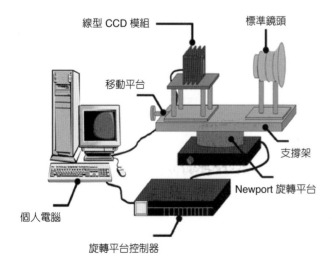

圖 3.68

擷取影像系統架構圖。

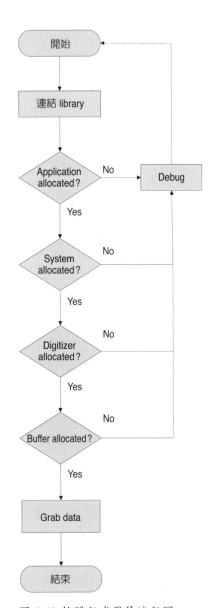

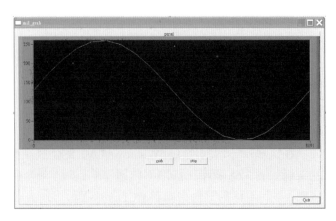

圖 3.70 擷取資料的視窗介面圖。

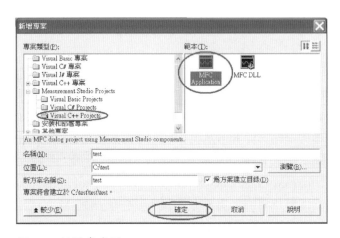

圖 3.71 新增專案圖。

圖 3.69 軟體程式發展流程圖。

　　另外，在此提供一個範例，介紹如何使用 NI Measurement Studio 的元件。以 Visual C++ .NET 為例，步驟如下：

步驟 1：在安裝了 Measurement Studio 7.0 以後，在新增專案中將會增加了一項專案類別－Measurement Studio Projects (圖 3.71)，裡面包含了 Visual Basic Projects、Visual C# Projects 與 Visual C++ Projects，點選 Visual C++ Project 裡面的 MFC Application，按下確定。

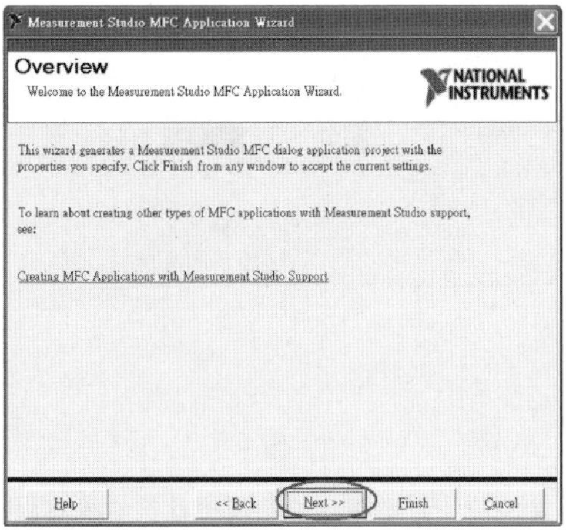

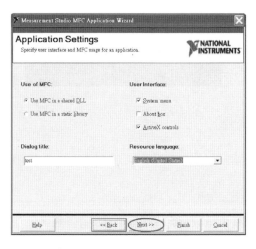

圖 3.72 專案設定圖。

圖 3.73 專案設定圖。

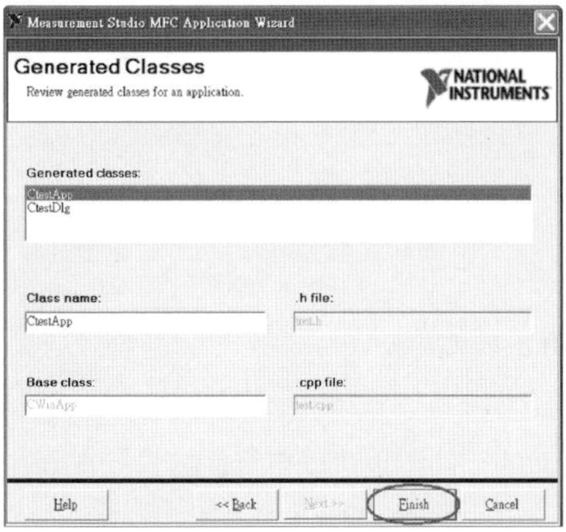

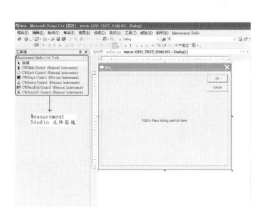

圖 3.75 專案設定完成的視窗圖。

圖 3.74 專案設定圖。

步驟 2：接著出現幾個畫面的設定檔 (圖 3.72、圖 3.73 及圖 3.74)，可以依照個人的需求去更改設定，此範例全部採用預設值完成。

步驟 3：最後便產生了一個以對話盒為主的 Measurement Studio專案，參考圖 3.75 所示，左方的工具箱除了有一般的對話方塊編輯器，另外還多出了 Measurement Studio C++ Tool 這一區塊的元件。此區塊內的元件為 Measurement Studio 常用的元件，程式設計者可以很輕易的利用內含的元件設計出適當的視窗介面 (圖 3.76)，並能輕易的擷取資料與進行後續的分析處理。

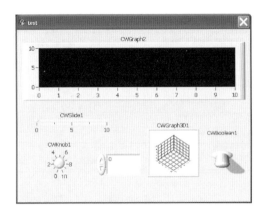

圖 3.76 設計完成的圖形視窗介面圖。

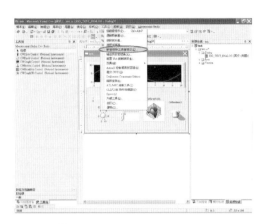

圖 3.77「新增移除工具箱項目」的視窗圖。

圖 3.78
「COM 元件」的視窗圖。

　　若使用者想要引用更多 Measurement Studio 裡面的元件，也可以自行從工具箱裡面加入，以下示範加入的方法：

步驟 1：首先在上方的工具列選擇「工具」，再選擇裡面的「新增移除工具箱項目」(圖 3.77)，螢幕將會出現一個自訂對話盒，

步驟 2：切到「COM元件」的視窗 (圖 3.78)，往下移動將會發現其餘屬於 National Instruments 的隱藏元件，勾選所需的元件後按下確定，如此一來我們便可以使用隱藏的元件。

(3) 利用 Matrox 影像擷取卡擷取影像的程式碼

```
/*---------------連結 library-------------------*/
#pragma comment (lib,"mil.lib")
#pragma comment (lib,"milmet2d.lib")
```

```
/*---------------需用的標頭檔--------------------*/
#include <cvirte.h>
#include "mil.h"
#include "milos.h"
/*---------------宣告參數--------------------*/
MIL_ID MilApplication=0;            //Application identifier
MIL_ID MilSystem=0;                 //System identifier
MIL_ID MilDigitizer=0;              //Digitizer identifier
MIL_ID MilBuffer=0;                 //Image buffer identifier
unsigned short int *buffer;         //備份用的記憶體
long           panheight=0;         //影像畫面高度
long           panwidth=0;          //影像畫面寬度
CNiGraph       m_panel;             //呈現波型的面板
/*---------------程式本體--------------------*/
//配置記憶體
if(!MappAlloc(M_DEFAULT,&MilApplication))
    AfxMessageBox("ERROR! Application allocation error");
//設置系統狀態
if(!MsysAlloc(M_SYSTEM_METEOR_II_DIG,M_DEV0,M_SETUP,&MilSystem))
    AfxMessageBox ("ERROR! System allocation error");
//配置 Digitizer
if(!MdigAlloc(MilSystem,M_DEFAULT,dcf,M_DEFAULT,&MilDigitizer))
AfxMessageBox ("ERROR! Digitizer 0 allocation error");
//取得擷取影像的寬度
MdigInquire(MilDigitizer,M_SIZE_X,&panwidth);
//取得擷取影像的高度
MdigInquire(MilDigitizer,M_SIZE_Y,&panheight);
//配置一塊 2 維、無正負符號性 8 位元的記憶體給系統
if(!MbufAlloc2d(MilSystem,panwidth, panheight,
8L+M_UNSIGNED,M_IMAGE+M_GRAB+M_DISP,&MilBuffer))
        AfxMessageBox ("ERROR! 2d-buffer allocation error");
//配置一塊暫存的記憶體
buffer= new unsigned short int(panwidth*panheight);
//開始擷取影像
MdigGrab(MilDigitizer,MilBuffer);
//將影像存到之前配置的 2 維暫存記憶體
```

```
MbufGet2d(MilBuffer1,0,0,panwidth,panheight,(void *)buffer1);
```
//宣告一塊存放將要顯示在面板的記憶體
```
CNiInt8Vector Buffer(panwidth);
```
//拷貝暫存記憶體到顯示記憶體
```
memcpy(Buffer,buffer,panwidth*sizeof(BYTE));
```
//將影像的灰階值以波形呈現出來
```
m_panel.PlotY(Buffer);
```

3.3.4 LabVIEW

(1) 介紹

　　LabVIEW (Laboratory Virtual Instrument Engineering Workbench) 是一種圖形化語言，是由美國 National Instruments 公司於 1986 年所推出，由於內建了許多儀器的驅動程式和副程式，以及容易使用的圖形化語言 (G 語言)，目前已廣泛被工業界、學術與研究機構所使用。

　　使用 LabVIEW 可以輕易的建立自己的 LabVIEW 程式，稱為虛擬儀表 (virtual instrument, VI)，其可分為三大部分：人機介面 (front panel)、程式方塊圖 (block diagram) 及圖像和連結器 (icon/connector)，熟悉了此三種元件後，將可以開發出自己的 VI。

① 人機介面

　　人機介面主要的目的在於讓使用者與程式間有良好的互動。當在執行一個 VI 程式時，我們可以藉著人機介面將資料輸入到程式，並且可以看到程式所得到的資料或結果。

　　LabVIEW 裡可使用的人機介面的元件分為控制元件與顯示元件。控制元件如同傳統儀器上的按鈕，是輸入用的，而輸入的資料提供給程式方塊圖。顯示元件則是將程式執行的結果顯示出來。

　　執行 LabVIEW 後開啟一個新的 VI 程式，如圖 3.79 所示，此為人機介面開發視窗，點選「Window → Show Control Palette」，就會出現可以使用的人機介面元件。例如「Numeric → Digital Control」是用來輸入數字，「Digital Indicator」是用來顯示數字，如圖 3.80 所示。

② 程式方塊圖

　　程式方塊圖視窗裡包含的是 LabVIEW G 語言所寫的圖形化程式碼，可以用接線的方式控制人機介面元件資料的流向，以及建立程式的結構。

　　再開啟一個新的 VI 程式，除了人機介面視窗外，還有另一個程式方塊圖視窗，當我們放了元件到人機介面視窗裡後，程式方塊圖視窗就會出現各種元件的圖示，此外點選「Window → Show Functions Palette」，會出現許多寫 G 語言所需的工具，包括迴圈、數學運算等，如圖 3.81 所示

第 3.3.4 節作者為許倬昌先生。

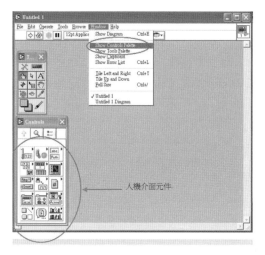

圖 3.79 人機介面開發視窗。

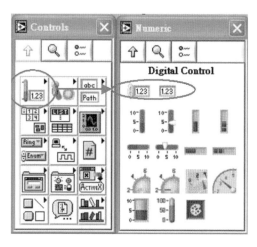

圖 3.80 人機介面元件。

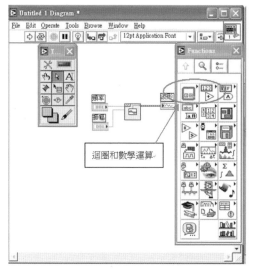

圖 3.81 程式方塊圖視窗。

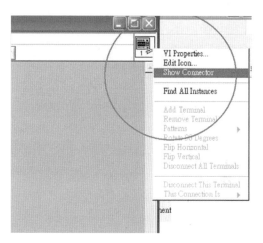

圖 3.82 修改圖像和連結器。

③ 圖像和連結器

　　如果要建立一個子 VI，則我們必須製作一個圖像，讓主 VI 程式可以用來表示，並且定義其輸入輸出的連線，形成連結器，所以子 VI 類似 C 語言裡的呼叫副程式。修改圖像和連結器的功能選項在人機介面視窗右上角，如圖 3.82 所示。

　　下文將實際以一個簡單的程式說明，此程式可以產生一個 sine 波，並且可以任意改變振幅以及頻率。

首先在人機介面視窗裡建構兩個 Digital Control 和一個 Waveform Graph，如圖 3.83 所示。接下來到程式方塊圖裡編輯程式，首先由 Functions Palette 裡拉出「Analyze→Waveform Generation→Sine Waveform」，這個子 VI 可以根據輸入的參數產生 sine 波，可以對著圖示按右鍵選擇 Help 後可看到更詳細說明，然後使用 Tools Palette 裡的 Connect Wire 將兩個 Digital Control 連接至 Sine Waveform，如圖 3.84 所示，並且將 Signal Out 連接至 Waveform Graph，如此本程式便完成。

接下來是執行程式，首先輸入所要的振幅及頻率到人機介面視窗，然後按下上方的執行鍵，就可以在 Waveform Graph 裡看到 sine 波，執行結果如圖 3.85 所示。

(2) 使用 LabVIEW 控制外部 USB 設備

由於 LabVIEW 的功能強大，以及廣為各界接受，因此大多數的儀器設備皆可透過 RS232 或 GPIB 等和 LabVIEW 進行溝通，並且廠商也會提供驅動程式以及 VI 程式供使用者參考。

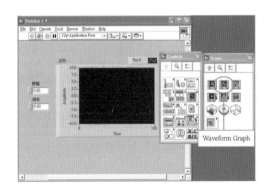

圖 3.83 人機介面示範圖。

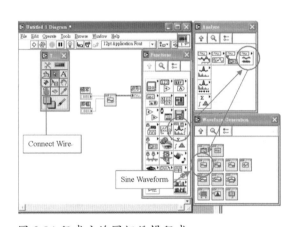

圖 3.84 程式方塊圖裡編輯程式。

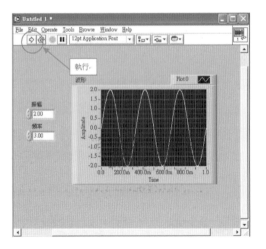

圖 3.85
執行結果。

不過這些連結埠的種類繁多，且傳輸速度漸漸不敷越來越大的資料傳輸量，因此 Intel 公司於 1994 年提出 USB (universal serial bus) 的構想後，得到 NEC、IBM、Microsoft、HP 等各大廠的支持，並且於 1995 年 7 月成立 USB Implementers Forum (USB-IF)，主導著 USB 週邊裝置的發展。目前 USB 發展到 2.0，可以連接 127 個裝置，最大的傳輸速度為 480 Mbps，解決了傳輸速度上的不足。

想要由 LabVIEW 讀取外部的 USB 裝置，必須要有裝置廠商所提供的動態連結函式庫 (dynamic-link library, DLL)，以下介紹如何編寫 DLL 檔來控制自行開發的 USB 裝置。

① HID 裝置

HID 是 human interface device 的縮寫，這個裝置是 Windows 最早支援的裝置，因此在 Windows 98 之後作業系統就已內建驅動程式，不需另外編寫。想要在 LabVIEW 中使 HID 裝置只需使用 Windows 內建的 API，編寫出一個和 LabVIEW 溝通的 DLL 檔。表 3.16 列出所需的 API 函式。

② 使用 Visual C++ 編寫和 LabVIEW 溝通的 DLL

當一個 HID 的裝置已被 Windows 作業系統所辨識後，接下來就是使用 Windows 內建的 API 控制此裝置。以下介紹利用 Visual C++ 編寫 DLL 控制 USB 的方法。注意，有些函式或標頭檔，必須安裝 Windows DDK 後才有。

1. HID 所需的標頭檔有 setupapi.h 和 hidsdi.h，並且在 VC 的 Project→Settings 裡的 Link 選項中加入 setupapi.lib 和 hid.lib，其中 hid.lib 儲存在 Windows DDK 中。
2. 每個物件都有自己的 GUID，可以直接引用下列函式取得 HID 的 GUID。
   下列是 HidD_GetHidGuid 原始函式宣告：
   ```
   void HidD_GetHidGuid( OUT LPGUID  HidGuid );
   ```

表 3.16 API 函式。

API 函式	DLL 檔	用途
HidD_GetGidGuid	hid.dll	取得 HID 類別的 GUID
SetupDiGetClassDevs	setupapi.dll	傳回一個裝置資料群
SetupDiEnumDeviceInterfaces	setupapi.dll	傳回裝置群內一個裝置的資訊
SetupDiGetDeviceInterfaceDetail	setupapi.dll	傳回裝置的路徑
SetupDiDestroyDeviceInfoList	setupapi.dll	釋放 SetupDiGetClassDevs 使用的資源
CreateFile	kernel32.dll	開啟一個裝置
HidD_GetAttributes	hid.dll	傳回廠商，產品，版本編號
HidD_GetPreparsedData	hid.dll	傳回裝置能力資訊

下列是 HidD_GetHidGuid使用範例：

```
GUID Hidguid;
HidD_GetHidGuid(&Hidguid);//取得 HID 的 GUID
```

3. 取得 HID 資訊結構，其中 Hidguid 是由上述函數所取得。

下列是 SetupDiGetClassDevs 原始函式宣告：

```
HDEVINFO SetupDiGetClassDevs(const GUID* ClassGuid,
                             PCTSTR Enumerator,
                             HWND hwndParent,
                             DWORD Flags
                             );
```

下列是 SetupDiGetClassDevs 使用範例：

```
SP_INTERFACE_DEVICE_DATA ifdata;
info = SetupDiGetClassDevs(&Hidguid,
                           NULL,
                           NULL,
                           DIGCF_PRESENT|
                           DIGCF_INTERFACEDEVICE
                           );
```

4. 識別 HID 介面，cbSize 是 SP_INTERFACE_DEVICE_DATA 結構的大小。

下列是 SetupDiEnumDeviceInterfaces 原始函式宣告：

```
BOOL SetupDiEnumDeviceInterfaces(HDEVINFO DeviceInfoSet,
PSP_DEVINFO_DATA DeviceInfoData,
const GUID* InterfaceClassGuid,
DWORD MemberIndex,
PSP_DEVICE_INTERFACE_DATA DeviceInterfaceData
);
```

下列是 SetupDiEnumDeviceInterfaces 使用範例：

```
ifdata.cbSize = sizeof(ifdata);
SetupDiEnumDeviceInterfaces(info, NULL, &Hidguid, 0, &ifdata );
```

5. 取得 HID 裝置路徑，之後使用 CreateFile 開啟裝置後，應用程式就可以使用此裝置，DeviceInterfaceDetailDataSize 裡要有 DeviceInterfaceDetailData 結構大小，不過在未呼叫 SetupDiGetDeviceInterfaceDetail 前無法得知，因此解決辦法是呼叫兩次。

下列是 SetupDiGetDeviceInterfaceDetail原始函式宣告：

```
BOOL SetupDiGetDeviceInterfaceDetail (
    HDEVINFO DeviceInfoSet,
```

```
PSP_DEVICE_INTERFACE_DATA DeviceInterfaceData,

PSP_DEVICE_INTERFACE_DETAIL_DATA DeviceInterfaceDetailData,

DWORD DeviceInterfaceDetailDataSize,

PDWORD RequiredSize,

PSP_DEVINFO_DATA DeviceInfoData
);
```

下列是 SetupDiGetDeviceInterfaceDetail 使用範例：

```
PSP_INTERFACE_DEVICE_DETAIL_DATA detail;
SetupDiGetDeviceInterfaceDetail(info,&ifdata,NULL,0,&needed,NULL);


detail = (PSP_INTERFACE_DEVICE_DETAIL_DATA) malloc(needed);
detail->cbSize = sizeof(SP_INTERFACE_DEVICE_DETAIL_DATA);


SetupDiGetDeviceInterfaceDetail(
    info,&ifdata,detail,needed,NULL,NULL);
```

6. 用 CreateFile 開啟裝置，並取得一個裝置代號。下列是 CreateFile 原始函式宣告：

```
HANDLE CreateFile(LPCTSTR lpFileName,
                  DWORD dwDesiredAccess,
                  DWORD dwShareMode,
                  LPSECURITY_ATTRIBUTES lpSecurityAttributes,
                  DWORD dwCreationDisposition,
                  DWORD dwFlagsAndAttributes,
                  HANDLE hTemplateFile
                  );
```

下列是 CreateFile 使用範例：

```
HDEVINFO info;
device = CreateFile(detail->DevicePath,
                  GENERIC_WRITE | GENERIC_READ,
                  FILE_SHARE_READ | FILE_SHARE_WRITE,
                  NULL, OPEN_EXISTING, 0, NULL
                  );
```

再來只要使用 WriteFile 和 ReadFile 就可以對 HID 裝置作讀寫。下列是使用範例：

```
WriteFile(device, &p, 9, &BytesRead, NULL); //寫入 9 bytes
ReadFile(device, &p, 64, &BytesRead, NULL);    //讀取 64bytes
```

7. 設定一個出口函式，可以被 LabVIEW 所呼叫。

　　_declspec(dllexport) 是用來定義出口函式，範例如下：

　　_declspec(dllexport) int getdata(double*);

8. 由 LabVIEW 呼叫 DLL。

　　在程式方塊圖的「Functions→Advanced→Call Library Function」，選擇 DLL 位置以及出口函式。

(3) USB 光譜儀

　　這裡舉一套利用 Cypress 公司出產的 USB 1.1 晶片、EZ-USB，和 Hamamatsu 的光感測器 C5863 組合成光譜儀。

　　EZ-USB 含有加強功能的 8051，因此可以直接產生 C5863 所需的時序，另外因為 C5863 輸出為類比訊號，因此還需要一顆 ADC0809 將類比資料轉為數位。圖 3.86 為完整電路圖。圖 3.86(a) 包含連結 USB 埠及 EEPROM 24LC0064 電路，其中 EEPROM 的功用在於將已寫好的軟體供 EZ-USB 開始時讀入記憶體後執行，當然也可以從 Cypress 公司所附的 EZ-USB Control Penal 由電腦下載。

　　圖 3.86(b) 的 SN74ALVC164245 是一個 2 port、3.3－5 V 的轉換 IC，因為 EZ-USB 是使用 3.3 V 的電源，其輸出和輸入都是 3.3 V，可是外部的裝置如 ADC0809 都是 5 V 的裝置，因此需要一個轉換的動作，這裡規劃讓 EZ-USB 的 PortB 當輸出，而 PortC 為輸入，U9 這個元件是用來接 C5863 光感測器的，ADC0809 的 CLK 是由石英振盪器直接供應，因此只需要控制 ADST 就可驅動 ADC0809 類比轉數位，再由 PortC 讀入，圖 3.87 是 ADC0809 時序圖。

　　圖 3.88 是 C5863 光感測器的時序圖，需要 6 組控制線才能驅動它，這裡規劃使用 PortB 0－5，分別將其定義為 ϕst、ϕ1、ϕ2、ϕnor、ϕr、ϕc。這裡所用的韌體大體上是由 Cypress 公司網站下載的範例 ep_epar 修改而得。

　　由於光譜儀只需傳送資料給電腦即可運作，因此這裡選用 Endpoint2 In 作為溝通的端點。以下列出程式寫法。

```
void ISR_Ep2in(void) interrupt 0
{
    int j=0,k=0,l=0;int c=0;
    /*這裡將 PortB 所需輸出的訊號直接換算成 10 進位成陣列*/
    int clock[9]={43,27,28,26,11,43,35,99,35};
    for(l=0;l<4;l++){
        for(j=0;j<64;j++){
            for(k=0;k<9;k++)
                P1=clock[k];
```

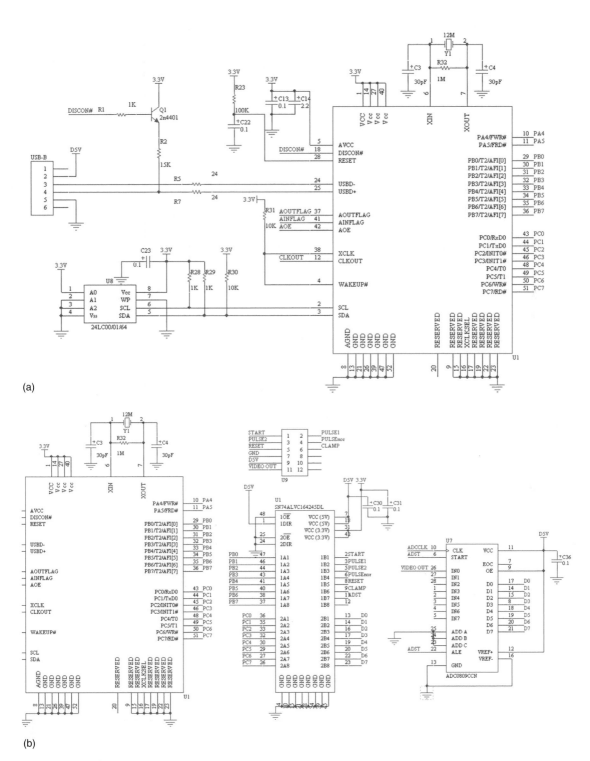

圖 3.86 光譜儀電路。

```
        DELAY(70);
        IN2BUF[j] = PINSC;
        clock[2]=29;
        clock[3]=27;
    }
    IN2BC = 64;          //送出 64bytes 的資料
}
EZUSB_IRQ_CLEAR();
IN07IRQ = bmEP2;
}
```

完成了韌體部分後，接下來是 DLL 的部分，程式範例如下。程式中 inBuf 將會由 LabVIEW
提供給 DLL，之後所得到光強度資訊將會存入此段記憶體中。

```
HANDLE device;
_declspec(dllexport) int getdata(double*);

int getdata(double* inBuf)
{
    int x;
    BOOL R,R1;
    DWORD BufLen;
    PDWORD BytesRead;
    int x,drive();    //取得 HID 的裝置
    drive();
    R1=ReadFile(device, & inBuf, 256, &BytesRead, NULL);
}



int drive()
{
    GUID Hidguid;
    SP_INTERFACE_DEVICE_DATA ifdata;
    DWORD devindex;
    DWORD needed;
```

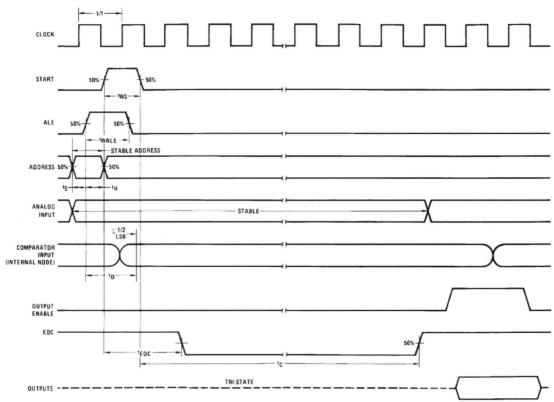

圖 3.87 ADC0809 時序圖。

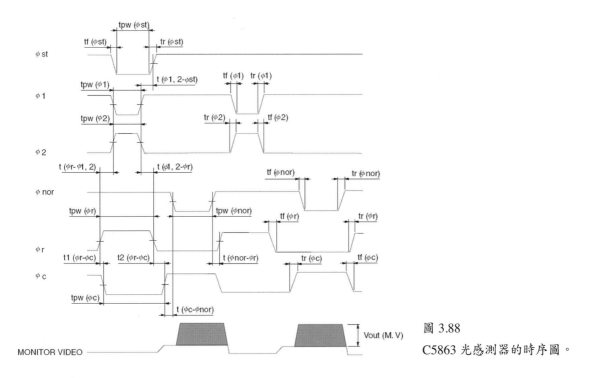

圖 3.88
C5863 光感測器的時序圖。

```
PSP_INTERFACE_DEVICE_DETAIL_DATA detail;
HDEVINFO info;

HidD_GetHidGuid(&Hidguid);
info = SetupDiGetClassDevs( &Hidguid, NULL, NULL, DIGCF_PRESENT |
DIGCF_INTERFACEDEVICE);
ifdata.cbSize = sizeof(ifdata);
SetupDiEnumDeviceInterfaces(info, NULL, &Hidguid, 0, &ifdata);
SetupDiGetDeviceInterfaceDetail(info, &ifdata, NULL, 0, &needed, NULL);
detail = (PSP_INTERFACE_DEVICE_DETAIL_DATA) malloc(needed);
detail->cbSize = sizeof(SP_INTERFACE_DEVICE_DETAIL_DATA);

SetupDiGetDeviceInterfaceDetail(info, &ifdata, detail, needed, NULL, NULL);

device = CreateFile(  detail->DevicePath,
                      GENERIC_WRITE | GENERIC_READ,
                      FILE_SHARE_READ | FILE_SHARE_WRITE,
                      NULL, OPEN_EXISTING, 0, NULL
                      );
}
```

　　最後是 LabVIEW 的部分，首先要由 LabVIEW 建立一個一維陣列，在「Functions→ Array → Initialize Array」，大小使用 256，接下來建立一個 Call Library Function，呼叫上面建立的 DLL 檔，並且增加一個函式的輸入值，如圖 3.89 所示，最後將陣列連結到 input param，out param 連結到 Waveform Graph，整個程式就大功告成，如圖 3.90 所示，當然，如果你希望程式可以持續執行，可以使用「Structures → While Loop」將所有的程式方塊選起來，並且連結 True Constant。

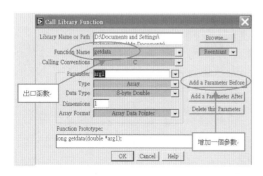

圖 3.89
Call Library Function 設定。

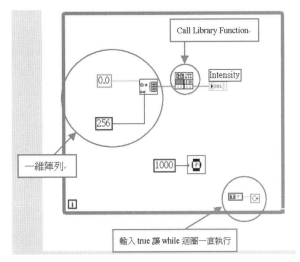

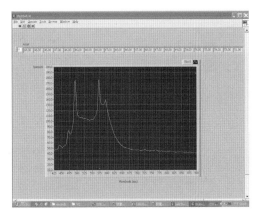

圖 3.91 USB 光譜儀偵測日光燈光譜。

圖 3.90 USB 光譜儀程式方塊圖。

　　執行程式後，可看到如圖 3.91 所示，其為偵測日光燈的光譜。到此，相信讀者應該也能自己完成一套自行設計硬體、並且整合人機介面的儀器了。

3.4 影像處理技術

　　隨著軟體、硬體的技術成熟，許多早期以類比資料處理的方式已經漸漸被數位化處理所取代，數位影像處理 (digital image process) 便是其中之一的應用。而數位影像處理又可分為動態影像 (dynamic image) 及靜態影像 (static image) 處理兩方面，兩者皆包含了影像格式轉換、影像增強處理，以及數位影像壓縮等。本節將著重在靜態數位影像處理的部分，並依序介紹有關影像色彩轉換、影像強化與影像壓縮的方法，期望能使讀者對數位影像處理技術有基本的認識。

　　一個數位影像處理系統基本上可包含影像擷取部分、影像訊號轉換部分與數位影像處理部分，如圖 3.92 所示。

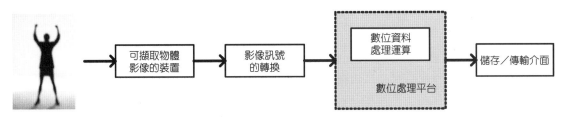

圖 3.92 基本數位影像處理架構。

第 3.4 節作者為廖德祿先生。

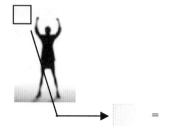

$$\begin{bmatrix} 255 & 245 & 242 & 246 & 244 & 247 & 250 & 246 & 246 & 246 \\ 253 & 237 & 234 & 238 & 236 & 238 & 242 & 237 & 242 & 242 \\ 252 & 236 & 233 & 237 & 235 & 238 & 241 & 237 & 240 & 240 \\ 254 & 239 & 236 & 240 & 238 & 240 & 244 & 239 & 241 & 242 \\ 252 & 236 & 233 & 237 & 235 & 238 & 241 & 237 & 242 & 243 \\ 252 & 237 & 234 & 238 & 236 & 238 & 242 & 237 & 241 & 241 \\ 255 & 240 & 237 & 241 & 239 & 241 & 245 & 240 & 241 & 241 \\ 254 & 239 & 236 & 240 & 238 & 240 & 244 & 239 & 242 & 242 \\ 254 & 240 & 238 & 241 & 238 & 240 & 244 & 241 & 241 & 241 \\ 254 & 240 & 238 & 241 & 238 & 240 & 244 & 241 & 241 & 241 \end{bmatrix}$$

圖 3.93
二維陣列數位影像。

　　影像擷取 (image capture) 部分可利用任何一種可擷取的裝置，例如 CCD、CMOS 感測器，將其輸出的類比訊號轉換成合適的數位影像訊號，然後再將所得到的數位影像資料在一數位平台上作處理，例如 PC、FPGA 及 DSP 等，並根據不同需求選擇設計不同的演算法，便可建構出基本的數位影像處理系統。

　　首先，我們對數位影像作一基本的介紹。一個影像可被定義成一個二維函數 $f(x,y)$，其中 x 和 y 分別表示在二維空間 (spatial) 中的平面座標，對任一座標位置 (x,y)，f 的值被稱為該影像在 (x,y) 上的強度，如圖 3.93 所示。當 x、y 與 f 的大小值皆為有限的離散量，則可稱此影像為數位影像 (digital image)，而利用數位平台處理此數位影像的過程，即稱為數位影像處理，其中數位影像每一點的元素可被稱為影像元素 (image element) 或像素 (pixel)。

3.4.1 影像格式轉換

　　有了數位影像構成的基本概念後，緊接著需要討論的是色彩的形成。根據色彩的構成定義，任一顏色皆可由紅色 (red, R)、綠色 (green, G) 和藍色 (blue, B) 藉由不同比例的調整組合得到，因此即成為現在常聽見的 RGB 格式，例如攝影機就是建構在 RGB 空間中的影像擷取裝置。然而，RGB 格式並非在數位影像處理當中最適合的色彩系統，尤其針對數位影像壓縮 (digital image compression)、影像增強處理 (image enhance processing) 等，由於 RGB 影像格式的資料量過大，在資料處理或傳輸上將會造成浪費時間與記憶體的問題，因此在本小節將介紹有關影像色彩轉換的格式，例如 CMY、YUV 與 YIQ 等不同色彩轉換[48]。

(1) RGB 三原色

　　RGB 色彩系統可被看成一直角座標系統，如圖 3.94 所示，其中 x 軸、y 軸與 z 軸為三原色的基量，在 1931 年時，國際照明協會 (Commission International d'Eclair-age, CIE) 定義出波長 700 nm 為紅色、波長 546.1 nm 為綠色，以及波長 435.8 nm 為藍色。若將 RGB 任兩顏色相加，則可得到剩餘一顏色的補色光，可由圖 3.95 看出結果。

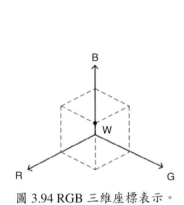

圖 3.94 RGB 三維座標表示。

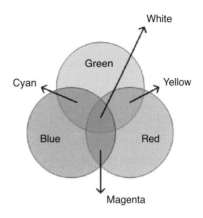

圖 3.95 三原色與三原補色。

　　但是一般而言，影像處理較少直接處理 RGB 訊號，而是根據不同的需要將 RGB 作色彩轉換，接下來將依序介紹幾種常見的色彩格式，以及其與 RGB 的轉換關係式。

(2) CMY 彩色格式

　　CMY 色彩格式是被應用在彩色印刷上，CMY 分別為青色 (cyan)、洋紅 (magenta) 和黃色 (yellow) 三個補色光色彩，將此三種顏色根據不同比例的調整印製在白色平面上，其所對應的轉換關係式為

$$
\begin{bmatrix} C \\ M \\ Y \end{bmatrix} = \begin{bmatrix} 1-R \\ 1-G \\ 1-B \end{bmatrix} \tag{3.10}
$$

再配合半色調法 (half-tone)，其結構如圖 3.96 所示，在一般燈光如日光燈的照射下，便可呈現出不同比例的藍光、綠光以及紅光，進而表現出各種所需要的色彩。

(3) YUV 色彩轉換格式

　　色差訊號 Y、R–Y、B–Y 訊號一般被稱為 Y、Cr、Cb，通常 Y、Cr、Cb 為數位訊號 (PCM) 的色差訊號，而類比的色差訊號則被稱為 Y、Pr、Pb。而另外一個常聽見的訊號稱為 YUV，這是歐洲電視系統 (phase alternating line, PAL) 中所有色差訊號的總稱，YUV 同時包含了數位 (digital) 色差訊號以及類比 (analog) 色差訊號。YUV 之所以會被廣泛的應用，主要是 YUV 利用人類視覺對亮度的敏感性比對顏色的敏感性較高的特性，降低原本影像中顏色的資料量而增加亮度的頻寬，以節省傳輸頻寬的方法，舉個例子而言，若直接傳送 RGB 訊號需要 12 MHz 的頻寬，將訊號轉換成 YUV 後可以較低頻 (500 kHz) 和亮度訊號調變在一

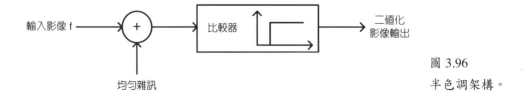

圖 3.96
半色調架構。

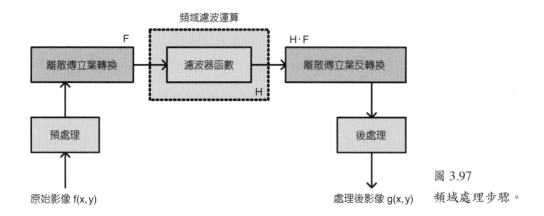

圖 3.97
頻域處理步驟。

起，以大幅降低頻寬。其中，Y 表示亮度向量、U 和 V 表示色差向量，兩者的關係轉換式為：

$$Y = 0.299R + 0.587G + 0.114B$$
$$U = 0.493 \times (B - Y) = 0.493 \times (-0.299R - 0.587G + 0.886B) \tag{3.11}$$
$$V = 0.877 \times (0.701R - 0.587G - 0.114B)$$

並且由上式可發現 U 和 V 互為正交，因此又可稱 U 和 V 所在的平面稱為色差平面 (chromatism plane)。由於 YUV 現在已經成為視訊壓縮的標準色彩轉換，因此與 RGB 可被整理成

$$\begin{bmatrix} Y \\ U \\ V \end{bmatrix} = \begin{bmatrix} 0.299 & 0.587 & 0.114 \\ -0.147 & -0.289 & 0.436 \\ 0.615 & -0.515 & -0.100 \end{bmatrix} \begin{bmatrix} R \\ G \\ B \end{bmatrix} \tag{3.12}$$

(4) YUV444、YUV422

有時候 YUV 會被標示成 YUV444 或 YUV422 等，代表的是在色差訊號中，由類比訊號轉換成數位訊號的 Y、R–Y、B–Y。當中的過程涉及的取樣 (sampling) 技術，是利用 13.5

MHz 的取樣頻率將 4.75 MHz 頻寬的 Y 訊號分成每一秒 13.5×10^6 次的 8 位元或者 10 位元的 PCM (pulse code modulation) 訊號，以表示類比訊號的訊號振幅 (amplitude) 大小。同樣的，若以 13.5 MHz 的取樣頻率分別將 R–Y、B–Y 類比訊號轉換成 8 位元或 10 位元的 PCM 數位訊號，則就可被標示為 YUV444。不過這樣的問題是最後得到的資料量較大。由於人類視覺對亮度的敏感性比對顏色的敏感性較高，可以利用 13.5 MHz 的取樣頻率降低至 6.75 MHz (為原本 13.5 MHz 的一半) 來處理 R–Y、B–Y，則變成 YUV422。在此順便一提的是，在 MPEG II 中為了更進一步壓縮，再將 R–Y、B–Y 頻寬減為 6.75 MHz 的一半，變成 3.375 MHz，此種的取樣方式標示為 YUV420，也是 MPEG II 中所使用的數位取樣方式。

(5) YIQ 色彩轉換格式

除了 RGB-YUV 色彩轉換外，另外也有 RGB-YIQ 轉換格式。先前所提到的 YUV 是用於 PAL 的視訊標準上，而 YIQ 則是適用於 NTSC (National Television System Committee) 的標準上。YIQ 同樣的也是為了減少傳輸頻寬問題所發展的一套色彩轉換格式，其中 Y 代表亮度 (luminace)，I 與 Q 皆為色差向量，而 I、Q 向量的相位角與 U、V 向量的相位角相差了 33°，表示式如下

$$I = V \cos 33° - U \sin 33°$$
$$Q = V \sin 33° - U \cos 33° \tag{3.13}$$

或

$$I = 0.839\,V - 0.545\,U$$
$$Q = 0.545\,V + 0.830\,U \tag{3.14}$$

再配合 YUV 與 RGB 的轉換關係式可以整理得到

$$\begin{bmatrix} Y \\ I \\ Q \end{bmatrix} = \begin{bmatrix} 0.299 & 0.587 & 0.114 \\ 0.587 & -0.275 & -0.321 \\ 0.114 & -0.523 & 0.311 \end{bmatrix} \begin{bmatrix} R \\ G \\ B \end{bmatrix} \tag{3.15}$$

上述幾種影像色彩格式轉換方法，為的是能夠在傳輸上獲得較佳的效能，並且可以將類比訊號轉換成數位資料，在能夠轉換成數位資料後，接下來所需要考慮的便是數位影像處理的演算法以及應用。

3.4.2 影像增強

影像增強處理主要是針對一張影像當中某一個部分或是對於整體作強化，強化的定義並沒有一固定的條件，例如消除雜訊 (noise remove)、邊緣化 (edge) 或色彩反轉 (color inverse) 等，皆可作為強化意義。影像增強處理並沒有一特定的通用理論，因此增強後結果的好與壞完全決定於當下的應用，因此各類影像增強演算法的比較是較難評估的，所以本節將大略的介紹影像增強處理的主要概念，但並不介紹相對應的演算法架構。

影像增強可分為兩個最主要的方法：空間域法 (spatial domain method) 與頻域法 (frequency domain method)[47]。簡單而言，空間域法即是直接對影像二維陣列中的像素作處理，而頻域處理技術則是以修改影像的傅立葉轉換 (Fourier transform) 為基礎。

(1) 空間域法

對於空間域的影像處理，可用公式 (3.16) 來作一廣義的定義。

$$g(x,y) = T[f(x,y)] \tag{3.16}$$

其中，$f(x,y)$ 是輸入影像，$g(x,y)$ 是處理過後的影像，T 被定義為一運算子。換言之，可利用選定不同的 T，而設計不同的影像處理，如影像負片、log 轉換、影像平均及平滑線性濾波器等。

(2) 頻域法

由於數位影像處理是建構在離散資料 (discrete data) 的處理上，因此利用離散傅立葉轉換 (discrete Fourier transform, DFT) 來將影像資料轉換至頻域處理剛好成為一種合適的方法，其離散傅立葉轉換公式為：

$$F(k) = \frac{1}{M} \sum_{x=0}^{M-1} f(x) e^{-2\pi kx/M}, k = 0,1,2,...,M-1$$

$$f(x) = \sum_{k=0}^{M-1} F(k) e^{j2\pi kx/M}, x = 0,1,2,3,...,M-1 \tag{3.17}$$

轉換至 $F(k)$ 的範圍即稱為頻域，其中 k 決定了轉換頻率的成分。而在頻域上討論影像增強處理是直接的，並且幾乎所有的處理皆是利用濾波器來達成，其利用頻域來完成影像增強的步驟可整理成如圖 3.97 所示。

因此只要根據所需要影像增強的應用目的，選擇適當的濾波器，常用的高通、低通、巴特沃斯低通濾波器 (Butterworth lowpass filter, BLPF) 等，便可達到特定的效果。不論空間域法或頻域法，其演算法種類並無特定，因此本小節便無特定解釋。

3.4.3 影像壓縮

資料量的大小影響到的除了傳輸頻寬 (bandwidth) 的問題外，另一個實際的問題就是記憶體空間 (memory space) 的使用。在 3.4.2 節提到，一個數位影像可被看做一個二維函數，亦可當作二維的像素陣列 (two-dimension array)，影像壓縮的主要觀念，就是將二維像素陣列內多餘的資訊移除，在擁有與原始影像相同的資訊量下減少整體數位影像的資料量。這樣的條件背景下，數位影像壓縮技術可被分為兩大類，失真型影像壓縮 (lossy image compression) 格式與無失真型影像壓縮 (lossless image compression) 格式[50,51]。其中最需要討論的條件是資料冗餘性，資料冗餘性是實數位影像壓縮部分中最需要被關注的重心，如果用 x_1 與 x_2 代表具有相同資訊量但不同資料量的兩個單位，則可定義壓縮率為 (compression ratio, C_R)

$$C_R = \frac{x_1}{x_2} \tag{3.18}$$

而相對資料冗餘性 (relative data redundancy, R_D) 被定義為

$$R_D = 1 - \frac{1}{C_R} \tag{3.19}$$

由上式可明顯得知，當 $x_1 = x_2$、$C_R = 1$ 時，則 $R_D = 0$，表示不含冗餘的資料。若假設 $x_2 \ll x_1$、$C_R \to \infty$ 時，則 $R_D = 1$，這表示擁有很高的壓縮比以及高度的冗餘資料量。利用此一特性，對於數位影像壓縮，基本上有三種冗餘性資料可以利用，分別為編碼冗餘性 (coding redundancy)、像素冗餘性 (inter-pixel redundancy) 以及視覺心理冗餘性 (psycho-visual redundancy)，只要能夠減少甚至消除三種冗餘性資料當中一種或多種時，就可以達到數位影像壓縮的效果。但礙於篇幅限制，本小節並不針對壓縮演算法加以介紹，而是介紹目前常用到的壓縮格式，並針對簡單的實驗來比較各種不同壓縮法的壓縮效果。

(1) 無失真壓縮技術

無失真壓縮 (lossless compression) 又稱做無損壓縮或是可逆壓縮 (reversal compression)，主要是重建後的結果和壓縮前的資料完全相同，一般用於文字檔、執行檔、醫學影像的壓縮上。為了能夠在解壓縮資料時無失真，此類壓縮通常無法得到很好的壓縮率，需考慮下列三因素：編碼效率 (coding efficiency)、編碼延遲 (coding delay) 與編碼器複雜度 (coder complexity)。編碼效率指的是壓縮效率，編碼延遲是指資料壓縮編碼所花費的時間，而編碼器複雜度則是指實現壓縮編碼演算法所需運算的複雜程度。

(2) 失真壓縮技術

　　不同於無失真壓縮技術，失真壓縮又稱為有損壓縮 (lossy compression) 或是不可逆壓縮 (irreversal compression)，即重建後的結果和壓縮前的資料並不完全相同，意指資料將會有遺失的情況。但是即使重建結果和原始資料不同，不過資料的大部分資訊與特色仍包含在重建的結果當中。由於失真壓縮的壓縮效率遠高於無失真壓縮，因此常被應用於需要高壓縮比且允許部分失真的影像壓縮 (如 JPEG 和 MPEG)。

　　而針對這兩種壓縮，常被利用到的如 PCX、TGA、TIFF (tagged image file format)、JPEG 及 JPEG 2000 等，其中 BMP 為最完整未被壓縮的檔案格式，PCX、TGA 及 TIFF 屬於非失真型壓縮，JPEG 及 JPEG 2000 則為失真型壓縮。下面將對於這幾種不同的數位影像壓縮格式，以無失真型與失真型作一整體性的介紹。

(3) 無失真型的影像壓縮格式

‧PCX

　　PCX 壓縮格式是由 Zsoft 公司在開發圖像處理軟體 Paintbrush 時所開發的一種影像壓縮格式，以變動長度編碼法 (run length encoding, RLE) 為核心的壓縮技術，以位元 (bit) 為基本單位，再利用水平式 (row by row) 進行編碼。其壓縮方式為以資料的重複次數加上原始資料內容來編碼，因此將每段重複的資料以二個位元組來表示，由於編碼的長度並非固定，所以稱為變動長度編碼法。由於變動長度編碼設計上比其他演算法來得簡單，因此幾乎所有的影像處理軟體皆支援 PCX 檔案格式。然而由於變動長度編碼法對於資料的內容相當敏感，隨著影像複雜度的不同，其壓縮率也會大幅的波動，因此 PCX 並不能保持一定的壓縮水準，有時遇到重複性低的影像資料時，PCX 處理過的影像記憶體常常會不減反增，因此這也成為 PCX 壓縮的主要缺點。

‧TGA

　　TGA 壓縮格式是由 AT&T 所發展的影像壓縮格式，最主要的目的是應用在影像擷取 (image capture)，由於在影像擷取時，處理的基本單位為像素 (pixel)，並且可以一次擷取到一個影像中的一列像素，因此 TGA 也是以像素為壓縮的基本單位。TGA 使用類似於 PCX 的數位影像壓縮方式，即利用變動長度編碼來壓縮所擷取的影像資料。

‧TIFF

　　TIFF 為非常重要的影像壓縮格式。第一個版本是由 Aldus Corporation 的 Aldus Developers 於 1986 年所公布的。利用標籤 (tag) 為其組成的基本結構，具有極大的擴充性。TIFF 具有下列三點重要的特點：① 被大量採用於多種工作平台上 (MS Windows、DOS、UNIX 和 OS/2 等)；② 提供多種壓縮壓縮演算法，包括 LZW 編碼 (Lempel-Ziv-Welch encoding)、霍夫曼編碼法 (Huffman's encoding) 及變動長度編碼法 (length variable encoding) 等；③ 豐富的色彩支援，包括單色、灰階及全彩的影像格式，TIFF 皆能處理。

(4) 失真型的影像壓縮格式

‧JPEG

JPEG 由國際標準組織 (International Organization for Standardization, ISO) 和國際電話電報諮詢委員會 (International Telegraph and Telephone Consultative Committee, CCITT) 所建立的一個數位影像壓縮標準，主要是用於靜態影像壓縮方面。JPEG 採用可失真 (lossy) 編碼法的概念，利用離散餘弦轉換法 (discrete cosine transform, DCT) 將影像資料中較不重要的部分去除，僅保留重要的資訊，以達到高壓縮率的目的[52]。其結構如圖 3.98 所示，數位影像資料經由 DCT 處理成頻域資料後，再利用量化器與霍夫曼編碼後，成為壓縮後的位元組。因此將會有資料遺失，即被 JPEG 處理後的影像會有失真的現象。

‧JPEG 2000

在壓縮率相同的情況下，JPEG 2000 的訊雜比 (signal noise ratio) 比 JPEG 提高 30% 左右。JPEG 2000 擁有三種層次的編碼形式：① 彩色靜態畫面採用的 JPEG 編碼、② 二值圖像採用的 JBIG 及 ③ 低壓縮率圖像採用 JPEGLS 等，成為應對各種圖像的通用編碼方式。在編碼算法上，JPEG 2000 採用離散小波變換 (discrete wavelet transform) 及 bit plain 算術編碼 (MQ coder)。

$$W_{j+1}^L(n) = \sum_{k=0}^{L-1} W_j^L(2n-l) \cdot h(k)$$
$$W_{j+1}^H(n) = \sum_{k=0}^{L-1} W_j^L(2n-l) \cdot g(k) \tag{3.20}$$

JPEG 2000 與傳統 JPEG 最大的不同，在於 JPEG 採用以離散餘弦轉換為主的區塊編碼方式，而 JPEG 2000 改採以小波轉換 (wavelet transform) 為主的多解析編碼方式，因此根據

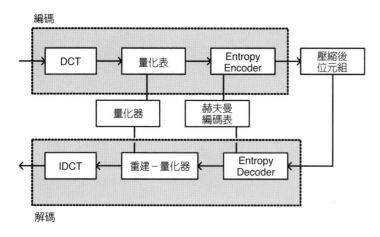

圖 3.98
JPEG-DCT 壓縮－解壓縮架構。

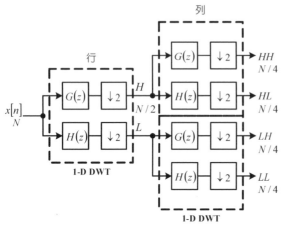

圖 3.99
小波壓縮架構。

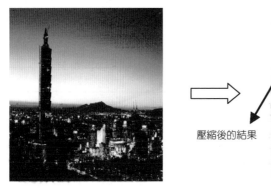

壓縮後的結果

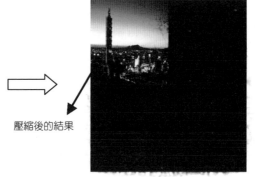

圖 3.100
小波壓縮後的結果。

小波理論，其主要目的是要將圖像的頻率成分抽取出來，基本的壓縮架構如圖 3.99 所示，處理後的資料量將會變成原本資料量的一半，圖 3.100 為經過一階小波壓縮後的結果，而由於小波理論在演算法上較為複雜，因此繁瑣的數學在此就不多加以介紹。

(5) 分析比較

圖 3.101 是以一張 1024 × 768 像素、24 位元全彩、大小為 2,359,350 位元組的 BMP 圖像做一實驗，分別壓縮成 PCX、TGA、TIFF、JPEG 與 JPEG 2000 的檔案格式。在此也簡單的介紹有關 BMP 檔案格式的架構。BMP 是 bit-mapped 的縮寫，係 Microsoft 公司為了 Windows 自行發展的一種影像檔格式，因為在 Windows 環境中，畫面的捲動、視窗開啟及恢復，均是在繪圖模式之下運作，因此所選擇的圖形檔格式必須能應付高速度的作業需求，不能有太多的計算過程，因此真實的將螢幕內容一點一點儲存在檔案內，避免解壓縮時浪費時間，也保有了最完整的圖像資料，因此利用此一影像來作為壓縮的原始檔案。實驗的結果如表 3.17 所列。

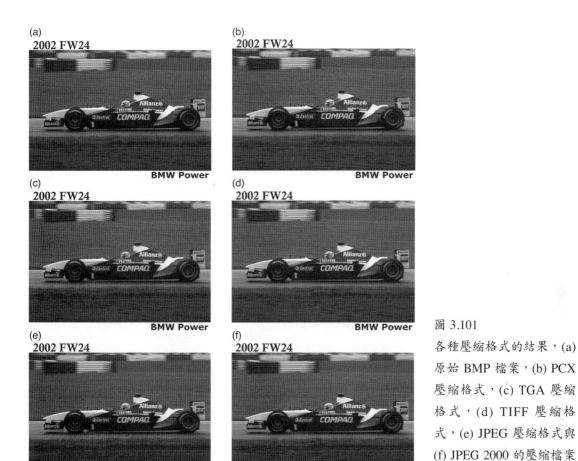

圖 3.101
各種壓縮格式的結果，(a)
原始 BMP 檔案，(b) PCX
壓縮格式，(c) TGA 壓縮
格式，(d) TIFF 壓縮格
式，(e) JPEG 壓縮格式與
(f) JPEG 2000 的壓縮檔案
格式。

表 3.17

原始影像大小	壓縮格式	壓縮後資料量	壓縮率
2,359,350 位元組	PCX	2,025,520 位元組	85.9%
2,359,350 位元組	TGA	2,359,314 位元組	99.99%
2,359,350 位元組	TIFF	2,399,704 位元組	101.7%
2,359,350 位元組	JPEG	141,323 位元組	5.95%
2,359,350 位元組	JPEG 2000	309,514 位元組	13.1%

　　由上述實驗結果可得知，以目前的軟硬體技術，將類比資料進行數位化處理的效果已經
相當成熟，以一個數位影像處理系統而言，從影像的擷取到最後的壓縮，數位處理決定了百
分之六十以上的成果。在本小節中介紹了幾種常用的數位影像壓縮格式，不難發現的在壓縮
後的資料量確實有顯著的差異，但在壓縮後的效果上，以人類的視覺能力已經很難辨識出細
微的差異，因此也間接證明了影像壓縮是可以實行的技術。

參考文獻

1. W. T. Silfrast, *Laser Fundamentals*, Trumpington Street, Cambridge: Cambridge Univ. Press (1996).

2. 光之檢測技術, 國科會精密儀器發展中心訓練班講義 (1991).

3. A. Yariv, *Optical Electronics in Modern Communications*, 5th ed., Oxford University Press, Inc. (1997).

4. 楊素華, 螢光粉在發光上的應用, 科學發展, 358, 66 (2002).

5. Oriel Corporation Catalog, II (1994).

6. 廖偉民, 光電及雷射概論, 亞東書局 (1987).

7. 林螢光, 光電子學－原理、元件與應用, 第二版, 全華科技圖書股份有限公司 (2002).

8. 鐘國家, 謝勝治, 感測器原理與應用實習, 初版, 全華科技圖書股份有限公司 (1999).

9. 許書務, 光感測器界面專題製作, 第二版, 電子技術出版社 (1989).

10. 陳席卿, 雷射原理與光電檢測, 初版, 全華科技圖書股份有限公司 (2001).

11. http://usa.hamamatsu.com

12. 孫清華, 感測器應用電路的設計與製作, 初版, 全華科技圖書公司 (1998).

13. 盧明智, 盧鵬任, 感測器應用與線路分析, 初版, 全華科技圖書公司 (2001).

14. 楊善國, 感測與量度工程, 初版, 全華科技圖書公司 (2001)

15. 林銀議, 訊號與系統, 初版, 五南圖書出版公司 (2002).

16. 廖財昌, 雜訊探究與誤動作防止對策, 初版, 全華科技圖書公司 (2001).

17. G. C. Holst, *CCD Arrays, Cameras, and Display*, SPIE Optical Engineering Press (1998)

18. J. R. Janesick, *Scientific Charge-Coupled Devices*, SPIE Press (2000)

19. 許書務, 光感測器界面專題製作, 全華科技圖書 (1994).

20. Microelectronics Technology Division, *Application Note A/D Converter, Rochester*, New York: Eastman Kodak (1994).

21. W. F. Schreiber, *Fundamentals of Electronic Imaging Systems*, Berlin, Germany: Springer-Verlag (1991).

22. U. Tietze and Ch. Schenk, *Electronic Circuits Design and Applications*, Berlin, Germany: Springer-Verlag (1992).

23. Microelectronics Technology Division, *Application Note Solid State Image Sensors Terminology*, Rochester, New York: Eastman Kodak (1994).

24. *KAI-4020 Datasheet*, Rochester, New York: Eastman Kodak (2003).

25. *KLI-14403 Datasheet*, Rochester, New York: Eastman Kodak (2001).

26. S. Franco, *Design with Operational Amplifiers and Analog Integrated Circuits*, New York, USA: McGraw-Hill (1988).

27. K. Skahill, *VHDL for Programmable Logic*, Menlo Park, CA: Addison-Wesley (1996).

28. E. Sternheim, R. Singh, R. Madhavan, and Y. Trivedi, *Digital Design and Synthesis with Verilog HDL*, San Jose, CA: Automata (1993).

29. 龐丹鴻, IEEE 1394 設計與程式開發使用-C++ 語言, 初版, 台北市: 文魁資訊 (2002).

30. http://www.semiconductors.philips.com/cgi-bin/Inquiro/Search.pl?query=1394

31. http://www.ti.com.tw/product/interface/1394.asp

32. *1394 Open Host Controller Interface Specification*, Release 1.1, Apple Computer, Inc., Compaq Computer Corporation, Intel Corporation, Microsoft Corporation, National Semiconductor Corporation, Sun Microsystems, Inc., and Texas Instruments, Inc. (2000).

33. *IEEE Standard for a High Performance Serial Bus*, Std 1394-1995, The Institute of Electrical And Electronics Engineers, Inc., New York, NY.

34. http://www.alliedcomputing.com/gateway/1394_driver_2000.php

35. 許永和, USB 週邊裝置設計與應用－CY7C63 系列, 全華科技 (2003).

36. 蕭世文, USB 2.0 硬體設計, 文魁資訊 (2002).

37. 劉志安, USB 2.0 程式設計, 文魁資訊 (2002).

38. USB 1.1 Specification, http://www.usb.org

39. USB 2.0 Specification, http://www.usb.org

40. *LabWindows/CVI Basics I Course Manual*, Version 3.0, Texas: National Instrument Corporation, January (1999).

41. *Matrox Imaging Library User Guide*, Version 6.1, Matrox Electronic Systems Ltd., (2000).

42. Labview 基礎篇, 高立圖書有限公司.

43. USB2.0 硬體設計, 文魁資訊股份有限公司.

44. USB Implementers Forum, http://www.usb.org/home

45. 微軟 MSDN 網站, http://msdn.microsoft.com/

46. National Instruments, http://www.ni.com/

47. *Digital image processing Second Edition*, Prentice Hall, Richard E.Woods.

48. 連國珍, 數位影像處理, 儒林出版社.

49. 張錚, MATLAB 程式設計與應用, 知城數位科技股份有限公司.

50. 張真誠, 蔡文輝, 資料壓縮原理與實務, 松崗電腦圖書公司.

51. 施威銘研究室, PC 影像處理技術, 旗標出版社.

52. http://ei.cs.vt.edu/~mm/gifs/DCTcodec.html

第四章 機電整合

4.1 概述

　　光機電的系統大都訴求小巧和精密,所以涉及到的機電整合技術也不同於一般傳統的機電知識。光學量測儀器已經朝向奈米等級發展,掃描探針顯微鏡 (scanning probe microscope, SPM) 就是應用於量測奈米尺度下的各種物理性質和化學性質。此種顯微鏡乃利用探針反射雷射光來測知探針的深度,進而量得待測物的奈米級 3D 輪廓。為了讓探針作奈米尺度的移動,在顯微鏡中裝置了壓電管 (piezoelectric tube, PZT),利用管壁上的壓電機構,驅使探針作 x、y 和 z 軸方向的運動。圖 4.1 為典型掃描探針顯微鏡的系統方塊圖,光學部分為雷射發射器和光學感測器,而機電部除了壓電管外,尚需要三組壓電驅動器和壓電定位控制器。基於這個認知,本章將首先介紹壓電平台系統。

　　數位相機和攝影機已經取代傳統的相機,這類新型的相機和攝影機都以輕巧為設計目標,整個機器除了不可或缺的光學元件外,就是變焦和對焦 (又稱聚焦) 機構與控制,變焦可作取像的放大和縮小,而對焦的目的在使影像清晰呈現。由於數位相機和攝影機的日漸小巧與自動化,新型的機構設計不斷的被提出,變焦和對焦機構之致動器也都以音圈馬達或步進馬達取代直流馬達。

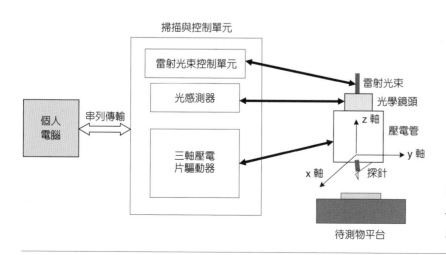

圖 4.1
掃描探針顯微鏡的系統方塊圖。

第 4.1 節作者為林錫寬先生。

光機電系統林林總總,所用到的機電系統也不勝枚舉,這些都無法以短短篇幅涵蓋。因此,本章以較具代表性的二項產品為對象,即前述的掃描探針顯微鏡和數位相機與攝影機,這二項產品的機電系統分別為壓電平台和變焦與對焦機構。

第 4.2 節將介紹壓電定位平台,而第 4.3 節則論述數位攝影機的機電系統。壓電定位平台分成三個主題:壓電平台機構、壓電驅動器及壓電平台精密控制。第 4.2.1 節除了詳述各式壓電平台機構外,在該小節中,並用一個實際的設計範例來解說機構原理和設計要領。於第 4.2.2 節中,對各種壓電驅動原理都會作詳盡的介紹,然而應用對象則鎖定前述掃描探針顯微鏡的壓電管,該節也將談論整個掃描探針顯微鏡系統。而在第 4.2.3 節中,有關壓電平台的精密控制,則敘述如何用回授控制理論達成精密控制的要求。

此外,第 4.3 節是談論數位攝影機的機電系統,但是主要課題為對焦機構與對焦驅動器。雖然變焦機構的目的和對焦機構完全不同,但是在機電系統的構造卻是大同小異,所以針對變焦機構僅作簡要的描述。雖然如此,該節還是會展示攝影機中對焦和變焦系統的整體架構圖。在致動器方面,將介紹音圈馬達和步進馬達二者,從機構設計到驅動方式的差異都有詳細描述。為求實用性,數款美國專利公告的音圈馬達機構也附在該節中,並且指出 Sony DCR PC330 攝影機所用的音圈馬達機構與這些專利的異同處。音圈馬達的回授訊號是依賴磁性尺來量測,這也不同於一般機電系統的光學尺。對於驅動器的控制,在該節將討論實際產品中所使用到的法則和常用的驅動晶片,相信這些資料都具有實用價值。

4.2 壓電定位平台

4.2.1 壓電平台之機構

壓電平台之機構可分為撓性結構 (flexural structure) 與放大器兩部分,其中撓性結構之目的,是用以使定位平台能在有限的運動範圍中,提供高精度的定位能力;而放大器之目的,則是用以放大輸出力或運動行程。以下將分別說明。

(1) 撓性結構

在精密定位中,要求定位平台能在有限的運動範圍中,提供高精度的定位能力,撓性結構即為常使用的方法之一。將外力施加在已知剛性的彈性、可撓性機構,達到控制微小的運動位移。撓性結構的優點如下[1]:

1. 無磨耗、不需潤滑、高穩定性。
2. 一體機構 (monolithic mechanism)。由單一塊母材加工而成,無介面摩擦問題。此外,亦可消除夾持、焊接造成的高應力或接合點的潛變。
3. 平順、連續的運動,無餘隙問題。
4. 以適當的設計減低機構、系統對溫度的敏感度。

第 4.2.1 節作者為陳昭亮先生。

5. 可利用力學原理建立力量與位移關係式，藉由已知力量或位移量，以預測可能的位移和力量。

6. 對於硬脆材料而言，疲勞或過度負載造成的破壞為急遽的且容易預測，故具有相當高的重現性。

目前，撓性結構最大的弱點為受到母材材料特性影響甚鉅，各項系統特性，如剛性、撓度等都與材料性質息息相關。利用撓性結構來設計精密定位平台時，需考慮：① 材料之楊氏係數、② 機構之共振頻率、③ 致動器所能推動之最大位移、④ 致動器所能輸出之最大力量，以及 ⑤ 結構本身所能承受之最大變形 (位移量)。另外，加工是否容易、造價等亦是設計時需考慮的因素。

撓性結構之基本型式可分為平板式 (leaf type) 及割痕式 (notch type)，以下分別介紹這兩種撓性結構的特色與用途。

· 平板式撓性結構

平板式撓性結構又可稱為平板彈簧 (leaf spring)，為藉由平板受外力而造成彈性變形，使得基座與移動台之間產生相對運動。最簡單的平板式撓性結構為單平板彈簧 (simple leaf-spring)，如圖 4.2 所示，根據材料力學基本理論可以推算單平板彈簧的彈性係數 K_{d1} 與最大變形量 δ_{max1} 為：

$$K_{d1} = \frac{Ebd^3}{L^3} \tag{4.1}$$

$$\delta_{max1} = \frac{\sigma_{max} \cdot L^2}{6Ed} \tag{4.2}$$

其中，假設截面為矩形 $(I = bd^3/12)$，σ_{max} 為材料所能承受之最大應力，E 為材料楊氏係數，L、d、b 分別為導引平板的長、寬、高。

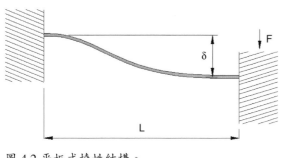

圖 4.2 平板式撓性結構。

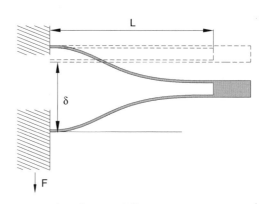

圖 4.3 雙複合平板彈簧。

　　為增加定位平台的可撓性，可使用雙複合平板彈簧 (double compound leaf-spring)，如圖 4.3 所示，其相對於單平板式撓性結構的優點，主要是能以較小的體積，達到較長的運動行程，但缺點是精細線切割加工的手續較繁複，而提高加工成本。雙複合平板彈簧可視為兩個單平板彈簧串聯而成，其彈性係數 K_{d2} 與最大變形量 δ_{max2} 為：

$$K_{d2} = \frac{Ebd^3}{2L^3} \tag{4.3}$$

$$\delta_{max2} = \frac{\sigma_{max} \cdot L^2}{3Ed} \tag{4.4}$$

・割痕式撓性結構

　　割痕式撓性結構由兩個割痕式接腳 (notch hinge) 所構成，如圖 4.4 所示，經由外形幾何上的特意設計，使得撓性結構縱向 (cross-sectional) 剛性遠弱於軸向 (longitudinal) 剛性。與平板彈簧不同處為割痕式撓性結構的位移量與割痕式接腳的轉角彈性變形能力相關，亦即於設計時將割痕式接腳視為自由變形的旋轉對，而兩割痕式接腳間的材料視為剛體，幾乎沒有變形機會。

　　割痕式撓性結構藉由割痕式接腳的轉角彈性變形，造成基座與移動台的相對運動。根據 Paros 和 Weisbord 方程式[2]，割痕式接腳彈性係數 K_n 與最大轉角 θ_{max} 為：

$$K_n = \frac{2Ebt^{5/2}}{9\pi R^{1/2}} \tag{4.5}$$

$$\theta_{max} = \frac{3\pi R^{1/2}}{4Et^{1/2}} \sigma_{max} \tag{4.6}$$

其中，σ_{max} 為材料所能承受之最大應力，E 為材料楊氏係數，R 為割痕接腳上半圓的半徑，t 為割痕接腳上兩半圓的間距，b 為剛體結構的寬度。

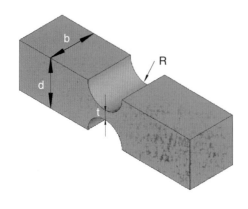

圖 4.4
割痕式撓性結構。

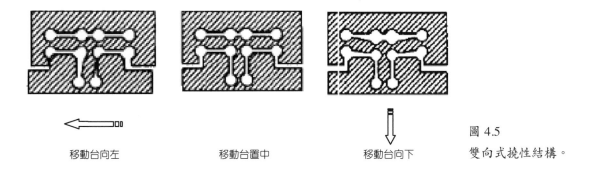

圖 4.5
雙向式撓性結構。

　　雙向式撓性結構[3] 主要由三個割痕式撓性結構所構成，其特點是能產生兩個自由度的運動方向。如圖 4.5 所示，由垂直向的割痕式撓性結構變形來產生移動台水平移動，而由水平向的割痕式撓性結構變形來產生移動台垂直移動。藉由雙向式撓性結構的使用，可設計出在同一平面上能同時有 x、y 軸位移的移動台。

(2) 放大器

　　一般而言，放大器可分成三個類型：槓桿 (lever)、橋型 (bridge) 與四連桿 (four-bar linkage)，根據不同的應用場合、設計條件等因素選用，再繼續進行微型化轉換與結構設計。下文簡單介紹此三類放大器之特色。

・槓桿式放大器

　　槓桿式放大器可用於傳遞小位移的直線運動，但就精度要求而言，以槓桿作直線運動比作旋轉運動將遭遇更多的限制與困難。槓桿的組成可分成四個部分：施力臂、支點 (anchor)、輸入與輸出單元。經由適當的微型化轉換後，亦可將槓桿放大器分成剛體部分 (rigid part，如施力臂) 及可變形部分 (flexure member，如支點、輸入與輸出單元)。根據支點及施力臂上的輸入、輸出點之排列位置不同，可將槓桿放大器分成三種基本型式，如圖 4.6 所示。

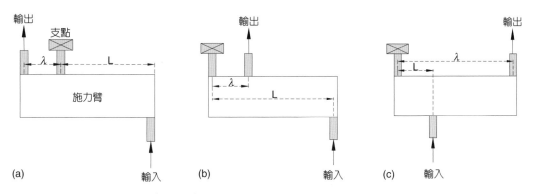

圖 4.6 槓桿放大器的三種基本型式。

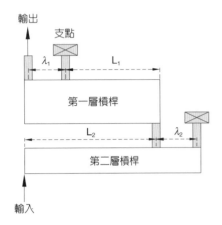

圖 4.7 雙層結構槓桿放大器。

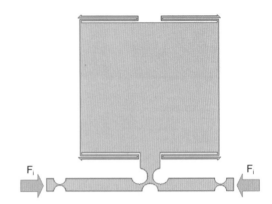

圖 4.8 橋型放大器的結構圖。

　　圖 4.6(a) 為支點在輸入與輸出點之間，調整支點至輸入及輸出點的距離、比率，可在輸出端得到經槓桿放大、與輸出方向相反的力量或位移。圖 4.6(b) 為輸出點在輸入點與支點之間，可將力量依倍率放大。圖 4.6(c) 為輸入點在輸出點與支點之間，可放大負載台的移動位移，假設輸入與輸出位移皆是理想直線運動，則輸入與輸出位移比為 λ/L。

　　為了使系統具有更高的力量或位移放大倍率，可將多個槓桿放大器連續串接，稱為多層槓桿放大器 (multi-stage lever mechanism) 或複合式槓桿放大器 (compound lever mechanism)。複合式槓桿放大器中以雙層結構最簡單、最常用，如圖 4.7 所示。與輸出單元相接的槓桿稱為第一層槓桿，與輸入單元相接的槓桿稱為第二層槓桿，將第一層的輸入端與第二層的輸出端相串接，形成一個完整放大器。以圖 4.7 為例，其力量放大倍率為：

$$K = \frac{L_1}{\lambda_1} \times \frac{L_2}{\lambda_2} \tag{4.7}$$

・橋型放大器

　　橋型放大器之特色為利用左右對稱結構與輸入位移，使平台的輸出位移保持線性，亦即減少在 z 軸上之偏轉角，適合要求高精度的應用範圍中。橋型放大器使用一對致動器於撓性結構之左右末端，與使用單一致動器之槓桿放大器相比較，使用橋型放大器之系統可提供撓性平台較大的輸入力，以及抵抗較高剛性之結構，通常該撓性平台亦具有較高之共振頻率。圖 4.8 為橋型放大器的結構圖。

　　橋型放大器的力量與位移放大縮小倍率為：

$$factor_F = \frac{1}{2\tan\theta} \tag{4.8}$$

$$factor_X = 2\tan\theta \tag{4.9}$$

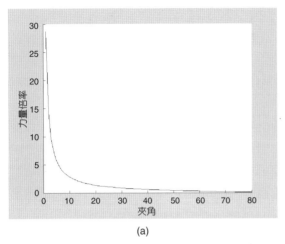
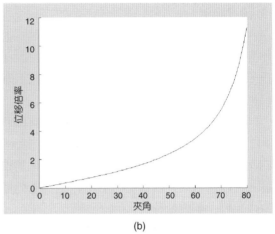

(a)   (b)

圖 4.9 橋型放大器 (a) 力量與 (b) 位移倍率曲線圖。

其中，θ 為槓桿與平面的夾角。利用此放大縮小倍率關係式繪製圖 4.9 的曲線圖，倍率值小於 1 者為縮小比率，反之，倍率值大於 1 者為放大比率。由放大縮小倍率關係式可得知，力量與位移的放大縮小倍率成反比關係，就力量倍率而言，26.57 度以下為放大，26.57 度以上為縮小。

· 四連桿放大器

　　與槓桿及橋型放大器相比較，四連桿放大器的結構複雜許多。一般來說，四連桿放大器常用在特殊輸出位移 (經過某幾個移動點或走某種運動軌跡) 或是雙軸平台的應用範圍。平行運動 (parallel motion) 即為四連桿機構之一種，是一種能將圓周運動轉變為直線運動，或直線運動變為圓周運動的機構，如圖 4.10 的 Grasshopper 平行運動機構。圖 4.11 所示則為 Scott-Russell 平行運動機構，點 **2** 作為力量輸入端、點 **4** 與負載台相接，**23**、**34**、**13** 三段等長，則點 **4** 可做正確的直線運動。

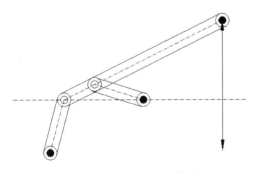
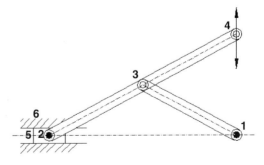

圖 4.10 Grasshopper 平行運動機構。　　　　　　圖 4.11 Scott-Russell 平行運動機構。

(3) 設計範例

在此例舉一單軸壓電平台之設計作為探討。首先在材料的選擇上，為能增加結構剛性、提高振動頻率，材料楊氏係數 E 必須要大。再加上彈性限度的要求，材料降伏強度 σ_y 與楊氏係數 E 的比值 (σ_y/E) 亦要大。最後考慮到線切割加工時易造成材料變形，可採用不鏽鋼材料來製作微動平台。

而在構型的選擇上，為能在基座之有限平面上建構一含放大器之單軸長行程平台，以圖 4.12 之結構作設計，利用一壓電致動器推動放大器，再由放大器推動移動台。其中移動台由四個雙複合式平板彈簧所組成，其優點是體積較小，而導引的行程較大。放大器則由兩個割痕式接腳所構成，其優點是直接藉由接腳的轉角變形來達到槓桿作用，若使用平板接腳則易造成移動台側向偏移。

該平台之自由體圖如圖 4.13 所示，當 PZT 形變 X_0，則移動台位移 $X = X_0 \cdot G$，而 G 為放大器的放大倍率，

$$G = \frac{L_1}{L_2} \tag{4.10}$$

其中，L_1、L_2 之長度如圖 4.13 所示。而由靜力平衡分析[4]

$$\sum M_A = 0 \Rightarrow F_x L_1 + 2K_n \frac{X}{L_1} = F_p L_2 \tag{4.11}$$

其中，$F_x = 4K_d X$，可得平台所需最大推力 F_p 及平台相對於 PZT 位置之剛性係數 K_{sp}。

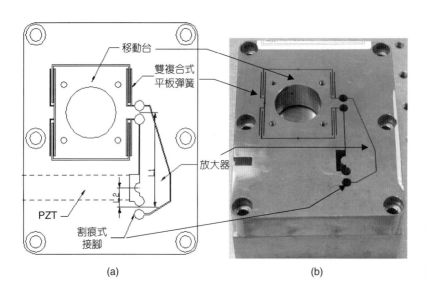

(a)　　　　　　　　　　　　　　(b)

圖 4.12

單軸平台：(a) 示意圖，(b) 實體圖。

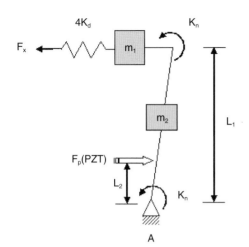

圖 4.13

單軸平台自由體圖。

$$F_p = \left(\frac{4K_d L_1}{L_2} + \frac{2K_n}{L_1 L_2} \right) X \tag{4.12}$$

$$K_{sp} = \left(\frac{4K_d L_1}{L_2} + \frac{2K_n}{L_1 L_2} \right) G \tag{4.13}$$

而根據公式 (4.5)，移動台所能移動之最大位移 X_{max} 為

$$X_{max} \approx \left(\Delta L_0 \frac{K_p}{K_p + K_{sp}} \right) G \tag{4.14}$$

其中，ΔL_0 為壓電致動器在無負載下的最大伸長量，K_p 為 PZT 剛性係數。而由動態分析得知動能 T 及位能 U：

$$T = \frac{1}{2} m_1 \dot{X}^2 + \frac{1}{2} \left[\frac{m_2 (L_1^2 + C^2)}{3} \right] \left(\frac{\dot{X}}{L_1} \right)^2 \tag{4.15}$$

$$U = \frac{1}{2} (4K_d) X^2 + \frac{1}{2} (2K_n) \left(\frac{X}{L_1} \right)^2 + \frac{1}{2} K_p \left(\frac{X}{G} \right)^2 \tag{4.16}$$

再利用 Euler-Lagrange 方程式，$\dfrac{d}{dX}\left(\dfrac{\partial L}{\partial \dot{X}} \right) - \dfrac{\partial L}{\partial X} = 0$，Lagrangian $L = T - U$，經運算後可得：

$$\left[m_1 + \frac{m_2 (L_1^2 + C^2)}{3L_1^2} \right] \ddot{X} + \left(4K_d + \frac{2K_n}{L_1^2} + \frac{K_p}{G^2} \right) X = 0 \tag{4.17}$$

其中，K_p 為壓電致動器剛性係數，移動台質量 m_1 (含負載)，而放大器質量 m_2 直接以矩形作計算，寬為 C，且平板彈簧質量忽略不計，可求得系統質量 M_s、彈性係數 K_s、共振頻率 f_s 為

$$M_s = m_1 + \frac{m_2(C^2 + L_1^2)}{3L_1^2} \tag{4.18}$$

$$K_s = 4K_d + \frac{2K_n}{L_1^2} + \frac{K_p}{G^2} \tag{4.19}$$

$$f_s = \frac{1}{2\pi}\sqrt{\frac{K_s}{M_s}} \tag{4.20}$$

經由以上設計分析，接著以遺傳演算法對尺寸作最佳化設計，以期能設計出行程最大的平台，其中 PZT 使用 PI-840.30。最後所得之系統如圖 4.14 所示，經由加速規實驗，量得平台共振頻率為 264 Hz，再藉由雷射干涉儀測得最大行程為 109.8 μm。以 100 nm 的步階大小進行移動，其定位誤差 3.9 nm，在移動 100 μm 範圍內，斜坡追蹤測試時定位誤差 8.6 nm。

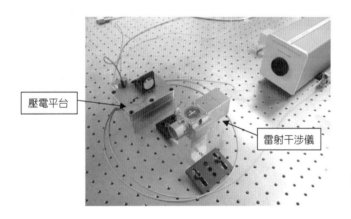

壓電平台

雷射干涉儀

圖 4.14
單軸平台系統架構實際圖。

4.2.2 壓電驅動原理

(1) 概論

自 1880 年 Pierce 和 Jacques Curie 發現壓電現象之後，人們陸續發現許多擁有非中心對稱的晶體材料，即它的正電荷中心與負電荷中心不在同一個位置，使得正負電荷無法表現出中和的特性，所以在經過適當的極化 (poling) 過程後，這些材料將具有壓電特性。具有壓電特性的物質，當材料受力時便會因為電荷中心的不對稱而形成電偶極 (electric dipole moment) 和誘發電場 (induced electrical field)。相對地，由介電理論可知，電場作用下的介電質，其相鄰但帶有不同電性的電荷將移動不同的距離，而產生相對位移，此相對位移使介電質內存有電偶極和誘發電場。以上現象即稱為壓電效應。

第 4.2.2 節作者為林法正先生及陳譽元先生。

一般壓電現象可以包含兩種效應，第一個為正壓電效應，當提供機械力或壓力在壓電材料上時會產生電荷或電壓，其關係式如公式 (4.21) 所示[5]：

$$E = -gF + (\varepsilon^{T})^{-1}D \qquad (4.21)$$

其中，E 為電場，g 為應力與電場之關係係數，即壓電電壓係數 (piezoelectric voltage constant)，F 為應力 (stress)，ε^{T} 為壓電材料在無張力 (zero tension) 下之介電常數，而 D 為位移量。

另一個為負壓電效應，當加入直流電壓 (電場) 於壓電材料時，材料便會隨著電壓 (電場) 大小產生形變，其關係式如公式 (4.22) 所示[5]：

$$S = sF + dE \qquad (4.22)$$

其中，S 為應變 (strain)，s 為應變與應力間之關係係數、或稱為彈性係數，d 為應變與電場之耦合係數，即壓電電荷係數 (piezoelectric charge constant)。

圖 4.15 所示為上述之壓電效應，圖 4.15(a) 為正壓電效應，圖 4.15(b) 為負壓電效應。正壓電效應常被應用於感測器 (sensor)，其可經由量測壓電材料的輸出電壓來決定待測物所承受的應力應變狀態，另外負壓電效應則常用於致動器 (actuator)，利用施予壓電材料之電壓 (電場) 而使其產生形變，壓電致動器便屬於此效應。

一般壓電元件的驅動方式可分成兩種類型：施加驅動電壓到壓電元件及施加交變電壓到壓電元件。

· 施加驅動電壓到壓電元件

直接施加驅動電壓到壓電元件，可使壓電元件產生剛性位移。此種型式又可分成兩種型式：(a) 單純利用直流電壓之大小控制壓電元件之位移，多使用於定位方面，可應用於光學、精密機械之精密定位。(b) 脈波寬度調變方式，此種型式利用脈波寬度調變後之脈波電壓做 ON/OFF 驅動，以產生 ON/OFF 位移，此種驅動方式應用於點矩陣式印表機之撞針控制或噴墨印表機之墨水噴射控制。

· 施加交變電壓到壓電元件

若施加交變電壓到壓電元件，可使壓電元件產生機械性振動，其振動頻率若與壓電元件之機械共振頻率相當，則會產生壓電共振，藉由共振來驅動物體。

下文將簡單介紹上述直流電壓、脈波寬度調變與交變電壓三種驅動方式之驅動原理，並介紹掃描探針顯微鏡 (scanning probe microscope, SPM) 與壓電致動器於其中之應用。

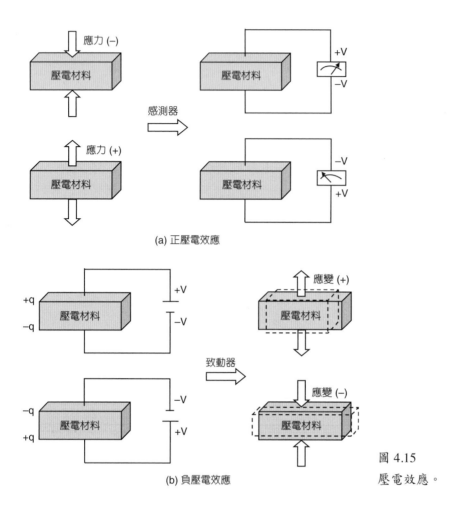

(a) 正壓電效應

(b) 負壓電效應

圖 4.15
壓電效應。

(2) 直流電壓驅動原理

工業技術研究院量測技術發展中心所研發之原子力顯微鏡 (atomic force microscope, AFM)，其中之壓電管即利用此種驅動方式，其中各利用 2、2、1 組 APEX PA15 高壓驅動模組分別驅動控制 x、y、z 三個互相垂直的軸，而探針則位於 z 軸上。進行掃描時，施加電壓在 x、y 軸，可驅動探針在樣品表面連續來回掃描；同時施加電壓於 z 軸，使之隨著回授電路調整探針與樣品表面之距離，以保持作用力的恆定。利用精準地控制探針的上下及左右掃描，來建構原子力顯微鏡。

圖 4.16 所示為原子力顯微鏡之壓電管結構。圓筒型壓電陶瓷的內周面上有共用電極 E_0，外周面上設有 x 方向驅動用之電極 E_{x1}、E_{x2}，與 y 方向驅動用之電極 E_{y1}、E_{y2}，以及 z 方向驅動用電極 E_z。壓電陶瓷的磁化狀態，皆朝向圓筒厚度方向進行。在接地的狀態下，於 E_{x1} 及 E_{x2} 處施加極性相反的電壓，由於圓筒變形的結果，致使安裝在圓筒頂端的探針向 x 方向產生位移，y 方向上亦可產生相同的位移量。又在 E_z 處施加電壓時，則可在 z 方向產生位移。

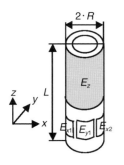 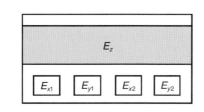

圖 4.16
原子力顯微鏡之壓電管結構[6]。

(3) 脈波電壓驅動原理[5]

1994 年 Sweet 發明利用壓電致動器的原理將微液滴射出。基本上,在壓電科技中有兩種壓電裝置,一種為連續噴射,其操作原理如圖 4.17 所示,具導電性的油墨由壓電致動器所產生的壓力從噴嘴強迫噴出,而噴出物分離成連續且任意大小與間隔的微液滴。在油墨通過壓電轉換器時,可以藉由提供固定頻率的超音波來控制微液滴的單一大小與間隔。產生的微液滴連續通過一個帶電板,受到影響的微液滴因電場作用而使其偏向列印,沒受到影響的微液滴則收集到溝槽再循環利用。一個壓電轉換器可以支援多個噴嘴,所以儘可能縮小噴嘴的間距,使其成為高解析陣列,然而複雜的微液滴帶電與收集系統為此系統實際使用的主要障礙。

另外一種裝置稱為微液滴即成噴射,列印時利用壓電管或壓電盤使得微液滴噴出。圖 4.18 為一典型的即成噴射液滴產生器,其操作原理是基於在充滿流體的腔體中,由壓電轉換器應用電壓脈衝產生聲波,讓聲波在表面產生作用,使其在噴嘴處射出單一液滴。液滴即成噴射法的主要優點在於不需要複雜的微液滴偏向與收集系統,然而缺點為壓電管或壓電盤的大小為釐米甚至幾釐米,故此裝置不適合應用於高解析陣列列印。

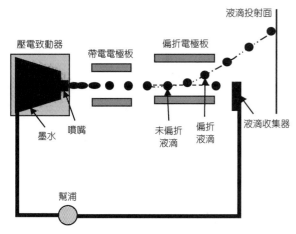

圖 4.17 連續噴射液滴產生器[5]。

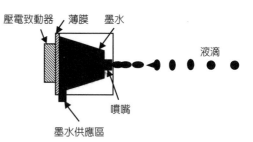

圖 4.18 即成噴射液滴產生器[5]。

(4) 交變電壓驅動原理[7]

　　所謂交變電壓驅動目前多應用於超音波馬達 (ultrasonic motor, USM)，而超音波馬達是一種應用超音波的彈性振動方式以獲得驅動力，然後再利用摩擦力帶動轉子而驅動的馬達，其伸縮量大小雖然僅達數微米 (μm) 程度，但因每秒之伸縮達數十萬次，每秒可移動達數釐米 (cm)。

　　超音波馬達的屈曲彈性波可分兩類：駐波 (standing wave) 型及行進波 (traveling wave) 型。

1. 駐波型超音波馬達：此種型式的超音波馬達其轉子被振動子的末端所驅動。

2. 行進波型超音波馬達：此種型式的超音波馬達其轉子是由一沿著特定方向傳遞前進的行進波所驅動。

　　雖然駐波型式的超音波馬達具有較高的機電轉換效率，然而由於行進波型式之超音波馬達可以瞬間改變方向，且體積、重量等在設計上較具彈性，故在一般應用上以行進波型超音波馬達為主。另外，為了讓馬達具有最好的特性及現實上的考量，亦有各種外形的的馬達發展，一般有桿形、環形、盤形及條形等[8]。

　　由於超音波馬達型式種類繁多，故以下將以日本新生工業的 USR-60 型超音波馬達為對象，探討其驅動原理。

　　圖 4.19 所示為直線運動的線型馬達原理，作為迴轉型環的一部分說明。此處使用振動材質為壓電陶瓷，兩個電壓源以適當的間格配置。A 相利用電壓源 $C\sin\omega t$ 驅動，此處 C 為電壓振幅，ω 為角頻率。若令 B 相電壓源為 $C\cos\omega t$ 則圖 4.19 發生向右方向傳播的行進波 (順轉，CW)。又如 B 相電壓源改為 $-C\cos\omega t$，行進波方向為向左 (逆轉，CCW)。

　　在發生行進波的金屬上，放置其他的金屬或圓盤等，如轉子或滑動子。若施加壓力於轉子上，則與行進波前端接觸的部分承受圓形運動產生的切線力轉動。如圖 4.20 所示，兩部分的金屬環重合，一邊的圓環以行進波走動，另一方施加外加的壓力會使波走動於圓環的各點，作幾微米的圓周運動以使圓環旋轉。

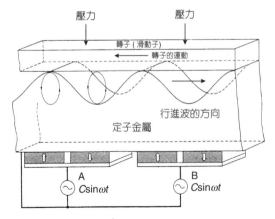

圖 4.19 直線運動的線型馬達原理[8]。

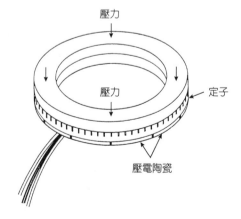

圖 4.20 圓環式行進波型超音波馬達之定子與轉子[8]。

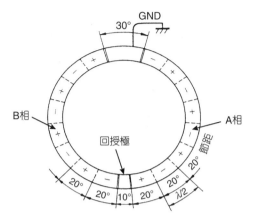

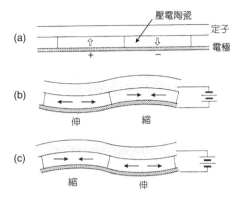

圖 4.21 超音波馬達定子上壓電陶瓷之極
化排列圖[8]。

圖 4.22 利用單壓電片產生屈曲彈性波之原
理：(a) 未加電壓，(b) 加正電壓於負
極性，(c) 加負電壓於負極性[8]。

　　圖 4.21 為超音波馬達定子上壓電陶瓷之極化排列圖，其電極排列分為 A、B 兩相，每相
各有 8 個經過極化處理的壓電元件，(+) 代表電極接受正方向的極化，(–) 代表電極接受負方
向的極化。每個壓電元件為行進波二分之一波長 (λ/2) 的寬度，每個相臨壓電體之極化方向
均相反，俾使每相電極在外加電源激振下產生駐波。A、B 兩相電極在空間排列上相距
(λ/4)，相當於 λ/2 的空間角度，兩相的激振電源在時間上相差 λ/2 的電機角，使得兩相產生
之駐波合成後在定子圓環產生了行進波。

　　圖 4.22 所示為利用單壓電片 (unimorph) 產生屈曲彈性波的原理。當正電壓加到負極性
(–) 的壓電體上，會產生收縮現象，相反的，如負電壓加到負極性的壓電體上，則產生伸長
現象。相對的電壓極性加到正極性 (+) 的壓電體上時，上述情況恰好相反。因此在兩相鄰的
壓電體一伸一縮的情況下，即產生振動。

　　圖 4.23 所示為超音波馬達驅動系統，利用由直流電壓轉換成交流電壓之反流器
(inverter)，提供相差 90 度之 A、B 兩相正弦電壓給超音波馬達之裝置。

　　超音波馬達驅動系統中之反流器多為共振式反流器，共振式反流器適合工作於較高的頻
率，且因開關元件有零電壓及 (或) 零電流切換特性，使得體積縮小且仍可維持較高的效率。
基本上，共振式反流器均利用共振迴路振盪電壓和電流，提供至負載，而使得反流器之開關
元件能在零電壓或 (及) 零電流切換。而依共振方式之不同可分為負載並聯之串聯共振、具能
量回授之電流源並聯共振、LLCC 共振等三種電路，其詳細之原理可參考文獻 7。

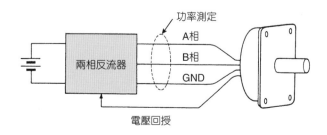

圖 4.23
超音波馬達兩相反流器驅動系統[8]。

(5) 應用：掃描探針顯微鏡

在壓電驅動方面，隨著科學的發展，各種機械及電子元件尺寸的微型化已成一種趨勢。奈米尺度下的科學研究也隨著顯微技術的進步而發展，而奈米材料的各種物理、化學性質等和材料表面特性更有著密不可分的關係，因此一套可以量測奈米尺度下的各種物理性質和化學性質的顯微技術的確有其必要性。具有奈米級探針並藉由壓電驅動器作表面特性輪廓掃描之顯微鏡，統稱掃描探針顯微鏡滿足了上述之需求，其包括：掃描穿隧式顯微鏡 (scanning tunneling microscope, STM)、原子力顯微鏡、近場光學顯微鏡 (scanning near-field optical microscope, SNOM)、磁力顯微鏡 (magnetic force microscope, MFM)、靜電力顯微鏡 (electric force microscope, EFM) 及掃描熱顯微鏡 (scanning thermal microscope, SThM) 等。

最早的掃描探針顯微鏡是 1982 年由國際商業機器公司 (International Business Machine, IBM) 蘇黎世研究所的 Gerd Binning 與 Heinrich Roher[12] 所研製之掃描穿隧式顯微鏡，由於此一傑出成就使得 Binning 與 Roher 榮獲 1986 年之諾貝爾物理獎。

穿隧式顯微鏡的主要工作原理是製作一個非常尖銳的探針，將試片加上電壓，當不同電位的探針非常靠近試片表面時，探針尖端就會產生穿隧電流。如果我們以固定的高度移動探針而記錄放電電流的大小，就會得到試片表面的高度變化。由於穿隧電流相當敏感，如果探針的針尖夠細，該項儀器可以測量到原子大小等級的高度變化。後來穿隧式顯微鏡又被改良成以伺服迴路來控制針尖的位置，以維持固定的穿隧電流的作法，此作法是利用記錄探針維持固定穿隧電流所做的位置改變，這個方法可以降低因為放大電路的校正問題所引起的誤差，讓量測結果更為可靠。不過穿隧式顯微鏡的缺點為只能量測導電樣品，因此在 1986 年時 Binning、Quate 和 Gerber[13] 又提出了以試片表面與尖銳的針尖之間的作用力，如凡得瓦力 (van der Waals force) 等，來量測試片表面形貌，稱之為原子力顯微鏡。

掃描探針顯微鏡除了作為檢測儀器外，近來也應用在各種領域上，例如材料的鑑定、奈米結構的製作、原子操縱術，甚至利用奈米碳管 (carbon nanotube) 取代探針來量測樣品，以得到較高的空間解析度。

圖 4.24 所示為一台完整的掃描探針顯微鏡系統，主要是由以下五個部分組成：① 探針感測裝置，② 壓電掃描致動器，③ 下針接近裝置，④ 電子及控制系統，⑤ 電腦系統，分別描述如下。

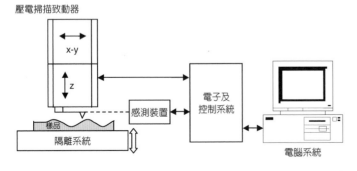

圖 4.24
掃描探針顯微鏡系統。

① 探針感測裝置

　　探針感測裝置用於感測探針和樣品的間距，並且透過垂直方向的壓電致動器修正位置，使其間距保持一定，如圖 4.25 所示，有多種常見的感測方式，包括電子穿隧 (electron tunneling)、光槓桿 (beam deflection)、光干涉 (interferemetry)、電容 (capacitance)、壓阻 (piezoresistance) 及壓電 (piezoelectricity) 等。

　　其中，以光槓桿感測方式最普遍，這是由於光路折射之行程長，因此靈敏度最佳，可以得到最佳的取像解析度，但也因此造成光路機構設計複雜，使探頭體積變大。光干涉感測方式多採用光纖傳導光訊號，具有光路短、探頭體積小之優點，但相對的，其靈敏度不及光槓桿式。電子穿隧感測方式具有原子級解析度，但樣品必須具有導電性。電容式及壓阻式必須在微懸臂上以微機電方法製作出電容或電阻的柵圖，微懸臂及探針製程複雜，且由於感測訊號微弱，一般得到的取像解析度都不高。壓電式感測方式只能應用在類似上述輕敲模式之 AC 模式，感測訊號近似 DC 之接觸模式則無法實現。

② 壓電掃描致動器

　　掃描器必須讓附著其上的微懸臂及探針，可以相對於樣品進行 x、y、z 三度空間的快速移位，其又可區分成垂直掃描器 (z 軸) 及水平掃描器 (x-y 平面)，垂直掃描器負責調整及控制探針與樣品的距離，水平掃描器則讓探針和樣品進行水平方向的相對運動，兩者在機構設計上可以結合也可以分開，亦可各自選擇設計在探針側或樣品側。

　　掃描器設計採用如圖 4.16 之壓電管結構最方便簡單，可分成兩部分，上半部分為垂直掃描器，施加電壓於內外電極間會使壓電管伸長。下半部分為水平掃描器，內外壁均分成四對電極，施加不同極性但大小相同的電壓於同一軸之兩對電極，會使壓電管沿該軸方向彎曲形變，因此適當地控制施加於這四對電極的電壓，即可以進行平面掃描，如圖 4.26 所示。

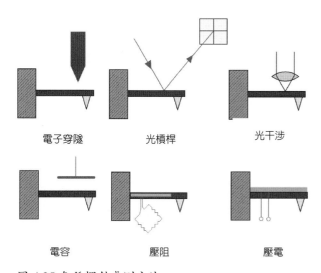

電子穿隧　　　光槓桿　　　　光干涉

電容　　　　　壓阻　　　　　壓電

圖 4.25 各種探針感測方法。

x 軸

y 軸

圖 4.26 以壓電管掃描器進行平面掃描。

③ 下針接近裝置

　　由於探針與樣品必須接近到數十奈米才能有交互作用發生，若探針和樣品接近到肉眼無法觀察控制的距離，則必須具備自動下針接近裝置，以避免探針撞擊到樣品而受損。自動下針接近裝置一般採用脈衝控制之微步進機配合垂直方向之壓電致動器，使探針可以安全無慮的探觸到樣品表面，步距一般約在 100 nm 左右。已知之微步進機依機械結構可分為數種，例如最經濟常用之微步進馬達 (stepper motor) 配合齒輪或螺桿構成垂直方向線性驅動裝置，或者是採用尺蠖 (inchworm) 式平移結構[9]，另外還有滑動 (slip-stick) 式結構之驅動裝置，例如線性超音波馬達[10,11] 等。

④ 電子及控制系統

　　電子及控制系統主要包含有探針感測回授控制、水平掃描回授控制、數位系統控制介面、壓電驅動放大電路、數位訊號處理器、高速資料傳輸介面、振幅相位檢測模組等，目前有朝向控制系統數位化、電子電路模組化的趨勢，使得儀器的操作更簡單，維護或升級更容易。

　　由於微處理機及數位訊號處理器 (digital signal processor, DSP) 的進步，獨立嵌入式系統 (embedded system) 具有運算功能強大、抗雜訊處理能力佳等優點，已漸漸取代以 PC 為運算處理核心的控制系統。過去探針感測或水平掃描回授之閉迴路控制為了要取得高速頻寬之響應，在設計上多以類比電路為主，因此在控制參數的調整上較不容易；目前由於高解析度 A/D、D/A 介面有達到 100 kHz 以上之高速取樣能力，採用數位化回授控制取代類比式控制已是普遍的趨勢，這使得類似控制參數調整等人性化操作介面變得更容易設計。

　　另外高速串列傳輸介面愈來愈進步，已漸漸取代並列傳輸為主的技術，例如 USB 2.0 傳輸速率已可達到 480 Mbps，且有日漸增加的趨勢。PC 與掃描控制器間的命令及資料傳輸，過去多採用 RS232 或 LPT 等低速標準介面、或者設計專用之 PCI 介面傳輸卡，目前已漸漸由 USB 介面取代。

　　採用數位化設計之掃描探針顯微鏡，其掃描解析度受限於 A/D、D/A 等介面電路之位元數，位元數愈高則可解析之位移愈小，目前趨勢以 16 位元為主，16 位元以上的 A/D、D/A 介面價格昂貴且取樣速率低；除此之外位移感測裝置的雜訊也會影響實際的掃描解析度，採用有效的濾波手段有效抑制雜訊，是提高掃描解析度的不二途徑。

⑤ 電腦系統

　　目前 PC 的功能愈來愈強大，但由於受到 Windows 作業系統的限制，無法執行真正的即時控制，因此在設計上多採用另一個嵌入式微處理器實際執行硬體控制的工作，而 PC 則透過高速傳輸介面執行人機操作、參數命令控制、即時顯像等工作，另外也執行諸如影像儲存、分析及影像處理等後處理工作。

　　由於掃描探針顯微鏡種類繁多，以下針對應用較普遍之原子力顯微鏡加以解說。

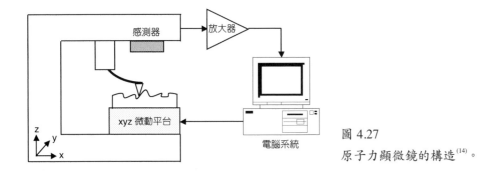

圖 4.27

原子力顯微鏡的構造[14]。

　　原子力顯微鏡的構造如圖 4.27 所示。對微弱力極其敏感的微懸臂一端被固定，另一端則有一微小的針尖。原子力顯微鏡在圖像掃描時，針尖與樣品表面輕輕接觸，而針尖端原子與樣品表面原子間存在極微弱的排斥力，會使得微懸臂產生微小的偏轉。這種偏轉被檢測出並用作回授來保持力的恆定，就可以獲得微懸臂對應於掃描各點的位移變化，從而可以獲得樣品表面形貌的圖像。

　　以圖 4.28 之光槓桿式 (beam deflection type) 原子力顯微鏡為例，雷射光經過透鏡組反射聚焦後，照射在微懸臂背面，三角架形狀的微懸臂是利用微機電加工技術製作，微懸臂的尖端是探針，背面是用來反射雷射光束的光滑鏡面，微懸臂的尺寸大約 100 微米左右，照射到微懸臂鏡面的雷射經反射後進入四象限光偵測器上，當探針在樣品表面掃描時，由於樣品表面起伏不平，而使探針帶動微懸臂彎曲變化，微懸臂的彎曲又使得光路發生變化，使得照射到光偵測器上的雷射光點上下移動，光偵測器將光點位移訊號轉換成電訊號並經過放大處理，將此代表微懸臂彎曲的形變訊號回授至電子控制器驅動壓電致動器，微調並紀錄垂直方

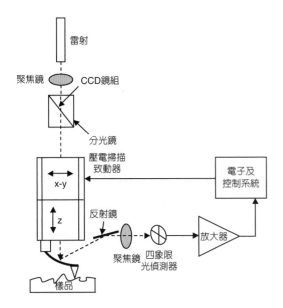

圖 4.28

光槓桿式原子力顯微鏡。

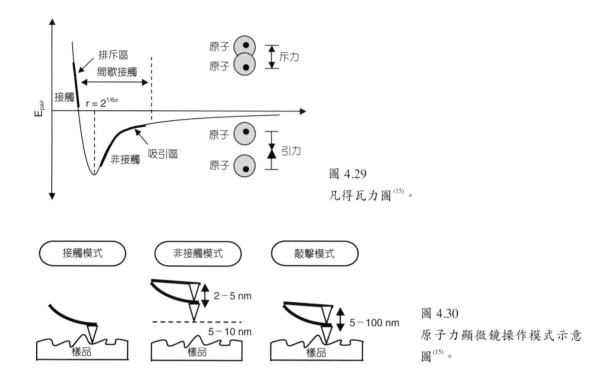

圖 4.29
凡得瓦力圖[15]。

圖 4.30
原子力顯微鏡操作模式示意圖[15]。

向位移，使微懸臂彎曲的形變量在水平方向掃描過程中維持一定，在此快速回授機制下，探針在樣品之表面掃描得到完整圖像之形貌變化。

　　當探針和樣品接近到一定程度之後，兩者間的作用力場，主要的作用力為短距力 (short-range force)，而此時長距力 (long-range force) 的作用較短距力來得不重要。最常見的短矩力為凡得瓦力，屬於分子－分子間的作用力；而靜電力、磁力等則是典型的長距力。除此之外，隨著原子力顯微鏡操作環境的不同，亦有不同的作用力出現。以液相環境操作來說，液－氣界面上的毛細作用力對於探針懸臂變形量所造成的影響也必須加以考慮，才能夠得到探針和樣品間真正的交互作用力。

　　如圖 4.29 所示，依照探針和樣品間距離大小的狀態，探針和樣品間凡得瓦力的性質也有所不同，原子力顯微鏡可分為接觸模式 (contact mode)、非接觸模式 (non-contact mode) 及敲擊模式 (tapping mode) 三種，圖 4.30 為三種原子力顯微鏡操作模式的示意圖，各模式的操作特性分述如下[5]。

・接觸模式

　　探針和樣品的間距約在數埃 (Å) 左右，此時兩者間的作用力為斥力，這是因為當兩原子彼此接近，而兩原子之電子雲開始重疊，為了遵守包利不相容原理 (Pauli exclusion principle)，兩電子雲會有互斥現象 (exchange interaction)。由於凡得瓦力乃屬短距力，微小的距離變化量，就會造成凡得瓦力明顯的變化，因此隨著樣品形貌的高低起伏，探針和樣品間

的間距不同，其交互作用力不同，因此懸臂的變形量不同，利用四象限感測器的偏移量，可得樣品表面的形貌。

其成像方式也有兩種：定力模式 (constant force mode) 及定高度模式 (constant height mode)。類似於掃描穿隧顯微鏡，定力模式乃是利用系統回授機制控制樣品台高低，以保持探針和樣品的間距一定，使兩者間的作用力一定，但此時的回授訊號乃是由四象限感測器的懸臂偏移量而來，成像訊號則是由樣品台的壓電材料之電壓訊號而來；定高度模式則沒有回授機制，其成像訊號便是四象限感測器的懸臂偏移量。相同於掃描穿隧顯微鏡，這兩種的成像模式，前者適用於表面起伏大的樣品，掃描速度較慢；後者適用於較平坦的樣品，掃描速度較快。

當原子力顯微鏡以接觸模式操作時，由於樣品的表面性質，如吸附現象、表面黏性及彈性等原因，都有可能會對所得的表面形貌有所影響。接觸模式對於表面形貌解析度較高，不過對於一些生物樣品或軟性薄膜試片，則不適用於接觸模式，這是因為在此操作模式下，在掃描成像過程中，當探針和樣品接觸時，探針容易刮傷樣品，影響成像的結果。

・非接觸模式

非接觸模式的原子力顯微鏡操作模式，是將探針的懸臂以一微小振幅振動，緩慢接近試片表面，當探針與樣品間產生交互作用力時，懸臂的振幅會衰減，此振幅衰減的大小和所交互作用力的梯度有關。因此由四象限感測器可量得振幅的衰減變化，並利用振幅衰減的大小得到交互作用力的梯度，即在凡得瓦力曲線圖中之斜率，由斜率的大小，即可得到樣品的表面形貌。

除利用振幅的衰減外，亦可利用探針共振頻率的改變，以量得作用力梯度，進而得到樣品表面形貌。利用調頻 (frequency modulation, FM) 的技術，也可得到作用力梯度的大小，以獲得樣品表面形貌的資訊。此外，偵測懸臂振動的相位變化，利用鎖相 (lock in) 技術，也可以得到作用力梯度而成像。

由於非接觸式的原子力顯微鏡之探針並未和樣品實際接觸，因此對於軟性樣品表面所造成的刮傷可大大地降低，探針受損的情形也可減少，此為其優於接觸模式之處；但由於探針和樣品並未接觸，因此非接觸模式的原子力顯微鏡之空間解析度較差。

・敲擊模式

敲擊模式和非接觸模式的操作方式類似，但探針懸臂振動的振幅較大，而探針和樣品間的距離也較非接觸式大。在掃描過程中，探針有時會接觸到樣品表面，其解析度也較非接觸模式的解析度高。而此種探針和樣品的接觸，實際上乃是探針輕敲樣品表面，故對樣品表面的刮傷可減到最低。對於軟性試片，如生物樣本，若使用敲擊模式的原子力顯微鏡，通常都可在不損傷試片下，得到極佳的掃描結果。

4.2.3 壓電平台精密控制

　　控制器在精密系統中的必要性是眾人皆知，大家也知道壓電驅動器 (piezoelectric actuator) 應用在精密控制領域的方便與廣泛性。但是在控制領域中，究竟在這許多種控制設計法則中，哪一個控制法則才最適合作為壓電系統控制器的基礎，此問題仍然經常造成大家的困擾。如果到文獻中搜尋，基本上可能會發現作精密系統設計 (不是在控制相關的期刊中，而是在精密機械或是精密儀器的相關期刊中所找到) 的文章，一般都是採用像 PID 控制，這一類較為簡單的控制邏輯，但是我們也經常會發現這些文獻在系統設計的部分以及誤差分析的部分雖然有精要的討論，但是在系統分析 (或是說動態分析) 的部分則顯著的著墨不足，讓有控制背景的讀者覺得不具說服力。而如果是針對特定控制邏輯所做的研究，則又覺得在誤差分析的部分不夠深入。然而，不論是從哪個角度出發的論文，其共同的結果一定都能達到某種程度精密控制 (precision control) 的目的，似乎不論哪一種控制邏輯，只要設計者決定用這個控制器並且好好的調整，大概都能達成所需的控制性能，至於哪一個控制邏輯最合適，反而讓人覺得無法回答。

　　事實上，壓電驅動系統的控制設計必須配合幾項因素來考慮：(1) 壓電材料特性，(2) 壓電驅動系統的設計理念，(3) 量測系統的設計與解析度，(4) 量測誤差的來源與壓制它的方法，(5) 控制系統所須達成的控制規範。因此，這些考慮因素即成為在設計控制系統時的依據。

(1) 壓電材料特性

　　從控制邏輯本質來說，壓電材料本身並不是一個反應很大 (或說反應很劇烈) 的材料，它所提供的輸出本來應該是出力為主，但是由於壓電的特性使得壓電材料的反應基本上可以達到電子電路的反應速度。一個系統能否輸出某種訊號是以這個系統能夠輸出這個訊號的頻寬來定義的，所以設計壓電驅動器控制系統的應用，很多時候設計的理念是以壓電驅動器做位置輸出，而讓控制系統中其他部分所產生變形達到位移的目的。有的時候，因為壓電驅動器可以產生非常快速的反應，所以也會用壓電裝置來設計主動式的避振系統。如此一來，即是以驅動器輸出位移來控制受控物所感受到的加速度，換句話說，這是一個以積分兩次的物理量來控制其輸出的兩次微分量，這個應用有什麼不對呢？一般的應用都是以驅動器產生一個驅動力，此驅動力驅使受控系統做位置的控制，所以驅動力經過兩次的積分達到位置的控制，但是在避振系統中，這個應用是反過來的，如何用一個位移來控制加速度，從控制的角度來說，是一個相當具挑戰性的設計問題。

　　從壓電驅動材料的特性來考慮，壓電的效應有一點像電容器的作用，電壓所引起的應變會漸漸的鬆弛回來，因此壓電系統中採用回授控制並且使用某種方式的積分控制是必要的 (因為要加上積分控制，工程師們所熟悉的許多摩登控制邏輯就不能直接使用，必須做相當大幅度的修正，反而傳統的 PID 增益－積分－微分控制似乎更容易使用)。

第 4.2.3 節作者為顏家鈺先生。

　　另一方面，壓電材料可以提供強大的壓力，但是它所提供的張力並不大，因此大部分的壓電驅動器設計都會採用某種程度的預壓力，預壓力可以提供較為線性化的出力反應，這個部分在設計壓電驅動器時就要考慮到，在安裝和開機的時候需要先做調整，而不是在作控制設計時才考慮的。

　　但是，對於作控制邏輯設計的工程師而言，當反向的出力要求超過預壓所能提供的壓力時，系統會出現非線性的反應。(對於有預壓的驅動器設計，需要考慮些什麼因素，下文會詳細談論，目前只以單純的不要超過預壓所能提供的驅動力來考慮控制器設計。如此一來，我們仍可以暫時不考慮其他複雜的控制設計問題。) 如果配合上文的討論，以及加上積分控制，如果再嚴謹注意的話，應該要考慮一個驅動力的飽和限制，或者是再加上後退方向斜率變化的考慮措施。一般而言，驅動器飽和是一個常見的現象，所以處理上沒有什麼特別，在控制輸出的部分加上限制，或是以一般的積分反制 (integration anti-windup) 控制就可以得到相當明顯的效果。

　　另一方面，壓電材料具強烈的遲滯現象，如圖 4.31 所示。從系統動態特性來分析，這種系統具強烈的歷史相依性 (history dependency)，即其初始狀態不同則系統的反應就會不同。圖 4.31 是以一個正弦波的驅動訊號輸入所造成的位移變化，因為訊號是連續的，所以從這個反應看起來，感覺遲滯的曲線好像是週期性的，可能會造成一點誤導。事實上如果從不同的初始值出發，甚至只是折返點不一樣，這個驅動器的輸出位置變化可能就會完全不一樣。

　　因此，描述遲滯系統的模型也必須能夠建立起完全正確的系統動態歷史，才能正確地描述系統的行為[17-23]。在此不再詳細的討論這些遲滯模型，而直接針對這樣的系統如何設計控制邏輯的角度來討論。要針對這樣的模型來設計控制器，先要知道這些模型的應用。使用這些模型先要建立起一個已知確定的起始狀態 (initial condition)，如果再考慮一下積分誤差，那麼幾乎是不能夠以一個數學模型來正確的描述系統的行為。所以到目前為止，筆者並沒有看

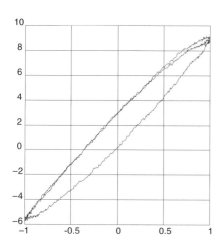

圖 4.31
壓電材料驅動器之遲滯現象，橫軸為輸入電壓值 (V)，縱軸為位移輸出量 (μm)。

到能從系統動態的角度，直接設計以模型為基礎 (model based) 的一般性遲滯系統控制法則，僅有極少部分從固定的初始狀態開始，到固定的最終目的的控制應用[24,25]，所使用的控制邏輯基本上是以模型計算遲滯的影響，再以相反的訊號將之消除[25]。所以這些控制法則並不能在任意初始值的應用中使用。

反言之，在一般的應用中，基本上以簡單的控制邏輯，如 PID 控制器，就可以達到壓制壓電遲滯效應的目的。圖 4.32 所示就是以 PID 控制壓制一個壓電驅動器的遲滯現象的結果，由圖可知，利用簡單的控制邏輯，似乎已經可以達成非常好的控制效果。

依據經驗而言，遲滯現象並沒有較好的控制對策，一般的作法就是以大回授增益來壓制遲滯的效應，而由於壓電系統本身從其輸出位移是否容易發散的角度來看算是一個相當穩定的系統，所以大回授增益並不會造成太大的困難。

圖 4.32 的響應是圖 4.31 的系統加上回授以後所得到的結果，加上回授控制可以輕易的將遲滯的影響壓縮到 10 nm 以下的範圍。這也是為何購買壓電材料驅動器的時候，並不會單買一個壓電管和一個電壓擴大器 (壓電材料一般需要上百伏特的電壓來驅動出數十微米的位移)。一般都會購買一整組的驅動器、位置感應器 (一般的系統經常配置的是線性差分變壓位移感測器 (linear variable differential transformer, LVDT)，如圖 4.33 所示、電壓擴大器和控制器 (圖 4.34)。此設計對於一般不具控制專長的使用者來說，在使用上就非常方便。

(2) 壓電驅動系統的機構考量

對於一個具有控制專長的工程師而言，當然不能只考慮驅動器本身。一個使用壓電驅動器的精密 (定位) 系統必定具有相當複雜的結構設計，這些結構主要的目的雖然就是作為系統的支撐，但是它同時也具有許多的其他功能。

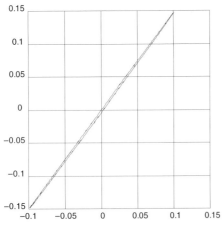

圖 4.32 在圖 4.31 的系統加上回授控制
　　　 以後，可以將遲滯現象壓縮到
　　　 小於 10 nm 的範圍。

圖 4.33 壓電驅動器使用時經常配
　　　 合回授裝置一起使用。

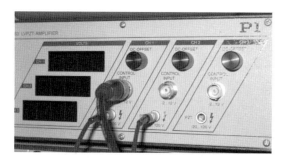

圖 4.34 壓電驅動器經常是模組化的設計，同
　　　　時提供回授控制器供使用者加上回授
　　　　控制。

圖 4.35 撓性接頭示意圖。

　　首先，壓電驅動器的最大用途為精密定位，其與精密振動系統都不能容忍機構元件間產生背隙 (backlash)，幸好在一九八〇年代中期有人 (誰是第一位作者似乎已經很難考證) 將撓性接頭 (flexure joint) (圖 4.35) 的觀念引進壓電機構設計中。撓性接頭利用材料的變形來達到接頭所提供的運動自由度，所以在需要達成運動的部分必須將其結構增強 (一般來說就是寬度、厚度加大)，而在需要接頭的地方則刻意將結構削弱，使它容易變形，提供所需的自由度。

　　撓性接頭只提供一個自由度的運動，在其他的自由度上仍然有機構的支撐，藉著一層一層的撓性與剛性配合達到各個自由度的運動，由於是屬於同一個機構，所以沒有背隙，並提供相當小的行程。不過如果所考慮的是，一般所謂精密定位機構所需要的行程 (大約幾十到幾百個微米)，撓性接頭機構所能提供的行程則是綽綽有餘。因此這個方法可以說是解決了背隙的問題，也因此壓電控制系統結構中經常可以看到撓性接頭的設計出現。

　　其次，由於壓電驅動器的行程極短，大約只有幾十個微米 (μm)，所以壓電定位系統中，常會使用各種方法來將壓電驅動器的行程放大。最常見的方法當然是直接以槓桿機構的方式將驅動的行程放大，這一類系統通常都需要再配合撓性接頭，以產生槓桿所需要的支點。

　　無論是否使用撓性接頭，有了槓桿類的動件在系統中，就可以用最單純的彈簧－質量系統做類比來考慮系統的剛性。所謂系統的剛性對於開迴路系統來說，可以用系統的振動模態 (resonance modes) 來表示，一般振動模態發生在頻率越高的地方系統的剛性越好。因為自然頻率大略可由下式來表示：

$$\omega_n = \sqrt{\frac{K}{M}} \tag{4.23}$$

其中，ω_n 是系統的自然頻率，K 是等效彈簧的彈性係數，M 是移動部分的質量。所以系統振

動模態所在的頻率會與移動件等效質量的平方根成反比，因此系統的剛性必然會因為移動件的質量變大而降低，更不用說撓性接頭為了提供移動部分的自由度而削弱的結構。這些因素造成結構剛性的減弱，經常會使得系統的共振頻率降低到控制頻寬以內，所以雖然壓電驅動器可以提供百萬赫茲的驅動頻寬，但是一般的壓電系統其實達不到這樣高的操作頻率。

　　一個好的控制系統設計在做合成的時候，就必須將結構的振動一併考慮進來，進行頻域補償的控制動作，而不是只將驅動器裝載到系統上，再以伺服馬達設計的方法考慮馬達的轉子慣量，以夠大的轉子慣量來驅動移動部分，而將被驅動部分的質量視為可忽略。其實，從筆者的經驗來看，一般精密系統的設計甚至也沒有作到這一步，而僅裝上壓電驅動器就直接進行靜態的定位了。

　　另外，因為壓電驅動器的行程非常不容易驅動出來，尤其在高頻的操作要求下，壓電驅動器的輸出行程振幅會和其等效電容呈指數反比。因此第三個系統設計的可能是在動態使用的情形下，為了增大運動的行程而將整體系統的共振頻率調整在實際操作的頻率上，在操作的時候可能在其他的頻率上沒有辦法激發出較大的振幅，但是一到達自然頻率的時候就可以用合理的驅動訊號來驅動出一個較大而合用的行程。這種應用情形仍然需要有回授的控制，這時控制器的設計就不能只侷限在頻域的補償，而需要在時域中進行時域響應的學習調整。

(3) 實例介紹

　　圖 4.36 是筆者實驗室中一個壓電驅動控制系統的頻率響應，大約在 200 Hz 左右，我們就可以看到明顯的第一階共振模態。如果以一般壓電驅動器的頻率響應來說，振動模態應該可以遠高過這個頻率，但是安裝在有撓性接頭的系統之後，整體系統的振動模態與單個壓電驅動器的響應非常不一樣。如同前述，我們會加上積分回授 (圖 4.37 是系統的開迴路響應)，則系統的頻寬常會降低，必須要再加上增益補償。

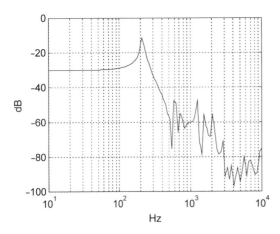

圖 4.36 壓電驅動器之頻率響應。

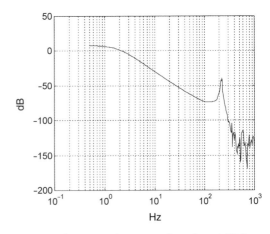

圖 4.37 積分回授情形下之系統開迴路響應。

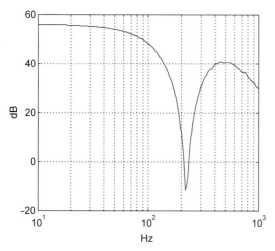

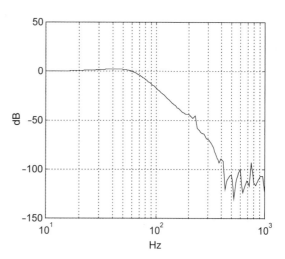

圖 4.38 相位調整補償器的頻率響應。　　　　　圖 4.39 系統閉迴路響應。

　　對於壓電控制系統來說，由於所操作的頻率必然相當高，所以設計控制系統所使用的系統模型，必須藉由系統鑑別的方式來建立，數學推導的模型一般來說無法準確的描述系統的共振模態。對於從事精密控制的人員而言，有了系統的頻率響應，就可以用單純的相位調整補償 (lead-lag compensator)，或是更高級的模型作為基礎的伺服合成法則來進行設計。如果可使用相位調整補償以達到設計要求，則甚至不需要計算系統的數學模型。如果需要用模型為基礎的合成，則常在頻域中進行頻域的擬合，大部分的頻譜分析儀或是結構分析儀都有提供此功能。以圖 4.37 的情形來說，可以嘗試使用相位調整再加上共振消除 (notch filter) 來作設計，將低頻的增益提高，再於兩百赫茲附近加上一個反共振濾波器，所使用的控制補償器的頻率響應就如圖 4.38 所示。

　　由於系統的特性驅使，一般來說以模型為基礎的控制合成法則必然會和圖 4.38 有類似的頻率響應，在低頻的部分以高增益來提高系統反應速度，在共振頻率附近以反共振來壓抑振動的能量，在高頻部分則降低增益來減少因為控制器階數不夠高所殘留下來的高頻共振響應。

　　以圖 4.38 的補償器所達成的系統閉迴路響應如圖 4.39 所示，由其可知，藉由控制器的幫助，可以有效的將這個壓電驅動系統整體的頻寬提升到 80 Hz 左右。此頻寬對於一般精密定位來說算是勉強可用，但是對於極高精密度的系統來說則並不足夠。由於這個試製的系統並沒有特地考慮非常高精密度 (奈米等級) 定位，因此在設計的時候，包括撓性接頭都直接造成系統共振頻率的降低，也造成控制頻寬受限制。如果堅持將系統頻寬升高，則我們可以考慮再提高回授增益，不過這種情形就有可能會使電壓擴大器達到飽和，而衍生出其他的困擾。

　　圖 4.40 是此控制系統的定位響應圖。該響應可顯示出階梯狀的反應，最主要是因為控制此系統的電腦輸出的數位－類比轉換卡限制了輸出解析度為 4 mV，雖然以浮點運算的控

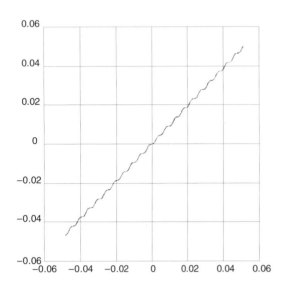

圖 4.40

精密定位系統的定位響應圖。

　　制法則可以做出精密驅動指令，但是輸出到壓電系統的電壓驅動器時僅能維持數位－類比轉換器的最小解析度，因此會明顯的看到階梯狀的反應。這個反應同時讓我們看到這個控制電腦所提供的採樣時間和系統響應所能提供的速度搭配還算合適，如果我們看到更清楚的階梯，可能所使用的採樣速度與類比硬體的反應速度相較顯得太慢。如果我們看不到階梯，則有可能是數位－類比轉換器的速度不夠快，或是採樣的速度太快使得系統來不及反應。這兩者又可以從系統定位誤差的變化來判斷，如果定位誤差並不增加，只維持在一定的大小，則可能是採樣速度快的狀況，這一般來說不會造成太大困擾。如果誤差有累積的現象，便是驅動器反應不出所需要的訊號，就必須考慮降低控制頻寬。

(4) 量測系統的設計與解析度

　　由上述所考慮的系統反應可知，位置量測裝置在其量測解析度和反應速度方面都可以配合得上控制系統的反應。在壓電系統的應用中，我們經常會碰到量測系統解析度是否夠用的疑慮，最主要是因為壓電驅動器的輸出位移非常小，連原子力顯微鏡都用壓電驅動器來驅動掃描，我們會擔心如何找得到解析度這麼高的量測器？不過從筆者的經驗來看，一般常與壓電驅動器搭配使用的線性差分變壓位移感測器 (LVDT)，都可以提供到次奈米等級的解析度，對於機械系統的應用來說是相當夠了。如果要達到原子等級的量測，則可能需要一些訊號放大的裝置加以協助。

　　反應速度的部分一般也相當敏感，如果位置感應器的解析度可以達到要求，但是反應速度配合不上，結果比解析度不夠還要嚴重。不過目前所搭配壓電裝置使用的位置感應器中，最慢的大約是 LVDT 了，其他的感應器都是直接以光電的訊號轉換成位移，反應還要更快，而搭配恰當的 LVDT 本身提供了上千赫茲的反應速度，所以使用上非常方便。

4.3 數位攝影機的機電系統

一般相機可分為兩大類，一為簡易型相機，另一為單眼相機。

· 簡易型相機：俗稱傻瓜相機，亦稱雙眼相機。早期的構造為鏡頭固定不動，具全自動對焦 (focus) 及曝光功能。隨著科技的日新月異，簡易型相機經過不斷的改良，已可提供更精準的曝光選擇及變焦鏡頭功能，使攝影者能自由發揮構圖取景。

· 單眼相機：單眼相機可分為機械式與電子式。機械式為全手動裝置，鏡頭可自由拆換，對講究攝影技巧者是最好的入門工具。近年來，由於攝影技術的進步，以及對高品質攝影作品的需求，電子式單眼相機深受攝影者的喜愛，它具有自動捲片、對焦、曝光的功能，亦可轉換為全手動模式，集全自動與全手動功能於一機。

鏡頭有如人的眼睛是用來捕捉影像取像用的，通常由數個到數十個不等的凹凸透鏡組合而成，且多為配對，經過特殊的鍍膜處理，使景物減少耀光、折光，提高影像畫質，其主要功能是收集被攝體的光源。我們在取像時會利用相機上變焦 (zoom) 的功能，移動鏡頭內的鏡群位置，透過焦距的調整，在相同距離改變被攝物影像的焦距，直到取像畫面調整好之後，再利用自動對焦系統完成對焦動作，使照相機內的影像清晰，然後按下拍攝 (play)。

所謂變焦鏡頭即是一個鏡頭同時擁有廣角、標準及望遠鏡頭，亦即一個鏡頭擁有多重焦距；當配備有變焦鏡頭，則可以免於鏡頭拆換與攜帶的不便，深受攝影者的喜愛。一般高級的傻瓜相機亦都配有變焦鏡頭，圖 4.41 所示即以變焦鏡頭在相同距離不同焦距所拍攝的畫面。

變焦和聚焦鏡片組 (lens) 系統包含數個到數十個不等的凹凸透鏡組合而成的光學系統、變焦機構、光圈、對焦機構和 CCD 等元件。圖 4.42 為典型的相機鏡片機構，變焦鏡群及對焦鏡頭的驅動是利用直流馬達和步進馬達搭配傳動機構來達成，比較先進的相機則使用步進馬達 (stepper motor)、壓電馬達 (piezoelectric motor) 或音圈馬達 (voice coil motor) 來達成快速驅動的目的。驅動電路都是使用積體電路或單晶片，馬達的要求也是越來越微小化，如圖 4.43 的實體結構圖所示，請注意右側為變焦和聚焦鏡片組系統，右下方為 CCD 感測器。

圖 4.41 在相同距離不同焦距所拍攝的畫面。

第 4.3 節作者為王世杰先生、賴美玲小姐及余興政先生。

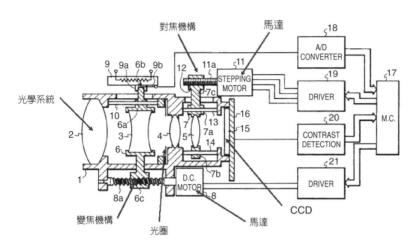

圖 4.42
相機內變焦和聚焦系統示
意圖。

　　數位攝影機與傳統相機的結構在變焦與對焦工作原理上大同小異,他們都是由機身與鏡頭組合而成,而底片 (傳統相機) 或 CCD 感測器 (數位相機) 乃裝在機身後面;因被拍攝物體被光線照射時會吸收部分光線而反射其他的光線,透過相機的光學設計及其構造,即可將影像投射在機身後方且記錄於底片或 CCD 上,使被攝物體的影像可以重現。圖 4.44 用以說明此工作原理,未對焦時影像無法清晰呈現在底片或 CCD 上,移動對焦鏡片直到影像正好呈現在底片或 CCD 上才完成對焦動作。市售商品的變焦致動器所用的驅動方式大都屬於開路控制,而對焦的控制變化較大,則大都採用閉路控制。無論如何二個系統的驅動原理與驅動器差異並不大,所以本節只著眼在對焦系統的描述。

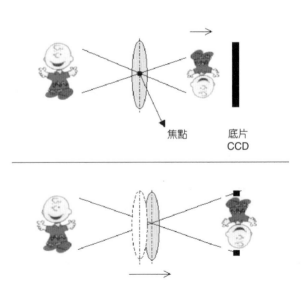

圖 4.43 相機結構圖。　　　　　　　圖 4.44 對焦原理。

4.3.1 自動對焦系統

　　自動對焦系統 (automatic focus, AF) 係指相機或數位攝影機以特定區域 (以前一般是指中央，但現在的對焦系統已經可以指定在觀景窗內看到的任何角落一點) 來進行測距，進而調整對焦鏡頭形成焦點，使照相機內的影像看起來清晰之設計。簡言之，因鏡頭的移動使得影像能清楚的投射在焦點的調整系統稱為對焦系統。相對於傳統的手動對焦 (manual focus, MF)，AF 已經成為現代相機或數位攝影機的標準配備。相機或數位攝影機的「對焦」共有以下三個基本步驟：

1. 轉動鏡頭使鏡片作前後移動，或者使鏡筒伸長縮短。
2. 判斷鏡頭調整後所形成的影像是否清晰。
3. 清晰後，代表對焦完成。

　　對焦動作由早期 MF 演變至今的 AF，AF 鏡筒本身必須配有伺服馬達及感應裝置 (CCD)；鏡筒底部的 CCD 感測器上安裝有許多感測單元，分別用來接收物體的光線，一旦啟動 AF 對焦系統，感測器會不斷掃描影像，測試其影像清晰度，並將其資訊藉由內建的微電腦轉換成數據振幅，這時內建的對焦致動器會帶動鏡片，尋求對焦最清楚的影像位置進行對焦動作。目前市面上自動對焦的致動器約有二類，即音圈馬達和步進馬達，兩者間之優缺點比較如表 4.1。

　　音圈馬達本體的價格並不高，主要是感測馬達的位置感測元件 (position sensor) 價格較高；而步進馬達是靠步進角度控制其所要到達的位置，並不需要位置感應器，所以在價格上低於音圈馬達；目前一般數位相機或數位攝影機的自動對焦系統仍多使用步進馬達；但在性能上音圈馬達的對焦速度較步進馬達快且易準確的定位。

　　對焦系統的結構方塊圖如圖 4.45 所示。整個系統包含有對焦鏡組、致動器 (motor)、CCD、聚焦偵測電路或偵測軟體 (focus detecting circuit or software)、致動器的驅動器 (driver)、鏡組的位置感測器等元件 (position sensor)。圖 4.46 與圖 4.47 則分別為步進馬達和音圈馬達當作致動器的對焦系統立體結構圖，因致動器結構的不同，二者機械傳動系統的設計會有些許的差異。在步進馬達的驅動系統中，需要另有一導螺桿將馬達旋轉的動作轉成直線運動，而音圈馬達的驅動則不需要。

表 4.1 兩種自動對焦致動器的特性優劣點比較。

項目 \ 馬達種類	音圈馬達	步進馬達
價格	高	低
性能	佳	差
專利	有	無
組裝難易	易	易

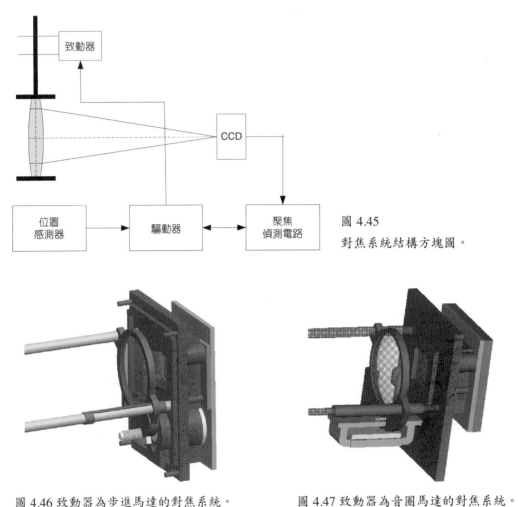

圖 4.45
對焦系統結構方塊圖。

圖 4.46 致動器為步進馬達的對焦系統。　　圖 4.47 致動器為音圈馬達的對焦系統。

4.3.2 音圈馬達

　　一般數位攝影機上，驅動對焦系統鏡片的致動器多為二相爪極型永磁式 (permanent magnet, PM) 步進馬達，但近來也有一些單價較高的機型如 Sony DCR PC330，是用音圈馬達來替代步進馬達，其乃希望系統可以有較短的對焦時間。

　　音圈馬達最早的使用場合為應用在揚聲器上因而得名。目前已經被用來驅動硬碟機上的讀寫頭，其架構如圖 4.48 所示。音圈馬達的特徵為馬達上有一組可動線圈稱作轉子部，另有一組軟磁與永磁所構成的定子部。定子部的設計以產生特殊磁路為主要考量，圖 4.49 為硬碟機音圈馬達定子部的磁路。

圖 4.48 音圈馬達被用於硬碟機上的讀寫頭。

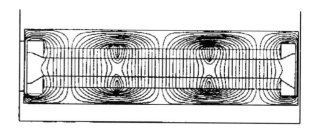

圖 4.49 硬碟機上音圈馬達的磁路結構。

音圈馬達的作動原理非常簡單,由畢奧－薩伐原理 (Biot-Savart law) 得知,長度 l 的導線位於與其電流方向垂直的磁通密度場 B 內,通以電流 I 後,則此導線所受到的作用力為 $F = IlB$,該力的方向可以用夫來明左手定則決定出來,即左手食指表磁通密度 B 方向,中指表電流 I 的方向,則力的方向 F 即拇指方向 (參考圖 4.50 所示)。當轉子部的可動線圈之電流量改變,就產生不同的力量作用於轉子部,如此就帶動轉子部移動。

除了上述用於硬碟機的音圈馬達外,事實上也有許多不同的構造設計,以下列舉一些常見的結構。圖 4.51 為美國專利 5612740 號中所描述的音圈馬達,圖中 **11** 的部分為磁鐵,**12a** 與 **12b** 為軟磁材料,**13** 為線圈部分;磁力線的分布就如圖中虛線所示,由磁鐵到 **12b** 通過線圈到 **12a** 後回到磁鐵。假設電流從上線圈流出,再由下線圈流入紙面,依據夫來明左手定則,將產生推動線圈向左移動的力量,驅使轉子部左移。

圖 4.52 描述另一種音圈馬達為美國專利 4678951 號,圖中 U 字型軟磁軛鐵 **10** 的內側各黏貼二塊永磁塊 **7** 與 **8**,而軟磁軛鐵 **9** 就夾在永磁塊的中間與軛鐵 **10** 相連,如此形成特殊構造的定子部。轉子部為環繞在軛鐵 **9** 的 **5a** 線圈。線圈激磁後移動的方向即如該圖中指標 **20** 的前進和後退方向。

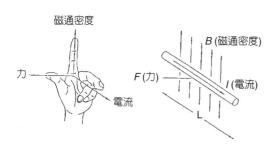

圖 4.50 夫來明左手定則。

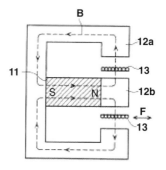

圖 4.51 美國專利 5612740 的
音圈馬達結構圖。

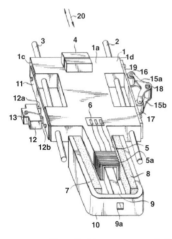

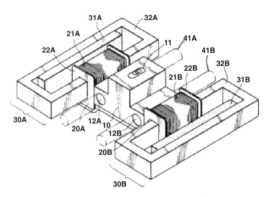

圖 4.52 美國專利 4678951 的音   圖 4.53 美國專利 5939804 的音圈馬達結構圖。
　　　圈馬達結構圖。

　　圖 4.53 所示則為美國專利 5939804 號的音圈馬達，圖中 **30A** 與 **30B** 為馬達的定子部，是一個對稱結構；分別由軟磁軛鐵 **32A**、**32B** 與永磁 **31A**、**31B** 所組成。同樣對稱的，轉子部則由二個線圈 **21A** 與 **21B** 所構成，二個線圈由一凸型塊 **10** 連接，並可以在滑軌 **41A** 和 **41B** 上滑行。

　　另外一種類似的音圈馬達為美國專利 5121016 號，如圖 4.54 所示，其結構與圖 4.53 頗相似，只是將二個線圈的部分改用一個線圈來取代，定子部則幾乎一樣。該專利宣稱其所宣告的音圈馬達可以適用於攝影機系統。

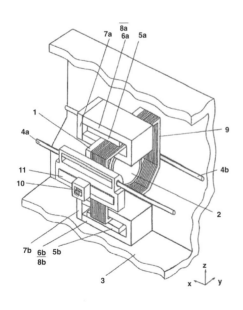

圖 4.54
美國專利 5121016 的音圈馬達結構圖。

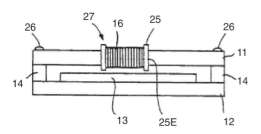

圖 4.55 美國專利 4992684 的音圈馬達結構圖。

圖 4.56 SONY DCR PC330 的音圈馬達
機械結構圖。

　　最後是一個與實際攝影機產品上的音圈馬達十分相近的專利。圖 4.55 為美國專利 4992684 號中所描述的音圈馬達,圖中軟磁軛鐵 **11**、**14** 和 **12** 與永磁 **13** 構成定子部,而線圈 **16** 為轉子部。與圖 4.56 中 Sony DCR PC330 攝影機上實際使用的音圈馬達比較,不難發現其與美國專利 4992684 號的音圈馬達十分相似。圖 4.56 中標示 steel 的部分即為圖 4.55 中標示 **11** 的部分,而 steel 將伸入線圈 (coil) 內;另外標示 yoke 的部分為圖 4.55 中 **14** 與 **12** 的部分。此結構因移動行程較長,薄型化較容易,所以很適合用在數位攝影機內當致動器。進一步將 Sony DCR PC330 攝影機上的音圈馬達之磁路用圖 4.57 來說明;很明顯的,永磁塊在氣隙內產生了一個均勻磁場,使得線圈激磁後產生的電磁力也比較線性化,有益於控制。

　　音圈馬達較步進馬達有較快的速度響應,但卻因要實行位置控制,需加裝位置感測器,以致成本會較高。一般常見的位置感測器如光學尺、電位計等,因其體積較大,很難被用在數位攝影機上;以 PC330 為例,它是使用磁性尺當成位置感測器,如圖 4.58 所示。磁性尺即由磁阻元件 (magnet resistance (MR) element) 和磁條 (magnet scale) 所組成,類似裝置也可由圖 4.54 看出,MR 元件為標示 **10** 部分,磁條為標示 **11** 的部分。

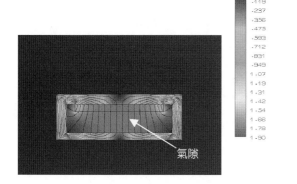

圖 4.57 Sony DCR PC330 的音圈馬達磁路結構圖。

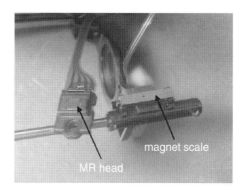

圖 4.58 用於 Sony DCR PC330 上的磁性
尺結構。

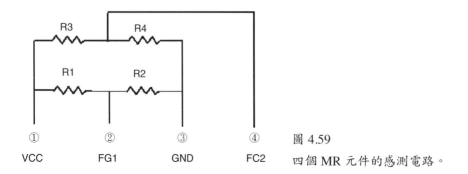

圖 4.59
四個 MR 元件的感測電路。

　　磁性尺內用來感測磁場的元件一般為霍爾 (Hall) 元件或磁阻 (MR) 元件。磁性感測元件由四個 MR 元件組合而成，電路架構如圖 4.59 所示。當 MR 元件組檢測到磁條上的磁場變化，即可獲得弦波的電壓波形輸出，再利用訊號放大及解析電路將其訊號解出 A 相及 B 相訊號供數位訊號處理器來判讀。而 MR 元件組擺放位置的不同，即可產生相差為 90° 及 180° 之電壓輸出訊號，如圖 4.60 所示，藉由此二組相差 90° 或 180° 的電壓輸出訊號，即可判定馬達為正轉或反轉。以圖 4.60(a) 為例，正轉時 FG1 的訊號超前 FG2 的訊號 90°，但是反轉時則落後 FG2 的訊號 90°，依此就可以判斷出正反轉。

　　傳統對焦用步進馬達其多為爪極永磁型，通常馬達軸上會附上導螺桿以簡化使用者機構設計。以泓記 (Tricore) 公司出產的 SM0808 型步進馬達為例，其外觀結構如圖 4.61 所示。因為這類馬達早已在市面上介紹步進馬達的書籍中討論到，本節就不再多加著墨。

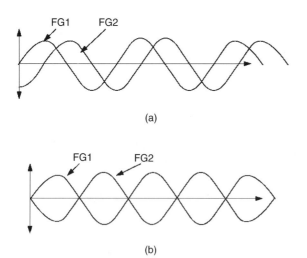

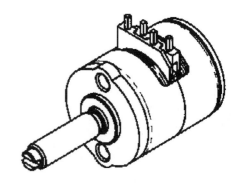

圖 4.60 磁性尺輸出訊號：(a) 相差 90° 的磁性尺；
　　　　(b) 相差 180° 的磁性尺。

圖 4.61 爪極永磁型步進馬達。

4.3.3 對焦致動器的控制

　　首先談論音圈馬達與驅動器的關係，圖 4.62 顯示這是一個雙極性 (bipolar) 的驅動器，由 4 個電力電子開關 Tr1、Tr2、Tr3 及 Tr4 所組成，這些開關可能是介面雙極性電晶體或場效電晶體 (MOS-FET)，其中 Tr1 與 Tr2 不可同時導通 (on)，否則電源 V_c 將直接與接地 V_{GND} 短路，導致電流過大而燒毀馬達或驅動器，對 Tr3 與 Tr4 而言亦是同樣的情形。當 Tr1 與 Tr4 導通時，Tr2 與 Tr3 開關必須斷開 (off)，此時驅動器提供馬達電流 i 的方向如圖 4.62 所示，則馬達將可提供正的電磁推力。當 Tr2 與 Tr3 導通時，Tr1 與 Tr4 開關必須斷開，此時驅動器提供馬達電流 i 的方向則與圖 4.62 相反，馬達將可提供負的電磁推力。

　　總而言之，驅動器藉著供應馬達不同流向的電流，就可控制馬達加速或減速。當電力電子開關被操作在其線性區時，此類驅動器稱為線性驅動器，若操作在飽和區時，此類驅動器被稱為脈波驅動器。線性驅動器較脈波驅動器容易發燙，而脈波驅動器一般借助脈寬調變法 (PWM) 來調變驅動電壓，因而常導致較大的電磁噪音。

　　在此介紹幾顆常見的驅動 IC，如 Rohm 公司的 BA6288FS、BA6289F 等和 Toshiba 公司的 TA7733F、TA8401F 等。近來 Renesas 公司整合驅動步進馬達 (zoom 致動器或 focus 致動器) 和驅動光圈 (shutter) 的致動器為一顆多通道 (channel) 的驅動器，其也可以拿來驅動音圈馬達，該種晶片型號為 M50239HP、M50231FP 和 M50236HP 等。以 M50236HP 為例作進一步功能說明，該晶片的 IC 腳位繪於圖 4.63，共有 52 支腳位，內部為低功率消耗的半導體積體電路，專門用來驅動數位相機系統的各群鏡片組。M50236HP 晶片資料冊提供的功能方塊圖摘示於圖 4.64。

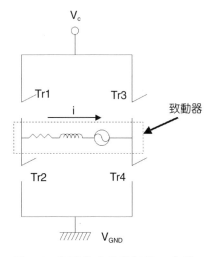

圖 4.62 音圈馬達的雙極性驅動器。

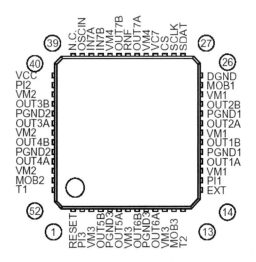

圖 4.63 M50236HP 的 IC 腳位圖。

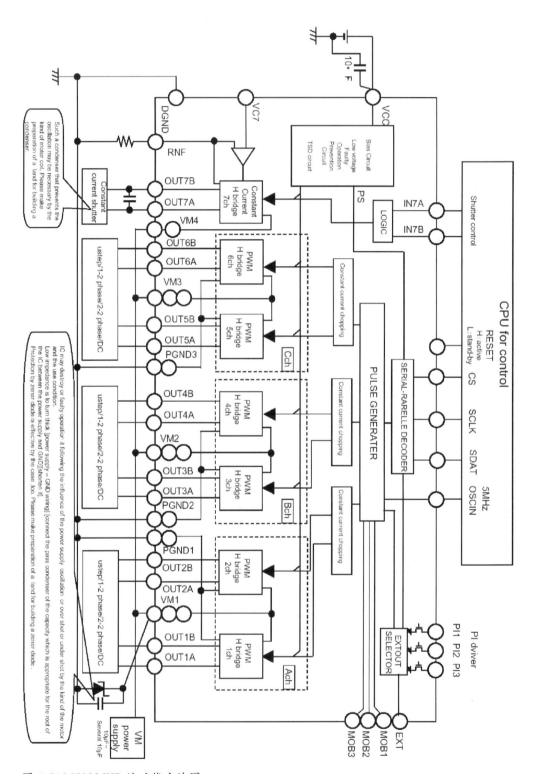

圖 4.64 M50236HP 的功能方塊圖。

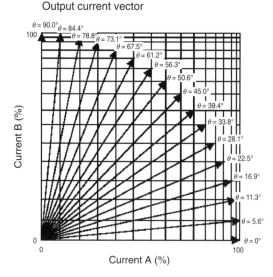

Output current vector

Ach & Bch Current

Step	Set Angle	Pules Width B	Current B	Pules Width A	Current A
0	0.0	50.0%	0.0%	100.0%	100.0%
1	5.6	54.6%	9.8%	99.8%	100.0%
2	11.3	59.8%	19.5%	99.0%	98.1%
3	16.9	64.5%	29.0%	97.8%	95.7%
4	22.5	69.1%	38.8%	96.2%	92.4%
5	28.1	73.6%	47.1%	94.1%	88.2%
6	33.8	77.8%	55.6%	91.6%	83.1%
7	39.4	81.7%	63.4%	88.7%	77.3%
8	45.0	85.4%	70.7%	85.4%	70.7%
9	50.6	88.7%	77.3%	81.7%	63.4%
10	56.3	91.6%	83.1%	77.8%	55.6%
11	61.9	94.1%	88.2%	73.6%	47.1%
12	67.5	96.2%	92.4%	69.1%	38.8%
13	73.1	97.8%	95.7%	64.5%	29.0%
14	78.8	99.0%	98.1%	59.8%	19.5%
15	84.4	99.8%	100.0%	54.9%	9.8%
16	90.0	100.0%	100.0%	50.0%	0.0%

圖 4.65 M50236HP 的微步進 64 分割電流輸出向量圖表。

　　M50236HP 中的 1－6 ch 為六組 PWM 輸出訊號之 H 型橋式電路，六組皆可利用單晶片傳輸串列控制命令加以控制各群鏡片之致動器；以現行市面上所能購得的數位相機而言，大多採用步進馬達致動各群鏡片組；此外，此顆驅動 IC 的特色是亦可採用 64 分割微步進、1-2 相、或 2-2 相之驅動方式驅動各群鏡片組的步進馬達，使得致動器的解析度大大提升許多。

　　64 分割微步進驅動方式是利用 PWM 的工作週期 (duty cycle) 來控制 A 相和 B 相電流量，使得一個象限中出現 16 種電流組合，如圖 4.65 所示。經由 64 分割後，A、B 相輸出電流波形仍保持似弦波的輸出訊號，如見圖 4.66 所示。1-2 相及 2-2 相驅動方式的介紹在市面上步進馬達的書籍中都可以見到，所以不再多加著墨。

　　M50236HP 的 7ch 為定電流控制模式，獨立控制相機系統之快門 (shutter)。另外，此顆驅動 IC 還有三組內建光遮斷器之控制端 (PI1－3)，方便三組步進馬達作開機自動歸位；其中有內建四種阻值分別為 20、100、150、200 Ω，如此不需要另外串聯外部電阻，以調整光遮電器之發光二極體強度。

4.3.4 音圈馬達的控制

　　音圈馬達的電壓與扭矩方程式分別為

$$V = iR + L\frac{dv}{dt} + K_v v \tag{4.24}$$

$$m\frac{di}{dt} + B_m v = F_e - F_L = K_f i - F_L \tag{4.25}$$

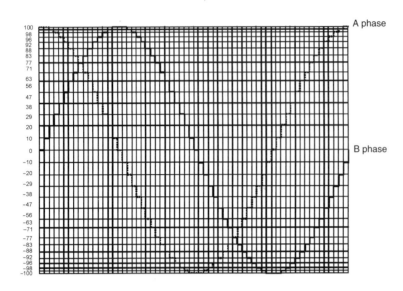

圖 4.66

M50236HP 的微步進 64 分割
後馬達二相的電流輸出波
形。

公式 (4.24) 中，V 為馬達端電壓，R 與 L 分別為其電阻與電感，K_v 為感應電動勢常數 (back-emf constant)，v 為其速度。而在公式 (4.25) 中，m 為轉子質量，B_m 為阻尼常數，F_e 為馬達產生的電磁推力，其值為推力常數 K_f 與電流 i 的乘積，F_L 是馬達的負載。特別需提出說明的是在 MKS 制下，K_f 與 K_v 的數值大小是一樣的。如果將公式 (4.24) 與公式 (4.25) 作拉普拉斯轉換 (Laplace transform) 後就可以構建成如圖 4.67 的控制方塊圖。方塊圖中 d 為馬達移動的位移，而 d^*、v^*、i^* 分別為馬達的位移命令、速度命令與電流命令；我們可以發現整個對焦系統的控制迴路是由三個迴路：位移迴路、速度迴路和電流迴路所構成，而 C_1、C_2 和 C_3 分別為各迴路的控制法則。各迴路都透過其感測器回授其相對物理量到控制器上，以達到最後系統對焦之目的。至於 C_1、C_2 和 C_3 控制法則一般都是以數位方式實現，所以可以應用比較高等的控制理論，使得馬達的動態響應較佳。

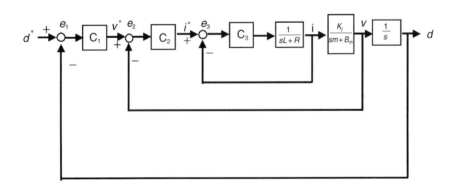

圖 4.67
音圈馬達的控制方
塊圖。

實際範例

　　此實例將用於說明音圈馬達控制的實現。假設此音圈馬達的特性參數如下：K_f 為 46.75 gw/A、R 為 34.8 Ω、L 為 24.7 mH、B_m 為 0.51 gw/(m/s)、F_L 為 0.7 gw、轉子質量為 2 g，驅動電壓 V 最大只能到 3.3 V，且馬達瞬間最大電流不得超過 30 mA，若想了解當位移命令 d^* 為 6 mm 時，馬達的步級 (unit step) 響應為何？

　　假設在此例中，電流控制器 C_1 採用比例控制器 (P controller)，比例常數為 500，速度控制器 C_2 採用比例積分控制器 (PI controller)，比例常數與積分常數分別為 55 與 0.2，位移控制器 C_3 採用比例積分控制器，其比例常數與積分常數分別為 55 與 0.2。馬達的動態響應模擬結果如圖 4.68 所示。

　　圖 4.68 說明馬達約在 0.1 s 就可移位到 6 mm，之後馬達速度為零，換言之，馬達不再移動且馬達的負載 (loading) 回到只有 F_L 的狀況，此時電流維持在 0.015 A，以產生推力 F_e 與 F_L 達到平衡；在馬達的加速過程中，馬達電流維持在上限 0.03 A，產生約 1.3 gw 的推力，除須克服 F_L 與阻尼力 $B_m v$ 外，並使轉子加速。必須特別強調的是，當攝影機攝影時，音圈馬達若為直立式姿態，F_L 將會增加，此時增加的量為轉子的重量。

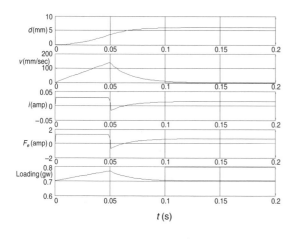

圖 4.68

音圈馬達的位移 d、速度 v、電流 i、電磁力 F_e、負載與時間 t 之響應圖。

4.3.5 步進馬達的控制

　　傳統對焦致動器所用的二相步進馬達，大多採開路控制，只要輸入激磁換相脈波，馬達就可以被驅動。此類馬達激磁的方法有四種：1 相激磁、2 相激磁、1-2 相激磁和微步進激磁。假設此步進馬達的步進角為 θ_s，則在 1 相激磁時，每脈波所走的有效步進角 $\theta_{es} = \theta_s$；2 相激磁時，每脈波所走的有效步進角 $\theta_{es} = \theta_s$；1-2 相激磁時，每脈波所走的有效步進角 $\theta_{es} = \theta_s/2$；微步進激磁時，每脈波所走的有效步進角 $\theta_{es} = \theta_s/N$，N 為微步進分割數，如 $N = 4$ 等。不同激磁模式步進馬達將有不同的特性，分別以圖 4.69 至圖 4.72 說明之。

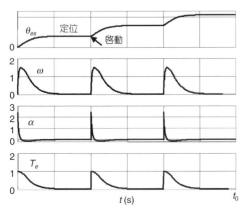

圖 4.69 步進馬達 1 相激磁時，角位移
θ_{es}、角速度 ω、角加速度 α、電
磁扭矩 T_e 與時間 t 之響應圖。

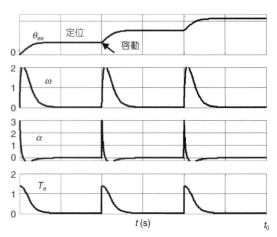

圖 4.70 步進馬達 2 相激磁時，角位移 θ_{es}、角
速度 ω、角加速度 α、電磁扭矩 T_e 與
時間 t 之響應圖。

　　圖 4.69 至圖 4.72 分別為步進馬達以 1 相激磁、2 相激磁、1-2 相激磁和微步進激磁後，
其有效步進角 θ_{es}、角速度 ω、角加速度 α、出力扭矩 T_e 和時間 t 的關係圖。我們可以發現，
當馬達由不激磁 (free) 狀態，突然接受到控制器要求所走的第一步有效步進角大小很難估測，
因其與馬達不激磁狀態的轉子初始位置有關 (受馬達頓轉扭矩與摩擦扭矩影響)，我們稱此階
段為定位階段，而之後的第二個走步動作，馬達才踏出真正的 θ_{es}。因為在馬達定位階段會有
如此的特性，所以若在驅動馬達轉動過程中突然斷電，則供電後系統必須重置，即馬達需退
到起點再重新走步，而一般起點上會架設光偶合器或極限開關，以便通知馬達已到達起點。

　　除此之外，我們還發現 2 相激磁模式時馬達擁有最大出力扭矩，而微步進激磁 (如圖
4.72 所示 N 為 4) 模式下馬達出力扭矩最小，但相對的因 2 相激磁的角速度與角加速度變化
率最大，所以造成系統振動較顯著，相對的，微步進驅動可以使系統振動量較低。

　　步進馬達的控制雖然有很多種方法，這裡建議採用梯形脈波驅動模式。在這種模式下，
步進馬達的驅動命令頻率 f 與時間為一梯形波，形狀如圖 4.73 所示。在時間 t_1 內脈波將由自
啟動頻率 f_s 以斜率 Δf_r 逐漸上升到最高頻率 f_e，我們稱這段時間為馬達加速過程，而在時間 t_1
與 t_2 間稱其為馬達等速過程，在時間 t_2 與 t_3 間稱其為馬達減速過程。在減速過程中，馬達將
由最高頻率 f_e 以斜率 Δf_d 逐漸下降到自啟動頻率 f_s，最後停止脈波輸送且馬達停止轉動。步
進馬達控制的主要原則有二，即如何送出脈波使得馬達可以有最大加速能力，並同時需防止
馬達失步，換言之需選擇合適的 f_s、Δf_r、f_e、Δf_d 使系統穩定，以上參數之取得除可依馬達的
出力曲線計算外，大多以實機試誤調整而來。

　　針對數位攝影機系統中心 (CPU) 所傳給對焦系統的走步距離命令 d^*，我們將有以下策
略來驅動步進馬達回應。為使步進馬達發揮最大扭矩，我們共規劃了 a 個加減速命令範本如
下列項，a 可為 1、2、3…，端視各廠商自己的需求。

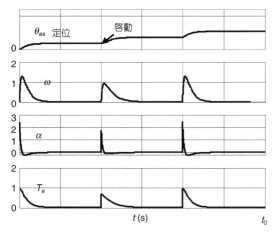
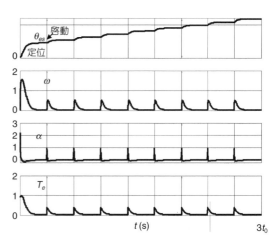

圖 4.71 步進馬達 1-2 相激磁時，角位移 θ_{es}、
　　　角速度 ω、角加速度 α、電磁扭矩 T_e
　　　與時間 t 之響應圖。。

圖 4.72 步進馬達微步進激磁時，角位移
　　　θ_{es}、角速度 ω、角加速度 α、電磁
　　　扭矩 T_e 與時間 t 之響應圖。

第 1 組命令

　　此命令範本中馬達共走行程 d_1，是所有範本中物鏡移動最長的行程。在這個行程中，馬達只有加速和減速兩個過程。利用實際上機試誤找出在這兩個過程中，系統需送出的脈波數與脈波頻率，其將使得物鏡移動最快或噪音振動最小。詳細描述如下。

・加速過程 (假設共送出 D_{r1} 個脈波)

$$f = f_{s1} + (k_{r1} - 1)\Delta f_{r1}，k_{r1} = 1、2、3、\cdots D_{r1} \tag{4.26}$$

・減速過程 (假設共送出 D_{d1} 個脈波)

$$f = f_{e1} - k_{d1}\Delta f_{d1}，k_{d1} = 1、2、3、\cdots D_{d1} \tag{4.27}$$

依以上命令驅動步進馬達，對焦物鏡被移動的總行程為

$$d_1 = \theta_{es}(D_{r1} + D_{d1})\frac{k_\theta}{2\pi} \tag{4.28}$$

其中，θ_{es} 為步進馬達的有效步進角，k_θ 為螺桿之螺距 (pitch)。顯而易見公式 (4.26) 與公式 (4.27) 有以下關係

$$f_{e1} = f_{s1} + (D_r - 1)\Delta f_{r1} \tag{4.29}$$

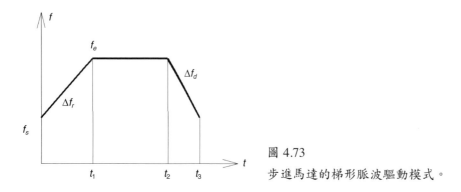

圖 4.73
步進馬達的梯形脈波驅動模式。

第 2 組命令

　　此命令範本中馬達共走行程 d_2，其比 d_1 短些。如前面所提，亦需藉著實驗求得系統各自需送出的脈波數與脈波頻率，使得物鏡移動最快或噪音振動最小。詳細描述如下。

・加速過程 (假設共送出 D_{r2} 個脈波)

$$f = f_{s2} + (k_{r2} - 1)\Delta f_{r2}，k_{r2} = 1、2、3、\cdots D_{r2} \tag{4.30}$$

・減速過程 (假設共送出 D_{d2} 個脈波)

$$f = f_{e2} - k_{d2}\Delta f_{d2}，k_{d2} = 1、2、3、\cdots D_{d2} \tag{4.31}$$

依以上命令驅動步進馬達，對焦物鏡被移動的總行程為

$$d_2 = \theta_{es}(D_{r2} + D_{d2})\frac{k_\theta}{2\pi} \tag{4.32}$$

同理，公式 (4.30) 和公式 (4.31) 需要滿足下式

$$f_{e2} = f_{s2} + (D_{r2} - 1)\Delta f_{r2} \tag{4.33}$$

…………

第 a 組命令

　　此命令範本中馬達共走行程 d_a，是所有範本中物鏡被移動最短的行程。特別需提出的是，因 d_a 不大，在這個範本中系統只需送出定頻的脈波，並不需做加減速的規劃。詳細描述如下。

・等速過程 (假設共送出 D_{ea} 個脈波)

$$f = f_{ea} \tag{4.34}$$

若以上述命令驅動步進馬達，對焦物鏡被移動的總行程為

$$d_a = \theta_{es} D_{ea} \frac{k_\theta}{2\pi} \tag{4.35}$$

　　完成了上述規劃，需將各範本參數存入單晶片的記憶體內；當對焦系統收到系統中心 (CPU) 所要求的的移動命令 d^* 行程，我們會先判別該採取何命令範本的加減速曲線，假設以下公式成立，

$$d_i < d^* < d_{i+1} \tag{4.36}$$

則我們將採取第 i 個命令範本，但還需在加減速間插入一等速過程，以補足不夠的行程。此等速過程是以定頻 f_{ei} 送出 D_e 個脈波，其中

$$D_e = \text{round} \left(\frac{d^* - d_i}{\left(\dfrac{\theta_{es} k_\theta}{2\pi} \right)} \right) \tag{4.37}$$

round 為函數中的四捨五入，藉著調整 D_e 的脈波來控制物鏡總行程，如此，就完成物鏡的移動。

參考文獻

1. S. T. Smith and D. G. Chetwynd, *Foundations of Ultraprecision Mechanism Design*, Gordon and Breach Science Publishers S.A. (1994).
2. J. M. Paros and L. Weisbord, "How to Design Flexure Hinge", *Machine Design*, Nov. 25 (1965).
3. 傅世澤, 奈米級微定位平台最佳化設計與分析, 中興大學機械所碩士論文 (2001).
4. R. Yang, M. Jouaneh, and R. Schweizer, *Precision Engineering*, **18** (1), 20 (1996).
5. 微機電系統技術與應用, 新竹: 行政院國科會精密儀器發展中心 (2003).
6. 鄭振東, 超音波工程, 全華科技圖書股份有限公司 (1999).
7. 林法正, 魏榮宗, 段柔勇, 超音波馬達之驅動與智慧型控制, 滄海書局 (1999).
8. 許溢适, 超音波電動機基礎, 文笙書局 (1993).
9. R. Yeh, S. Hollar, and K. S. J. Pister, *JMEMS*, **11** (4), 330 (2002).

10. E. Inaba, *et al.*, "Piezoelectric Ultrasonic Motor," *Proceedings of the IEEE Ultrasonics 1987 Symposium*, 747 (1987).

11. Y. Bar-Cohen, X. Bao, and W. Grandia, "Rotary Ultrasonic Motors Actuated by Traveling Flexural Waves," *Proceedings of the SPIE International Smart Materials and Structures Conference, SPIE*, Paper No. 3329-82, San Diego, CA, 1-6 March (1998).

12. G. Binning and H. Rohrer, *Helvetica Physica Acta*, **55**, 726 (1982).

13. G. Binning, C. F. Quate, and Ch. Gerber, *Phys. Rev. Lett.*, **56**, 930 (1986).

14. 范光照, 黃漢邦, 陳炳輝, 張所鋐, 顏家鈺, 奈米工程概論, 普林斯頓國際有限公司 (2003).

15. Bushing, *Handbook of Micro/Nano Tribology* (1995).

16. D. A. Bonnell, *Sanning Probe Microscopy and Spectroscopy*, New York: Wiley-VCH (2000).

17. G. Bertotti, *IEEE Transactions on Magnetic*, **28** (5), pt 2, 2599 (1992).

18. J. W. Macki, P. Nistri, and P. Zecca, *SIAM Review*, **35** (1), 94 (1993).

19. Y. Yu, N. Naganathan, and R. Dukkipati, *Mechanism and Machine Theory*, **37** (1), 49 (2002).

20. Y. Yu, Z. Xiao, E. Lin, and N. Naganathan, *Proc. of SPIE-The International Society for Optical Engineering*, **3667**, 776 (1999).

21. C. Hsieh and T. Lin, *Transactions of the Aeronautical and Astronautical Society of the Republic of China*, **35** (1), 35 (2003)

22. D. C. Hughes and J. T. Wen, *Proc. of SPIE-The International Society for Optical Engineering*, 2427, 50 (1995)

23. D. C. Hughes, J. T. Wen, *Smart Materials and Structures*, **6** (3), 287 (1997).

24. X. Zhou, J. Zhao, G. Song, and J. De Abreu-Garcia, *Proc. of SPIE-The International Society for Optical Engineering*, **5049**, 112 (2003).

25. T. Lin, Y. Pan, and C. Hsieh, *Control Engineering Practice*, **11**, 233 (2003).

26. 卓聖鵬, 光電技術入門, 全華科技圖書公司 (2002).

27. 林宸生, 陳德請, 近代光電工程導論, 全華科技圖書公司 (2001).

28. 拓墣產業研究所, 數位相機與相機手機商機之轉變, 全華科技圖書公司 (2004).

29. D. S. Nyce, *Guide to Linear Position Sensors*, John Wiley (2003).

30. J. P. Bentley, *Principles of Measurement Systems*, 3rd edition, Longman Scientific Technical (1995).

31. R. Pallas-Areny and J. G. Webster, *Sensors and Signals Conditioning*, 2nd edition, John Wiley (2001).

32. The Datasheet of RENSAS M50236HP, Ver.1.0 (2003).

第五章 光機整合

5.1 光機設計

　　光機設計 (opto-mechanical design) 或稱為光學機械設計，為含有光學元件之系統或裝置的機械設計，因區別於一般的機械設計而有此專有名稱。狹義而言，含有光學系統或光學元件之機械結構或系統即為光學機械；廣義而言，一切光機電系統之機械結構或系統均可稱為光學機械，其中某些結構雖然並不含有光學元件，但其作用卻是為了實現光機電系統之某項功能，因此也屬於光學機械範疇之內，如快門、測微機構及精密傳動系統等。光學機械設計之任務即在於研究如何設計光學機械，以實現光機電系統之特性要求。它與一般機械設計之區別在於：精密性及整合性。

(1) 精密性：由於光機電裝置中作為工作物質之光波波長極小，可見光波長在 0.4 微米與 0.7 微米之間，紅外光波長也僅為數微米，因此，為實現光機電系統之性能，光學機械之精密度要求很高。

(2) 整合性：光學機械設計之目的為實現光機電系統之各項功能，因此，光學機械設計師不僅要具備雄厚的本門學識與經驗，還需要相當深入地學習掌握光學及其他學科的知識。

　　光學機械設計發展至今雖然無法如光學設計一般，已可將設計與優化工作完全交由電腦軟體 (如 ZEMAX、CODE V) 進行，但是也已有許多輔助設計軟體可供結構應力、形變、熱力等特性分析或三維繪圖之用，例如 Pro/ENGINEER、Pro/INTRALINK、ANSYS、SINDA、NASTRAN、SolidWorks、AutoCAD 及 Mathcad 等。

5.1.1 設計程序

　　「設計」是研發過程中最重要的一環，因為就整體而言，加工、試驗等各項工作都是在完成設計所提出的要求。因此，可以說唯有好的設計方能產出好的產品，但是這並不意味製造工藝、材料、器件等的提升與創新不重要。在新製造工藝 (如鑽石車磨)、新材料 (如複合材料)、新器件 (如 CCD) 出現之前，除非有新概念、新原理，否則不可能有創新的設計。因

此,一位優秀的設計師必須隨時注意製造工藝、材料、器件的新發展,將之運用於光學機械設計中。有時更從設計角度出發,對製造工藝、材料、器件等提出新要求,推動其發展。設計的一般程序如圖 5.1 所示。

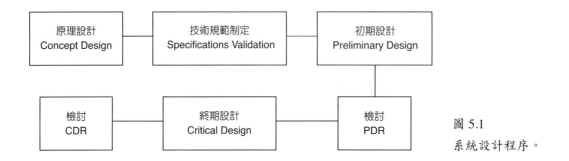

圖 5.1
系統設計程序。

首先進行的是原理設計。原理設計並非結構設計,而是光機電系統的整體設計。此時並不需要確定各部分的細節,一般以方塊圖來表示工作原理、各部分間的關係及如何實現要求的功能。圖 5.2 為國研院儀器科技研究中心與國家度量衡標準實驗室研發的塊規干涉儀原理方塊圖。

有時採用不同的原理、方法或架構皆可實現要求的功能,此時可在開始時提出若干的原理設計方塊圖以供討論,最後衡量各方面條件 (如生產規模、經濟成本等) 選擇其中之最佳方

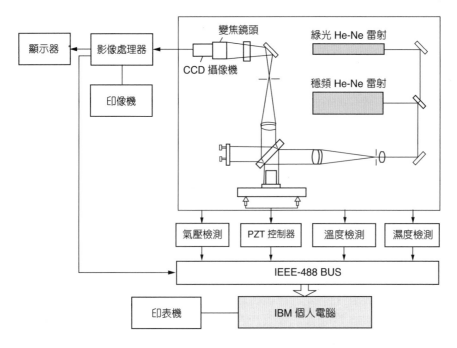

圖 5.2
塊規干涉儀原理方塊圖。

案。原理設計方塊圖除表示整個系統之工作原理與架構外，有時還需要提出次系統原理方塊圖。

通常光機電系統的使用者只能對系統提出使用上的要求，有時甚至只是一些不完整的構想，這些要求並不能直接用作設計的技術規範。因此，原理設計完成後需要進行性能要求與技術規範等之制定，如圖 5.1 中所示，即將使用要求轉化為各個具體的技術指標。其內容不僅包括裝置整體性能要求與技術規範，而且應盡可能詳細至包括各系統或次系統之技術要求 (如光學系統之口徑、焦距、視場角等)、系統或次系統間之連接方式及各種對設計之特定要求－即「設計限制 (design constrains)」，如外形尺寸、重量、能源之限定等 (對航太儀器而言，這些限制是極為重要的要求)。以下所列為在制定性能要求、技術規範、設計限制時需要考慮的一般項目：

· 技術規範與性能要求指標 (系統、次系統)。
· 工作環境 (溫度、氣壓、振動、衝擊、潮濕、電磁干擾等)。
· 連續工作時間與壽命要求。
· 人機關連方式。
· 光學、機械、電器間連結方式。
· 尺寸、外形、重量限制。
· 材料選擇限制。
· 電源要求與限制。
· 表面裝飾與顏色。
· 鏽、霉、雨水磨蝕等防護要求。
· 重心與起吊方式。
· 檢測與驗收方式。
· 維護保養方式。
· 儲存、包裝、運輸方式。
· 其他特殊要求。

在制定這些要求或限制時，用詞應明確、具體，避免一切模糊不清或可有多種不同解釋的語詞。如用「繞射極限」作為對光學系統成像品質的要求就不妥，應明確提出對幾何像差、波像差或光學傳遞函數 (optical transfer function, OTF) 之要求。

完成性能要求、技術規範與設計限制後，下一步驟為初期設計 (preliminary design)，其任務是根據原理設計及性能、規範等要求，首先完成光學、機械及電器系統與次系統之架構 (configuration) 與規劃圖 (layout)。規劃圖初步確定後再進行光學、機械、電器的細部設計及設計分析，如在自重與載荷下之形變，或環境溫度與熱源影響下之性能變化等，以及系統中光學、機械、電器之各個參數，如尺寸、位置、波長、折射率、電壓等發生變化時對性能之影響，即所謂「誤差分析」。分析結果不符合系統性能規範要求時就要修改設計。因此，此種工作常需要反覆進行，直至滿意為止。

　　初期設計完成後的檢討－PDR (preliminary design review) 為不可少的重要步驟。經過檢討與修改設計後即進入終期設計 (critical design)，其內容為進行所有零件、組件、次系統、系統的細部設計，此階段完成之文件包括各種設計圖。一個複雜的光機電系統包括光學、機械、電子、電腦等各個部分，由許多零件組成。這些部分按照其性質之不同，由大至小劃分為：系統 (system)、次系統 (subsystem)、組件 (assembly)、次組件 (subassembly)、元件 (component)、零件 (element)。即一個光機電系統可由一個或若干個系統構成，系統由幾個次系統組成，次系統由組件構成 (簡單的光機電系統則由組件構成系統)，組件由元件或零件構成。因此一套完整的設計圖應包括光學系統圖、光學次系統圖、光學組件圖 (如攝影物鏡)、光學元件圖 (如膠合件)、光學零件圖、光學機械系統與次系統圖、光學機械組件與零件圖等，此外還應包括電路圖、接線圖等。

　　除設計圖的完整性外，研發階段中另一項重要工作是建立各種檔案。所有設計圖的修改、重要零件、元件、組件等的加工、裝配、檢驗、測試過程都應有詳細的記錄。一旦在最後組裝連接時出現不良狀況，可以有效地迅速找出問題之所在。完成各種設計圖 (零件圖、組件圖、次系統組裝圖、系統組裝圖等) 及相關資料 (如外購件表、通用件表、標準件表等) 後，即成為一份可交付製造的完整設計圖。終期設計後也必須進行檢討－CDR (critical design review) 及必要的修改方能算完成。

　　對於具有新工作原理的創新類光機電系統，或特殊重要的光機電系統 (如太空探測儀器)，在設計工作完成後，常需要進行工程模組 (engineering model) 試製。試製工程模組的目的是驗證原理及結構設計的正確性，以及發現設計中可能潛在的缺失，及早予以改正。對於新型的、複雜的或要求特別嚴格的光機電系統而言，這種潛在的缺失常不能避免，即使是有經驗的設計師也會有考慮不周或疏忽之處。因為無論是設計、計算、分析、電腦模擬等都是紙上作業，因此，如果不經過工程模組試製而直接交付製造，等到最後成品組裝調試時方發現設計上的缺失，那時將很難補救，有時甚至根本無法挽救。需要說明的是工程模組並不是原型 (prototype)。原型是第一次研發完成的儀器成品，以區別於經過修改後投入生產的定型產品。因此，原型與工程模組不同，它已經是一台功能、外觀等完整的儀器。

　　以上所述為光機電系統的一般設計程序。需要強調的是，就設計工作之任務而言，無論是原理設計、初期設計或終期設計，也不論是光學設計或是光學機械設計，其目的決不是單純為了滿足使用者要求，實現其性能規範指標，而是在滿足性能要求的前提下，如何實現「製造最易、成本最低」。因此，光學設計師與光學機械設計師需要經常思考、分析所設計之系統或元件其工藝性與經濟性如何，在制定製造公差時如何合理分配各部分或各元件之公差，使製造之難易程度及成本之高低達到較好的平衡。唯有性能、工藝性、經濟性三者俱佳的設計方是優秀之設計。另一需要強調的是光機電系統的設計是融合光、機、電等多種科技於一體之整合性設計，各專業設計師必須通曉專業並且合作無間，相互緊密配合，才能產生整體性能最佳之設計。

5.1.2 環境影響與環境試驗

　　使用環境或工作環境之不同為影響光學機械設計的重要因素之一。這種工作環境的差異可以很大，例如：溫度、濕度等均可控制恆定的實驗室，隨季節、日夜氣候變化劇烈的野外，發射至高空或外太空的特殊工作環境等。顯然這些在不同環境工作的光機電系統，其設計也絕然不同。除工作環境的考量外，在設計光學機械時還需要顧及製造、儲存、運輸等環境的狀況。在寒冷、乾燥地區製造的儀器卻在炎熱、潮濕地區使用；使用環境良好，但是運輸條件可能極其惡劣。因此，光學機械設計師必須慎重考慮，如何使所設計之結構承受住這種不同的環境條件。

　　總括而言，環境因素有下列八項：溫度 (temperature)、氣壓 (pressure)、濕度 (humidity)、振動 (vibration)、腐蝕 (corrosion)、菌霉 (fungus)、磨蝕 (abrasion) 及輻射 (radiation)，以下分別簡述之。

(1) 溫度

　　溫度被列為第一重要的環境影響因素。物體的溫度一方面為其內部分子能量之表徵，同時又是它與周圍物質進行熱交換後的結果。溫度之高低可用攝氏 (°C)、絕對溫度 (K)、華氏 (°F) 三種不同溫標來表示，其關係為 K = 273.16 + °C、°C = 5/9 × (°F–32)。在溫度因素中，首先需考量的是工作環境的大氣溫度。在全球範圍內，地面大氣溫度的差別很大，大約在 –62 °C (–80 °F) 至 71 °C (160 °F) 之間。地球外圍大氣層的溫度則隨距離地面之高度而異，圖 5.3 為 100 公里以下大氣層溫度 (不包含太陽輻射的影響) 與高度之關係曲線。此曲線呈 S 狀，在接近地面的對流層 (troposphere) 大氣溫度隨高度而降低，其改變速率約為每公里減少 6 °C，高度為 16 公里時降至約 –60 °C (對流層依緯度不同而有不同厚度，赤道區約為 16 公里，極區約為 8 公里)。在平流層 (stratosphere) 大氣溫度隨高度而升高，48 公里高度時升至約 0 °C。在中氣層 (mesosphere) 大氣溫度又隨高度而降低，80 公里高度時降至約 –90 °C。再往上的增溫層 (thermosphere)、外氣層 (exosphere) 大氣溫度則又隨高度而上升。

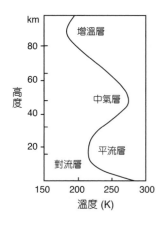

圖 5.3
隨高度變化之大氣溫度。

　　環境溫度的變化會導致光學機械零組件尺寸的改變 (金屬的熱膨脹係數約為 $11-23 \times 10^{-6}$ / °C，玻璃的熱膨脹係數約為 $6-8 \times 10^{-6}$ / °C)。不僅如此，透鏡等光學元件本身材料的折射率也會隨溫度而變，例如冕 (Crown) 光學玻璃的折射率溫度係數約為 3×10^{-6} / °C，燧石 (Flint) 光學玻璃的折射率溫度係數約為 7×10^{-6} / °C，而用於紅外波段的鍺，折射率溫度係數則高達 4×10^{-4} / °C。因此，光學元件受溫度變化之影響應包括兩項：因尺寸改變而造成之光程變化，及因折射率改變而造成之光程變化。除光學材料折射率受溫度之影響外，空氣折射率也隨溫度而變。空氣折射率與溫度、氣壓及波長有關，在溫度 15 °C 、氣壓 760 mmHg 時，空氣折射率 $n_{15,760}$ 與波長 λ (以 μm 表示) 之關係式為：

$$(n_{15,760} - 1) \times 10^6 = 272.7 + 1.482\ \lambda^{-2} + 0.020\lambda^{-4} \tag{5.1}$$

在其他溫度氣壓時之空氣折射率公式為：

$$(n_{t,P} - 1) = (n_{15,760} - 1)\frac{p\left[1 + p(1.049 - 0.0157t) \times 10^{-6}\right]}{720.883(1 + 0.003661t)} \tag{5.2}$$

其中，$n_{t,p}$ 為在溫度 t、氣壓 P 時之空氣折射率，$n_{15,760}$ 指在溫度 15 °C、氣壓 760 mmHg 時之空氣折射率，P 為以 mmHg 表示之氣壓，t 為以攝氏 (°C) 表示之溫度。溫度對空氣折射率之影響為：每升高 1 °C，空氣折射率減小約 1×10^{-6}。顯然，空氣折射率的改變和光學元件材料折射率的改變一樣，會導致光學性能 (例如：焦距等) 的變化。

　　除熱脹冷縮、折射率變化之影響外，溫度分布的不均勻 (溫度梯度)、溫度變化的不均勻或溫度的驟然改變 (溫度衝擊)，還會使光學機械零組件產生變形與應力，這種變形與應力輕則使其性能降低，重則使之整個系統或零組件遭到損壞。造成光學機械零組件溫度變化的原因除環境大氣等外部因素外，光學機械設計師還需要考慮系統內部各種熱源，如馬達、光源等的影響。如系統中有大功率雷射，則因雷射光束照射而使光學元件表面溫度升高的影響也是不可忽略的。

(2) 氣壓

　　地球外圍的大氣層以其化學組成狀況分為兩層：約 100 公里以下稱為均勻層 (homosphere)，由氮、氧等混合氣體組成；100 公里以上為不勻層 (heterosphere)，此層內氣體不混合，而依其重量分布。在均勻層氣壓隨距離地面之高度呈指數關係降低，約每 16 公里降低 10 倍，圖 5.4 為大氣壓力隨高度變化之曲線。

　　所謂標準氣壓係指在海平面、溫度 0 °C 時大氣壓力等於 760 mmHg 高，或 101.324 kPa，或 101324 N/m^2。絕大部分的光機電系統均在大氣環境中工作，但也有少數例外，例如潛水艇中使用的潛望鏡即在海水壓力下工作。有些光機電系統則根據需要設計成密閉式，內

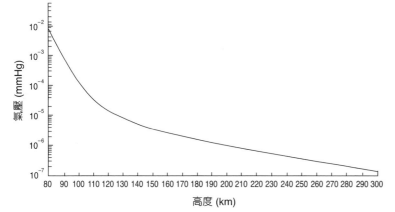

圖 5.4
隨高度變化之大氣壓力。

部抽成真空，或充以某種氣體，此時內外氣壓差將使窗口玻璃受力變形，而密封不嚴時，外部的塵埃、水氣等也會因內外氣壓之不同而被吸入，污染光學元件表面。氣壓也會使空氣折射率改變，其關係見上節所述，大約氣壓每升高 2.5 mmHg 空氣折射率增大 1×10^{-6}。

(3) 濕度

　　大氣中含有飽和與未飽和的水蒸氣，而雨、霧、雲中更直接含有未蒸發的水，這些都構成影響光機電系統工作的濕度環境。潮濕程度之輕重用絕對濕度或相對濕度來衡量，絕對濕度以單位體積大氣中所含水蒸氣之重量表示，相對濕度 (RH) 為實際水蒸氣密度與該溫度時飽和水蒸氣密度之比，也等於實際水蒸氣壓力與該溫度時飽和水蒸氣壓力之比。飽和時之相對濕度為 100% RH。相對濕度與溫度有關，溫度降低時相對濕度增大。

　　潮濕的工作環境對光機電系統十分有害，水與水蒸氣會使光學元件表面或其表面鍍膜層變質，損及透光率或反射率，還會造成散射，光學晶體更會潮解，從而完全失效。水與水蒸氣也會使金屬表面氧化、生鏽。因此，在野外工作的光機電系統常設計成密閉式，並充以乾燥氣體 (如氮氣、氦氣)。而在實驗室內使用之光機電系統則藉空調設備以維持低的濕度，但是，如果不能保證二十四小時連續運轉，其效果也有限。

(4) 振動

　　振動為光學機械設計時需要考慮之另一環境因素。光機電系統周圍有許多振源，如人、車的走動，機械等各種設備的運轉等。它們通過地面、牆壁等傳播成為影響光機電系統正常工作的外部振動，而某些光機電系統則就是在振動環境下工作，如架設在車、船艇、飛機上之軍用光機電裝備。除外部振源外，光機電系統內部也可能含有振源，如馬達、往復運動物體、不平衡旋轉物體等都會產生振動。此外，光機電系統在運往使用場所時，無論是空運、船運或是車運，整個運輸過程都將充滿著振動與衝擊。因此，如何減少內部振源，又如何能承受住各種外部振源之影響，皆為光學機械設計師在設計光機電系統時必須考慮的問題。

(5) 腐蝕

　　光機電系統中的金屬、玻璃零組件在水氣 (特別是含鹽分較多時) 的影響下會產生表面腐蝕現象。因此,光學機械設計師需注意零組件材料之選擇及表面處理。不同金屬抵抗腐蝕之能力有很大差異,鋼鐵類黑色金屬極易腐蝕;鋁、銅類有色金屬較不易腐蝕;鎂、鈦則具有很好的抗腐蝕能力。不鏽鋼雖然整體說來其耐腐蝕能力比一般鋼材強得多,但是不同編號之間卻有相當的差異。除選擇合用材料外,對金屬零組件施以表面處理也是光學機械設計師常用的方法,如陽極處理 (染黑)、鍍鎳、鍍鉻、噴漆等。玻璃零組件表面也會遭受水氣等腐蝕,雖然其過程比金屬零組件緩慢,程度也較輕微,但是仍會使光學元件透光率或反射率降低,同時散射光增多。光學晶體如溴化鉀、氯化鈉、氟化鈣等遭水氣腐蝕之現象極為嚴重,能導致潮解而完全失效。此外,光學零組件表面鍍膜層受水氣腐蝕之影響也比較嚴重。

(6) 菌霉

　　光機電系統中光學元件如長期暴露在溫暖、潮濕之環境中,玻璃表面將被有機物霉菌污染而產生「發霉」現象,特別是在熱帶地區工作之光機電系統,菌霉現象尤為嚴重。這種有機物霉菌會牢牢吸附在玻璃表面並逐漸長大 (無處不在之微生物為霉菌之營養源)。初期之菌霉僅在玻璃表面造成散射光,後期之菌霉則會侵蝕進入玻璃內部而使整個裝置無法使用。防止方法除可選擇抗菌霉能力較強之玻璃種類外 (抗氣候與酸腐蝕能力強之玻璃對菌霉之抵抗力也較強),也可採用鍍含殺菌劑膜的方法,如鍍上含坤、汞等有毒物膜層。

(7) 磨蝕

　　磨蝕是一種不常見的光學元件表面損傷現象,大都發生在野外使用的軍用光機電系統上。在地面行駛之裝甲車或接近地面飛行之直升機以及升降時之飛機等高速行進時,其上光機電系統的鏡面 (如窗口玻璃) 會遭受到雨水、塵埃、砂礫等的衝擊而產生「磨蝕」現象。這種磨蝕現象會損傷光學元件表面品質,使透光率降低、散射光增大,並最終導致損壞而不能使用。磨蝕現象在沙漠地區特別嚴重。產生磨蝕現象的原因是雨粒、砂粒等高速撞擊玻璃等光學材料表面時產生局部壓應力,同時在其四周形成拉應力,而表面本來就殘留著許多拋光時未除盡的刮痕、凹坑、鼓包等表面缺陷,此時在應力的反覆作用下將進一步惡化而導致表面品質迅速下降。試驗證明磨蝕的嚴重程度與粒子撞擊速度有關,撞擊速度較低時有潛伏期,磨蝕現象在一段時間以後方發生,此潛伏期隨撞擊速度之提高而縮短,當撞擊速度超過某臨界值時不再有潛伏期,於撞擊起始即發生磨蝕現象。提高光學元件表面拋光品質有助於減小磨蝕之影響,此外也可以採用鍍保護膜的方法。

(8) 輻射

　　如果所設計之光機電系統在具有高能輻射源,如核電裝置、加速器等環境中工作,則需要特別注意高能輻射對光學元件之影響。在此種輻射環境中,存在著 α 射線、X 射線、中

子、質子、電子等，這些高能粒子將作用於光學機械元件材料，使其原子移位或離子化。對光學元件而言，造成其吸光率增大，透光率降低，也可能引發螢光，使雜訊增強，長期照射並可能使光學元件漂白而完全失效。有人藉由試驗尚發現光學玻璃在軟 X 射線照射下，其折射率也有變化。為此德國 Schott 光學玻璃公司專門生產了十多種具有一定抗輻射能力的產品。

(9) 環境試驗

　　為了考驗所設計之零組件或系統對各種環境因素的承受能力，製造完畢的零組件或整台裝置需要根據其工作及運輸等狀況進行一系列環境試驗。其方法為利用某些特殊設備模擬光機電系統將來工作、運輸時的環境狀態，將零組件或整台光機電系統安放其中，視其是否經受得住，不受損傷而維持其性能不變。對整台系統進行環境試驗時，系統應處於工作狀態，首先在室內 (溫度波動小於 ± 3 K) 按照檢驗規程於試驗前完成一系列性能測試，環境試驗完畢後將被試驗裝置自環境試驗設備內取出放回室內，再按照檢驗規程測試一遍，檢驗結果合格方可通過。做運輸環境試驗時，被試驗裝置則放在運輸箱中進行。

　　環境試驗項目種類很多，每項均需要專門設備方可進行試驗，試驗規範則根據被試驗物之具體要求來擬定。一般為求可靠起見，試驗規範比實際工作或運輸環境更嚴格，特別是航太裝置及野外使用之裝置，不僅試驗項目多，試驗規範也比實際狀況要加重許多。某些國家已經制訂有光學裝置環境試驗標準，如美國軍規 MILSTD-810 及國際標準組織 (International Organization for Standardization, ISO) 發布之 ISO9022。以下為 ISO9022 國際標準中列出之主要試驗項目：

1. 低溫試驗：溫度範圍 0 °C－ –65 °C，試驗時間 16 小時以上。
2. 乾燥高溫試驗：溫度範圍 10 °C－ 63 °C，濕度 < 40% RH，試驗時間 16 小時以上。
3. 潮濕高溫試驗：溫度 40 °C 或 55 °C，濕度 92% RH，試驗時間 16 小時以上。
4. 高低溫循環試驗：溫度由 40 °C 至 –10 °C，或由 85 °C 至 –65 °C，反覆循環 5 次以上，升降溫速率調節範圍 0.2 °C /min－ 2 °C /min。
5. 溫度衝擊試驗：溫度由 20 °C 至 –10 °C，或由 70 °C 至 –65 °C，反覆循環 5 次以上，每次升溫或降溫時間可在 20 秒至 10 分鐘內調節。
6. 振動試驗：正弦波振動，頻率範圍 10－ 2000 Hz，振幅範圍 0.035－ 1.0 mm，加速度範圍 10－ 40 g，可固定在某一頻率振動，也可在某一頻率範圍內來回掃描或隨機變動，試驗時間 10 分鐘至 2 小時。
7. 衝擊試驗：半正弦波脈衝，加速度範圍 10－ 40 g，脈衝持續時間 6－ 16 ms 或加速度範圍 10－ 500 g，脈衝持續時間 0.5－ 18 ms。
8. 自由落體試驗：墜落高度範圍 25－ 1000 mm，試驗次數 2 次以上。
9. 鹽霧試驗 (salt spray test)：溫度 30 °C，5% 鹽水噴霧，試驗時間 2 小時至 8 天。
10. 低溫低壓試驗：模擬高山或高空狀態，溫度 –25 °C，氣壓 60 kPa (相當於海拔高度 3500 m)，或溫度 –65 °C，氣壓 1 kPa (相當於海拔高度 31000 m)，試驗時間 4 小時以上。

11. 灰塵試驗：往試驗箱內吹入氣流，內含大小為 0.045－0.1 mm 有尖銳稜角的 SiO_2 顆粒，氣流速度 8－10 m/s，含顆粒量 5－15 g/m^3，內部溫度維持在 18－28 ℃，濕度 < 25% RH，試驗時間 6 小時以上。

12. 淋雨試驗：在試驗箱中布置若干蓮蓬頭 (小孔直徑 0.35 mm)，在 1 m 外噴灑不含鹽分的水，試驗時間 30 分鐘以上。

13. 腐蝕試驗：使被試驗物在試驗箱內接觸石蠟油、膠合液、凡士林、人造手汗、汽油、燃料油、潤滑油或硫酸、醋酸、硝酸、氫氟酸等進行試驗，持續時間 1－30 天。

14. 菌霉試驗：在被試驗物上移植 10 種霉菌原細胞，放入溫度 29 ℃ 高濕度之試驗箱內 28－84 天進行試驗。

15. 太陽輻射試驗：在試驗箱內模擬太陽輻射能譜照射被試驗物進行試驗，箱內空氣需除去臭氧。

　　除上述項目外，尚有將幾個項目結合在一起同時進行之試驗，如振動加高溫或低溫，衝擊加高溫或低溫等。環境試驗為保證光機電系統零組件與系統工作可靠性的重要措施，唯有通過環境試驗的零組件才是合格品，唯有通過環境試驗之光機電系統才是品質優良之成品。

5.1.3 常用材料

　　材料的選擇是光學機械設計工作之重要事項。光學機械設計師必須對光學機械零組件所用各種材料之特性及其製造熱處理方法有充分的了解，才能正確選擇合用之材料。光學機械材料分為兩大類：光學零件材料與機械零件材料；而光學零件材料又可分為折射光學零件 (如透鏡、稜鏡等) 材料及反射光學零件 (各種反射鏡) 材料。反射光學零件通常由基體材料 (bulk material) 製成，再在其上依使用要求鍍各類膜層，也有無鍍膜層而直接利用基體材料加工而成者 (例如：鈹鏡)。機械零件材料大都為金屬材料，但光學機械設計中常用的材料不是碳鋼而是鋁銅等有色金屬。

5.1.3.1 折射光學零件材料

　　折射光學零件材料重要性能之一為對各光波之透光性。一束強度為 I_0 之光射入厚度為 h 之光學零件 (例如：透鏡)，出射之光束強度降為 I，其關係為：

$$\frac{I}{I_0} = T_1 T_2 e^{-(\alpha+\beta)h} \tag{5.3}$$

其中，T_1、T_2 分別為源自通過界面時光反射損失之第一面與第二面的透射係數，α、β 為材料內部之光吸收與光散射係數，而 T_1、T_2、α、β 均為光波長之函數。除透光率外，折射光

學零件材料另一重要性能是對各光波之折射率 (refractive index)，它也是光波長之函數。折射率有絕對折射率與相對折射率之區別，絕對折射率 n_0 為真空中光速 (等於 299792458 m/s) 與該材料中光速之比，即：

$$n_0 = \frac{c}{v} \tag{5.4}$$

其中，c 為真空中光速，v 為該材料中光速。相對折射率 n 為空氣中光速與該材料中光速之比，亦即該材料絕對折射率與空氣折射率之比：

$$n = \frac{n_0}{n_{air}} = \frac{v_{air}}{v} \tag{5.5}$$

其中，n_0 為該材料絕對折射率，n_{air} 為空氣折射率，v_{air} 為空氣中光速，v 為該材料中光速。空氣在溫度 0 °C、氣壓 760 mmHg 時，可見光區之折射率約為 1.000292，水之折射率約為 1.33，玻璃之折射率為 1.4－2.1，而鑽石之折射率則高達 2.42。以下簡要介紹各種常用的折射光學零件材料。

(1) 光學玻璃

　　光學玻璃為可見光波區最主要之折射光學材料，使用最為廣泛，目前定型生產的產品已有 300 種之多，最著名也是歷史最悠久之生產廠為德國 Schott 公司，近年來日本 Hoya 公司也成為主要生產供應者之一。光學玻璃之製造過程十分嚴格，原料主要成分是 SiO_2，再摻雜其他不同元素，如鉀、鈣、鉛、鋁、鋇、硼等，然後置入爐中嚴格控制溫度進行熔煉，熔煉過程中需不斷攪拌以使材質均勻，冷卻過程也需要嚴格控制降溫速度以消除可能存在的內應力，特高品質光學玻璃則在真空爐中進行熔煉。

　　對光學玻璃性能之基本要求是：
1. 無色、透明。
2. 均勻，各向同性。
3. 無氣泡、條紋與內應力。
4. 符合指定的折射率，且折射率隨溫度之變化小，即折射率溫度係數小。
5. 具有足夠的機械性能 (如強度、硬度、彈性模數等)。
6. 化學穩定性好，即對氣候、酸、鹼等抵抗能力強。

　　光學玻璃之光學特性指標有三項：① 折射率 (refractive index)，② 色散率 (dispersion)，③ 透光率 (transmittance)，此三項指標亦代表光學玻璃之型號，不同型號之光學玻璃具有不同之折射率、色散率與透光率。

　　折射率之定義前已述及，工程上常用的為相對折射率，因為絕大部分光學系統均在空氣中工作，目前生產之光學玻璃折射率範圍為 1.4－2.1。光學玻璃折射率與波長之函數關係有許多經驗公式，以下是 Schott 公司所用之公式：

$$n_\lambda^2 = A_0 + A_1\lambda^2 + A_2\lambda^{-2} + A_3\lambda^{-4} + A_4\lambda^{-6} + A_5\lambda^{-8} \tag{5.6}$$

其中，n_λ 為對波長 λ (以 μm 表示) 之折射率，A_0、A_1、$A_2 \cdots A_5$ 為係數，其值在 Schott 公司光學玻璃資料中可查到。其他由不同學者實驗所得之公式有：

Hartman：$n_\lambda = a + \dfrac{b}{c - \lambda} + \dfrac{d}{e - \lambda}$ \hfill (5.7)

Herzberger：$n_\lambda = a + b\lambda^2 + \dfrac{c}{(\lambda^2 - 0.035)} + \dfrac{d}{(\lambda^2 - 0.035)^2}$ \hfill (5.8)

Cauchy：$n_\lambda = a + \dfrac{b}{\lambda^2} + \dfrac{c}{\lambda^4}$ \hfill (5.9)

　　因此，若測出 3－6 個不同波長之折射率即可解得折射率公式中之各個係數，而波長之選擇則與各種光源所含有之光譜成分有關。常用光源為氦、氫、汞、鎘、鈉等光譜燈及氦氖雷射等，表 5.1 為這些光源及其含有光波成分之代號。

表 5.1 常用光源及光波代號。

代號	波長 (nm)	顏色	光源
t	1013.98	紅外	汞 (Hg)
s	852.11	紅外	銫 (Cs)
r	706.5188	紅	氦 (He)
C	656.2725	紅	氫 (H)
C′	643.8469	紅	鎘 (Cd)
D	589.294	黃	鈉 (Na)
d	587.5618	黃	氦 (He)
e	546.0740	綠	汞 (Hg)
F	486.1327	藍	氫 (H)
F′	479.9914	藍	鎘 (Cd)
g	435.8343	藍	汞 (Hg)
G′	434.1	藍	氫 (H)
h	404.6561	紫外	汞 (Hg)
i	365.01	紫外	汞 (Hg)
-	632.8	紅	He-Ne 雷射

　　由表 5.1 可知，銫、鈉燈各有一條光譜線可用，氦、鎘燈各有兩條光譜線可用，氫燈有三條光譜線可用，汞燈則有五條可用光譜線。一般測量光學玻璃折射率之儀器如分光計 (spectrometer)、折射率計 (refractometer) 等都配備有幾盞不同的光譜燈。

　　折射率依光波波長不同而變化之特性稱為色散，其大小以色散係數 (dispersive index) 或「阿貝數 (Abbe number)」來表示，其公式為：

$$v_d = \frac{n_d - 1}{n_F - n_C} \tag{5.10}$$

其中，v_d 為以氦燈 d 線為參考點之色散係數，n_d 為該光學玻璃之 d 線折射率，n_F、n_C 分別為對氫燈 F 線、C 線之折射率。此外，也有以汞燈 e 線為參考點之色散係數 v_e 來表示色散者，其公式為：

$$v_e = \frac{n_e - 1}{n_{F'} - n_{C'}} \tag{5.11}$$

其中，n_e 為該光學玻璃對汞燈 e 線之折射率，$n_{F'}$、$n_{C'}$ 分別為對鎘燈 F′、C′ 線之折射率。由公式可知，色散係數愈小表示該光學玻璃之色散率愈大。

　　光學玻璃依其折射率與色散率之高低分為兩大類，(1) $n_d < 1.60$、$v_d > 50$，即折射率與色散率較低之光學玻璃稱為「冕玻璃 (crown glass)」，(2) $n_d > 1.60$、$v_d < 50$，即折射率與色散率較高之光學玻璃稱為「燧石玻璃 (flint glass)」。光學玻璃生產廠 (例如：Schott、Hoya) 通常以折射率 n_d 之小數點後三位數字及色散係數 v_d 之三位數字合成為該品牌光學玻璃之代表號碼，如 BK7-517642 即表示該光學玻璃之折射率 n_d 為 1.517，色散係數 v_d 為 64.2。圖 5.5 與圖 5.6 分別為德國 Schott 廠與日本 Hoya 廠光學玻璃型號圖。圖中縱座標為折射率 n_d，橫座標為色散係數 v_d。各玻璃型號以字母代表，K 為冕玻璃，F 為燧石玻璃，其他字母表示該品牌之特有成分，如 B (borosilicate 矽酸硼)、P (phosphate 磷酸鹽)、Ba (barium 鋇)、Zn (zinc 鋅)、La (lanthanum 鑭)、Ti (titanate 鈦碳鹽) 等，L (light) 表示質輕、LL (extra-light) 為特輕、S (dense) 表示質重，SS (extra-dense) 為特重。

　　由圖 5.5 及圖 5.6 可知，光學玻璃品種集中自左下方至右上方之斜角線周圍，即折射率與色散率同進退，折射率低者色散率也低，折射率高者色散率也高，極少有折射率低 (或高) 色散率卻高 (或低) 者。目前產品化之光學玻璃品種已有 300 種之多。對於每一品種光學玻璃之光學、機械、溫度等特性，生產廠均進行了大量測試工作。圖 5.7 為 Schott 廠產品目錄中列出之 BK7光學玻璃特性數據，所列資料極為詳細，共包含七大類，以下簡單說明之：

1. 折射率：除 n_d、n_e、v_d、v_e 外，資料中給出 18 個由紅外光至紫外光不同波長之折射率。
2. 折射率公式：給出係數 A_0、A_1、、、、A_6 之值。

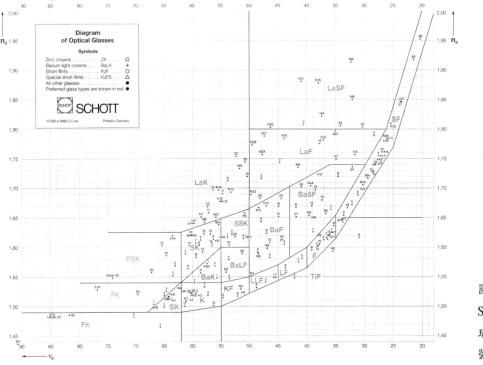

圖 5.5
Schott 光學
玻璃產品型
號圖。

3. 相對部分色散 (relative partial dispersion)：相對部分色散 $P_{x,y}$ 之定義為

$$P_{x,y} = \frac{n_x - n_y}{n_F - n_C} \tag{5.12}$$

其中，n_x、n_y、n_F、n_C 分別為對光譜線 x、y、F、C 之折射率，資料中共給出 12 個不同波長之相對部分色散率。

4. 偏離正常線之相對部分色散偏差：所謂正常線係指以 K7 與 F2 作為正常玻璃，連接其相對部分色散率之直線，方程式為：

$$P_{C,t} = 0.5450 + 0.004743v \tag{5.13}$$

資料中所給出的為該品種玻璃偏離此正常線之偏差值。

5. 內透光率 (internal transmittance)：所謂內透光率係指不包含界面反射損失，由於玻璃內部光吸收與光散射之原因而形成之透光率。資料中給出 24 個不同波長之透光率，在可見光波區內透光率均在 99% 以上。

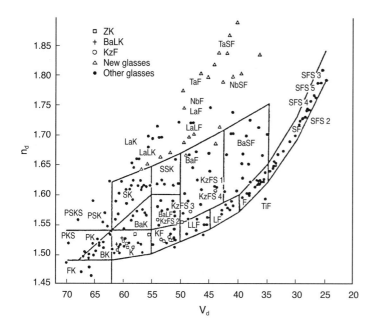

圖 5.6

Hoya 光學玻璃產品型號圖。

BK7	517642		n_d = 1.51680 v_d = 64.17 $n_F - n_C$ = 0.008054
			n_e = 1.51872 v_e = 63.96 $n_{F'} - n_{C'}$ = 0.008110

Refractive Indices

	λ [nm]	
$n_{2325.4}$	2325.4	1.48921
$n_{1970.1}$	1970.1	1.49495
$n_{1529.6}$	1529.6	1.50091
$n_{1060.0}$	1060.0	1.50669
n_t	1014.0	1.50731
n_s	852.1	1.50980
n_r	706.5	1.51289
n_C	656.3	1.51432
$n_{C'}$	643.8	1.51472
$n_{632.8}$	632.8	1.51509
n_D	589.3	1.51673
n_d	587.6	1.51680
n_e	546.1	1.51872
n_F	486.1	1.52238
$n_{F'}$	480.0	1.52283
n_g	435.8	1.52668
n_h	404.7	1.53024
n_i	365.0	1.53627
$n_{334.1}$	334.1	1.54272
$n_{312.6}$	312.6	1.5486$_2$
$n_{296.7}$	296.7	
$n_{280.4}$	280.4	
$n_{248.3}$	248.3	

Constants of Dispersion Formula

B_1	1.03961212
B_2	$2.31792344 \cdot 10^{-1}$
B_3	1.01046945
C_1	$6.00069867 \cdot 10^{-3}$
C_2	$2.00179144 \cdot 10^{-2}$
C_3	$1.03560653 \cdot 10^{2}$

Constants of Formula for dn/dT

D_0	$1.86 \cdot 10^{-6}$
D_1	$1.31 \cdot 10^{-8}$
D_2	$-1.37 \cdot 10^{-11}$
E_0	$4.34 \cdot 10^{-7}$
E_1	$6.27 \cdot 10^{-10}$
λ_{TK} [µm]	0.170

Temperature Coefficients of Refractive Index

	$\Delta n_{rel} / \Delta T$ [10⁻⁶/ K]			$\Delta n_{abs} / \Delta T$ [10⁻⁶/ K]		
[ºC]	1060.0	e	g	1060.0	e	g
−40/−20	2.4	2.9	3.3	0.3	0.8	1.2
+20/+40	2.4	3.0	3.5	1.1	1.6	2.1
+60/+80	2.5	3.1	3.7	1.5	2.1	2.7

Internal Transmittance τ_i

λ [nm]	τ_i (5 mm)	τ_i (25 mm)
2500.0		
2325.4	0.89	0.57
1970.1	0.968	0.85
1529.6	0.997	0.985
1060.0	0.999	0.998
700	0.999	0.998
660	0.999	0.997
620	0.999	0.997
580	0.999	0.996
546.1	0.999	0.996
500	0.999	0.996
460	0.999	0.994
435.8	0.999	0.994
420	0.998	0.993
404.7	0.998	0.993
400	0.998	0.991
390	0.998	0.989
380	0.996	0.980
370	0.995	0.974
365.0	0.994	0.969
350	0.986	0.93
334.1	0.950	0.77
320	0.81	0.35
310	0.59	0.07
300	0.26	
290		
280		
270		
260		
250		

Color Code

λ_{80}/λ_5	33/30

Remarks

Relative Partial Dispersion

$P_{s,t}$	0.3098
$P_{C,s}$	0.5612
$P_{d,C}$	0.3076
$P_{e,d}$	0.2386
$P_{g,F}$	0.5349
$P_{i,h}$	0.7483
$P'_{s,t}$	0.3076
$P'_{C;s}$	0.6062
$P'_{d,C'}$	0.2566
$P'_{e,d}$	0.2370
$P'_{g,F}$	0.4754
$P'_{i,h}$	0.7432

Deviation of Relative Partial Dispersions ΔP from the "Normal Line"

$\Delta P_{C,t}$	0.0216
$\Delta P_{C,s}$	0.0087
$\Delta P_{F,e}$	−0.0009
$\Delta P_{g,F}$	−0.0009
$\Delta P_{i,g}$	0.0036

Other Properties

$\alpha_{-30/+70\,ºC}$ [10⁻⁶/K]	7.1
$\alpha_{20/300\,ºC}$ [10⁻⁶/K]	8.3
T_g [ºC]	557
$T_{1013.0}$ [ºC]	557
$T_{107.6}$ [ºC]	719
c_p [J/(g·K)]	0.858
λ [W/(m·K)]	1.114
ρ [g/cm³]	2.51
E [10³ N/mm²]	82
μ	0.206
K [10⁻⁶ mm²/N]	2.77
HK$_{0.1/20}$	610
B	0
CR	2
FR	0
SR	1
AR	2.0
PR	2.3

圖 5.7

Schott BK7 光學玻璃特性。

6. 折射率溫度係數 (temperature coefficient of refractive index)：折射率隨溫度而改變為光學玻璃一重要特性，其大小以折射率溫度係數來表徵。資料中給出 –40 °C 至 +80 °C 對四條光譜線之絕對溫度係數與相對溫度係數。所謂絕對溫度係數 $(\Delta n / \Delta T)_{\text{absolute}}$ 係指在真空中之測量結果，相對溫度係數 $(\Delta n / \Delta T)_{\text{relative}}$ 則為在氣壓 760 mmHg 乾燥空氣中之測量結果，它們間之關係式為：

$$\left(\frac{\Delta n}{\Delta T}\right)_{\text{absolute}} = \left(\frac{\Delta n}{\Delta T}\right)_{\text{relative}} + \left(\frac{\Delta n}{\Delta T}\right)_{\text{air}} \tag{5.14}$$

其中，$(\Delta n / \Delta T)_{\text{air}}$ 為空氣折射率溫度係數。由於大部分光學玻璃折射率溫度係數為正值，而空氣折射率溫度係數為負值，因此，光學玻璃折射率絕對溫度係數大都小於相對溫度係數。光學玻璃之溫度係數也不是常數，而與波長及溫度都有關係。

7. 其他特性
- $\alpha_{-30/+70}$：自 –30 °C 至 +70 °C 範圍內之熱膨脹係數。
- $\alpha_{20/300}$：自 +20 °C 至 +300 °C 範圍內之熱膨脹係數。
- T_{g}：光學玻璃之轉變溫度。
- $T_{107.6}$：玻璃開始軟化溫度。
- 黏度：$1 \times 10^{7.6}$ 泊 (Poise) 時之溫度。
- C_{p}：比熱。
- λ：熱傳導率。
- ρ：密度。
- E：彈性 (楊氏) 模數。
- μ：波松比 (Poisson ratio)。
- HK：羅普 (Knoop) 硬度。
- B：氣泡等級 (分為 0、1、2、3 級，0 級最高)。
- CR：抗氣候 (潮濕) 性 (分為 1、2、3、4 級，1 級最高)。
- FR：抗表面著色性 (分為 0、1、2、3、4、5 級，0 級最高)。
- SR：抗酸性 (分為 0、1、2、3、4、級，1 級最高)。
- AR：抗鹼性 (分為 0、1、2、3、4 級，1 級最高)。

除折射率、色散率與透光率為光學玻璃之主要光學特性指標外，尚有下列五項代表品質高低之指標，生產廠以此五項指標劃分光學玻璃之等級：① 折射率公差 (refractive index tolerance)、② 均勻性 (homogeneity)、③ 雙折射 (birefringence)、④ 條紋 (striae) 及 ⑤ 氣泡 (bubble)。

① 折射率公差

第一項為同品牌光學玻璃之實際折射率、色散率與目錄中標示值之最大偏差,即折射率公差。Schott 廠將其分為如下之等級:

等級	n_d 公差	v_d 公差 (%)
1	± 0.0002	± 0.2
2	± 0.0003	± 0.3
3	± 0.0005	± 0.5

② 均勻性

均勻性為光學玻璃內部折射率一致性之指標,Schott 廠將其分為如下之等級:

等級	n_d 變化值
H_1	$\pm 2 \times 10^{-5}$
H_2	$\pm 5 \times 10^{-6}$
H_3	$\pm 2 \times 10^{-6}$
H_4	$\pm 1 \times 10^{-6}$

③ 雙折射

雙折射係由於光學玻璃退火處理後殘留應力造成之各向異性現象,其大小以相互垂直之偏極光通過光學玻璃時產生之光程差來衡量。Schott 廠將其分為如下之等級:

等級	雙折射 (nm/cm)
普通級 (N)	≤ 10
特殊退火普通級 (NSK)、精密級 (P)	≤ 6
特殊退火精密級 (PSK)	≤ 4

④ 條紋

條紋為光學玻璃內部由於局部化學成分之不同而形成之折射率變化。當用強光投射穿過樣品時,其後屏幕上會出現條紋狀陰影,故稱為條紋,其大小以陰影佔投影面積之百分比來表示。德國標準 DIN3410 將其分為如下之等級:

等級	條紋佔投影面積比 (%)
S	特殊規定
01	≤ 0.8
02	≤ 2
03	≤ 5
04	> 5

⑤ 氣泡

氣泡及雜質之多寡以每 100 cm³ 光學玻璃內含有氣泡與雜質之截面積來衡量。Schott 廠將其分為如下之等級：

等級	每 100 cm³ 內 ≥ 0.05 mm 氣泡與雜質之截面積 (mm²)
B_0	0－0.029
B_1	0.03－0.10
B_2	0.11－0.25
B_3	0.26－0.50

除常用型號外，Schott 廠還生產某些特殊型號光學玻璃，如可以減輕重量之輕與特輕質量產品、在紫外光或紅外光波區具有良好透光率之產品，及具有抗輻射性能之產品等。

(2) Pyrex 玻璃

Pyrex 玻璃為一種具有雙平衡相態之矽酸硼玻璃，其主要特點為熱膨脹係數小，等於 3.25×10^{-6}/°C，僅為 BK7 的一半，因此常用於要求熱穩定性高的系統，如聚光鏡、窗口、檢驗平板等。主要缺點是均勻性不如 BK7 等玻璃，條紋與氣泡也較多，密度 2.23 g/cm³ 則比 BK7 玻璃稍小一些。Pyrex 玻璃在紫外光至近紅外光波區均有良好透光性，表 5.2 為其折射率。

表 5.2 Pyrex 玻璃折射率。

代號	λ (nm)	n
F	486.1	1.479
e	546.1	1.476
d	587.6	1.474
C′	643.8	1.472

(3) 光學塑料

　　某些透明塑料可以用於光學系統，製成透鏡或稜鏡。光學塑料品種遠少於光學玻璃，常用的是六種塑料：聚甲基丙烯酸甲酯 (methyl methacrylate)、聚苯乙烯 (polystyrene)、聚碳酸酯 (polycarbonate)、苯乙烯丙烯腈 (styrene-acrylonitrile)、甲基丙烯酸甲酯苯乙烯共聚合物 (methyl methacrylate styrene copolymer) 及丙烯二甘醇碳酸鹽 (allyl diglycol carbonate)。光學塑料在可見光及近紅外光波區均有良好的透光性。光學塑料之優點為質輕、價廉、易於加工、可以壓模成形。缺點為硬度低、容易刮傷、折射率溫度係數比光學玻璃大得多且都為負值，因此一般僅用於要求不高之光學系統中。

(4) 光學晶體與人造石英

　　光學晶體為紫外光與紅外光波區之主要折射光學材料。除某些天然晶體如鹽 (NaCl)、螢石 (CaF$_2$)、鉀鹽 (KCl)、石英 (SiO$_2$) 等外，現在更有許多人工製成之光學晶體可用，表 5.3 為常用光學晶體特性表。

表 5.3 常用光學晶體特性。

晶體	折射率 $n\,(\lambda:\mu m)$	密度 (g/cm^3)	光譜範圍 (μm)
氟化鋇 (BaF$_2$)	1.463 (0.6) 1.458 (3.8) 1.449 (5.3)	4.89	0.13－15
氟化鈣 (CaF$_2$)	1.431 (0.7) 1.420 (2.7) 1.411 (3.8)	3.18	0.13－10
溴化鉀 (KBr)	1.555 (0.6) 1.537 (2.7) 1.529 (8.7)	2.75	0.2－38
氯化鉀 (KCl)	1.474 (2.7) 1.472 (3.8) 1.469 (5.3)	1.98	0.21－25
氟化鋰 (LiF)	1.394 (0.5) 1.367 (3.0) 1.327 (5.0)	2.63	0.12－8.5
氟化鎂 (MaF$_2$)	1.384 (0.4) 1.356 (3.8) 1.333 (5.3)	3.18	0.15－9.6
氯化鈉 (NaCl)	1.525 (2.7) 1.522 (3.8) 1.517 (5.3)	2.16	0.17－18

　　除表 5.3 所列之光學晶體外，石英為由紫外至紅外光波區之優良折射光學材料，特別是在紫外光波區，石英是最佳之光學材料。石英有天然石英 (quartz)、熔融石英 (fused silica) 與人造石英 (synthetic fused silica) 之分。天然石英為晶體，具有雙折射特性，雜質較多。熔融石英係將天然石英熔解而成，為非晶狀物，透光性較天然石英為佳，人造石英則為石英類中性能最佳者，它採用一種稱為氣相水解 (vapor-phase hydrolysis) 的方法，以有機石英 (如 SiCl₄) 原料製造而成。人造石英具有純度高及在紫外光波區具有高透光率之優異特性。

　　石英除具有優良之由紫外至近紅外光波區透光率外，尚有熱膨脹係數低、熱穩定性高、硬度高、不易刮傷等較光學玻璃為佳之特點。

　　以下為美國標準局發表之人造石英特性數據：

‧折射率公式 (λ 以 μm 計)：

$$n^2 - 1 = \frac{0.6961663\lambda^2}{\lambda^2 - (0.0684043)^2} + \frac{0.4079426\lambda^2}{\lambda^2 - (0.1162414)^2} + \frac{0.8974794\lambda^2}{\lambda^2 - (9.896161)^2} \tag{5.15}$$

‧色散係數：67.8
‧折射率溫度係數 (0−700 ℃)：1.28×10^{-5}/℃
‧熱膨脹係數 (0−300 ℃)：5.5×10^{-7}/℃
‧熱傳導率 (100 ℃)：0.177 cal /g‧℃

5.1.3.2 反射光學零件材料

　　反射光學零件係指無光折射作用之各類曲面或平面反射鏡而言，它們通常由基體材料製成，再依使用要求在其表面鍍上各種膜層，也有不鍍膜而直接將基體材料加工成鏡面者，例如鈹鏡。與折射光學零件最大之不同點是反射光學零件無色散作用，因而可應用於各種光波區。

　　對反射光學零件基體材料之主要要求為能加工成鏡面，表面粗糙度一般需小於 10 nm，其他要求則為剛性好 (強度高、質量輕) 及熱穩定性佳 (熱膨脹係數小、熱傳導率高)。常用基體材料有玻璃與金屬兩大類。

　　玻璃類主要是 Pyrex 玻璃與陶瓷玻璃 Zerodur，它們都具有熱膨脹係數低之特點。Zerodur 更被稱為「零膨脹玻璃」，具有接近於零之熱膨脹係數，所有這些玻璃類材料均可以拋光至極光滑之鏡面。

　　金屬類中的鈹 (beryllium) 為一優良之反射鏡基體材料，可以直接加工成鏡面而不鍍膜，它具有比鋁還輕之質量，強度為金屬之冠，但是加工不易，不能焊接，而且具有毒性。鋁 (aluminum 6061-T6) 與無氧銅 (copper OFHC) 也是常用之材料，它們都具有易於加工之優點。其他如碳化矽 (silicon carbide) 也是優良之反射鏡基體材料，它有粉末冶煉與化學氣相沉積 (CVD) 兩種不同製造方法，前者孔隙性較大，後者較為密實，但都具有熱膨脹係數低、

強度高、熱傳導佳與質量輕之優點。

　　以上這些金屬材料均為製造反射光學零件基體之良好材料。比起玻璃類材料,金屬材料具有熱傳導率高之優點,故特別適用於如高功率雷射等光學系統中的反射鏡,但其所能達到的鏡面光滑度則不如玻璃材料。

5.1.3.3 機械零件材料

　　於光學機械設計中,常用之機械零件材料共包括八類金屬。

(1) 鋁合金:如 aluminum 1100、2024、6061、7075,均具有良好之加工性能。1100 與 6061 能焊接,2024 與 7075 則不能焊接,aluminum 356 為鑄造用鋁,其鑄件也可以焊接。

(2) 鈹:為極優異之材料,具有質量輕、剛性好、熱傳導率高、抗腐蝕性強及尺寸穩定性好等優點,但加工困難,不能焊接。

(3) 銅及其合金:主要用於需良好導電、導熱或無磁性之零件上。Copper 10100 為無氧銅 (含99% 純銅),宜作反射鏡;17200 為鈹青銅,強度好,宜作彈簧與墊圈等;3600 為標準黃銅,宜作螺栓等;2600 具有極好之冷作性能,宜作薄板、鉚釘等。

(4) 因鋼 (Invar):為鐵鎳合金。普通因鋼含 36% 鎳,而超因鋼 (super-Invar) 含 31% 鎳及 5% 鈷,其特點為熱膨脹係數極低 (超因鋼接近於零膨脹),在溫度變化大之光學系統中,常用為支撐鏡片間之支桿,以維持系統之焦距不變。

(5) 鎂:為質量最輕之金屬。加工性能極好,可以鑄造、鍛壓、切削,且抗腐蝕性亦佳。

(6) 鋼:steel 1015 是低碳鋼,SUS 304 與 416 是不銹鋼。由於光學機械系統一般均有質量輕之要求,故鋼類材料在光電裝置中之使用比較受侷限,僅用於製造要求高強度與高耐磨損度或高導磁性之零件,如導軌、旋轉軸等。

(7) 鈦 (titanium):具有其他金屬材料所沒有的特點,即熱膨脹係數與冕玻璃很接近,因此常用於溫度變化範圍大之光學機械系統中製作鏡筒等。鈦尚有有質量輕之特點 (密度介乎鋁與銅中間),且抗腐蝕性亦佳。

(8) 金屬合成材料:如鋁合金 (2124 T6) 與碳化矽合成材料 SXA,其特點為質量輕與強度高。

5.2 光學元件固緊技術實務

　　光學儀器系統在完成光學設計及優化階段時,已決定各光學元件幾何尺寸,以及其相對位置與相對運動關聯性。本節將介紹光學設計後所需進行之機械設計,使其滿足光學設計各元件之相對位置關係,並根據性能規範要求與設計限制,完成光學元件之定位、支撐、調整與固定,以及考量元件受負荷所造成之應力/應變及熱變形之機械設計所需注意的事項,本節內容是以工程實務之觀點介紹光學元件固緊技術。

第 5.2 節作者為陳峰志先生。

5.2.1 運動學設計

　　空間中之物體若視為剛體 (rigid body) 時，其運動自由度 (degrees of freedom) 為 6，一般常以卡氏座標系 3 個平移與 3 個旋轉自由度完整描述物體在空間中的位置。若使二個剛體間保持接觸，則其接觸關係形成拘束，使其相對運動受到某些限制，減少了相對運動的自由度。依運動學的觀念，剛體相對運動的自由度與拘束度 (number of constraint) 之和為 6，換言之，二個接觸剛體間具有 n 個線性獨立的拘束，則其相對運動自由度為 $(6 - n)$。若欲固緊一光學或是儀器零件，則需線性獨立的六個拘束力量，使其成為零自由度的夾持以固緊該元件。為避免所夾持的光學元件形成過度拘束 (over constraint)，使夾持拘束力量造成結構件或光學元件之內應力與變形，因而影響光學品質，因此，光學儀器等精密儀器設備在進行機械設計過程中，運動學固緊設計便成為重要的考慮因素。

　　二個相對運動件之接觸一般可簡化為點接觸、線接觸、面接觸、V 形槽等，各種接觸型態皆能提供特定的自由度與拘束，如圖 5.8 為一承載大尺寸反射鏡之鏡座設計，反射鏡由一V 形槽支撐，其背面為 3 個點接觸拘束，計有 5 個線性獨立的拘束，剩下一個可對軸心旋轉的自由度。因對軸心旋轉的自由度不影響其功能，故可不加以限制。

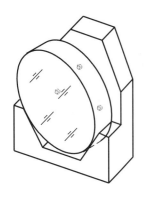

圖 5.8
大尺寸反射鏡鏡座 (三個點接觸 +V 形槽接觸)。

　　除了避免過度拘束造成內應力與變形影響光學性能外，整體結構之穩定性、容易拆裝與重新定位亦屬於依運動學設計固緊方式之優點，應用於光機設計時之運動學設計考量要點如下，相關運動學設計概念可參考文獻 1、4、5。

(1) 夾持機構之拘束度等於 6 減去其相對運動自由度。

(2) 剛體間之接觸一般假設為點接觸 (point contact)，拘束度等於接觸點數，其要件為所有拘束之接觸力量為線性獨立。

(3) 應用球面、平面、柱面及 V 形槽以實現零組件間之點接觸拘束。圖 5.9 為典型的「孔－槽－面 (hole-slot-plane)」之零自由度運動學設計，廣泛應用於儀器與鏡座支承。其中球與平面的接觸為 1 個拘束度，球與 V 形槽保持 2 點之接觸，至於球與錐型孔的接觸有 3 個

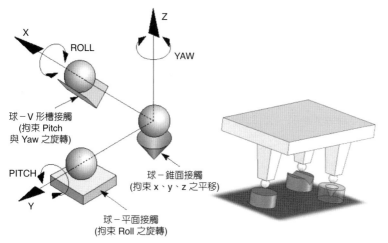

圖 5.9 孔－槽－面之零自由度運動學設計。

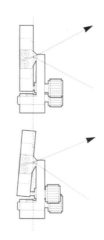

圖 5.10 可微調旋轉方位之
鏡座設計。

拘束度，只要這三個球不在同一直線上，即可提供 6 個線性獨立的拘束，為典型的零自
由度設計。

(4) 由於點接觸往往只能同一方向施以拘束力量，為了使鄰接零件保持接觸，可利用重力或
彈簧提供反向作用力量，使鄰接二零組件保持接觸。

(5) 若點接觸應力過大時，可採半運動學設計 (semi-kinematic design) 將接觸點擴大為小面積
接觸，以降低接觸應力。

(6) 若元件或是基座重量大，小面積接觸仍無法支承者，可採用多點支承機構之運動學設計
或是撓性接頭之機構支承設計。

　　有些鏡座為了調整光學元件的定位，使用端點為小鋼球的調整螺絲，以鋼球與元件進行
點接觸，藉由調整螺絲對所夾持光學元件進行特定自由度的微調。圖 5.10 為常見市售含有調
整定位功能之鏡座設計，該設計可藉由調整螺絲之位移，而針對鏡片的旋轉角度進行微調。

5.2.2 單片透鏡固緊設計

　　在光學設計階段已經決定了光學元件材料、曲率半徑、厚度、通光孔徑，以及其相對位
置等光學設計參數，光學元件固緊設計必須使得這件光學元件依所需之精度，固定在設計的
位置上，必要時須提供微調或是調整焦距之需求，且不能因為過大的固緊應力，而影響光學
元件的光學性質。本節論及一般常見透鏡元件之固緊技術，討論的固緊元件係指軸對稱式光
學透鏡，其半徑在 10 mm 至 250 mm 之間，固緊考量因素包括組合光學系統之精度與調校、
環境影響因素，以及接觸應力等。其他非軸對稱光學元件之固緊所需考量因素與軸對稱相
仿，本文內容仍可供參考。

　　光學系統常採用鏡筒 (barrel) 或套筒 (cell) 安裝光學元件，並盡量使光學元件光軸與鏡筒機械軸同軸心。進行機械設計時，須在鏡筒上設定參考基準，並使用壓環 (retainer)、間隔環 (spacer)、彈性扣件以及膠合等方式固定鏡片。圖 5.11 為常見的透鏡固緊方式。圖 5.11(a) 為採用具螺紋的壓環將透鏡固緊於鏡筒內部之凸肩 (shoulder) 上，除了圖示之陽螺紋壓環外，亦可採用陰螺紋之壓環從鏡筒外部鎖緊。圖 5.11(b) 為包邊法 (burnish)，先將鏡筒車削出 0.2－0.4 mm 之薄環，再以工具將薄環擠壓變形，利用變形之薄環直接固緊透鏡，此方式又稱壓延夾持。若使用與鏡筒緊配合之間隔環，亦可直接固緊透鏡，如圖 5.11(c) 所示；亦可以使用具有彈性的 O 形墊圈、彈簧墊圈將透鏡固緊，如圖 5.11(d) 所示。

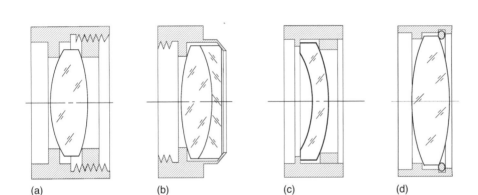

(a)　　　　　　(b)　　　　　　(c)　　　　　　(d)

圖 5.11
透鏡固緊方法。

　　根據前述固緊透鏡的方法，接續探討壓環或間隔環固緊透鏡的接觸，如圖 5.12 所示。可以由壓環或間隔環以直角與透鏡接觸，如圖 5.12(a) 所示，因直角接觸之壓環或間隔環加工容易，是最常被採用的設計，然接觸應力較大是其缺點。若為降低接觸應力，可如圖 5.12(b) 所示，在壓環或間隔環之接觸端設計圓角或弧面，使弧面與透鏡接觸；亦可設計如倒角般之斜面，如圖 5.12(c) 所示，使該斜面與透鏡球面相切，以減少接觸應力。適當的加工設備或成形刀具可以進行壓環或間隔環弧面或斜面之加工，若有特殊的要求，為避免透鏡之應力影響光學系統之性能，弧面和斜面接觸是可以採行的方案。而圖 5.12(d) 採球面與透鏡接觸的設計是接觸應力最小的設計，然而在壓環或間隔環上加工球面困難是主要的缺點，一般甚少採用此一設計。

　　除了前述之接觸型式，在文獻 1 及文獻 6 中也介紹其他利用壓環或間隔環之 45° 倒角，或是利用凹面透鏡平面側邊直接以平面接觸的方式，如圖 5.13 所示。不管是何種接觸方式，接觸應力對光學系統性能的影響皆應被列入考慮。Yoder 對各式接觸應力之分析與圖表有詳細的整理[1,6]，Bayar 亦曾針對壓環型式、鎖緊扭力與光學元件應力進行分析與實驗[7]，Yoder 亦介紹包括採用壓環上開槽、使用墊片或是橡膠墊圈，以及在壓環上設計細長凸肩等，利用壓環或其附件之變形以降低透鏡接觸應力之設計[1,6]。

　　透鏡之光軸定義為二個表面曲率中心之連線，為使透鏡之幾何中心軸與光軸重合，光學加工程序中需藉由定心機對透鏡進行磨邊。除此之外，鏡筒與壓環或間隔環等光機元件必須

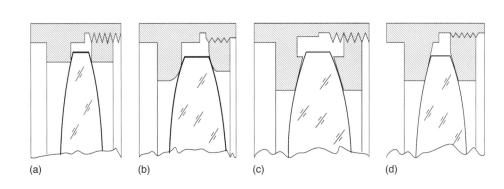

圖 5.12
透鏡固緊接
觸型式。

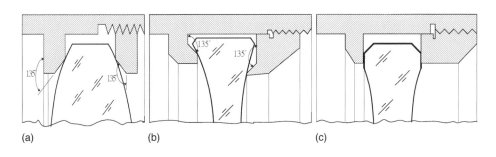

圖 5.13
利用倒角以
及平面與透
鏡固緊接觸
型式。

有良好的機械加工精度與幾何公差，以確保光機元件與透鏡有良好的接觸，並促使透鏡光軸固定於正確的位置，如圖 5.14 所示。光學設計階段通常提供光學元件材質、曲率、元件位置距離等參數，以及傾斜 (tilt)、偏心 (decentration) 與軸向偏移 (displacement) 等容差規範，機械設計者除選擇適當的夾持固緊方式外，壓環與間隔環厚度尺寸與接觸點位置係決定透鏡組裝之軸向相對位置之重要參數，需針對其幾何關係進行精確計算。

　　若是光機元件之加工精度不佳，即使透鏡定心加工良好，在組裝後透鏡之光軸亦不容易有良好的定位，圖 5.15 所示為鏡筒與壓環或間隔環因為精度不佳，而造成光軸偏心與傾斜的現象。若鏡筒內外徑之同心度不佳，如圖 5.15(a) 為二者軸心傾斜易造成組裝時光軸與鏡筒 B 基準之軸心有傾角；另外一種情形是鏡筒內外徑之軸心有偏移，造成組裝時透鏡之光軸與鏡筒外徑軸心偏移，如圖 5.15(b)；若鏡筒內外徑同心度沒有問題，但是鏡筒凸肩或是壓環及間隔環之接觸面傾斜，則在組裝時不易完全固緊，如圖 5.15(c) 及圖 5.15 (d) 所示。

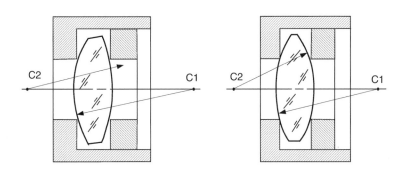

圖 5.14
良好的光機元件精度與正確
的接觸可修正透鏡光軸。

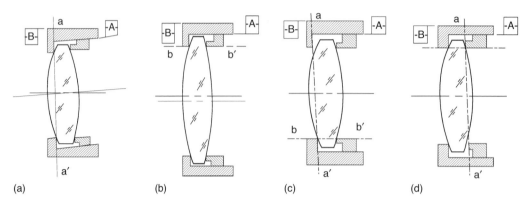

(a)   (b)   (c)   (d)

圖 5.15 光機元件加工精度不佳所造成之組裝誤差。

　　除了藉由前述機械元件接觸固緊透鏡之外，採用彈性墊圈固緊 (elastomeric mount) 透鏡也是常見的作法，如圖 5.16 所示。利用墊圈彈性變形的特性，可以吸收所夾持透鏡與光機元件因溫度變化所導致之熱變形，減少因熱膨脹變形所增加夾持之內應力，並可避免因振動導致之元件鬆脫，以及在某些特殊需求條件，如真空封合 (seal)，提供鏡頭封合隔絕外界環境干擾等優點。為方便灌膠，鏡筒需在適當位置設計灌膠孔，以注射器進行灌膠，並使用固定裝置協助光學元件組裝對位後灌膠，其固定裝置必須使用如鐵氟龍等容易與彈性墊圈固化後脫離的材料。圖 5.16 所示為一簡易的固定環，亦可設計易於進行透鏡位置微調之機構或墊片，待彈性橡膠材料固化後取下固定裝置，即完成膠合的程序。使用彈性墊圈進行透鏡固緊，可使用的材料包括合成樹脂 (epoxy)、urethane 樹脂及 RTV 膠等。使用時必須掌握灌膠時液態材料黏滯性，確使灌膠時能均勻填充於固緊區域；除此之外，材料固化的溫度與時間、固化後之收縮裕度、固化後之強度、使用溫度範圍等亦屬選用適當材料之考慮因素。文獻 1 記載一般徑向間隙為 0.25−2.5 mm，有些材料所提供型錄則建議更小的間隙尺寸，或可經由下式估算徑向間隙：

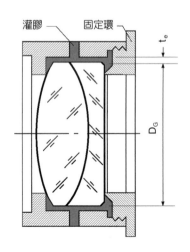

圖 5.16
利用彈性材料膠合固緊透鏡。

$$t_e = \frac{D_G}{2}\left(\frac{\alpha_M - \alpha_G}{\alpha_E - \alpha_M}\right) \tag{5.16}$$

其中，t_e 與 D_G 分別表示間隙與透鏡尺寸，α 為材料之熱膨脹係數，其下標分別標註鏡筒等光機元件 (M)、透鏡 (G) 及彈性墊圈 (E) 材料。

5.2.3 多片透鏡固緊設計

　　光學系統通常是由數個透鏡組件所組成，每個鏡組又是數片透鏡所構成，若鏡組透鏡外徑具有相同的尺寸，通常會將該組透鏡安裝於一鏡筒中，相鄰鏡片間以間隔環分開，並藉由間隔環尺寸控制光學設計之軸向間隙，其中間隔環與鏡筒之徑向間隙約為 0.075 mm，最後一片再以具螺紋的壓環加以固緊，Yoder 稱這樣的組裝方式為「drop-in assembly」[6]；若透鏡尺寸不相同，在光學設計階段即應考慮組裝的可行性，組裝時由小至大依序安裝於鏡筒內，並藉由鏡筒凸肩之位置與尺寸控制鏡片間之間隔距離，每片透鏡均需以壓環加以固緊，由於鏡筒內安置透鏡位置之內徑加工必須參照所安裝透鏡尺寸，因此這樣的組裝方式又稱為「lathe assembly」[6]。

　　此外，亦可採用先將一個或數個鏡片安置於套筒中，再將套筒置入鏡筒中，再依套筒尺寸是否相同依前述之原則進行鏡筒和間隔環之尺寸設計，這樣的組裝方式又稱為「poker-chip assembly」[6]。如何選擇間隔環和凸肩或二者搭配組合之設計，需一併考量光機元件加工和組裝調校之可行性與精度，選出能夠確保精度之設計，以滿足光學設計之要求。

　　關於控制鏡片間軸向間隙距離之計算可參考圖 5.17，光學設計給定的相鄰二透鏡 i 與 j 之間隙參數 T_A，係由厚度為 L_{ij} 之間隔環或凸肩輔助定位，若設計其接觸點分別為 P_i 與 P_j，透鏡接觸面之曲率半徑分別為 R_i 與 R_j，由圖中可知：

$$
\begin{aligned}
S_i &= R_i - \sqrt{R_i^2 - y_i^2} \\
S_j &= R_j - \sqrt{R_j^2 - y_j^2} \\
T_A &= L_{ij} - S_i - S_j
\end{aligned}
\tag{5.17}
$$

　　計算時需實際考慮透鏡接觸面之方向性 (凸面或凹面)，修訂上式之正負號。現因電腦輔助機械設計 (computer aided design, CAD) 軟體發達，可在滙入光學設計圖面後，在透鏡曲面上選擇適合的接觸點，作為設計之限制條件，在設計壓環和間隔環時由軟體自行計算其軸向的厚度，以利於控制光學元件之軸向相對位置。另為考慮組裝實務，通常會在鏡筒或間隔環等光機元件上設計排氣孔或槽，以利於組裝過程中排除鏡片間隙所存在的空氣。

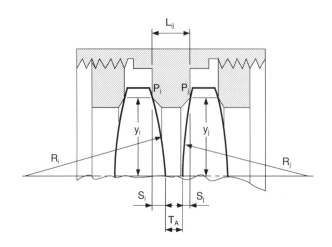

圖 5.17
軸向定位相關尺寸。

　　即使機械元件可以得到很好的加工精度，在組裝時能確實達到光學系統所設計之性能，然而操作光學系統之環境因素仍可能影響光學系統之性能，其中以溫度變化所造成元件之熱變形影響最為顯著。特別是在一些軍用或航太需求之光學系統，其操作環境與組裝實驗室之溫差及其溫度變化範圍大，因此如何降低熱變形對光學系統性能的影響，必須列入設計的考量。

　　其中常見的方式包括採取操作環境恆溫控制，或是在元件上設計溫度補償之加熱片或電致冷元件 (TE cooler) 以控制特定元件的溫度，以及選用因鋼 (Invar) 等低熱膨脹係數材料皆是可以採行的措施。另外採取熱變形補償的設計方案，利用不同元件材料之熱膨脹係數差異，以及不同方向的熱變形進行熱變形補償。以圖 5.18 之所示為例，其中光學設計之焦長 f，當溫度變化時，鏡筒 L_1 之長度隨之伸長或縮短，本例設計一夾持焦平面長度 L_2 之套筒，其熱變形之方向與 L_1 相反。鏡筒與套筒選用不同的材料，其熱膨脹係數差異搭配二者尺寸之組合，可以達到熱變形補償的效果。當然溫度變化也會對光學元件之尺寸與光學性質有所影響，若能將其量化後一併列入計算，可得到最佳的 L_1 與 L_2 及其熱膨脹係數之組合。

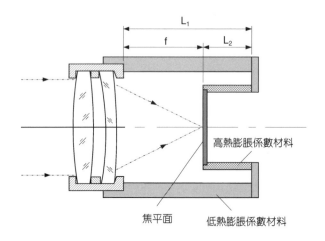

圖 5.18
鏡筒熱變形補償之設計。

5.2.4 反射鏡與稜鏡固緊設計

　　光學系統中，稜鏡與反射鏡屬常見之光學元件，由於反射面變形對光學性能之影響甚於折射面，因此當使用稜鏡之部分平面反射光線或是使用反射鏡時，其固緊尤須注意降低夾持所造成之內應力，以避免影響光學系統之性能。本文所介紹之反射鏡固緊的技巧，所界定之尺寸範圍從數公分至數十公分之尺度，而動輒數公尺直徑之大型反射式天文望遠鏡的反射主鏡，其固緊與支撐則可參閱文獻 1 之介紹。

　　本文所討論之固緊夾持設計需一併考慮光學元件之剛性、反射面之容許變形量、夾持接觸面之位置與方向及形狀、夾持接觸面所受作用力、因受到暫態衝擊與振動所導致光學元件及夾持接觸面之作用力、溫度變化、夾持機械元件與界面 (interface) 之剛性及穩定性、組裝調校，以及總體尺寸與重量等設計規範。當反射鏡的通光口徑不大，且與前述之透鏡同屬軸對稱之幾何形狀時，其固緊技巧與接觸概念與前述之透鏡固緊概念相仿。但常見非軸對稱幾何形狀之稜鏡與反射鏡的固緊方式，可歸類有四種：(1) 半運動學固緊設計，(2) 非運動學之機械夾持 (non-kinematic mechanical clamp)，(3) 膠合 (bonded mount) 及 (4) 撓性夾持 (flexure mount)[8]，概要整理如下。

(1) 半運動學固緊設計

　　半運動學之固緊設計係因應運動學設計點接觸應力過大時，將接觸點擴大為小面積接觸，以圓柱襯墊取代鋼球降低接觸應力。圖 5.19 分別為 Porro 稜鏡及直角稜鏡之半運動學夾持設計，其自由度與拘束度之架構及幾何關係與運動學夾持設計概念相仿，藉由六個襯墊提供線性獨立的拘束力量。為完全拘束受夾持的稜鏡，在接觸襯墊施力之反方向常以各式彈簧元件壓緊光學元件，達到固緊的目的，其預壓之夾持力量，則為各彈簧力量之向量和。

　　圖 5.20 為反射鏡之半運動學固緊設計之一例，事實上其拘束力量之配置雖然有六個拘束力量，但其組合為線性相依之拘束力量，由其組合可以很明顯地看出對軸心旋轉之自由度並無法直接受到拘束，然因為半運動學設計之小面積接觸，可由摩擦力提供對軸心旋轉之拘束，且旋轉並不會對此軸對稱反射鏡之光學性能有直接的影響。

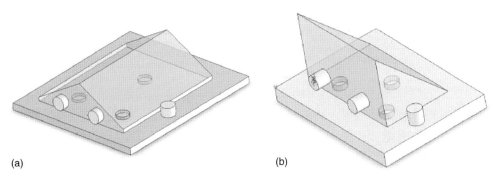

(a)   (b)

圖 5.19 稜鏡之半運動學固緊設計，(a) Porro 稜鏡之固緊，(b) 直角稜鏡之固緊。

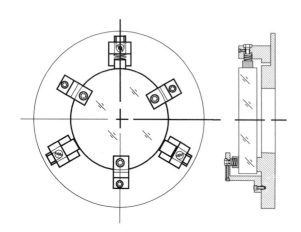

圖 5.20 反射鏡之半運動學固緊設計。

圖 5.21 使用彈性夾與襯墊固緊反射鏡。

(2) 非運動學之機械夾持

　　並非所有的光學儀器所使用之稜鏡或反射鏡之幾何外形或其操作環境皆適合採用如前述之半運動學夾持設計，而是使用以彈簧鋼所製彈性夾 (clip)、彈性襯墊或是橡皮帶等，以面接觸夾持光學元件表面，如圖 5.21 為一非運動學設計之簧片夾持固緊設計。使用機械簧片夾持面接觸固緊方式，需注意彈性夾持之力量，使簧片夾與光學元件保持接觸，避免因振動造成光學元件位移影響系統之光學性能。

(3) 膠合

　　對於需承受衝擊與劇烈振動等惡劣操作條件之光學系統，例如軍用與航太等級光學儀器，常使用膠合進行光學元件之固緊，對於反射鏡及稜鏡更是如此。而膠合固緊方式因其便利性與可靠性，亦可廣泛應用於其他用途之光學儀器系統。採用膠合固緊方式時，需掌握黏著劑 (adhesive) 之材料特性、黏著層厚度與黏著面積、膠合表面之清潔、黏著劑與被黏著之機械與光學元件之熱膨脹係數差異，以及使用環境條件與後續維護保養等因素。

　　圖 5.22 為一 Pehcan 稜鏡之膠合實例，關於膠合之技巧與其他注意事項可參考文獻 9，其關鍵在於確保黏著劑與光機元件之結合強度，以及膠合面積能夠承受光學元件之重力與加速運動時之作用力。除圖中所示三點膠合之技巧外，亦可採雙邊對稱之膠合設計。

(4) 撓性夾持

　　由於固緊所使用之機械元件與光學元件間之熱膨脹係數差異，在溫度變化時夾持力隨之變化所導致光學元件的內應力與變形，將對光學系統產生不良的影響，特別是在一些大型的光學元件夾持固緊更需注意這個問題。因此許多大口徑的光學系統會採用撓性夾持，以進行反射鏡與稜鏡的固緊，藉由撓性結構的形變，吸收因熱膨脹係數的差異所導致光學元件的內

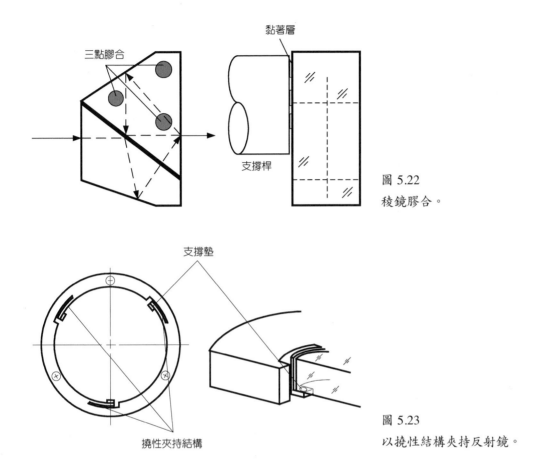

圖 5.22
稜鏡膠合。

圖 5.23
以撓性結構夾持反射鏡。

應力與變形。圖 5.23 為一典型的撓性夾持設計,藉由夾持件之撓性變形吸收反射鏡與夾持件間之尺寸變化。

　　撓性機構支承除適用於大型的稜鏡與反射鏡,亦常見於大口徑反射式天文望遠鏡之主鏡支承結構以及連結主鏡與次鏡之結構。圖 5.24 為國研院儀器科技研究中心參照福衛二號遙測系統所設計之 30 公分口徑光學遙測系統,即採用六支桿件支承之空間桁架 (spatial truss) 結構以支撐整個光學系統,其中每根支撐桿二端各設計凹槽使之成為鉸鏈 (hinge),使該桿件在沿著桿件軸向有最大的剛性,其餘的自由度均可容許少許的撓性變形,就如同一可微動之萬向接頭 (universal joint)。由於有六根桿子支撐整個光學鏡組,且其支撐力量分別是沿著桿件軸向,可以達到最佳的結構剛性,因此類似的空間桁架結構普遍見於大型天文望遠鏡等光學系統。

　　前述四種固緊方式適用於夾持玻璃材質之反射鏡與稜鏡,對於某些金屬材質反射鏡之固緊技術除可參考前述四種方法之外,亦可利用金屬材質易於切削加工之特性,在反射鏡本體

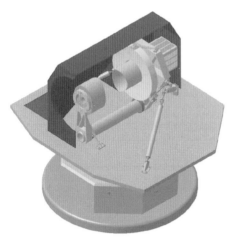

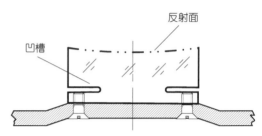

圖 5.24 儀器科技研究中心所設計之光　　　　　　　圖 5.25 金屬材質反射鏡固緊。
　　　　學遙測系統。

上設計可供固緊與定位的插銷和螺孔，並可設計本體結構在固緊過程中所造成的應力與變形
侷限於部分區域，而不致造成反射面變形。如圖 5.25 為一金屬材質反射鏡之固緊方式，所
設計凹槽可避免固緊螺絲之力量造成反射面之變形。

5.2.5 結語

　　本節針對常見之光學元件，例如透鏡、反射鏡與稜鏡等，以其固緊設計實務進行介紹，
實際從事設計時，仍得依個案選擇最適合的固緊方式。再則多數的光學系統係由數個鏡組所
構成，所使用光學元件常是折射與反射元件兼具，因此，其固緊設計通常不限於一種方式，
而是包括間隔環與壓環等接觸固緊、膠合以及機械夾持等，由各種固緊方式所組合而成。

　　基本上，固緊設計之程序是在完成光學設計之後，藉由機械設計將光學元件定位，並保
持其間的幾何關聯性，包括光學元件之傾斜、軸向間隙與對心等，皆是固緊時需控制的幾何
參數。然而，機械加工所產生的尺寸與幾何公差、固緊所造成接觸力，以及光學系統操作環
境條件等，如溫濕度等條件，也是光學系統誤差的成因。因此，固緊設計是必須整體考量如
何確保光學元件定位精度與操作環境各項誤差來源所衍生之工程實務問題。其中固緊機件之
尺寸與幾何公差可以回饋至光學設計階段進行容差分析，接觸應力與熱變形等亦可藉由有限
元素法 (finite element method) 進行電腦輔助工程分析。因此，進行光機設計時，除可參考本
節所介紹的固緊設計實務，仍可依個案就各種可行固緊方式進行工程分析，以得到最適化的
工程設計方案。

5.3 變焦機構設計

　　光學鏡頭放大率的變化可藉由改變物距、像距或是焦距來達成，兩種方法產生的透視比例並不相同。若是改變物距、像距，攝影者必須移動拍攝位置，有時會顯得不便或根本無法移到所需的位置。若是改變焦距則沒有這些困擾，攝影者站在原地，於鏡頭變焦範圍之內任意操作鏡頭改變放大率，便利性十足，所以即使價格較高，現在大部分的數位相機與數位攝錄影機皆配備光學變焦鏡頭 (zoom lens)。

　　從市售商品來看變焦鏡頭的運作，有些從外觀看不出任何變化，例如數位攝錄影機，有些則呈現大幅度的長度伸縮，例如傳統雙眼相機與數位相機，有的則小幅度的變化長度，例如單鏡頭反射式相機與部分的數位相機。由此可以想像其內部設計與結構有非常大的差異，事實上決定這些差異的是光學設計，當然光學設計又受限於影像擷取元件、畫質要求、物理特性、空間尺寸、機械結構、市場等特性需求，因而衍生各種不同型態的設計。

　　變焦鏡頭是項高度光機整合的產品，光機構設計的基本準則是提供必要的保護並維持光學關聯性，具體而言有四項：(1) 將正確的光學元件固緊於正確的位置並維持於操作狀態，(2) 維持光學元件於清潔的狀態並免於水氣、油污與外來物的侵襲，(3) 預防刮傷、屑片等對光學元件的物理性傷害，(4) 維持結構的強健與整體性。所以光學設計與機構的設計是鏡頭設計一體的兩面，達成上述需求是光機構設計基本要件。

5.3.1 變焦鏡頭鏡組運動

　　以工程設計的流程而言，光學設計的輸出是機械設計的輸入，欲將「正確的光學元件固緊於正確的位置並維持於操作狀態」，首先需了解光學鏡組的運動方式。圖 5.26 是各種典型的變焦鏡頭的鏡組，圖 5.26(a) 與圖 5.26(b) 常見於傳統雙眼相機，全部鏡組皆往一個方向運動且行程很大，所以伸縮沉筒式機構是適當的選擇。圖 5.26(c) 與圖 5.26(d) 常見於數位相機，變焦時長度變化不大，但其間的空隙可以在關機時收攏起來，所以也採用伸縮沉筒式機構。圖 5.26(d) 與圖 5.26(e) 常見於單鏡頭反射式相機，適用於可交換鏡頭的變焦機構設計，由於相機機身內部像平面之前有一片觀景窗用的 45° 反射鏡，所以伸縮式機構不適用。圖 5.26(f) 通常運用於高倍率的數位攝錄影機與少數的數位相機，鏡頭總長度固定，變焦鏡組運動時從外部看不出來，所以有人稱為內變焦系統。故不同的光學設計基本上已限制了變焦機構的選擇空間，但千變萬化的機構設計還是造就了寬廣的設計創意空間。

5.3.2 變焦機構的合成

　　前述光機構設計的四項基本準則，以第一及第四項對機構設計的決定性最強。一般運動機構的選擇方案不外乎齒輪機構 (gear mechanism)、凸輪機構 (cam mechanism)、螺旋機構

第 5.3 節作者為鄭陳嶽先生。

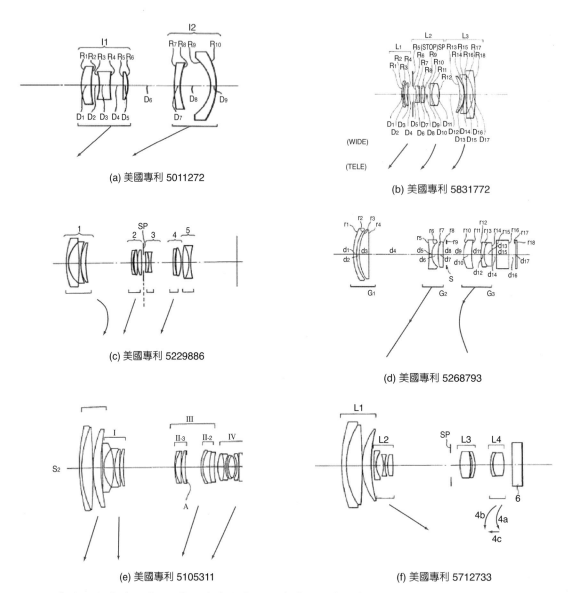

圖 5.26 常見的變焦鏡頭鏡組 (箭頭代表變焦過程中鏡組運動的軌跡)。

(screw mechanism) 與連桿機構 (linkage mechanism)，因保持光學關聯性並維持於操作狀態的需求，欲精確地控制圖 5.26 的各種軌跡，凸輪機構成為最主要的選擇。在 CNC 加工未發達的年代常有所謂的「光學補償」鏡頭設計，現代加工技術精進，幾乎所有的變焦鏡頭皆是「機械補償」鏡頭，以精確的凸輪修正焦點的誤差。基本的變焦凸輪機構如圖 5.27 所示，由圓柱凸輪套筒、直線套筒與鏡組構成，直線套筒固定不動，鏡組上的滾子同時穿過直線套筒與凸輪套筒，轉動凸輪套筒，凸輪溝槽與直線溝槽的交點變化構成鏡組沿軸向運動的軌跡。以此原則變化凸輪溝槽與直線溝槽的形狀、構造與位置產生各式各樣的變焦機構，以下介紹常見的變焦機構設計。

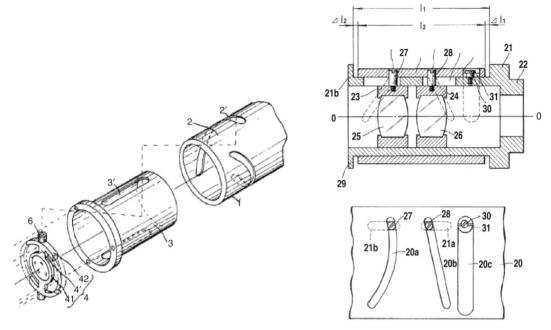

圖 5.27 基本的變焦凸輪機構(美國專利 3951522)。　　圖 5.28 同軸凸輪變焦機構(美國專利 4281907)。

(1) 同軸圓柱凸輪變焦機構

這是最普遍的變焦機構如圖 5.28 所示,凸輪軸與光軸重合,結構簡單具優越的剛性與整體性,巧妙地安排凸輪溝槽可同時控制四組以上的鏡組運動,常見於可交換鏡頭、投影機鏡頭等。

(2) 伸縮式同軸圓柱凸輪變焦機構

現在的傳統雙眼相機或數位相機大部分是這種架構,伸縮式變焦機構隨著焦距的變化改變鏡筒 (barrel) 的長度,關機時更利用延長變焦凸輪的手法將鏡組間距全部收納,整個鏡頭縮至機身內,輕薄短小的設計對使用者而言非常方便。伸縮式變焦機構有多種變化與設計,以鏡筒突出機身的鏡筒級數可約略分類,級數越多結構越複雜。

一級伸縮同軸凸輪變焦機構如圖 5.29 所示,固定套筒 **14** 內徑部分含有直線溝槽是線性引導機構,往內一層是可轉動的凸輪套筒 **20**,凸輪溝槽通常有一組或多組,以三條相同軌跡的凸輪溝槽構成一組,再往內一層是可伸縮鏡筒 **27**,以第一組 (由物空間往像空間算起)凸輪溝槽控制其運動,第一群鏡組即跟隨伸縮鏡筒 **27** 運動,第二群鏡組可利用第二組凸輪溝槽控制其運動,或是設計另一個內凸輪置於鏡筒 **27** 之內,內凸輪隨凸輪套筒 **20** 轉動來驅動第二群鏡組;於是鏡組各以不同的軌跡運動,且只有一個鏡筒伸縮。

二級伸縮同軸凸輪變焦機構如圖 5.30 所示,固定套筒 **12** 內徑部分含有陰螺紋與構成線性引導機構的直線溝槽;往內一層是第一級伸縮的凸輪套筒 **10**,馬達減速後驅動凸輪套

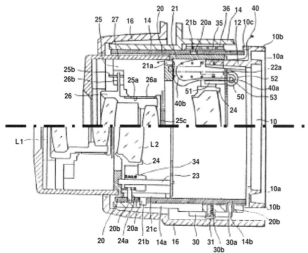

圖 5.29

一級伸縮同軸凸輪變焦機構 (美國專利 5043752)。

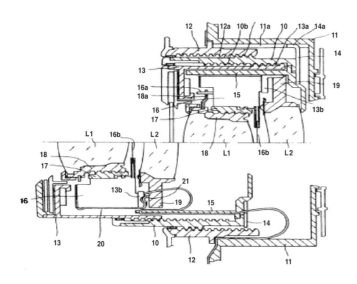

圖 5.30

二級伸縮同軸凸輪變焦機構 (美國專利 5079577)。

筒，凸輪套筒的內徑有凸輪溝槽與陰螺紋，外徑有齒輪與陽螺紋，成形加工非常困難，凸輪套筒被驅動後一面旋轉一面沿著固定套筒 **12** 的陰螺紋往前推進；再往內一層是第二級伸縮的鏡筒 **13**，鏡筒 **13** 的外徑有陽螺紋，另有一線性引導構件，其一端在固定套筒 **12** 內部的直線溝槽滑動，另一端則限制鏡筒 **13** 的轉動，當凸輪套筒 **10** 轉動時，鏡筒 **13** 因被限制轉動而產生線性運動向前推進形成第二級伸縮；所以鏡筒 **13** 內的第一群鏡組是以螺紋推進的，第二群鏡組則是利用凸輪套筒內的凸輪溝槽造成與第一群鏡組的行程差異。若有第三群鏡組則再在凸輪套筒 **10** 內增加另一組凸輪溝槽即可控制不同的軌跡。

　　三級伸縮同軸凸輪變焦機構如圖 5.31 所示，橫段面呈狹窄 U 字形的固定套筒 **11**，外壁有缺口讓傳動小齒輪深入 U 字形空間，內壁有一組構成線性引導機構的直線溝槽；轉動筒

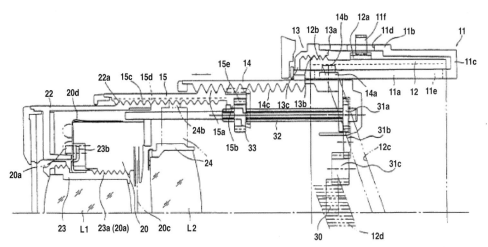

圖 5.31 三級伸縮同軸凸輪變焦機構 (美國專利 5535057)。

12 置於固定套筒 **11** 的 U 字形空間中，由主動小齒輪 **11f** 驅動轉動筒外徑上的齒輪而旋轉，轉動筒內徑上有一組具固定導程角度的凸輪溝槽及一組與凸輪溝槽同角度的內齒輪 **12d**；固定套筒 **11** 的直線溝槽與轉動筒 **12** 的凸輪溝槽構成一組凸輪機構推動第一級伸縮鏡筒 **14** 往前伸出，鏡筒 **14** 內徑有陰螺紋及一組直線溝槽，鏡筒 **14** 的陰螺紋與第二級伸縮鏡筒 **15** 的陽螺紋囓合；鏡筒 **15** 內徑有陰螺紋、一組凸輪溝槽及內齒輪 **15e**，鏡筒 **15** 是迴轉構件，鏡筒 **15** 的陰螺紋與第三級伸縮鏡筒 **22** 的陽螺紋囓合。

　　另外有一個線性引導機構，其一端在固定套筒 **11** 內壁的直線溝槽滑動，另一端則限制鏡筒 **22** 的轉動，線性引導機構，上有一小齒輪 **31a**，透過齒輪組與轉動筒內徑上內齒輪 **12d** 囓合，轉動筒旋轉時帶動小齒輪 **31a** 與小齒輪 **33** 旋轉，小齒輪 **33** 驅動內齒輪 **15e** 使第二級伸縮鏡筒 **15** 一面旋轉一面沿著鏡筒 **14** 的陰螺紋往前推進，小齒輪 **33** 一面驅動鏡筒 **15** 前進，同時又被鏡筒 **15** 拖著沿著栓軸 **32** 前進；當鏡筒 **15** 轉動時，鏡筒 **22** 因被線性引導機構限制轉動而產生線性運動向前推進形成第三級伸縮；第一群鏡組固定於鏡筒 **22**，第二群鏡組則由鏡筒 **15** 內的凸輪溝槽與在鏡筒 **14** 的直線溝槽上滑動的第二個線性引導機構組成的凸輪機構驅動，使其運動軌跡不同於第一群鏡組，若有第三群鏡組則在鏡筒 **15** 內增加另一組的凸輪溝槽即可控制不同的軌跡。

(3) 離軸式圓柱凸輪變焦機構

　　離軸式凸輪變焦機構有多種可能的凸輪變化形式，最典型的如圖 5.32 所示，常用於高倍率的變焦鏡頭、手機相機或是觀景窗 (view finder) 變倍率機構。在這個設計中我們可以看到早期的導桿軌道結構，驅動軸 N-N 上有凸輪與螺紋，鏡群 B 由螺紋驅動，其運動距離與驅動軸的迴轉角度呈正比，鏡群 A 由凸輪槽 Q 驅動，其運動距離與驅動軸的迴轉角度呈非線性關係，運動群 A、B 沿著共同的滑軌運動，增加凸輪槽可控制多個非線性運動的鏡組。

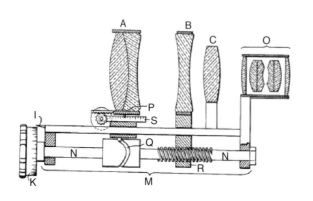

圖 5.32
離軸式凸輪變焦機構 (美國專利
2165341)。

(4) 平面凸輪變焦機構

　　第一種類型是平移式平面凸輪變焦機構，如圖 5.33 所示，現在較常用於高倍率的變焦鏡頭或觀景窗變倍率機構，鏡組的線性引導機構依舊是兩支導桿，平面凸輪可視為將同軸凸輪的半徑增加到無限大，平面凸輪運動所需的空間較大，對於輕薄短小的產品設計趨勢較為不利。

　　第二種類型是迴轉式平面凸輪變焦機構，如圖 5.34 所示，常用於手動式變焦鏡頭，鏡組的線性引導機構亦是利用兩支導桿，巧妙地安排平面凸輪溝槽的配置可以得到較小的體積，不會出現圖中誇張的巨大迴轉式平面凸輪。

(5) 直接驅動式變焦機構

　　當變焦鏡組少於兩群，而這兩群的光學關係又與焦距、物距同時皆有關時，以馬達直接

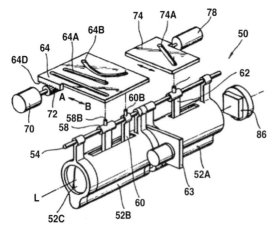

圖 5.33 平移式平面凸輪變焦機構 (美國專利
　　　　5140468)。

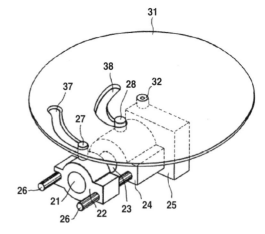

圖 5.34 迴轉式平面凸輪變焦機構 (美國專利
　　　　5113261)。

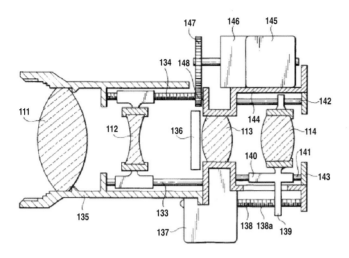

圖 5.35

馬達直接驅動式變焦機構 (美國專利 5854711)。

驅動式變焦鏡組既可行又方便，圖 5.26(f) 所示的光學設計是目前數位攝錄影機的基本光學結構，適用於十倍以上的變焦鏡頭。1987 年 Olympus 與 Canon 不約而同提出「正負正正，一、三群固定，二、四群變焦，第四群對焦」的光學設計專利，而後攝錄影機變焦鏡頭的設計大致沿用此架構，其鏡筒機構如圖 5.35 所示。該架構具有數個優點，首先是以最少的運動鏡組達到高倍變焦的效果，特別是第一群固定後大幅簡化機構複雜度，若是以第一群對焦，因向前伸出時需要較大的口徑，造成體積與重量的增加；其次是第三群與光圈機構固定使鏡筒機構設計簡易化；再則第二群變焦的馬達直接驅動方式使焦距變化量對焦距的比值約呈固定，第四群兼具變焦與對焦的任務，這就是所謂「後對焦 (rear focusing)」的方式，不佔據額外空間；最後是光程總長度固定，無需複雜的伸縮凸輪機構，並以多導桿的方式構成鏡片組運動軌道，機構精密度較易掌握控制。

5.3.3 驅動機構

　　至於馬達驅動機構目前有幾種具體的做法，首先是如圖 5.36 所示的步進馬達驅動式機構。近年來隨著數位影像感測元件像素的提升而追求光機系統更高的精密度，如果導桿與驅動螺桿不平行，鏡組座的移動就會不平順，尤以對焦鏡組要求更高的定位精度與響應 (response) 等。因此，為了達到這樣的平行度要求，必須提高零件的精度或提出一個可吸收不平行度的機構；常見的設計是導入一個撓性零件來吸收誤差，或利用圖中的可轉動零件 **5** 以吸收誤差。

　　另一種是線性馬達驅動機構，如圖 5.37 所示。前段提到對焦鏡組要求更高的定位精度與響應，線性馬達即顯現出其優越性並兼有低雜訊的優點。線性馬達的固定部 **2** 是由定子與磁鐵構成，可動部 **3** 包括線圈與鏡組，並以磁阻感測器作為位置回授元件。

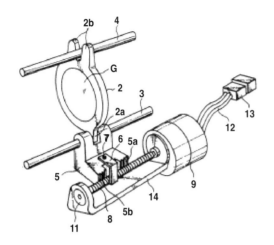

圖 5.36
步進馬達直接驅動機構 (美國專利 5150260)。

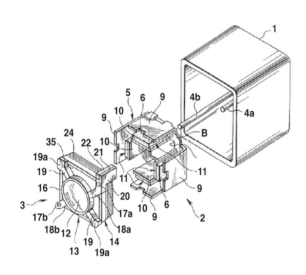

圖 5.37
線性馬達直接驅動機構 (美國專利 5471100)。

　　在手機相機與數位相機的領域，有越來越朝小型化發展的趨勢，前述的各種凸輪機構及步進馬達、線性馬達等組件小型化的範圍有限，於是以壓電元件 (piezoelectric element) 驅動鏡片組在光軸上前進後退實施變焦或對焦的效果成為另一種設計方案，如圖 5.38 所示，其中壓電元件 **205** 受電壓波形的控制伸長或縮收來推動鏡組，並以磁阻元件 **203** 及磁條 **202** 作為位置回授機制。

5.3.4 變焦機構的設計程序

　　變焦鏡頭的設計是嚴密的光學、機械與製程能力的整合過程，調制轉換函數值 (modulation transfer function, MTF) 是衡量鏡頭品質的客觀指標。假設透鏡皆被完美地製造出來，影響鏡頭 MTF 的主要機械因素有三項，首先是鏡片組安裝與驅動的傾斜 (tilt) 誤差，其次是鏡片組安裝與驅動的橫向偏心 (decenter) 誤差，最後是鏡片組安裝與驅動的軸向偏位

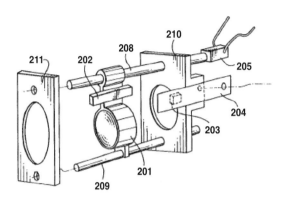

圖 5.38
壓電元件直接驅動機構 (美國專利 6392827)。

(displacement) 誤差；其他尚有機構件產生的雜散光，光圈、快門對曝光準確度的影響等。欲兼顧這些嚴格的需求，現代品質工程技術提供了發展完備的設計方法與程序可供遵循，第一階段是選擇優越的概念設計，第二階段是參數設計最佳化，第三階段是產品與容差設計。

概念設計階段是個選擇的過程，目標是選擇內在特質強健與優越的概念設計，也是種標竿瞄準 (benchmarking) 的形式，比較數款市售同類型的競爭產品分析其優劣強弱，利用品質機能展開手法將顧客的聲音轉換為產品技術需求，這些資訊是未來工程團隊作各種合理判斷與妥協選擇的依據。敏感度分析在此階段很重要，據此選擇對雜訊 (noise) 干擾相對強健的概念設計。光學設計是機構設計的設計輸入，相同的規格有多種設計方案符合目標，考慮敏感度分析、技術成熟度、製程能力等因素去選擇符合顧客需求的強健設計。變焦機構亦是如此，配合光學設計鏡組運動軌跡考慮凸輪、螺旋、齒輪與連桿等線性與非線性運動機構的特性與精密度，外來水氣、油污、灰塵、碰撞及震動等雜訊干擾因素對設計強健性與整體性的影響與敏感度，並調查分析重要機構組件的現有製程能力，客觀選擇內在特質強健與優越的概念設計。

參數設計階段是最佳化的過程，將製造與設計內所含的雜訊對概念設計作最佳化的分析，參數設計的內容約有 80% 的工程分析與規劃，以及 20% 的實驗與數據分析，參數設計的另一個重點是讓系統設計免於控制因素的相互影響，使系統設計保持強健性。參數設計的輸出是一組公稱目標值 (nominal value)，這組數據即是系統的細部規格。前述的傾斜、橫向偏心、軸向偏位是機構參數設計最佳化首要任務，光學與機構在此階段須反覆分析、修改設計參數，補償機制 (compensation) 亦是其中重要的參數設計之一，其他的參數設計有：強度、負載、作用力、速度、重量、功率及可靠度等。

產品與容差設計階段是品質與成本平衡的過程，在產品或零組件的功能品質與總成本之間取得平衡。參數設計的公稱目標值是本階段的設計輸入，次系統與零件公差於此時被決定並產出工程藍圖。設計團隊必須依據成熟可靠的加工製程能力 (process capability) 及組裝製程能力，以考量模擬系統品質，並執行零組件的容差設計。這樣的設計流程雖然略顯繁複，但唯有如此才能在最低的成本之下，達成本節一開始所闡述的四項準則，並符合顧客的需求與市場競爭力。

5.4 雜光分析及抑制

5.4.1 前言

　　雜光 (stray light) 或稱雜散光，簡單的說，就是光學系統中不要的光。雜光的出現會產生假訊號，降低影像對比度及訊雜比 (signal-to-noise ratio, S/N ratio)，或造成光輻射度 (radiometry) 失真，所以必須加以抑制。雜光的抑制程度視系統要求而定，由於電腦軟體功能的不斷提升，目前較普遍、較符合經濟效益的作法為預先利用光學追跡 (ray tracing) 軟體建立分析模型，在光學及機構模型中輸入光學表面性質，經由軟體分析雜光路徑與重要物件後，於必要位置加上適當遮蔽物或表面處理，經軟體分析認為可行後，再進行實際硬體製作，以節省時間及成本。

　　常用之光學軟體在追跡處理上，可分為序列式 (sequential) 光學追跡及非序列式 (nonsequential) 光學追跡二種方式。前者常見於一般光學系統優化設計軟體，如圖 5.39 所示，光線經第一面光學元件後到達第二面，以此類推至最後一面，此類追跡方式無法改變光線前進順序，且機構元件不出現於此類分析中。非序列式追跡則可加入機構元件，光線可設定為同調 (coherent) 光或非同調光，可在空間中自由傳播不受到元件排列順序的限制，如圖 5.40 所示，而且當光線經過元件表面時，可以利用表面的光學特性來模擬光線經過表面作用後折射、反射、部分穿透部分反射、散射乃至於雙折射等光學現象。由於非序列式光學比較貼近於光線實際在光學系統中傳播的情形，因此雜光分析常使用非序列的追跡方式。整體而言，序列式追跡較強調光學系統的整體品質分析及優化，而非序列式追跡則較著重於光輻射度與能量層面上的分析。

　　雜光分析的最終目的在於尋找出影響力足夠大的雜散光線，並且對其加以抑制，而分析方式有定性及定量二種。所謂的定性分析主要在尋找出系統中影響顯著的關鍵元件或表面，並且利用分析的結果針對關鍵元件或表面加以適當的處理，來達到抑制雜光的目的。而定量分析則注重在雜光能量對於影像品質的影響，在光學系統尚未實際製造組裝前，透過模擬計算的方式先瞭解雜光比例，並判斷其結果是否符合規格或是為使用者所接受。雜光的抑制需求隨系統而異，如成像系統要求較一般非成像系統高，而一般人眼用之成像光學系統的要求則比星象儀 (star tracker) 低，所需進行抑制工作也相對不同。

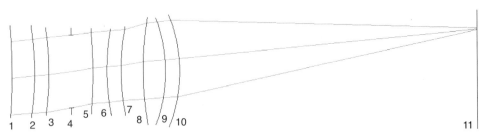

圖 5.39 序列式光學追跡，圖中編號為光學追跡順序。

第 5.4 節作者為黃鼎名先生、何承舫先生及張勝聰先生。

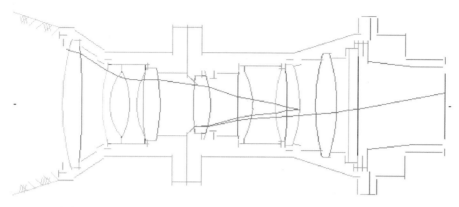

圖 5.40 非序列式光學追跡，光線可不按光學設計順序前進。

5.4.2 雜光影響

雜光抑制對於系統的特性，甚至計畫或任務有決定性的影響，不能等閒視之，因此最好是將此項列為系統層級之重要工作。文獻中可發現多項計畫因未詳加考慮雜光的分析與抑制，或抑制雜光材料選取不當，而導致計畫延遲或任務品質降低，例如在 SPIRIT I 衛星所酬載之光譜儀中，出現一條由於擋光板材料逸氣 (outgassing) 產生之異常吸收譜帶的假訊號，而影響訊號分析[11]。另外，宇宙探測計畫 (COBE) 振動測試完畢後，發現來自機構的落塵導致計畫轉向，必須重新尋找通過測試的合適材料，使得時程嚴重延後[12]。雜光問題也出現於天文望遠鏡中，例如正常影像中出現視角外星體訊號，降低正常訊號對比度而干擾觀測。這些於光學系統實際測試或使用時才發現的問題，並非我們所樂見，要避免類似情形發生，在一開始系統設計的階段，就必須將雜光對於系統的影響列入考量。

一般照相機取像時，若有太陽光斜入射疑慮時，多會於鏡頭前加一遮光罩，目的在於防止太陽光造成之雜光。若透鏡抗反射膜品質不佳，則可能於成像中出現光圈的雜光鬼影 (ghost image) 成像。如圖 5.41，太陽位於鏡頭視角之外，由於陽光引起的雜光使得左上角部分的影像對比度大幅降低，右下方也產生一圓弧鬼影。部分光學儀器系統對於光輻射度準確度要求相對較高，例如多光譜遙測系統利用地面特徵在各光譜波段反射率不同的特性，判識影像上之特徵種類，如圖 5.42 所示，由於利用感測器上的讀值進行影像處理，因而雜光對光輻射度的干擾將影響最後影像判識的準確性。

5.4.3 雜光來源

為使光學系統性能達到規格需求，有必要先瞭解雜光的來源或路徑以進行有效抑制。雜光來源分項方式因人而異，依筆者經驗主要可分下列數項：(1) 來自視角外光線直射，(2) 光學或機構元件表面反射，(3) 來自元件表面散射 (scattering)，(4) 由於波段範圍設定，(5) 由於機構本身之自發輻射，(6) 由於光學系統口徑造成之繞射。

圖 5.41 雜光影響範例，使用鏡頭 Canon FD 24
mm F/1.4L 視角約為 47 度。

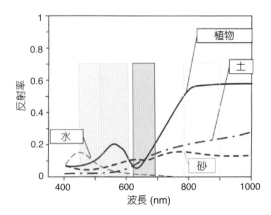

圖 5.42 地面特徵反射率，紅、藍、綠及近
紅外區域為選取波段範圍。

　　第一項雜光發生於反射式 (reflective) 或折反射式 (catadioptric) 望遠系統，此類光學系統視角多小於 3 度，光線經主次鏡反射後經修正透鏡 (是否具修正透鏡視光學設計而定) 到達焦平面，如圖 5.43(a) 所示。若無適當遮擋，視角外光線也可不透過主次鏡反射直接入射焦平面，如圖 5.43(b)，結果就如同在正常的成像中外加一干擾像，干擾結果依此雜光光源強度與正常光源強度而定，若雜光光源為太陽光，則正常成像可能完全被雜光掩蓋而無法辨識。因此常在主次鏡前加裝擋光板 (baffle) 及擋光舵板 (vane)，並於系統外面裝置一遮光罩及必要之擋光舵板，如圖 5.43(c)。

　　第二項由於光學或機構表面的反射路徑，包括下列三類：

(1) 由主次鏡間二次或多次反射造成，此類雜光係由擋光板設計不良引起，如圖 5.44(a) 為光經主次鏡之二次反射後到達焦平面成為雜光，圖 5.44(b) 則為光經主次鏡之三重反射後成為雜光。

(2) 由透鏡間多重反射造成，此多重反射因為光學表面非 100% 穿透 (由於 Fresnel 反射或鍍膜造成)，這經過多次來回反射後的雜光最後如果落在焦平面上，通常會產生如鬼魅般的重疊影像，如圖 5.41。此類雜光也稱為鬼影。鬼影也會因為鏡組組成結構的關係，在折射、反射的作用下，形成發散或是匯聚型態的分布，發散型分布通常會降低影像對比度，而匯聚型分布則會形成重疊的影像或是明顯的光點，進而影響影像品質。

(3) 也有 Narcissus effect (感測器經由光學元件看見本身)[15] 所造成，如圖 5.45 所示，此現象常於紅外光鏡頭中討論。CCD 感測器，尤其是線性 CCD，在非感光區域通常會處理成鏡面，當 CCD 前裝置光學元件 (通常為濾光片) 時，光線會於濾光片及 CCD 非感光區域間來回反射後進入感光區域成為雜光。

　　第三項雜光常伴隨光學元件之反射，如圖 5.46 所示。此現象是由於主鏡或次鏡潔淨度不佳，累積灰塵後因為光線照射而產生散射，致使光線偏離原先設計路徑而造成；因此對雜

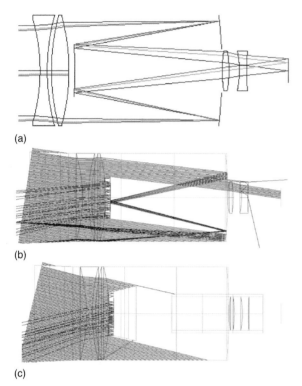

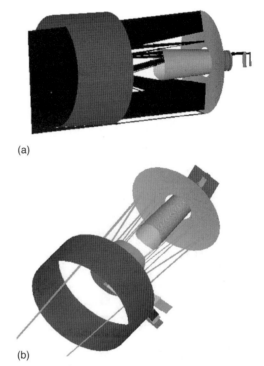

圖 5.43 (a) 折反射式光學設計結果，(b) 折反射
　　　光學系統直射雜光 (未遮擋)，(c) 折反射
　　　式光學系統直射雜光之遮擋[13]。

圖 5.44 (a) 二次反射雜光，(b) 三次反射
　　　雜光[14]。

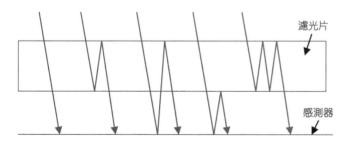

濾光片

感測器

圖 5.45
Narcissus effect。

　　光抑制要求較高之系統，對光學元件表面潔淨度的要求也相對高於一般的標準。此外也可能因為光線於機構表面散射後，經主次鏡散射後形成雜光。

　　在某些儀器設計中，如多波段影像儀 (multispectral imager)，這一類儀器的工作原理是將光波波長切割成數個特殊選取的波段範圍，分別抓取其讀值，如圖 5.47，利用這些讀數資料加上分析可用於影像判識。此類系統要求影像光波波段切割乾淨，波段間彼此不重疊，當濾波器或濾波片 (filter) 製作未達要求時，設計波段範圍外的光線會導致波段重疊，因而此類儀

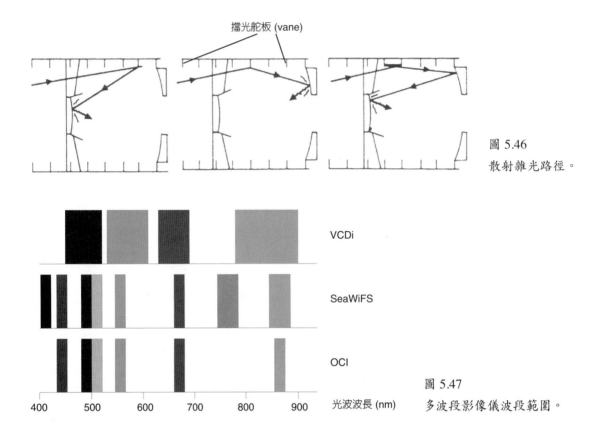

擋光舵板 (vane)

圖 5.46
散射雜光路徑。

VCDi

SeaWiFS

OCI

圖 5.47
多波段影像儀波段範圍。

光波波長 (nm)

器均需要強調波段外雜光抑制 (out-of-band rejection) 之參數。此外，在光譜儀或高光譜儀 (hyperspectral imager) 中常會利用光柵 (grating) 等分光元件，此分光方式常會使繞射階數不同之光線重疊 (order overlap)，而使得不應存在的短波光變成雜光，如圖 5.48。上述二種屬於第四類雜光。

　　另外，在紅外儀器中，感測器用於接收熱紅外波段資訊。物體自發熱輻射量最強之波長隨物體溫度而變，對黑體而言，此波長變化遵循 Wein's displacement law[16]：

$$\lambda_{\text{peak}}(\mu\text{m}) = \frac{2897.8(\mu\text{m}\cdot\text{K})}{T_{\text{black body}}(\text{K})} \qquad (5.18)$$

上式溫度以絕對溫度來度量，波長以微米 (μm) 度量。常溫下物體約 300 K，熱輻射量最高之波長約為 10 μm，恰好為熱紅外波段，因此常溫下機構會對感測器輻射產生雜光，此時必須冷卻機構以降低其影響，尤其是越靠近感測器部分。

　　光學系統成像聚焦點直徑與光學口徑成反比[17]，即

$$D_{\text{Airy disk}} = 2.44 \cdot (\lambda \cdot F/\#) \qquad (5.19)$$

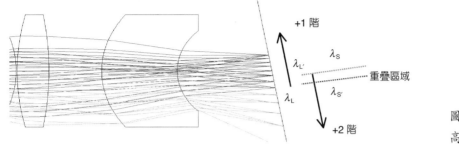

圖 5.48

高階數繞射雜光。

其中 F 數 $F/\# = f/D$，f 為系統焦長，D 為系統口徑。當系統口徑小時，最佳成像點將隨之擴大，因而擴展至臨近的感測器畫素 (pixel) 中產生雜光。不同視角的光線，因光學孔徑的繞射，高階數 (higher order) 光線也會照射於系統敏感元件 (如主鏡) 中而產生雜光。此種雜光一般影響不大，對雜光抑制要求相當高的系統才會針對此問題加以解決。

因此光學抑制的準則，一般而言可針對影響較大的部分先處理，如前述之直接入射雜光、多次反射雜光，先將此類問題解決即可解決大部分雜光問題，之後，再處理鬼影及 Narcissus effect，最後則處理散射雜光的問題。在經驗上，遵循以上的處理順序可應付大部分雜光抑制問題。至於波段範圍外雜光及機構熱雜光則需與機構設計、鍍膜及熱控等其他問題一併考量。

以上僅為一般準則，由於上述各項路徑彼此仍存在相互關連關係，各路徑雜光可能合併發生，不止單一路徑而已。因而對一些訊號光較弱但訊雜比要求又高的系統而言，雜光抑制程度要求就較高，分析工作也相對繁複。

5.4.4 光線傳遞

雜光前進路徑由散射面至接受面可以圖 5.49 表示，能量傳遞可表示成[18]

$$d\Phi_c = L_s(\theta_s, \varphi_s) dA_s \frac{\cos(\theta_s) dA_c \cos(\theta_c)}{R_{sc}^2} \tag{5.20}$$

$$d\Phi_c = \left[\frac{L_s(\theta_s, \varphi_s)}{E_s(\theta_i, \varphi_i)} \right] \left[E_s(\theta_i, \varphi_i) dA \right] \frac{\cos(\theta_s) dA_c \cos(\theta_c)}{R_{sc}^2} \tag{5.21}$$

$$d\Phi_c = \mathrm{BRDF}(\theta_i, \varphi_i; \theta_s, \varphi_s) \cdot d\Phi_s(\theta_i, \varphi_i) \cdot GCF \cdot \pi \tag{5.22}$$

其中 $d\Phi_c$ 為散射至接受面之功率 (W)，$E_s(\theta_i, \varphi_i)$ 為入射至散射面之光強度 (W/m²)，$L_s(\theta_s, \varphi_s)$ 為每單位立體角由散射面出射之光強度 (W/(m²·sr))，BRDF (bi-directional reflection distribution function) 為一表示物體表面反射性質參數，恰好為該散射面單位立體角內之反射率。

學理上而言，公式 (5.22) 中使 $d\Phi_c$ 為零的方法之一為使光學系統入射光量為零 ($E_s = 0$)，然而此非設計光學系統目的，因此欲使 $d\Phi_c$ 為零，必須從 GCF 項處理。GCF 為幾何因子，由接受器面積、接受器與散射面距離及夾角 θ_s 與 θ_c 決定，參考圖 5.49 所示。由式 (5.22) 可知最有效抑制雜光的方法為設法將 GCF 降低或變為零，即降低接受器面積、增加距離或增大二個角度。然而實際上，由於上述繞射雜光的存在，雜光無法完全變為零，僅能設法抑制，5.4.5 節所述改變光闌位置及 5.4.6 節所述之擋光板及擋光舵板均是為了降低 GCF 項的值。

除 GCF 項外，欲再使雜光降低則需從雙向性反射分布函數 BRDF 項著手。由式 (5.22) 可知其與入射及出射角度有關，但對於等向性 (isotropic) 物體言，只與 θ_i 及 θ_s 有關。3M ECP-2200 黑漆於 932 nm 之 BRDF 量測值如圖 5.50 所示[19,20]，其中 $\beta_0 = \sin(\theta_i)$，$\beta = \sin(\theta_s)$，可知其前散射 (forward scattering) 之反射率較後散射 (backward scattering) 之反射率高。BRDF 與光線入射表面的角度也有關係，入射角越大，BRDF 值也越大，表示光線以越傾斜的角度入射表面，表面特性越接近鏡面。目前有一資料庫 SOLEXIS[21] 搜集許多雜光抑制常用之物體散射、熱控等資料，可以提供設計者於分析初期選用合適之材料。

半球散射率 (total integration scatter, TIS) 也可視為散射面之反射率，其定義為[22]

$$\text{TIS} = \int_0^{2\pi} \int_0^{\pi/2} \text{BRDF}(\theta_i, \phi_i; \theta_s, \phi_s) \cos(\theta_s) \sin(\theta_s) d\theta_s d\phi_s \tag{5.23}$$

對於均勻散射面 (Lambertain) 表面而言，BRDF 與角度無關，因此

$$\text{BRDF} = \frac{\text{TIS}}{\pi} \tag{5.24}$$

等向性物體表面之 BRDF 值與入射角關係，可用下式表示[23]

$$\text{BRDF} = \frac{A}{|\beta - \beta_0|^\gamma} \tag{5.25}$$

β 及 β_0 定義如上述。對於 Lambertian 表面，γ 為 0；對於乾淨鏡面，γ 介於 1.5 至 2 間[20]；一

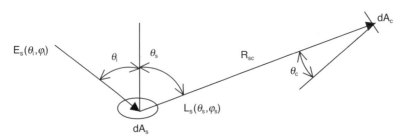

圖 5.49
雜光前進路徑。

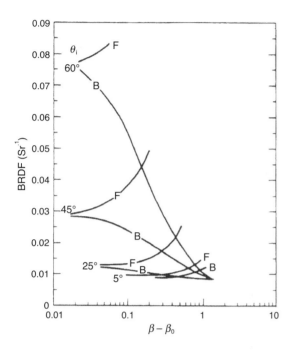

圖 5.50

3M ECP-2200 黑漆於 932 nm 之 BRDF 值[19,20]。

一般表面,則介於 0 與 2 間,有時會如上述與入射角有關。圖 5.50 中之黑漆於入射角 5 度時之表現接近 Lambertian 表面,而於 60 度入射角之表現接近鏡面。另一種描述拋光表面 BRDF 值與入射角關係為修正 Harvey 關係式[24]

$$\text{BRDF}(\theta_s) = b_0 \left(1 + \left(\frac{\sin(\theta_s)}{l} \right)^2 \right)^{S/2} \tag{5.26}$$

$$b_0 = b(100 \cdot l)^S \tag{5.27}$$

上式中 b 為 0.01 徑度 (radians) 之 BRDF 值,$\sin(\theta_s)$ 及 S 分別為公式 (5.25) 之 $|\beta - \beta_0|$ 與 γ,l 為一修正參數。

5.4.5 雜光抑制及分析

雜光分析最直接方式即利用建立之模型加以光學追蹤,並允許每一個光學及機構元件表面向各個方向散射。假設僅分析二次散射光線,且超過三次散射光線太弱不計其影響,而入射光線以 1000 × 1000 格點光線模擬,經估計約需處理 4×10^{14} 條光線[25],Pentium 等級個人電腦一小時約可計算一百萬條光線,則分析一個模型約需 46,000 年。以電腦處理速度的觀點評估,此種直接分析方式非常不切實際,必須另尋他法。

因此 Breault 提出一系統化、有效率的雜光分析步驟[26]：

(1) 首先由焦平面感測器出發，尋找關鍵表面 (critical object)，此關鍵表面即為可由感測器直接看到之物件表面。

(2) 阻擋可被感測器看見之直射光源，即阻擋 5.4.3 節所述之第一項雜光路徑。

(3) 由光源入射方向為出發點，尋找被光源直射的表面。

(4) 根據步驟 (1) 及 (3) 尋得表面之傳遞路徑及路徑中間之表面，並將這些路徑加以遮擋。

以上步驟為針對反射式望遠鏡系統提出，然部分原則仍適用於折射式望遠鏡系統。

　　雜光分析或抑制目的在於使非設計路線的光不要進入感測器，或設法將其減少至最低，因而使這些路線的光在進入感測器前，儘量經過越多散射面可降低其能量。此外光學設計上的修正有時也有助於雜光抑制，如移動光闌 (stop) 的位置有時可降低雜光影響[18,27]；光學系統改為如圖 5.51 型式，使其增加一場光闌 (field stop) 也有助於雜光抑制。光學設計一經過更改，後續之機構及組裝方式也必定要隨之改變，在這裡可以再次的驗證雜光抑制為系統規劃時就必須考慮的重要因素。

　　雜光抑制結果常用 PST (point source transmittance) 方式評估[26]，其定義為[28]

$$PST(\theta_i) = \frac{\phi_c(\theta_i)}{\phi(\theta_i)} \tag{5.28}$$

$\phi(\theta_i)$ 為某一角度 θ_i 點光源於光學系統入瞳 (entrance pupil) 處之入射光量，$\phi_c(\theta_i)$ 為同一光源同一角度光線入射於光學系統中感測器之光量，由此可檢查不同入射角之影響。PST 的目的並非定義何者為導致雜散光的光源，而是將整個光機系統產生雜光的機制或途徑匯整成一個單一的數據，以利於系統間雜光抑制程度的相互比較。圖 5.52 為一折反射式望遠鏡系統 PST 計算值例子。

5.4.6 擋光板及擋光舵板

　　如 5.4.3 節所述，在反射式或折反射式光學系統中，由於視角外直接入射雜光影響極大，因而常於系統中加入擋光板及擋光舵板以抑制雜光，所以擋光板與擋光舵板的位置、形狀、材料，以及擋光板的開口大小，便成為此類光學系統雜光抑制時需考量的因素。

　　擋光板及擋光舵板的設計是為阻擋直接入射的雜光，並使雜光進入焦平面前，能有最多次的反射或散射而被吸收或降低其光強度。此時需注意保持原光學系統設計之光量 (或減少降低量)，避免因擋光板及擋光舵板的加入而發生漸量 (vignetting) 現象，並避免光線由擋光板及擋光舵板表面直接反射至主鏡或次鏡上。

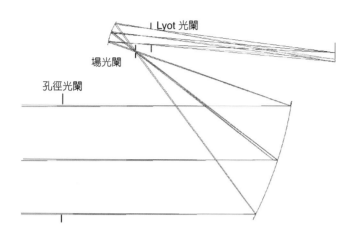

圖 5.51

增加場光闌可有效抑制雜光。

(1) 材料考量

使用擋光板及擋光舵板的基本目的在於希望大量吸收入射光線或以散射方式減弱反射光線強度，因而在材料選擇上一般要求為：① BRDF $< 2 \times 10^{-2}$ sr^{-1}，② 反射率 < 3 %，③ 表面為均勻散射面 (Lambertian)，④ 表面產生之落塵 $< 100/d^2$ per cm^2，其中 d 為落塵直徑 (μm)。

為使擋光板 (舵板亦同) 材料達到前三項要求，常於擋光板上均勻加工，常見的加工方式有陽極處理、酸蝕洗、離子濺鍍、電漿濺鍍、化學沉積、表面噴砂、塗漆及貼附等[30]。經過均勻加工後理想表面的顯微攝影如圖 5.53[19]，表面有均勻的微結構，微結構尺寸約 20 μm (視波長而定)。此類表面可使光線入射後在微結構內部多重反射才出射，因此可吸收大部分光線能量，大幅降低出射光量；由於微結構均勻分布緣故，整體散射也很均勻。使用微結構表面必須注意到落塵的問題，表面上的微結構容易由於振動或拿持不當而脫落，導致原先之均

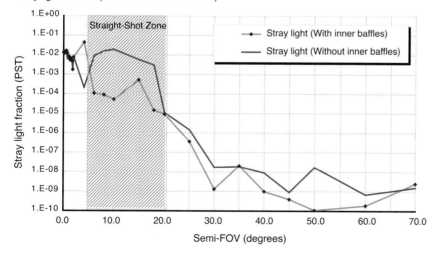

圖 5.52

折反射式光學系統 PST 計算範例。

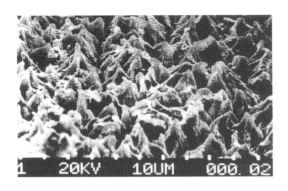

圖 5.53
Martin Black 電子顯微鏡圖[19]。

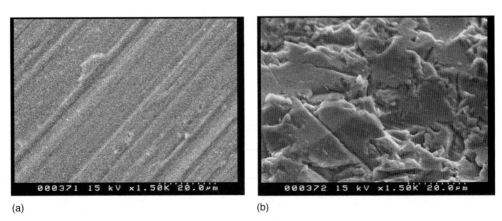

(a)   (b)

圖 5.54 (a) 車床加工陽極染黑鋁工件電子顯微鏡圖,(b) 車床加工經噴砂後陽極染黑鋁
　　　 工件電子顯微鏡圖。

匀性遭受破壞並且形成落塵。如果落塵沉積於光學表面則會增加光學表面散射量而增加雜
光,尤其 X 光波段光學系統對落塵散射雜光相當敏感,因此對落塵量要求相當嚴格。
　　上述表面處理並非一般陽極處理程序可達到。圖 5.54(a) 為 AL6061-T6 工件經一般陽極
處理結果,可見雖表面已染黑,但所需的微結構仍未出現,此類表面直視時反射率較低,反
射率隨離入射角度 (從法線起算) 變大而增大。先將表面噴砂再染黑之一般結果如圖
5.54(b),雖有微結構但分布不均勻,且仍殘存一些平面,因而仍有反射率隨離入射角度變大
而增大問題。

(2) 擋光板
　　擋光板 (baffle) 的位置及開口大小與光學設計及感測器的尺寸有關。主擋光板不可阻擋
到由主鏡反射至次鏡的光線,或者是由次鏡反射的成像光線;而次擋光板不可阻擋到主鏡反
射至次鏡的光線,並且要能確定其中央遮蔽率夠大,以避免次擋光板之邊緣在焦平面成像。
決定其位置、形狀及開口大小方法至少有二種,二者皆利用光學追蹤原理,目的為求得由主

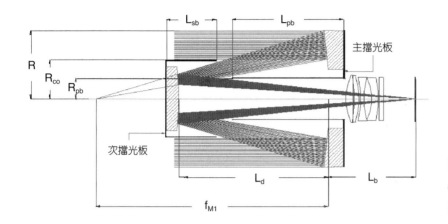

圖 5.55

擋光板長度及半徑初
階估算。

反射鏡最邊緣所入射的光線與恰好通過次擋光板邊緣的入射光線，以檢視次擋光板與主擋光
板的輪廓。

　　第一種以扣除的方法求之。先將擋光板開口延長，再由光學追跡將擋住視角內光線的擋
光板位置去除。

　　由軸上入射的光束進行光學追跡，加上入射光束與望遠鏡系統參數間的幾何關係，可初
階估計主、次擋光板開口的半徑與長度，此估計之長度一般較實際需要者長，因此可列為初
始設計值。如圖 5.55，假設已知線性遮蔽率 (central obscuration ratio, η)，其關係式如下[29]：

$$\eta = R_{co}/R \tag{5.29}$$

$$L_{sb} = L_d - (1-\eta) \cdot f_{M1} \tag{5.30}$$

$$L_{pb} = \frac{L_d \cdot L_b - f_{M1} \cdot L_b + (L_d + L_b) \cdot \eta \cdot f_{M1}}{f_{M1} - L_d + (L_b + L_d) \cdot \eta} \tag{5.31}$$

$$R_{pb} = \frac{\eta \cdot R(L_b + f_{M1}) \cdot (f_{M1} - L_d)}{f_{M1} \cdot [f_{M1} - L_d + (L_b + L_d) \cdot \eta]} \tag{5.32}$$

其中 R 為望遠鏡組之入瞳半徑，f_{M1} 為主反射鏡之焦距長，L_{sb} 為次擋光板長度，R_{co} 為次擋光
板半徑，L_{pb} 為主擋光板長度，R_{pb} 為主擋光板半徑。

　　經視角內光線追跡，將開口過長部分逐步去除後，可得如圖 5.56 之擋光板開口外形尺
寸，此時之外形尺寸與焦平面之感測器尺寸有關，圖中外形非圓對稱的原因在於使用線性
CCD 緣故。

　　第二種是以設定特殊參數的方法求之。其光學設計要求感測器的受光區域僅有視角內光
線可直接到達，而視角外光線不可直接入射。此法先設定感測器上不受視角外光線直射影響
區域，及擋光板開口製造與組裝誤差容許量，如圖 5.57 中之 ε_1、ε_2 及 ε_3，利用光學追跡於系
統中逐漸將擋光板開口位置求出。此方法求出者為擋光板開口圓周的點資料，可配合機械加

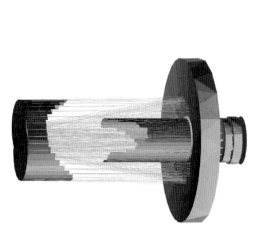

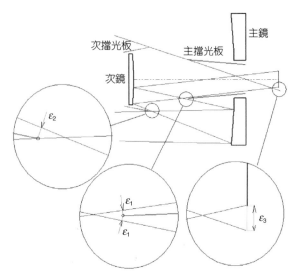

圖 5.56 經扣除法所得之擋光板長度及半徑。　　圖 5.57 設定法求擋光板開口尺寸。

工將擋光板製作出來。用此方式所求出之擋光板開口，仍需檢查是否有二次反射或多次反射雜光，若有，則可由系統需求確定是否雜光已超過容許值，若確定超過則修改 ε_1、ε_2 及 ε_3 之設定值，以求出新的開口尺寸。

擋光板的外形視製作容易度及現有幾何尺寸而定。一般教科書上可見外形多為對稱圓錐狀 (conical)，即接近主鏡處口徑較開口處口徑大，也有因現有尺寸限制主鏡擋板必須為圓筒狀者，一切均需視現有條件而定。同一鏡頭會因為系統雜光抑制的要求變更或感測器改變，而需更換擋光板尺寸，故同一擋光板設計不盡然可一體適用。

反射式光學系統中次鏡半徑約為主鏡之 1/2，因而阻擋約 25% 入射光量，除入射光量減少外，系統調制轉換函數值 (modulation transfer function, MTF) 也會因此降低，具中央遮蔽無像差之 MTF 理想值可表為：

$$\text{MTF} \cong \text{MTF}_0 \cdot \left[1 - \frac{4v}{\pi \cdot (1 - \eta)} \right] \tag{5.33}$$

$$\text{MTF}_0 = \frac{2\theta - \sin(2\theta)}{\pi} \cong (1 - v)^{4/\pi} \tag{5.34}$$

MTF_0 為無中央遮蔽時光學鏡頭繞射極限之 MTF[31]，$\theta = \cos(v)$，$v = \lambda p f / D$ 為歸一化之空間頻率，λ 為波長，p 為空間頻率，η 為線性遮蔽率。由於擋光板的加入，線性遮蔽率變大，不僅入光量減少，系統 MTF 也會再降低，其估計法如公式 (5.33) 所示。

(3) 擋光舵板

　　在某些情況下，增加擋光舵板 (vane) 可更有效降低雜光。由 BRDF 資料顯示，即使表面已進行處理，在接近垂直入射附近之 BRDF 值確實較低，因而具有雜光抑制效果。然而對於入射角度大的光線而言，BRDF 值卻可能增大 2－3 個數量級，因此對於入射光量較弱的系統，擋光舵板有其實質助益。

　　決定擋光舵板的位置與深度也就成為首要課題，初始位置可由下述方式決定[28,32]。在圖 5.58 中之光學元件對於折射式系統為第一片透鏡，而對反射式系統而言為主鏡。EF 為由光學元件延伸視角決定的直線，假設此系統視角小 (即 EF 與光軸夾角小)，AB 為鏡筒長度。由 AC 及 EF 之交點可決定 J 點及 D 點，由 GJ 向外延伸可決定 H 點，同理 HC 及 EF 也可決定 K 與 I 點。如此反覆即可初步決定擋光舵板大致位置，而實際位置與深度仍需考慮加工及組裝因素後決定。星座儀之擋光板及擋光舵板優化設計可參考文獻 33。

　　擋光舵板的外形也是值得討論的課題，首先是有關導角斜邊的考量，如圖 5.59 所示，光線入射於鏡筒前方，若斜邊位於右邊，將會有前散射光進入鏡筒及光學元件中，此時宜將斜邊放置於左邊，因為只有 16 度內的光進入鏡筒中，其入射路徑會被其他擋光舵板遮避。然而越接近光學元件時，此 16 度的光將可能直接入射至光學元件，此時宜將斜邊放置於右邊，因越接近光學元件，外界入射光線將無法直接入射於右面之斜邊[18,32]。由左邊換為右邊位置係由斜邊角度及鏡筒直徑決定，實驗證明此種安排可有效抑制雜光[18]。

　　根據研究[32]，擋光舵板與鏡筒之角度在一般情況下影響不高，某些場合非 90 度擋光舵板效果較佳，而某些場合 90 度者效果反而較佳，但一般其差距不大；以加工角度而言，90 度之擋光舵板製造較容易，因此除非有特別需求 (如特定角度有一光源)，擋光舵板角度不需太在意，需注意的反而是擋光舵板之表面性質。

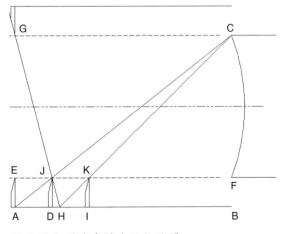

圖 5.58 初階決定擋光舵板位置。

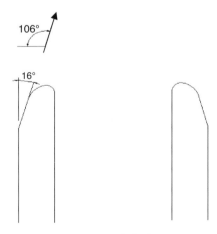

圖 5.59 擋光舵板斜邊考量。

(4) 支架

　　反射式光學系統中，常用支架 (strut) 將次鏡固定於鏡筒結構中，由於此支架容易受視角外光線直射而散射光線進入光學系統中，為避免散射光線直射光學元件，應進行斜邊處理。由支架之橫切面觀察，此斜邊應於面對外面者小，而接近內部者大[26]，如此可將由於外面光線入射於支架表面上所產生之散射影響減小。

5.4.7 結語

　　雜光分析與抑制為一重要的工作，對光學系統品質影響極大，必須於系統層級考慮此問題。雜光抑制方式很多，因光學系統要求而異，也因人、時間、經費及經驗而異，然其原理是相同的，在此謹以前人的研究而累積的部分基本準則供有興趣者參考。

5.5 微光學元件封裝

　　隨著科技的進步，時間及空間被大量的壓縮，現代的商務講求精確、快速、即時，因此傳統的商務模式開始慢慢的被取代掉，隨之而起的是更便捷即時的「電子商務」。然而電子商務建構在高速寬頻的網路上，以目前的網路速度顯然尚不能滿足新一代電子商務的需求。因此，能提供更高品質、更大頻寬的光通訊 (optical communication) 產業應勢而起。所謂的光通訊，簡單的說就是利用光纖作為傳遞資料的管道，取代傳統的銅線，利用光作為傳遞資料的媒介，使用光纖傳遞資料時，頻寬將可以輕鬆的達到傳統通訊的數倍。一般相信，要真正的普及電子商務，光通訊是必然的趨勢。

　　在光通訊產業中，需要有相當多的光學元件相互組合而成，包括主動元件，例如雷射模組、發光二極體 (light emitting diode, LED) 及光放大器等，以及被動元件，例如光開關、光連接器及光耦合器等。而上述之元件設計與製作部分，已於第三章與第四章詳述，且本章的前數節也已將光機整合的部分作了更進一步的介紹，故本節主要針對如何對光通訊之相關元件，進行封裝與整合技術的介紹。下文將對發光二極體、雷射模組及微光學元件，分別進行封裝技術的介紹。

5.5.1 發光二極體封裝趨勢與挑戰[34-43]

　　自 1962 年以來，GaAsP Ⅲ-Ⅴ 族直接能隙化合物半導體所發展出的紅光固態發光二極體，已極為成熟且廣泛商業化。然而直到 1990 年代末期，LED 才開始跨入照明領域。目前主要照明用途光源包括：住家照明使用鎢絲燈 (tungsten incandescent lamp) 或高效率小型日光燈 (compact fluorescence lamp, CFL)，工作照明則多使用日光燈 (fluorescence lamp)，而街燈多使用鈉燈 (sodium lamp)。目前為止，LED 的進展已可涵蓋大部分可見光的範圍。白光 LED

第 5.5 節作者為饒達仁先生及劉正毓先生。

於 1996 年首次由 Nichia 公司提出，以 InGaN 藍光 460－470 nm 激發釔鋁石榴石 (yttrium-aluminum garnet, YAG)：Ce^{3+} (鈰 5d 傳輸到 4f 軌域) 黃色 (555 nm) 螢光物質而達成。2001 年 Nichia 的白光 LED 發光效率已經可以達到 20 lm/W，演色係數 (render index, Ra) 約為 75－80，色溫範圍約為 5000－6500 K。預計在 2004 年發光效率將可以達到 60 lm/W (實驗室階段非商品化)，屆時將會取代大部分的白熾燈泡與日光燈。

LED 的整體發光效率主要是由內部量子效率 (η_{int}) 與外部量子效率 (η_{ext}) 所決定。高效率的 AlGaInP LED 可產生自紅光 (650 nm) 到紫光 (380 nm) 的可見光，其內部量子效率已接近 100%。以 GaN 為主的 AlInGaN LED，則可產生近紫外光 (380 nm) 至綠光 (530 nm) 的波長範圍，其內部量子效率目前已經推進到 60%，距離所能達到的內部量子效率極限也不遠。若要進一步提升 LED 晶片的發光強度，可由提升輸入的操作電流密度著手。目前一般的標準操作電流密度約在 30 A/cm^2 左右，但提高操作電流密度往往造成 LED 晶片溫度升高，進而導致效率降低，過高的溫度甚至導致整個 LED 的失效。所以要增加 LED 晶片的操作電流密度，首先要解決的問題，即是在封裝後，如何將 LED 晶片發光時所產生的焦耳熱 (Joule heating) 有效率的散去，如此 LED 晶片就不會因為操作電流密度的增加所造成的高溫而失效。因此，如何設計一有效率的散熱封裝系統，得以提升操作電流密度，並且避免因為溫度的上升而降低整體量子效率是一項非常重要的課題。

LED 的磊晶製程技術已有許多重大的突破並漸趨成熟，但對 LED 封裝的方式與材料卻仍存在許多改善及挑戰的空間。LED 散熱效率好壞的關鍵在於 LED 晶片的封裝方式。傳統 LED 晶片的封裝方式為打線接合 (wire-bonding)，圖 5.60 為打線接合封裝之 LED 結構。AlInGaN 磊晶層以 MOCVD 的方式成長於藍寶石 (sapphire) 基板上，但晶片散熱往往被低熱導係數 (40 W/mK) 的藍寶石基板所侷限，而且藍寶石的厚度通常為數十微米，更造成整體熱傳的困難度。所以打線接合的晶片接合結構並不是一個效率好的散熱結構。並且其 p-type 和 n-type 的電極 (electrode) 須製作於磊晶片表面，因此正面發光 (top-emitting) LED，其光擷取會受制於金屬電極 (包含半透明薄 p & n contacts) 對光的吸收。而使得金屬電極的大小必須有所限制，如此一來輸入電流會有電流擁擠 (current crowding) 的現象，導致內部的量子發光效率下降。

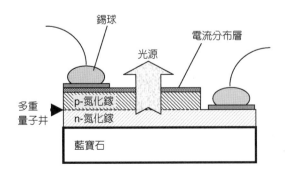

圖 5.60

打線接合 (wire-bonding) 之 LED 結構。

　　圖 5.61 顯示 Lumileds (世界主要 LED 封裝大廠) 用覆晶封裝 (flip-chip) 的高密度 LED 陣列組裝結構。LED 由覆晶封裝的方式組裝在一個 Si 黏著層的基板上之後，再將整個 Si 黏著層基板以含銀 (Ag-filled) 的 epoxy 貼在表面銀處理的銅塊 (Cu slug) 上。藉由 Cu 良好的散熱係數 (~400 W/mK)，LED 所產生的熱可由覆晶封裝的焊料凸塊，經由 Si 黏著層 (~150 W/mK) 導入銅塊。所以，覆晶封裝的晶片封裝可提供較好的散熱系統。Lumileds 已經報導，如果使用覆晶封裝的方式組裝 LED，可將總體封裝的熱電阻 (thermal resistance) 由 300 K/W 降至 15 K/W。比原來大 20 倍的電流可以輸入 LED，而達成 55 lm/W 的紅光及 10 lm/W 的藍光。圖 5.62 為三種不同封裝型式 LED 的光通量 (lumens) 對電流 (mA) 作圖。由圖可知覆晶式 LED (flip-chip light emitting diode, FCLED) 擁有最高的發光效率，在電流 200 mA 或電流密度 J~30 A/cm^2 下可產生 16 lm (~27 lm/W)，正向電壓 (forward voltage) 為 2.95 V，所以覆晶式的封裝方式 (如圖 5.61 所示) 已成為目前 LED 封裝的主流。有些高功率 LED 陣列的組裝密度已可高達每平方公分 800 個 LED，在如此高功率密度下，一個具更好散熱系統的覆晶 LED 晶片結構急待研究開發。

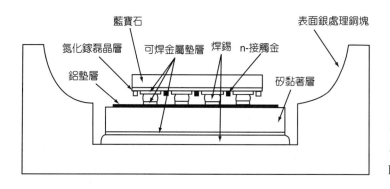

圖 5.61
覆晶封裝 (flip-chip) 的高密度
LED 的陣列組裝結構。

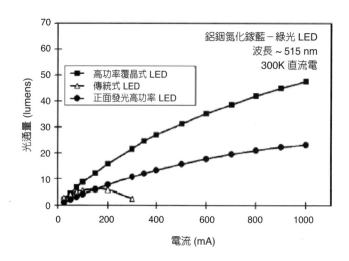

圖 5.62
不同封裝型式 LED 的光通量 (lumens)
對電流 (mA) 作圖。

除了上述兩種 LED 晶片構裝方式 (打線接合和覆晶式封裝)。近來，許多研究者開始嘗試改在矽 (Si) 基材上成長 GaN，因其具有較好的散熱性和電性；而事實上，除了在矽基材上生長 GaN 磊晶層 (epi-layer) 之外，晶片接合 (die bonding 或 die attachment，將會在雷射模組封裝再作進一步介紹) 也是另一種有效率的選擇。將 GaN LED 藉由金屬鍵合的方式與矽作晶圓接合，再利用雷射剝離 (laser lift-off) 的技術將藍寶石基材去除，完成將 GaN 磊晶層從導熱性差的基板 (sapphire) 轉移到導熱性良好的基板 (Si) 上。

5.5.2 雷射模組封裝趨勢與挑戰[44,45]

從塞奧杜‧梅曼 (Theodore H. Maiman) 在 1960 年振盪出人類最初的雷射光至今，依序有各種新型的雷射光被振盪出來，如固態雷射、氣體雷射、液體雷射、自由電子雷射、半導體雷射，以及 X 光雷射等。到目前為止，雷射已被廣泛的運用在生活週邊、國防科技，以及生醫檢驗與治療技術上。由於半導體雷射的高輸出功率進展迅速，故本文主要將對半導體雷射的封裝技術作介紹。

半導體雷射早在 1962 年就被振盪出來，但在室溫連續振盪成功卻是在 1970 年。經過數十年的改良之後，開發出雙異質接合型雷射 (double hetero-junction laser)，如圖 5.63 所示，其主要應用在光纖通信、CD、雷射印表機、雷射掃描器上，目前已成為生產量最大的雷射振盪裝置。其基本構造主要是由 p 型及 n 型半導體材料 (如表 5.4 內所列之半導體材料)，從兩邊夾住發光層 (活性層)，形成雙異質接合構造。當微小電流通入時，雷射將會在活性區域中被振盪並放射出來。其優點是能量效率高 (數 % 到 25%)、體積小、重量輕，且因運用半導體技術製作，使其價格相當低。另外，其連續輸出波長涵蓋了紅外光到可見光的的範圍。所以，半導體雷射才會廣受商業界的青睞。

雷射模組封裝最要注重的部分，也就是雷射在發射前因振盪所產生的高熱問題，通常為 4 kW/cm^2 或更高。產生雷射的臨界電流 (threshold current) 和雷射的能量效率 (gain)，與溫度

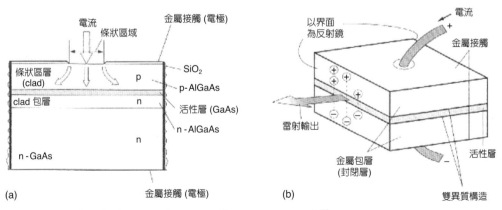

圖 5.63 雙異質接合型雷射示意圖，(a) 截面圖，(b) 3D 圖[45]。

表 5.4 用於光通訊材料之熱導係數及熱膨脹係數[44]。

材料	熱導係數 (W/mK @20－25 °C)	熱膨脹係數 (10^{-6}/K)
半導體 (Semiconductors)		
InP	67	4.56
$In_{0.47}Ga_{0.53}As$	66	5.66
GaAs (doped)	44	6.4
GaAs (undoped)	44	5.8
$Al_{0.5}Ga_{0.5}As$	11	5.8
錫球 (Solder)		
In	81.8－86	29－33.0
Sn	64.0－73	19.9－23.5
80-20 Au-Sn	57.3	16.0
60-40 Sn-Pb	44.0－50.6	24.7
52-48 In-Sn	34.0	20.0
97-3 Au-Si	27.2	12.3
5-95 Sn-Pb	23.0－35	28.4－29.8
常用於散熱之晶片封裝材料		
Diamond	2000	0.8
CVD diamond	1000－1600	2.0
Silver (Ag)	427	19
Copper (Cu)	398	16.5
Gold (Au)	315	14.4
CVD silicon carbide	193－250	2.3－3.7
30-70 Cu-W	201	10.8
Aluminum nitride	170－200	4.3
Tungsten (W)	178	4.5
Silicon (Si)	125－150	2.6－4.1
Nickel (Ni)	90	13
外覆材料		
Stainless steel	16	17.3
Silica (SiO_2)	1.2	0.6

的高低有著相當程度的關係。除此之外，因溫度變化所產生的應力，亦會使得活性層的發光特性降低 (degradation)。因此，如何快速的將雷射振盪時所產生的熱移除，使雷射模組的溫度不至於升太高，進而不影響雷射的效能，即成為封裝設計上的重要挑戰。

　　為了要有效的散去雷射振盪所產生的高熱，晶片封裝 (die attachment) 為最廣泛被運用在雷射模組封裝的技術。一般的雷射模組封裝，不會直接連接在散熱片 (heat sink) 上，都會先接合在高熱導係數材料上 (如表 5.4 所列)，使高熱先被分散開，再藉由散熱片快速的將高熱散到外界的環境。至於接合 (die bonding) 的方式，多數利用共晶接合 (fusion bonding) 的方式。所謂的共晶接合，主要是利用兩種材料會在遠低於其熔點的溫度，在一定的組成比例下，形成共晶合金。如圖 5.64 所示，雷射模組的底部先鍍上一層銦 (indium)，散熱片的表面

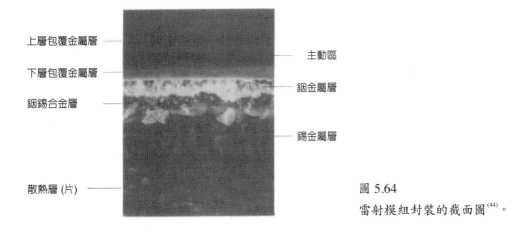

上層包覆金屬層

下層包覆金屬層

銦錫合金層

散熱層 (片)

主動區

銦金屬層

錫金屬層

圖 5.64
雷射模組封裝的截面圖[44]。

再鍍上一層錫 (tin)，將兩個金屬接觸在一起，加溫至約 250 °C 時，會在金屬界面上形成銦錫合金層 (如表 5.4 所列，約消耗 52% 銦與 48% 錫)。銦、錫與銦錫合金層因擁有高熱導係數 (見表 5.4)，將會使雷射模組所產生的高熱分散，並導入散熱片，最後再散至外界環境中。表 5.4 列出一般常用於散熱之晶片封裝材料，主要都是可以在低溫 (小於 400 °C) 的共晶接合材料，至於要在何種比例及何種溫度下產生共晶合金的狀態，可試著找材料相關的晶相圖 (material phase diagram)，即可找到所需要的參數值。

　　好的共晶連接封裝，除了要容易的將材料鍍在表面上，並要在低溫的狀況下，進行晶片與散熱片的連接，更要注意在封裝完成後，因不同材料擁有不同熱膨脹係數 (coefficient of thermal expansion，見表 5.4)，當整個雷射模組封裝體回復到室溫時，會因不同材料造成不同的收縮量，產生熱應力，進而影響活性層的效能，故共晶連接封裝的材料選擇相當的重要。當然，為了要解決上述的問題，部分雷射模組的封裝方式亦採用如使用在 LED 上的覆晶封裝，如圖 5.65 所示，其除了有低溫封裝的優點外，更重要的是，覆晶封裝中的錫球，具有緩和熱應力的作用，並且可以運用在雷射陣列的封裝上，故近年來已被漸漸的接受，並實際運用在量產上。

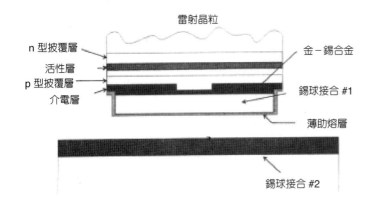

雷射晶粒

n 型披覆層

活性層

p 型披覆層

介電層

金－錫合金

錫球接合 #1

薄助熔層

錫球接合 #2

圖 5.65
運用在雷射模組之覆晶封裝方式[44]。

5.5.3 主被動微光學元件之連接封裝[44,46]

近年來由於微機電技術的成熟，正好可利用微機電技術，使得光開關 (被動光學元件) 由目前的光－電－光的轉換，進步到全光轉換的理想狀態，所以說微機電光開關的發展，大幅的將光通訊產品晶片化 (如圖 5.66 所示)，可說是光通訊發展的一個重要里程碑。由於它的重要性，以及其龐大的市場 (huge market)、高發展潛力 (high potential)、熱門的產品 (hot product) 等誘因下，使得如何利用封裝技術，將主動元件 (如雷射模組) 與被動元件 (如光開關) 精確的對位 (alignment)，避免在光通訊系統傳遞光時，產生太大的訊號損失，即成為封裝上的挑戰之一。

在光通訊系統之中，光纖為主要用於主被動元件間之光連接元件，而為了使系統在傳遞光時，不產生因對位所產生的訊號損失，故可利用微機電製程技術，在基板上蝕刻出 V 形溝槽，如圖 5.67 所示。藉由控制蝕刻的時間，可產生出配合不同光纖直徑 ($10 - 500 \ \mu m$) 的溝槽深度。除此之外，因蝕刻結晶面的關係，每一個溝槽必定會平行，故可以直接應用在陣列微元件之中，如圖 5.68 所示為應用在雷射陣列模組之主被動元件的對位封裝設計，免除了以往陣列中的每一個微光學元件均需對位的問題。

依照上述之封裝方式，不但可以得到非常精確的對位 (以往需要相當好且貴的機械對位元件)，更可以藉由與另一矽基板接合，使光纖受到保護，不至於在主被動元件的出入口，因光纖被破壞，而產生錯位 (misalignment) 的現象，使傳輸訊號大大的降低。如 Jackson 等人，即利用微對位凸塊 (microstop) 的設計 (見圖 5.69 所示)，精確的使上矽基板與下矽基板對位 (圖 5.69 左邊之凸塊)，並使兩者在連合時不會將光纖壓壞 (圖 5.69 右邊之凸塊)。

圖 5.66 光通訊產品晶片化。

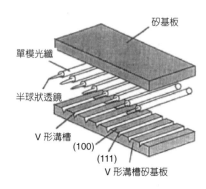

矽基板
單模光纖
半球狀透鏡
V 形溝槽
(100)
(111)
V 形溝槽矽基板

圖 5.67 光纖對位之設計示意圖。

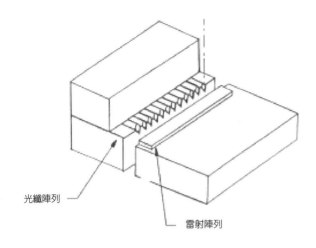

圖 5.68

應用在雷射陣列模組之主被動元件
對位封裝設計。

光纖陣列

雷射陣列

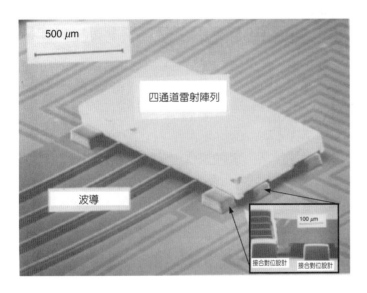

500 μm

四通道雷射陣列

波導

100 μm

接合對位設計　　接合對位設計

圖 5.69

應用在雷射陣列模組之對位封裝凸
塊設計 (microstop)[47]。

5.5.4 光通訊產品的未來封裝趨勢

　　如同本節之引言所提及，隨著科技的進步，光通訊產品將被大量的使用在現代商務及全球網路架構上。而使用光纖傳遞資料，頻寬將可以輕鬆的達到傳統通訊的數倍，故光通訊產品是必然的趨勢。未來光通訊產品的封裝趨勢，將如同圖 5.70 所示，漸漸的走向整合晶片產品，使光傳遞的損耗降到最低，讓其效能提高。故本節所提及之主動元件封裝，如雷射模組、發光二極體等，以及被動元件封裝，如光開關及光纖連接器等，將可視為光通訊產品封裝技術的基礎。而未來的封裝技術，必定走向微光學元件的整合，並朝高密度元件構裝的方向前進。

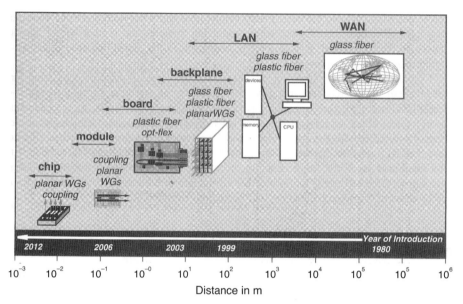

圖 5.70 光通訊產品的未來趨勢 (取自 IZM, Germany)[46]。

5.6 光學干涉術及其在實驗力學之應用

所謂的光電精密量測，係利用光電技術進行精密、超精密物理量的量測，例如尺寸、形變、溫度、折射率或電場等。光學干涉術則是光電精密量測中最重要的技術之一，其讓兩道同調光 (其中一道或兩道攜帶所欲量測物理量之訊息) 互相干涉並產生干涉圖，接著再由干涉圖反推欲量測之物理量。

由於光學干涉術具有全域性、非接觸及高靈敏度之優點，目前已被廣泛應用於實驗力學及材料機械性質之檢測上。本節僅就邁克森 (Michelson)、疊紋、光斑及剪切干涉術進行介紹，最後再說明如何提升干涉術的解析能力，以及自動化的相移術。

5.6.1 基礎觀念

(1) 干涉

當一個平面波沿著 z 方向傳播且沿一固定方向振動時 (例如 x 方向)，此平面波可用公式 (5.35) 表示。

$$E(z,t) = A\cos(\omega t - kz + \delta_0) \tag{5.35}$$

其中，A 為振幅、$\omega = 2\pi f$ 為角頻率、$k = 2\pi/\lambda$ 及 δ_0 為初始相位。注意 ωt 代表時間造成相角

第 5.6 節作者為林世聰先生。

之變化，而 $kz = 2\pi z/\lambda$ 是光波在空間傳遞一段距離所造成的相位變化。f 為頻率，對可見光或接近可見光的光波而言，它約為 10^{15} Hz，是無法被一般方法偵測到的。換句話說，光波雖然具波動行為，我們卻無法直接看到其波動現象。因此，大部分的光學操作或資訊收集 (如影像拍攝) 都是擷取此平面波的光強 (irradiance, or intensity)，而光強的定義為：

$$I(z) = 2\langle E^2(z,t)\rangle = 2\lim_{T\to\infty}\frac{1}{2T}\int_{-T}^{T}E^2(Z,t)dt \tag{5.36}$$

將公式 (5.35) 代入公式 (5.36) 後，可得到

$$I(z) = A^2 \tag{5.37}$$

這說明光強正是振幅的平方。以餘弦函數來表現光波是相當被接受也符合物理意含，然而光學上也常用公式 (5.38) 來表達光波。

$$E(z,t) = \mathrm{Re}\left[Ae^{i(\omega t - kz + \delta_0)}\right] \tag{5.38}$$

其中 Re 代表只取複數中的實數部分、$i = \sqrt{\pm 1}$。在大部分的書籍及文獻上，公式 (5.38) 中的 Re 常被省略，即

$$E(z,t) = Ae^{i(\omega t - kz + \delta_0)} \tag{5.39}$$

必須注意公式 (5.39) 中只有實部才代表光波，公式 (5.39) 稱為光波的波動場函數。

　　以複數來表現光波的目的在於：其保留光波振幅及相位的特性，且操作容易。後面這點是說指數函數 (公式 (5.39)) 的數學運算較三角函數 (公式 (5.35)) 的數學運算容易且簡潔。計算光強時，不需回到實數域來操作，因為 $E \cdot E^* = A^2 e^0 = A^2$，它正好是光強。換句話說，

$$I(z) = E \cdot E^* \tag{5.40}$$

其中 E^* 為 E 之共軛複數。

　　在波動場函數 (公式 (5.39)) 中，kz 是指光波沿波前方向傳遞所造成之相角變化；現在如果傳遞距離以位置向量 **r** 表示，此時相角變化量可由圖 5.71 看出，造成相角變化之距離為位置向量在波前向量之投影，即 $\mathbf{K} \cdot \mathbf{r}$。因此，公式 (5.39) 可重寫為

$$E(z,t) = Ae^{i(\omega t - \mathbf{K}\cdot\mathbf{r} + \delta_0)} \tag{5.41}$$

其中 **K** 為波前向量，且 $|\mathbf{K}| = k = 2\pi/\lambda$。

圖 5.71
同調光的干涉。

下文討論何謂干涉 (interference)。如圖 5.71 所示，角頻率 ω_1 及 ω_2 的兩束同調光，假設其分別來到 A 點及 B 點時之相位為 δ_1 及 δ_2，又假設其分別沿波前向量 $\mathbf{K}_1$ 及 $\mathbf{K}_2$ 繼續傳遞。依公式 (5.41)，從 A→C 及 B→C 的光波可用 $E_1 = A_1 \exp[i(\omega_1 t - \mathbf{K}_1 \cdot \mathbf{r}_1 + \delta_1)]$ 及 $E_2 = A_2 \exp[i(\omega_2 t - \mathbf{K}_2 \cdot \mathbf{r}_2 + \delta_2)]$ 來表示；又因同調光的關係，C 點的波動函數為 E_1 及 E_2 之線性疊加，即

$$E = E_1 + E_2 = A_1 e^{i(\omega_1 t - \mathbf{K}_1 \cdot \mathbf{r}_1 + \delta_1)} + A_2 e^{i(\omega_2 t - \mathbf{K}_2 \cdot \mathbf{r}_2 + \delta_2)} \tag{5.42}$$

依公式 (5.40)，此時它們在交會區的任意點 C 處之光強為：

$$I = I_1 + I_2 + 2\sqrt{I_1 I_2} \cos\left[(\omega_1 - \omega_2)t - (\mathbf{K}_1 \cdot \mathbf{r}_1 - \mathbf{K}_2 \cdot \mathbf{r}_2) + (\delta_1 - \delta_2)\right] \tag{5.43}$$

其中 I_1 及 I_2 分別為 A_1^2 及 A_2^2，即兩束光的個別光強。上述這種波動場疊加的現象即所謂的干涉，公式 (5.43) 稱為干涉公式。而利用這種干涉現象進行溫度、尺寸或折射率等物理量的量測技術，稱為干涉術 (interferometry)。

需強調的是，本節中所提到的干涉儀都是使用單頻雷射，因此 $\omega_1 = \omega_2$；且初始相位皆由同一分光位置算起，因此 $\delta_1 = \delta_2 = \delta_0$。所以公式 (5.43) 可簡化為

$$I = I_1 + I_2 + 2\sqrt{I_1 I_2} \cos\phi \tag{5.44}$$

其中 $\phi = \mathbf{K}_1 \cdot \mathbf{r}_1 - \mathbf{K}_2 \cdot \mathbf{r}_2$，為由分光位置算起，兩束干涉光分別行經不同路徑所造成相位變化之差。

(2) 形變造成之相位移

在實驗力學的應用上，通常是由干涉圖求取與形變有關的相位，再以此推算受測體形變或應變。因此形變與相位移之關係是必須先確認的，我們以圖 5.72 來說明此關係。

圖中顯示光源到形變前受測體 P 再到觀測點，也顯示光源到形變後受測體 P′ 再到觀測點；它們在空間中傳遞所造成的相位變化分別為 $\mathbf{K}_1 \cdot \mathbf{r}_1 + \mathbf{K}_2 \cdot (\mathbf{R} - \mathbf{r}_1)$ 及 $\mathbf{K}_3 \cdot \mathbf{r}_3 + \mathbf{K}_4 \cdot (\mathbf{R} - \mathbf{r}_3)$；因此形變所造成的相位移為：

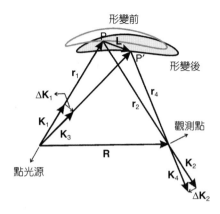

圖 5.72

形變所造成相位移。

$$\varphi = \mathbf{K}_1 \cdot \mathbf{r}_1 + \mathbf{K}_2 \cdot (\mathbf{R} - \mathbf{r}_1) - \mathbf{K}_3 \cdot \mathbf{r}_3 - \mathbf{K}_4 \cdot (\mathbf{R} - \mathbf{r}_3) \qquad (5.45)$$

其中 $\mathbf{r}_1$、$\mathbf{r}_2$ 及 $\mathbf{R}$ 分別為圖中所示之位置向量，$\mathbf{K}_1$、$\mathbf{K}_2$、$\mathbf{K}_3$ 及 $\mathbf{K}_4$ 為波前向量。如果我們令

$$\mathbf{K}_3 = \mathbf{K}_1 + \Delta\mathbf{K}_1$$
$$\mathbf{K}_4 = \mathbf{K}_2 + \Delta\mathbf{K}_2 \qquad (5.46)$$

則公式 (5.45) 可重寫為

$$\varphi = (\mathbf{K}_2 - \mathbf{K}_1) \cdot (\mathbf{r}_3 - \mathbf{r}_1) - \Delta\mathbf{K}_1 \cdot \mathbf{r}_3 - \Delta\mathbf{K}_2 \cdot (\mathbf{R} - \mathbf{r}_3) \qquad (5.47)$$

當形變量很小時，等號右邊第二及三項分別為近乎垂直的向量內積。因此公式 (5.47) 可簡化為

$$\varphi = (\mathbf{K}_2 - \mathbf{K}_1) \cdot \mathbf{L} \qquad (5.48)$$

其中 $\mathbf{L} = \mathbf{r}_3 - \mathbf{r}_1$ 為受測體之位移向量。

5.6.2 邁克森干涉儀

　　針對干涉術所架設的光學系統稱為干涉儀 (interferometer)。干涉儀有許多種類，我們先以邁克森干涉儀 (Michelson interferometer) 來說明之。如圖 5.73 所示，單頻雷射經擴束器 (beam expander) 擴束為平面波後，被分光鏡 (beam splitter) 分為穿透及反射兩束光；穿透光到參考平面鏡 (reference mirror) 後被反射回分光鏡，反射光到受測體 (test object) 後也被反射回

分光鏡；兩束反射回來的光束分別自分光鏡反射及穿透後重新會合為一束光，其彼此干涉且干涉影像被成像透鏡 (imaging lens) 成像於 CCD 相機 (CCD camera)。

利用上述邁克森干涉儀可量測受測體輪廓 W，現在要進一步說明干涉結果與受測體輪廓之關係。由圖 5.73 中看出光束傳播所到位置向量與波前向量是平行的，所以 $\mathbf{K}_1 \cdot \mathbf{r}_1 = (2\pi/\lambda) r_1$ 及 $\mathbf{K}_2 \cdot \mathbf{r}_2 = (2\pi/\lambda) r_2$。

因此公式 (5.44) 中的相位差 ϕ 可寫為

$$\phi = \frac{2\pi}{\lambda}(r_1 - r_2) \tag{5.49}$$

其為兩干涉光光程差所引發之相位差。為了方便說明，我們把到參考面鏡的光路拉到與到受測體者平行，如圖 5.74 所示，此時看出 $r_1 - r_2 = 2W$，其中因 r_2 代表一完美平面 (鏡)，故此時 W 即為受測體輪廓。所以公式 (5.49) 可再簡化為只與輪廓有關之型式，即

$$\phi = \frac{4\pi}{\lambda} W = 2N\pi \tag{5.50}$$

其中 N 為條紋階數 (fringe order)，它為實數，代表干涉相位值為第幾個 2π。

特別要說明的是，CCD 相機所拍攝得到的干涉影像 (常稱之為干涉圖) 之 N 通常隨不同位置 (受測體表面) 而連續變化，以致產生亮、暗相間的條紋，這種條紋稱之為干涉條紋。當 N 為整數 ($N = I$，I 為整數) 時，公式 (5.44) 之光強 I 最大 (即 $I = I_{max}$)，稱之為建設性干涉，此時干涉條紋為亮紋；若 N 為整數又 1/2 ($N = I + 1/2$，I 為整數) 時，公式 (5.44) 之光強 I 最小 (即 $I = I_{min}$)，稱之為破壞性干涉，而此時干涉條紋為暗紋。

圖 5.75 即為邁克森干涉儀的一應用說明。一個表面拋光且有人工裂縫的試片，在承受三點彎曲負載後，其裂縫尖端附近的變形場以邁克森干涉儀來量測，量測所得干涉圖如圖

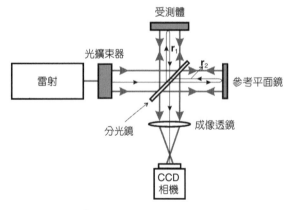

圖 5.73 邁克森干涉儀。

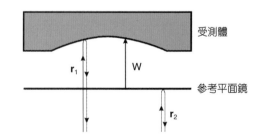

圖 5.74 受測體輪廓。

5.75(b) 所示[48]。

首先如前述,我們要先找干涉圖上干涉條紋的 N 值。由力學常識知道,裂縫兩側離尖端較遠處應力為零,因此此處 $W = N = 0$;其後越靠尖端,試片越因張應力而凹陷,W 越大,N 值當然也越大。因亮紋代表 N 為整數,所以一路往裂縫尖端數進去的 N 值正如圖 5.75(b) 所示。

將 N 值代入公式 (5.50) 便可求得裂縫尖端的凹陷量。例如 $N = 2$ 那條亮紋,它代表位移等高線,依公式 (5.50),此等高線條凹陷了 $W = \lambda$。在本量測中,干涉儀所使用之雷射為氦氖雷射,其波長 $\lambda = 0.633 \, \mu m$。

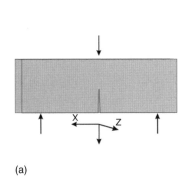

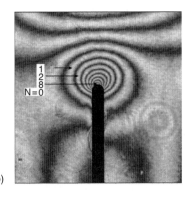

圖 5.75

邁克森干涉儀之應用例,

(a) 試片,(b) 干涉圖。

(a)

(b)

5.6.3 疊紋干涉儀

在介紹疊紋干涉術 (Móire interferometry) 前,先簡單說明光柵繞射的概念。如圖 5.76 中所示,當雷射光以入射角 α 入射進入光柵時,會產生繞射階數 (diffraction order) $N = \cdots -2$、-1、0、$+1$、$+2\cdots$ 之繞射光,這些繞射光之繞射角 θ 與入射角、入射光波長 λ,以及光柵頻率 F ($F = 1/p$,p 為光柵週期) 具有以下關係:

$$\sin\theta = \sin\alpha + N\lambda F \tag{5.51}$$

繞射角 θ 顯然無法超過 90 度,因此公式 (5.51) 說明光柵頻率越高,繞射角就越大,但能產生之繞射光束就越少。反之,光柵頻率越低,繞射角就越小,能產生之繞射光束就越多。

特別要強調的是,上述公式 (5.51) 適用於穿透式或反射式光柵。當光柵為穿透式時,入射光為圖中虛線入射者,此時第零階 ($N = 0$) 繞射光為入射光之延伸;當光柵為反射式時,入射光為圖中實線入射者,此時第零階 ($N = 0$) 繞射光為入射光之反射光。另外,由公式 (5.51) 可看出第零階的繞射角等於入射角 α,因此直接以第零階的繞射角來判定入射角,是解決初學者對入射角符號疑惑的好方法。

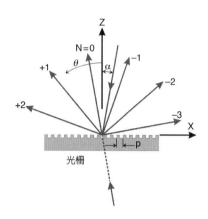

圖 5.76 光柵繞射。

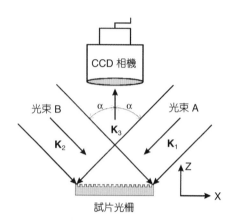

圖 5.77 疊紋干涉儀。

　　應用上，例如當反射式光柵 F = 1200/mm 及入射波長 λ = 0.63 μm 時，此時又希望 N = –1 繞射光沿光柵法線方向繞射出去 (即 θ = 0 度)，則入射角 α 應為何呢？依公式 (5.51) 可算出 $\sin\alpha = \lambda F$，或 α = 49.1 度。換句話說，第零階是 z 軸逆時針轉 49.1 度，依此可判定 z 軸順時針轉 49.1 度為入射光之反方向。

　　所謂疊紋干涉儀是如圖 5.77 所示之干涉儀，平面波 A 及 B 分別以入射角 α ($\alpha = \sin^{-1}(\lambda F)$ = $\sin^{-1}(\lambda/p)$) 及 –α 入射進入週期為 p 的試片光柵，依公式 (5.51)，此時光束 A 的 –1 及光束 B 的 +1 階繞射光都沿著試片的法線方向 (θ = 0 度)，它們彼此干涉且干涉結果為 CCD 相機所記錄下來。

　　此時干涉光強當然可用干涉公式 $I = I_a + I_b + 2(I_a I_b)^{1/2}\cos\phi$ 來表示，其中 I_a 及 I_b 分別為光束 A 及 B 之光強，ϕ 則為光束 A 及 B 分別到試片再繞射到 CCD 相機之光程所造成相位變化之差。試片未變形前，對應於光束 A 的 –1 階繞射光及光束 B 的 +1 階繞射光都為平面波且互相平行，因此全場 (整個干涉區) 相位差為零，若不為零也是全場等相位差，可微調光束所經過之光學元件使其成為零相位差。

　　接著試片變形，依公式 (5.48) 可知，光束 A 及 B 繞射到 CCD 相機時，相位分別增加了 $2\pi(U\sin\alpha + W(1 + \cos\alpha))/\lambda$ 及 $2\pi(-U\sin\alpha + W(1 + \cos\alpha))/\lambda$，因此此時相位差

$$\phi = 4\pi\frac{U}{\lambda}\sin\alpha \qquad\qquad (5.52)$$

令 $\phi = 2N\pi$ 且已知 $\alpha = \sin^{-1}(\lambda/p)$，故公式 (5.52) 也可寫成

$$\phi = 4\pi\frac{U}{p} = 2N\pi \qquad\qquad (5.53)$$

上述推導中，U 及 W 分別為 x 及 z 方向之位移 (或分別稱為面內及面外位移)，而 N 為干涉條紋或疊紋階數。可以看出，疊紋干涉術所得到的干涉圖只與面內位移有關。

　　上述諸多描述中，我們不斷提到試片光柵，其光柵週期約為 $1\ \mu\mathrm{m}$。光柵的製作是在玻璃基板上，利用光阻定義出凹溝槽經過金屬蒸鍍後，光阻的溝槽附上一層金屬層如圖 5.78(a) 所示；將試片塗上黏膠 (一般多為環氧樹脂 (epoxy))，並將光柵貼附於其上如圖 5.78(b) 所示；黏膠硬化後，將玻璃剝開，此時光阻會跟著玻璃 (它們之間的吸附性較強)，而金屬光柵跟著黏膠附於試片，即為試片光柵，如圖 5.78(c) 所示。

　　試片光柵準備好後，接續即是疊紋干涉術之光學架設，圖 5.79 所顯示的就是最常被採用的一種光學架設[49-52]，簡要說明如下。

　　雷射光經空間濾波器 (SF) 後成為球面波，其被拋物面鏡 (parabolic mirror) 化為平面波後，一半直接入射到試片並沿試片法線方向繞射出去，另一半被反射鏡 (M) 反射後，以對稱方式入射到試片，並沿試片法線方向繞射出去，最後兩道繞射光互相干涉，且被置於試片法線上的 CCD 相機拍攝記錄下來。

　　圖 5.80 即是疊紋干涉儀在盲孔殘餘應力量測之應用。它是一具殘餘應力的鋁合金材料，當此材料被貼上光柵且置於圖 5.79 之試片光柵處後，以一高速鑽孔機鑽入試片，使其產生一盲孔。此時盲孔周圍應力釋放，因而相對應地產生位移。圖 5.80 即是此位移所造成之干涉圖[53]，其中數字代表干涉條紋階數 N；將一些特定點的階數代入公式 (5.53) 即可求得這些點的位移 U，依此可進一步推得殘餘應力值。

　　圖 5.79 之架設簡易且因彼此干涉的光束所各別走的路徑很接近，避振能力也因此不錯，惟使用時需大的平面波。若無大的平面波時，可用如圖 5.81 的方式架設，其中為了方便起見，說明中不使用擴束光而是使用單一線光。

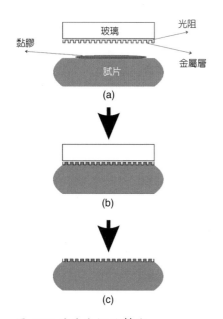

圖 5.78 試片光柵的製作。

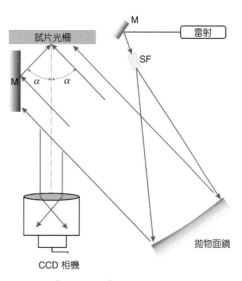

圖 5.79 疊紋干涉儀之架設。

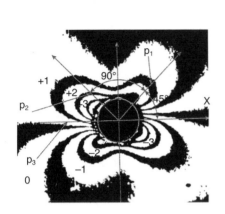

圖 5.80 疊紋干涉術之應用。

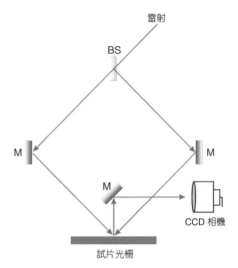

圖 5.81 疊紋干涉儀之架設。

　　圖 5.81 所顯示的是另一常被採用的一種光學架設。它是以一分光鏡 (BS) 將平面波分為兩束，其中穿透光被反射鏡 (M) 反射後入射進試片並沿試片法線方向繞射出去，另一束反射光被反射鏡 (M) 反射後以對稱方式入射進試片並沿試片法線方向繞射出去。兩道繞射光彼此干涉所構成之疊紋圖被引導到 CCD 相機而記錄下來。

5.6.4 光斑干涉儀

　　前文所談到的邁克森及疊紋干涉儀都是使用波面相當整齊的光束 (如近平面波) 來干涉，因此受測體就需要具有接近鏡面或光柵等級的表面。如果受測體表面為散射面，它被雷射光照射後，空間中將佈滿光斑 (speckle)，因此干涉結果看不到干涉條紋，此時可選擇使用光斑干涉術 (speckle interferometry) 來量測。

(1) 光斑

　　光斑其實就是雷射光打在散射表面後，在空間散射並彼此互相干涉，而形成或亮或暗之顆粒點；它在極接近表面至離表面相當遠處都可被觀察得到。一般人初始都會認為光斑大小與表面粗糙度有關，其實它只與波長及成像系統有關。如圖 5.82(a) 所示拍攝系統，此時所拍攝的影像如圖 5.82(b) 所示之光斑，其光斑顆粒平均尺寸 d 為

$$d = 1.22 \frac{\lambda f}{D} \tag{5.54}$$

其中，f 為成像透鏡之焦長、D 為成像系統之光圈及 λ 為雷射波長。

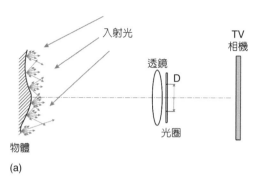

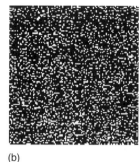

圖 5.82

光斑之形成：(a) 光斑拍攝
系統架構圖，(b)光斑圖。

(a)　　　　　　　　　　　　　　　　　　(b)

　　有關光斑的應用技術可分為光斑照像術 (speckle photography) 及光斑干涉術。前者因靈敏度較低且操作不便，因此少人使用。後者又分傳統底片拍攝法及數位影像拍攝法 (即使用 CCD 照相機拍攝)。傳統底片拍攝法需沖洗底片及濾波，操作複雜；而數位影像拍攝法不需沖洗底片及濾波，已廣為大家所接受及應用。

　　因此本節只介紹數位影像拍攝法之光斑干涉術，其又被廣泛地稱為電子光斑干涉術 (electron speckle pattern interferometry, ESPI)[54,55]

(2) 電子光斑干涉術原理

　　如圖 5.83 所示，光斑干涉術仍然需要打參考光及照物光。其中參考光經由分光鏡 (BS) 反射而直接到達 TV camera；照物光沿 $\mathbf{K}_1$ 方向入射至試片，試片表面所因而造成之光斑被成像透鏡沿 $\mathbf{K}_2$ 方向成像在 TV camera 上並與參考光互相干涉，而形成另一組光斑圖。依公式 (5.44)，試片未變形前，這組光斑之光強分布 I_i 為：

$$I_i = I_o + I_r + 2\sqrt{I_o I_r}\cos\phi \tag{5.55}$$

其中 I_o 及 I_r 分別為物光及參考光光強，ϕ 則為這兩束光各自行經不同路徑之相位變化差。試片變形後，這組光斑之光強分布變為 I_d：

$$I_d = I_o + I_r + 2\sqrt{I_o I_r}\cos(\phi + \varphi) \tag{5.56}$$

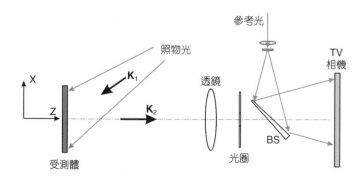

圖 5.83

光斑干涉儀。

其中 φ 為試片變形造成之相移，依公式 (5.48)，$\varphi = (\mathbf{K}_2 - \mathbf{K}_1) \cdot \mathbf{L}$。

電子光斑干涉術的作法即是記錄下 I_i 及 I_d，並進行以下相減取平方處理：

$$I = (I_i - I_d)^2 = 16 I_o I_r \sin^2 \left[\phi + \frac{\varphi}{2} \right] \sin^2 \left(\frac{\varphi}{2} \right) \tag{5.57}$$

其中等號右邊第四項 $\sin^2[\phi + \varphi/2]$ 具極高頻之空間頻率 (因粗糙表面使得 ϕ 變化極快，無法被眼睛解析出來，故可以一常數視之。將等號右邊前四項以 I' 表達，且引入半角公式，則上式可簡化為

$$I = I'(1 - \cos\varphi) \tag{5.58}$$

此公式說明，電子光斑干涉術相減結果得到一個人為操作的干涉圖，當 $\varphi = 2N\pi$ 且 N 為整數時，我們看到了暗紋 (這與前述用波前來干涉之干涉術的條紋亮暗相反)。

圖 5.84 說明電子光斑干涉儀的一個應用。它的試片是一承受中心負荷且周圍固定的圓形薄板，並且它的光學架設類似圖 5.73 之邁克森干涉儀，且其中參考鏡片 (reference mirror) 用一噴漆的圓形玻璃替代。因為此時 $\mathbf{K}_1$ 及 $\mathbf{K}_2$ 都垂直於試片表面，依公式 (5.48)，形變與干涉圖之關係為 $\varphi = 4\pi W \lambda$ 或 $W = N\lambda/2$。注意因週邊固定，所以 $W = 0$，因此該處 $N = 0$。

由圖 5.83 可看出，只要垂直打照物光且使其垂直於觀測受測體，電子光斑干涉儀可利用一張干涉圖就量出受測體面外位移 W。除非受測體沒有面外位移，否則上述光學架設，是無法以一張干涉圖就量出受測體面內位移 U。

若要以一張干涉圖就量出受測體面內位移的方法，必須要採用圖 5.85 之光學架設。圖中我們看出，不再有參考光，而照物光是對稱於 z 軸的兩道，它們在受測體表面所形成之光斑被物鏡成像於 TV camera 上。當然類似前述作法，TV camera 要將試片未變形前影像 I_i 及試片變形後的影像 I_d 記錄下來。這兩影像可用公式 (5.55) 及公式 (5.56) 表示，惟其中應以兩道物光光強取代 I_o 及 I_r。

接著個人電腦也是取得 I_i 及 I_d 並進行相減取平方處理，此時得到的新光強表達方式與公式 (5.58) 完全一致。但此時 φ 是兩道物光因試片變形所各別增加的相位角之差值，即依公式 (5.58)：

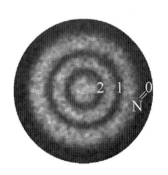

圖 5.84
電子光斑干涉儀在面外位移量測之應用。

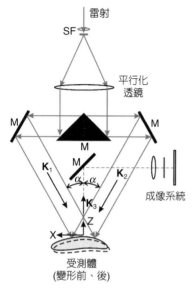

圖 5.85 光斑干涉儀—面內位移量測。

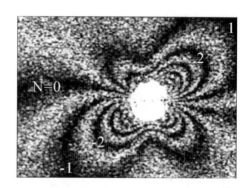

圖 5.86 電子光斑干涉儀在面內位移量
測之應用。

$$\varphi = (\mathbf{K}_3 - \mathbf{K}_1) \cdot \mathbf{L} - (\mathbf{K}_3 - \mathbf{K}_2) \cdot \mathbf{L}$$
$$= (\mathbf{K}_2 - \mathbf{K}_1) \cdot \mathbf{L}$$
$$= \frac{4\pi}{\lambda} \sin\alpha U$$

(5.59)

其中 α 是兩道物光分別與 z 軸之夾角。由此觀之,此種對稱打照物光的架設將產生只與面內
位移有關之干涉圖。

　　利用面內位移量測用電子光斑干涉儀來進行盲孔殘餘應力之量測也是一個很好的選擇,
圖 5.86 即是此一應用之結果[56]。該量測之光學架設類似圖 5.85,只是它不用反射鏡引光,而
是改採光纖來引導照物光到受測體表面。

　　U 形變場的量測架設也可簡化如圖 5.87 所示,其是在受測體邊緣擺放一反射鏡,且以
接近平面波的光束往受測體照射;此時光束一部分直接照在受測體,而另一部分被反射鏡反
射後,以對稱方式照射受測體。

5.6.5 剪切干涉儀

　　一般干涉術無論傳統的 Michelson、Fizeau、或 Mach-Zehnder 干涉術等或近代的全像[57-59]
或光斑干涉術等,都必須在避振、無干擾 (聲音及擾流等) 的環境下操作,否則干涉條紋會產
生快速躍動,嚴重影響量測精度。故一般干涉術多被定位為實驗室內的量測技術,無法在現
場使用。

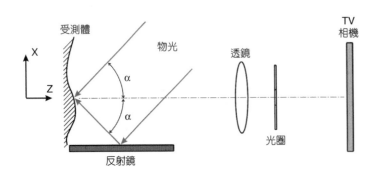

圖 5.87

光斑干涉儀—面內位移量測。

　　剪切干涉術 (shearing interferometry) 是物光與物光本身干涉，因此縱然有振動或其他干擾產生，兩道彼此干涉的物光產生幾乎相同之光程變化，其干涉結果就不受影響。因此剪切干涉術是普遍被認同為可現場使用的干涉術。

　　剪切干涉術主要應用於光學系統檢測及形變量測上。其中前者是用剪切干涉術量取通過系統後的光波波前，據此來推算系統之品質；後者則是用剪切干涉術直接量測受測體之應變[60-68]。本小節的重心是放在應變量測。

　　剪切干涉術用在應變量測時又分為兩類：波前與光斑剪切干涉術。前者用在試片表面為拋光或光柵級表面，能獲得高對比的干涉圖；後者干涉條紋對比較差，但適用於散射表面。剪切干涉術的原理大致相同，主要差別是在剪切機構，因此本小節介紹完基本原理後，將接著介紹各式剪切機構以方便初學者在光學架設上的選擇。

(1) 基本原理

　　大體上，剪切干涉術之光學架設包含光源、受測體、剪切機構 (shearing mechanism) 及成像系統。此架設的特點是：物光經剪切機構後，都被分為兩束，它們相當於從受測體上距離 Δx 的兩點發射出來，因此受測體的一點在成像面上被錯移為兩點，且距離為 $M \cdot \Delta x$，其中 M 為成像系統之橫向放大率，Δx 稱為剪切距離 (shearing distance)。

　　換句話說，受測體相距 Δx 的兩點 $P(x,y)$ 及 $P(x+\Delta x,y)$ 被成像為同一點了，而此點的光強可以波前與光斑剪切干涉術分別探討之。

・波前剪切干涉術

　　波前剪切干涉術的應用前題是：① 入射光為一平面波、② 被剪切機構分開的兩光束要如圖 5.88 所示地互相平行，以及 ③ 受測體表面為拋光或光柵級平面。此時，當受測體未變形時，離開受測體而前往剪切機構者之波前為一平面波，即此時波動函數為 $E(x,y) = A(x,y)\exp(-i2\pi z\lambda)$；因此當受測體產生 $\mathbf{L}(x,y)$ 之形變位移時，依公式 (5.48)，前進往剪切機構之波前將增加相位 $\varphi(x,y) = (\mathbf{K}_2 - \mathbf{K}_1) \cdot \mathbf{L}(x,y)$，即此時波動函數為 $E(x,y) = A(x,y)\exp[-i(2\pi z\lambda + \varphi(x,y)]$。

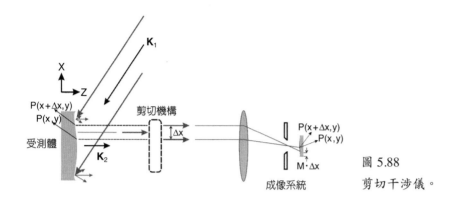

圖 5.88
剪切干涉儀。

經過剪切機構後此波前被剪移為 $E(x,y)$ 及 $E(x + \Delta x, y)$ 兩個，它們彼此干涉構成新的波動場 $E = E(x,y) + E(x + \Delta x, y)$。依公式 (5.40)，此干涉光強為

$$I = I_x + I_{x+\Delta x} + 2\sqrt{I_x I_{x+\Delta x}} \cos \Delta\varphi \tag{5.60}$$

其中 I_x 及 $I_{x+\Delta x}$ 分別為 $E(x,y)$ 及 $E(x + \Delta x, y)$ 之光強，且

$$\Delta\varphi = \varphi(x + \Delta x, y) - \varphi(x,y) = (\mathbf{K}_2 - \mathbf{K}_1) \cdot \frac{\partial \mathbf{L}}{\partial x} \Delta x \tag{5.61}$$

且令 $\mathbf{L} = (U, V, W)$ 及 $\Delta\varphi = 2N\pi$，則公式 (5.61) 可進一步寫為

$$\Delta\varphi = (\mathbf{K}_2 - \mathbf{K}_1) \cdot \left(\frac{\partial U}{\partial x}, \frac{\partial V}{\partial x}, \frac{\partial W}{\partial x} \right) \Delta x = 2N\pi \tag{5.62}$$

其中，$\mathbf{K}_1$ 及 $\mathbf{K}_2$ 分別為光源到受測體及受測體到成像系統之波前向量，($\partial U/\partial x$, $\partial V/\partial x$, $\partial W/\partial x$) 為應變向量。依公式 (5.62)，我們看出剪切干涉儀可用以直接量測應變向量。選擇不同照射方向 (即不同 $\mathbf{K}_1$)，記錄三張以上干涉圖，依公式 (5.60) 可得到三組以上相位圖；將它們代入公式 (5.62) 以獲得三組以上方程式後，便可解得 ($\partial U/\partial x$, $\partial V/\partial x$, $\partial W/\partial x$)。

· 光斑剪切干涉術

顧名思義，光斑剪切干涉術之受測體具散射表面，經入射光照射後佈滿光斑。它的剪切機構比較隨意，只要能將物光剪移為兩束即可。這兩束可為圖 5.88 般互相平行的關係，也可如圖 5.89 般具有 θ 之夾角，這時剪切距離 $\Delta x = l\theta$，其中 l 為圖中所示之距離。

由於受測體 $P(x,y)$ 及 $P(x + \Delta x, y)$ 的影像將被成像在同一點且彼此干涉，依公式 (5.44)，此成像點之光強為：

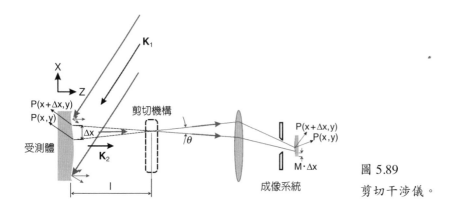

圖 5.89
剪切干涉儀。

$$I_i = I_x + I_{x+\Delta x} + 2\sqrt{I_x I_{x+\Delta x}}\cos\Delta\phi \tag{5.63}$$

其中 I_x 及 $I_{x+\Delta x}$ 分別為 $P(x,y)$ 及 $P(x+\Delta x,y)$ 的影像光強，$\Delta\phi$ 為變形前光源到這兩點再到成像面之光程差所造成之相位差。由於受測體是粗糙表面，$\Delta\phi$ 空間頻率很高，因此成像系統所看到的僅只是光斑圖。那麼此時剪切干涉術如何進行量測呢？它是讓受測體變形然後再取一張影像，其光強為：

$$I_d = I_x + I_{x+\Delta x} + 2\sqrt{I_x I_{x+\Delta x}}\cos(\Delta\phi + \Delta\varphi) \tag{5.64}$$

其中 $\Delta\varphi$ 為受測體產生 $\mathbf{L}(x,y)$ 之形變位移後，光源分別到 $P(x,y)$ 及 $P(x+\Delta x,y)$ 再到成像面所各別增加之相位的差，因此 $\Delta\varphi$ 與形變關係可表達如公式 (5.61) 或公式 (5.62)。針對這兩張影像，個人電腦再進行相減取平方之處理，即：

$$I = (I_i - I_d)^2 = 16 I_x I_{x+\Delta x} \sin^2\left[\Delta\phi + \frac{\Delta\varphi}{2}\right]\sin^2\left(\frac{\Delta\varphi}{2}\right) \tag{5.65}$$

其中等號右邊第四項 $\sin^2[\Delta\phi + \Delta\varphi/2]$ 具極高頻之空間頻率，無法被眼睛解析出來，故可以一常數視之。將等號右邊前四項以 I' 表達，且引入半角公式，則上式可簡化為

$$I = I'(1 - \cos\Delta\varphi) \tag{5.66}$$

　　這和電子光斑干涉術所得干涉公式一致，換句話說，相減影像會出現亮暗相間的干涉條紋，且當 $\Delta\varphi$ 為 2π 整數倍時將會看到暗紋。惟電子光斑干涉術的干涉相位圖與形變有關，而剪切干涉術的干涉相位圖與應變 ($\partial U/\partial x$，$\partial V/\partial x$，$\partial W/\partial x$) 有關，見公式 (5.62)。

也如同波前剪切干涉術一般，如果要同時求出三個應變 ($\partial U/\partial x$, $\partial V/\partial x$, $\partial W/\partial x$)，則需以三個不同方向入射光來照射受測體，對應於每一方向拍得一張干涉圖，利用這三張獨立的干涉圖及公式 (5.62) 即可求出三個應變量。

上述剪切方向都是只沿著 x 方向，這是為了完整且方便說明所致。事實上大部分的剪切機構都允許調整為 y 方向剪切，而也都用公式 (5.62) 來求取應變，只是其中 x 要以 y 來取代。

(2) 剪切機構

經由上述說明看出，剪切干涉術的原理簡單、架設容易，因此是相當值得推薦為精密量測的工具。所有剪切干涉儀的架設都幾乎一樣，其中最大差異則是剪切機構，為了使讀者能方便地就已具有的光學元件來建置適當的剪切機構，以下簡要說明剪切機構。

絕大部分的剪切機構都是把入射光橫向地分為兩束輸出，我們統稱這種機構為橫向剪切機構，大體上它又依兩束輸出光的關係分為如圖 5.90 兩類：(a) 相互平行及 (b) 彼此有微小夾角者。Savart 及 Wollaston 剪切機構則分別是這兩者典型代表，見圖 5.91，其中 Savart 及 Wollaston 稜鏡都是將輸入光 (物光) 分為偏極態互相垂直的兩束，因此它們後面都需置入一偏極板，以便將偏極方向拉為一致，如此才能產生干涉。

以圖 5.92 (a) 及 (b) 來說明剪切干涉術的應用。它的試片是一承受中心負荷且周圍固定的圓形薄板，光學架設包含一氦氖雷射 ($\lambda = 0.63\ \mu m$) 及一剪切距離 $\Delta x = 1$ mm 的 Savart 剪切機構，又 $\mathbf{K}_1$ 及 $\mathbf{K}_2$ 都垂直於試片表面。依公式 (5.62)，應變與與干涉圖之關係為 $\Delta\varphi = (4\pi/\lambda)$ ($\partial W/\partial x)\Delta x = 2\,N\pi$。注意因此試片之形變為中心對稱，該處應變 $\partial W/\partial x = 0$，所以 $N = 0$。

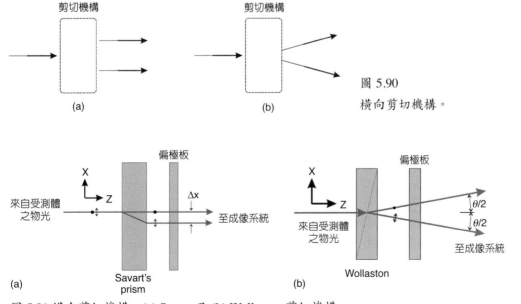

圖 5.90
橫向剪切機構。

圖 5.91 橫向剪切機構，(a) Savart 及 (b) Wollaston 剪切機構。

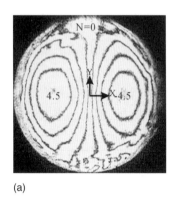 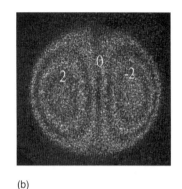

圖 5.92

(a) 波前及 (b) 光斑剪切干涉儀之應用。

5.6.6 相移術

　　透過上述諸多實驗例子，發現我們都在數干涉條紋階數 N，以進而求得所欲量測之物理量。這相當人工化且不精準；又僅最亮 (I_{max}) 及最暗 (I_{min}) 處之條紋能方便地被判斷出 N 值，對全場檢測之目標造成諸多阻礙。要克服這些困擾，下文所要介紹的相移術 (phase-shifting technology) 是一個很好的解決方案。

　　首先，以邁克森干涉儀為例子，說明什麼是相移術，其架構如圖 5.93 所示。

　　單頻雷射擴束為平行光後被分光鏡分為兩束，一束為反射到受測體的測試光，另一束為直進到參考面 (它是一個能被 PZT 推動的反射鏡) 的參考光；這兩道光再反射回分光鏡後合併為一束，它們彼此干涉且干涉圖案被 CCD 相機接收而記錄下來。依公式 (5.44)，可得知干涉圖案之光強為

$$I = I_0\left[1 + \gamma_0 \cos(\phi + \delta)\right] \tag{5.67}$$

其中 $I_0 = I_1 + I_2$ 且 $\gamma_0 = 2\sqrt{I_1 I_2}/(I_1 + I_2)$。注意公式 (5.67) 中多了相角 δ，它是我們準備以 PZT 推動參考面鏡使得測試光與參考光光程差改變並進而造成的額外相角，稱 δ 為相移角。

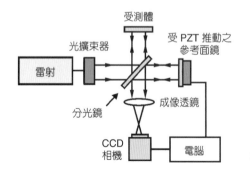

圖 5.93

相移式邁克森干涉儀。

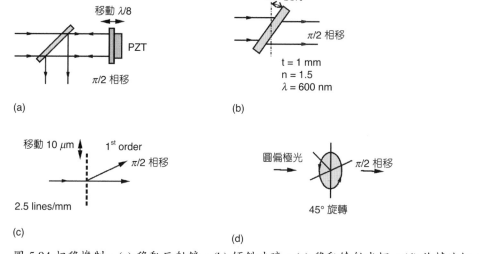

圖 5.94 相移機制，(a) 移動反射鏡，(b) 傾斜玻璃，(c) 移動繞射光柵，(d) 旋轉波板。

　　此時如果相移角是操作者控制的已知量，I 是實驗期間量得的光強，則公式 (5.67) 僅有三個未知量：I_0、γ_0 及 ϕ。因此，我們只要改變相移角 δ，以得到三組以上的獨立方程式，那麼相位差 ϕ 即可解出。上述這樣的技術稱為相移術。

　　注意任何可以改變相位差 ϕ 的機制都可以成為相移設施，如圖 5.94 所示。其中圖 5.94(a) 即上述以 PZT 推動參考面鏡的方法，除此之外，尚有如圖 5.94(b) 之轉動平板玻璃、圖 5.94(c) 之移動光柵，以及圖 5.94(d) 之轉動波板等。

(1) 相移術原理

　　參考相移式邁克森干涉儀，並以它作為相移術原理之說明例子。因公式 (5.64) 為相機所感受到的光強，所以相移 Δ 期間相機所接收到的平均光強就可寫為：

$$I_i(x,y) = \frac{1}{\Delta} \int_{\delta_i - \Delta/2}^{\delta_i + \Delta/2} I_0(x,y)\left\{1 + \gamma_0(x,y)\cos[\phi(x,y) + \delta(t)]\right\}d\delta(t) \tag{5.68}$$

完成此式積分，則光強為

$$\begin{aligned} I_i(x,y) &= I_0(x,y)\left\{1 + \gamma_0(x,y)\mathrm{sinc}\left(\frac{\Delta}{2}\right)\cos[\phi(x,y) + \delta_i]\right\} \\ &= I_0(x,y)\left\{1 + \gamma_0(x,y)\cos[\phi(x,y) + \delta_i]\right\} \end{aligned} \tag{5.69}$$

將此式中之餘弦展開，則光強可寫為

$$I_i(x,y) = a_0(x,y) + a_1(x,y)\cos\delta_i + a_2(x,y)\sin\delta_i \tag{5.70}$$

其中

$$a_0 = I_0(x,y)$$

$$a_1(x,y) = I_0(x,y)\gamma_0(x,y)\,\mathrm{sinc}\!\left(\frac{\Delta}{2}\right)\cos[\phi(x,y)] \tag{5.71}$$

$$a_2(x,y) = -I_0(x,y)\gamma_0(x,y)\,\mathrm{sinc}\!\left(\frac{\Delta}{2}\right)\sin[\phi(x,y)]$$

且 $\mathrm{sinc}(\Delta/2) = \sin(\Delta/2)/(\Delta/2)$，及當 $\Delta\to0$ 時 $\mathrm{sinc}(\Delta/2) = 1$。

　　由公式 (5.70) 至公式 (5.71) 看出未知數為 $I_0(x,y)$、γ_0 及 $\phi(x,y)$。當相機拍攝得到 n 張 Δ 相同的干涉光強影像 ($I_i, i = 1$、2、3、、、n) 後，利用最小平方差法可解得[23]

$$\begin{bmatrix} a_0(x,y) \\ a_1(x,y) \\ a_2(x,y) \end{bmatrix} = A^{-1}(\delta_i)B(x,y,\delta_i) \tag{5.72}$$

$$A(\alpha_i) = \begin{bmatrix} n & \sum\cos\delta_i & \sum\sin\delta_i \\ \sum\cos\delta_i & \sum\cos^2\delta_i & \sum(\cos\delta_i)\sin\delta_i \\ \sum\sin\delta_i & \sum(\cos\delta_i)\sin\delta_i & \sum\sin^2\delta_i \end{bmatrix} \tag{5.73}$$

$$B(\alpha_i) = \begin{bmatrix} \sum I_i(x,y) \\ \sum I_i(x,y)\cos\delta_i \\ \sum I_i(x,y)\sin\delta_i \end{bmatrix} \tag{5.74}$$

及

$$\begin{aligned}
\phi(x,y) &= \tan^{-1}\!\left[\frac{-a_2(x,y)}{a_1(x,y)}\right] \\[2mm]
&= \tan^{-1}\!\left\{\frac{I_0(x,y)\gamma_0(x,y)\,\mathrm{sinc}\!\left(\dfrac{\Delta}{2}\right)\sin[\phi(x,y)]}{I_0(x,y)\gamma_0(x,y)\,\mathrm{sinc}\!\left(\dfrac{\Delta}{2}\right)\cos[\phi(x,y)]}\right\}
\end{aligned} \tag{5.75}$$

$$\gamma(x,y) = \gamma_0(x,y)\,\mathrm{sinc}\!\left(\frac{\Delta}{2}\right) = \frac{\sqrt{a_1(x,y)^2 + a_2(x,y)^2}}{a_0(x,y)} \tag{5.76}$$

其中 γ 為光強調制度 (intensity modulation)，它的值越大表示光強亮暗對比度越高，而相位 ϕ

的量測結果也越值得信賴。

公式 (5.72) 至公式 (5.76) 為利用相移術求得相位 ϕ 的通式，它可分為兩類：積分法 (integrating method) 及相位步進法 (phase-stepping method)。積分法是 $\Delta > 0$ 的情況，它通常是令 PZT 隨時間線性移動，相機每積分一段時間 (相當於相位移動 Δ) 取一張影像。積分法的優點是 PZT 平順推移完成後即完成取像，中間無需停頓等待振動消失；缺點是降低光強調制度 γ。步進法是 $\Delta \to 0$ 的情況，它是積分法的簡化應用，進行時是 PZT 產生一相移後，相機才取一影像。步進法的優點是光強調制度 γ 高；缺點是每步位移後都需一點時間等待振動消失。

特別要強調的是，既然步進法為積分法的一簡化應用，後續的說明就不給予區別。又實用上我們常利用三步相移法 (three-step technique)、四步相移法 (four-step technique)、或五步相移法 (five-step technique) 來分別取得三、四或五張干涉影像，並進而推算出 ϕ 值。以下再將這些方法獨立出來介紹。

· 三步相移法

此法常用的又有兩種狀況，每次相移為 $\pi/2$ 及 $2\pi/3$，分別說明如下。當 $\delta_i = \pi/4$、$3\pi/4$ 及 $5\pi/4$，依公式 (5.69) 可得

$$I_1 = I_0\left[1 + \gamma\cos\left(\phi + \frac{\pi}{4}\right)\right] = I_0\left[1 + \frac{\sqrt{2}}{2}\gamma(\cos\phi - \sin\phi)\right] \tag{5.77}$$

$$I_2 = I_0\left[1 + \gamma\cos\left(\phi + \frac{3\pi}{4}\right)\right] = I_0\left[1 + \frac{\sqrt{2}}{2}\gamma(-\cos\phi - \sin\phi)\right] \tag{5.78}$$

$$I_3 = I_0\left[1 + \gamma\cos\left(\phi + \frac{5\pi}{4}\right)\right] = I_0\left[1 + \frac{\sqrt{2}}{2}\gamma(-\cos\phi + \sin\phi)\right] \tag{5.79}$$

解公式 (5.77) 至公式 (5.79)，可得到

$$I_3 - I_2 = \sqrt{2}I_0\gamma\sin\phi \tag{5.80}$$

$$I_1 - I_2 = \sqrt{2}I_0\gamma\cos\phi \tag{5.81}$$

又根據這兩式，可進一步解得

$$\phi = \tan^{-1}\left(\frac{I_3 - I_2}{I_1 - I_2}\right) \tag{5.82}$$

$$\gamma = \frac{\sqrt{(I_3 - I_2)^2 + (I_1 - I_2)^2}}{\sqrt{2}I_0} \tag{5.83}$$

當 $\delta_i = -2\pi/3 \cdot 0$ 及 $2\pi/3$，依公式 (5.69) 可得

$$I_1 = I_0\left[1 + \gamma\cos(\phi - 2\pi/3)\right] \tag{5.84}$$

$$I_2 = I_0\left[1 + \gamma\cos\phi\right] \tag{5.85}$$

$$I_3 = I_0\left[1 + \gamma\cos(\phi + 2\pi/3)\right] \tag{5.86}$$

依此，可進一步解得 ϕ 及 γ 為

$$\phi = \tan^{-1}\left(\sqrt{3}\,\frac{I_1 - I_3}{2I_2 - I_1 - I_3}\right) \tag{5.87}$$

$$\gamma = \frac{\sqrt{3(I_1 - I_3)^2 + (2I_2 - I_1 - I_3)^2}}{3I_0} \tag{5.88}$$

・四步相移法

　　四步相移法是相當常用的方法，這種方法是令 $\delta_i = 0 \cdot \pi/2 \cdot \pi$ 及 $3\pi/2$，如此依公式 (5.69) 可得

$$I_1 = I_0\left[1 + \gamma\cos\phi\right] \tag{5.89}$$

$$I_2 = I_0\left[1 + \gamma\cos\left(\phi + \frac{\pi}{2}\right)\right] = I_0\left[1 - \gamma\sin\phi\right] \tag{5.90}$$

$$I_3 = I_0\left[1 + \gamma\cos(\phi + \pi)\right] = I_0\left[1 - \gamma\cos\phi\right] \tag{5.91}$$

$$I_4 = I_0\left[1 + \gamma\cos\left(\phi + \frac{3\pi}{2}\right)\right] = I_0\left[1 + \gamma\sin\phi\right] \tag{5.92}$$

依公式 (5.89) 至公式 (5.92)，很容易地可解得 ϕ 及 γ 為

$$\phi = \tan^{-1}\left(\frac{I_4 - I_2}{I_1 - I_3}\right) \tag{5.93}$$

$$\gamma = \frac{\sqrt{(I_4 - I_2)^2 + (I_1 - I_3)^2}}{2I_0} \tag{5.94}$$

・五步相移法

　　五步相移法也是相當常用的方法。它不但壓抑相移誤差所造成的量測誤差，也消除四步相移法中分母與分子可能同時趨近於零的困擾。此法是令 $\delta_i = 0 \cdot \pi/2 \cdot \pi \cdot 3\pi/2$ 及 2π，如此

依公式 (5.69) 可得

$$I_1 = I_0 \left[1 + \gamma \cos \phi \right] \tag{5.95}$$

$$I_2 = I_0 \left[1 + \gamma \cos \left(\phi + \frac{\pi}{2} \right) \right] = I_0 \left[1 - \gamma \sin \phi \right] \tag{5.96}$$

$$I_3 = I_0 \left[1 + \gamma \cos \left(\phi + \pi \right) \right] = I_0 \left[1 - \gamma \cos \phi \right] \tag{5.97}$$

$$I_4 = I_0 \left[1 + \gamma \cos \left(\phi + \frac{3\pi}{2} \right) \right] = I_0 \left[1 + \gamma \sin \phi \right] \tag{5.98}$$

$$I_5 = I_0 \left[1 + \gamma \cos \left(\phi + 2\pi \right) \right] = I_0 \left[1 + \gamma \cos \phi \right] \tag{5.99}$$

依公式 (5.95) 至公式 (5.99)，可解出

$$\phi = \tan^{-1} \left(\frac{2(I_4 - I_2)}{I_1 + I_5 - 2I_3} \right) \tag{5.100}$$

$$\gamma = \frac{\sqrt{[2(I_4 - I_2)]^2 + (I_1 + I_5 - 2I_3)^2}}{4I_0} \tag{5.101}$$

上述我們僅只介紹三、四及五步相移法，但其實還有一些特殊方法，如 Carre 相移法、「2 + 1」移相法 ("2 + 1" technique) 及掃描移相法 (scanning phase shift technique) 等，比較詳細敘述請參考 Cloud[70] 及 Williams[71] 之著作。

(2) 相位折疊與相位展開圖

　　經過上述方法操作，我們以反正切函數求得相位 ϕ，但它的主值限制在 $(-\pi/2, \pi/2)$，利用解相位期間正弦與餘弦之正負 (如公式 (5.80) 與公式 (5.81) 中，等號左邊的正負即正弦與餘弦之正負) 就可判定相位 ϕ 該落於那一象限。然此時之相位也只限制在 $0-2\pi$ 間，由這樣每點所構成之相圖稱為不連續相位圖或相位折疊圖 (wrapped phase map)，如圖 5.95(a) 所示。這不符合相圖應為連續圖形 (除非有奇異區) 的自然現象，因此接下來要比較相鄰點之相位差以消除不連續現象，直到相鄰點相位差不超過 π。經過這樣處理所得到的圖形稱為相位展開圖 (unwrapped phase map)，如圖 5.95(b) 所示。有關求得相位展開圖的方法有很多，讀者們可透過參考文獻 72-74 進一步瞭解更詳細內容。

(a)

(b)

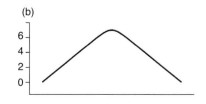

圖 5.95
(a) 相位折疊圖與 (b) 相位展開圖。

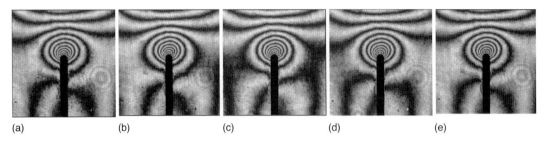

(a)   (b)   (c)   (d)   (e)

圖 5.96 五步相移所對應之干涉圖:(a) $\delta_1 = 0$,(b) $\delta_2 = \pi/2$,(c) $\delta_3 = \pi$,(d) $\delta_4 = 3\pi/2$,(e) $\delta_5 = 2\pi$。

(a)

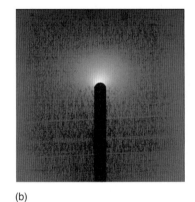

(b)

圖 5.97
(a) 相位折疊圖與 (b) 相位展開圖。

以下是相移式邁克森干涉儀的一個應用例。光學架設如圖 5.93 所示且試片如圖 5.75(a) 所示;在試片承受負載,且進行五步相移術後,取得五張干涉圖如圖 5.96 所示[48]。

這五張圖的每一對應點之光強即 $I_1 - I_5$,利用公式 (5.100) 可解出相位 ϕ,據此可進一步解出相位折疊圖與相位展開圖,如圖 5.97。其中都以灰階來表示每點相位值。

參考文獻

1. P. R. Yoder, *Opto-Mechanical Systems Design*, 2nd ed., New York: Marcel Dekker, Inc. (1993).

2. Schott, Optical Glass Catalog.

3. ISO 9022, *Optics and Optical Instruments-Environmental Test Methods*.

4. 張良知, 光機整合系統實用技術研習班講義, 國科會精密儀器發展中心 (2002).

5. *The Newport Resource*, Irvine, CA, New Port Corporation (2004).

6. P. R. Yoder, *Mounting Lenses in Optical Instruments*, Bellingham, Washington, SPIE (1995).

7. M. Bayar, *Optical Engineering*, **20**, 181 (1981).

8. P. R. Yoder, *Design and Mounting of Prisms and Small Mirrors in Optical Instruments*, Bellingham, Washington, SPIE (1998).

9. P. R. Yoder, *SPIE Proceedings*, **1013**, 112 (1988).

10. 美國專利: USP 5011272, USP 5831772, USP 5229886, USP 5268793, USP 5105311, USP 5712733, USP 3951522, USP 4281907, USP 5043752, USP 5079577, USP 5535057, USP 2165341, USP 5140468, USP 5113261, USP 5854711, USP 5150260, USP 5471100, USP 6392827.

11. C. W. Brown and D. R. Smith, *SPIE*, **1331**, 210 (1990).

12. S. M. Pompea, and S. H. C. P. McCall, *SPIE*, **1753**, 92 (1992).

13. T. M. Huang, C. H. Huang, B. C. Wang, K. C. Huang, and S. S. Liang, Proc. *Photonics / Taiwan '99*, **2**, 1179 (1999).

14. 黃鼎名, 黃國政, 王必昌, 梁新祥, 科儀新知, **23** (1), 34 (2001).

15. G. C. Holst, *Testing and Evaluation of Infrared Imaging Systems*, 2nd ed., Winter Park: JCD Pulbling (1998).

16. R. Siegel and J. R. Howell, *Thermal Radiation Heat Ttransfer*, 3rd ed., Washington: Hemisphere publishing corp., (1992).

17. R. E. Fisher and B. Tadic-Galeb, *Optical System Design*, New York: McGraw Hill (2000).

18. R. P. Breault, *Proc. SPIE*, **107**, 2 (1977).

19. S. M. Pompea, R. P. Breault, "Black Surfaces for Optical Systems", *Handbook of Optics*, 2nd ed., McGraw Hill, New York, Vol. 2, ch. 37 (1995).

20. W. Viehmann and R. E. Predmore, *Proc. SPIE*, **675**, 67 (1986).

21. S. H. C. P. McCall, R. P. Breault, R. A. Henrikson, M. A. Reid, A. J. Clark, R. A. Ellis, A. E. Piotrowski, and M. L. McCall, *Proc. SPIE*, **3426**, 303 (1998).

22. "Stray light analysis with ASAP", ASAP Procedure Note, BRO-PN-1157 (2001).

23. E. R. Freniere, R. D. Stern, and J. W. Howard, *Proc. SPIE*, **1331**, 107 (1990).

24. "Scattering," ASAP Technical Guide (2003).

25. G. L. Peterson, *SPIE*, **3780**, 132 (1999).

26. R. P. Breault, "Control of Stray Light," *Handbook of Optics*, 2nd ed., McGraw Hill, New York, Vol. 1, ch. 38 (1995).

27. A. St. Clair Dinger, *Proc. SPIE*, **1331**, 98 (1990).

28. E. R. Freniere, *Proc. SPIE*, **257**, 19-28 (1980).

29. N. Song, Z. Yin, and F. Hu, *Opt. Eng.*, **41** (9), 2353 (2002).

30. S. H. C. P. McCall, S. M. Pompea, R. P. Breault, and N. L. Regens, *SPIE*, **1753**, 159 (1992).

31. M. J. Riedl, "Optical Fundamentals for Infrared Systems", *SPIE*, TT-20 (1995).

32. R. P. Breault, *SPIE*, **967**, 90 (1988).

33. J.-J. Arnoux, *Proc. SPIE*, **2864**, 333 (1996).

34. B. Santic and A. Dornen, *Materials Science and Engineering*, **B93**, 202 (2002).

35. C. Huh, *et al., Journal of Applied Physics*, **87** (9), 4464 (2000).

36. C.-Y. Hsu, W.-H. Lan, and Y. S. Wu, *Applied Physics Letters*, **83** (12), 2447 (2003) .

37. D. A. Steigerwald, *et al., IEEE Journal on Selected Topics in Quantum Electronics*, **8** (2), 310 (2002).

38. J. J. Wierer, *et al., Applied Physics Letters*, **78** (22), 3379 (2001).

39. J. Narayan, *et al., Applied Physics Letters*, **81** (21), 3978 (2002).

40. J.-O. Song, D.-S. Leem, and T.-Y. Seong, *Applied Physics Letters*, **83** (17), 3513 (2003).

41. R. W. Chuang, *et al., J. Nitride Semicond. Res.*, **S41** (G6.42) (1991).

42. X. Guo and E. F. Schubert, *Journal of Applied Physics*, **90** (8), 4191 (2001).

43. Y. C. Shen, *et al., Applied Physics Letters*, **82** (14), 2221 (2003).

44. A. R. Michelson, N. R. Basavanhally, and Y.-C. Lee, *Optoelectronic Packaging*, John Wiley & Sons (1997).

45. 谷腰欣司著, 陳蒼杰譯, 圖解雷射應用與原理, 第八章, 世茂 (2001).

46. R. R. Tummala, *Fundamentals of Microsystems Packaging*, Chapter 12, Electronics Series, McGraw Hill (2001).

47. K. P. Jackson, *AT&T Tech Journal*, **66** (1), 1185 (1994).

48. 馮熊年, 光學干涉術在裂縫應變場量測之應用, 國立台北科技大學製造科技研究所碩士學位論文 (2004).

49. M. L. Basehore and D. Post, *Exper. Mech.*, **21** (9), 321 (1981).

50. M. L. Basehore and D. Post, *Appl. Opt.*, **21** (14), 2558 (1982).

51. A. Asundi and M. T. Cheung, *J. of Strain Analysis*, **21** (1), 51 (1986).

52. D. Post, *Moire' Interferometry*, Chapter 7 in Handbook on Experimental Mechanics, Edited by A. S. Kobayashi, Prentice-Hall, Inc., 314 (1987).

53. S. T. Lin, *Experimental Mechanics*, **40** (1), 60 (2000).

54. A. Macovski, S. D. Ramsey, and L. F. Shaefer, *Applied Optics*, **10**, 2722 (1971).

55. J. N. Butters and J. A. Leendertz, *Journal of Measurement and Control*, **4** (12), 349 (1971).

56. J. Zhang and T. C. Chong, *Applied Optics*, **37** (28), 6707 (1998).

57. D. Gabor, *Nature*, **161**, 777 (1948).

58. E. N. Leith and J. Upatneiks, *J. Opt. Soc. Amer.*, **52**, 1123 (1962).

59. C. M. Vest, *Holographic Interferometry*, New York: John Wiley & Sons, (1979).

60. J. A. Leendertz and J. N. Butters, *J. Phys. E*, **6**, 1107 (1973).

61. Y. Y. Hung and C. E. Taylor, *Exp. Mech.*, **14**, 281 (1974).

62. Y. Y. Hung, *Optical Communications*, **11**, 132 (1974).

63. Y. Y. Huag, R. E. Rowlands, and I. M. Daniel, *Applied Optics*, **14**, 618 (1975).

64. Y. Y. Hung and C. Y. Liang, *Applied Optics*, **18**, 1046 (1979).

65. R. K. Murthy, R. S. Sirohi, and M. P. Kothiyal, *Applied Optics*, **21**, 2865 (1982).

66. Y. Y. Hung, *J. of Nondestructive Evaluation*, **8**, 55 (1989).

67. S. L. Yeh, C. W. Kuo, and C. P. Hu, *Experimental Techniques*, **18**, 27 (1994).

68. Y. Y. Hung, *Composites Part B: Engineering*, **30**, 765 (1999).

69. C. J. Greivenkamp, *Optical Engineering*, **23**, 350 (1984)

70. G. Cloud, *Optical Methods of Engineering Analysis*, Cambridge University Press (1998).

71. D. C. Williams, *Optical Methods In Engineering Metrology*, Chapman & Hall (1993).

72. W. W. Jr. Macy, *Applied Optics*, **22** (23), 3898 (1983).

73. D. C. Ghiglia, G. A. Mastin, and L. A. Romero, *J. Opt. Soc. Am. A*, **4** (1), 267 (1987).

74. M. J. Huang and Z. N. He, *Optics Communications*, **203**, 225 (2002).

第六章 系統整合設計及模擬

6.1 光學系統整合設計與模擬之要件

　　在光學系統的設計中，就系統的實現面大致可對系統範圍作三個分項，亦即物空間、光學系統與像空間，如表 6.1 所列，其中特徵尺度的確認是首要之務，而光學系統的設計必須搭配物、像空間的需求。

　　在應用的考量上，通常物空間是被限制住，例如一手機相機鏡頭其物空間常設定在無窮遠處，而其像空間往往需牽就於感測器的特性。例如 Alex Ning 在其美國專利 6441971 所揭露的 1G2P 設計 (1G2P: one glass and two plastic lenses)，圖 6.1 為一個 1G2P 手機鏡頭的結構圖，而圖 6.2 為 1G2P 手機鏡頭的數據資料。由其鏡頭數據可知道其諸如鏡片曲率半徑與厚度等光學規格，但是如果不知道這個鏡頭的應用範圍，那麼此一數據表其實是無濟於事，也不能體會何以一般的蓋頭玻璃 (cover glass) 一定要放到鏡頭設計中。

　　光學系統依應用不同而有所差異，一般而言可分為成像光學系統 (imaging optical system) 與非成像光學系統 (non-imaging optical system) 二類。手機相機鏡頭、數位相機、掃描器及投影鏡頭等屬於成像光學系統，而非成像光學系統則有太陽能集光器、背光模組及雷射光束整型系統等。

　　確認應用範圍與目標實為光學系統整合設計首要工作。模擬追求的固然是仿真，但在追求最佳化設計時，對於模擬效率的考量，會遇到二個基本困難：

表 6.1 光學系統設計之系統範圍的三個典型分項。

範例	物空間	光學系統	像空間
掃描器	A4 紙大小 愈近愈好	愈小愈好 鏡片數愈少	線性陣列感測器
手機相機	10 公分距到無窮遠	愈小愈好	二維陣列感測器
衛星向上 閃電光學 觀測系統	切向雲端之上 100 多公里高 離約 1000 多公里	愈小愈好 愈輕愈好 有前例可循最好	二維陣列感測器

第六章作者為陳志隆先生。

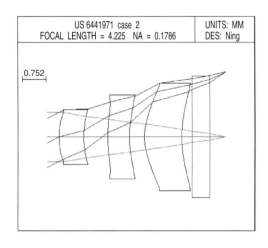

圖 6.1
1G2P 手機鏡頭的結構圖。

Lens: US 6441971 2			Zoom	1	of	1	Efl	4.225096
working f-number	2.800000	Field angle		26.000000		primary wavln		0.587560

SRF	RADIUS	THICKNESS	APERTURE RADIUS	GLASS		SPECIAL	
OBJ	0.000000	1.0000e+20	4.8773e+19	AIR			
AST	0.000000	−2.7358e−05	0.754481 AS	AIR			
2	2.058406	0.779314	0.754495 S	ZLAF2	M		
3	2.883771	0.753228	0.838108 S	AIR			
4	3.696814	0.699991	1.159586 S	PMMA	M	A	
5	2.186806	0.487096	1.287491 S	AIR		A	
6	1.645422	1.198582	1.561267 S	PMMA	P	A	
7	3.544696	0.331846	1.638006 S	AIR		A	
8	0.000000	0.550000	1.745100 S	BK7	C		
9	0.000000	0.500000	1.862120 S	AIR			
IMS	0.000000	0.000000	2.023480 S				

*CONIC AND POLYNOMIAL ASPHERIC DATA

SRF	CC	AD	AE	AF	AG
4	--	−0.055969	−0.016140	0.034963	−0.021599
5	−22.349140	--	--	--	--
6	−5.091541	--	--	--	--
7	--	−0.011454	−0.002385	0.000335	−5.3609e−05

圖 6.2
1G2P 手機鏡頭的光學規
格資料。

(1) 如何以有限光點來取代一個物光源？

(2) 如何以有限光束取代無窮多條光束線？

　　在設計的階段無疑地追求絕對的仿真，將導致工作窒礙難行且效率欠佳。換言之，光學整合設計除了仿真以驗證外，有個階段尋求的是有效的優化設計，亦即前述的二個基本困難必須能有有效的解決方案。近百年的研究下來，對成像光學系統的處理，已大致取得可靠、有效的方案，但在非成像光像系統上還有待努力。

　　另外，有一個較不為人知的是能量或者光通量的問題。在光學系統中，光通量的保持往往不亞於成像系統中對成像品質的追求。在光學鏡片裡孔徑 (aperture) 大小或者阻闌孔徑 (aperture stop) 決定了光通量的基本值，但在光學系統中，阻闌孔徑往往埋在系統裡，對外界而言是阻闌孔徑的二個成像，亦即入瞳 (entrance pupil) 與出瞳 (exit pupil)，可定義出能量輸出入口，但入射瞳孔與出射瞳孔通常並非立即可見。

設計通常是件創作，但是前置作業卻是好的設計所不可或缺的。對一個學者最困惑的是如何才能從事設計或者如何著手，關鍵其實是在於有沒有依據，有了依據，有了規矩，就可以畫圓畫方。表 6.2 為一個廣用型的規格表，此表依照：(1) 基本系統參數 (basic system specification)、(2) 光學效能 (optical performance)、(3) 鏡組系統特徵 (lens system)、(4) 感測器特徵 (sensor)、(5) 封裝 (packaging)、(6) 環境特性 (environmental)、(7) 照明 (illumination)、(8) 物面上的能量考量 (radiometry issues: source)、(9) 像面上的能量考量 (radiometry issues: imaging)，以及 (10) 時程與經費 (schedule and cost) 而列。

這個規格表為一個典型項目表，在著手設計時這些項目愈周全，互相比對檢查就可以愈完整，出差錯的機會也就愈少。如圖 6.3 所示，在實作上用 Excel 軟體來處理此規格表會比較方便，而圖 6.4 則是設計規格估算表的一例。然而實際運作上，在很多時候規格表上的許多項目，設計者往往得不到很完整的資訊。

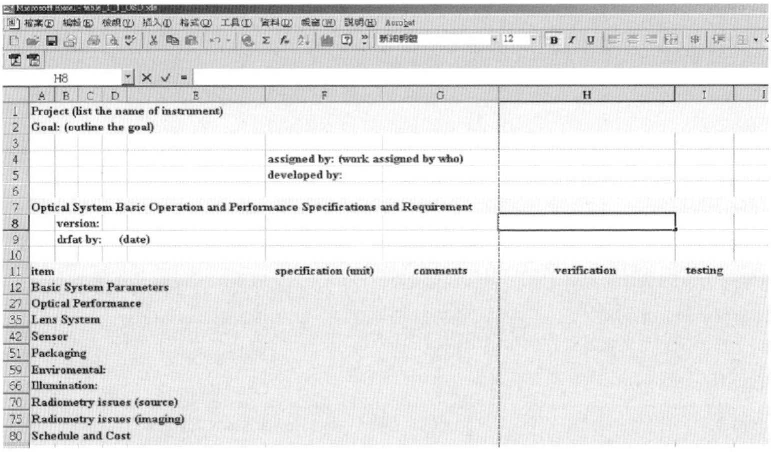

圖 6.3
規格檢查表一例。

Project: silde projector demo							
Application: simple demo of slide projector							
	done by						
	date:						
		#	**R**	**Th**	**AP**	**special**	**comment**
source	fiber	0	0	32	3.175		1/4" diameter
optics	condenser 1	1	on-shelf		12.7	f=125 mm	1"
		2			12.7		
	condenser 2	3	on-shelf		12.7	f=125 mm	1"
		4		~25 or less	12.7		
	reticle	5	0	100			
	projection lens 1	6	on-shelf		12.7	f=100 mm	1" (achromatic)
		7			12.7		
	projection lens 2	8	on-shelf		12.7	f=100 mm	1"
		9		250	12.7		
image	screen	10					
R: radius of curvature							
Th: thickness (mm)							
AP: aperture radius (mm)							

圖 6.4
投影鏡頭設計規格估算表一例。

表 6.2 廣用型的規格考量項目表。

基本系統參數 (basic system parameters)		封裝 (packaging)	
1　物距	物到第一面鏡面距離 (object distance)	1　物像距總長	Object to image total track
2　像距	最後一面到像的距離 (image distance)	2　入瞳的位置與大小	Entrance pupil location and size
3　物像距總長	Object to image total track	3　出瞳的位置與大小	Exit pupil location and size
4　焦距	Focal length	4　後焦長	Back focal distance
5　F 數	F/#, F-number	5　最小孔徑	Maximum diameter
6　數值孔徑	Numerical aperture	6　最大長度	Maximum length
7　入瞳的直徑	Entrance pupil diameter	7　重量	Weight
8　波長範圍	Wavelength band	環境特性 (environmental)	
9　波長權重	Wavelength weight for 3 to 5	1　工作溫度範圍	Thermal soak range to perform over
10　全視角	Full field of view	2　殘餘溫度範圍	Thermal soak range to survive over
11　放大率	Magnification (if finite conjugate)	3　振動	Vibration
12　變焦比	Zoom ratio (if zoom system)	4　爆震波的容忍度	Shock
13　像平面之大小與形狀	Image surface size and shape	5　其他	Other (condensation, humidity,
14　感測器種類	Detector type		sealing, etc.)
光學效能 (optical performance)		照明 (illumination)	
1　穿透率	Transmission	1　光源型式	Source type
2　相對亮度	相對於軸上的亮度比 (Relative	2　照明方式	Illumination scheme
	illumination)	3　強度	Power (in watts)
3　遮蔽率	漸量效應 (vignetting)	4　均勻度要求	Uniformity
4　圈住能量	Encircled energy	物面上的能量考量 (radiometry issues: source)	
5　調制轉換函數	MTF (modulation transfer function) as a	1　相對亮度	Relative illumination
	function of line pairs/mm (lp/mm)	2　照明方法	Illumination method
6　形變	Distortion	3　閃影	Veiling glare
7　場曲	Field curvature	4　鬼影	Ghost images
鏡組系統特徵 (lens system)		像面上的能量考量 (radiometry issues: imaging)	
1　鏡片數	Number of elements	1　穿透率	Transmission
2　材質	Materials (glass versus plastic)	2　相對照度	Relative illumination
3　非球面使用情況	Aspheric surfaces	3　雜光行為	Stray light attenuation
4　繞射面使用情況	Diffractive surfaces		
5　鍍膜情況	Coatings		
感測器特徵 (sensor)		時程與經費 (schedule and cost)	
1　感測器種類	Sensor type	1　套數	Number of systems required
2　對角線長度	Full diagonal	2　交貨期	Initial delivery date
3　感測元數 (水平方向)	Number of pixels (horizontal)	3　經費控制範圍	Target cost goal
4　感測元數 (垂直方向)	Number of pixels (vertical)		
5　感測元寬度 (水平方向)	Pixel pitch (horizontal)		
6　感測元寬度 (垂直方向)	Pixel pitch (vertical)		
7　Nyquest 頻率	感測器可感應的空間解晰度上限 (Nyquest		
	frequency at sensor, line pairs/mm)		

6.2 光源特性與光源模擬

常見光源及其特徵如表 6.3 所列，光源的特性可以就 (1) 空間 (spatial domain)、(2) 時域 (temporal domain) 及 (3) 統計特性 (statistical nature) 項目作確認，而光源特性的確認與適切的模擬將關係到整個系統結果的可靠性。

目前有不少軟體可以藉由光源檔的設定，來建立與實際情形較為貼近的模擬光源以作驗證。然而對於非傳統型的光源，光學設計或者鏡頭的優化設計仍是一個難題。由基本光學追蹤與輻射度量學 (radiometry) 合併出發，乃是解決問題的不二法門。

圖 6.5 為一個典型上限朗賓迅 (upper bound Lambertian) 分布的發光二極體 (LED) 實驗數據。圖 6.6 是在 OSLO 軟體中建立上限朗賓迅分布，並檢驗一個優化設計下的單鏡片把上限朗賓迅分布變成一個均勻分布的結果。而圖 6.7 是藉由 TracePro 軟體所建立的光源檔之結果，用來驗證 OSLO 設計下的單鏡片結果。

圖 6.8 為另外一個蝠翼 (batwing) 分布的均勻化設計之單鏡片驗證。圖 6.9 則顯示以 OSLO 重新設計一個單鏡片的結果，其可以把一個均勻照明的光源變成一個倒餘弦函數 (inverse cosine function) 分布。

表 6.3 常見光源。

常見光源	特徵
雷射	同調 (coherence) 性高 強度常呈高斯分布
弧燈、螢光燈	朗賓訊 (Lambertian) 分析
螢光 (二次光源)	波長與入射光大都相異
散射光	場型與入射光大都相異
黑體輻射類 (太陽)	強度依波長不同而不同，循普朗克 (Planck) 分布

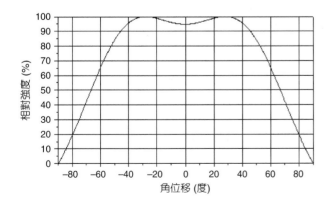

圖 6.5

典型上限朗賓迅 (upper bound Lambertian) 分布。

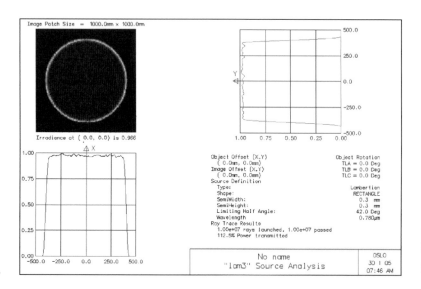

圖 6.6
OSLO 軟體設計與模擬檢
驗。

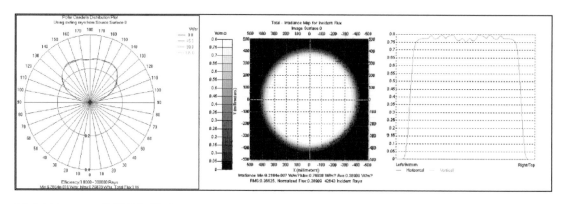

圖 6.7 TracePro 軟體模擬檢驗。

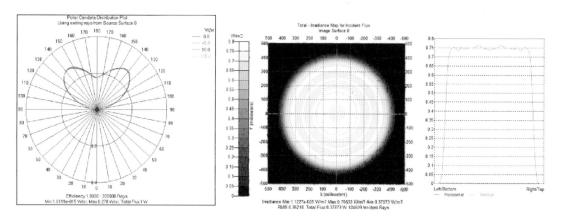

圖6.8 TracePro 軟體模擬檢驗。

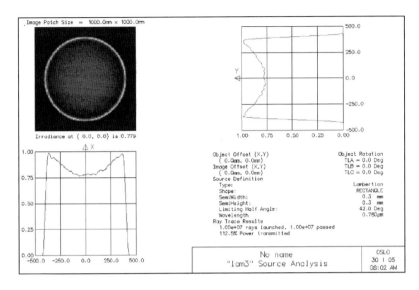

圖 6.9
OSLO 軟體模擬檢驗。

6.3 後處理系統與模擬條件設定

後處理系統往往就是電子系統，關心的是訊號的訊雜比 (signal to noise ratio) 是否夠好。換言之，在偵測器上的光照度是否足夠變得很重要。

光通量的計算可以由輻射度量學去推算，在不同情況下其結果自亦不同。對於一個理想情況下完美成像的相機鏡頭，其照度 (irradiance) E 於焦平面 (focal plane) 為

$$E = \frac{\pi t B y^2}{f^2} = \frac{\pi t B}{2(f/\#)^2} \tag{6.1}$$

其中，f 為焦距、B 為物源亮度 (brightness)、t 為鏡片穿透率，y 則是孔徑半徑。此公式給我們一個基本依據去設定 F 數 ($f/\#$)，即由訊雜比加上光電轉換效率去定出所需的 E，再估計出 F 數。由於後處理系統的要求往往不可變更，部分軟體就會把 F 數視作給定條件而不可更改。

另外一個作法是由感測器端的規格知道感測元 (sensor pixel) 啟動的基本能量 (enabling energy) 與大小 (pixel size)，再由光斑計算「圈住能量 (encircled energy)」以確認是否符合規格。一旦使用這樣的方法，那麼 F 數的要求就不是那麼必要。對於光斑計算圈住能量的運算，如果系統有幾何像差 (aberration)，那麼由幾何光學光束計算 (ray-based calculation) 就可以得到正確的結果，但如果系統是追求近乎繞射極限，那麼切換到繞射理論計算 (diffraction-theory based calculation) 是必需的。

圖 6.10 是一個典型 Cooke 三合鏡 (Cooke triplet) 的相機鏡頭，其光斑計算圈住能量的運算結果，而圖 6.11 為一個近乎繞射極限表現的 CD 光學讀取頭的對應例子。讀者可由應用了解何者計算為宜。

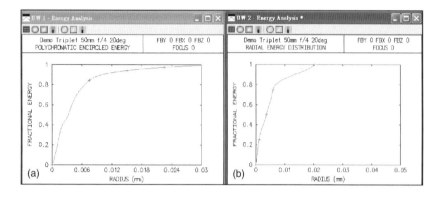

圖 6.10
Cooke 三合鏡圈住能
量：(a) 以繞射理論計
算，(b) 幾何光學光束
計算。

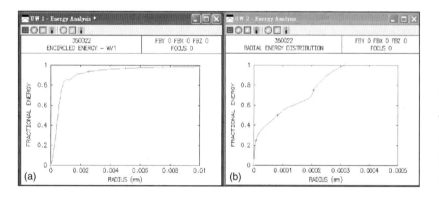

圖 6.11
CD 光學讀取頭圈住能
量：(a) 以繞射理論計
算，(b) 幾何光學光束
計算。

6.4 系統特性分析與模擬優化

　　光學系統最佳化是藉著調動系統中的建構參數，以改善整體光學系統的效能[1,2]。通常變數指的是鏡面曲率、元件與空氣間隙的厚度、歪斜角度等。系統效能可以由使用者去定義一個「誤差函數」，有時又稱為「評價函數 (merit function)」來評定。在給定系統效能情況下，誤差函數代表的是系統的偏離程度。最佳化的目標是在決定各個變數以使得誤差函數最小；換言之，整個目標是誤差函數的大域最佳化 (global optimization)。在優化的過程中，基本上需面對的問題為：

1. 如何挑選合適的變數作優化？亦即如何作變因安排 (variable budget control)，以求系統最佳解。

2. 如何建構有用的誤差函數？

3. 如何讓誤差函數可以被迅速求解，並且有效求得大域極小值？

　　第 1 項與第 2 項基本上是物理問題，且與所要面對的系統要求有關，故解決方案差異也甚大。第 3 項也與系統的複雜度有關，但是比較具有一般性。

　　針對第 3 項，除了少數簡單情況，事實上很難在很短的時間內，把誤差函數的大域極小

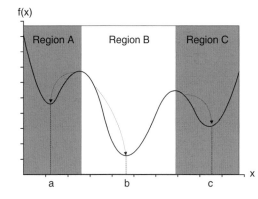

圖 6.12

局部極小值 (a,c) 與大域最小值 (b)。

值給定出來。然而，在試著定出大域極小值的過程中，通常可以找到一些極好的解，是其他常用的局部 (local) 手法所難以提供的。

但局部手法究竟是比較容易，其中比較常用的最佳化是迭代 (iterative) 極佳化。在這個情況裡，使用者要猜測相關變數的初始值，然後最佳化算則會以此初始值迭代產生新值，再迭代計算以降低誤差函數的值。由圖 6.12 可知，其效果好壞與初始值落點很有關係，若初始值落在區域 A 或 C 內，程式只會算出局部極小值 ($x = a$ 或 $x = c$)；但如果初始點是落在 B 區，則程式結果會算出大域最小值 (落點在 $x = b$)。

在光學系統設計中，所碰到的難題是變數太多，所謂的「維度 (dimensionality)」就很大。如此局部極小值的數目通常會很多，使得要選定初始點作最佳化變得非常困難。所以最佳化通常是參考現有的系統設計，或由經驗判斷來選定適當的初始值，這一類局部極小化是所謂的滑坡式 (downhill) 最佳化方法。

在光學設計中，「最小均方差 (least-square)」方法是最常用的，其只涉及一階微分，也因此優化效果與初始設計的好壞關聯很大。「Direction set Powell」方法涉及二階微分，較一般 DLS (damped least square) 方法佳。但不限於鏡頭設計，而且可以延伸到照明設計，且具有延伸性發展的方法，應以 downhill simplex 幾何拓樸的方法較有用。

6.4.1 多組態最佳化

多組態 (multi-configuration) 系統係指系統某一部分的透鏡數據因組態不同而不同。伸縮放大透鏡組就是一例，而 V8 數位錄相機也是一例。另外，例如加上透鏡附加物，系統的光路徑因組態不同而不同，也是多組態系統的一例。甚至一些系統只是一種組態，由於同時使用不同的操作條件最佳化，也算是多組態系統。

多組態最佳化的意思是對一個系統作最佳化，使得它在任一個組態中雖然都不是最佳，但是就整個所有可能組態而言效能卻是最佳化；換言之，是以統計力學的系綜 (ensemble) 模式來討論。圖 6.13 為多組態系統一例：雙用性光學讀取頭。

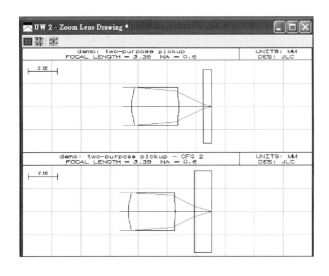

圖 6.13
多組態系統一例：雙用性光學讀取頭。

　　多組態系統的最佳化與單組態系統情況類似，唯一的差別是在計算誤差函數及設定微分矩陣時，程式必須對所有組態空間都一一計算。實際優化過程中，在審度各個組態彼此的相依程度與切入時，先掌握住基本系統特性及一階光學是奠定成功的基礎。而善用一般軟體中的求解 (solves)、選定 (pickup)、約束運算元 (constraint operands) 與約束模式 (constraint mode) 會比較容易成功，部分軟體允許使用者自訂「選定」，它是個有用的工具。大致而言，這個子領域的學理探討與工具箱的開發仍有待投入與努力。

6.4.2 大域最佳化

　　光學設計在最佳化階段之目標是決定透鏡組的最佳組態。這個組態是依使用者定義的評價函數或誤差函數的最小值來決定，而這些函數則是就系統特定參數範圍的約束條件來訂定。廣義而言，我們要追求的是這個範圍內的最小值，換言之，是大域的最小值。

　　概念上，一個簡單的大域最佳化法是格子盤搜尋 (grid search)。其方法是就座標軸固定一長度均分布上格子點，形成一個格子盤，而評價函數則就各格子點求值，找出最小值 ϕ，ϕ 就是所要找的大域最佳化值。只是這個方法在維度大時會無法進行，舉例而言，在每個軸上有 5 點要求值，每求一次項需 1 μs。若有 N 個軸，則整個時間要 5^N μs。假若 $N = 10$，則情況還好，10 秒內完成；但 $N = 15$ 需 8 小時以上；$N = 20$ 則需「3 年」以上才做得完。可想而知，以 5 點求值這麼疏鬆的要求，加上 1 μs 這麼快速的假設，格子盤搜尋結果還是不適用，所以一定要另想他法才行。

　　最常用的方法是由設計者選擇一個初始點，再用阻滯最小平方法訂定出小範圍最小值，如果這個值不夠好，就重換一個新的初始點，直到可以達到要求。此法比格子盤搜尋快，但它與初始點有關，而且通常結果還是與初始的設計值差不了多遠。

如果運用大域最佳化方法，我們可以在某些方面超越局部法的限制。雖然大域法比起局部法需要更多的計算資源，但是在目前電腦的運算速度之下，這似乎不再是個問題。因為大域法與初始值無關，所以當初始點選擇有困難的時候，使用大域法會是一個較好的解決方案。

在大域法中，「模擬退火法 (simulated annealing)」是個吸引人的算則。模擬退火法其名源自於它是由一個稱為溫度參數 T 來控制，有些像熱退火過程裡的溫度。我們之所以稱模擬退火是個大域法，是因為它每一次執行是對整個範圍作搜尋，而不是像其他局部法只就初始附近作最陡下坡搜尋。「模擬退火法」在大域法的分類是屬於「有控制的隨機搜尋 (controlled random search) 法」，這是因為評價函數的求值是由幾個參數來定範圍並隨機給定，此法又被稱作蒙地卡羅 (Monte Carlo) 法 (賭博法)，類似矇眼射鏢槍，但它最後還是比格子點搜尋來得有效率。圖 6.14 列出模擬退火法的流程。

在退火模擬時，最佳化並不是一直作下坡搜尋 (即一直降低評價函數值 ϕ)，它也允許 ϕ 上升，ϕ 的上升量才是由溫度參數 T 值決定。在一開始，T 值會很大，比 ϕ 的標準差還大，所以隨機範圍可以涵蓋整個感興趣的範圍。一旦開始，T 會下降 (退火)，所以 ϕ 的增加會被限制，所以隨機範圍會因此侷限在較低的 ϕ 值 (有些像跌入山谷裡)。如果 T 的下降夠慢，那麼整個隨機運走 (random walk) 可以在初期跳開那些不夠小的局部極小值，並進而預期它可以慢慢走到一個大域極小值。當然如果 T 下降太快，則系統可能很快就侷限在一個局部極小值，而不是大域的極小值。此過程與熱退火過程類似，如果一個熱材緩慢冷卻，材質終態的位能會最小，此時原子晶格排列更有序；如果冷卻很快，材質通常比較不穩定，亦即有比較高的位能，可能換成其他型態。

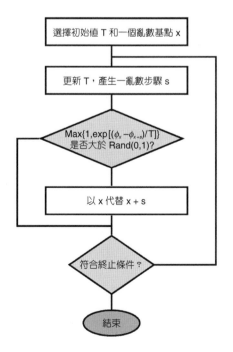

圖 6.14
模擬退火法的流程。

目前有很多種不同的模擬退火法，基本上要注意的是：

1. 初始 T 如何選定？T 如何調變？

2. 每一步伐 (step) 要如何決定？

　　最佳化調整時大多數算則均要使用者提供參數值，以便確認上面問題。例如關於溫度 T，使用者要指明一個介於 0 與 1 之間初始因子，藉此 T 可以不斷循環乘上此因子，以調整 T 的變動。其次，還有一個參數要用來控制循環變動該多長，而步伐 (step) 的調整可能更重要。這些參數因子的決定通常是嘗試錯誤的經驗累積，這對簡單問題還行得通，但對複雜問題則幾近不可能。另外，很多算則對座標作線性轉換成誤差函數 (評價函數) 既有的一些不變性 (invariance) 無法滿足，所以並不是所有模擬退火算則都可以運用。

　　常用的是調適模擬退火 (adaptive simulated annealing, ASA) 算則，它在組態空間下對座標或評價函數 (merit function) 作線性轉換，整個計算結果仍是不變。所有在模擬退火算則裡參數均可作調適控制 (adaptive)。ASA 只需指明一個參數—退火率 ε，它決定 T 下降的平均速率。一旦給定這個參數，其餘就視問題自動調整。ε 降低，則「冷卻」率變小 (亦即運算執行時間要拉長)，尋找大域極小值會更徹底。

　　調適機制的效用與隨機決定步伐長度的統計性之自動控制有相當大的互動。在模擬退火中，有關步伐 (step) 的分布有個基本要求是它必須對稱，因此常採用高斯分布。以二維模擬為例，一個廣義高斯分布像個橢圓狀的雲；離開其中心點，愈稀疏。換言之，比例方向及橢圓大小是分布的重要參數。很明顯地，當 T 值變小，組態空間要檢查的範圍變小，所以步伐長度的高斯分布必隨退火過程而改變。就任何 T 值，若其步伐長度過大，則幾乎所有嘗試都會失敗，整個最佳化過程就進展不下去。另外一方面，如果步伐長度過小，則隨機運走範圍只涵蓋組態空間的部分，而沒有參數 T 發揮其最佳化效率的影響力。同樣地，高斯分布的形狀、走向亦應隨時間調整，以維持最佳效率。

　　在 ASA 中，步伐控制是基於中央極限定理 (central limit theorem)。中央極限定理認為一群獨立不相關的亂數，其平均的分布近似於一個高斯分布。這個結果不受個別亂數的內在分布影響，而平均量的變量 (variance) 正是個別亂數分布變量的平均。也因為如此，一個多維度高斯分布步伐長度產生器可以用一群亂數向量作線性組合來完成。

　　在 ASA 中，其作法為：對之前 m 個步伐長度作記錄 (這些步伐已被接受)，再利用這些步伐長度作隨機線性組合，並乘上適切的擴張因子 (此擴張因子可動態調整) 以產生新的步伐長度。如此可使得所產生的步伐與評價函數及溫度參數 T 直接關聯。此法不僅有效而且簡單，不需要作太多矩陣運算，程式自動調整到多維空間的相關地帶 (亦即不變性仍能被保留住)。在此透鏡設計中，不變性 (諸如稜鏡轉動其形狀應不改變等) 是相當重要的。另外一點是在透鏡設計裡，組態空間的「距離 (distance)」並沒有一個很自然的量度。在組態空間裡座標量指的是折射率、厚度、曲率、非球面係數等，在這樣的空間裡要定義二點之間的距離其實是沒有直接的方法。

　　此外，在作最佳化時，有時步伐會超出範圍，與其直接拒絕這些步伐不如將其保留，理

由是在範圍邊界附近我們往往會讓步伐出現「振盪」，一旦超出就用「反射」反方向縮回，保留這種振盪反而效率比較高。然而在此過程中，為了最佳效率，要確保整個過程的細節，其形式在座標線性轉換之下是不變的。這裡有個觀念要小心的是在邊界步伐超出時，用「反射」反方向調回，必須引入一個特定的「尺度」來定義距離，在 ASA 常用的是由橢圓高斯分布來定義。任意二點的距離是從一點到另一點所需的步數 (該方向的平均大小) 決定，由於尺度與步伐分布有關，所以尺度隨退火過程的進展而改變。

　　而 ASA 有關溫度參數的控制細節更是複雜。不過基本上的作法為：給定一評價函數，對 T 會有一特定區間，以使得 T 的下降能有比較好的整體效率。ASA 的調適性是由退火模擬時所處之階段其前幾個階段的統計行為來監控，如果相對應變化超出評價函數值太多，就會終止。對任一給定問題，ASA 應該盡可能多跑幾次，而所出現的設計可以藉此再最佳化及微調。

　　前文提到的是 ASA 設計的一些基本想法與理念，更多的資料可以參考 Jones 和 Forbes 的論文[3]。當然設計永遠是困難的，而成功的自動設計法則還是有賴設計者的指引。不同的是，在大域優化中設計者不再被要求給初始值，但必須要定出設計允許範圍。

　　ASA 是比較像「大域」最佳化的一個方法，但其計算很耗時。有些演算法混用蒙地卡羅 (Monte Carlo) 法，以避開局部法的侷限。這其中以 Isshiki 等人的作法為一有用且快速的算則，可作為一個代表[4-6]。這種非局部 (non-local) 算則是比較符合現階段對設計效率的需求，仍有頗大的發展空間。

6.5 公差與良率之模擬分析

　　一個光學設計除非每個建構參數 (construction parameter) 容忍度上限已被界定，否則不宜進入製程。所謂建構參數係指所有用來規範系統的數據，例如曲率半徑、元件厚度、空氣間隙、折射率等。容忍度計算法則通常是包括敏感度 (sensitivity) 計算、統計分析技巧、以前成功案例定下的數值，以及在其他來源的處方都在內。使用的方法因人而異，因狀況不同而變。

　　而實作情況下的各個參數實際允許之容忍度，事實上給出了一個容許的預算 (budget)，容忍度分析要配合這個預算來逆推、調整各個參數，乃至重新設計，以達到最經濟的系統設計規劃。容忍度分析的重要性在於提高設計的實用性與可靠度。

6.5.1 ISO 10110 公差

　　透鏡可容忍的變動值已有 ISO 10110 國際規範，ISO 10110 對一些建構參數公定其容忍度值 (或者稱為公差)，此標準常被引用[2]。大體而言，ISO 10110 標準比較寬鬆，一般工廠的光學元件通常都比 ISO 10110 標準高。很多時候一個設計已符合規格，但是一旦引入容忍度

表 6.4 ISO 10110 標準一例。

參數	維度的最大值 (mm)			
	至 10	由 10 至 30	由 30 至 100	由 100 至 300
邊長、半徑 (mm)	± 0.2	± 0.5	± 1.0	± 1.5
厚度 (mm)	± 0.1	± 0.2	± 0.4	± 0.8
稜鏡或平板的角度偏離	± 30′	± 30′	± 30′	± 30′
保護槽的寬度 (mm)	0.1－0.3	0.2－0.5	0.3－0.8	0.5－1.6
雙折射的形變 (nm/cm)	0/20	0/20	—	—
氣泡、內包物	1/3 × 0.16	1/5 × 0.25	1/5 × 0.4	1/5 × 0.63
不均質、條痕	2/1;1	2/1;1	—	—
面的形狀之容忍度	3/5(1)	3/10(2)	3/10(2) 測試半徑 30 mm	3/10(2) 測試半徑 60 mm
中心程度之容忍度	4/30′	4/20′	4/10′	4/10′
面不完美之容忍度	5/3 × 0.16	5/5 × 0.25	5/5 × 0.4	5/5 × 0.63

分析，依 ISO 10110 標準作變動設計就不合格。雖然工廠具有較高規格的光學元件可以稍微減輕設計的負擔，但是這也意味完整的設計必須有容忍度分析。表 6.4 所列為 ISO 10110 標準下，公定的一些公差容忍度，其與鏡面的孔徑有關。

依設計對光學效能的要求及廠商的能力，以判斷這些公定的容忍度 (公差) 是否對某光學系統合用。但無論如何，這些公定值提供一個很方便的切入點，來判斷各個建構參數對系統的影響。至於公定值是否可以接受或合用，就有賴個人判定與現實面考量。通常如果達到 ISO 10110 標準下的容忍度，那麼設計會相當強悍，或者說極其穩定，當然這對設計者難度很高。對高精密度與高解析的光學系統之設計，公定的 ISO 10110 容忍度還是太嚴，意義可能就不是那麼大。

6.5.2 基本統計知識

了解所引用的統計知識對公差分析 (tolerance analysis) 的限制是極其重要的。對於一般設計與分析而言，我們對系統中的建構數據應該是比較感興趣的。譬如說，第三鏡面曲率半徑為 78.25 mm，第二個元件軸上厚度是 3.5 mm 等。但是當開始建構我們的光學系統時或公司開始建構整個製程時，我們必須面對一個事實：元件的精準度是 78.25 mm，有時是 78.21 mm，有時其他情況是 78.38 mm，有時是 71.11 mm。很現實的一個問題是：如果我們必須滿足規格要求，則到底該多接近 78.25 mm？我們可以以統計方法來回答這個問題，亦即讓亂數擇定任一待求鏡面的半徑，察看規格要求下的系統效能受到多大的影響。這種作法看來也許是沒有多大希望，但是如果我們假定亂數有它的統計分布，就可以對系統作一些統計預測，我們的目標是要決定所組裝的系統其效能的平均值及變動範圍。

建構參數其統計特性可從：(1) 製程知識得知、(2) 諸多案例經驗累積而成，以及 (3) 直接量測而定。假設參數為 X，且 X 是一亂數；在某種情況下，X 可以是曲率半徑或反射係數等。機率函數 $F(x)$ 指的是 X 小於或等於一特定值 x 的機率，表示為：

$$F(x) = \text{Prob}\{X \leq x\} \tag{6.2}$$

在此 Prob$\{x\}$ 係指在條件成立時的機率，而機率指的是所有輸出可能與一個特定輸出出現之比值。因為 X 是有限值，同樣地，$F(x)$ 是 x 的遞增函數，所以 $F(-\infty) = 0$ 且 $F(\infty) = 1$，換言之，$x \leq 10$ 的機率小於 $x \leq 15$ 的機率。在統計中，機率密度函數 $p(x)$ 是一個很有用的量：

$$p(x) = \frac{d}{dx} F(x) \tag{6.3}$$

可以證得 $p(x)dx$ 是 X 落在 $x \leq X < x + dx$ 之間的機率。且

$$p(x) \geq 0 \tag{6.4}$$

$$\int_{-\infty}^{\infty} p(x)dx = 1 \tag{6.5}$$

$$\text{Prob}\{a < X \leq b\} = \int_{a}^{b} p(x)dx \tag{6.6}$$

機率密度函數的一個主要應用是計算統計平均 (statistical averages)，又稱為期望值 (expected values)。考慮一個函數 $g(x)$，若 x 是亂數，則 $g(x)$ 也是亂數。而 $g(x)$ 統計平均的符號記作角括號 $\langle g(x) \rangle$，其表示為：

$$\langle g(x) \rangle = \int_{-\infty}^{\infty} g(x)p(x)dx \tag{6.7}$$

最常用的統計平均是慣量 (moments)，它們是與 $g(x) = x^n$ 有關，通常一階慣量 (亦即均值，期望值或平均值) 定義為：

$$\langle x \rangle = \int_{-\infty}^{\infty} xp(x)dx \tag{6.8}$$

而二階慣量 (second moment) 或稱均方值 (mean square value) 則定義為：

$$\langle x^2 \rangle = \int_{-\infty}^{\infty} x^2 p(x)dx \tag{6.9}$$

我們對變數在其均值附近的變動頗感興趣。在此例中，我們是用中心慣量來描述，其函數 $g(x) = (x - \langle x \rangle)^n$。最常用的是二階中心慣量，又稱變異 (variance，符號為 σ^2)，表示為：

$$\sigma^2 = \int_{-\infty}^{\infty} \left(x - \langle x \rangle^2 \right) p(x) dx \tag{6.10}$$

通常用一階與二階慣量來表示變異會比較容易，亦即：

$$\sigma^2 = \langle x^2 \rangle - \langle x \rangle^2 \tag{6.11}$$

變異的平方根 σ^2 稱為標準差 (standard deviation)，σ 通常被當作亂數 X 的分散程度。當容忍度引入時，我們將用標準差來定量化組合系統對原設計值下的系統效能所造成的偏移。為了簡單說明，在此我們只考慮單一亂數 X，但整個觀念可適用於二個或多個亂數。

6.5.3 系統效能之容忍度分析的一般考量

我們必須考慮多個變數之集體效應，才能對光學系統效能作正確的評斷。以一個簡單的 Cooke 三合鏡為例，至少需考慮 6 個曲率半徑、6 個表面不規則度 (irregularities)、3 個元件厚度、2 個空氣間隙、3 個折射率及 3 個元件向心程度 (與光軸對準度) 等不同變數。

廣義而言，假設要考慮的建構參數數目為 n，重點是這些參數對其設計值的偏離。若令這些偏移量為 x_i (足碼 i 指的是第 i 個參數)，而容忍度上限為 Δx_i，它代表著系統可允許的最大偏移，這些 x_i 數值可以在容忍度 (公差) 數據試算表指定。現在我們選定某個量作為系統效能的判定，並把這個量記作 S，當然它必須能對系統的建構參數作出反應，另外它通常也是要配合系統工作特性。S 可以是一個簡單如焦距的一階量，或者更複雜的斑點大小，乃至調制轉換函數值 (modulation transfer function, MTF)。

事實上是 S 對其正常值 S_0 的改變比較重要。數學上也就是 $\delta S = S - S_0$。而 S_0 是否適當？這是一個最佳化的問題，而不是容忍度的分析問題。一般而言，δS 是建構參數偏移量的某個函數 f，可寫成：

$$\delta S = f(x_1, x_2, \ldots, x_n) \tag{6.12}$$

因為 x_i 表示自設定值之偏移。若對所有 i，$x_i = 0$，則 $\delta S = 0$，因為 x_i 通常不應該變化太大，所以對整個 δS，各個 i 參數的影響可寫成 δS_i。而 $\delta S_i = \alpha_i x_i$，$\alpha_i$ 是個常數，這當然是一個比較簡單的線性估算。換言之：

$$\delta S = \sum_{i=1}^{n} dS_i = \sum_{i=1}^{n} a_i x_i \tag{6.13}$$

故一階與二階慣量如下:

$$\langle \delta S \rangle = \left\langle \sum_{i=1}^{n} \alpha_i x_i \right\rangle = \sum_{i=1}^{n} a_i \langle x_i \rangle \tag{6.14}$$

$$\langle \delta S^2 \rangle = \left\langle \left(\sum_{i=1}^{n} \alpha_i x_i \right)^2 \right\rangle = \left\langle \left(\sum_{i=1}^{n} \alpha_i x_i \right) \left(\sum_{j=1}^{n} \alpha_i x_i \right) \right\rangle = \sum_{i=1}^{n} a_i^2 \langle x_i^2 \rangle + \sum_{\substack{i,j=1 \\ i \neq j}}^{n} \alpha_i \alpha_j \langle x_i x_j \rangle \tag{6.15}$$

我們可以算出 δs 的變量:

$$\sigma_{\delta s}^2 = \sum_{i=1}^{n} \alpha_i^2 \langle x_i^2 \rangle + \sum_{i \neq j}^{n} \alpha_i \alpha_j \langle x_i x_j \rangle - \left(\sum_{i=1}^{n} \alpha_i \langle x_i \rangle^2 + \sum_{i \neq j}^{n} \alpha_i \alpha_j \langle x_i \rangle \langle x_j \rangle \right) \tag{6.16}$$

假設 x_i 與 x_j 是統計無關,即 x_i 的偏移不會牽動 x_j 的變移。則 $\langle x_i x_j \rangle = \langle x_i \rangle \langle x_j \rangle$,所以公式 (6.16) 可改寫成:

$$\sigma_{\delta s}^2 = \sum_{i=1}^{n} \alpha_i^2 \left(\langle x_i^2 \rangle - \langle x_i \rangle^2 \right) = \sum_{i=1}^{n} \alpha_i^2 \sigma_{xi}^2 \tag{6.17}$$

在此 i 參數,其變量 σ_{xi}^2 表示為:

$$\sigma_{xi}^2 = \langle x_i^2 \rangle - \langle x_i \rangle^2 \tag{6.18}$$

從公式 (6.14) 及公式 (6.17) 可知,δS 的平均值及變量只是個別建構參數的均值與變量加上各個權重 (即 α_i) 之後的總和。事實上,我們可以再對公式 (6.17) 作簡化。因為一般情況下,變異可以表示成容忍度上限 Δx_i 的一個簡單函數,故假設

$$\sigma x_i = k_i \Delta x_i \tag{6.19}$$

在此 k_i 是個常數。因此,

$$\sigma_{\delta s}^2 = \sum_{i=1}^{n} \alpha_i^2 (k_i \Delta x_i)^2 = \sum_{i=1}^{n} k_i^2 \alpha_i^2 \Delta x_i^2 = \sum_{i=1}^{n} k_i^2 (\Delta S_i)^2 \tag{6.20}$$

在此 $\Delta S_i = \alpha_i \Delta x_i$ 代表相對應建構參數移到其容忍上限時，所對應效能的改變。如果所有建構參數其變化均屬於同一類型，那麼 k_i 可以視為一個常數 k。此時，系統效能改變的標準差：

$$\sigma_{\delta S} = k \sqrt{\sum_{i=1}^{n} (\Delta S_i)^2} \tag{6.21}$$

公式 (6.21) 提供一個理論基礎，可將容忍度值換算成系統效能改變。換言之，給定一組容忍上限 Δx_i，可以得到各個參數的效能改變 ΔS_i。若對 k 可以作適當評估，得出 k 值就可以算出 $\sigma_{\delta S}$。換言之，系統效能的標準差就可以利用公式 (6.21) 定出。

對 x_i 的分布通常有三種，其分布函數如圖 6.15 所示。如果製程上的誤差很固定，而且是發生在預設值的容忍度 (公差) 的兩端值上，就有一個所謂的端點分布 (end-point distribution)。如果誤差會均勻分布在設計值的容忍度範圍內，那就是一個均勻分布 (uniform distribution)。如果誤差在中心處較集中，則可以用一個高斯 (Gaussian) 或標準 (normal) 分布來描述，而且其範圍可以用標準差的 2 倍 (2σ) 來界定。所有這些分布函數對設計值均成對稱分布，故 $\langle x_i \rangle = 0$，而由公式 (6.14) 得知 $\langle \delta S \rangle = 0$。我們可以算出上述三個分布的變異值，從而定出相對應的 k 值，其值為 1.0 (端點分布)、0.58 (均勻分布) 與 0.44 (高斯分布)。

公差估計規劃 (tolerance budgeting) 最常用的平方和之均方根 (square root of the sum of the square, RSS) 規則與公式 (6.21) 中 $k = 1$ 一樣。它是假設：(1) 端點分布、(2) 干擾與效能改變的線性依存，及 (3) 偏移變量之間的統計不相干。但事實上很難想像在真的製程中被偏移的是端點分布，因為實際的情況還是高斯分布比較符合，亦即 k 值較小。不過真正的情況還是得視製造廠的流程而定。RSS 規則訂定的標準差是比較大、比較悲觀的，但其實這並不是件壞事。不管 k 值多少，對整個標準差計算而言，公式 (6.21) 中 $(\Delta S_i)^2$ 是比較重要的因子。

我們可以使用公式 (6.21) 來計算系統效能的標準差，但公式 (6.21) 無法得知系統效能偏移是如何分布，必需要知道這個資料才能預測製程的良率。在此成功指的是鏡組製作完成，考量變動且整個效能改變仍是在允許的上限之內。幸運的是，我們可以利用統計學中的中央極限定理 (central limit theorem) 來處理。即對一群獨立不相干的亂數 x_1、x_2、$x_3 \cdots$、x_n 且其機率密度函數為任意，則亂數 $z = \sum_{i=1}^{n} x_i$ 的機率密度在 $n \to \infty$ 下，會形成高斯分布。換言之，

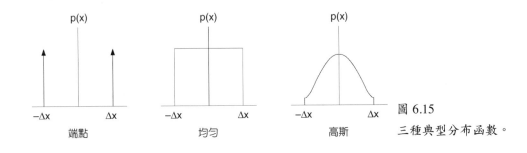

圖 6.15
三種典型分布函數。

我們可以預期不管如何，整個系統效能偏移分布會近乎高斯分布。高斯分布的亂數特性之一是整個分布可由均值與標準差 σ 來決定，其表示為：

$$p(z) = \frac{1}{\sqrt{2\pi}\sigma} \exp\left[\frac{-(z-\mu)^2}{2\sigma^2}\right] \tag{6.22}$$

對我們所考慮的機率密度函數其值 $\langle \delta S \rangle = 0$，所以公式 (6.22) 對 δS 而言，表示為：

$$p(s) = \frac{1}{\sqrt{2\pi}\sigma_{\delta S}} \exp\left[\frac{-(\delta S)^2}{2\sigma_{\delta S}^2}\right] \tag{6.23}$$

從公式 (6.16) 及公式 (6.23)，我們可以算出在 $\pm\delta S_{max}$ 範圍內的機率

$$\text{Prob}\left\{|\delta S| \leq \delta S_{max}\right\} = \int_{-\delta S_{max}}^{\delta S_{max}} p(\delta S)\, d(\delta S) = \text{erf}\left(\frac{\delta S_{max}}{\sqrt{2}\sigma_{\delta S}}\right) \tag{6.24}$$

在此 $\text{erf}(x)$ 代表的是誤差函數 (error function)

$$\text{erf}(x) = \frac{2}{\sqrt{\pi}} \int_0^x e^{-t^2}\, dt \tag{6.25}$$

　　換言之，給定效能改變的標準差 $\sigma_{\delta S}$ 及可以接受的最大效能改變 δS_{max}，我們用公式 (6.24) 可以算出成功的機會，亦即良率，這是容忍度分析一個重要應用，此應用的可信度在於樣本的機率本質。

　　例如 95% 良率指的是在 $\pm 2\sigma_{\delta S}$ 範圍內，會有 95% 的系統效能是在允許範圍內，而成功率的提升是要設法調整各個建構參數的容忍度 (公差)，以使得系統效能改變可以在允許的標準差內。因為每個參數其公差大小對系統效能偏移的影響並不相同，每個參數其公差大小也不同，所以公差規劃 (tolerance budget) 很重要，這其實有些類似預算規劃。事實上，實作情況下的各個參數實際允許的容忍度是固定的，也各有不同。實際上，容忍度分析要配合這個實際允許的值來逆推、調整各個參數乃至重新設計，以達到系統設計的最經濟規劃。

　　通常如果我們沒有特定或已知的公差上限分布，作容忍度分析或公差化的方法是先把影響系統效能的各個參數之容忍度 (公差) 分散掉，不會集中於某些量。這樣子可以避免出現太敏感的參數量，造成系統有罩門。表 6.5 列出利用公式 (6.14) 針對不同的 $\delta S_{max}/\sigma_{\delta S}$ 比，計算出的成功率。

表 6.5 $\delta S_{max}/\sigma_{\delta S}$ 比與成功率。

$\delta S_{max}/\sigma_{\delta S}$	成功的機率
0.67	0.50
0.8	0.58
1.0	0.68
1.5	0.87
2.0	0.95
2.5	0.99

光學系統的效能成功率是否達到要求？我們可以用效能改變的「敏銳度分析 (sensitivity analysis)」或者設定上限的「敏銳度逆分析 (inverse sensitivity analysis)」等方法來運作。敏銳度分析是由使用者輸入特定的容忍度上限或內定的 ISO 10110 標準之規定來看效能改變。改變表 (change table) 或敏度表 (sensitivity table) 的數據可由預先設定的每個建構參數被微擾下，以判定系統各個相關參數效能改變程度 (即 ΔS_i) 是否超過允許的上限。而逆分析則是就每個參數所允許的效能改變開始，然後決定每個參數的容忍度上限。設計者藉此來判定所設計的系統在製程上是否容易實現。

我們以公式 (6.21) 作一個簡單說明。假設系統效能改變的標準差有一目標值 $\sigma_{\delta S}$，另外並假設整個系統共有 n 個建構參數，而且每個參數有相同的機率密度函數。如果每個建構參數對整個效能改變的標準差貢獻是一樣的，則 ΔS_i 對所有 i 均相同。此時可令 $\Delta S_i = \Delta S_{tar}$，故：

$$\sigma_{\delta S} = k\sqrt{\sum_{i=1}^{n}(\Delta S_{tar})^2} = k\sqrt{n\Delta S_{tar}^2} = k\sqrt{n}\Delta S_{tar} \tag{6.26}$$

所以對於每個參數，可允許的效能改變上限是：

$$\Delta S_{tar} = \frac{\sigma_{\delta S}}{k\sqrt{n}} \tag{6.27}$$

這提供一個容忍度 (公差) 要求的依據。換言之，當知道系統需要多少成功率及最大效能改變，就可以利用公式 (6.24) 算出系統效能最大允許的標準差，再利用公式 (6.27) 算出每個參數所允許的效能改變。要求各個參數的效能改變一如上述，這正是敏銳度逆分析。

本節是以統計觀點來討論容忍度 (公差) 效應的分析。必須強調容忍度分析全部以計算模擬來作，本身可能就不是一個實際的作法。同樣地，對光學系統設計的問題幾乎沒有那個設計可以說是絕對完善的，尤其是當我們把問題與製程相關聯在一起時。因為在製程中有太多的變數牽動著，完整的容忍度分析需要設計者的經驗與技巧才能作得好，而實際生產線上的知識亦是不可或缺。在公差分析的學理討論上，前面所討論的仍然是過於簡化，但可以給讀者一個基本了解，這個領域仍有極大的發展空間。

6.5.4 與優化結合的公差分析

公差分析可以利用現有的最佳化誤差函數來進行計算，這個作法的動機是為了有較大的彈性去評斷效能。在這類分析法中，可用任何可以計算的量作為運算元來作容忍度評定。而使用誤差函數最佳化的一個好處是它可以同時降低參數偏移效應。換言之，引用最佳化本身可以使整個系統作公差容忍度估算，同時也作最佳化，可以調整我們的設計值。使用者可以運用先前使用的設計誤差函數來作為公差分析的誤差函數，也可以另外擬出專用於公差分析的誤差函數，或者進而相結合。

這事實上也是對設計者的額外要求。設計者必須指明最佳化條件，且必須判定是直接就系統規格來作，還是把判定值換到其他的量。公差分析的目的在此還有一個重點：如何找出一個可用物理量，讓它另外被標明為變數，好讓系統有公差時，可以讓使用者調回系統效能；換言之，它可視為一個補償器 (compensator)，在光學系統實作上，這個物理量常是後焦距 (back focal length 或 working distance)，使用者可以改變後焦距來調回焦平面。補償器引入的目的是在容忍度分析過程裡，由於容忍度變動造成的誤差函數改變，能由這個變數作進一步調整，當然在設計應用上，補償器並不限後焦距而已。一個實用實例是微影製程上投影頭的修正。

6.6 測試模擬

在測試模擬方面，有很多不同的方法，根據應用系統的不同，則測試模擬也不同。由於是測試，所以仿真模擬變得很重要，在此情況下，所謂實體物件的測試模擬是相當基本且不可或缺。圖 6.16 是一個轉檔程式的界面，它可以把一般的圖形檔，依需求轉成光學設計 OSLO 軟體中的 ima 檔案。

圖 6.17 是使用一個 Cooke 三合鏡頭的成像結果。在圖 6.18 則是另一個轉檔程式的界面，它把 ima 檔案轉成一個可以讓 TracePro、OSLO 等軟體讀取的光源檔 (source data file)。圖 6.19 所示為一個 C 字形的光源在 OSLO 中模擬的結果。

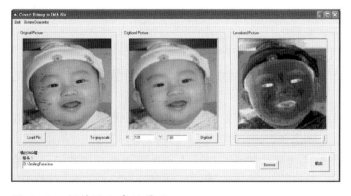

圖 6.16 一個轉檔程式的界面。

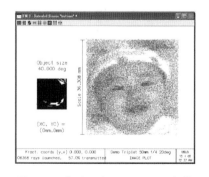

圖 6.17 使用一個 Cooke 三合鏡頭的成像結果。

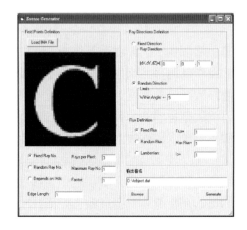

圖 6.18

轉檔程式的界面。

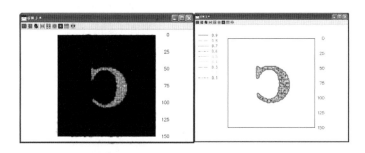

圖 6.19

一個 C 字形光源的單鏡成像。

6.7 整合系統模擬分析案例

在本節中，將以福爾摩沙衛星二號上科學酬載 (ISUAL) 的光學系統為例作討論。裝置在衛星上的觀測儀器主要包括了：攝像用的成像儀、六頻段式光譜儀 (6 channel spectrophotometer) 及二頻段式陣列型光度儀 (2 channel array photometer)，其主要的工作是負責收集閃電瞬變現象，亦即閃電於空間與時間上能量強度的分布。

光學儀器使用的重點是觀測由閃電所誘發的「瞬變現象」，但是這些「瞬變現象」通常伴隨著光強度極大的主閃電 (parent lighting)，而主閃電的光強度有可能遮蔽所要觀測的現象，甚至於損害整個觀測系統。因此，為改善「瞬變現象」與主閃電間光強度差異過大的情況，觀測系統採取了三個主要的方式：

1. 觀測閃電分支，或者是閃電分支附近所發生的「瞬變現象」。
2. 選擇合適的光頻濾波器 (spectral filter)，針對「瞬變現象」的發光頻段作觀測，並且隔離主閃電的發光頻段。
3. 使用觸發式光譜儀 (trigger photometer)，並且只在適當的時機打開成像儀，以避開主閃電的強光。

因此，這樣的需求便主導了光度儀與成像儀的前置光學機構與後置處理系統的設計與選擇。例如，在本節中所要討論的成像儀，在其鏡頭前端的濾波片轉輪就是為了針對「瞬變現象」的發光頻段作觀測而發展出的設計。

6.7.1 成像儀的外觀與機構

　　成像儀除了主要負責觀測、收集閃電瞬變現象的影像與分布外,更可以配合大氣輝光 (airglow) 的波段,對大氣輝光與極光 (aurora) 作觀測。圖 6.20 為成像儀後視的幾何外觀,其中的大圓盤為濾波片轉輪。

　　圖 6.21 為成像儀的前視、後視、側視及俯視圖。從圖中,我們可以了解整個成像儀的外觀、結構,以及其外部配置,整個成像儀的大小為 262 mm × 122 mm × 107 mm (不包含光頻濾波片轉輪),並且擁有一個可以切換光頻濾波片的轉輪。圖 6.22 則是成像儀機構的細部圖解。而圖 6.23 的重點在於成像儀的前置光學系統與後置處理系統,在光學系統部分,在鏡頭前端有防止雜光入射的擋板 (baffle),而內部鏡組的設計型式是採用被廣泛使用在攝影與攝像的「雙高斯鏡組 (double Gauss lens)」。後製的影像處理則是由影像強化器 (imager intensifier) 接收、處理後,再經由光纖 (fiber optics taper) 傳輸至 CCD 上。

　　如前文所提,成像儀必須在衛星軌道上執行觀測計畫,所以其外觀與結構必須考慮到觀測範圍以及與衛星本體機械結構的匹配,也因此限制了成像儀內部鏡組的結構參數 (鏡面半

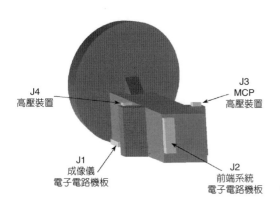

圖 6.20
CCD 成像儀的幾何外觀 (後視圖)。

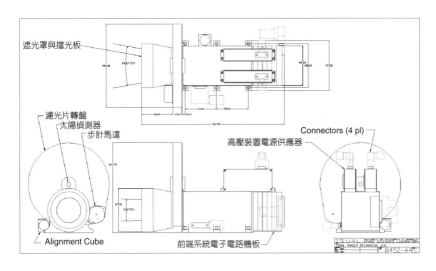

圖 6.21
CCD 成像儀的機構圖。

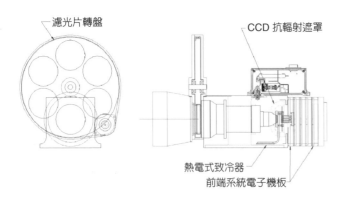

圖 6.22
光頻濾波片轉輪與 CCD 成像儀。

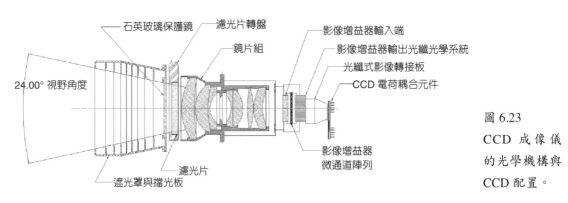

圖 6.23
CCD 成像儀
的光學機構與
CCD 配置。

徑、鏡片材質) 與系統基本參數 (鏡組總長、後焦距、總重量等)。而影像處理等後處理部分，如影像強化器以及 CCD 的像素 (pixels) 大小、多寡與能量飽和度的選擇，相對的也給定了鏡組成像效能 (performance) 的限制規範。

6.7.2 成像儀鏡組的重建與確認

　　現在我們針對成像儀鏡組作討論，此鏡組是由 Coastal 光學設計公司 (Coastal Optical Systems, Inc.) 所設計的。其採取「雙高斯鏡組」型式，由七片透鏡元件組成，材質的選擇除了考慮成像儀的觀測波段之外，太空輻射及環境溫度變化皆為重要的考量。大致上整個鏡組的整體設計符合我們所提出的規格，其鏡組的限制規格與 Coastal 公司的成品設計規格如表 6.6 所列。

　　表 6.6 除了指出鏡組與限制規格間的差異外，也提供我們確認與分析此鏡組成像品質的重要依據。尤其是對於在不同頻段時的成像品質，以及成像斑點的圈住或累計能量半徑 (encircled energy radius) 有必要再作進一步的確認，另外環境溫度對於成像品質的影響也是值得深入分析的部分。

　　接下來依照 Coastal 公司所設計的鏡組結構參數，在光學模擬軟體 OSLO 中重建其鏡

表 6.6 系統限制規格與 Coastal Optical System 設計之對照。

3.0 Specifications and compliance matrix				
	Specification		Coastal Design	
Spectral band of interest:	420－780 nm		Coastal weighting	
	670－756	most important	762 nm	50
	672 nm	width 5 mm	732 nm	100
	630 nm	width 5 mm	670 nm	50
	732 nm	width 5 mm	630 nm	2
	557 nm	width 5 mm	427.8 nm	4
	427.8 nm			
Field of view	20° full field of view (+/– 10°)		20° full field of view (+/– 10°)	
focal length	62.5 mm +/– 12.5 mm		61.82 mm	
Focal ratio	f/1.5 or faster		f/1.56	
Image diameter	detector is 25 mm diameter		21.40 mm	
Mechanical interface	flange with boltholes		√	
Environment	–20 to +40 C			
	randow vib 20－2000 of 15 G-s rms			
80% encircled energy	40 μm		On-axis	16 μm diameter
spot diameter in single			7 deg:	22 μm diameter
Plane of best definition			10 deg:	30 μm diameter
Fixed aperture			√	
Fixed focus			√	
Broadband AR coated 420－780 nm			√	

組，並且加以分析。依照 Coastal 公司設計所建構的雙高斯鏡組，是一個由十六個鏡面組成的鏡組 (包含中央光闌)，鏡片材質選用 LAK9G15 與 SF8G07。從表 6.6 中的結構參數：鏡面曲率半徑、鏡面厚度及鏡片材質，大略可以看出整個鏡組所呈現的幾何外觀，並且提供模擬軟體 OSLO 在軟體中建構出其鏡組模型，以進行各項光學分析的動作。

當軟體上，例如在 OSLO 重建 ISUAL 成像儀鏡組時，必須注意到軟體中鏡組材質的設定。原因在於此鏡組中選用的材質 LAK9G15 與 SF8G07 為抗輻射材質，其是為了防止太空環境中 X 射線與 Gamma 射線等輻射線破壞鏡組材質造成內部結構的黑化或是焦化 (darken/browning) 現象，其材質特性自然與原本商用軟體型錄中 LAK9 與 SF8 有所差異，因此在建構整個鏡組之前，必須在 OSLO 的材質資料庫建立 LAK9G15 與 SF8G07 的相關材質特性，以提供正確的模擬與分析。另外，鏡組系統在 OSLO 中模擬的應用波長範圍與波長權重之設定，也必須在建立鏡組前與設計值再確認，應用波長範圍與波長權重是依照成像儀前的光頻濾波器與觀測影像的頻段來決定的，錯誤的波長範圍與波長權重將會誤導分析的結果。

在表 6.7 中是以 Laurent 級數 (Schott 公式) 來表示 LAK9G15 與 SF8G07 的折射特性，其中 Laurent 級數為 $n^2(\lambda) = A_0 + A_1\lambda^2 + \dfrac{A_2}{\lambda^2} + \dfrac{A_3}{\lambda^4} + \dfrac{A_4}{\lambda^6} + \dfrac{A_5}{\lambda^8}$。表 6.8 所列為應用波長的設定，其中包括了波長 (WV) 與波長權重 (WW)。以波長 4 為例，其波長範圍為 0.4278 μm；權重為 4。圖 6.24 為 ISUAL 成像儀的鏡組參數 (模擬軟體 OSLO)。

```
*LENS DATA
ISUAL-Double gaussian lens
  SRF      RADIUS       THICKNESS     APERTURE RADIUS      GLASS   SPE  NOTE
  OBJ        --         1.0000e+20    1.7633e+19           AIR

   1      52.720000     13.000000     30.000000           LAK9G15 C
   2     186.300000      0.200000     28.000000           AIR

   3      26.250000     10.000000     21.600000           LAK9G15 P
   4      48.120000      4.200000     20.000000           SF8G07  C
   5      16.540000     11.900000     14.000000           AIR

  AST       --          10.800000     10.370000 A         AIR

   7     -21.234000      1.700000     13.000000           SF8G07  P
   8      91.420000     11.100000     18.000000           LAK9G15 P
   9     -30.530000      5.806000     18.000000           AIR

  10     126.700000      6.200000     20.000000           LAK9G15 P
  11     -53.270000      0.200000     20.000000           AIR

  12      30.660000     10.000000     20.000000           LAK9G15 P
  13      33.070000     15.285000     16.500000           AIR

  14        --           6.000000     15.000000           SILICA  C
  15        --            --          15.000000           AIR

  IMS       --            --          10.700000
```

圖 6.24

ISUAL 成像儀的鏡組參數
(模擬軟體 OSLO)。

　　在鏡組建立完成之後，便可以利用模擬軟體來執行計算與分析，而軟體中的圖形與文字的輸出則方便我們進行表象與數據量化上的比較。圖 6.25 為 2-D 鏡組結構圖與 3-D 鏡組結構圖，藉此我們可以完整的了解鏡組的整體外觀；在此可以清楚的看出成像儀鏡組為七面式雙高斯鏡組，並有外加的矽石 (silica) 平面鏡片。另外，利用「鏡組近軸設定 (paraxial setup of lens)」的指令可直接獲得鏡組的近軸參數。在此，我們可以鏡組的限制規格、Coastal 公司的設計規格以近軸參數作系統規格的比較與確認。圖 6.26 為成像儀鏡組於 OSLO 的近軸參數輸出。

　　在表 6.9 的近軸參數比較之中，Coastal 公司的設計是符合設計限制規格的，而我們在模擬軟體 OSLO 所重建的鏡組參數則與 Coastal 公司的設計有些許的差異，例如焦距、焦數，以及成像半徑等，但此成像儀鏡組基本上是適用的。我們在分析上要作到的為：

表 6.7 LAK9G15 與 SF8G07 的材質特性。

	A_0	A_1	A_2	A_3	A_4	A_5
LAK9G15	2.806179	−0.013902	0.018566	0.000386	$−8.9860 \times 10^{-6}$	1.0564×10^{-6}
SF8G07	2.775742	−0.008916	0.030721	0.001273	$−2.8416 \times 10^{-6}$	8.2695×10^{-6}

表 6.8 應用波長範圍與波長權重之設定。

WV1/WW1	WV2/WW2	WV3/WW3	WV4/WW4	WV5/WW5
0.732000	0.630000	0.670000	0.427800	0.762000
100.000000	2.000000	50.000000	4.000000	50.000000

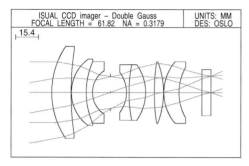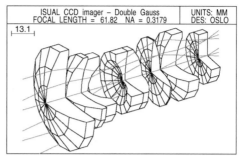

圖 6.25 2-D 與 3-D 鏡組結構圖。

```
*PARAXIAL SETUP OF LENS
 APERTURE
   Entrance beam radius:      19.650058   Image axial ray slope:    -0.317863
   Object num. aperture:      1.9650e-19  F-number:                  1.573003
   Image num. aperture:       0.317863    Working F-number:          1.573003
 FIELD
   Field angle:              10.000000    Object height:           -1.7633e+19
   Gaussian image height:    10.900396    Chief ray ims height:     10.892533
 CONJUGATES
   Object distance:           1.0000e+20  Srf 1 to prin. pt. 1:     88.987697
   Gaussian image dist.:      0.083348    Srf 15 to prin. pt. 2:   -61.735869
   Overall lens length:     106.391000    Total track length:       1.0000e+20
   Paraxial magnification:  -6.1819e-19   Srf 15 to image srf:        --
 OTHER DATA
   Entrance pupil radius:    19.650058    Srf 1 to entrance pup.:   60.244367
   Exit pupil radius:        36.726186    Srf 15 to exit pupil:   -115.457485
   Lagrange invariant:       -3.464835    Petzval radius:         -411.167883
   Effective focal length:   61.819217
```

圖 6.26
成像儀鏡組於 OSLO
的近軸參數輸出。

1. 成像儀鏡組的光學輸出效能分析。
2. 成像儀鏡組的 MTF 輸出效能。
3. 成像儀鏡組在各觀測頻段下的光學輸出效能分析。

　　可以注意的便是此成像儀鏡組的成像品質與後製部分 (影像強化器、CCD) 之間的匹配。一般像是 CCD 或是 CMOS 之類的影像接收器，其效能通常受到所謂解析元素 (resolution element) 或是像素 (pixel) 的限制；一單位內的像素越多，解析度也就越高，越能完整的輸出與轉換影像。但是相對的，由光學系統所提供的輸入也必須要有相當程度的要求。如就成像斑點 (spot) 而言，至少其成像斑點的範圍 (spot size) 必須符合或是小於單一像

表 6.9 近軸參數的比較。

	系統限制規格	Coastal 設計規格	OSLO 重建系統
視角 (field of view)	10 +/- 5degree	10 degrees	10 degrees
焦距 (focal length)	62.5 +/- 12.5 mm	61.82 mm	61.819217 mm
焦數 (focal ration)	f/1.5 or faster	f/1.56	f/1.573
成像半徑 (imager diameter)	25 mm	21.4 mm	21.8 mm
鏡組總長 (overall length)			106.391 mm

素的大小,否則輸出影像則會產生模糊 (blur)。其他如成像點的能量分布,或是與成像鑑別率相關的 Strehl ratio 等都會影響 CCD 輸出的效能。因此,為了達到前置光學系統與後置處理系統的最佳匹配,通常會依照適用情況挑選後置處理系統的特性與系統規格,並且作為前置光學系統成像效能的規範底線。

從成像儀鏡組的限制規格表中 (表 6.6),規範了成像斑點的能量分布限制,其中 80% 的能量必須集中於 40 μm 直徑的範圍之內,這表示後置系統 (影像強化器) 的輸入像素尺寸約為 40 μm × 40 μm 左右的大小 (精確尺寸為 41.8 μm × 41.8 μm),因此我們可以藉此來確認成像儀鏡組的成像品質:

1. 檢查成像斑點的能量是否分布在限制的範圍內。

2. 利用「Nyquist 頻率」;即像素式感應器 (pixeled sensor) 所能辨別而無失真的最大空間頻率,與成像儀鏡組之 MTF 互相比對。

在確定成像儀鏡組的成像斑點能量分布上,要分析各個視角下的鏡組表現 (在此選擇光軸上、0.7 比例視角以及全比例視角進行分析)。有一點必須加以確認的是,一般雙高斯鏡組會有漸量 (vignetting) 的設計,考慮漸量效應的模擬結果是比較忠於事實的。

在設計上此成像儀鏡組是依照光頻濾波器上各應用頻段的使用率,來決定其設計波長權重,使得鏡組得以適用於各個頻段,因此基本的成像品質也是對所有應用波長的綜合效應作分析。但是事實上,成像儀在實際使用時是依照所要觀測的影像以決定光頻率波器的作業頻段,所以成像儀可以說是在各個獨立的應用頻段下作業。如要了解成像儀在各頻段下作業的成像品質以及其間的差異,首先考慮到的便是異色焦位移 (chromatic focal shift)。因色散現象 (dispersion) 所引起的異色焦位移,將直接影響到不同應用頻段時理想成像的聚焦位置,同時也影響了成像斑點的能量分布,相對的也將影響成像儀於不同頻段作業時影像輸出的效能。

圖 6.27 為成像儀前端光頻濾波器的各個工作頻段,而圖 6.28 為模擬成像儀在橫跨 0.4 μm 到 0.8 μm 的波長範圍時成像 (軸上) 焦點位移曲線,並且將其與光頻濾波器中 **2** 號濾波片到 **5** 號濾波片的工作波段作一個對照。我們發現成像儀:

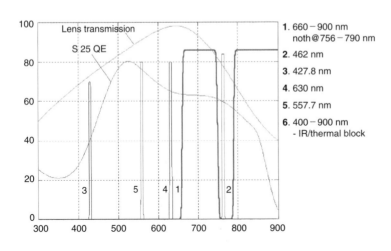

圖 6.27
成像儀光頻濾波器之應用波段。

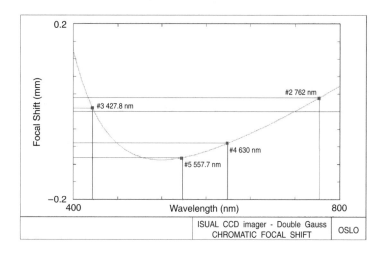

圖 6.28
成像儀鏡組的異色焦位移。

- 在工作波段 762 nm 的 **2** 號濾波片下作業，產生的焦位移為 –0.03 mm 左右。
- 在工作波段 427.8 nm 的 **3** 號濾波片下作業，產生的焦位移為 –0.01 mm 左右。
- 在工作波段 630 nm 的 **4** 號濾波片下作業，產生的焦位移為 0.07 mm 左右。
- 在工作波段 557.7 nm 的 **5** 號濾波片下作業，產生的焦位移為 0.1 mm 左右。

其中以成像儀在 **5** 號濾波片下作業時的焦位移最大。

　　由於在成像儀的後置系統設計上不支援可微調式輸入面，因此無法以微調成像面距離來補償異色焦位移，藉以控制成像儀的成像品質。因此，異色焦位移會直接影響成像斑點的大小以及其能量的分布，或者是點擴散函數 (point spread function)，而在成像面上形成模糊的成像斑點。而成像儀後置系統輸入面上接收的訊號 $S(n,m;\lambda)$ 可以成像儀鏡組點擴散函數，以及輸入面上像素的響應函數 (pixel response function, PRF) 來表示：

$$S(n,m;\lambda) = \int_{-\infty}^{\infty} \int_{-\infty}^{\infty} f(x,y;\lambda)r(x-np, y-mp;\lambda)dxdy \tag{6.28}$$

其中 $f(x,y;\lambda)$ 為影像強度的分布，$r(x-np, y-mp;\lambda)$ 為像素的反應函數，(n,m) 為像素數，p 與 q 為 X 方向與 Y 方向的像素尺寸，λ 則為應用波長。在公式 (6.28) 中，可以發現單一像素所接收到的能量會受到鄰近像素的影響。因此，如果成像斑點的尺寸超過成像儀後置系統輸入面上的像素尺寸，隨著像素上成像斑點能量範圍的重疊，將會影響整體影像的真實度。

　　為了瞭解成像儀鏡組單獨在各個應用波段作業下，各成像斑點與其能量累積情況及 MTF 輸出，有必要針對各個應用波段作業下進行分析，其中模擬的應用波段與權重，因為各個濾波片的地位相等，因此各個波長組態 (configuration) 有同等權重。我們可以藉由光學模擬軟體 OSLO 依照 Coastal 光學設計公司的設計資料重建成像儀的鏡組系統，並且對於其光學輸出加以確認、分析。作法為：

1. 確認結構參數與近軸參數，檢驗此設計品符合於成像儀設定上的限制規格。

2. 在成像儀鏡組的光學輸出上，針對成像儀鏡組的輸出與後置處理系統間的匹配作評估，在此選擇成像斑點圖輸出、成像斑點能量累積半徑以及 Nyquist 頻率時之 MTF 輸出為評估條件。檢討所設定的波長權重下，成像儀鏡組是否有良好的輸出效能。

3. 以成像儀實際使用狀況來進行模擬分析，成像儀鏡組會因為異色焦位移而導致在不同濾波片下會有不同的成像效能。基本上，成像效能的滑落程度與焦位移的範圍有相當的關係，對各個濾波片分析便可以觀察出焦位移對於成像效能的影響。分析成像儀在各個濾波片下評估條件的輸出，我們可以歸納出，當成像儀鏡組在 2 號與 3 號濾波片下依然能夠保持一定的輸出水準。但是成像儀鏡組在 4 號與 5 號濾波片下工作會產生較大的異色焦位移，成像效能下降的程度也隨之增加，影像可信度降低，尤其當使用 5 號濾波片的工作狀態，推測僅能辨別如物體外觀等低空間頻率調變的影像。這些資訊將回過來提供設計與應用的再思考。

6.7.3 成像儀鏡組的容忍度分析

在開始之前，要注意到分析公差結構參數容忍度時，所使用的評估條件必須要與當初設計鏡組的規格限制相同，如此才是有意義的比較。現在，我們選擇與成像儀鏡組效能相同的評估條件：(1) 成像斑點的尺寸，(2) 成像儀鏡組的 MTF 輸出，並且在光學模擬軟體 OSLO 進行成像儀鏡組的容忍度分析。

在進行容忍度分析之前，必須要事先定義容忍度分析時所使用到的誤差函數 (error function)。依照不同的評估條件，在決定誤差函數時也必須要從不同的方向來考慮並選擇運算元與算則。在此我們先以成像斑點的尺寸為系統效能的評估條件，在誤差函數上則選擇 OSLO 內建的容忍度運算元 (*optol) 對成像斑點 (spot diagram) 作評估，誤差函數值的表示方式為 RMS。接著依照之前的定義來推算公差值。

之前我們得知各組態成像斑點的 RMS 半徑為 0.010354 mm (約為 10 μm)，因此可以預估系統成像斑點半徑最大允許的誤差值為 10 μm/0.010 mm (成像斑點尺寸應在直徑 40 μm 內)，即 δS_{max} 為 0.01 mm。如果要求一個較佳的產品良率 99%，則可以得到誤差函數的標準差 $\sigma_{\delta s}$ = 0.004 mm。如果延續之前所討論的 30 項組裝誤差公差項，並且其誤差分布情況為均勻分布，則 k = 0.58，換言之，允許誤差函數改變量 ΔS_{tar} 約為 0.00125 mm。現在即可以利用 ΔS_{tar} (change in error function) 以及之前在 OSLO 中設定的運算元進行「逆敏感度分析」。

接下來要看的是組裝誤差在自定規範下對於 MTF 輸出的影響。在這裡會對於 4 個組態的各比例視角進行評估。在這裡鏡組 MTF 輸出的基準值 (nominal MTF) 是使用之前評估鏡組成像效能的 Nysquist 頻率 (12.5 cycles/mm) 時的 MTF 輸出。在此輸出表格中同樣會對 MTF 的改變做統計分析，包含了 MTF 的最低輸出值 (low MTF)、MTF 的主要變動 (mean change)，以及平均變動 (STD DEV)。

表 6.10 公差、容忍度等級指標 (tolerance grade)。

Min (A)	Max (D)	Increment	A-B Grade	B-C Grade	Distribution
0.0100	0.5000	0.0100	0.0500	0.2000	Uniform
0.0100	0.5000	0.0100	0.0300	0.2000	End Point
0.0100	0.5000	0.0100	0.0500	0.3333	End Point
0.0100	0.5000	0.0100	0.0300	0.2000	End Point
0.0100	0.5000	0.0100	0.0500	0.3333	End Point

　　就此結果來看，以逆敏感度分析所推算出的自定公差規範對於鏡組 MTF 輸出有顯著的影響。先討論成像效能比較好的組態 **1** 與組態 **2**，以組態 **1** (**2** 號濾波片) 的軸上視角來說，MTF 輸出有可能從 96% 下滑到 47% 左右，而且以下滑 30% 的機會最大。另外，在組態 **2** (**3** 號濾波片) 的 MTF 輸出則可以維持得不錯，最大滑落的程度只有 30% 左右。而對於原本 MTF 輸出就比較低落的組態 **3** (**4** 號濾波片) 與組態 **4** (**5** 號濾波片)，如果在組裝時有嚴重誤差產生，則成像儀鏡組在 Nysquist 頻率時幾近喪失其工作能力，只能大略的辨別物體的外觀形體 (低空間頻率時)。以上是考量成像儀元件組裝產生誤差時對於系統成像效能的影響，根據之前的分析可以歸納出成像儀鏡組需要在高精密度組裝下，才能達到與設計值相同的成像效能。在以 ISO 10110 的公差規範來討論其成像效能時，就可以確定元件在組裝時必須嚴格的控制其誤差，以維持成像效能。再者，我們考量成像儀的限制規格，以逆敏感度分析所求得的自定公差規範，其元件組裝誤差的容忍度也大多為 A 級與 B 級 (容忍度指標為 A 至 D 級，A 級的容忍度最低，D 級則為容忍度最大的等級)，則再一次的證實鏡組對於組裝精度的要求。另外一方面，因為鏡組元件間可以忍受變動的範圍相當小，顯示成像儀在鏡組架設機構的設計上與材質的選定上必須要有相當的穩定度，才可以避免鏡組元件受到外界干擾 (如：震動等) 產生的變動，以維持其應有的成像品質。表 6.10 為公差、容忍度等級指標 (tolerance grade)。

6.7.4 CCD 成像儀之雜光分析

　　鬼影、雜光分析 (stray light analysis) 對於光學系統的效能評估是不可少的。圖 6.29 為一個照相機的光學系統所拍攝到有鬼影的影像。在光學系統中，鬼影的產生可能是由於透鏡鏡面上的光束散射或是部分反射的作用，也可能是由於光束在透鏡鏡面內部產生全反射效應所導致，或是可能由於光學鏡筒或是擋板 (baffle) 上光束的反射所造成的。

　　在 CCD 成像儀中，每一個透鏡的鏡面約有 4% 的光線反射，此外可設定鏡組外圍的鏡筒材質為 10% 光線反射，其餘皆被吸收；至於擋板則設定為吸收的材質，設置擋板的目的是為了遮蔽大於場角的光束入射於成像儀，而影響成像。由於此系統的半場角為 10°，因此在此模擬 0° 與 10° 的入射光束，光束在系統內的行進路線如圖 6.30 所示，在像面上的光斑點圖及光度場圖顯示於圖 6.31 中。

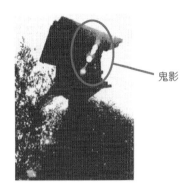

圖 6.29 影像中之鬼影。

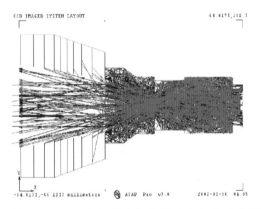

圖 6.30 CCD 成像儀系統內所有光束之追蹤圖。

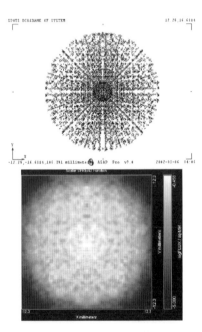

圖 6.31 CCD 成像儀內所有光束之
斑點圖與能量分布圖。

　　由圖 6.30 可以發現光束路徑非常複雜，光斑圖上光點複雜凌亂，無法由圖中分辨是哪一條光束路徑所造成的，因此必須對系統內個別的路徑作分析。在此考慮光束的百分比能量大於 0.1% 的光束路徑，圖 6.32 的數據即顯示這些路徑的重要訊息 (如光束能量百分比、第幾個物件上發生反射或散射等)，由數據中可以看到路徑 **1** 與路徑 **2** 的「Split/Scatter」項顯示為「0.000」，這表示光束在每一個鏡面上皆沒有受到部分反射或是散射的作用，也就是當光束在透鏡鏡面為全部穿透，且沒有鏡筒的反射效應時，光束在此 CCD 成像儀上的傳播路徑 (如圖 6.33 所示)。圖 6.34 中，透鏡皆為理想的完全穿透材質，且沒有外圍鏡筒的 CCD 成像儀之光束路徑追跡圖

　　由圖 6.32 的數據中，路徑 **30** 與路徑 **17** 的「Split/Scatter」項的數值 (20.100 與 21.100) 顯示此路徑的光束在第 **21** 與第 **20** 物件之間產生反射的效應，也就是在像平面上此路徑所產生的鬼影是由於第七個透鏡內部的反射及全反射所造成的效應，詳細的路徑如圖 6.35(a) 所示。圖 6.35 亦分別表示出路徑 **30** 與路徑 **17** 在像平面上光斑點的分布，黑色方塊表示軸上光

```
--- PATHS 0.01 TOTAL 0
                                    OBJECTS
 Path   Rays SumTOTA  Percent  Hits Curr Prev  Split/Scatter ...
   1    278 1.12E+01   52.26   -14   26   23   0.000
   2    238 9.63E+00   44.74   -15   26   24   0.000
  30    298 5.08E-02    0.24   -17   26   24   20.100   21.100   0.000
  17    212 3.61E-02    0.17   -16   26   23   20.100   21.100   0.000
  16    240 3.58E-02    0.17   -19   26   24   17.100   20.100   0.000
  46    168 2.86E-02    0.13   -19   26   24   11.100   15.100   0.000
  25    194 2.53E-02    0.12   -20   26   23   17.100   21.100   0.000
  18    174 2.27E-02    0.11   -21   26   24   17.100   21.100   0.000
  24    146 2.17E-02    0.10   -18   26   23   17.100   20.100   0.000
```

圖 6.32
系統內光線之不同光束路
徑的相關數據。

束在像平面上的光斑點分布，方塊內則為最大半場角 (10°) 在像平面上的光斑分布。不過此路徑光束的能量百分比與上述的路徑 **1** 與路徑 **2** 的能量百分比相比較，就大大的下滑至 0.41%。

　　路徑 **16** 與路徑 **24** 的光束路徑如圖 6.36(a) 所示，鬼影是由第七個透鏡與第六個透鏡之間的部分反射所造成的，像平面上的光斑圖如圖 6.36(b) 所示，不過此路徑的光束能量百分比只佔了 0.15%。至於路徑 **46** 的光束路徑則顯示於圖 6.36(c) 中，此路徑中的鬼影是由第四個透鏡及第五個透鏡之間的部分反射造成的，其光斑圖顯示於圖 6.36(d) 中，在光束路徑圖中可以明顯的看出光束在像平面上是散開的，因此斑點圖上顯示了光斑平均分布於像平面上。至於路徑 **25** 與路徑 **18** 則如圖 6.36(e) 所示，受到第六個透鏡與第七個透鏡的後面鏡面之間的部分反射所影響，圖 6.36(f) 為光斑圖。

　　由圖 6.32 中所顯示的數據，可以知道路徑 **1** 與路徑 **2** 的能量百分比例為 97%，可見由雜光所造成的光束能量總合只佔了 3%，比例非常低，因此鬼影對於影像的影響不大。由路徑 **30**、**17**、**16**、**46**、**25**、**18** 及 **24** 的光束場能量分布圖上可以得知，鬼影能量主要分布於像平面的中心處，而且最大的光斑能量不超過 0.012 flux/mm^2，因此可以判定此系統中鬼影對於影像的影響極小。

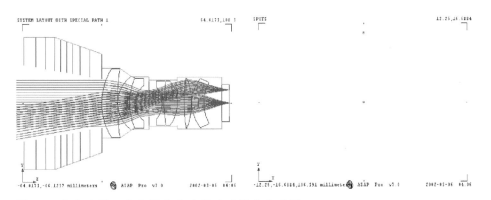

圖 6.33 光束路徑 **1** 與 **2** 的光束路徑追蹤圖與斑點圖。

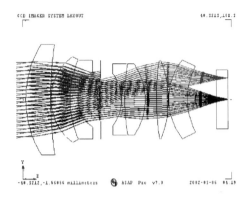

圖 6.34
透鏡皆為理想的完全穿透材質，且沒有外圍鏡筒的
CCD 成像儀之光束路徑追蹤圖。

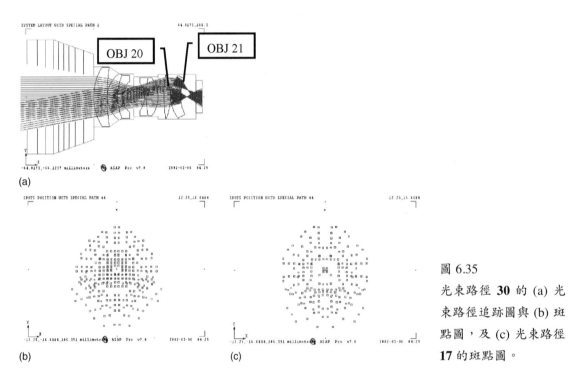

(a)

(b)

(c)

圖 6.35
光束路徑 **30** 的 (a) 光
束路徑追蹤圖與 (b) 斑
點圖，及 (c) 光束路徑
17 的斑點圖。

但鬼影除了影響到系統影像外觀之外，也會使系統的 MTF 值下降。受到鬼影影響之
MTF′ 與理想狀態下的 MTF 之間的關係如下：

$$\text{MTF}' = \text{MTF}\left[1 - \frac{n(n-1)}{2}R^2\right] \tag{6.29}$$

其中 n 為空氣－玻璃介面的鏡面數目，R 為每一個鏡面上的平均鍍膜損耗。原 MTF 值與受
到鬼影影響之 MTF′ 值的對照如表 6.11 所列。

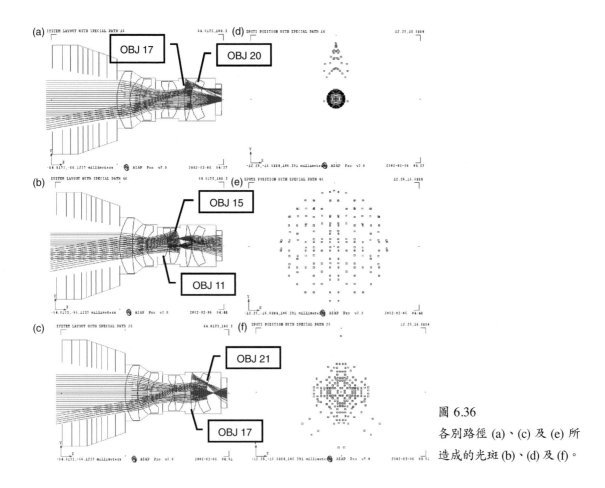

圖 6.36

各別路徑 (a)、(c) 及 (e) 所造成的光斑 (b)、(d) 及 (f)。

　　由表 6.11 可知，軸上光束 MTF 值下降幅度最大，亦即其受鬼影影響較大，這是因為正向入射面上菲涅耳反射 (Fresnel reflection) 較強，因此在像平面上鬼影的能量分布較高於其他視角所造成的鬼影，使其解析度大打折扣。在頻率為 12.5 lp/mm 時，軸上光束的 MTF 值由 0.963 滑落至 0.8162，雖然鬼影的能量比率只佔全部光束能量的 4% 以內，但由 MTF 值可以明顯看出系統的解析度已變差了。

表 6.11 MTF 變化對照表。

位置	方向	R (%)	MTF	MTF′
軸上光束	切向	3.81	0.963	0.8162
	矢狀		0.963	0.8162
0.7 視場光束	切向	2.12	0.925	0.8813
	矢狀		0.92	0.8766
全視場光束	切向	1.75	0.857	0.8294
	矢狀		0.795	0.7694

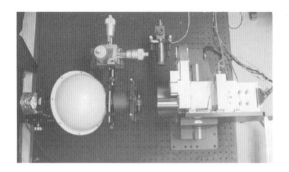

圖 6.37 成像儀檢驗裝置。

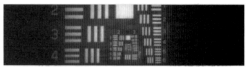

Filter: 630Å, Binned (Low Resolution) Center

Binned Left Zoom　　Binned Center Zoom　　Binned Right

圖 6.38 成像儀測試結果。

圖 6.39
2004 年 9 月 11 日
ISUAL 成像儀所攝下
的紅色精靈 (高空向上
閃電)。

　　根據前面對於不同光束路徑的鬼影分析中可以歸納得到，光束能量大於 0.1% 的鬼影幾乎發生在第 5、6 及 7 三個透鏡間的反射，因此只要在此三個透鏡的鏡面鍍抗反射薄膜 (AR coating)，即能降低鬼影的效應。在此系統中，鬼影幾乎是由於透鏡鏡面上的全反射所造成，鬼影的能量只佔了系統所有光束能量的 3%，比例非常小。但是鬼影將會嚴重影響到系統的解析度，也就是降低 MTF 值，尤其是軸上光束所產生的鬼影影響最大，因此欲提高 MTF 值，還是必須克服鬼影的問題。由分析可知大部分的鬼影發生在第六個透鏡與第七個透鏡之間的反射，雜光分析提供了系統如何進一步改善的切入點。

6.7.5 實測與太空中觀察之結果

　　實測與檢驗是件極其繁瑣與嚴謹度高的工作，其步驟與複雜度相較於設計有過之而無不及，在此略過。圖 6.37 為部分檢驗實驗裝置，而成像儀的測試結果如圖 6.38 所示，圖 6.39 為 2004 年 9 月 11 日 ISUAL 成像儀所攝下的紅色精靈[7,8]。

6.8 結論

　　由於實際生產所涉及的開模費用不低，且各種在解析分析或所謂的一階光學設計之不足，因此系統整合設計與模擬確有其必要性。

　　光學設計可以是一件很單純的工作，也可以是一件很複雜的工作。它的問題核心通常在於最佳化，在於就現有資源找出最適解。如果光學系統的前、後級規格均已確定，那麼系統設計的目的即在於找出一個最佳設計，以滿足前、後級規格。這是一個嚴謹度要求很高的工作，但這個工作未必可以順利完成，關鍵通常在於設計者本身的資料庫是否已建立完整。資料庫不完整的話，往往會使設計與實際需求脫節。光學系統主要是在處理光，光的處理與傳播有些基本的限制，但是科技的進展會使得先前的一些基本限制可能不再存在。如此光學系統本身自然就可以有很大的更新。從這個觀點來看光學系統設計其實是一件極具創造性的工作，而未必僅是一件嚴謹度高的工程作業。

參考文獻

1. W. H. Press, S. A. Teukolsky, W. T. Vetterling, and B. P. Flannery, *Numerical Recipes in C*, 2nd ed. chapters 9 & 10, Cambridge U. Press (1992).
2. OSLO's Optics Reference (可自 http://www.lambdares.com下載)
3. Jones and Forbes, *Journal of Global Optimization*, **6**, 1 (1995).
4. M. Isshiki, H. Ono, and S. Nakadate, *Optical Review*, **2**, 47 (1995).
5. M. Isshiki, H. Ono, and S. Nakadate, *Japanese Journal of Optics*, **24**, 415 (1995).
6. M. Isshiki, H. Ono, K. Hiraga, J. Ishikawa, and S. Nakadate, *Optical Review*, **2**, 463 (1995).
7. 何承舫, 中華衛星二號科學酬載紅色精靈成像儀之光學系統分析, 國立成功大學物理研究所碩士論文 (2001).
8. 許阿娟, 相位、幾何相位與光束分析在光學設計與測試的應用及探討, 國立成功大學博士論文 (2002).

第七章 系統組裝及檢測

在第五章的光機整合設計中，已說明光機設計程序、環境、材料與製圖、光學元件固定基座，以及各種調焦機構設計；第六章亦有關於系統整合設計之模擬與分析介紹，無論是關於光學系統整合設計模擬[1,2]、系統特性分析、模擬優化、公差與良率分析，以及測試模擬等都有詳細之說明。因此本章節對於攸關系統組裝難易與好壞之眾多前置作業不再贅述，重點將放於實際系統組裝時，所需要的組裝系統之基本概念，如組裝環境、組裝工具、調整程序，以及調整工具原理介紹等，並且從相機系統、雷射讀寫系統等大家耳熟能詳的光機電系統出發，討論這些系統實際調整時所面臨之挑戰，以及克服之方法，進而建立起系統組裝之基本概念與想法。再接續討論組裝時系統之品質量測，例如系統之有效焦距 (effective focal length)、後焦距 (back focal length)、場曲、焦深、調制轉換函數值 (modulation transform function, MTF)、偏心、照度、光輻射度、色溫及亮度等。

系統組裝的品質檢測結果，將用來判斷各組裝步驟的調校是否達到最佳位置，作為調校時的輔助，以促使組裝過程順利。另外，更可用來判斷所設計之光機系統性能的好壞，根據這些數值再配合前幾章建立之基本知識與技能，進行系統的光學或機械之修正設計。如此可減少系統組裝時之困難步驟，進一步減輕系統量產時對組裝系統人力的技術需求，甚至可利用機械設備組裝量產。另一方面，可提高系統的精確度與穩定度，當系統本身的品質增進其價值也將跟著增加。總而言之，系統組裝的品質量測與調整，以及上游之設計與製作，均環環相扣缺一不可，其中之一有問題則對整體系統產品影響甚鉅，所以對於系統組裝與檢測的部分也應多所注意。

7.1 系統組裝簡介

系統組裝時的環境需求視系統本身而定，調校程序也是根據系統中的光學元件而定，但仍有其基本之要求與準則，本節將會有詳細之說明。另外，調校所用的輔助儀器在國內使用並不廣泛，但卻是系統組裝時必要之幫手，因此本節也將介紹其原理與使用方法。

7.1.1 組裝環境基本需求

基本上，光學元件是屬於精密製作之元件，如果有灰塵或細小塵粒附著其上，會影響其對於光源處理之品質，因此在組裝光學系統時，需在無塵之環境。而為求品質良好，無塵室 (clean room) 是較佳的選擇；無塵室是一個特殊封閉性建築，其目的是為了對空間內空氣中的微粒作控制。一般而言，溫溼度、氣流運動模式，以及震動與噪音等環境因素，皆是無塵室控制的重點。

實際上，構成無塵室至少需具備與注意的要素有：
- 能迅速除去空氣中漂浮之微塵粒子
- 能防止微塵粒子之產生及沉積
- 隔間之氣密程度
- 溫度及溼度之控制
- 壓力之控制
- 靜電之防治
- 噪音及震動之防治
- 電磁干擾之防治
- 細菌及病毒等感染源或有毒物質之控制處理
- 合理有效之動線、區間規劃
- 運轉能源之考量
- 維護難易度及成本考量
- 結構強度及使用年限之考量
- 各項安全因素之考量

無塵室依等級的不同，對一定空間內的微塵粒子最大容許量亦有一定規範，在國際標準中最常用的規範有 Fed-Std-209E (美國聯邦標準 209E) 及 ISO-14644，如表 7.1 與表 7.2 所列 [3,4]。

在 ISO-14644 的無塵室潔淨度等級劃分，所定義微粒的粒徑是 $0.1-5\ \mu m$，此範圍外不列入等級表，但是針對範圍外粒子定義了超微粒子與超大粒子。ISO 將等級歸類為 ISO Class 1 到 ISO Class 9，所謂的允許上限是指「大於等於該粒徑的微粒數」，詳見表 7.2 所列，其單位為每立方公尺的微粒數。

除了對環境的潔淨度基本要求外，如果是需要精密調整之系統，一定要在相對水平的環境，或者為了要避免微小震動造成系統的微小誤差，則必須在光學桌上進行系統組裝與架設。所謂的光學桌是用空氣壓縮機，將空氣灌入光學桌四隻座腳，利用氣壓平衡座腳的原理使桌面保持相對水平，並減少外在震動所造成之擾動。光學桌亦有等級之分，防震功能的好壞其價錢差異甚鉅，因此在選擇光學桌時，要考慮系統對於防震之精度需求。有些系統不受震動造成之誤差影響，則對於光學桌之防震等級可選擇最低；更進一步，若系統不受水平因素或者震動誤差而降低系統工作效能，則可以不考慮使用光學桌。

此外，因為所謂的光機電系統不僅是光學或光機元件，還包括了電源、電路等相關之電

表 7.1 Fed-Std-209E 無塵室標準及潔淨度。

Clean Room Class	SI		M1	M1.5	M2	M2.5	M3	M3.5	M4	M4.5	M5	M5.5	M6	M6.5	M7
	English			1		10		100		1000		10000		100000	
Particles Size Number of Particle	0.1 μm	(m³)	350	1240	3500	12400	35000	-	-	-	-	-	-	-	-
		(ft³)	9.91	35	99.1	350	991	-	-	-	-	-	-	-	-
	0.2 μm	(m³)	75.7	265	757	2650	7570	26500	75700	-	-	-	-	-	-
		(ft³)	2.14	7.50	21.4	75.0	214	750	2140	-	-	-	-	-	-
	0.3 μm	(m³)	30.9	106	309	1060	3090	10600	30900	-	-	-	-	-	-
		(ft³)	0.875	3.00	8.75	30.0	87.5	300	875	-	-	-	-	-	-
	0.5 μm	(m³)	10.0	35.3	100	353	1000	3530	10000	35300	100000	353000	1000000	3530000	10000000
		(ft³)	0.283	1.00	2.83	10.0	28.3	100	283	1000	2830	10000	28300	100000	283000
	5 μm	(m³)	-	-	-	-	-	-	-	247	618	2470	6180	24700	61800
		(ft³)	-	-	-	-	-	-	-	7.00	17.5	70.0	175	700	1750
Pressure	mmAq		Not less than 1.25												
Temperature	Range °C		19.4−25												
	Recommennded Value °C		22.2												
	Distribution °C		±2.8				±0.14 in special case								
Humidity	Max %		45												
	Min %		30												
	Distribution °C		±10				±5 in special case								
Air Velocity	m/s Recycle Number		Laminar flow 0.35 m/s −0.55 m/s; Turbulent flow 20 cycles/h												
Lightly Intensity	Lux		1,080−1,620												

In case of 10 pcs/ft³ particle density the reliability is low except the long time sampling.

表 7.2 ISO-14644 潔淨度定義。

Maximum concentration limits (particles/m³ of air) particles equal to and larger than the considered sizes shown below						
Classification Numbers (N)	0.1 μm	0.2 μm	0.3 μm	0.5 μm	1 μm	5 μm
ISO Class1	10	2	—	—	—	—
ISO Class2	100	24	10	4	—	—
ISO Class3	1,000	237	102	35	8	—
ISO Class4	10,000	2,370	1,020	352	83	—
ISO Class5	100,000	23,700	10,200	3,520	832	29
ISO Class6	1,000,000	237,000	102,000	35,200	8,320	293
ISO Class7	—	—	—	352,000	83,200	2,930
ISO Class8	—	—	—	3,520,000	832,000	29,300
ISO Class9	—	—	—	35,200,000	8,320,000	293,000

子系統，因此要考量組裝的工作桌是否為接地之狀態，以及在組裝時除了機械工具等，還需要一些用於進行電路除錯的基本電子儀器，例如示波器、電源供應器、三用電表及波形產生器等，以及一些五金工具也是需要準備在近處。因此所謂的組裝環境需求是適合光機組裝的無塵環境加上組裝器具外，還要有便利的電子儀器零件與五金工具室在旁邊，以便在組裝時遇到非光機問題需要解決，可以快速且無阻礙的取得所需工具。

7.1.2 系統組裝調整基本要領

　　基本上，光機電系統的光學調校程序受到很多因素的影響，其包含環境工程 (environmental engineering)、機率與統計 (probability and static)、機構設計 (mechanical design)、機械結構 (structural mechanics)、透鏡像差理論 (aberration theory)、光學測試 (optical testing)、幾何光學 (geometric optics)、光學設計 (optical design)、光學容許度 (optical tolerancing)，以及光學元件製造 (optical fabrication) 等。因此，在開始光機設計時，就必須考慮整體系統的組裝調整程序，並且針對光學元件製造、機械結構及環境工程等所造成之誤差預先進行補償設計[1,2]。

　　在建立組裝調整程序時，首先會考慮系統必要條件 (system requirement) 與整體系統規格 (overall specification)，以了解是否有特殊的調校需求。接著在電子－機構－光學的設計階段，著手發展「組裝調整計畫 (alignment plan)」，然後在結構與誤差容忍度分析階段，仔細琢磨組裝調整計畫，並且去蕪存菁，獲得合理且容易執行的組裝調整程序；進入最後系統製造階段時，將詳細的組裝調整程序寫下來，成為最後的定案。前面所提組裝調整計畫是指實行調校的基本原理，而調整程序則是指如何逐步調校的文件[5]。

　　若沒有預先考量其組裝調校步驟，僅是按照光學元件調校之自由度 (degree of freedom) 設計，則很容易造成整體的系統龐大，或者是出現一些奇怪之機構設計，此情況除了使得機械加工元件製作困難，成本花費龐大外，對於後續系統組裝與調整工作的進行亦會造成很大阻礙。由上述說明可知，根據不同的光機電系統特性，會有其專門的組裝調整程序，即使是性質相同的系統，當其設計有所變更時，其組裝調整程序亦隨之更動。然而，在進行系統組裝調整程序時，還是有一些基本的要領可以遵守，讓組裝工作進行順利。

(1) 決定基本光學軸為第一要務

　　系統的光學元件是一個接著一個調校的，因此必須有光學軸 (optical axis) 作為整體系統的基準，才能讓各個元件調整成為一整體，也才能考量系統整體誤差。若是系統中沒有特殊需要調整之光機元件，則可以調整導光元件，使光軸與系統整體的中心重疊或平行。若是有特殊光學元件需要調整，則以最難調校的光學元件或者其誤差對系統精度影響最大的元件之光學軸作為系統整體光學軸，其他的光學元件依循此光軸進行調整，減少調整這些元件的機會，此亦可簡化這些元件的機械固定基座設計，減少需要調整的自由度。

　　以拋物面反射鏡為例，若要將其聚焦點調整至某一特定位置，則需要考慮三個平移垂直

軸與兩個旋轉軸，其調整機構很難縮小。若可將要調校的軸分散至其他元件上，即調整其他的元件使光準確入射於拋物面反射鏡上，並且調整聚焦平面元件固定基座，讓基座位在焦點，則拋物面反射鏡可固定不動，亦不需體積龐大的五軸調校固定基座。

(2) 善用機械加工的精度作為調校基準

　　若組裝系統為非桌上型的實驗光機系統架構，則在設計組裝的機構時，將每一光學元件的位置以及調校需求精準計算，使得精密加工之系統元件固定基座組裝後的位置即為光學元件之標準位置，則系統組裝時光學元件固定於元件固定基座後，即與需求之位置相差不遠。因為機械加工的精度可到達 10 μm，加上組裝黏接之誤差，其位置偏離校準完好之位置亦相去不遠，此時的元件就不需要多軸調整之功能，僅需要微調即可。而微調的方式有很多，有些僅是將螺絲稍稍鬆開，以扳手輕敲元件固定基座至理想位置，然後再將螺絲鎖緊即可。

(3) 適時使用協助調校儀器

　　一般調校時，常以目視判斷光學元件是否已達定位，但人眼的解析度為 50－150 μm，即使以眼睛判斷光點，實際上還是有微小的差距。例如使用兩組透鏡進行光束放大，在近處與較遠處觀察兩位置的光點大小，肉眼認為光束已呈平行光，但實際上光點大小仍有所改變。因此市面上有許多協助調校的儀器，可以精確的觀察元件是否已經到達定位，或者還是有些微的偏心、離軸、旋轉等誤差。藉由這些協助調校儀器，可順利且省時、省事將元件調校至定位。常見的協助調校儀器有：自動準直儀 (亦稱自動視準儀，autocollimator)、校直望遠鏡 (或稱校準用望遠鏡，alignment telescope)、剪切干涉式準直儀 (collimation tester) 等，這些儀器的基本原理與簡單的使用方法將於 7.1.3 節介紹。

(4) 慎選光學元件黏合介質

　　將光學元件固定於機械加工之元件固定基座時，有些是以 O 形塑膠環配合金屬套環將光學元件鎖緊，或者直接以螺絲固緊元件。然而，有些自行設計之光機結構，為求機構簡單、加工容易，或者因光學元件較小、外形特殊無法以傳統之機械方式固定，則需考慮直接將光學元件黏合於元件固定基座上。另外，光學透鏡組的設計中，為求成像達到使用需求，獲得良好之影像，常會選用雙透鏡 (doublet)、三透鏡 (triplet) 的鏡組系統，此時的鏡組會需要將透鏡與透鏡相互黏合。

　　黏合光學元件並非使用任意常見之黏膠 (gel) 或樹脂，必須考慮要黏合的物體材質。如果是透鏡與透鏡黏合，則需考慮透鏡之折射率與熱膨脹係數，選擇透光率高、折射係數接近、熱膨脹係數相當之黏膠，如此才不會因為折射係數不同或溫度改變，造成接合透鏡有些微的相對位移，進而影響系統之光學品質。若是透鏡與金屬元件基座黏合，則要選擇與金屬及玻璃均有良好接合性質、不會因溫度變化造成金屬與透鏡產生相對位移 (剪力作用) 的黏膠。若在光學品質要求較高之光機系統中，則必須進一步考慮金屬是銅、鋁或者不鏽鋼等材

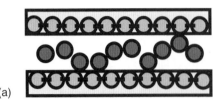 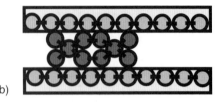

圖 7.1 紫外光固化接著劑受光照射作用原理：(a) 紫外光照射前呈現液態，(b) 紫外光照射後即凝結
　　　成為固態。

質，以選擇良好匹配之黏膠。

　　通常使用於光學元件的黏膠多為紫外光固化 (UV curing) 接著劑，此種固化接著劑藉由
紫外光源照射，觸發化學連鎖反應完成固化，如圖 7.1 所示，使接著劑在數十分鐘至數秒時
間內接合材質。此種接著劑固化前呈現液態，經過光照射後可在設計時間內完全固化。與普
通黏著劑的固化過程相比 (在空氣中慢慢固化)，此種黏著劑具有高彈性及操作性、無工作時
間限制 (no on pot life limited)、安全不含特殊溶劑、單液不需混合、乾淨較環保、透明等優
點，是可靠而有效率之組裝膠合方式，因此除了在光機電系統組裝使用外，其他的產業如電
子、光電、機械及生醫材料等，使用此一接著劑愈來愈多[6,7]。

　　另一項值得瞭解之特性乃是所用黏著劑的熱膨脹係數。進行黏著接合作業時，預備膠合
之兩個元件可能具有相同或相異之熱膨脹係數，如果其熱膨脹係數相同且該係數與黏著劑的
熱膨脹係數相近，則通常可使用該黏著劑。但如果預備膠合之兩個元件有較大之熱膨脹係數
差異，同時該膠合後之元件所在之系統工作溫度又有極大之差異，則為了避免溫差造成過大
之熱應力，可在黏著劑中加入微型彈性粒子來使黏著劑具有可伸縮性，進而去除熱應力之產
生。此類特殊之黏著劑可在選擇材料時，加入採購規範中。

(5) 隨時判斷元件調校軸與光點成像之關係

　　系統組裝調整中，單一光學元件位置的調校通常不僅是單軸的調校工作，會是兩軸以上
的調校。簡單的各軸 (旋轉與平移) 調校時，表現出來的光點影像移動是隨著各軸各自獨立
(independent)，互不影響，可以很容易判斷出調校方向與理想位置之關係。但是若各軸有相
互影響，則在調校的時候即要隨時判斷調校軸對於光點或成像之影響。以圖 7.2 的邁克森干
涉儀 (Michelson interferometer) 光學架構中的參考面反射鏡而言，其最需要注意的是入射光與
反射光必須沿著同一路徑來回，所以僅需考慮總共兩旋轉軸的面調校，三個平移軸不需要調
校。而面的旋轉軸調校會相互影響，調整其中一軸時，反射光路徑改變具有兩個互相垂直方
向的分量，因此，需集中注意力細心分辨不同軸對光路之影響，才可能調至理想位置。

　　此外，很多的調校步驟是以數學迭代法的概念進行，亦即逐漸調校元件至理想位置，所
以在調校元件時要隨時判斷調校軸與反射光路徑的關係，清楚判斷應調整的光軸，才能順利
完成系統組裝調整。

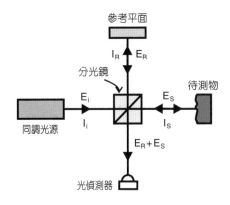

圖 7.2
邁克森干涉儀的光學架構。

(6) 善用光學知識

　　為了知道光波前的好壞，通常以數學多項式把光波前展開，從展開式中的各項可以知道此一光波前的組成，包含有哪些的基本像差 (aberration) 存在。通常在展開式中的第零階至第三階，就可以包含所有的基本光波前像差，例如傾斜 (tilt)、離焦 (defocus)、像散像差 (astigmatism)、彗差 (又稱彗星像差 (coma))、球面像差 (spherical aberration) 等[8-14]。如圖 7.3 與圖 7.4 所示，從這些像差項中可以預測造成聚焦誤差的原因，也可從中決定縱向放大率 (longitudinal magnification) 與空間容許度 (spacing tolerance) 之關係。配合調校儀器的干涉圖形，可以判斷出系統組裝的像差，根據這些像差形成原因，調校元件前後上下左右，以及旋轉、傾斜等各軸位置；甚至有些像差是光學元件本身製作不良所造成，即使有再精良的調校技術與機構，都無法將系統調整至完美狀態。

　　離焦是二階像差，為最常見的像差來源，只要將元件沿著光軸前後調整即可找到聚焦位置。而三階的彗差就是整個面傾斜造成的，因此只要具有二維可調整元件對光軸垂直的機構，也可以消除此一像差。像散像差也是屬於離焦的一種像差，只是其離焦的狀況是在兩相互垂直的平面不同。球面像差所造成的影響是聚焦點沒有一個最小且完美的點，在焦點的外圈會有發散的光暈。球面像差產生的原因有可能是：透鏡前後順序擺反、透鏡之間的距離錯誤、透鏡表面半徑不對、光瞳 (pupil) 直徑不對等。在三階以上的像差中 (彗差、像散像差、球面像差)，如果是因為透鏡組的調校不對而造成，則還有機會可以調整；但若是單一透鏡本身即有此幾種像差，則要考慮使用製造較精良之透鏡。

7.1.3 調校儀器原理與使用介紹

　　最常使用於光學系統調校的儀器有：自動準直儀、校直望遠鏡及剪切干涉式校準儀。校直望遠鏡是指此望遠鏡視域的光學軸是望遠鏡本身外圍圓筒管的精確延伸，以此特性可作為校準用之工具，如果加上光源，則校直望遠鏡便成為自動準直儀。因此本小節將介紹自動準直儀與剪切干涉式準直儀兩種校準工具之原理，以及校直望遠鏡之使用方式。

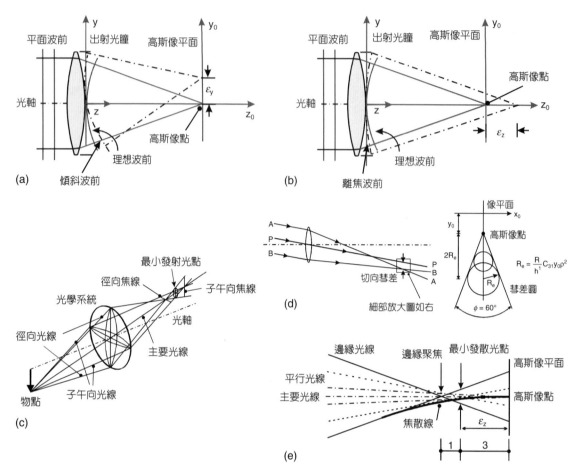

圖 7.3 (a) 傾斜像差之光學示意圖；(b) 離焦像差光學示意圖；(c) 像散像差之光學示意圖；(d) 彗差
之光學示意圖；(e) 球面像差光學示意圖。

(1) 自動準直儀

　　自動準直儀 (autocollimator, AC) 的基本光學架構如圖 7.5 所示[15,16]，系統本身具有光
源，此光源不需為特殊之單一波長或單色光源，但需要選擇光強功率高，因為自動準直儀的
工作距離可能達到數公尺至數十公尺。光束通過一聚焦鏡組 (condensing lens)，此聚焦鏡組
可將光最大化與均勻化聚集於放置在焦點上之十字標線的分劃板 (P_1)，然後發散光束經過一
分光鏡 (beamsplitter) 再由物鏡組 (objective lens) 聚集成為平行光束，入射至待校正之光學元
件 (M)，光束被光學元件反射回至通過物鏡組到達分光鏡後，又被反射至另一具有十字標線
的分劃板 (P_2)，此時可從目鏡 (eyepiece lens) 直接觀察光點落在分劃板 (P_2) 的位置，判斷待校
正光學元件是否調校完成，其中分劃板 (P_2) 亦位於物鏡組的聚焦點上。

　　所謂的準直 (collimation) 是指參考光束出射準直儀時，整體儀器的光軸與要校準的光學

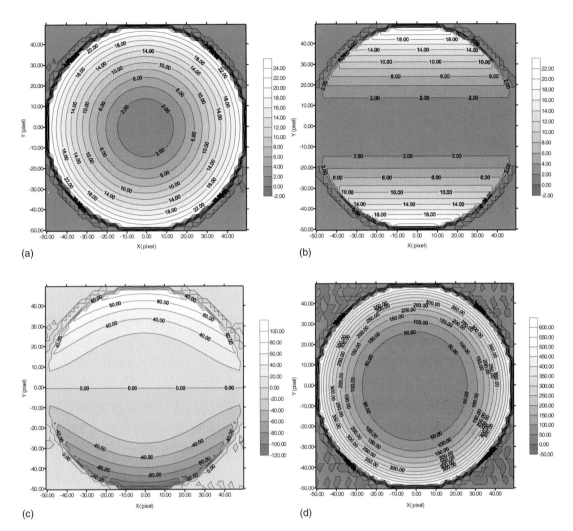

圖 7.4 (a) 無像差之光波前等高線圖，(b) 具像散像差之光波前等高線圖，(c) 具彗差之光波前等高線圖，(d) 具球面像差之光波前等高線圖。

元件的光軸重疊。因此，使用自動準直儀以調整待校準之光學元件，讓所有的元件光軸一致，即達成所謂的調校工作。

以圖 7.5 為例，假設待校正的光學元件 (M) 是一反射鏡，則反射鏡僅需要調校平面的傾斜，讓光束沿原路徑回去；如果反射鏡 (M) 具有一傾斜角度 θ，則在目鏡觀察到的光點將不會落在十字標線的交叉點上，而是落在一距離交叉點 x 之處，此時 $x = 2f\tan\theta$。若傾斜之角度 θ 相當小，則 $x = 2f\theta$，其中 f 是指物鏡焦距。調整反射鏡 (M) 的平面角度，看到光點與十字標線的交叉點重合，則反射鏡的調校即完成[5]。

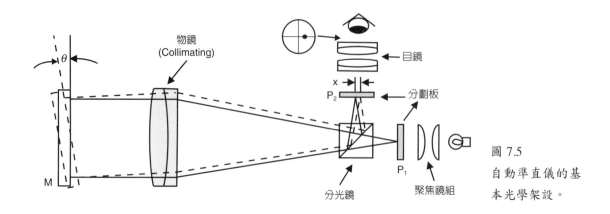

圖 7.5
自動準直儀的基
本光學架設。

自動準直儀的應用範圍很廣，配合其他的光學元件可以獲得很多光機系統資訊，例如配合多角反射鏡，可量測旋轉台之旋轉精度；可決定光學元件表面平整度；比較工作角度與標準角度元件；確認機械軌道製作準直度；決定光學元件前後兩面之平行度；決定系統光軸與基準面之垂直度；量測楔形、五角形光學元件之誤差等等。因此，自動準直儀與校直望遠鏡是光機系統組裝不可或缺之儀器工具。

(2) 校直望遠鏡

自動準直儀對於鏡面的校準是將角度的誤差轉換成位置的偏移，如圖 7.5 中的 x 所示；而校直望遠鏡 (alignment telescope, AT) 則是將位置的誤差轉換成角度的偏移，如圖 7.6 所示，所觀察到的現象是聚焦點影像模糊不清，形成發散的光點，因此根據聚焦影像調整待校正光學元件的位置，直到光點影像清楚且為最小為止，則此時的元件位置即到達正確位置。

校直望遠鏡不僅可用在調校平面鏡的位置，若需要調校的光學元件不是平面鏡，而是一反射式凹面鏡，也可只用校直望遠鏡達成，如圖 7.7 所示。此時需要調校的自由度有：面的傾斜兩軸、上下軸、前後軸、左右軸，共有五軸。上下軸調整要配合面的傾斜，左右軸調整亦要配合面的傾斜，這些調整在觀察者位置所看到的是光點位置的偏移；前後軸調整是否有達到聚焦點，即看到光點形狀是發散或清楚聚焦。

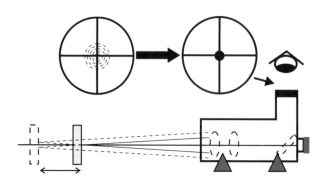

圖 7.6
校直望遠鏡的基本校準概念。

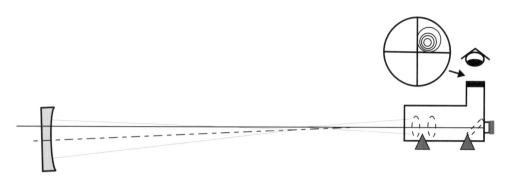

圖 7.7 使用校直望遠鏡進行反射式凹面鏡之校準。

進行調校時可配合數學的迭代概念：當上下軸、左右軸與鏡面傾斜調整達到最佳位置時，觀察到的光點是距離十字標線交叉點最近，光點最小且清晰；之後要將凹面鏡沿著光軸前後移動，一樣觀察光點是否達到最小且清晰的最佳位置；然後再調整上下軸、左右軸與鏡面傾斜，觀察成像光點之狀況；此亦需要將凹面鏡沿著光軸前後移動，觀察是否真的達到最佳位置。不斷重複前述的步驟，即是利用迭代觀念調校直到眼睛觀察到的光點與十字標線的交叉點重合，且凹面鏡沿著光軸前後移動尋找到聚焦點最小，如此才完成此凹面鏡的調校工作[5,9]。

以基本光場架構而言，校直望遠鏡和自動準直儀的功用是相同的，但校直望遠鏡的量測光是聚焦狀態，而自動準直儀的量測光是平行光。依據成像原理，光線聚焦表示校直望遠鏡是將有限距離的物體影像成像在觀察者的位置，自動準直儀將位於無限遠的影像成像在觀察者的位置。此一成像觀念可應用在具有光源的光場調校中，如圖 7.8 所示的雷射光束放大光場，假設兩透鏡並未使用特殊之元件夾具讓透鏡光軸重疊一致，表示第一個透鏡需要調校透鏡平面上下、左右位置 (共兩軸)，以及鏡面傾斜 (共兩軸)；第二個透鏡需要調校的自由度除了與第一個透鏡相同外，還多了沿著第一個透鏡光學軸移動的自由度。根據前一小節所述，調校時第一要務為決定光場之光學軸，因為雷射光源輸出為良好的平行光，故本光場的光學軸可利用雷射光源來決定，即透鏡的光軸必須與雷射光源路徑一致。

如圖 7.8(a) 中，固定雷射光的高度後，使用一屏幕記下光軸的光點 (光束) 位置，接著按照圖 7.8(b) 所示，將第一個透鏡放置於屏幕與光源中間，調整透鏡之上下軸、左右軸與鏡面傾斜度，沿著雷射光路徑調整屏幕位置，使得縮小的光點於屏幕上位置可與原本記錄之光點位置重疊，此時用到的觀念為將平行的雷射光源聚焦成像至屏幕上。

第二個透鏡的調校如圖 7.8(c) 所示，先將屏幕沿光軸放置於遠離光源位置，將第二個透鏡放入屏幕與第一個透鏡之間，調整第二透鏡之上下軸、左右軸與鏡面傾斜度，使被放大的光點 (光束) 中心位置與屏幕記錄的光軸位置重合，然後將屏幕沿光場光軸前後移動，觀察光束大小是否沿光軸位置改變。若光束大小改變，則表示第二個透鏡的焦點並未與第一個透鏡的焦點重合，必須將第二個透鏡沿著光軸調整至適當位置，繼續觀察屏幕移動時投影在上面

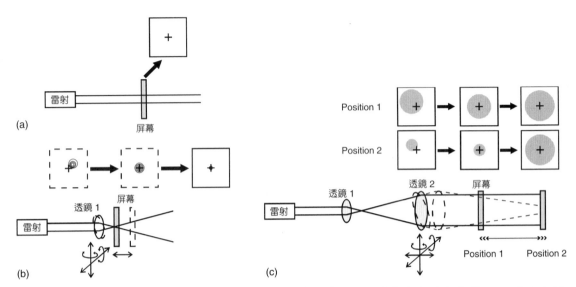

圖 7.8 利用校直望遠鏡和自動準直儀的原理調校本身具有光源之雷射光束放大光場：(a) 決定光場
　　　基準光軸，並在屏幕上記下光軸位置，(b) 放入第一個透鏡調校過程，(c) 第二個透鏡置入
　　　光場調校過程中於屏幕上觀察到的光點情況。

的光束大小是否不變，當調整至屏幕上的光點 (光束) 大小不因為屏幕位置不同而變大或縮小
時，表示已達到完美調校的位置，完成此一光束之放大光路。在調整第二透鏡沿光學軸的位
置時，必須隨時觀察放大的光點 (光束) 中心位置與屏幕記錄的光軸位置重合，若未重合則要
調整第二透鏡之上下軸、左右軸與鏡面傾斜度。

(3) 剪切干涉式校準儀

　　剪切干涉式校準儀 (collimation tester 或 shear plate collimator tester) 是一種利用剪影技術
產生干涉圖形之干涉儀[5]，為簡易且快速之校準工具，應用於單色且同調光源光學系統之校
準。與其他的校準儀器相比，使用者可以很容易的從視窗看到明亮的干涉條紋與標準參考
線，藉由判斷干涉條紋本身的間距與平行度，易於獲得光機系統的調校資訊；相較之下，其
他的校準裝置需要事先調整旋轉整個干涉條紋視域至標準參考線才能使用。

　　剪切干涉式校準儀只能使用於單色光或單一波長且同調光源之光機系統，通常設計可用
波長範圍有 600－800 nm、800－1000 nm、1000－1500 nm，也有專門設計給 532 nm、633
nm 等常用之雷射光源系統調校使用之剪切干涉式校準儀。基本而言，可量測的光場光束直
徑受限於內部剪影板的大小與厚度，量測光束較小的剪切干涉式校準儀中的剪影板較薄且較
小，量測光束較大者使用較厚且大的剪影板。目前商用的剪切干涉式校準儀可量測的光束範
圍為 5－85 mm，然而仍必須根據光場之光束大小作適當的選擇[18]。

　　剪切干涉的基本原理如圖 7.9 所示,當光入射至剪影板時,一部分被前面之面反射,剩餘光穿過後又有部分被剪影板後面的面反射,因為剪影板的厚度不大,因此被反射的第二道光束與第一道被反射的光束相比,位置會有一些相對位移。且系統光束是單色、同調光源,則需考慮光波是否為平面波。若光源不為平面波,在重疊之部分會形成干涉條紋,從這些干涉條紋中,可以判斷光場調校的好壞。對於已經調校好之平面波的光場而言,重疊區域並不會產生干涉條紋,僅會看到光強度不同之全亮或全暗現象。因此目前市場上使用精準平行面剪影板製作之商用剪切干涉式校準儀,需利用自動控制的方式讓剪影板來回作小角度擺動,藉由光強改變來觀察調校光場。除此之外,更常使用之剪影板如圖 7.9(b) 所示,剪影板前後兩面不平行,具有一小夾角 Φ,因為由前面反射與由後面反射的光束除了有相對位移外,還會有一小夾角,因此平面波之光束亦有干涉條紋產生。

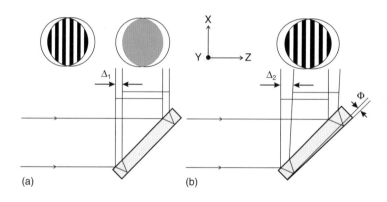

圖 7.9
剪切干涉基本原理。

　　圖 7.10 和圖 7.11 分別是兩種不同商用之剪切干涉式校準儀。圖 7.10 中剪切干涉式校準儀的視窗中可以看到有一條橫線,即為標準參考線。當光波為聚焦光束時,在視窗中看到的干涉條紋會與參考線呈順時鐘的相對旋轉;若光波為發散光束,則在視窗中看到的是與參考線呈逆時鐘旋轉夾角的干涉條紋。移動需調整之光學元件,使干涉條紋與參考線平行如圖 7.10(b) 所示,如此即完成光場校準之動作。另外,若是光學元件光軸未一致,則光束形成之干涉條紋將不會是一條一條相互平行的直線,而是呈現間隔不同之曲線,所以干涉條紋之形狀與疏密狀態相互配合,即可將光機系統的元件調校至理想位置。

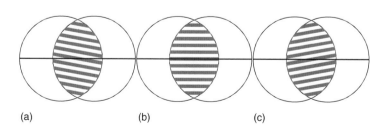

圖 7.10
商用剪切干涉式校準儀視窗顯示干涉條紋狀況,(a) 聚集光束、(b) 完美調校光束,以及 (c) 發散光束。

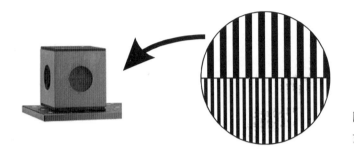

圖 7.11

商用之剪切干涉式校準儀[17]。

　　圖 7.12 是使用數值模擬剪切干涉式校準儀獲得之剪切干涉條紋。模擬過程中，所使用的剪切板與圖 7.9(b) 相似但不相同，因為第一個面和第二個面所夾的小角 Φ 並非是以 y 軸當作旋轉軸，而是以 z 軸作為旋轉軸造成。聚集或發散光束均可以用球面波前表示，調校完美之光束以平面波表示，圖 7.12 的模擬結果與圖 7.10 中的理論值相對應，由左至右分別為球面波聚集光束 (converging beam)、完美調校之平面波光束 (collimated beam) 以及球面波發散光束 (diverging beam)。從圖 7.12 可知，除非為完美調校之平面波，否則剪切干涉條紋不會呈間隔相同的直線，會呈現彎曲之干涉條紋。

　　圖 7.11 所顯示之校準儀與其他剪切干涉式校準儀的不同處，除了內部所使用的剪影板有兩片之外，其使用的剪影板和圖 7.9(b) 的剪影板相同，第一個面和第二個面所夾的小角 Φ 是以 y 軸當作旋轉軸完成。然而，這兩片剪影板的面角度相差 ±Φ，因此在標準參考線上半區域與下半區域的干涉條紋並不是同一剪影板造成，且干涉條紋與標準參考線相互垂直[17]。比較上、下半區域的干涉條紋，可以知道光束是發散 (divergence) 或是聚集 (convergence)，假設上半區域的干涉條紋間隔較疏，而下半區域的干涉條紋間隔較密，表示光束是發散的；相反的狀況則表示光束聚集。將光學元件沿著光軸調整直到視窗上下區域中的干涉條紋疏密相同，則表示光束已經達到平行光的要求。

　　圖 7.13 即是利用數值模擬校準儀的剪切干涉作用，與圖 7.12 的模擬條件相同，聚集與發散光均以球面波表示，完美調校光束以平面波的數學式表示。干涉條紋結果由左至右一樣是聚集光束、完美調校與發散光束。與剪切干涉式校準儀相同，若光波為聚集或發散的光，則干涉條紋不會是完美的直線，會有彎曲的現象產生。另外，完美平面產生的干涉條紋基本上應該要間距相同，但是上下視窗之條紋不會連成同一條紋。

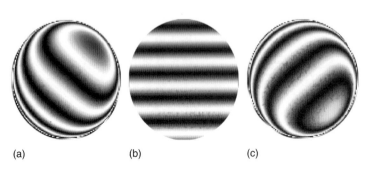

(a)　　　　　　(b)　　　　　　(c)

圖 7.12

使用數值模擬剪切干涉式校準儀獲得之剪切干涉條紋，(a) 球面波聚集光束、(b) 完美調校之平面波光束，以及 (c) 球面波發散光束。

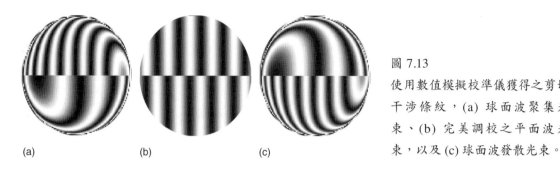

圖 7.13
使用數值模擬校準儀獲得之剪切
干涉條紋，(a) 球面波聚集光
束、(b) 完美調校之平面波光
束，以及 (c) 球面波發散光束。

利用干涉條紋來檢測系統元件調校，除了使用剪影技術外，也可以用邁克森干涉儀產生干涉，因此即有干涉技術與自動準直儀結合之儀器：雷射自動準直干涉儀 (laser auto-collimator interferometer, LACI)，增強原本自動準直儀僅能調整平面傾斜之功能，增加了調整曲面的傾斜和位置偏移 (decenter) 功用。

本節介紹系統組裝的基本需求、光機調校的概念與要領，以及經常使用到的調校儀器。進行光機電系統組裝時，所需具備的不外乎這些基本概念，或者是根據這些基礎知識，針對不同之系統進一步延伸。例如眾所熟知的牛頓式望遠鏡系統 (Newtonian telescope)，雖然在出廠時即已組裝完成，然而在運送過程中的搬運、震動等因素，會使得裡面的鏡組稍微偏離理想位置，所以在使用之前需要先調校。其調校所使用的工具除了自動準直儀外，更簡便的工具是 sight tube 和 Cheshire[15]，即是由基本光學知識配合調校經驗設計出來之儀器，特別用在望遠鏡光學系統。

7.2 系統組裝調整

7.2.1 雷射讀寫系統

資訊存取技術一日千里，最早期的資訊存取是以在卡片上打洞的方式記錄資料的打卡機，接著是以磁帶或磁片為記錄媒介的磁帶機或磁碟機，後來發展到利用雷射光作為存取方式的光碟機，並且在儲存容量與傳輸速度上快速成長，成為電腦週邊設備與生活影音家電不可或缺的產品。光儲存技術的快速發展，光學讀寫頭 (optical pickup head) 扮演著極重要的角色，是光碟機最重要的關鍵組件之一；圖 7.14 之虛線部分繪出一部光碟機之大體構造與光學讀寫頭所扮演之角色。一般而言，光學讀寫頭的設計架構可決定讀寫速度、寫入模式、容量密度與體積大小等，故本文針對此雷射讀寫系統之基本原理與各種相關應用作一基本之介紹。

第 7.2.1 節作者為施錫富先生。

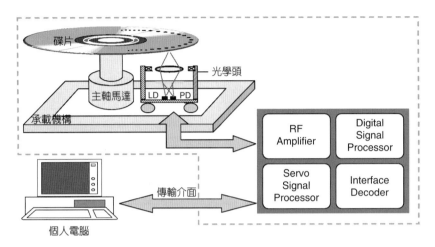

圖 7.14
光碟機之大體構造。

7.2.1.1 基本原理

圖 7.15 為一個光學讀寫頭之基本示意圖，包含有雷射二極體 (laser diode, LD)、光學鏡片、光偵測器 (photodetector, PD)、致動器 (actuator) 與承載機構 (carriage) 等。光學讀寫頭的基本原理來自於掃描式共焦顯微鏡 (scanning confocal microscope) 之概念[19]，如圖 7.16 所示，光源經由分光鏡分光後為物鏡所聚焦，最後成像於樣品上 (即移動的光碟片上)，光碟片上記錄有一序列的坑洞 (pit)，每一坑洞的長短不一，但皆為某固定長度之整數倍，代表著記錄的數位資訊內容，此坑洞可以經由壓鑄 (pressing) 或燒錄的過程而形成，所有的坑洞呈串列並沿著螺旋狀分布於光碟片上，如圖 7.17 所示。

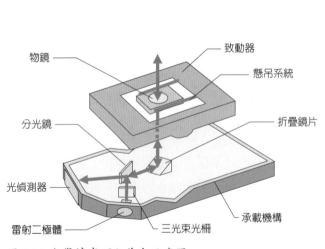

圖 7.15 光學讀寫頭之基本示意圖。

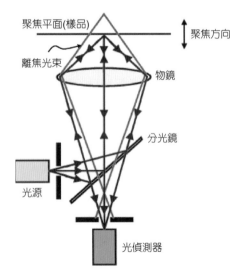

圖 7.16 掃描式共焦顯微鏡架構。

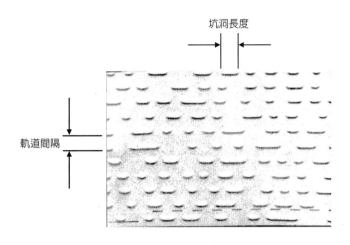

圖 7.17

光碟片之資料結構。

　　由於坑洞的深度與光學讀寫頭使用之光源波長有關，並使聚焦於碟片上的入射光在反射時產生相位差異，進而造成繞射的現象，有如一般反射式相位光柵 (phase grating) 的功能；被碟片反射後的光束循原路返回，通過分光鏡後收集於光偵測器上。碟片反射後的各不同繞射階在光偵測器上因光程差 (optical path difference, OPD) 而產生加強性或破壞性的干涉，會在光偵測器上造成明暗不同之光強度，以此受碟片坑洞調變的光束可以讀取出碟片上所記錄之內容。此掃描式共焦顯微鏡光學系統所能解析的最小範圍決定了碟片上坑洞的大小，也連帶地決定了碟片上所能儲存的資料容量密度。根據繞射理論，平行光經物鏡聚焦後之點分布函數 (point spread function, PSP) 是孔徑 (pupil) 分布函數的傅立葉轉換 (Fourier transform)，可近似地以公式 (7.1) 來表示。

$$\text{PSP} \propto \int \text{rect}\left(\frac{v_x}{D}\right)e^{-2\pi i v_x x}dv_x \propto \text{sinc}(x \cdot D) \tag{7.1}$$

其中在 x 方向的孔徑函數為 $\text{rect}(v_x/D)$，D 為孔徑之寬度，v_x 為 x 方向之座標變數。

　　若考慮圓形孔徑則聚焦後的點分布函數應以 $J_1(r \cdot D)/r \cdot D$ 來近似之，其中 r 為極座標系統中之座標變數，J_1 為第一類之貝索函數 (Bessel function)。而成像系統的聚焦光點大小有以下的關係存在，

$$\text{SP} = 0.52\frac{\lambda}{\text{NA}} \tag{7.2}$$

其中 SP 為光點大小 (spot size) 之半高寬值 (full-width half maximum, FWHM)，λ 為雷射光之波長，NA 為光學讀寫頭物鏡之數值孔徑 (numerical aperture)。光學讀寫頭聚焦光點之大小與雷射光波長成正比，並與聚焦物鏡之數值孔徑成反比。因此，欲提升儲存之容量密度，主要

的兩個方向便是朝提高聚焦物鏡之 NA 值或縮短雷射光之波長。

　　由於碟片上的坑洞深度會造成反射光的繞射階之相位差，進而影響檢出訊號之強度；故坑洞深度之決定為碟片製作之重要參數，並且影響讀取訊號大小與循軌控制方法之選用。光學讀寫頭要能正確讀取快速旋轉的光碟片上所儲存的資料，必須有適當的伺服控制方法，以使光學讀寫頭物鏡聚焦的微小光點落在碟片上被期望的位置。因此光學讀寫頭必須提供適當的訊號，以作為外部控制電路之處理，透過此控制電路產生回授訊號以驅動致動器，來推動物鏡作適當的聚焦位置補償。光學讀寫頭的伺服控制方法基本上可以分為兩個部分：一為聚焦 (focusing)，一為循軌 (tracking)，分述於下[20]。

(1) 光學讀寫頭之聚焦

　　光學讀寫頭讀取碟片上訊號之前，必須先上下移動物鏡以尋找最佳聚焦位置，以使 1 μm 左右的聚焦光點能被正確地聚在光碟片上。由於光碟片在快速旋轉時造成的偏擺 (wobble) 約在 ±500 μm 左右，而聚焦光點的焦深 (depth of focus) 僅有 ±1 μm 左右，故雖在取得最佳聚焦位置後，會立刻隨著碟片的偏擺而偏離焦點，故聚焦的動作必須隨時依碟片的晃動而作立即之補償；此動作由懸吊物鏡的致動器來達成，但致動器的控制則來自聚焦誤差訊號的取得，並經外部伺服控制電路回授到致動器上。一般而言，常見的聚焦誤差訊號 (focusing error signal, FES) 偵測方法有：像散 (astigmatism) 法、刀緣 (knife-edge) 法及光點大小 (spot-size) 法等，當然亦有根據此三種方法而延伸出的各種改良與變化，有非常多的專利與論文探討之，以下將分別介紹這三種基本方法。

・像散法

　　像散法的架構大致如圖 7.18 所示，利用一圓柱透鏡或其他光學元件刻意在光學讀寫頭之回光路上引入一像散量，此像散會使聚在光偵測器上之光點分布隨碟片聚焦位置之改變，而呈水平或垂直方向橢圓之分布，此光點打在一個四象限的光偵測器上，經運算後可取得碟片近焦或離焦之訊號，即所謂的 S-curve；當正焦時，在 PD 上之光點分布為圓形，此時可得到 $A + C - B - D = 0$。

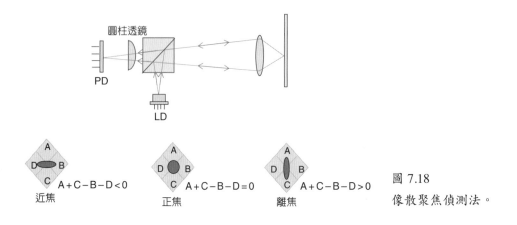

圖 7.18
像散聚焦偵測法。

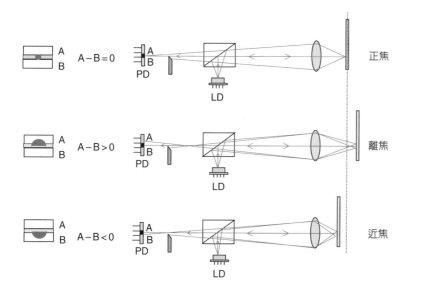

圖 7.19

刀緣聚焦偵測法。

· 刀緣法

　　刀緣法的架構大致如圖 7.19 所示，利用一刀緣或其他光學元件在光學讀寫頭之回光路上使回光被刀緣截掉一半，當碟片正焦時，回光正好落在二區分的光偵測器的中分線上，此時 A 與 B 皆沒接收到任何訊號，故 A − B = 0；但當離焦或近焦時，會因光點只落在 A 受光區，或只落在 B 受光區上，因而產生 A − B > 0 或 A − B < 0 之聚焦誤差訊號。

· 光點大小法

　　光點大小法的架構大致如圖 7.20 所示，此法利用控制落在三區分的光偵測器上之光點的大小來達到 A + C − B − D = 0，或者 A + C − B − D > 0 及 A + C − B − D < 0 之聚焦誤差訊號。

(2) 光學讀寫頭之循軌

　　完成聚焦偵測動作後，光學讀寫頭會將焦點鎖在碟片有坑洞的表面上，然後左右移動物鏡使聚焦的光點落在軌道的正中間，即所謂的循軌偵測。常見的循軌誤差訊號 (tracking error signal, TES) 偵測方法有：三光束 (3-beam) 法、推挽 (push-pull) 法及相位差分偵測 (differential phase detection, DPD) 法等，也有根據此三種方法而推演出許多不同之變化，以下將分別介紹。

· 三光束法

　　在雷射出光處放置一相位式光柵，使雷射光分成三束，中間光束 (0 繞射階) 用以聚焦偵測與讀取碟片資料，而其他兩繞射階產生之光束 (±1 繞射階) 經物鏡聚焦後在碟片上正好夾住一軌道，並經由碟片反射後落在光偵測器之 E、F 兩受光區上，如圖 7.21 所示，由 E − F 之循軌誤差訊號來控制中間光束正好聚在軌道之中央。

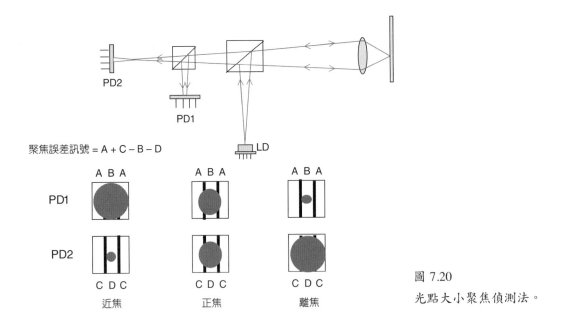

聚焦誤差訊號 = A + C − B − D

圖 7.20
光點大小聚焦偵測法。

・推挽法

　　光碟片上之軌道與坑洞分布有如一反射式相位光柵，故聚焦之光束經反射後會有繞射之
效應，反射光各繞射階與 0 階光因相位差而有明暗強弱不同之干涉圖形。推挽法主要是利用
碟片軌道方向造成的徑向繞射階與中心零階的干涉圖形，此干涉圖形會如圖 7.22 產生左右
明暗對比之能量分布，將其左右的強度相減即可取得循軌誤差訊號。通常推挽法被用於具有
較明顯軌道形狀之光碟片的循軌上，如可記錄型碟片 (分一次記錄 CD-R/DVD-R 和多次記錄
CD-RW/DVD-RW) 以及磁光型碟片 (magneto-optic, MO) 等。

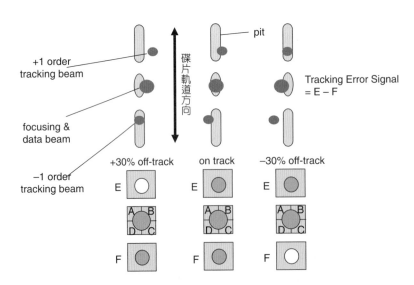

圖 7.21
三光束循軌偵測法。

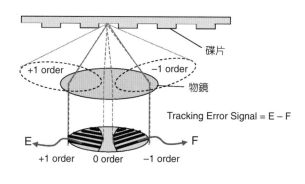

+30% off-track

on track

−30% off-track

圖 7.22

推挽循軌偵測法。

・相位差分偵測法

　　如上述情形，聚焦光束經反射後之繞射效應，進而產生 x 與 y 方向之各繞射階，這些繞射階彼此間之相位差，會因聚焦光點落在軌道上之不同位置而有所差異，並且互相重疊而產生干涉之現象，如圖 7.23 所示，相位差分偵測法之原理即利用萃取出此干涉圖形之不同位置，在時序上經由外部之比較器電路計算出的相位差，而得到的循軌誤差訊號。

(3) 訊號讀取

　　光碟片上的坑洞大小有固定的長度與寬度，而每個坑洞間也有固定的距離，這些數值已被規範在碟片的規格書裡。通常這些坑洞長度是通道位元長度 (channel bit length) 之整數倍，如 CD 的最小坑洞長度為 0.86 μm，此即所謂的 3T 訊號，故 T (即 channel bit length) 是 0.29 μm，而最長為 11T，長度是 3.15 μm[21]；DVD 的坑洞長度最短的為 3T，是 0.40 μm，故 T 為 0.133 μm，而最長為 14T，是 1.866 μm[22]。當 DVD 碟片以固定之線速度 (constant linear velocity, CLV) 旋轉時，讀取訊號便呈現 3T 到 14T 不連續的分布，而且每個波形的長度皆為

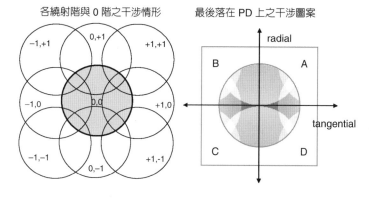

圖 7.23

相位差分偵測循軌法。

T 的整數倍，此即稱為讀取訊號；因其頻率約在射頻的範圍內故亦稱之為射頻訊號 (radio frequency signal, RF signal)。然而因為光學讀寫頭在碟片上的聚焦光點因繞射極限的限制，會有一定的大小，故以此光點掃過上述的碟片上具有固定長度的坑洞時，被調制後的光束強度應是聚焦光點的分布與碟片坑洞的幾何形狀作迴旋積分，如圖 7.24 所示。此調變後的光束被光偵測器接收後轉換為電流訊號，並經放大後即為讀取訊號；此訊號在示波器上若以同一觸發準位來觸發，經疊積所有不同長度坑洞的訊號後，即形成所謂的眼型圖 (eye pattern)，如圖 7.25 所示。一般來說，評斷一個光學讀取系統的好壞，可以由觀察此眼型圖的清晰與否來決定，通常以抖動率 (jitter) 來量化之，其代表之意義如圖 7.26 所示。

7.2.1.2 光學讀寫頭設計

基本上，光學讀寫頭可以看成是一個小型的光學系統，在這系統中有光源、透鏡、分光鏡，以及光偵測器等組成要件。一般的設計過程是以光線追跡 (ray tracing) 的方式來模擬整個系統後，再以像差理論 (aberration theory) 分析光學讀寫頭之光學品質是否符合要求，進而優化各組成的光學元件之規格；偶爾也要藉由繞射理論來分析某些元件，例如繞射光學元件等，或分析碟片上訊號讀取之現象。另外，使用干涉理論，以了解如上述推挽法或 DPD 法的繞射現象及檢出訊號的特性。

前述已提過光點大小受限於繞射極限，和波長成正比而與 NA 成反比，並且光點大小會影響讀取訊號的好壞。實際上，光學讀寫頭的聚焦光點是否可達到繞射極限，則是由組成元

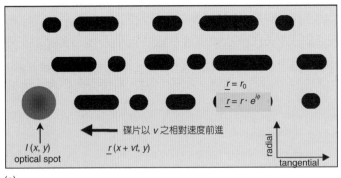

(a)

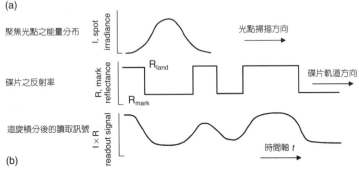

(b)

圖 7.24

讀取訊號之形成，(a) 光點掃過碟片上坑洞時之情形，(b) 光點與碟片上坑洞之迴旋積分。

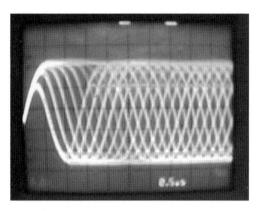

圖 7.25 眼型圖。

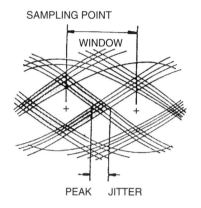

圖 7.26 抖動率之成因。

件的光學品質，以及光學讀寫頭組裝過程的優劣來決定，也就是系統所引入的像差多寡來決定之。可由 Kingslake 提出的公式，將整體的像差分解成各種類型，並且追溯其成因[23]。

$$\Psi(x,y) = A(x^2 + y^2)^2 + By(x^2 + y^2) + C(x^2 + 3y^2) + D(x^2 + y^2) + Ey + Fx + G \qquad (7.3)$$

其中 $\Psi(x,y) = W(x,y) - R(x,y)$ 稱為波面像差，代表實際波形 $W(x,y)$ 與理想波形 $R(x,y)$ 間之變異量。公式 (7.3) 中各項係數所代表的物理意義分別為：A 為球面像差 (spherical aberration)，B 為彗星像差 (coma aberration)，C 為像散像差 (astigmatism)，D 為離焦像差 (defocusing)，E 為 x 軸傾斜像差 (tilt about x-axis)，F 為 y 軸傾斜像差 (tilt about y-axis)，G 為常數。

　　上述之所有像差稱為塞德像差 (Seidel aberration) 或三階像差 (third order aberration)。至於判別光點大小可否達到繞射極限，一般可以由所謂的雷利標準 (Rayleigh criterion) 或馬可標準 (Maréchal criterion)[24] 來判定之。其判別法則是針對整個光學讀寫頭，從光源一直到碟片的光路徑之總像差，必須滿足下列的要求：

$$\text{Rayleigh：} \Psi_{\max} \leq \frac{\lambda}{4} \qquad (7.4)$$

$$\text{Maréchal：} \Psi_{\text{rms}} \leq \frac{\lambda}{14} \qquad (7.5)$$

通常會用所謂的石碎比 (Strehl ratio) S 來代表透鏡或整個光學系統之好壞，其定義為：

$$S = 1 - \left(\frac{2\pi}{\lambda} \Psi_{\text{rms}}\right)^2 \qquad (7.6)$$

為了量取上述所提到的像差分布及整體品質，一般以干涉儀來量測之，在此不作多述。

7.2.1.3 微型光學讀寫頭[25]

　　傳統的光學讀寫頭，因採用各種分離式光學元件，所以尺寸、體積與重量皆較為龐大，製作價格亦高，故逐漸地被微小光學元件，例如全像片、微小稜鏡等所取代。將各分離元件封裝成一體，或透過積體化之製程技術將各元件整合成一體，成為所謂的微型光學讀寫頭；此微型光學讀寫頭兼具有體積小、重量輕、價格低及組裝易等優點，近年來為各型光碟機所採用。

　　微型光學頭與傳統型光學頭主要的不同處為：其內部主要的幾個光學元件是採用微小之光學元件，並且這些微小元件是以非常接近且精準的位置距離包裝在同一個封裝當中，或者以積體化之製程技術整合在同一半導體晶片上，構成一個簡單而重要之模組，此模組堪稱為光學讀寫頭之心臟，提供其發出雷射光及接收訊號。

　　圖 7.27(a) 為一傳統型光學讀寫頭的基本架構，其採用的是各種分離式光學元件，如雷射二極體或光偵測器等，必先經過封裝的程序將晶片包裝後，方可用於光學讀寫頭上；又如圓柱透鏡 (cylindrical lens) 及分光鏡 (beam splitter) 等，為配合雷射二極體及光偵測器之體積大小及光路設計之限制，必須製作成類似之尺寸大小，因此整體而言在體積與成本上皆較高。

　　如圖 7.27(b) 所示，以一片微小的全像光學元件 (holographic optical element, HOE) 來替代分光鏡、圓柱透鏡，以及三光束光柵等傳統光學元件，並拉近雷射與光偵測器間之距離。因為元件間之間距縮小了，各元件集體以精準的相對位置包裝在一模組當中，稱為全像雷射模組 (holographic laser module)，如圖 7.27(b) 中之虛線部分；此模組再搭配以準直透鏡及致動器，經由簡單的組裝調整即構成一個全像型微小光學讀寫頭，可大幅地降低光學讀寫頭之體積與製作成本，廣為各式薄型光碟機所採用。

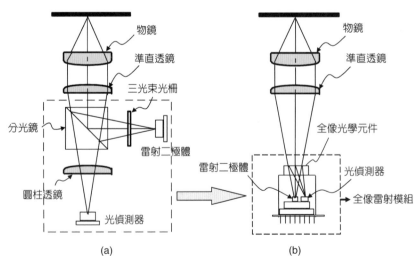

圖 7.27

(a) 傳統型與 (b) 全像型光學讀寫頭之比較。

7.2.1.4 光學讀寫頭量測技術[26]

光學讀寫頭之組裝過程甚為繁雜,其目的就是為了保持雷射光之品質到達物鏡後不被破壞,可以在碟片上產生最小之光點,並且可以將讀取訊號完整傳送到光偵測器上。因此組裝之前需針對所有元件進行測試,組裝之後還需量測整體之光學與電性品質,分述如下。

(1) 元件量測

光學讀寫頭所使用的光學元件,一般而言包括:雷射二極體、三光束光柵、分光鏡、準直透鏡、折疊鏡,以及物鏡等。在進行組裝以前,必須先確認各別元件的品質符合要求,才能確保組裝後的良率,因此必須對各別元件的品質作量測。有關各個元件及其相關的量測項目,大致如表 7.3 所示。

表 7.3 光學頭之光學元件量測項目。

元件名稱	量測項目
雷射二極體	像散、發散角
三光束光柵	能量分配
分光鏡	波面像差、分光效率
準直透鏡	波面像差
折疊鏡	波面像差
物　鏡	波面像差

針對上述各個量測項目,通常在雷射二級體的像散量測方面,使用 Mach-Zehnder 型干涉儀,至於發散角的量測則使用雷射二極體遠場式樣儀 (far field pattern optics of laser diodes),而三光束光柵的能量分配及分光鏡的分光效率量測則使用一般的功率計即可,其他有關光學元件波面像差的量測亦使用干涉儀 (如 Twyman-Green 或 Fizeau 型)。

(2) 系統量測

在組裝完所有的光學元件之後,尚需經由調整的步驟,才能完成整個光學讀寫頭的製作。而所謂的調整主要是針對光偵測器的位置來作調整,以使雷射返回光正確地落在光偵測器的對應受光區上。最後進行整個光學讀寫頭的靜態及動態量測,也就是聚焦光點量測及光學讀寫頭評價。

・光點量測

對一個良好的 CD 或 DVD 光學讀寫頭來說,通過物鏡所聚焦出來的光點必須滿足一定的要求,例如就 DVD 光學讀寫頭而言,通常在資料方向與半徑方向的光點大小 (此處以半高寬 (FWHM) 討論之),分別為 0.55 μm 及 0.57 μm 以下,且旁瓣 (side-lobe) 光強度須低於中

央強度的 10% 以下，為了確認光點品質良好，必須量測聚焦光點。基本上，該量測系統為一配備 CCD 的高倍顯微鏡 (物鏡 NA 0.9 以上)，加上多軸精密平台，經由 CCD 取像後的光點由電腦影像擷取卡取得並經處理及計算，包括光點的大小、能量剖面、橢圓率，以及離心率等重要數據。

・光學讀寫頭評價

　　光學讀寫頭之測試最後需經由一部稱為光學讀寫頭評價機之設備，來評估各項輸出訊號是否為合格。前述之所有量測大多偏向於光學上之量測，用以確定聚焦於光碟片上之聚焦光點品質，但真正用以確定光學讀寫頭好壞的，還是要以經由光學讀寫頭上光偵測器檢出之電流訊號並經放大後，才可真正判別光學讀寫頭的整體品質，故光學讀寫頭評價機即是光學讀寫頭最終之驗證標準。

　　基本上光學讀寫頭評價機類似於光碟片之評價機，差別在於光學讀寫頭評價機是根據各型光學讀寫頭之設計來製作的，並以規格書規範的標準測試碟片為驗證之根據；而光碟片評價機則正好相反，是以標準的光學讀寫頭來驗證生產製作的光碟片。一般光學讀寫頭評價機評價光學讀寫頭的特性主要有：雷射驅動特性評價、聚焦誤差訊號評價、循軌誤差訊號評價，以及最終的讀取訊號評價。

7.2.1.5 光學讀寫頭之未來發展方向

　　光學讀寫頭以半導體雷射二極體為主要的光源，其波長與功率決定光碟片的容量密度與讀寫種類，是主宰光碟機演進的重大關鍵。1980 年代，Philips 首度提出的 CD 讀寫頭是採用 830 nm 的雷射二極體，後來 780 nm 雷射二極體成熟後，便普遍地存在於現今的所有 CD 唯讀型光碟系統中，並搭配 NA 為 0.45 的物鏡，對應的碟片儲存容量是 650 MB。由於唯讀型光碟機僅作訊號之讀取，聚焦光點的功率約為 0.2 mW 即可，因此對雷射光輸出功率之要求並不高。

　　隨後的 WORM、MO、CD-R、CD-RW 等光碟系統，因其具有對碟片寫入之功能，必須以較高的雷射功率來改變碟片的物理現象，使其具有資料寫入的特性，故採用的是高功率的雷射光源。一般而言，寫入資料所需的聚焦光點之功率約需 5－10 mW 以上 (指的是一倍速寫入之情形下，並視寫入碟片之種類不同而有所差別)，對應的雷射二極體之輸出功率約為 30 mW 以上；並且功率之需求會隨著寫入碟片時之轉速增加而提高，故高倍速寫入則需要更高功率之雷射二極體。目前普及的 DVD 系統，光學讀寫頭的雷射波長是 650 nm，搭配 NA 為 0.6 的物鏡，以達到縮小聚焦光點之目的，將容量提升到 4.7 GB。

　　近年來由於數位電視即將開播，現有的 DVD 之容量已不再足以應付至少 15 GB以上高畫質電視節目資料儲存之需求了，因此以藍光為主之儲存媒體規格先後被制定，邁向「藍色時代」了。例如以 Sony 及 Philips 為主之 Blu-ray Disc (BD) 陣營，即以波長 405 nm 搭配 NA

0.85 的物鏡，達成單面單層可有 25 GB 之容量；或者是以 Toshiba 為主之 high-density DVD (HD-DVD) 陣營，提出以波長 405 nm 搭配 NA 0.65 物鏡達成單面單層 20 GB 之容量；由此可見光儲存的容量需求是永無止境的。然而受繞射之基本限制，容量之提升決定於波長與 NA；為突破此限制，便有所謂的近場光學讀寫系統之研究，利用近場之條件下 (約 50－100 nm)，光學聚焦行為不受繞射之影響而突破繞射極限，以縮小聚焦光點而提升容量密度。

　　除了容量之提升外，存取速度亦是光學讀寫頭發展之另一重點。傳統光碟機均以單光束進行資料讀取，欲提升光碟機讀取速度僅能藉由提高馬達轉速，但因馬達轉速的限制與噪音及機械振動等問題，以此方法來提升光碟機之讀取速度有其技術上之極限，因此便有所謂的多光束光碟機之崛起。所謂多光束技術乃光碟機讀寫頭能夠同時讀取光碟片上多個軌道的資料，經由特殊之處理，將不同軌道上之資料串結成一序列之資料，可以大幅提升光碟機之傳輸速率的一種方法。

　　另外，由於新世代光儲存系統之問世，必將仍需背負反向相容舊有儲存媒體之責任；例如 DVD 光碟機必須反向讀寫 CD 系列之各型光碟片，故 DVD 光學讀寫頭必須具備有可讀寫 CD 碟片之雷射波長 780 nm 與物鏡 NA 0.45，以及讀寫 DVD 碟片之雷射波長 650 nm 與物鏡 NA 0.6 之兩套光學系統。同樣的情形必將存在於未來藍光之光學讀寫頭上，因此可提供三種碟片系統之讀寫的三波長光學讀寫頭是未來研究發展之重點[27]。

　　最後，眾所皆知的是，資電產品的行動化是所有消費者的重要需求，故儲存系統必須微小化，以適用於各種可攜式之應用，因此光學讀寫頭之微小化更是發展之重點，也是如何將微光機電技術應用於光學讀寫頭開發之一大考驗。

7.2.2 相機系統

　　經由光學設計、機構設計，以及相關的模擬測試，並進行光學元件與機構元件的製作後，唯有經過系統的組裝，才能完成一個具備特定功能的光學系統。以相機為例，其中的關鍵元件便是擔負系統輸入端的鏡頭，而以鏡頭功能分類，又可區分為定焦與變焦兩大類，所謂定焦鏡頭是指鏡頭的有效焦距在取像時無法改變；而變焦鏡頭是指使用者可以改變鏡頭的有效焦距，進而造成視角、變倍比等光學特性的改變。

　　由於任何一個光學元件或是機構元件均存在製造公差，而這些製造公差往往會降低系統的光學品質，因此在進行設計時需對系統進行公差分析、敏感度分析與公差分配，並確定系統存在一定的公差下，仍能維持系統的需求規格，此時才會進行製造與系統組裝，並於系統組裝時進行適當的調整，以維持系統的光學品質。

　　在進行相機系統組裝時，由於元件與機構件的製作公差，除了在組裝前需對元件本身作檢測，以確保元件符合規格需求外，一般來說，在進行組裝時只能對少數變數來作調整，如鏡片的偏心 (decenter) 量及鏡片間距，以盡量簡化鏡頭調整的程序及所需耗費的時間。

　　而在實際組裝調整之中，組裝的人員必須依靠相機系統在最初進行設計時所得到的系統

第 7.2.2 節作者為張銓仲先生。

補償方法，並依據所模擬出的結果進行適當的調整，以確保組裝完成之鏡頭具有符合設計規格的光學特性。

在鏡頭的組裝調整中，所能調整的參數往往是鏡片的偏心量與鏡片間距這兩個參數，所謂鏡片的偏心量若細分可以分成兩種：鏡片光軸的錯位及鏡片光軸的歪斜。而在實際的組裝過程中這兩種誤差造成的效應卻不容易分辨出來。至於鏡片間距的誤差，其來源主要是因為固定的機構件上鏡片靠面與鏡片中心厚度的製作誤差所產生，因此針對此誤差，較佳的解決方式為事先利用相關的檢測設備確定鏡筒中鏡片靠面位置與鏡片厚度是否滿足其製作規格，同時在鏡頭的設計上盡量使系統對此類公差較為寬鬆且不敏感，若經由以上的方法仍然無法達到要求，則只有利用特殊製作之墊片來控制鏡片的間距以完成組裝。

因此在鏡頭的組裝之中，最受重視的調整方法即為鏡片偏心量的控制，在鏡頭組裝中稱此過程為「調心」，以下將詳細介紹。

以球面鏡片為例，鏡片的偏心可分成兩種型式，如圖 7.28 所示，其中圖 7.28(a) 為鏡片兩球面的軸心相互傾斜，圖 7.28(b) 為鏡片兩球面的軸心與鏡片幾何中心沒有重合。在實際的鏡片中，這兩種情況同時存在。但由於元件在製作時一定會作定心與滾邊的程序，因此圖 7.28(a) 的誤差為鏡片偏心的主要因素，而對於這種情況，在組裝鏡頭時通常可以將鏡片於垂直於光軸的方向作移動，來完成鏡頭在組裝時的調整，在組裝時通常可以利用所謂的雷射對心機或是準直儀 (collimator) 搭配適合的標靶 (reticle) 來作檢查。

以利用準直儀調整定焦鏡頭為例，在作鏡頭調心時，通常使用針孔狀的標靶，如圖 7.29 所示。以穿透式量測架構為例，其系統架構如圖 7.30 所示，整個系統由準直儀、自準直儀 (autocollimator) 與待調整鏡頭組成，整個調心的程序可以說明如下：

(1) 將自準直儀之光軸與準直儀光軸對準。

(2) 將鏡頭裝置於合適治具上，並確保鏡頭光軸與系統光軸平行。

(3) 準直儀投射特定標靶影像進入待調整鏡頭。

(4) 調整自準直儀位置直至可從目鏡中看到標靶經待調整鏡頭所形成的光點。

(5) 觀察光點的特徵並判斷鏡片所需的調整方向。

在步驟 (4) 之中，其調整之原理主要是利用因鏡片在鏡頭中因偏心所引起之彗差 (coma) 來作為調整之依據。對於針孔狀標靶來說，當系統沒有彗差時所觀測到之影像如圖 7.31(a)

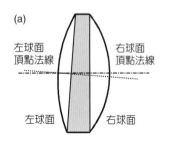
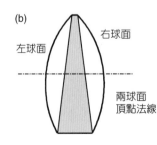

圖 7.28
兩球面球心連線與鏡片，(a) 幾何中心軸傾側，(b) 幾何中心軸偏離。

圖 7.29 針孔狀的標靶。

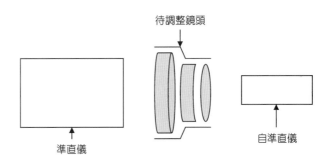

圖 7.30 穿透式量測之系統架構圖。

所示;當系統存在彗差時觀測到之影像如圖 7.31(b) 所示。藉由影像中慧星尾巴的方向可以將鏡片朝特定方向移動,以消除彗差並完成調整。

重複利用上述的程序,可以使待調整鏡頭的鏡片偏心降低至適當的程度,並改善因鏡頭中鏡片偏心所造成的光學品質降低的問題,此方法雖然可以完成鏡頭的調心,但此方法在光點的判讀上需要相當的知識與經驗。

以利用雷射對心機為例,主要是利用光線通過鏡頭中鏡片光軸時不產生偏折的原理,此法較適用於鏡頭組裝時逐片鏡片的調整,因此此方法適用於組裝精度要求較高的鏡頭 (如干涉儀用之標準鏡頭),但同樣的此方法並不適用於快速量產。

另一種較為適合用於量產檢驗調整的方法,是利用鏡頭解像力測試所使用的投影儀,在投影儀所投射出來的畫面中,當發現影像有所謂的特定模糊的狀況時,可以調整鏡頭中的特定鏡片來消除模糊的現象,以完成鏡頭偏心的調整。

以上所提到的三種方法為目前研發單位與工業界中較常使用的方法,但除了上述的方法之外,其實在對於較多控制變數的要求下,利用待調整鏡頭的穿透像差分析與像差係數的關係,也可以知道該如何調整以及應該調整某些鏡片,目前這種方法多為學術單位在研究開發中使用,以下將簡單介紹其工作原理[28-30]。

(a)

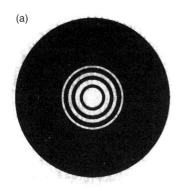

(b)

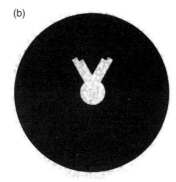

圖 7.31

(a) 系統沒有彗差時,所觀測到之影像,(b) 系統存在彗差時,所觀測到之影像。

以干涉儀標準鏡頭為例，一般多使用三片球面鏡面的設計，為了能夠製作出滿足波像差規格，甚至超越商用干涉儀標準鏡頭的要求，不論是此標準鏡頭的透鏡製作或鏡筒製作等都必須達到相當的精度。而在經過分析之後，可以發現不論是鏡片間距、鏡片傾斜量等，均和此鏡頭的波像差之 Zernike 多項式係數呈現特定的關係，因此只要測得此鏡頭的波像差係數，便可以進一步調整特定鏡片的位置、偏心等，以降低鏡頭的波像差。

在鏡頭調整完成後，接續的工作便是將鏡頭與影像感測器作結合，在此過程中，影響影像品質的因素主要是影像感測器是否正確位於鏡頭焦平面上，且其法線是否與鏡頭光軸平行。一般來說，對於焦平面位置的部分，鏡頭在設計時便有所謂的 through focus 曲線，可以利用此曲線來判斷鏡頭與影像感測器的位置公差需求，當鏡頭與感測器間控制其間距的機構公差符合需求時，基本上可以不需要額外調整此間距。但在進一步提升系統影像品質的要求下，可以將感測器所獲得的影像作分析，藉由分析結果來進一步微調鏡頭與感測器的間距，如此便可以獲得更佳之影像品質；若感測器法線與鏡頭光軸不平行，則會發現所獲得之影像只有部分區域較為清晰。利用此現象結合影像處理技術，也可以輔助判斷感測器的傾斜量。

在感測器傾斜量的檢測與調整中，除了可以利用影像處理獲得之資訊來作調整，也可利用工具顯微鏡或是自準直儀來作檢測。

7.3 系統品質量測

7.3.1 有效焦距與後焦距

7.3.1.1 有效焦距

有效焦距 (effective focal length, EFL) 或稱有效焦長是一個成像光學系統的重要基本參數，以數位相機為例，鏡頭上標明 3.8－7.4 mm，即為該相機光學鏡頭所使用的有效焦距範圍。一般成像光學系統可由一至多片光學元件組成，由於在製造或組裝的過程中可能引入誤差，導致光學系統品質下降、可用範圍變小，以及系統的有效焦距也會偏離設計值。由於有效焦距的量測設備比其他參數檢測設備簡單，因此成像光學系統之有效焦距的量測，為檢測成像光學系統是否達到設計值之最簡單且快速的方法。

有效焦距的定義為光學系統中後主點到焦點的距離；依照該定義要求出光學系統的有效焦距，必須先找到後主點以及焦點。利用一束與光學系統之光軸平行的光入射該系統，其從光學系統的最後一個面射出並通過光軸之交叉點即為焦點。如果繼續將入射光線沿著平行的路線通過第一個表面，並且對出射的光束沿著有角度的路徑往後延伸，這兩個投射的光線將會相交，此點定義了後主平面的軸上位置—即後主點，量測後主點到焦點的距離即可求出有效焦距，如圖 7.32 所示。

第 7.3.1 節作者為郭慧君小姐。

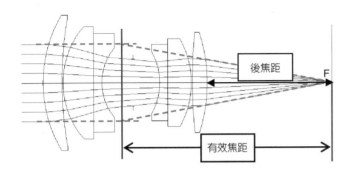

圖 7.32
有效焦距之定義。

　　由上述有效焦距之定義可得知，只要能夠量測後主點到焦點的距離，即可得該光學系統的有效焦距。圖 7.33 顯示各式光學鏡片的前後主點與鏡片位置的相對關係，光學系統的主點位置也類似。由此可知後主點位置若在光學系統內，將使得量測時難以接近後主點位置，而造成量測上的困難，故必須採行其他方法量得。

　　一般儀器量測有效焦距之方法有二種：一為量測後主點到焦點的距離，另一則是放大率法，以下分別介紹之。

(1) 量測後主點到焦點的距離

　　一個光學系統有六個基點，除了上面所述的前後焦點及前後主點外，還有前後節點 (nodal point)。節點的特性是瞄準離軸的光束從光學系統的前節點入射，其離開光學系統時，如同從後節點以相同的入射角度射出，如圖 7.34 所示。

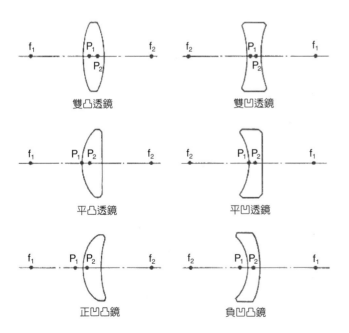

圖 7.33
各式鏡片之前後主點位置。

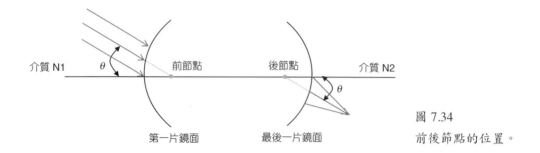

圖 7.34

前後節點的位置。

第一片鏡面   最後一片鏡面

當光學系統的物空間 (object space) 與像空間 (image space) 所在之介質相同 (如同為空氣時)，則主點將會與節點重合，因此可利用節點的特性，輕易找出主點，例如光具座 (nodal slide) 即是使用此種方法，以找出光學系統的後主點來量測有效焦距，如圖 7.35 所示。

光具座包含準直儀、放置待測光學鏡頭的旋轉台、顯微鏡以及光學尺等附件。其中，準直儀提供平行光束，顯微鏡觀測待測光學鏡頭的影像，準直儀與顯微鏡已事先校準光軸。將待測鏡頭放置在旋轉台上，轉動旋轉台，使準直儀的光束對準待測系統的前節點入射，光束由後節點以相同角度射出，若旋轉台的旋轉軸與後節點重合，則觀測顯微鏡內的影像將不會移動，此時只要測出旋轉軸到影像的距離，即可得出待測光學鏡頭的有效焦距。倘若發現顯微鏡內的影像有移動，則需調整待測鏡頭的位置，以使影像不因旋轉軸轉動而移動，如圖 7.36 所示。

由於可以利用濾鏡來改變準直儀的光束波長，故光具座可以量測光學系統在各種波長下的有效焦距或稱色差。此外，光具座亦可量測後焦距以及單一鏡片的曲率半徑。然而光具座的操作較為複雜，且量測精度受限於操作人員對於影像移動以及成像的判斷，一般用於實驗室內操作，不適用於線上量測。

(2) 放大率法

由於光具座不適用於線上檢測，若想線上檢測成像光學系統的有效焦距，可改用放大率法量測的焦距儀，如圖 7.37 所示。焦距儀是由準直儀、待測鏡頭夾持座以及顯微鏡所組成，

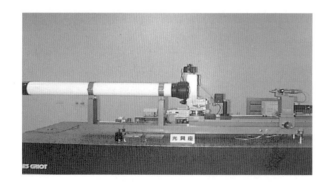

圖 7.35

國研院儀器科技研究中心所架設之光具座。

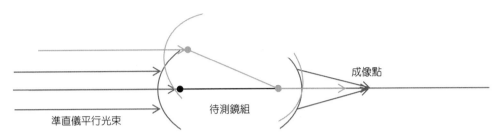

圖 7.36 光具座原理。

與光具座不同處是在其準直儀的焦點放上分割板,而且顯微鏡的焦平面上有一透明標尺。

準直儀的作用是提供平行光束,一般會在準直儀的焦點上放置點光源,依照物像共軛的關係,待測鏡頭所成的像也是一個點像,如果在準直儀的焦點放置的物是有大小的,則待測鏡頭所成的像也有大小,如圖 7.38 所示。物像的大小與準直儀焦距及待測鏡頭間的關係可由三角公式求出:

$$\frac{y}{\text{EFL}_C} = \frac{y'}{\text{EFL}_L} \tag{7.7}$$

由公式 (7.7) 可知,若能知道物件的大小 (y) 以及準直儀的焦距 (EFL_C),只要量測出像的大小 (y'),就能計算待測鏡頭的有效焦距 (EFL_L)。焦距儀在其準直儀焦平面上放置可對線的分割板,從準直儀發出的光通過待測鏡頭後,成像在其焦平面上,調整顯微鏡使之能清楚看到待測鏡頭所成的像,由於顯微鏡的焦平面上有一透明標尺,此透明尺與影像是共平面,可讀出影像的大小 (y'),再乘上係數 EFL_C/y 即可計算出待測鏡頭的有效焦距 (EFL_L)。為了能快速線上量測,準直儀上的分割板採用數組成對的線條,顯微鏡前的透明標尺皆已預先完成係數校正,如此一來,只要直接讀出透明標尺上的讀數,即可得出待測系統的有效焦距。

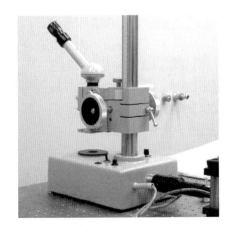

圖 7.37
焦距儀。

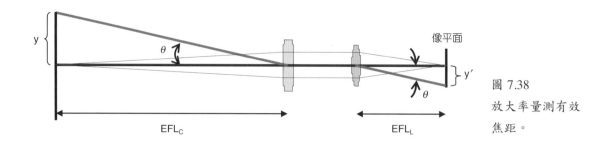

圖 7.38

放大率量測有效焦距。

上述的兩個方法均引用準直儀作為量測基礎儀器，準直儀的口徑與有效焦距會限制待測系統的範圍，一般如衛星的光學酬載或天文望遠鏡由於所需精度較高、口徑較大或焦距較長，無法採行上述方式，而需使用精密測角法。精密測角法與放大率量測原理相似，只要能精確量出圖 7.38 中的 θ 角，以及焦平面上的像高 y'，就能利用公式 (7.8) 計算出有效焦距。

$$y' = EFL \times \tan\theta \tag{7.8}$$

衛星光學酬載採用經緯儀投以不同角度的光束作量測，其經緯儀的精度可達 0.5 秒；而天文望遠鏡則利用天上已知角分離距的雙星系統，其角分離距之精度亦可達秒級；另外有些量測設備則採用精密旋轉平台，其精度可達十幾秒，用以量測有效焦距。

7.3.1.2 後焦距

如圖 7.32 所示，後焦距 (back focal length, BFL) 或稱背焦長的定義為光學系統中最後一個光學面到焦點的距離。後焦距亦是一個成像光學系統的重要基本參數，不過對於數位相機等的後端使用者，並無實質意義，而是對於將鏡頭與偵測器進行系統整合的研發人員或廠商，有較大的用處。

一般成像光學系統後面會再接上另一組光學系統，例如目鏡、偵測器等，接上目鏡可直接用眼睛進行觀測，而接上偵測器則可在螢幕上顯示影像或進行影像分析，因此後焦距會影響後段系統的銜接及系統的穩定性。對於長的後焦距系統而言，如天文望遠鏡，光路上有足夠的空間可再接上濾光片、轉折鏡 (可將光路轉折) 或其他光學系統，提高應用的靈活性。但後焦距太長，系統整體光路會顯得很長，若所銜接的偵測器重量較重，則容易造成鏡筒彎曲，影響成像品質。而後焦距短的系統，如手機相機，系統較為簡潔，且較為穩定。但後焦距太短，容易造成最後一片鏡片與後段的光學／偵測器相互干擾，而難以組裝。

後焦距的量測與焦距的量測類似，需先找出光學系統的焦點，再找出光學系統最後一片鏡片頂點位置，量出兩點距離即可。不同於後主點可能隱藏在光學系統中難以接近，最後一片鏡片的頂點位置必然可以量測，甚至可用機械方式接近找出頂點位置，然而機械方式容易弄傷鏡片，且無法準確定出焦點位置，因此在量測後焦距時，通常不會採用機械式量測，還是採用光學式量測法。

使用前述之光具座亦可量測後焦距，此方法主要是使用光具座的顯微鏡。光具座的顯微鏡有一特點，除了將影像收光進入觀測者眼睛，尚有一光源及內建的標靶可將標靶投射出去。先利用準直儀投光通過待測鏡頭，得到焦點位置，接下來移動顯微鏡接近待測系統，利用顯微鏡投出的光投射在最後一個光學面上，得出其頂點位置，將兩個位置相減即可得出後焦距。

另外，在鏡頭規格中之凸緣後焦距 (fringe back distance)，事實上就是鏡筒機構的最後端到焦點的距離，其量測方式與後焦距是相同的。

7.3.2 場曲及焦深

(1) 像散與場曲

場曲 (field curvature) 與像散像差 (astigmatism) 有著密切的關聯，所以在討論場曲之前，首先要瞭解像散像差。

像散為一離軸像差，為了理解像散的產生，必須先行引入歸納光學系統內主要光線的兩個平面：子午線焦平面 (meridional focal plane) 與矢狀焦平面 (sagittal focal plane)。子午線焦平面會切過光軸，並且使得光學系統形成一個以子午線焦平面為準而左右對稱的分割，落在此平面上的光線稱為子午線光束，或是切向焦平面 (tangential plane) 光束。而在這當中，通過光學系統光瞳 (aperture) 中心的子午線光束，稱之為主光線 (principal ray 或 chief ray)。其他因為歪斜而未落在子午面上的光束，則統稱為偏斜光線 (skew ray)。在偏斜光線當中，與主光線位於同一平面並且垂直於子午線焦平面的偏斜光線也可形成一個特殊的平面，稱之為矢狀焦平面，落在此平面上之光線稱之為矢狀焦平面光束，如圖 7.39 與圖 7.40 所示。

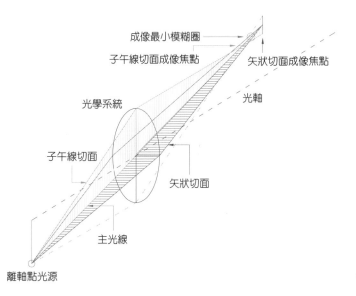

圖 7.39

像散成因示意圖。

第 7.3.2 節作者為何承舫先生。

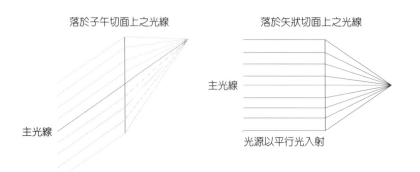

圖 7.40

子午線焦平面與矢狀焦平面上的光線。

　　以點光源成像的例子可以簡單顯示出像散的發生。一個離軸的點光源，子午線焦平面上的光線會匯聚成一線型焦點，此線型焦點稱為子午切面成像或是切向焦平面成像 (tangential image)；同樣的，落在矢狀焦平面上的光線也會匯聚成一線型焦點，稱之為矢狀焦平面成像 (sagittal image)。一個光學系統的子午線焦平面成像與矢狀焦平面成像，如果沒有重合在一起，就會產生像散的現象。當有像散時，點光源的最佳成像並非是一個點，而是在不同焦點位置上分離的兩線段，即切向焦平面成像與矢狀焦平面成像，而介於這兩線型焦點之間的則是模糊的橢圓或是圓形成像，並且會有一個最小模糊圈 (circle of least confusion)，如圖 7.39 所示。

　　像散像差與物體距離光軸的高度 (簡稱物高) 或是視角 (field of view) 相關，在塞德 (Seidel) 像差理論中，像散像差為物高的二次函數，對於一個簡單透鏡而言，像散正比於 h^2/f，其中 h 為物高，f 為焦距。所以物體越是離軸 (或是視角越大)，像散的現象也就越發明顯，也表示著像散引起的焦點變化越大，成像平面會呈現一彎曲的拋物曲面。

　　簡單來說，場曲就是光學系統成像面沿光軸方向偏離其理想成像平面的現象，這成像平面的彎曲現象，也稱為帕茲伐彎曲 (Petzval curvature)，這像場彎曲的現象主要與光學系統內元件材質的折射率 (n)、光學元件的聚光力 (power，焦距之倒數) 相關，即 $\Delta x = \dfrac{h^2}{2} \displaystyle\sum_{i=1}^{m} \dfrac{1}{n_i f_i}$。而且對於正透鏡，帕茲伐成像曲面會朝物平面向內彎曲 (inward)；對於負透鏡，則是相反，帕茲伐成像曲面會朝向外彎曲 (backward)。場曲與像散是有所關聯的，一般而言，在特定物高下，切向焦平面成像曲面的位置會落在矢狀焦平面成像曲面相對於帕茲伐成像曲面約略 3 倍的地方，參考如圖 7.41 所示，而對於無像散 (或是像散修正) 的光學系統，切向焦平面成像曲面與矢狀焦平面成像曲面則是會相當接近帕茲伐曲面。

(2) 場曲的量測

　　以下介紹量測場曲的基本方法。測量的方法是藉著旋轉待測之光學系統，來控制準直光源入射光學系統的角度 (即視角)，另外以準直光源前的十字線提供成像並用以判別切向焦平面與矢狀焦平面焦點。藉此取得光學系統在各個不同視角下，焦點位置的變化。測量光學系統場曲的設備架構如圖 7.42 所示。

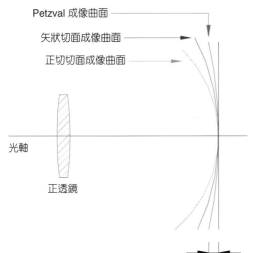

圖 7.41

像散與場曲的關係。

在架設此量測系統時有兩點是必須注意的。第一點是待測光學系統的焦距長度必須為已知；第二點則是待測光學系統旋轉中心的位置必須調整在光學系統的第二節點 (secondary nodal point) 上，以確定旋轉光學系統的角度為欲測量的視角。

當光學系統旋轉 θ 角度時，光學系統的光軸焦平面也將隨之旋轉一個角度 θ，此時光學尺與光軸焦平面延伸線之交會處，將會與光學系統未旋轉時的光軸焦平面有著 $\mathrm{EFL}[(1/\cos\theta) - 1]$ 的位移量。

而光學尺上的準直光線在經過旋轉的光學系統後，可視為以角度 θ 入射於光學系統，並且在光學尺軸上會形成一匯聚的焦點，如果與原先光學系統未旋轉前的焦點相比，會有著 D 的位移量。另外，在光學系統切向焦平面與矢狀焦平面方向的焦點位移是不相同的，必須分別加以量測。此焦點與光軸焦平面延伸處的差距為 $D - \mathrm{EFL}[(1/\cos\theta) - 1]$。此時焦點位移相對

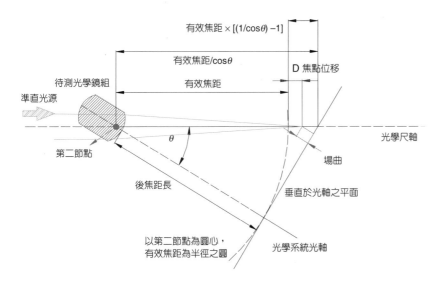

圖 7.42

量測場曲的架設。

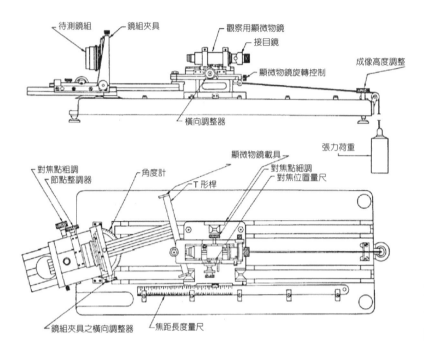

圖 7.43

量測場曲的儀器 (Kingslake
lens bench)。

於光軸焦平面的偏移 x，即為場曲：

$$x = \cos\theta \left[D - \mathrm{EFL}\left(\frac{1}{\cos\theta} - 1 \right) \right] \tag{7.9}$$

圖 7.43 為量測場曲的儀器 (Kingslake lens bench)[36]。

(3) 焦深

　　焦深 (depth of focus) 指的是光學系統所能允許的焦點偏移範圍。在此範圍之內，光學系統不會受到焦點偏移產生的模糊而影響到成像品質。焦點偏移的成因有可能是受像差的影響或是影像感測器偏移。

　　一般來說，一個光學系統的波前像差 (光程差) 若是小於 1/4 波長，這系統將符合雷利標準 (Rayleigh criterion)，成像也相當接近完美。所以，1/4 波長的光程差相當適合用來討論光學系統維持在接近繞射極限成像品質時，系統所能容忍的焦點偏移程度。如圖 7.44 所示，當光學系統有 1/4 波長波前像差時，產生的焦深為：

$$\delta = \pm \frac{\lambda}{2 \cdot n \cdot \sin^2\theta} = \pm 2 \cdot \lambda \cdot (f/\#)^2 \tag{7.10}$$

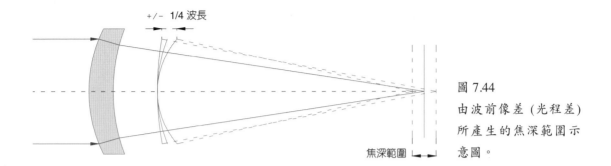

+/- 1/4 波長

焦深範圍

圖 7.44
由波前像差 (光程差)
所產生的焦深範圍示
意圖。

從上式可以發現，焦深與 $(f/\#)^2$ 成比例關係。一個 $f/2$ 的光學系統之焦深範圍約為 ±4 μm，當系統有效光圈為 $f/4$ 時焦深範圍約為 ±16 μm，有效光圈越大則焦深範圍越長。而長波長系統的焦深範圍也比短波長系統的長，可參考圖 7.45 所示。

　　另外，由於前後物距不同，造成成像平面與底片、CCD、CMOS 影像感測器等感測面之間的偏移，也會影響到成像品質。以下將利用簡單的幾何關係，來推論可容忍的模糊程度與系統焦深範圍之間的關係。焦點偏移產生的模糊程度可以用模糊圈的直徑大小 (linear diameter of the blur spot, β) 或是模糊圈對應的張角 (angular blur, B') 來表示。焦深對應於物空間的量稱為景深 (depth of field)，系統像空間與物空間有相同模糊圈張角。模糊圈直徑與其對應張角的關係為：

$$\beta = \frac{B}{D} = \frac{B'}{D'} \tag{7.11}$$

其中 D' 為焦點距離，另外符號中無上標者代表物空間中的參數，有上標者則表示像空間中的參數。

不同波長下有效光圈與焦深範圍之對照

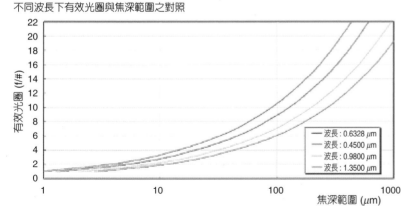

圖 7.45
不同波長下有效光圈與焦
深範圍的對照。

　　圖 7.46 中的光學系統有效口徑為 A'，焦深範圍 δ'，藉由幾何關係可得出於像空間關係式：

$$\frac{\delta'}{\beta(D' \pm \delta')} = \frac{D'}{A'} \tag{7.12}$$

並可得焦深範圍為：

$$\delta' = \frac{D'^2 \beta}{(A \mp D'\beta)} \tag{7.13}$$

　　對應於物空間，如圖 7.47 所示，可得同樣關係式：

$$\frac{\delta}{\beta(D \pm \delta)} = \frac{D}{A} \tag{7.14}$$

並可得景深範圍為：

$$\delta = \frac{D^2 \beta}{(A \mp D\beta)} \tag{7.15}$$

而在像空間上，由於焦深範圍 δ' 遠小於像距 D'，且焦點距離 D' 即為焦距 f，所以焦深範圍

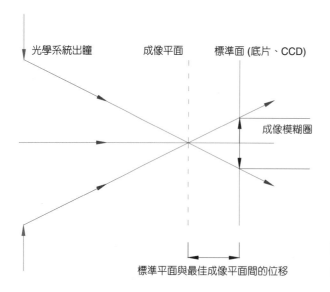

圖 7.46

標準平面與最佳成像平面間的位移　　　焦點偏移與成像模糊圈的形成。

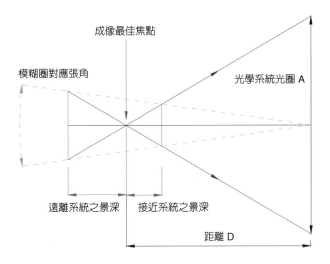

模糊圈對應張角

成像最佳焦點

光學系統光圈 A

遠離系統之景深   接近系統之景深

距離 D

圖 7.47
前後焦深 (景深) 與光學系統位置之對照。

也可寫成：

$$\delta' = \frac{D'^2 \beta}{A'} = \frac{f^2 \beta}{A'} = f\beta(f/\#) \tag{7.16}$$

在這裡可以看出焦深與系統有效口徑相關。而模糊圈的大小可將 $\beta = B'/D'$ 代回上式，則可得成像面模糊圈的 B' 大小為：

$$B' = \frac{\delta'}{f/\#} \tag{7.17}$$

於景深公式 (7.15) 中的正負號，會使得焦點前後的焦深對應不同的景深範圍。接近光學系統方向的景深範圍會小於遠離光學系統方向的景深範圍。

另外，有一特殊的情況稱之為超焦距 (hyperfocal distance)，在超焦距的情況下，景深範圍將會從物距 D 延伸至無限遠處，也就是說在物距 D 之後均可清楚的成像。由於

$$\frac{\delta}{\beta(D \pm \delta)} = \frac{D}{A} \tag{7.18}$$

當 $D \pm \delta \rightarrow \infty$ 時

$$D_{\text{hyperfocal}} = \frac{A}{\beta} \tag{7.19}$$

7.3.3 調制轉換函數值

MTF 為調制轉換函數 (modulation transfer function) 的簡寫，是種常用來檢驗光學系統成像品質的方法，MTF 曲線所表達的是物空間 (object space) 上各個空間頻率經過光學系統轉換後在成像空間 (image space) 的對比度，因此可以簡單明確的表示出一個光學系統的解析度 (sharpness 或 resolution)，如圖 7.48 所示。如果一個光學系統在某個空間頻率有高對比度，自然會比在相同空間頻率有低對比度的光學系統有較高的解析度，能夠記錄更多的影像細節。以下將對於 MTF 基本概念以及實際檢測作概括性的說明。

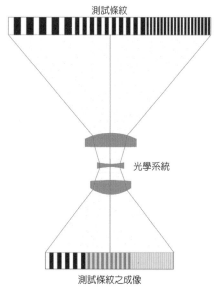

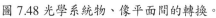

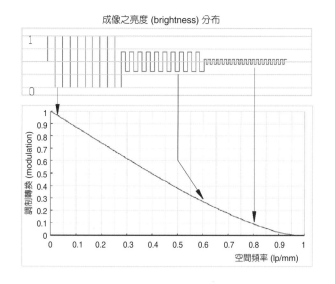

圖 7.48 光學系統物、像平面間的轉換。

(1) MTF 基本概念

量測 MTF 會利用黑白 (亮暗) 相間並且寬度相等的測試板，幾組一系列不同寬度間隔的測試板在經過光學系統成像之後，找出光學系統所能辨別出的最細線寬，並且求出此系統解析度的極限。測試板上的黑白 (亮暗) 條紋以週期性的方式排列，通常以空間頻率 (spatial frequency) 來表示，即一個釐米 (mm) 之內所包含的週期數，如果一個釐米之內包含有 N 個週期，則其空間頻率為 N (linepairs/mm)，黑白 (亮暗) 線對的週期寬度則為 $1/N$ 毫米，如圖 7.49 所示。

從成像的觀點來看，一條極小線寬的直線經光學系統成像，會因為系統像差、繞射、元件對準或是組裝上的誤差而產生能量的擴散，成像為一條帶有模糊線寬的直線 (blurred line)，模糊直線的截面即是一般所稱的線擴散函數 (line spread function)。當測試板的條紋經

第 7.3.3 節作者為何承舫先生及蔡和霖先生。

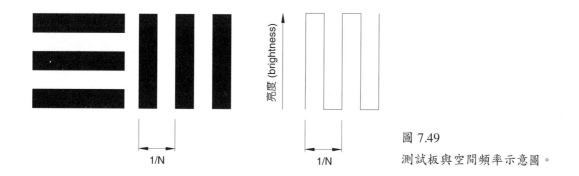

圖 7.49
測試板與空間頻率示意圖。

光學系統成像時也會有影像擴散 (image spread function) 的現象，如圖 7.50 所示，特別是在條紋的邊緣，這樣的擴散現象會造成影像照度之對比度變小，如果對比度低於系統接收器 (可能是底片、人眼，或是 CCD 等影像感測器) 所能辨識的程度時，這些條紋便無法被鑑別。而成像面上的對比度以振幅調制 (modulation) 來表示

$$Modulation = \frac{V_{max} - V_{min}}{V_{max} + V_{min}} \tag{7.20}$$

其中 V_{max} 以及 V_{min} 分別為像平面上的最大與最小讀值，如圖 7.50 所示。而所謂的調制轉換曲線 (MTF 曲線) 便是物像空間調制轉換的比率，並以空間頻率為函數所繪製的曲線，其中 MTF 表達的是物空間上各個空間頻率經過光學系統轉換後，在成像空間的對比度，如圖 7.51 所示。此時也會加入 CCD、CMOS 等陣列式影像感測器 (pixilated sensor)，或是底片粒

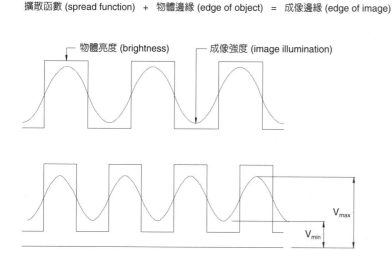

擴散函數 (spread function)　＋　物體邊緣 (edge of object)　＝　成像邊緣 (edge of image)

物體亮度 (brightness)　　成像強度 (image illumination)

圖 7.50
影像的擴散與影像對比度。

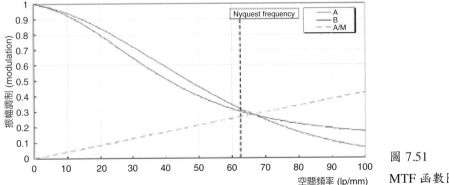

圖 7.51
MTF 函數圖。

子本身能夠有效鑑別的最大空間頻率，也就是所謂的 Nyquist 頻率，來評價光學系統的 MTF。超出此空間頻率的影像是感測器取樣不足而無法被鑑別。Nyquist 頻率是以感測器所能鑑別出的最細黑白 (亮暗) 線對來估算，而理論上感測器所能鑑別出的最細線條為 (以 mm 為單位，如圖 7.52 所示)：

$$\text{Nyquist frequency} = \frac{1}{2 \times \text{像素寬度 (mm)}} \tag{7.21}$$

以一個像素尺寸大小 7.5 μm^2 的 CCD 為例子，其 Nyquist 頻率約為 66.67 linepairs/mm。另外，也可以用系統感測器判別各空間頻率所需要的對比度，即 AIM (aerial image modulation) 曲線，來描述底片、人眼，或是 CCD 等影像感測器的反應特性，以判斷光學系統的成像對比度是否可達到被影像感測器判別的要求。在圖表中由 MTF、Nyquist 頻率、AIM 曲線相互搭

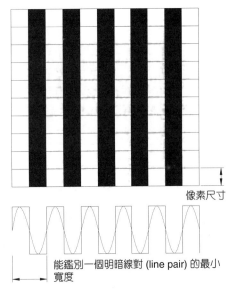

圖 7.52
Nyquist 頻率的計算概念。

配可以清楚的了解系統解析度的極限。

　　另外，在評估由兩個或是多個子系統所組合成的複雜系統之成像品質時，使用 MTF 來描述整體系統是相當方便的。理論上，只要將個別系統的 MTF 值加以相乘，即是全系統整體的 MTF 值。例如，一個照相機鏡頭在空間頻率 30 linepairs/mm 時的 MTF 值為 0.5，而與其搭配的 CCD 感測器在同一空間頻率的 MTF 值為 0.7，那由上述兩者組合所搭配出來的系統在同一空間頻率的 MTF 值則為 $0.5 \times 0.7 = 0.35$。

(2) MTF 的估算

　　對於一個無像差 (aberration-free) 的光學系統而言，因為沒有像差的干擾，光學系統的解析度主要是受限在系統的繞射極限範圍，也就是 MTF 受到繞射極限的支配。繞射極限又與系統的數值孔徑 (numerical aperture, NA) 以及系統使用的波段範圍相關。所以，MTF 可以下列的方程式來表示：

$$\mathrm{MTF} = \frac{2}{\pi}(\phi - \cos\phi\sin\phi) \tag{7.22}$$

其中 $\phi = \cos^{-1}(\lambda v / z\mathrm{NA})$，$v$ 代表的是空間頻率，λ 則是波長 (以 mm 為單位)，NA 為數值孔徑。在方程式中，當 ϕ 值為零時，MTF(v) 也將為零，此時即為此無像差系統解析度的極限，而此 MTF(v) 為零值時的頻率 v_0 也稱之為截止頻率 (cutoff frequency)：

$$v_0 = \frac{2\mathrm{NA}}{\lambda} = \frac{1}{\lambda(f/\#)} \tag{7.23}$$

其中，λ 為波長 (以 mm 為單位)，$f/\#$ 則為光學系統的有效口徑。

　　圖 7.53 表示的是一個無像差光學系統的繞射極限 MTF，橫軸的空間頻率已歸一化。圖 7.54 則為不同有效口徑 ($f/\#$) 的無像差光學系統繞射極限 MTF 曲線的差異。

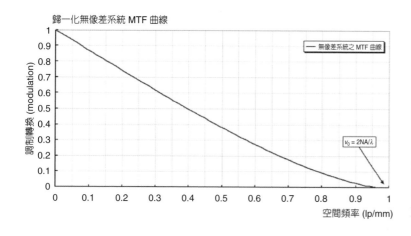

圖 7.53
無像差光學系統的繞射極限
MTF 曲線。

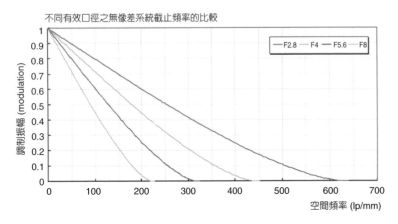

圖 7.54

不同有效口徑 (*f*/#) 的無像差光

學系統繞射極限 MTF 曲線。

　　如果離焦 (defocus)，也就是感測器平面與實際成像位置有些微差距時，系統的 MTF 值也會受到影響，在這裡離焦的範圍以雷利極限 (Rayleigh limit)，也就是四分之一的波長為單位，離焦對於一個 *f*/5.6 的無像差系統的影響可參考圖 7.55。

　　另外，像是反射式望遠鏡系統，因為次鏡會遮蔽部分的光線，所以繞射極限 MTF 曲線也必須對中央遮蔽率加以修正。如圖 7.56 所示為一個有效口徑 *f*/5.6 之無像差光學系統，中央遮蔽會導致低頻 (low frequency) 部分的調制轉換響應降低，但是在高頻 (high frequency) 部分反而會些微的提高，也就是說像這樣的系統在辨識輪廓或是粗略的目標物上對比度會稍差，但是在細節部分的鑑別率極限上會略為提高 (截止頻率不變)。

(3) MTF 的量測

　　MTF 的量測在理論上是相當直覺的，主要的量測方法有兩大方向，一個是使用一系列不同空間頻率的方波或是正弦波測試板。量測時，直接讓測試板經由待測系統成像在影像感測器上，並歸納各空間頻率之測試板的成像對比度。因為 MTF 的定義為物像空間調制轉換的比率，$\mathrm{MTF} = M_{物空間}/M_{像空間}$，所以如果可以得知或是控制測試板上亮暗圖紋的對比度，即可直接計算出待測系統的 MTF。

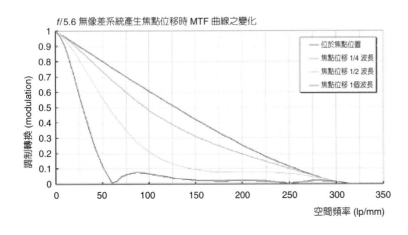

圖 7.55

離焦 (defocus) 對於無像差光

學系統 MTF 的影響。

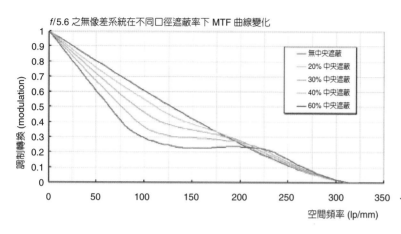

圖 7.56

f/5.6 無像差系統在不同口徑

遮蔽率下的 MTF 變化

另外則是利用線擴散函數的傅立葉轉換 (Fourier transform) 來獲得待測系統 MTF，此為比較健全但卻簡單的方法。傅立葉轉換是一個成熟且廣泛被使用的數學轉換函數，藉此函數的幫助，可以直接將空間分布 (spatial domain) 的線擴散函數轉換到頻率分布 (frequency domain) 的 MTF 函數。市面上商業用的 MTF 測量設備大多數是以這種概念來設計。量測時，光源會通過狹縫 (slit) 形成一條極小線寬的狹縫條紋並經由待測系統成像，此時再以刀口掃描 (knife-edge scan) 或是以高解析的顯微物鏡配合 CCD 照相機在成像平面上取得待測系統的線擴散函數資料，利用電腦軟體輔助計算求出待測系統的 MTF，量測系統如圖 7.57 所示。

同樣是利用傅立葉轉換，另一種測試方法是直接利用刀口 (knife edge) 作為圖樣，光源通過刀口後經由待測系統成像。利用高解析的顯微物鏡配合 CCD 照相機在成像平面上取得待測系統的刀口擴散函數 (knife edge spead function) 資訊。此函數經由微分之後轉換成線擴散函數，之後再利用傅立葉轉換得到 MTF 函數。使用刀口與狹縫之間的差別在於使用狹縫時必須將測量時狹縫的寬度考慮進去並加以修正。運用刀口進行測量時則必須專注於刀口的平整與光源投光的設計，然而如此一來就不需考慮寬度修正的問題。

利用狹縫或刀口進行 MTF 測量，一次只能量測一個方向，取像鏡頭在離開光軸時，平行與垂直徑向的 MTF 值會有所不同，必須分別對兩個方向進行測量。兩個方向的 MTF 值就是鏡頭設計上所謂的切向 MTF 與矢狀 MTF。這兩個方向的離軸 MTF 值可以利用針孔取代刀口或狹縫的圖樣而同時量測到。這種量測必須利用二維影像感測器配合顯微物鏡取得針孔的成像，此即為點擴展函數 (point spread function)。對不同的方向萃取出影像的 line profiles，即可利用傅立葉轉換得到各方向的 MTF 函數。

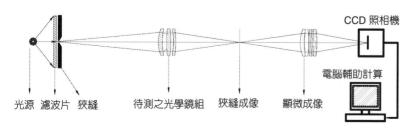

圖 7.57

MTF 量測系統簡圖。

利用顯微物鏡將成像放大進而分析聚焦情況的方法需要穩定而且經過校正的光源投射系統與感測器。在缺乏經過驗證的光源投射系統與感測器時，可以利用物空間與像空間的訊號傳遞具有可逆性的特性，以量測鏡頭成像品質。實際作法是利用製作精細的圖樣置於鏡頭像平面上，圖樣透過鏡頭投影到適當的距離，利用人眼來觀察或數位相機分析投影圖樣來量測鏡頭視角範圍內的成像品質，此稱為投影解像力法。此法利用人眼或數位相機進行觀察，通常只能進行定性檢測，定量測試則有待檢驗。但是由於此法檢測快速，因而多用於線上的鏡頭簡易測試。

進行鏡頭 MTF 測試必須考慮鏡頭的實際用途而變換不同的光源投射方式，對於物距設定於有限距離的鏡頭，MTF 測試圖樣必須架設在設定的距離。若鏡頭物距設計為無窮遠，則測試圖樣必須置於無窮遠處，於實驗室的有限空間則使用準直儀來投射一無窮遠的圖樣。無焦鏡頭必須於鏡頭後加裝一標準聚焦鏡頭才可測量鏡頭 MTF 函數。因此，MTF 量測測試架構可分三類：① 有限距離－有限距離 (finite-finite conjugate)，② 無窮遠－有限距離 (infinite-finite conjugate)，③ 無窮遠－無窮遠 (infinite-infinite conjugate)，根據鏡頭的實際用途使用適當量測架設方式。

鏡頭設計時會規劃其使用的光譜範圍，使用彩色感測器的鏡頭，對於不同顏色的光會有不同的 MTF 函數，必須切換不同的光源分別測量。

值得一提的是鏡頭的 MTF 函數可以寫成：

$$\text{MTF}(\lambda) = \frac{M_{\text{output}}(\lambda)}{M_{\text{input}}(\lambda)} \tag{7.24}$$

其中 M 為調制轉換 (modulation)。由於鏡頭於不同場角時的穿透率不同，MTF 函數也會不同，定義鏡頭的 MTF 函數時必須註明於哪一場角下。視角大的鏡頭，其 MTF 函數無可避免的會隨場角增加而有降低的現象。

7.3.4 偏心

在旋轉對稱之光學元件或系統中，其在元件製作或系統組裝時，光軸與旋轉對稱軸之非重合現象，即為偏心誤差 (centering error)。圖 7.58(a) 所示為透鏡光軸與旋轉對稱軸重合時無偏心之狀況。一般而言，偏心誤差可分為兩種來源：一種是光軸與幾何中心軸之間的橫向偏移 (decenter)；另一種是光軸與幾何中心軸之間的傾斜 (tilt)。如圖 7.58 所示三種單透鏡常見偏心狀況，圖 7.58(b) 為鏡片兩曲率中心對鏡片軸心平行偏移某距離，圖 7.58(c) 為整個鏡片與光軸偏斜一個角度，如圖 7.58(b) 及 (c) 二類偏心的問題，可在鏡片定心時磨除多餘的邊厚而解決；圖 7.58(d) 則是鏡片某一面有傾斜現象，因此該面曲率中心偏離整體鏡片軸心，若傾斜角度大於 30″，將影響整體光學品質，則需重新對該曲面加工修正傾斜的問題。

第 7.3.4 節作者為李建興先生。

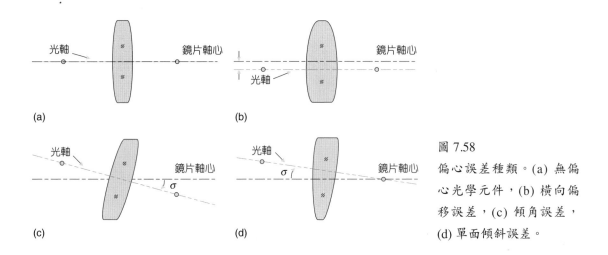

圖 7.58

偏心誤差種類。(a) 無偏
心光學元件，(b) 橫向偏
移誤差，(c) 傾角誤差，
(d) 單面傾斜誤差。

(1) 偏心誤差定義

偏心誤差根據其量測方法的不同而有特殊的定義，常見的偏心誤差有偏折角、橫向位移、外緣偏心、邊緣厚差值、錶計差量及投影偏差量等量測方法，如表 7.4 所示。其中偏心計算可以圖 7.59 說明，以機械式量測值的轉換來定義光學偏心量。透鏡第一面曲率半徑 (R_1) 與第二面曲率半徑 (R_2) 定義為系統光軸，以邊緣圓周定義旋轉軸心又稱機械軸 (mechanical axis)，由邊緣厚度 (w) 差值與鏡片直徑 (D) 可定義整體透鏡球面偏斜量，以光軸上主平面到焦點的距離，即透鏡焦距 (f)，可計算偏心位移 (r) 與偏心角度 (σ)，其轉換公式為：

$$r = \sigma f = \frac{w_{max} - w_{min}}{D(1/R_1 - 1/R_2)} \tag{7.25}$$

表 7.4 各種偏心誤差的定義。

偏心誤差項目	定義 (測量)
偏折角 (deviation)	機械軸向之入射線與出射線間角度
橫向位移 (decentration)	光軸與機械軸間距離
外緣偏心 (edge runout)	以光軸旋轉時外緣幾何傾偏量
邊緣厚差 (edge thickness difference, ETD)	待測件幾何邊緣厚度差值
錶計差量 (full indicator movement, FIM)	以機械式量表實際接觸待測表面變動值
投影偏差量 (total image runout, TIR)	以準直光束通過光學系統其聚焦影像偏移量

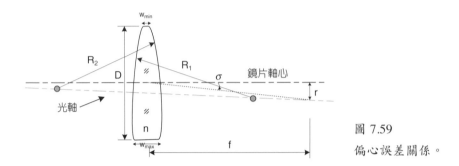

圖 7.59
偏心誤差關係。

(2) 偏心誤差量測方法

　　偏心誤差量測方式依元件或系統要求精度的不同，而有下列兩類常見方式：一類為機械式量測法，另一類為光學式量測法。另外，依實際光源的不同，光學式量測法又可區分為雷射偏心量測法及準直儀偏心量測法。

① 機械式量測法

　　機械式量測的方式主要針對單透鏡幾何外形測量其偏心。使用原理係依待測鏡片參考面選擇的不同，配合不同之旋轉夾持圓筒與特製夾持器，在確保鏡片周邊之中心軸與夾持圓筒之旋轉軸重合後，利用機械量表在鏡片距離中心軸 (R) 圓周上量測高低差值 (ΔH)，如圖 7.60 所示，再以公式 (7.26) 計算得透鏡傾斜偏心量 ($\sigma_{\text{mechanical}}$)：

$$\sigma_{\text{mechanical}} = \frac{H_{\max} - H_{\min}}{R} \cdot \frac{5400}{\pi} (\text{arc} \cdot \min) \tag{7.26}$$

　　另一種量測透鏡橫向偏移量的方法，係利用兩具夾持圓筒固定住上下兩曲面，使旋轉軸與鏡片同心軸重合，再以機械量表配合圓筒旋轉一周，量測鏡片外緣偏差值 (runout)，如圖 7.61 所示。其中值得注意的是為了避免鏡片表面接觸磨損，夾持圓筒應使用光滑彈性材質 (如塑膠) 並將邊緣倒圓角。一般而言，鏡片橫向偏移量 (d) 為量表量測值的一半。並以公式 (7.26) 計算透鏡傾斜偏心量 ($\sigma_{\text{mechanical}}$)，其中凸面時 r_1、r_2 為正值，凹面時則為負值。

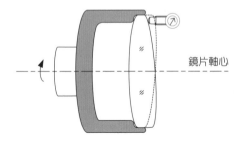

圖 7.60 單透鏡幾何外形偏心量測。

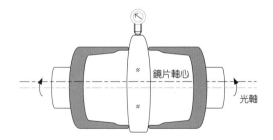

圖 7.61 鐘夾式偏心量測。

$$\sigma_{\text{mechanical}} = d\left(\frac{1}{r_1} + \frac{1}{r_2}\right) \cdot \frac{10800}{\pi} (\text{arc} \cdot \text{min}) \tag{7.27}$$

對於厚鏡片 (中心厚度大於 15 mm) 而言，常以鏡片邊緣中心軸為參考軸，量測上下曲面相對之偏心量，主要方法為使用一種特製夾持器，如 V 形治具或三爪夾持座固定透鏡邊緣旋轉，再以機械量表接觸上下曲面做量測，如圖 7.62 所示，計算上下面間距差值，即可轉換為鏡片偏心值。

② 光學反射式量測法

光學反射式偏心量測係將鏡片置放於一空氣軸承旋轉平台上，如圖 7.63 所示，由自準直儀 (autocollimator) 內之刻線板 (reticle) 投射出十字線，經物鏡聚焦至待測透鏡第一曲率中心 (center of curvature)，再由自準直儀目鏡觀察反射回來的十字線，若第一曲率中心偏離旋轉軸，則觀察到的十字線會繞著某中心旋轉，此時旋轉鏡片並調整治具使得十字線在固定位置，再將物鏡聚焦至待測透鏡第二曲率中心，此時反射回來的十字線會繞著某半徑之圓旋轉，此旋轉半徑經幾何換算後即為透鏡偏心量 (σ_{optical})：

$$\sigma_{\text{optical}} = \frac{f_h}{f_a \cdot f_s} \cdot D \cdot \frac{162000}{\pi} (\text{arc} \cdot \text{min}) \tag{7.28}$$

其中，f_h 為附加物鏡之有效焦距，f_a 為自準直儀之有效焦距，f_s 為待測鏡片之有效焦距及 D 為十字線旋轉直徑。

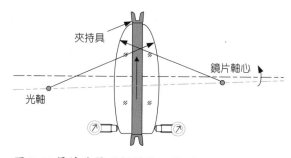

圖 7.62 厚鏡片雙面傾斜偏心量測。

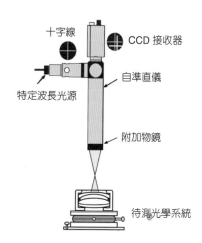

圖 7.63 自準直儀反射式偏心量測法之架設。

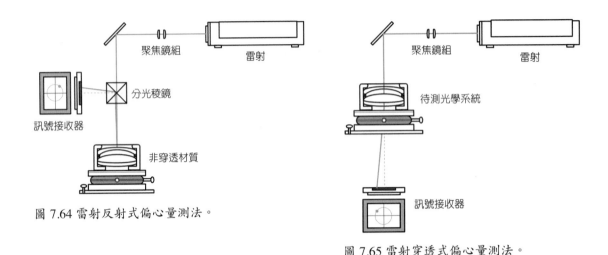

圖 7.64 雷射反射式偏心量測法。

圖 7.65 雷射穿透式偏心量測法。

　　然而，當待測鏡片為可見光無法穿透之特殊材質時，如鍺、矽，則需利用雷射反射式量測法計算偏心誤差值，如圖 7.64 所示。雷射反射式量測是以一分光稜鏡將待測鏡片反射回去的雷射光反折至光訊號接收器上，再將接收器訊號放大分析 (放大倍率 K)，當入射雷射光與待測鏡片上表面中心點平面呈非正交時，反射的雷射光束將不隨原入射光路徑回去，當待測鏡片旋轉時，雷射光點會於接收器上繞某半徑之圓旋轉，可以公式 (7.29) 計算得透鏡傾斜偏心量 (σ_{optical})，其中 L_1、L_2 分別為待測鏡片頂點至分光稜鏡中心點距離與分光稜鏡中心點至光訊號接收器距離。

$$\sigma_{\text{optical}} = \frac{D}{K \cdot (L_1 + L_2)} \cdot \frac{162000}{\pi} (\text{arc} \cdot \text{sec}) \tag{7.29}$$

③ 光學穿透式量測法

　　光學穿透式量測法主要針對光學系統做偏心量測。依實際光源不同，可區分為雷射偏心量測法與準直儀偏心量測法。其中，雷射偏心量測法是以可見光波段雷射當作光源，經聚焦鏡組將通過待測鏡組之光點聚焦在光訊號接收器上，再將接收器訊號放大分析 (放大倍率 K)，如圖 7.65 所示。以單透鏡而言可利用公式 (7.30) 計算偏心誤差值 (σ_{optical})：

$$\sigma_{\text{optical}} = \frac{D}{K \cdot L \cdot (n-1)} \cdot \frac{324000}{\pi} (\text{arc} \cdot \text{sec}) \tag{7.30}$$

　　準直儀偏心量測法之量測原理為使用上下兩具準直儀，由置於下方之準直儀投射出十字標線平行光束，經待測光學系統或鏡組聚焦於某焦點，再由另一自準直儀配合適當物鏡將此焦點導入目鏡觀察反射回來的十字線，如圖 7.66 所示。若光學系統光軸偏離機械旋轉軸，

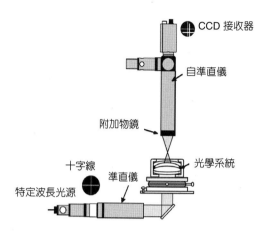

圖 7.66
準直儀穿透式偏心量測法。

則觀察到的十字線會繞著某中心旋轉，其透鏡偏心量 ($\sigma_{optical}$) 可表示為：

$$\sigma_{optical} = \frac{f_h}{f_a \cdot f_s} \cdot D \cdot \frac{324000}{\pi} (arc \cdot sec) \qquad (7.31)$$

其中，f_h 為物鏡之有效焦距、f_a 為自準直儀之有效焦距、f_s 為待測鏡片之有效焦距及 D 為十字線旋轉直徑。

(3) 結論

　　偏心誤差效應會對系統成像品質造成影響，以單透鏡而言，軸向彗差 (axial coma) 與像散 (astigmatism) 將減低系統實際成像解析度。另外，量測光學成像系統的 MTF 時，由於彎曲的成像面在平面型接收器上產生的場曲現象，對於偏心光學系統量測離軸 MTF 時將有非對稱現象出現的問題，而對於紅外波段 (760－1200 nm) 光源，組裝上造成的偏心對於光學系統之影響較靈敏。

　　一般各式檢測偏心系統依其設計原理與組立加工過程中的誤差而存在檢測極限。常用之機械式及光學式偏心量測法，其量測精度分別為 30″ 及 10″；但若以雷射光當作光源時，量測精度可達 5″ 以內。機械式量測法精度較低，但操作方便且檢測速度快，而光學式量測法常需耗費較多校正時間，且對於特殊曲率之球面有其量測極限存在，雷射量測方法非常適合對整個光學系統作穿透式偏心量測，但須注意的是不管使用哪一種檢測方式，均假設基準線 (datum axis) 或基準面具有完美的方向性與完美之表面形狀，且檢測設備整體最大容許誤差需小於待測元件或系統的誤差。一般慣用之偏心誤差標準依光學系統的種類可分隔為數級距，照明光學系統偏心誤差約需控制在 4－8′ 內，目鏡約需在 3－4′ 內，望遠鏡系統約在 2－3′ 內，傳統相機鏡頭約需在 1′ 內，精密測量儀器物鏡約在 30″ 內。

7.3.5 照度與亮度

可見光在電磁輻射中只佔一個很窄的波段 (400－700 nm)，研究光強弱的科學稱為光度學 (photometry)，表 7.5 是常用的光度學度量。不同波長的光其效應往往不同，例如人的眼睛可看見可見光範圍內的電磁波，有些物質對紅外光特別敏感而被製作成紅外光偵測器。

人的眼睛對於相同輻射能通量但是不同波長的可見光感受程度 (亮度的感覺) 是不同的。實驗顯示，通常人的眼睛對於波長 555 nm 的綠色光最為敏感，對於其他波長的光和 555 nm 綠色光產生同樣亮度感覺所需的輻射通量分別為 $\Phi_e(\lambda)$ 與 $\Phi_e(555)$，兩者之比則定義為人眼反應函數 (sensitivity function, $v(\lambda)$)；即 $v(\lambda) = \Phi_e(555)/\Phi_e(\lambda)$，由定義可知此數值通常小於 1。

因此眼睛看起來微弱的紫光，其進入眼睛的輻射通量往往比我們所認為的多。對於不同的人，人眼反應函數值也不盡相同；但是為了比較，建立了國際公認的人眼反應函數值和曲線，如圖 7.67 及表 7.6 所列。

圖 7.67 中，實線是比較明亮環境中 (如白天) 的人眼反應函數曲線，虛線則是較昏暗環

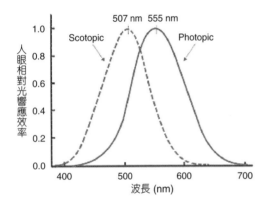

圖 7.67
人眼反應函數曲線。

表 7.5 常用的光度學度量。

項　目	符號	關係式	單位
光能量 (Luminous energy)	Q_v	$Q_v = K_m \int_0^\infty v(\lambda)Q_e(\lambda)d\lambda$	lm·s
光通量 (Luminous flux)	Φ_v	$\Phi_v = dQ/dt$	lm
光強度 (Luminous intensity)	I_v	$I_v = d\Phi_v/d\Omega$	cd = lm·sr^{-1}
照度 (Illuminance)	E_v	$E_v = d\Phi_v/dA$	lm·m^{-2}
輝度 (Luminance)	L_v	$L_v = d^2\Phi_v/d\Omega dA$	lm·m^{-2}·sr^{-1}

第 7.3.5 至 7.3.7 節作者為蔡和霖先生。

境下 (如夜晚) 的人眼反應函數曲線。主要是因為在較明亮環境中，眼睛主要是利用能分辨顏色的三類錐狀細胞，而在較昏暗環境下，則僅能利用可分辨灰階的柱狀細胞，而這些不同形狀細胞對於不同波長的光反應不同所致。因此將人眼反應函數作為加權參考，$\Phi_e(\lambda)$ 為波長 λ 電磁波的輻射能通量，則光通量為

明亮　　$\Phi_v = K_m \int v(\lambda)\Phi_e(\lambda)d\lambda$　　　　　　　　　　　　　　(7.32)

昏暗　　$\Phi_v = K'_m \int v(\lambda)\Phi_e(\lambda)d\lambda$

其單位為流明 (lumen, lm)。於明亮環境中，$K_m = 683$ lm/W 是波長 555 nm 的光通量係數，若為昏暗環境，$K'_m = 1746$ lm/W 是波長 507 nm 的光通量係數。如表 7.6 所示，於可見光範圍外，人眼反應值為零。因此計算光通量的積分只需計算可見光的範圍即可，通常其範圍為 380 nm 至 780 nm。

表 7.6 人眼反應函數於各波長數值。

波長 (nm)	人眼響應值	波長 (nm)	人眼響應值	波長 (nm)	人眼響應值
380	0	515	0.6082	650	0.107
385	0.0001	520	0.71	655	0.0816
390	0.0001	525	0.7932	660	0.061
395	0.0002	530	0.862	665	0.0446
400	0.0004	535	0.9149	670	0.032
405	0.0006	540	0.954	675	0.0232
410	0.0012	545	0.9803	680	0.017
415	0.0022	550	0.995	685	0.0119
420	0.004	555	1	690	0.0082
425	0.0073	560	0.995	695	0.0057
430	0.0116	565	0.9786	700	0.0041
435	0.0168	570	0.952	705	0.0029
440	0.023	575	0.9154	710	0.0021
445	0.0298	580	0.87	715	0.0015
450	0.038	585	0.8163	720	0.001
455	0.048	590	0.757	725	0.0007
460	0.06	595	0.6949	730	0.0005
465	0.0739	600	0.631	735	0.0004
470	0.091	605	0.5668	740	0.0002
475	0.1126	610	0.503	745	0.0002
480	0.139	615	0.4412	750	0.0001
485	0.1693	620	0.381	755	0.0001
490	0.208	625	0.321	760	0.0001
495	0.2586	630	0.265	765	0
500	0.323	635	0.217	770	0
505	0.4073	640	0.175	775	0
510	0.503	645	0.1382	780	0

表 7.7 不同環境下的照度典型值。

環境狀況	照度值
滿月	1 lux
街燈	10 lux
工廠照明	100－1000 lux
手術室照明	10000 lux
太陽光	100000 lux

　　照度為照射到表面單位面積通過的光通量，假設照射面積為 dA，光通量為 Φ_v，則利用關係式

$$I_v = \frac{\Phi_v}{dA} \tag{7.33}$$

可得其照度值，表 7.7 是在不同環境中的照度典型值。照度的單位為勒克斯 (lux, lx)、英呎燭光 (footcandle, fc) 與輻透 (phot, ph)。其定義分別如下：

$$1 \text{ lx} = 1 \text{ lm/m}^2$$
$$1 \text{ fc} = 1 \text{ lm/ft}^2$$
$$1 \text{ ph} = 1 \text{ lm/cm}^2$$

換算關係如下：

$$1 \text{ fc} = 10.764 \text{ lx}$$
$$1 \text{ ph} = 10000 \text{ lx}$$

　　量測光通量與照度，通常在感測器前加一人眼反應濾光片，此濾光片的光譜相對穿透率相當於人眼反應函數。使用光譜響應於不同波長有明顯變化的感測器時，濾光片的光譜相對穿透率必須做適當的調整，使整個量測的光譜響應等同於人眼反應函數。

　　「亮度 (brightness)」此名詞是對於環境亮暗的主觀感覺，是一個透過感知而無法測量的物理量。光度學亮度 (luminance) 也稱亮度，是一個可以測量的物理量。為了區分主觀的感知與客觀的測量，現在把主觀的感知稱為亮度，測量所得的物理量稱為輝度。

　　光源沿某方向的發光強度 I_v 定義為沿此方向上單位立體角內發出的光通量，即發光強度為

$$I_v = \frac{d\Phi_v}{d\Omega} \tag{7.34}$$

其中，立體角為 $d\Omega$，光通量為 $d\Phi_v$，發光強度的單位為坎德拉 (candela, cd)。輝度即為單位面積內的發光強度，具體來說，輝度 (L_v) 是單位立體角內單位面積的光通量。

$$L_v = \frac{dI_v}{dA} = \frac{d\Phi_v}{dA\,d\Omega} \tag{7.35}$$

其單位為 (cd/m^2)，其他輝度單位如表 7.8 所示。

表 7.9 中列出各個環境中具代表性的輝度值。於同一個波長範圍，輝度與光輻射度 (第 7.3.6 節) 之間只有差一個係數，這個係數即為該波長的人眼反應函數。取得分光輻射度之後只須與人眼反應函數相乘並對整個可見光波段積分即可得輝度。

量測輝度採用一個與感測器一定距離的光孔來固定測量立體角與投光面積，配合光譜響應等同於人眼反應函數的光接收器即可進行。

表 7.8 各種輝度單位及其與 cd/m^2 的換算。

輝度單位	與 cd/m^2 的換算
Apostilb	1 asb = $1/\pi$ cd/m^2
Blondel	1 blondel = $1/\pi$ cd/m^2
Candela per square foot	1 cd/ft^2 = 10.764 cd/m^2
Candela per square inch	1 cd/in^2 = 1550 cd/m^2
Footlambert	1 fL = 3.426 cd/m^2
Lambert	1 L = $10^4/\pi$ cd/m^2
Nit	1 nit = 1 cd/m^2
Skot	1 skot = $10^{-3}/\pi$ cd/m^2
Stilb	1 sb = 10000 cd/m^2

表 7.9 各種環境中具代表性的輝度值。

環境狀況	輝度值
日正當中的太陽	1.6×10^9 cd/m^2
將下山的太陽	600,000 cd/m^2
60 W 燈泡	120,000 cd/m^2
T8 白色日光燈	11,000 cd/m^2
晴空	8,000 cd/m^2
月球表面	2,500 cd/m^2
多雲天空	2,000 cd/m^2
最暗的星空	0.0004 cd/m^2

7.3.6 光輻射度

研究電磁輻射能量強弱的科學稱為輻射度量學 (radiometry)，而有關黑體輻射特性的研究則奠定了輻射度測量的基礎。隨著光學輻射在工業、商業、軍事與科學研究等方面的應用日益廣泛，輻射度測量的重要性也與日俱增，且其測量的技術也得到很大的進展，並將光度量測方法由目視法轉變到光電和熱電感測器等物理方法。其測量的波長範圍涵蓋了紫外光、可見光與紅外光。研究範圍包含能量發射、能量傳遞與能量接收等過程。常用的輻射度量如表 7.10 所示。

輻射度是輻射度量中最重要的物理量，其定義為單位面積及單位立體角下通過的輻射通量，圖 7.68 為立體角的幾何圖示。在幾何光學的範圍，輻射能量在各種傳播介質傳遞時，輻射通量、輻射強度與輻射照度都會隨著變化，而輻射度 (L_e) 卻是不變的。在相同介質中傳

表 7.10 常用輻射度量。

輻射度量項目	符號	關係式	單位
輻射能量 (Radiant energy)	Q_e		J
輻射通量 (Radiant power)	Φ_e	$\Phi_e = dQ_e/dt$	W
輻射強度 (Radiant intensity)	I_e	$I_e = dQ_e/d\Omega$	$W \cdot sr^{-1}$
輻射照度 (Irradiance)	E_e	$E_e = d\Phi_e/dA$	$W \cdot m^{-2}$
輻射度 (Radiance)	L_e	$L_e = d^2\Phi_e/d\Omega dA$	$W \cdot m^{-2} \cdot sr^{-1}$

遞,輻射度不變,在不同介質中,L_e/n^2 不變,稱其為基本輻射度,n 為介質折射率。因此,於幾何光學範圍探討能量轉移都是利用輻射度進行。

圖 7.69 中由 A_1 到 A_2 的輻射能量轉移時,dA_1 為 A_1 面上的一個小面積單位,dA_2 為 A_2 面上的一個小面積單位,從 dA_1 到 dA_2 的輻射通量可以下式計算:

$$d^2\Phi_{12} = L_1 dA_1 dA_2 \frac{\cos\theta_1 \cos\theta_2}{r_{12}^2} \tag{7.36}$$

從面 A_1 到面 A_2 的輻射通量可用下式計算:

$$\Phi_{12} = \int_{A_1}\int_{A_2} L_1 \frac{\cos\theta_1 \cos\theta_2}{r_{12}^2} dA_1 dA_2 \tag{7.37}$$

此積分通常用數值方法求值。

以成像的聚焦鏡頭為例,如圖 7.70 所示,鏡頭入瞳以前與出瞳之後,其介質相同,不考慮穿透損失,則兩邊的輻射度會相同。

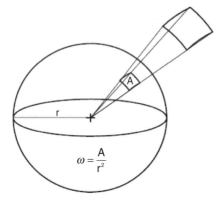

$$\omega = \frac{A}{r^2}$$

圖 7.68 立體角的幾何圖示。

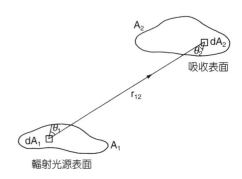

A_2

dA_2

吸收表面

r_{12}

dA_1

A_1

輻射光源表面

圖 7.69 討論輻射能量轉移的示意圖。

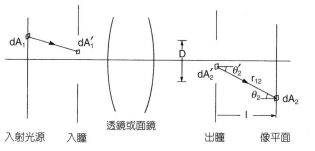

圖 7.70
成像系統示意圖。

$$\Phi_{12} = dA_1 \int_{\text{exit aper}} L_x \frac{\cos\theta_2 \cos\theta_2'}{r_{12}^2} dA' \tag{7.38}$$

其中，$L_x = L_1$。於焦平面的輻射照度可以用下式表示

$$E_2 = d\Phi_{12}/dA_2 = \int_{\text{exit aper}} \frac{\cos\theta_2 \cos\theta_2'}{r_{12}^2} dA_2' \tag{7.39}$$

當入射光為均勻光源，則出瞳也為均勻光源，假設出瞳足夠小，則 $\theta_2' = \theta_2$，$r_{12} = l/\cos\theta$，上式可以改寫成

$$E_2 = L_1 \left(\frac{\pi D^2}{4l^2} \right) \cos^4\theta_2 \tag{7.40}$$

其中，D 為鏡頭出瞳直徑。而有效光圈 (f/#) 等於焦距除以直徑。

$$E_2 = \left(\frac{\pi L_1}{4} \right) \left(\frac{1}{f/\#} \right)^2 \cos^4\theta \tag{7.41}$$

就鏡頭而言，當角度很小時，這項變化不明顯，如果入射角度大時，於焦平面上的輻射照度會有大幅度的降低。

　　當然，這是就很簡化的情況進行估算，鏡頭穿透率實際上無法到達 100%。光輻射於光學系統中行進的路徑也會影響穿透率，實際的估算必須要用光束追跡法進行。然而此關係式是進行估算時一個好的起始點。輻射照度與入射角度之關係如圖 7.71 所示。

　　研究電磁輻射的強度都離不開檢測器件，理論上，只要有一個測量輻射通量的感測器，就可以來測量輻射度。圖 7.72 為一輻射度感測器，其入瞳為 A_{ap}，感測器本身面積為 A_{det}，則立體角 $d\Omega = A_{\text{det}}/l^2$，面積 $dA = A_{\text{ap}}$。而

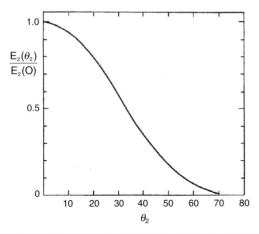

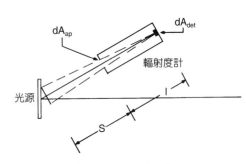

圖 7.71 像平面上輻射照度與入射角度的關係曲線。   圖 7.72 輻射度計幾何架構示意圖。

$$L = \frac{d^2\Phi}{dAd\Omega} = \frac{d^2\Phi}{A_{ap} \cdot \frac{A_{det}}{l^2}} \tag{7.42}$$

只要測量輻射通量，再經由簡單的推算，就可以根據感測器的入瞳與感測器的面積，以及入瞳與感測器的距離推算出輻射度。

　　一個有限大小的圓盤光源，於有限距離處所產生的輻射照度的例子可以更進一步來說明輻射傳遞時的幾何因子。圖 7.73 顯示其光源與照度測量所在位置，取圓圈狀區域作為其光源元素，則感測器感測照度可以用下式表示：

$$dE = \frac{Lds_0 \cos^2\theta}{R^2} \tag{7.43}$$

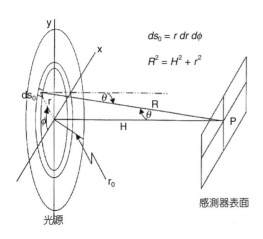

$ds_0 = r\,dr\,d\phi$

$R^2 = H^2 + r^2$

感測器表面

圖 7.73

圓盤光源與感測器間的幾何關係圖。

其中，R 為光源與感測器的距離，ds_0 為距離圓盤光源中心 r_0 之光源元素面積。由於

$$ds_0 = rdrd\phi \ , \ R^2 = H^2 + r^2 \tag{7.44}$$

所以整個圓盤光源於感測器的位置產生的輻射照度可以改寫成下式：

$$E = L\int_0^{2\pi} \int_0^{r_0} \frac{r\cos^2\theta}{H^2 + r^2} drd\phi \tag{7.45}$$

利用 $r = H\tan\theta$ 的關係，上式可改成

$$E = 2\pi L \int_0^{\theta_0} \frac{H\tan\theta\cos^2\theta}{H^2 + (H\tan\theta)^2} d(H\tan\theta) \tag{7.46}$$

而 $d(H\tan\theta) = H\sec^2\theta d\theta$

$$E = 2\pi L \int_0^{\theta_0} \frac{\tan\theta}{1 + \tan^2\theta} d\theta \tag{7.47}$$

$$\frac{\tan\theta}{1 + \tan^2\theta} = \sin\theta\cos\theta \tag{7.48}$$

$$E = 2\pi L \int_0^{\theta_0} \sin\theta\cos\theta d\theta = \pi L\sin^2\theta_0 \tag{7.49}$$

當 θ_0 趨近於 0 時，其輻射照度趨近於 0；當 θ_0 趨近於 90° 時，輻射照度趨近於 πL。

另一個例子是朗伯光源 (Lambertian source)，即光源產生的輻射度在各個方向都相同時，稱之為朗伯光源。其射出輻射通量為 Φ 時：

$$L_e = \frac{d^2\Phi}{dA_1\cos\theta d\Omega} \tag{7.50}$$

$$d^2\Phi = dA_1 L_e\cos\theta d\Omega = dA_1 L_e(\theta,\phi)\cos\theta\frac{dA_2}{r^2} = dA_1 L_e(\theta,\phi)\cos\theta\sin\theta d\theta d\phi \tag{7.51}$$

$$\Phi = dA_1 \int_0^{2\pi} d\phi \int_0^{\pi/2} L_e(\theta,\phi)\sin\theta\cos\theta d\theta \tag{7.52}$$

因為輻射度與方向無關，因此

$$L_e(\theta,\phi) = L_e \tag{7.53}$$

$$\Phi = dA_1 2\pi L_e \left(\frac{\sin^2\theta}{2}\right)\bigg|_0^{\pi/2} = dA_1\pi L_e \tag{7.54}$$

其射出輻射照度

$$E_e = \frac{\Phi}{dA_1} = \pi L_e \tag{7.55}$$

因此，對一個朗伯光源而言，其射出輻射照度與輻射度成正比，係數為 π。日常生活中有很多人造光源非常接近朗伯光源，而太陽也非常接近朗伯光源。這些光源因為均勻朝各方向輻射光，因而各個角度看來都類似一均勻的圓盤。光度學實驗室使用的積分球光源也是一種朗伯光源。

對於非單色輻射，人們往往關心能量的頻譜分布。探討頻譜分布時就必須把輻射能量區分成各個波長的能量。其物理量稱為分光輻射度 (spectral radiance)。也就是把輻射度分成各個波長的分量，其單位為 $W \cdot m^{-2} \cdot sr^{-1} \cdot nm^{-1}$。常用的分光輻射度量如表 7.11 所示。

探討光源的光譜分布與感測器光譜響應必須先把輻射分成各個波長分量。分光的裝置有很多種，常用的為濾光片、稜鏡單光儀、光柵單光儀、傅立葉光譜儀等。使用上根據波長範圍與輻射光譜解析度的需求來選用不同的分光裝置。

進行輻射度校正通常有兩種作法：一是以相同的光源作為校正的基準，進行不同感測器之間的比對校正，稱之為同光源校正 (source-based calibration)；另一種是以相同的感測器作為基準，進行不同光源比對校正，稱之為同感測器校正 (detector-based calibration)。這兩種作法都可以作為標準傳遞的方式。

輻射度校正的原級標準有兩種類型：標準輻射源與絕對輻射度計。如白金熔點黑體就被視為一個原級標準，一定溫度的黑體只在有限的波長範圍才會發出足夠強的輻射，要建立不同波段的分光輻射度標準就必須要有不同溫度的黑體。

表 7.11 分光輻射度量常用單位。

分光輻射度量項目	符號	關係式	單位
分光輻射能量 (Spectral radiant energy)	$Q_e(\lambda)$	$Q_e(\lambda) = dQ_e/d\lambda$	$J \cdot nm^{-1}$
分光輻射通量 (Spectral radiant power)	$\Phi_e(\lambda)$	$\Phi_e(\lambda) = dQ_e(\lambda)/dt$	$W \cdot nm^{-1}$
分光輻射強度 (Spectral radiant intensity)	$I_e(\lambda)$	$I_e(\lambda) = d\Phi_e(\lambda)/d\Omega$	$W \cdot sr^{-1} \cdot nm^{-1}$
分光輻射照度 (Spectral irradiance)	$E_e(\lambda)$	$E_e(\lambda) = d\Phi_e(\lambda)/dA$	$W \cdot m^{-2} \cdot nm^{-1}$
分光輻射度 (Spectral radiance)	$L_e(\lambda)$	$L_e(\lambda) = d^2\Phi_e(\lambda)/d\Omega dA$	$W \cdot m^{-2} \cdot sr^{-1} \cdot nm^{-1}$

　　經過校準的絕對輻射度計可以測量輻射能量的功率，也是重要的輻射度原級標準。其量測原理說明如下：接收面吸收輻射能量，將之轉換成熱能，使吸收體溫度升高產生特定物理效應 (如產生溫差電動勢)。而若遮斷輻射，向附著於吸收體上的加熱絲通電流，使吸收體受熱升溫引起相同的物理效應，則電加熱所消耗的功率等於接收器吸收的輻射功率。通過反射損失及光、電加熱不等效等修正，可求得入射輻射功率。如果入射光闌面積已知，此輻射度計可以作為輻射照度標準，進而標定輻射強度與輻射度。

　　這兩種類型的原級標準各有其適用範圍，實際運用時為互補性質。

　　因為黑體與絕對輻射度計技術複雜、費用昂貴等因素，不宜經常保持在工作狀態，更不宜於實際工作中使用，因此需要有相對應的標準燈將原級標準複製下來作為二級標準。於 250－2500 nm 波長範圍的分光輻射度標準燈採用色溫為 2846 K 的鎢絲燈，圖 7.74 為其光譜組成。

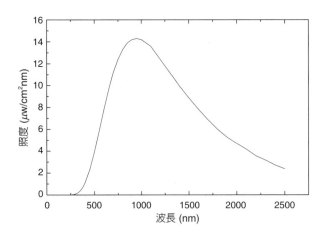

圖 7.74
色溫為 2846 K 的鎢絲燈泡之輻射光譜組成。

7.3.7 色溫

　　所謂色溫 (color temperature) 即是「光顏色的量」，其定義為：當光源所發射的光顏色與「黑體」在某一溫度輻射的光譜顏色相同時，這時黑體的溫度稱為該光源的色溫度，簡稱色溫，以絕對溫度 (K) 表示。

　　色溫是藉由與可調溫黑體進行顏色比對而得，實際進行量測的調溫黑體必須預先進行溫度校正。黑體溫度校正時，量測標準為熔點黑體，例如白金 (2045 K)、銠 (2236 K)、銥 (2720 K) 等，不同溫度的黑體輻射頻譜如圖 7.75 所示。利用這些黑體的顏色量測，可推出黑體溫度高低與色度座標的關係，如圖 7.76 所示。

　　早期進行色溫測量的作法是以待測光源與可調溫黑體進行比色測量，調整黑體的溫度直到黑體輻射與待測光源同色，此時黑體的溫度即為待測光源的色溫。現今色溫量測改用分光輻射度量測，光源色度座標可以由分光輻射度求得，尋找色度座標最靠近的黑體溫度為其色溫。

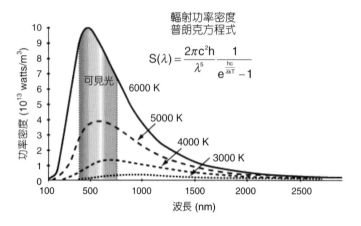

圖 7.75

不同溫度的黑體輻射與波長的關係。

　　實際光源的光譜分布很少與處於任何溫度的黑體相同，光源色度座標就不會落在黑體色度座標曲線 (Planckian locus) 上。定性來說，如果其色度座標落在黑體色度座標曲線上方，光源就會比最相似的黑體稍微偏綠；如果其色度座標落在黑體色度座標曲線下方，光源就會比最相似的黑體稍微偏粉紅；如果偏藍與偏黃出現，表示取用的黑體溫度不正確。

　　光源色度座標不落在黑體色度座標曲線上時，國際照明協會 (Commission Internationale de l'Eclairage, CIE) 建議一標準程序標定其色溫，其程序為於 CIE 1960 色度座標上對黑體色度座標曲線畫出垂直線，而利用這些垂直線標定光源色度座標所在的色溫範圍。圖 7.77 為於 CIE 1960 色度座標上的色溫標定垂直線，而圖 7.78 則為於 CIE 1931 色度座標上色溫標定垂直線。光源色度座標位於兩個標定線之間時，可以用內插的方法估算其色溫。這些標定線的斜率及與黑體色度座標曲線交點則列於表 7.12。

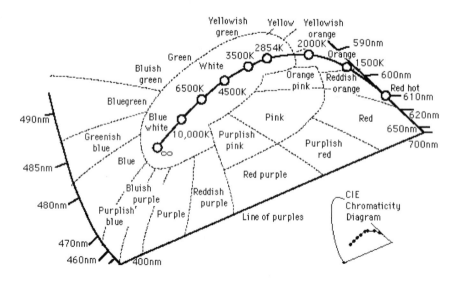

圖 7.76

黑體溫度與其色度座標。

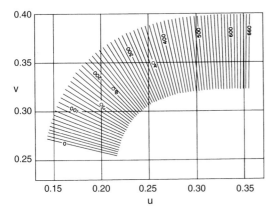

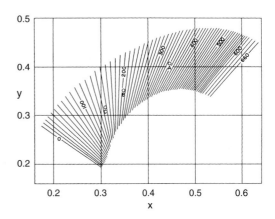

圖 7.77 於 CIE 1960 色度座標上的色溫標定 垂直線。

圖 7.78 於 CIE 1931 色度座標上的色溫標定 垂直線。

　　基本上來說,色溫是由光譜波長分布所決定的,光源的能量分布情況確定後,其色溫也就確定了。由於黑體維持與使用上不方便,鎢絲燈等可提供連續光譜的燈具取代了黑體。這些光源的光譜分布無法用簡單的普朗克方程式 (Planck law) 與色溫來描述,而是直接利用光譜輻射度來呈現其光譜分布,而色溫則用來大致描述其光譜組成。如以太陽為例,內部約 30,000 K,表面約為 5000 K,但射到地球後會被大氣層散射與折射,使不同太陽角度產生不同光譜組成的情況,也就是說太陽角度不同,色溫也會跟著改變,如圖 7.79 所示。

　　在人造光源方面,以鎢絲燈泡為例,鎢絲被通電加熱到約 2,200 K,其所產生的光線近於紅色。日光燈是用電子撞擊螢光體,其撞擊時所產生的色溫約 4500 K;CRT 電視的 P22 螢光體被電子撞擊時產生約 7,300 K 的色溫。表 7.13 為天然與人造光源的色溫值。

　　色溫只針對光源所產生的顏色而不考慮光源的光譜分布,相同色溫並不等同可在底片或感測器上產生相同的感光。攝影時可以根據光源色溫進行色平衡調整,例如底片式相機是利用加掛不同的濾光片,以調整影像色溫,而數位攝影機則可利用影像處理來作調整。

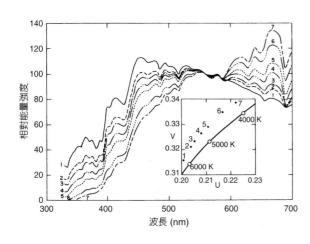

圖 7.79
不同仰角下的太陽光譜組成及其色溫變化。

表 7.12 不同溫度黑體垂直線交點與垂直線斜率[44]。

T (K)	x	y	1/slope	T (K)	x	y	1/slope
∞	0.2399	0.2413	−1.4711	3226	0.4216	0.3982	0.4328
100,000	0.2426	0.2381	−1.3579	3125	0.4282	0.4009	0.4552
50,000	0.2426	0.2425	−1.2790	3030	0.4247	0.4033	0.4770
33,333	0.2489	0.2472	−1.1830	2941	0.4410	0.4055	0.4976
25,000	0.2525	0.2523	−1.0858	2857	0.4473	0.4074	0.5181
20,000	0.2565	0.2577	−0.9834	2778	0.4535	0.4091	0.5377
16,667	0.2607	0.2634	−0.8863	2703	0.4595	0.4105	0.5565
14,286	0.2653	0.2693	−0.7874	2632	0.4654	0.4118	0.5740
12,500	0.2701	0.2755	−0.6934	2564	0.4712	0.4128	0.5917
11,111	0.2752	0.2818	−0.6022	2500	0.4769	0.4137	0.6080
10,000	0.2806	0.2883	−0.5140	2439	0.4824	0.4143	0.6248
9091	0.2863	0.2949	−0.4260	2381	0.4878	0.4148	0.6401
8333	0.2921	0.3015	−0.3607	2326	0.4931	0.4151	0.6554
7692	0.2982	0.3081	−0.2881	2273	0.4982	0.4153	0.6706
7143	0.3045	0.3146	−0.2227	2222	0.5032	0.4153	0.6847
6667	0.3110	0.3211	−0.1615	2174	0.5082	0.4151	0.6984
6250	0.3176	0.3275	−0.1044	2128	0.5129	0.4148	0.7124
5882	0.3243	0.3338	−0.0512	2083	0.5176	0.4145	0.7257
5556	0.3311	0.3399	−0.0004	2041	0.5221	0.4140	0.7382
5263	0.3380	0.3459	0.0458	2000	0.5266	0.4133	0.7508
5000	0.3450	0.3516	0.0889	1961	0.5309	0.4126	0.7630
4762	0.3521	0.3571	0.1294	1923	0.5350	0.4118	0.7745
4545	0.3591	0.3624	0.1676	1887	0.5391	0.4109	0.7865
4348	0.3662	0.3674	0.2045	1852	0.5431	0.4099	0.7981
4167	0.3733	0.3722	0.2386	1818	0.5470	0.4089	0.8095
4000	0.3804	0.3767	0.2712	1786	0.5508	0.4078	0.8204
3846	0.3874	0.3810	0.3011	1754	0.5545	0.4066	0.8307
3704	0.3944	0.3850	0.3303	1724	0.5581	0.4054	0.8411
3571	0.4013	0.3887	0.3578	1695	0.5616	0.4041	0.8511
3448	0.4081	0.3921	0.3836	1667	0.5650	0.4028	0.8613
3333	0.4149	0.3953	0.4090				

表 7.13 各類光源的色溫值。

光源	色溫 (K)
藍天	12,000 − 20,000
晴天太陽光	6500
日光燈	6300
霓虹燈	6400
汞燈	5900
閃光燈	3200
鎢絲燈	2870
40-watt incandescent	2500
高壓鈉燈	2100
蠟燭火焰	1850 − 1900

　　演色性 (color rendering) 是人眼對物體在光源下的感受與在太陽光下感受的逼真度百分比。演色性高的光源對顏色的表現較好，即眼睛所看到的顏色愈接近自然原色。反之，演色性低的光源對顏色的表現較差，看到的顏色偏差較大。所處環境光源色溫越接近太陽光，則其演色性越高，而色溫差越多，演色性越低。

參考文獻

 1. P. R. Yoder, Jr., *Optomechanical Interface Design and Analysis Addendum* (Video Short Course Notes), SPIE (1993).

 2. P. R. Yoder, Jr., *Opto-mechanical Systems Design*, 2nd ed., New York: Marcel Dekker (1993).

 3. http://www.airsystem.com.tw/manu-e01.htm (2005).

 4. http://www.sanguine.com.tw/clean.htm (2005).

 5. M. C. Ruda, *Fundamentals of Optical Alignment Techniques* (Video Short Course Notes), SPIE (1993).

 6. http://www.jedotw.com/UV_concept1.htm (2005).

 7. http://www.univex.com.tw/univex_com_ch.htm (2005).

 8. Hecht, *Optics*, 3rd ed., New York: Addison-Wesley, 257 (1998).

 9. J. C. Wyant, *Modern Optical Testing* (Video Short Course Notes), SPIE (1992).

10. http://astron.berkeley.edu/~jrg/Aberrations/node1.html (2005).

11. http://wyant.optics.arizona.edu/zernikes/zernikes.htm (2005).

12. W. J. Smith, *Modern Optical Engineering*, 2nd ed., New York: McGraw Hill (1990).

13. D. Malacara, *Optical Shop Testing*, 2nd ed., New York: Wiley (1992).

14. http://www.optik.uni-erlangen.de/odem/research/work/index.php?lang=d&what=shs (2005).

15. http://www.davidsonoptronics.com/index.htm (2005).

16. http://www.opticaltest.com (2005).

17. http://www.edmundoptics.com (2005).

18. http://www.mellesgriot.com/pdf/0051.8.pdf (2005).

19. G. Bouwhuis, J. Braat, A. Huijser, J. Pasman, G. van Rosmalen, and K. S. Immink, *Principles of Optical Systems*, Bristol and Boston: Adam Hilger Ltd (1987).

20. A. B. Marchant, *Optical Recording- A Technical Overview*, Addison-Wesley Publishing Company (1990).

21. Compact Disc Digital Audio, specified in the System Description Compact Disc Digital Audio ("Red Book") N.V. Philips and Sony Corporation.

22. DVD Specifications for Read-Only Disc, Part I Physical Specifications, Ver. 1.0, Aug. (1996).

23. R. Kingslake, *Lens Design Fundamentals*, New York: Academic Press (1997).

24. M. Born and E. Wolf, *Principles of Optics*, 6th ed., London: Pergamon Press (1980).

25. 施錫富, 工業材料月刊, **159**, 133 (2000).

26. 李源欽, 施錫富, 科儀新知, **22** (1), 43 (2000).

27. 施錫富, 科儀新知, **26** (4), 39 (2005).

28. 楊曉飛, 張曉輝, 韓昌元, 光學學報, **24** (1), 115 (2004).

29. J. W. Figoski, T. E. Shrode, G. F. Moore, *Proc. SPIE*, **1049**, 166 (1987).

30. Z. Gao, L. Chen, S. Zhou, and R. Zhu, *Opt. Eng.*, **43** (1), 69 (2004).

31. D. Malacara, *Optical Shop Testing*, 2nd ed., John Wiley (1978).

32. 蘇大圖, 光學測試技術, 第一版, 北京市: 北京理工大學出版社 (1996).

33. W. J. Smith, *Modern Optical Engineering: the Design of Optical Systems*, 3rd ed., New York: McGraw-Hill (2000).

34. R. F. Fischer and B. Tadic-Galeb, *Optical System Design*, New York: McGraw-Hill Co. (2000).

35. E. Hecht, *Optics*, 3rd ed., Massachusetts: Addison-Wesley Longman, Inc. (1998).

36. R. Kingslake, *J. Opt. Soc. Am.*, **22**, 207 (1932)

37. http://www.schneiderkreuznach.com

38. 儀器總覽－光學檢測儀器, 新竹: 行政院國科會精密儀器發展中心 (1998).

39. J. M. Geary, *Introduction to Optical Testing*, SPIE (1993).

40. *Optics and Optical Instruments-Preparation of Drawings for Optical Element and System: ISO 10110: A User's Guide*, 2nd ed., OSA (2002).

41. D. Malacara, *Optical Shop Testing*, 2nd ed., John Wiley (1978).

42. B. H. Walker, *Optical Engineering Fundamentals*, SPIE (1998).

43. *Laser Centering Inspection System Operating Manual*, 1st ed., LOH Optikmaschinen AG (1997).

44. F. Grum and R. J. Becherer, *Optical Radiation Measurements*, v.1 Radiometry, 30 (1979).

45. W. R. McCluney, *Introduction to Radiometry and Photometry*, 93 (1994).

第八章 實例介紹

8.1 投影顯示器

8.1.1 前言

投影顯示器 (projection display) 係將微顯示器 (microdisplay) 上之影像，利用光學成像放大方法，而獲得大尺寸影像之顯示技術。由於其顯示面積之增加並不明顯增加其材料成本，因而為一成本效益極高之顯示器型態。投影顯示器之基本架構如圖 8.1 所示。若微顯示器本身為自發光型式，則可使用一投影鏡頭直接將其影像放大至屏幕上。但若微顯示器為非自發光型式，則需另外使用照明光學系統，以使微小顯示器上之影像可視化，此類投影機統稱為光閥式投影機 (light valve projection displays)，因微顯示器之動作機制正如一控制光之閥門。

投影顯示器為一典型之光機電整合產品，其技術相當多元化[1]。整體而言，以微顯示器之特性影響投影機系統架構最為明顯。因此本文以目前主要投影機產品所使用之微顯示器作分類，包括陰極射線管 (cathode ray tube, CRT)、微鏡片陣列、穿透式液晶與反射式液晶面板，分別介紹其微顯示器與光機引擎 (light engine) 之結構與動作原理。在顯示器之應用中，其動作原理之要項包括產生亮場、暗場、灰階與色彩之機制，以及增加亮度、效率、均勻度與解析度之工程技術。

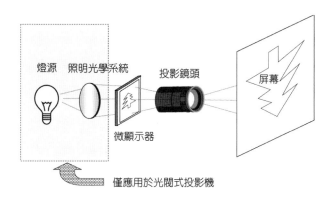

圖 8.1
投影顯示器基本示意構造。

第 8.1 節作者為陳政寰先生。

8.1.2 CRT 投影機

　　CRT 投影機之架構如圖 8.2 所示，其 CRT 本身之動作原理與一般 CRT 電視相同，係以電子束掃描在映像管面上之螢光粉而產生影像，只是其映像管尺寸較小，一般多為 7 吋及 9 吋，同時也多為單色，目的在增加亮度與解析度。因而在投影機之應用中，使用三個單色 CRT，分別提供彩色影像中紅綠藍的影像成分，並分別由投影鏡頭投射至屏幕上。影像的三原色成分係在屏幕上疊合而成為彩色影像。CRT 本身為類比之影像源，因而在解析度 (像素數目) 之調制上較具彈性，不若數位顯示器具有一本質之解析度。同時 CRT 為自發光型式，因而在對比度上表現亦較為優異，也無更換燈泡之問題。然而一般而言，CRT 投影機通常較為厚重，也有三原色影像成分疊合對準之問題。更重要者為其投影之光通量受 CRT 本身之限制，因而投影至大屏幕時之亮度常較其他光閥式投影機為低，而必須在環境光較弱之暗室觀看方能表現出其畫像品質。因而目前 CRT 投影機在前投影之應用較為有限，而多使用於背投電視中。

8.1.3 微鏡片陣列反射式投影機 (DLP 投影機)

　　DLP (digital light processing) 投影機所使用之微顯示器為微鏡片陣列 (digital micromirror device, DMD)，係由美國德州儀器公司所開發之技術，其單一微鏡片之結構如圖 8.3 所示[2,3]。

　　微鏡片陣列為一製作於單晶矽基板之微機電系統，其製程類似於積體電路，但更為複雜，因必須製作出可運動之空間微結構。其單一微鏡片在投影機應用中即代表一像素，其尺寸為 $12-17\ \mu m$ 的正方形，而相鄰微鏡片之間的間隙約為 $1\ \mu m$。此微鏡片經由一扭力旋轉軸固定於基板上，並可經由電極控制旋轉於兩種傾斜狀態，其旋轉角度約在 $\pm 10° - \pm 12°$。單一微鏡片之尺寸減小有助於增加鏡片旋轉切換速度以及解析度，但因鏡片與鏡片之間隙比率增加，則會減少微顯示器之開口率 (aperture ratio)，亦即整個微顯示器之有效像素面積之比例，而影響到系統之效率與光通量。

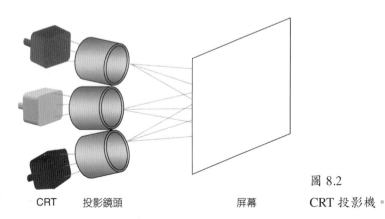

圖 8.2

CRT　　投影鏡頭　　　　　　　　屏幕　　　CRT 投影機。

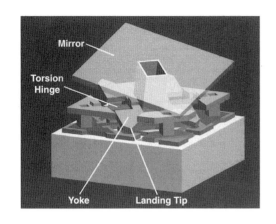

圖 8.3

微鏡片構造圖。

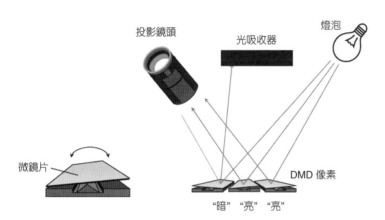

圖 8.4

微鏡片陣列投影機動作原理。

　　以微鏡片陣列製作成投影機之基本動作原理如圖 8.4 所示。外界光源照射於微鏡片陣列上，向右傾斜之微鏡片將入射光反射至一光吸收器上，而成為螢幕上之暗點。而向左傾斜之微鏡片則將入射光反射至投影鏡頭而成為亮點。因此可以微鏡片受驅動而傾斜之方向在屏幕上形成具亮暗分布之影像。由此結構亦可說明微鏡片傾斜角大小對投影機之對比度會有一定程度之影響。

　　微鏡片陣列本身為二元數位型式，因其僅能產生兩種光調制狀態。在灰階的產生上，必須應用時間多工之方式實現。由於微鏡片切換速度約在 15 μs 左右，使其具有足夠之速度實現此技術。其方式為在一極短之時間區間內 (約為數個 ms)，由微鏡片處在亮狀態之時間長短來決定灰階度。在此極短之時間區間內，人眼不會感覺到其間亮暗的變化，而是將接受的光強度變化作等效於積分之處理而感受到其平均亮度。

　　圖 8.5 為以 DMD 所構成之單片式投影機的的光機結構示意圖[4,5]。由於德州儀器公司將整組 DMD 與其控制電路總稱為 DLP 模組，因而以此光機引擎製作之投影機被稱為 DLP 投影機。

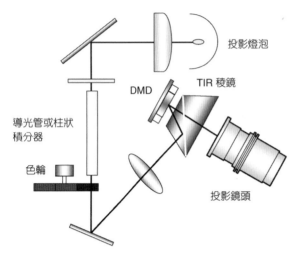

圖 8.5
單片式 DLP 投影機。

　　微鏡片陣列僅能控制入射光源之反射方向，為非自發光型式。圖 8.5 中自投影燈泡至 DMD 為照明光學系統，而自 DMD 經投影鏡頭而至屏幕則為投影成像光學系統。在照明光路中有一導光管 (light pipe) 及色輪 (color wheel)，其功能分別為均化照明及產生色彩。

　　一般而言，投影燈泡為高壓汞燈，其發光體為兩高壓電極間所產生之電弧。此電弧並非一均勻發光體[6]，若直接將光束成像導至微顯示器上，將無法產生均勻之照明。因而將投影燈泡之光聚焦導入到一導光管中，在此導光管中光能量因光線不斷反射混合而可在出口處獲致均勻分布之效果，如圖 8.6 所示。此導光管出口之長寬比設計成與 DMD 面板相同，則此導光管之出口可直接成像於 DMD 而均勻照亮 DMD 面板。

　　同時，投影燈泡之光譜如圖 8.7 所示[7]，其視覺上之合成效果為白光。因而，若直接照射 DMD，則僅能獲致黑白影像。產生色彩之方式為使用一具有紅綠藍濾光片組成之色輪。色輪轉動之過程，投影光之紅綠藍成分將依時間序列通過色輪，再使 DMD 之驅動與色輪同步而循序顯現影像之紅綠藍成分。此循序顯示之紅綠藍成分則會被人眼集積合成為一彩色影像。DMD 可以此方式實現彩色影像亦歸功其具有足夠快之切換速度。

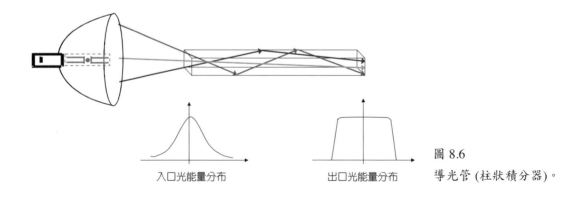

入口光能量分布　　　　　　出口光能量分布

圖 8.6
導光管 (柱狀積分器)。

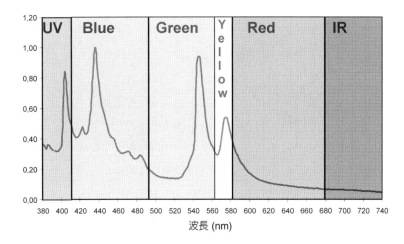

圖 8.7
UHP 投影燈泡發光頻譜。

由於 DMD 為反射式微顯示器，其需有一其元件將入射之照明光路與反射之投影成像光路分離。圖 8.5 所示之全反射 (total internal reflection, TIR) 稜鏡即在執行此項功能。其入射光通過稜鏡中之空氣間隙界面時，由於入射角大於全反射之臨界角，因而反射至 DMD 面板上而照亮面板。而自處於亮狀態之微鏡片反射後之光再入射至此空氣間隙界面時，其角度已小於全反射之臨界角，因而穿透至投影鏡頭並在屏幕上成為亮點。而自處於暗狀態之微鏡片所反射之光則返回光源或被導至一光吸收器，因無法進入投影成像光路而在屏幕上成為暗點。

此微鏡片陣列投影機亦可使用三片式之架構，但多半用於大型屏幕中所需之光通量極高之場合，例如數位電影院之應用[4]。在一般消費性市場中，由於 DMD 面板昂貴，多為單片式之架構。

8.1.4 穿透式液晶投影機

穿透式液晶投影機所使用之微顯示器係應用液晶分子之雙折射 (birefringence) 特性，使穿透液晶層之光改變其偏極狀態 (polarization)，再搭配適當之偏極板 (polarizer) 佈局，即可產生亮暗場及灰階[8]。在目前穿透式液晶微顯示器中，多使用 90 度扭轉向列式液晶模態 (90 twisted nematic)，如圖 8.8 所示。其係將位於液晶層二端的玻璃基板處之液晶分子，以配向技術固定在二個互相垂直之方向，而液晶層中之液晶分子，則會自然地以如圖 8.8(a) 所示之螺旋狀態分布。

液晶及玻璃基板均為透光元件，需外加光偏極板方能產生亮暗場及灰階。二片偏極板分別置於液晶層之兩側，並使其光穿透軸相互垂直。當光穿過第一片偏極板後，已成偏極化光。若液晶層之材料與厚度經由適當之選取設計而滿足某一特殊條件時，此偏極光之極化方向會隨液晶分子長軸之扭轉分布而旋轉，在即將離開液晶層時已成為旋轉 90 度之線偏極狀態，並因偏極狀態與第二片偏極板之穿透軸平行而穿透，此為亮場。

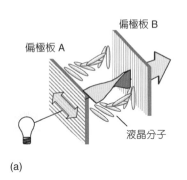
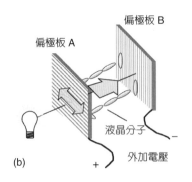

圖 8.8

90 度扭轉向列式液晶模態動
作原理。

(a)　　　　　　　　　　　　(b)

　　但若對液晶兩端施加一電壓，液晶分子即開始旋轉，且其指向 (director) 傾向於與外加
電場之方向平行，此為液晶分子之本質電氣特性。在電壓約 5 V 時，所有液晶分子幾乎均已
排列與外加電場線同方向，如圖 8.8(b) 所示。此時入射之偏極化光無法看到液晶之雙折射特
性，因而偏極狀態維持不變，入射於第二片偏極板時，光因偏極方向與偏極板穿透軸相互垂
直而被吸收形成暗場。若加在液晶層兩端之電壓介於 0－5 V 之間，則液晶分子未完全朝外
加電場方向排列，因而可對入射光之偏極狀態做部分之調制，如此穿透光打在第二片偏極板
時，其偏極狀態不與其穿透軸完全平行或垂直，因而部分光可穿透且部分光被吸收。依此原
理則可以控制液晶層之電壓而得到所欲灰階分布之影像。

　　以上說明僅為單一像素之動作原理。製成液晶微顯示器之像素陣列時，是以陣列式驅動
(matrix addressing) 將整個像素陣列所需之電壓值一列一列地循序輸入。為求高品質之影像，
此液晶層電壓之控制係經由一主動式之薄膜電晶體元件。單一像素之結構如圖 8.9 所示，此
部分動作原理與一般直視型薄膜電晶體液晶顯示器類似，主要的差異在於其薄膜電晶體開關
通道材料之製程技術。由於此薄膜電晶體元件不透光，因而使穿透式液晶微顯示器之開口率
減小。

　　以穿透式液晶微顯示器製作成投影機之原理即如圖 8.1 所示。係以一照明系統將液晶微
顯示器照亮，液晶微顯示器則控制每一像素之光穿透量而產生灰階分布之影像，此影像再經
由一投影鏡頭投射至大屏幕上。目前以此技術製作之投影機以三片式架構應用於前投影為主
流，其光機架構如圖 8.10 所示。

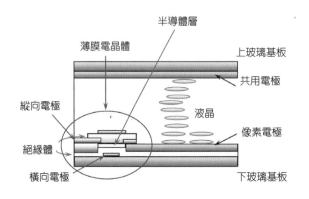

圖 8.9

穿透式薄膜電晶體液晶像素構造。

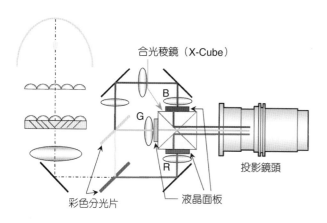

合光稜鏡（X-Cube）

投影鏡頭

彩色分光片

液晶面板

圖 8.10
三面板穿透式液晶投影機。

其產生色彩之原理，係將投影燈泡之光以適當之彩色分光片 (dichroic filter) 使紅綠藍波段之成分，分走三個光路，並分別照射於三片液晶面板上。被紅色光照射之面板，即呈現影像中之紅色成分，另二片面板亦類似，而後此影像之紅綠藍成分再經由一合光稜鏡 (X-cube) 疊合而成為一彩色影像後由投影鏡頭投射至大屏幕上。

在照明光路中有二片蠅眼透鏡 (透鏡陣列)，其功能為在液晶微顯示器上造成一均勻之照明，其光路可由圖 8.11 說明。投影燈投射在第一片蠅眼透鏡之能量為不均勻之分布，而蠅眼透鏡對與其後之透鏡係將此不均勻之光能量分布切割成許多區域，每個區域之光能量均分別被成像於液晶面板上，而照亮整個面板。三原色之光路均相同。每一像素均會受到來自光源較強及較弱部分之照明而得以均勻化。

在第二片蠅眼透鏡之後，有一偏極轉換模組，其目的在於將來自於投影燈之非偏極化光轉換為偏極光，因而增加光能量之使用效率，否則一般而言使用偏極板將光極化之能量使用效率最高僅為 50%。偏極轉換模組之構造如圖 8.12 所示，其係由一陣列之偏極分光器 (polarization beam splitter, PBS)、反射鏡片與半波長延遲片 (half wave retarder) 所組成。若僅就一單元而言，入射光之二垂直偏極分量 (P 偏極與 S 偏極) 被偏極分光器分離，P 偏極穿透而 S 偏極反射。S 偏極再由一反射鏡反射後，穿過一半波長延遲片而旋轉 90 度成 P 偏極。如此穿過偏極轉換模組之光大部分均轉換成單一偏極狀態。

此類三片式穿透式液晶投影機在製程上較關鍵之部分為三片液晶面板之對準問題，一般若偏離超過一像素則成不良品。

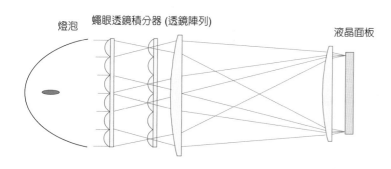

燈泡　　蠅眼透鏡積分器 (透鏡陣列)　　　　　　　　　　　液晶面板

圖 8.11
液晶投影機照明光學系統。

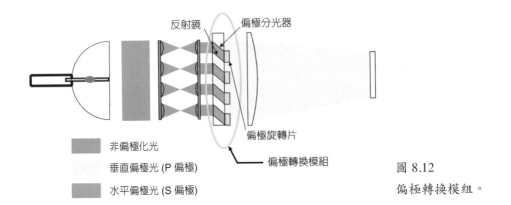

反射鏡　偏極分光器

非偏極化光

垂直偏極光 (P 偏極)

水平偏極光 (S 偏極)

偏極旋轉片

偏極轉換模組

圖 8.12
偏極轉換模組。

8.1.5 反射式液晶投影機

　　反射式液晶投影機所使用之液晶微顯示器，其調制光偏極狀態而產生亮暗灰階之原理與穿透式液晶微顯示器類似，但在結構佈局上則不同，其結構剖面如圖 8.13 所示[9]。一偏極化光自上方入射至液晶層而被液晶層下方之反射層反射折返。此液晶層經由適當的設計，可使通過液晶層二次之線偏極光恰好旋轉 90 度，在加電壓情況下，液晶分子之狀態則可設計成為不使入射光偏極狀態改變，亦即使入射光等同於直接反射而不改變其偏極狀態。配合其他偏極光學元件，可使其中一狀態為亮場，另一為暗場；灰階之產生則是對液晶層施加介於亮場與暗場間之電壓。

　　使用於反射式液晶微顯示器之液晶模態種類繁多，外加電場時為亮場或暗場亦受液晶模態與偏極光學元件佈局所影響。其驅動電路係位於反射層下方，因而不會有阻光作用，此為反射式液晶面板之開口率較穿透式為高的主要原因。因而在高解析度之應用，即像素尺寸減小的情況下，特別具有其優勢。同時亦由於基板不需透光，可使用積體電路產業所廣泛使用之矽材料，其電晶體元件可使用發展成熟之 CMOS 製程，因而此類反射式液晶面板稱作矽基板液晶微顯示器 (liquid crystal on silicon, LCOS)。

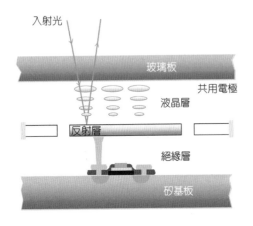

入射光

玻璃板

共用電極

液晶層

反射層

絕緣層

矽基板

圖 8.13
反射式矽基板液晶像素構造。

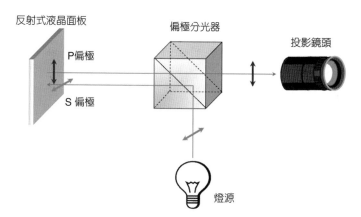

圖 8.14

反射式液晶投影機動作原理。

　　以 LCOS 面板製作投影機之基本原理如圖 8.14 所示。由於部分照明光路與投影成像光路重合，需以一光學元件加以分離。在 LCOS 投影機中多使用薄膜偏極分光器而利用光偏極狀態達成此目的。如圖 8.14 中之照明為 S 偏極光，由 PBS 反射後入射至 LCOS 面板，若光反射後被液晶旋轉 90 度，即成 P 偏極而穿過 PBS，經投影鏡頭而至螢幕上成為亮點。若該像素之液晶未將光偏極狀態旋轉，則反射光仍為 S 偏極，將被 PBS 反射而返回光源，此像素即為暗點。

　　以 LCOS 製成之光機引擎種類相當繁多，除三片式之架構外，由於 LCOS 面板之液晶層可較精確地控制在較薄之厚度 (約 1 μm)，而使液晶響應速度增加，因而可製作出單片式投影機。

　　圖 8.15 所示為一以 LCOS 面板所製成之單片式投影機[10]，有別於 DLP 投影機所使用之時間序列色彩產生方式，其所使用的為捲動式色彩機制 (scrolling color scheme)。其原理係將照明光源之紅綠藍成分作光路分離，三原色之光分別照亮液晶面板約三分之一的面積，實際比例是依色彩規格而定，如圖 8.16 所示。被紅色光照亮之面板部分，顯示影像中之紅色成

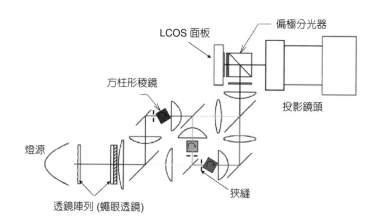

圖 8.15

捲動色彩單片式 (LCOS) 投影機。

圖 8.16 捲動式色彩機制面板照明示意圖。

分,而綠色與藍色光路同理。若將此三個照明光束在面板上進行掃描,在掃描速度快到某一速率時,人眼會將其合成而感受到一彩色影像。

　　圖 8.15 中自光源至狹縫之光路與圖 8.11 中所示之三面板穿透式液晶投影機之照明光路相似,亦即以光源均勻地照亮狹縫,紅綠藍光路均相同。自狹縫到 LCOS 面板之光路則是將狹縫成像至面板上而照亮面板。同樣地,紅綠藍三光路均相同,但成像在面板上之位置不能重疊。圖 8.15 所示之構造是以一方柱形稜鏡達到此目的,此方柱形稜鏡旋轉時會使光線偏折改變,因而可使狹縫影像在面板上掃動。將紅綠藍三光路之方柱形稜鏡調到適當的相對位置,並利用電子電路控制技術將其相對位置鎖定,則可產生如圖 8.16 所示之捲動照明效果。

　　單片式 LCOS 投影機主要之優點為其材料成本可因使用單一面板而降低,同時亦可減少在三面板投影機中所需之對準校正成本。然而其單一面板所需之規格較為嚴苛,特別在響應速度方面。同時,也由於單面板可提供之光通量較三片式為低,因而此光機引擎多使用於背投電視之應用。

8.1.6 結論

　　就前文所介紹之市場主流投影機產品中,已可顯現出投影機相關技術之多元化與整合性。例如在提供影像源的微顯示器方面,有使用微機電技術的微鏡片陣列,以及使用光電技術的液晶面板。在產生色彩的機制方面,可使用轉動的色輪以時間序列方式而產生,或轉動的方柱形稜鏡使三原色光在面板上捲動而產生,亦可使用紅綠藍在空間中疊合而產生。其實現過程中均牽涉到機械運動、對準精度,以及微處理器與電子控制等相關技術。

　　本文僅針對投影機動作基本原理之核心部分加以說明,其系統整合相關之工程技術牽涉範圍更加廣泛,如投影機之光路佈局、散熱、噪音、溫度檢測與控制以及人機介面等,在此高度競爭之消費性電子市場中,每一項目均可影響產品在市場上的接受程度。因為投影機相關技術之多元性,其提供各技術領域工程師相當多的創意與設計發揮之空間。但因其為消費性電子產品,創意必須能與成本及市場之考量相結合,最後才能成為一市場上成功之生存者。

8.2 視覺取像系統

8.2.1 CCD 攝影機

電荷耦合元件 (charge-coupled device, CCD) 是一種矽基固態影像感測元件，其形狀為一維線形或二維面形的高密度像素陣列，具有高感度、低雜訊 (low noise)、動態範圍廣 (high dynamic range)、良好的線性特性 (linearity)、高量子轉換效率 (high quantum efficiency)、大面積偵測 (large field of view) 能力、光譜響應廣 (broad spectral response)、低影像失真 (low image distortion)、體積小、重量輕、低耗電力、不受強電磁場影響、可大量生產、品質穩定、堅固、不易老化、使用方便，以及保養容易等諸多優點。各種廠牌 CCD 攝影機的型錄上都提供許多規格，以供使用者挑選，當選購一台 CCD 攝影機時，可就以下幾點作考慮。

(1) CCD 攝影機之感測晶片

設計視覺取像系統經常要面對的是影像解析度的問題，除了鏡頭倍率因素外，攝影機之 CCD 感測晶片也是重要的因素。諸如 CCD 攝影機之感測晶片的像素量及尺寸大小等，皆為需要留意的問題。

攝影機之 CCD 感測晶片如同攝像管的作法，其成像裝置大小可分為 1 英吋、2/3 英吋、1/2 英吋或 1/3 英吋，如圖 8.17 所示。值得留意的是，其實際尺寸大小已經與表面上的尺寸稱呼無關了，例如 1 英吋成像裝置大小長 12.8 mm (約 1/2 英吋)、寬 9.6 mm，而對角線長 16 mm。在鏡頭設計上，由於透鏡形狀為圓形，因此與成像裝置大小特別相關的是對角線長，它與圓形透鏡的直徑互相對應，如圖 8.18 所示。

以電腦影像視覺技術而言，要選擇適當之尺寸與解析度的 CCD 感測晶片，就必須瞭解每一像素點所代表的實際面積及長度。而由人工量測時，通常是利用量尺或目鏡網線刻度直接予以目視量測。而在電腦影像視覺系統中，可採用刻度校準的方式，計算出每一像素點所代表的實際面積及長度。例如利用光柵圖案當作校準尺，如圖 8.19 所示，由於光柵條紋在 1 mm 的寬度中共有 50 條，所以每一條紋之間距為 0.02 mm。刻度校準方法的程序為：① 固定放大倍率，② 取出光柵二值化影像，③ 計算每一個條紋間距所包含的像素點數 N，④ 將 0.02 mm 除以 N，即為影像中單一像素點所代表的實際長度。

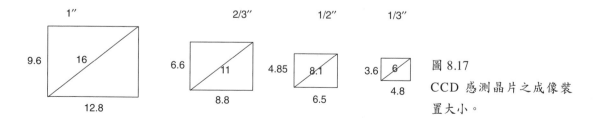

圖 8.17
CCD 感測晶片之成像裝置大小。

第 8.2 節作者為林宸生先生。

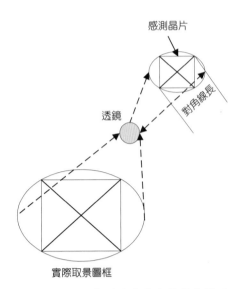

圖 8.18 CCD 感測晶片對角線長與圓形
　　　透鏡的直徑互相對應。

圖 8.19 光柵 (50 lines/mm) 影像圖。

　　例如根據實驗與計算的結果，在顯微鏡頭的放大倍率為 4.5 倍時，選擇解析度為 640 ×
480、尺寸為 1/2 英吋的 CCD 感測晶片，每個像素點所代表的實際長度約為 2.2 μm，實際面
積則約為 $2.2 \times 2.2\ \mu m^2$。亦即每一像素點所代表的長度 (L) 與 CCD 感測晶片尺寸 (d)、顯微鏡
頭的放大倍率 (M) 及 CCD 感測晶片解析度 (R) 的關係概略可由下式而得：

$$L = \frac{d}{M \times R} \tag{8.1}$$

　　由公式 (8.1) 可知，顯微鏡頭的倍率越大，感測晶片解析度越大，或是 CCD 感測晶片尺
寸越小，則度量解析度可越精細，但度量範圍越小。另外，電腦影像視覺技術廠商實際在使
用的放大倍率 (M_{system})，是將顯示器的尺寸一並考慮的，如公式 (8.2) 所示：

$$M_{system} = \frac{l}{x} \tag{8.2}$$

其中，l 為顯示器中物體影像的長度，而 x 為實際物體的長度。由公式 (8.2) 可知，顯示器的
尺寸越大，影像視覺系統的放大倍率越大。但此種計算方式，較適合類比方式的處理，也就
是由人工量測的場合，例如是利用量尺在顯示器的螢幕上直接予以目視測量。然而，較大的
顯示器尺寸，對數位影像的解析度並無幫助。

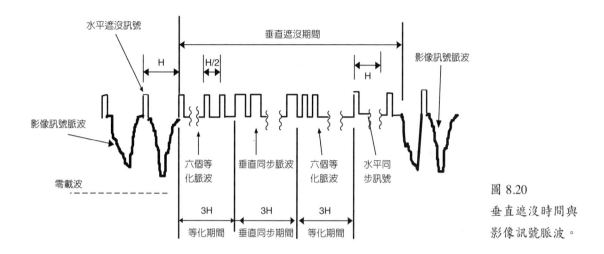

圖 8.20
垂直遮沒時間與
影像訊號脈波。

(2) 訊號種類與光譜響應

　　CCD 攝影機的訊號種類、所感測之光譜響應 (spectral response) 頻帶範圍、對光照度之敏感度，以及是否需要對低照度敏感之功能等，這些問題亦是在選購 CCD 攝影機時需列入考量。

　　攝影機訊號傳送的種類可分為類比式與數位式兩大類，類比式訊號傳送是將各影像畫面明暗資訊，依照其順序變換成為電壓的強弱後，比照其垂直遮沒時間與影像訊號脈波，如圖 8.20 所示，例如 PAL、NTSC 或 RS170 等規格，再傳送出去。而影像處理卡則根據接收到電壓訊號的強弱，利用類比數位轉換機制重新取樣，還原為明暗資訊相對應的影像畫面訊號，類比式攝影機其規格如表 8.1 所示。數位攝影機包括電腦數位攝影機 (PC camera) 及一些特殊用途 (高速或高解析度) 的攝影機，以 USB、IEEE1394 或其他數位攝影專用轉換裝置為輸入介面。

表 8.1 類比式攝影機 SAP-3022 規格表。

項目	規格
影像擷取元件	Sharp 1/3″ Interline Transfer CCD
像素	EIA：510×492、CCIR：500×582
解析度	420 Horizontal TV Line
最低照度	0.6 lx / F3.5
透鏡設備	針孔式鏡頭 5.5 mm / F2.5
訊雜比	大於 46 dB
視訊輸出	$1\ V_{pp}$ / 75 Ω
電源供應	$12\ V_{DC}$ / 90 mA
操作溫度	$-10\ °C - 50\ °C$
尺寸	32 mm (L) $\times$ 32 mm (W) $\times$ 13 mm (H)
重量	30 g

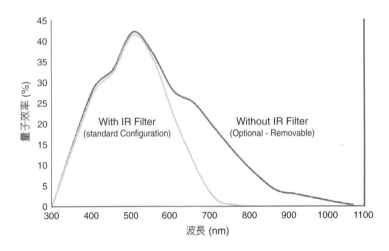

圖 8.21
QImaging Retiga 1300 的頻譜響應。

　　另外，以數位攝影機 QImaging Retiga 1300 為例，此數位攝影機為一相當高階的數位攝影機，常用於生物顯微檢測、DNA 檢測、螢光反應檢測及半導體檢測等，其規格如表 8.2 所列，其頻譜響應如圖 8.21 所示。此相機特殊之處在於其高解析、高靈敏與高取像速度，其具有可達 1280 × 1024 的 130 萬像素與 10 bits 的單一色彩解析，且最快可達每秒 100 張的擷取速度，要驅動高速擷取經常必須採用雙像素模式 (binning mode) 技術，如圖 8.22 所示。

　　所謂的雙像素模式就是將相鄰的像素視為一個較大的像素。比方說 2 × 2 的雙像素模式，就是將 1280 × 1024 CCD 像素感應矩陣的排列以每 2 × 2 為單位，重新組合來運算影像成為一張新的 640 × 512 的圖像。雙像素模式的缺點在於犧牲空間解析度，但其優點是換來更高的取像速度，因為傳輸的點變少，且可增加亮度，因為較大的像素可曝光、累積更多的電荷，整體影像亮度增加。

表 8.2 數位攝影機 QImaging Retiga 1300 規格表。

項目	規格
感測器	2/3″ Progressive Scan Interline Color CCD (Bayer Mosiac)
解析度	1280×1024
介面	IEEE 1394
數位輸出	10 bits
取像速度	12 fps Full Resolution 1280×1024 in 8 bit
	6 fps in 10 bit up to 40 fps Binning; 100 fps in ROI;
輸出頻率	20 MHz
量子效率	400 nm 30%、500 nm 43%、600 nm 30%
曝光時間	40 μs − 15 min in 1 μs increment
雙像素模式	2×2、3×3、4×4
尺寸	2.5×4×4.5 inched
重量	595 g

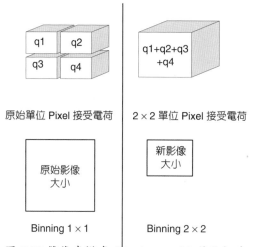

圖 8.22 雙像素模式 (binning mode) 技術概念
表示圖。

圖 8.23 拜爾彩色濾光陣列圖。

　　我們計算最高解析度時，每秒需處理之位元組 $1280 \times 1024 \times 8$ bit $\times 12 = 15.7$ MB，因此每種顏色每秒需要 15.7 MB 的處理量，但因色彩的處理為 RGB 三原色故需再乘上 3，$15.7 \times 3 = 47.1$ MB。相對於過去每秒處理 $640 \times 480 \times 3 \times 30 = 27.6$ MB，至少多上了一倍的資料處理量，並且此攝影機所提供的 CCD 原始圖拜爾彩色濾光陣列 (Bayer color filter array (CFA) pattern)，還需要解碼後才能作影像處理，如以高階語言 C++ 處理解碼與影像分析，效能是很差的。因此如果沒有妥善的設計，系統的效率將會大幅的降低，並且漏失許多的擷取影像。

　　數位相機的拜爾彩色濾光陣列圖如圖 8.23 所示。當我們擷取到由廠商所提供之影像指標時，所有色彩將如圖 8.23 所示排列，因此進行影像處理時，其並非所要求之影像資訊，而必須先解開拜爾彩色濾光陣列圖，再去做色彩的處理。因此，除了影像處理所必須花費的 CPU 處理資訊外，還必須藉由 CPU 進行此拜爾彩色濾光陣列圖解碼，如果處理方式太慢，將造成程式運作上的問題。

　　在拜爾彩色濾光陣列圖裡，每一個 RGGB 的排列即為一個單元，如圖中深灰色區塊，有一個 R，兩個 G 與一個 B；因為綠色對亮度的反應很出眾，而高解析度的影像往往也需要足夠亮度才能夠清楚，因此綠色也就排列兩次。也有其他類別的彩色濾光陣列圖，例如圖 8.24 所示的 stripe CFA，但其解析度不佳。

　　對於拜爾彩色濾光陣列圖的重建色彩還原方式有很多種類，例如採用內插法來還原。利用雙線性內插 (bilinear interpolation) 公式分別計算點 (x,y)、$(x+1,y)$、$(x,y+1)$、$(x+1,y+1)$ 還原之色彩 (圖 8.25)。因為此陣列圖具有重複性，因此計算此四點即可套用至除邊緣上之其他點，求得色彩值。公式中之 R 代表紅色，G 代表綠色，B 代表藍色。

R	G	B	G	R	G	B	G
R	G	B	G	R	G	B	G
R	G	B	G	R	G	B	G
R	G	B	G	R	G	B	G
R	G	B	G	R	G	B	G
R	G	B	G	R	G	B	G

圖 8.24 Stripe 彩色濾光陣列圖。

R_1 (x–1,y–1)	G_1 (x,y–1)	R_2 (x+1,y–1)	G_2 (x+2,y–1)
G_3 (x–1,y)	B_1 (x,y)	G_4 (x+1,y)	B_2 (x+2,y)
R_3 (x–1,y+1)	G_5 (x,y+1)	R_4 (x+1,y+1)	G_6 (x+2,y+1)
G_7 (x–1,y+2)	B_3 (x,y+2)	G_8 (x+1,y+2)	B_4 (x+2,y+2)

圖 8.25 未還原之拜爾彩色濾光陣列圖。

• 點 (x,y) 之色彩

$$\begin{aligned}R_{x,y} &= \frac{R_1+R_2+R_3+R_4}{4} \\ &= \frac{\text{Image}(x-1,y-1)+\text{Image}(x+1,y-1)+\text{Image}(x-1,y+1)+\text{Image}(x+1,y+1)}{4}\end{aligned} \tag{8.3}$$

$$\begin{aligned}G_{x,y} &= \frac{G_1+G_3+G_4+G_5}{4} \\ &= \frac{\text{Image}(x,y-1)+\text{Image}(x-1,y)+\text{Image}(x+1,y)+\text{Image}(x,y+1)}{4}\end{aligned} \tag{8.4}$$

$$B_{x,y} = B_1 = \text{Image}(x,y) \tag{8.5}$$

• 點 $(x+1,y)$ 之色彩

$$R_{x+1,y} = \frac{R_2+R_4}{2} = \frac{\text{Im age}(x+1,y-1)+\text{Im age}(x+1,y+1)}{2} \tag{8.6}$$

$$G_{x+1,y} = G_4 = \text{Im age}(x+1,y) \tag{8.7}$$

$$B_{x+1,y} = \frac{B_1+B_2}{2} = \frac{\text{Im age}(x,y)+\text{Im age}(x+2,y)}{2} \tag{8.8}$$

• 點 $(x,y+1)$ 之色彩

$$R_{x,y+1} = \frac{R_3+R_4}{2} = \frac{\text{Image}(x-1,y+1)+\text{Image}(x+1,y+1)}{2} \tag{8.9}$$

$$G_{x,y+1} = G_5 = \text{Image}(x,y+1) \tag{8.10}$$

$$B_{x,y+1} = \frac{B_1+B_3}{2} = \frac{\text{Image}(x,y)+\text{Image}(x,y+2)}{2} \tag{8.11}$$

· 點 $(x+1, y+1)$ 之色彩

$$R_{x+1, y+1} = R_4 = \text{Image}(x+1, y+1) \tag{8.12}$$

$$G_{x+1, y+1} = \frac{G_4 + G_5 + G_6 + G_8}{4}$$

$$= \frac{\text{Image}(x+1, y) + \text{Image}(x, y+1) + \text{Image}(x+2, y+1) + \text{Image}(x+1, y+2)}{4} \tag{8.13}$$

$$B_{x+1, y+1} = \frac{B_1 + B_2 + B_3 + B_4}{4}$$

$$= \frac{\text{Image}(x, y) + \text{Image}(x+2, y) + \text{Image}(x, y+2) + \text{Image}(x+2, y+2)}{4} \tag{8.14}$$

由以上的公式即可還原各點之色彩，作為色彩還原之核心。

如果 CCD 攝影機色彩明顯偏藍色，那可能是因為攝影機設定值其色溫大約在 3600 K 左右，因而會讓影像呈現偏藍色情況，因此初始設定值應符合實際自然光譜，其灰階或亮度的感光與轉換接近線性，通常使用於數位彩色影像分析與處理。當然，亦可改變其色溫為 4500 或 5600 K，或配合白色 LED 及高週波螢光燈源，其輸出影像顏色就會趨近「真實」。

(3) 反應速率與訊號誤差

CCD 攝影機之反應速率、每秒所擷取的畫面張數、訊雜比 (signal-to-noise ratio, SNR)，以及穩定性與訊號誤差等，皆會影響 CCD 攝影機的價位。

CCD 攝影機攝入影像後，常可以發現在黑色影像中有一些白點，而白色影像中則產生一些黑點，這種情況可以稱之為「鹽和胡椒 (salt and pepper)」雜訊，因為黑色影像中的白點像鹽巴，而白色影像中的黑點像黑胡椒粉。鹽和胡椒產生的原因大多為影像原始取像時之雜訊所造成，因此我們常需將影像施以低通濾波，使雜訊情況獲得改善。可見光的 CCD 攝影機在各種應用領域上，經常扮演著類似人類眼睛的功能，進行影像擷取的工作。而雜訊干擾往往是影響取像系統擷取影像訊號品質的重要因素，而如何使雜訊的干擾降到最低亦是重要的課題。

假設有一影像之訊號為 $G_i(x,y) = S(x,y) + N_i(x,y)$，其中 $G_i(x,y)$ 為第 i 次取像之灰度值，$S(x,y)$ 為影像之訊號值，$N_i(x,y)$ 為第 i 次取像之雜訊大小。考量第 i 次取像之整體 (the ith ensemble) 雜訊為隨機分布之情形，我們可以推測：

$$\varepsilon\{N_i(x,y)\} = 0 \tag{8.15}$$

其中 $\varepsilon\{\}$ 為一推測或期望運算子 (expectation operator)，$\varepsilon\{N_i(x,y)\}$ 則為第 i 次取像之整體雜訊之平均值。至於影像之雜訊值則可使用一般求取訊號函數有效值的概念，也就是將影像整體

雜訊平方後，求取平均值再開根號而得，亦即 $\sqrt{\varepsilon\{N^2(x,y)\}}$，即能代表影像之雜訊值。

影像之訊雜比 (SNR) 可定義為：SNR = 影像之訊號值／影像雜訊值 = $S(x,y)/\sqrt{\varepsilon\{N^2(x,y)\}}$，影像之訊雜比平方則為 $\text{SNR}^2 = S(x,y)^2/\varepsilon\{N^2(x,y)\}$，如果影像經過 n 次取像再求取平均值而得，亦即

$$G(x,y) = \frac{1}{n}\sum_{i=1}^{n}\left[S(x,y) + N_i(x,y)\right] \tag{8.16}$$

至於 CCD 攝影機所感測之光譜頻帶通常考量為可見光及近紅外線，不同的光譜頻帶的 CCD 感測晶片其搭配的攝影機鏡頭也不同，所攝得的影像也可能會有很大的不同。如圖 8.26 所示，CCD 攝影機所感測之光譜頻帶從紫外線分布至紅外線，利用紅外線濾光鏡及 850 nm、950 nm 光譜頻帶的紅外線，可將背景的可見光濾除，而得到我們想要的影像。通常 CCD 攝影機需配置不同波長的濾光鏡片與光源，才能夠針對某一特定的光譜頻帶進行取像。

CCD 攝影機之反應速率對行進間物件之攝影格外重要，我們可從每秒 CCD 攝影機所擷取的畫面有幾張，而大約得知 CCD 攝影機之反應速率多快。由於 CCD 攝影機所送出之訊號，一般是沿襲電視系統之通用掃描型態的作法，掃描線為近乎水平之平行直線，由左而右以掃描等速移動。

對電視系統來說，掃描線是指映像管之電子束由螢光幕之左邊橫掃至右邊所構成的線條，掃描線的亮暗即為電子束的強弱，電子束弱則螢光幕上所見的便是暗點，而電子束強則可看到亮點，而 CCD 攝影機所送出之電壓訊號即攸關電子束的強弱。掃描線到達每條線之

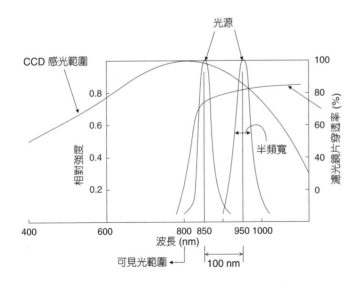

圖 8.26
CCD 攝影機需配置不同波長的濾光鏡片與光源。

終端時，在水平遮沒訊號時掃描線迅速移至次一掃描線之開始位置，掃描線除以等速水平移動外，同時亦以極小幅度垂直等速再移動由上而下，當掃描線到達畫面之最下方中間位置，在垂直遮沒訊號時回到頂部，準備開始次一畫面掃描過程。在水平與垂直遮沒訊號時，電視螢幕上的掃描線可以藉此移至適當位置，這期間由於並無任何的影像資料，螢光幕上實際上也見不到任何的線條，如此利用遮沒訊號，CCD 攝像機傳送與電視機接收之間乃得以維持同步，雖然世界各國電視系統之掃描型式相同，但掃描速率卻不一定一樣，而電視畫面之掃描線條數也有所不同。

　　每一個掃描畫面是由兩個分開的圖場 (field) 所組成，NTSC 系統中提供 30 掃描畫面／秒，每個圖場的顯示頻率為 60 圖場／秒，而每一個圖場的顯示時間為 16.7 ms。NTSC 系統的每一個圖像使用 525 條掃描線，在顯像時兩個圖場的掃描線互相平行，第一個稱奇數圖場 (odd field)，其掃描線的位置順序為 **1**、**3**、**5** 等奇數位置；而第二個稱偶數圖場 (even field)，其掃描線的位置順序為 **2**、**4**、**6** 等偶數位置，此即間線交互掃描 (interlaced scan)。

　　CCD 攝影機對行進間物件攝影時，常可見到如圖 8.27 所示之畫面，大家可留意物體的邊緣很模糊，這是由於第一個圖場與第二個圖場未能重合所造成，在第一個圖場當掃描線到達畫面之最下方中間位置時，垂直遮沒訊號大約佔整個圖場掃描時間的 6%，此時掃描線才回到頂部準備開始第二個圖場掃描過程。

　　如圖 8.28 所示，CCD 攝影機電荷耦合元件蒐集光訊號的過程可想像為水滴的聚集情形。若在 CCD 之 MOS 型感光元件之電極上加一個正電壓 (通常為 10－15 V)，則會在 CCD 矽基板表面產生一個正電位，這個正電位即為電位井，電極上所加之正電壓越大，電位井就

圖 8.27 行進間物件之攝影。

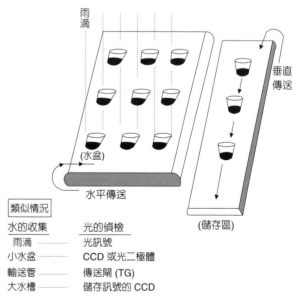

圖 8.28 CCD 攝影機蒐集光訊號的過程。

越深，而對電子的吸引力也就越大。電位井就好像水盆集水一般，當電位井裝滿電子時，其電壓亦飽和為零，而無法再吸引電子流入。因為 CCD 可將訊號一步一步地的往外傳，因此早期的電腦在移位暫存器硬體裝置方面，就曾經利用 CCD 的此項功能，而在電腦裝有電荷耦合元件。當 CCD 前一訊號輸出後，在下一個訊號電荷到達之前，負責重置 (reset) 的閘極就會打開，將前一個訊號電荷殘餘量清除掉，此時浮接電容又恢復為參考電位，等待下一個訊號電荷的移入。

(4) 工作距離、視角與硬體周邊之配合

　　CCD 攝影機之工作距離 (working distance, WD) 與視角 (如圖 8.29)，以及其他如 CCD 攝影機外觀體積、重量等規格，皆是非常實務面的考量因素。

　　人眼的明視距離為 25 cm，通常在這個距離下人眼可以舒適的工作。如果物體太近或太遠，都會造成容易疲倦的後果。對於 CCD 攝影機而言，通常物距在 10 cm 到 10 m 都很常見，如果距離較近，則被攝影的物體解析度可以提高，如果距離較遠，則可以涵蓋的範圍比較大，但相對的解析度就較差。在鏡頭解析度方面，判斷鏡頭分析影像能力的標準，通常以 1 mm 寬度所能解析的等距黑白線條的數目來表示，單位為 LPM。

　　相對人眼而言，其最小的分辨角約 1′，也就是六十分之一度，在中央視角約 6° 到 7° 的範圍內可以得到這樣的解析度，換成數位影像的觀點，在這個範圍內的像素值約為 $60 \times 6 = 360$ 個。至於人眼的視場其實很大，水平方向視場約為 160° 到 170°，垂直方向視場約為 130°，對於 CCD 攝影機而言，一般來講水平方向視場都比人眼為小，標準鏡頭為 28－35 度左右，廣角鏡頭可達 70 度左右，望遠鏡頭為 20 度以下。但是在邊緣的範圍，人眼的分辨本領卻下降得很厲害。

　　整體而言，人眼中用以接收影像的視神經細胞有好幾百萬個，換成數位相機來看，百萬個像素的數位相機價位非常高，尋常的 CCD 攝影機之感測晶片只有二十五萬個像素左右，Hi-8 攝影機則可達四十萬個像素以上，至於解析度可與人眼比擬的好幾百萬個像素的 CCD 數位攝影機，目前也已有商業化的產品。

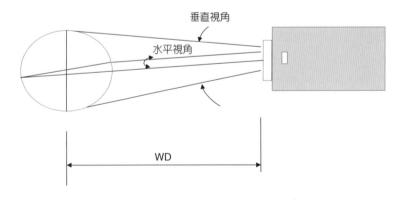

圖 8.29
CCD 攝影機之工作距離 (WD) 與視角。

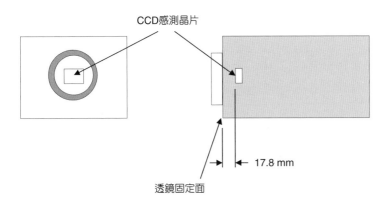

圖 8.30
攝影機之固定模式。

　　以鏡頭聚焦的特性而言，又可以分成定焦鏡頭和變焦鏡頭，變焦鏡頭俗稱伸縮鏡頭，在對焦位置固定的情況下其焦點距離可以改變，要看遠或近距離的目標物只需調整鏡組間的距離即可。無論其設計是有段位變焦或是無段位變焦，一般說來其解像力比定焦鏡頭差，視角比定焦鏡頭小約 0.30 倍，而價格卻比定焦鏡頭貴了二到三倍不等，使用方便為其最大訴求。在機械視覺方面，一般都使用定焦鏡頭來抓取待測物體影像，但在攝影照相方面，目前變焦鏡頭成為非常重要的工具。

　　至於自動對焦 (auto-focus) 系統則常見於 V8 攝影機，如果是一般監控用途的 CCD 攝影機加上自動對焦機構，整套系統在價位上會相當昂貴。自動對焦系統依照發射光源來區分，可以分為主動式和被動式兩種，依自動對焦原理可分焦點檢出式及相位檢出式。所謂焦距就是鏡頭的主點到焦點的距離，其值例如 50 mm 或 70－120 mm 等，焦距越短即鏡頭越廣角，焦距若很長即稱為望遠鏡頭。

　　一般而言，CCD 攝影機沿襲攝像管的作法，攝像管的標準固定方式，有所謂 C 型固定模式，即指攝影機之感測晶片與透鏡固定面之距離為 17.8 mm，而其透鏡固定面內徑為 23 mm，如圖 8.30 所示。

8.2.2 攝影硬體裝置與幾何關係

(1) 光場

　　CCD 攝影機所拍攝的物體是否能顯現出明亮的影像，完全要看此物體表面反射或是自身所發出的光量，有多少到達了 CCD 攝影機內，如圖 8.31 所示。進入 CCD 攝影機的光量稱為照度 (illuminance, E)，當照度 E 越大時，就代表所拍攝的物體越明亮。假設將所拍攝的物體簡化成一個點光源，那麼由 CCD 鏡頭、點光源及矩陣式感測晶片三者的關係則可得知，當 CCD 鏡頭的直徑越大，由點光源發出，可進入 CCD 鏡頭的光量也就越多，換句話說，照度 E 也就越大。另一方面，如果 CCD 鏡頭直徑大小保持不變，但是點光源與 CCD 鏡頭的距離變遠 (即焦距變長) 時，照度即變小。

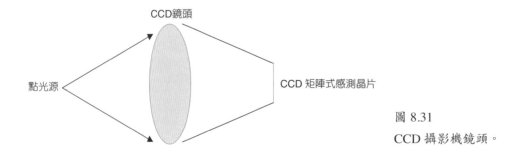

圖 8.31
CCD 攝影機鏡頭。

　　由此可知，照度受到三個因素的影響：① 點光源 (物體) 本身所反射或發射的光量 B，② CCD 鏡頭的直徑 D，以及 ③ CCD 鏡頭的焦距 f。考慮到二維的層次，它們可整合成如下的關係式：

$$E = kB \frac{\pi D^2/4}{f^2} \tag{8.17}$$

其中，k 為比例常數，$\pi D^2/4$ 為 CCD 鏡頭的面積。上式可化簡為

$$E = K \frac{D^2}{f^2} \tag{8.18}$$

其中 K 為常數。亦即通過鏡頭的亮度值與鏡頭口徑及倍率有關，其中 f/D 是一個重要的鏡頭參數，可稱為焦距比 (focal ratio)、f 數 (f number)、f 值 (f value) 或直接以 $f/\#$ 表示。

　　在 CCD 或數位相機上，可看到的光圈調整盤或液晶顯示幕的光圈指數 (f 數)，其中光圈指數愈大，通過 CCD 或數位相機鏡頭的光量 (光圈) 愈少，亦即光圈指數大小和光圈大小成反比，即 $f/1.4$ 光圈較大，而 $f/32$ 光圈較小。對一個照相機的鏡頭而言，f 數直接影響到照片曝光的時間長短，通常 f 數越大，所需的曝光時間越長，或者待拍攝的景物越暗，則所需調整的 f 數越小。如果一個鏡頭之焦距為 10 mm，而其直徑為 8 mm，那麼我們就可以說鏡頭的 f 數為 1.2，或是習慣性的寫成 $f/1.2$。

　　一般照相機上光圈的 f 數刻度是「**1.4 2 2.8 4 5.6 8 11 16**」，這些序列的前後數值關係呈 $\sqrt{2}$ 倍數增加，亦即進入相機的照度呈 1/2 倍減少，而相機所需的曝光時間則依 2 倍的比值遞增，部分數位相機則將光圈指數分得更細，在上述的兩個光圈值中再加入一值。至於 CCD 攝影機中，常見的鏡頭 f 數大小約介於 1.2－1.4 之間，價位也較便宜。

　　鏡頭口徑也是影響景深的因素之一，而成像的景深也和攝影距離的大小有關，換言之，景深與鏡頭的光圈以及物距有關，鏡頭口徑愈大，景深愈小。另一方面，如果使用望遠鏡頭，則所攝得的影像景深也會比使用廣角鏡頭所攝得的影像景深為淺，至於遠距離拍攝時的

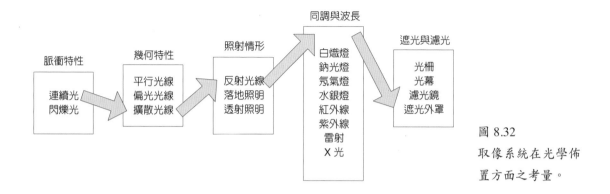

圖 8.32
取像系統在光學佈置方面之考量。

景深則比近距拍攝為深，一般常誤以為景深與焦距成反比，事實上是一種邏輯上的錯誤。例如焦距 30 mm *f*/1.4 與焦距 60 mm *f*/1.4 兩鏡頭而言，依照光圈越大景深越小的說法，60 mm *f*/1.4 的鏡頭其景深較小，這是因為兩者要同達 *f*/1.4 時，後者要有更大的有效光孔之故。

可調式鏡頭口徑 (光圈) 的作用，就有點類似人眼中瞳孔的功能，隨著取像環境的明亮程度，人眼瞳孔的直徑也隨之而自動產生變化，在黑暗中為了使進入人眼的光通量增加，因此瞳孔的直徑最大可調整到 8 mm 大小，而在白天戶外的地方，瞳孔的直徑則在 2 mm 左右。

取像系統在光學佈置方面可依圖 8.32 之思考方向來架設。一般照明系統大都使用連續光，當量測振動物體時可使用閃爍光來作為照明光源，一般光場佈置大都使用擴散光線，而平行光線之使用，例如以陰影條紋技術及數位影像處理的技巧，可測繪模具曲面之等高線；偏光光線之使用，例如利用光彈儀配合影像處理設備，可先行偵測出材料之壓力分布圖。

一般光源照射情形大都使用反射光線正對待測物打光，以求得較佳之效果，如圖 8.33 所示，而落地照明最簡單易行，透射照明則用於透明物體之檢測，如圖 8.34 所示。白熾燈、鈉光燈、氖氣燈、水銀燈可用於各種待測表面，必須實際打光才知道何者為佳，紅外線用於軍事及溫度、熱像之檢測，紫外線之使用為秘密暗碼之檢測，雷射用於干涉檢測，X 光用於醫學及工程非破壞性之檢測。光柵可用於分光之場合，光幕可調制所需之光場，濾光鏡可得到單色光場，遮光外罩可用於簡化背景之場合。

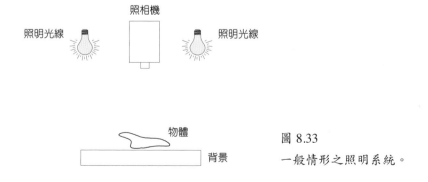

圖 8.33
一般情形之照明系統。

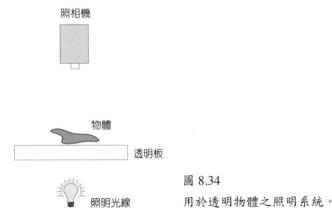

圖 8.34
用於透明物體之照明系統。

一般光源可分成以下兩種：

· 發光體 (light-emitting source)：如圖 8.35 所示，我們可以選擇各式各樣的光源，考慮其亮度分布情形，以應用在不同的場合。

· 光反射體 (light-reflecting source)

由於物體的多重反射常造成取像結果之背景光場 (ambient light 或 background light)。漫射 (diffuse reflection) 指不平滑物體表面所反射的光場，通常此光場為一散射光 (scattered light)，只能粗略的統計其大小。而鏡反射 (specular reflection) 則是指平滑物體表面所反射的光場。

大多數人可能只知道光有前進方向、頻率、相位等特性，卻很少注意到光也有其偏振的方向。由於光為一種電磁波，一般的光線當其前進時，電磁振動方向四面八方都有。如果電磁振動只發生在一個平面內，則易於用數學方程式來描述，而利於使用。這種只在一平面內電磁振動，亦即電場振動方向及磁場振動方向固定的光稱為偏振光。

在機械視覺系統中，如果在光源中導入偏振光，將可獲得一些特別的資訊。例如在雪地裡、湖水中拍照時，經常利用加在鏡頭前面的偏光板，以濾除雪地或湖面上的強烈反光，而能夠清晰地拍攝主題。同樣的，我們也能夠利用偏光視覺系統來取像，在攝影硬體裝置方面下功夫，可能效果比取像後在軟體方面加倍辛苦的努力還要好。

在偏光視覺系統中，雙折射是一項值得留意的現象。通常一單色光進入透明物體 (如玻璃) 時，會偏折向某一方向，仍然是一束光，但是有些晶體 (如方解石) 卻不同，光通過此晶

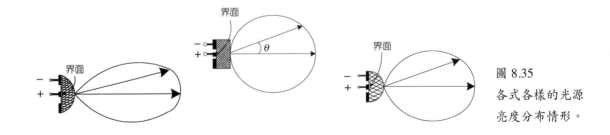

圖 8.35
各式各樣的光源
亮度分布情形。

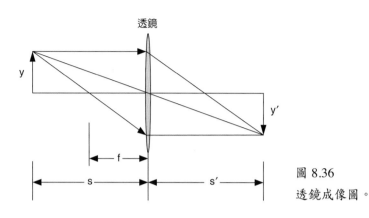

圖 8.36

透鏡成像圖。

體時，會分裂成二束光，我們稱此晶體具雙折射現象。顧名思義，雙折射即指有二個不同的折射率，所以光進入後有些電場振動 (磁場振動) 方向依甲折射率偏折，有些電場振動 (磁場振動) 方向依乙折射率偏折，而變為二束光。使用白光為光源時，可利用偏光板將某一些頻率的光波擋掉，這時所擷取的影像中，即會出現彩色的條紋訊息。當待測物體具有雙折射現象，亦即它可使入射的偏極光發生偏轉的現象，而若某一頻率入射光的偏極方向偏轉到與分析板垂直，則該處便觀察不到此一頻率的光線。

(2) 成像佈置之幾何關係

根據透鏡成像圖，如圖 8.36 所示，再由高斯成像公式，f 為焦距，s 為目標物到透鏡的距離，即可以推算出像到透鏡距離 s'：

$$高斯成像公式：\frac{1}{f} = \frac{1}{s} + \frac{1}{s'} \tag{8.19}$$

$$放大率：m = \frac{y'}{y} = -\frac{s'}{s} \tag{8.20}$$

舉例說明：假如目標物大小為 15 mm，再利用放大率公式，則可以推算出目標物折射後成像之大小，表 8.3 則為近距離透鏡成像，將此像之大小成像在紅外線 CCD 攝影機的晶片上，

表 8.3 近距離透鏡成像大小 (單位：mm)。

f(焦距)	5.5	5.5	5.5	5.5	5.5
s (目標物到透鏡的距離)	30	40	50	60	70
s' (像到透鏡距離)	6.735	6.377	6.18	6.055	5.969
y (目標物大小)	15	15	15	15	15
y' (成像之大小)	3.368	2.391	1.854	1.514	1.279

表 8.4 遠距離透鏡成像大小 (單位：mm)。

f (焦距)	240	240	240	240	24
s (目標物到透鏡的距離)	400	450	500	550	600
s′ (像到透鏡距離)	600	514.286	461.538	425.806	400
y (目標物大小)	15	15	15	15	15
y′ (成像之大小)	22.5	17.143	13.846	11.613	10

經由訊號傳輸至電腦，由螢幕顯示出目標物的大小。而在遠距離透鏡成像，採用高倍率鏡頭 (5－60 mm)，另外再加上一個兩倍鏡，所以在 f (焦距) 部分為 240 mm，目標物到透鏡的距離也都至少 400 mm－600 mm，可以大略求出像到透鏡距離及折射後像之大小，如表 8.4 所示。

　　在此再以雷射三角量測成像應用實例作為說明，利用雷射三角量測具有很大的優越性，由於雷射光為一平行單色光束，當照射在工件表面之上，沿著其反射角方向的反射光強度，有二種表面反射模式：即鏡射式反射 (specular) 和散射式反射 (scattering) 二種。利用散射式反射原理而設計，並採用雷射三角法原理 (triangulation) 做量測應用。雷射光束投射在任一表面產生光點，部分的雷射光自表面上散射 (scattering)，然後經過透鏡的聚焦後投影於光檢測器 PSD 或 CCD 上。

　　光學三角法已使用在機器手臂之距離感測器 (distance sensor) 及三度空間的輪廓量測系統上，若此待測表面作一上下 Δy 的位移，則光點沿著雷射光束的路徑方向移動，因此也造成檢測器上的光點沿檢測測器作一 Δx 的位移，其中 Δy 與 Δx 成正比。這種在檢測器上影像的位移就可以決定出表面的位移量。此應用在高低起伏的自由曲面外形量測時，可以量測出表面上各點的位置，此是簡單的光學漫射式取像三角量測法原理，如圖 8.37 所示。

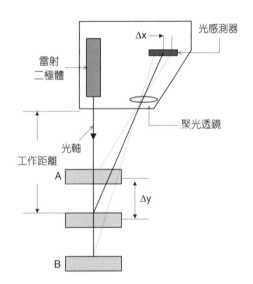

圖 8.37
雷射漫射式取像。

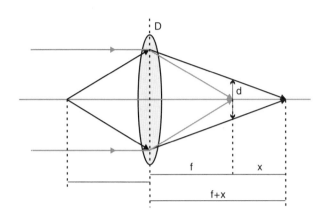

圖 8.38
雷射漫射式取像示意圖。

　　雷射反射式取像位移器是採取直接反射於光檢測器 PSD 或 CCD 的方式來測量，因此待測物表面必須非常光滑 (如塊規)，或將反射鏡放於目標物上，而產生鏡反射效果。量測系統震動時，待測物表面也跟著震動傾斜，當待測物表面與光檢測器距離較遠時，鏡反射的光點將偏離出光檢測器 PSD 或 CCD 之範圍，則雷射反射式取像位移器就無法抓取到物像的訊號。由此可知量測系統震動時，反射型的雷射位移計不適於直接量測遠距離的目標物，然而在目標物很近時，作為即時位置量測亦有其優越性。

　　在實際作法裡，可以在光檢測器 PSD 或 CCD 前放置一個凸透鏡集中漫反射之光點，令其成像。優點為可防止因目標物晃動而反射回來的雷射光線位置偏移。缺點則是因反射回來的雷射光線很微弱，必須花點時間校準凸透鏡使光點聚焦於光檢測器 PSD 或 CCD。

　　如圖 8.38 所示，假設採用之透鏡直徑為 D，其物距無窮遠時，成像於焦距 f 處，而物距為 u 時，成像於 $f+x$ 處，將光檢測器 PSD 或 CCD 放置於焦距 f 處。設 d 為成像點直徑，F 為焦距比 $(F = f/D)$ 則

$$\because \frac{d}{D} = \frac{x}{f+x} \cong \frac{x}{f}$$

$$\therefore d = \frac{xD}{f} \cong \frac{x}{F}$$

$$\therefore x = dF$$

$$\because \frac{1}{u} + \frac{1}{f+x} = \frac{1}{f}$$

$$\therefore \frac{1}{u} = \frac{x}{x(f+x)}$$

可得：

$$u = \frac{f(f+x)}{x} = \frac{f^2}{dF} \tag{8.21}$$

例如 $F = 2.5$、$f = 4$ cm，成像點直徑 $d = 50\ \mu m$，則 $u = 12.8$ m，亦即物距 12.8 公尺處，成像點直徑約為 $d = 50\ \mu m$。一般在設計時，成像點必須不會超出光檢測器 PSD 或 CCD 的取像範圍。同樣的，我們可以算出：

- 物距 6.4 公尺處，成像點直徑約為 $d = 100\ \mu m$。
- 物距 3.2 公尺處，成像點直徑約為 $d = 200\ \mu m$。
- 物距 2.1 公尺處，成像點直徑約為 $d = 300\ \mu m$。
- 物距 1.6 公尺處，成像點直徑約為 $d = 400\ \mu m$。
- 物距 1.28 公尺處，成像點直徑約為 $d = 500\ \mu m$。
- 物距 0.64 公尺處，成像點直徑約為 $d = 1000\ \mu m$。
- 物距 0.32 公尺處，成像點直徑約為 $d = 2000\ \mu m$。

由於許多光檢測器的取像範圍都比上面計算的成像點大，因此採用散射式反射加上透鏡成像的方式來測量，無疑的具有相當高的系統震動容忍度，這是無庸置疑的。

8.3 雷射全像數位系統

在光機電技術整合領域中，除廣泛運用機械與電子系統操控「光」，例如平面顯示器與投影機等顯示系統、數位相機，以及 VCD 與 DVD 等光記錄系統外，由於光波長是極佳的長度量測標準，因此以光波長為度量單位，整合影像處理與電控技術，發展量測儀器設備也是其重要的應用領域。

全像術 (holography) 與光斑計量法 (speckle metrology) 兩項技術因雷射發明而蓬勃發展，初期均以全像片 (hologram) 作為影像記錄媒介，當全像片經過化學沖洗後，全像術以參考光進行影像重建，而光斑計量則可進行逐點或全域分析。但隨著如 TV-Cam、光電耦合感測元件 (CCD) 與 CMOS 感測器等光電轉換記錄媒體的出現，配合電腦計算功能快速的發展與影像處理軟硬體設備的完善，光斑相關技術早於 1970 年代起已運用 CCD 記錄影像發展[41]，並配合軟硬體進行快速傅立葉轉換分析。全像術則因全像干涉術的發展，其全像片必須重複曝光與沖洗後進行位置重置等，且視應用不同，全像片除傳統塗佈鹵化銀膠捲或平板及光感熱塑膠片 (photoconductor thermal-plastic film) 等，並引進 CCD 相機記錄全像干涉後影像。

此外，以 CCD 等光電感測元件直接取代全像片雖可追溯至 1967 年[42]，但早期受限於 CCD 空間解析能力不足，無法記錄原有光路干涉後所產生的高密度干涉條紋，因此其應用與發展仍極受限制；直至 1990 年代配合半導體製程進展，CCD 元件空間解析能力大幅提升，直接以 CCD 配合電腦進行數位影像重建技術才被提出[43]，也促使全像術由記錄至重建全面數位化。

本節將以數位全像術及電子光斑影像干涉術為例，分別介紹基本系統架構、影像處理、相位移法，以及所需壓電元件、精密平台等。

第 8.3.1 節及第 8.3.2 節作者為黃吉宏先生。

8.3.1 數位全像術

傳統攝影無論是運用單眼相機或是數位相機,其底片、CCD 或 CMOS 感測器等記錄媒體上所記錄的都是二維 (2D) 影像,所顯示的影像為記錄媒體所記錄下之光強度資訊。因此單一相片並無法提供額外的空間距離資料,為凸顯攝影主景物立體感,傳統攝影技術大量運用投光,以不同角度光源照射營造光影效果,透過陰影表達物體前後遮掩空間關係;或是調整光圈大小,使前後景物成像清晰度產生變化,強化主景物與前後景的空間距離;但相關技術所獲得仍僅為平面影像,並無法真正提供景物的空間影像。

全像術源自 1948 年 Dennis Gabor[44] 為顯微技術而發展無鏡頭繞射成像法,此技術早期受限於缺乏同調性光源,無論應用及發展均受極大限制,直到 1960 年雷射光發明後獲得突破,也使得全像相關技術蓬勃發展,也發展出全像干涉術等相關應用。

全像術不同於傳統攝影技術,並無需成像鏡頭,拍攝時雷射光由分光鏡分成兩道光,除投射至物體表面扮演傳統攝影投光的角色 (物光),同時也投射至記錄媒體作為參考光,圖 8.39 所示為離軸拍攝架構。由於雷射光具備同調特性,由物體表面反射或散射出之物光與參考光發生干涉,物體表面幾何資訊隱藏於干涉相位中,如此可同時記錄待測物表面散射或反射光強度變化與相位資訊於全像片上,如同傳統底片沖洗一樣,經由顯影、定影等沖洗程序後,全像片就如同一個複雜的光柵,光柵上包含振幅與相位資訊。

全像術依拍攝架構可分為共軸、離軸、穿透與反射式等,當全像片置於與拍攝相同參考光路下,重建光入射全像片將產生零階 (zero order) 及正負 1 階 (+/- 1st order) 繞射光,其中第一階光為重建立體影像。當全像片採用 Gabor 所提出之共軸光路進行拍攝,重建影像將與重建光重疊,使得重建影像品質受重建光的干擾。為避免此一問題遂有離軸式架構的提出並已廣泛應用。

隨著半導體製程的發展,不僅可提供大面積的 CCD,同時其像素尺寸 (pixel size) 亦變小,使得 CCD 空間解析度 (spatial frequency) 顯著提升,雖仍遠不及全像片空間解析度,但

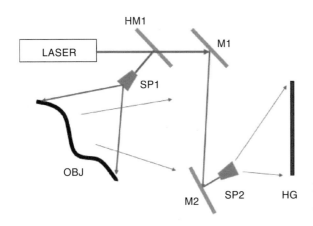

圖 8.39

全像術光路,HM:分光鏡、HG:全像片、M:反射鏡、OBJ:待測物、SP:空間濾波器。

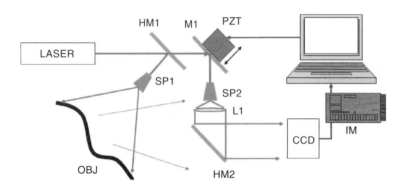

圖 8.40

常見數位全像系統架構，HM：分光鏡、IM：影像處理系統、L：透鏡、M：反射鏡、OBJ：待測物、PZT：壓電致動器、SP：空間濾波器。

傳統全像術受限於化學沖洗與重建程序，其應用便利性較低；同時間電腦計算速度大幅提升與影像處理軟硬體技術成熟，發展出運用 CCD 取代全像片，並且以影像處理取代重建光路的數位全像術。目前數位全像術已廣泛應用於物體變形分析及形狀量測，也發展出數位全像顯微技術。

數位全像系統採用 CCD，然而 CCD 空間解析度遠不如全像片；一般而言 CCD 像素大小約為 6 μm (視產品有所不同)，空間頻率有效解析能力僅約 83 mm^{-1}。如僅以 CCD 取代全像片，由於物光與參考光入射全像片角度愈大，則干涉條紋密度越高，以 CCD 取代全像片在實際應用上有其困難性。為克服 CCD 空間解析度不足的問題，因此與傳統全像術不同，數位全像系統多採用共軸 (in-line setup) 光學系統架構，並配合相移法 (phase-shifting)，其架構如圖 8.40 所示。在此一系統架構下，共軸光路架構可以將干涉條紋間距 (spacing) 增大，克服 CCD 空間頻率解析不足問題，再配合相位移法所提供額外相位資料，高品質數位全像因此得以實現。

8.3.2 電子光斑影像干涉術

雷射光照射至物體粗糙表面後，物體表面的漫射光因雷射光的同調 (coherence) 特性而造成局部干涉，可於雷射光照射區域觀測到「點狀」光亮度不均勻現象，稱為雷射光斑。由於雷射光斑與物體表面粗糙度特性相關，因此逐漸發展成為可提供表面粗糙度、位移量測等光斑計量法 (speckle metrology)。電子光斑影像干涉術 (electronic speckle pattern interferometry, ESPI) 又稱為電子光斑干涉術或電子斑點干涉術，其源自於光斑計量法的非接觸光學全域位移 (displacement) 量測技術，為 Leendertz 在 1970 年所提出[41]。

電子光斑影像干涉術與光斑計量法之差異為：前者係以 CCD 取代全像片記錄雷射光斑，並以影像處理系統進行待測物位移前後雷射光斑的運算，取代各式光學重建方法，是一種結合雷射光斑、CCD 及數位影像處理的位移量測方法，因此又稱為數位光斑 (影像) 干涉術 (digital speckle pattern interferometry, DSPI)。電子光斑影像干涉術適用於粗糙表面的位移量測，並具有下列特性：

1. 待測物體表面無需處理。

2. 具有與全像術相同之量測靈敏度。

3. 採用 CCD 元件記錄物體表面雷射光斑，免除一般全像術所必須採用之化學沖洗與全像片
   重複定位問題。

　　目前電子光斑影像干涉術已為汽車、航太、土木、電子封裝、微機電等產業運用於非破
壞檢測、變形及振動等工程上；此外，醫療、古文物修復、地殼變動觀測亦可見 ESPI 應用
實例。

　　以光學系統而言，ESPI 與全像干涉術[45] 架構相近，惟 ESPI 使用光電訊號轉換元件作為
影像記錄媒體；例如 Macovski 等人[46] 及 Butters 與 Leendertz[47] 等電子光斑影像干涉術前驅研
究團隊在初期採用 Vidicon TV camera 記錄雷射光斑，因此 ESPI 又被稱為 TV holography。

　　電子光斑影像干涉術不同於一般光學干涉量測方法，其 CCD 所記錄之單張雷射光斑影
像並無傳統干涉條紋。而是藉由記錄待測物體受載 (loading) 前後光斑影像，再經由影像相減
或相加等不同運算，始能獲得具位移訊息之干涉條紋影像，計算所得干涉條紋又稱為相干條
紋 (correlation fringes)。

　　電子光斑影像干涉術適用位移量測範圍為 $5-100\ \mu m$[48]，並已發展出各種平面內外位移
量測之光路架構，圖 8.41 及圖 8.42 分別為平面外及平面內常用量測光路安排。在圖 8.41 平
面外光路架構中，照射於待測物表面稱為物光 (I_o)，投射至參考光學粗糙面後，經分光鏡反
射進入 CCD 相機稱為參考光 (I_r)。而圖 8.42 中，平面內光路同樣經分光鏡分為二道光束後，
直接照射於待測物表面，並無參考光與物光分別，但為便利後續討論仍以 I_o 及 I_r 表示。參考
光及物光經成像鏡成像於 CCD 所構成之像平面 (image plane)，可記錄光強度 Γ_i 則為[48]

$$\Gamma_i = I_o + I_r + 2\sqrt{I_o I_r}\cos\varphi(x,y) \tag{8.22}$$

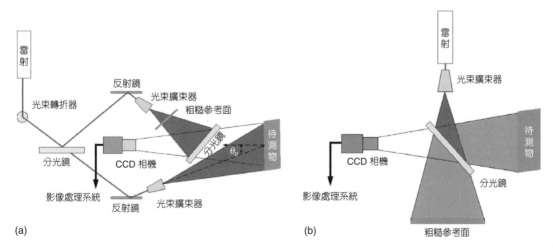

(a)　　　　　　　　　　　　　　　　　　　　　　　(b)

圖 8.41 電子光斑影像干涉術平面外量測基本架構，(a) 基本光路圖，(b) 邁克森干涉儀架構。

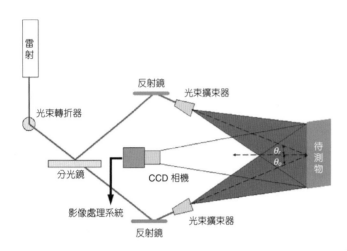

圖 8.42

電子光斑影像干涉術平面內光路架構。

下標 i 表示於待測物受載前所獲得之光斑影像，一般又稱為參考光斑影像。對於一般光學干涉，$\varphi(x,y)$ 代表兩道雷射光光程差，因此可以觀測到干涉條紋影像；對於 ESPI 而言，$\varphi(x,y)$ 為參考面與待測物表面特性差，屬於空間高頻訊息，因此所獲得光斑影像並無法觀察到任何干涉條紋。

　　當待測物受載後產生位移，此時像平面記錄光斑影像因位移產生變化，以 Γ_d 表示為

$$\Gamma_d = I_o + I_r + 2\sqrt{I_o I_r}\cos(\varphi + \Delta) \tag{8.23}$$

其中 Δ 為位移所造成之相位改變，其與光程差 δ (optical path difference, OPD) 具有下列關係：

$$\Delta = \frac{2\pi}{\lambda}\delta \tag{8.24}$$

　　圖 8.43 所示為位移量與光程差之空間幾何關係；待測物受力後於 xz 平面產生位移量 d，當觀測方向為 z 軸，且物光由 z 軸夾 θ 角方向入射待測物，其光程差與位移 d 關係為：

$$\delta = w(1+\cos\theta) + u\sin\theta \tag{8.25}$$

其中 u、w 為位移 d 於 x 軸及 z 軸上之位移分量。因此平面外量測系統之相位差 $\Delta_{\text{out-of-plane}}$ 與位移關係為：

$$\Delta_{\text{out-of-plane}} = \frac{2\pi}{\lambda}(w(1+\cos\theta_o) + u\sin\theta_o) \tag{8.26}$$

　　若 ESPI 系統之光路設計採用圖 8.41(a) 架構，則因空間干涉問題無法調整使參考光入射待測物夾角 θ_o 為零，將導致相位 $\Delta_{\text{out-of-plane}}$ 耦合平面內外位移資訊，不利於 ESPI 系統平面外

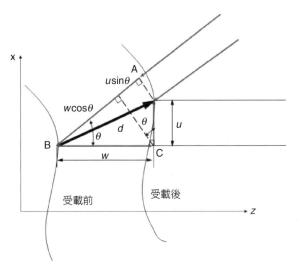

圖 8.43

位移與光程差之空間幾何關係。

位移量量測精度。為避免平面內位移量影響平面外量測準確度,物光入射角一般建議不宜超過 10°;若採用圖 8.41(b) 之邁克森 (Michelson) 干涉儀光學架構,則物光可垂直入射待測物,可獲得相較圖 8.41(a) 光路更佳之平面外量測精度,此時相位與平面外位移之關係為:

$$\Delta_{\text{out-of-plane}} = \frac{4\pi}{\lambda} w \tag{8.27}$$

對於平面內光學架構,相位差 $\Delta_{\text{in-plane}}$ 與位移關係為:

$$\Delta_{\text{in-plane}} = \frac{2\pi}{\lambda}\left[w(1+\cos\theta_r)+u\sin\theta_r\right]+\frac{2\pi}{\lambda}\left[w(1+\cos\theta_o)+u\sin\theta_o\right] \tag{8.28}$$

若兩物光以對稱觀測方向入射待測物表面時,則公式 (8.28) 可簡化成為

$$\Delta_{\text{in-plane}} = \frac{4\pi}{\lambda} u\sin\theta_o \tag{8.29}$$

一般會將公式 (8.27) 及公式 (8.29) 之相位與位移關係簡化成為

$$\Delta = \kappa\xi d_n \tag{8.30}$$

其中 $\kappa = 2\pi/\lambda$ 稱為波常數 (wave number),表示單位位移所產生之相位變化;d_n 為位移靈敏度函數 (geometry sensitivity vector function);ξ 為干涉條紋靈敏度因子 (fringe sensitivity factor),若為平面外光路時,則 $\xi = 1 + \cos\theta_o$ 且 $d_n = w$,如為平面內光路時,$\xi = 2\sin\theta_o$ 且 $d_n = u$。

　　雖然待測物位移後所得之光斑影像具位移相位訊息，但 $\varphi(x,y)$ 空間頻率 (spatial frequency) 相對於位移所產生之變化為高，此時影像仍由光斑控制，無法提供清楚的干涉圖形以計算位移。因此，為獲得位移相關干涉條紋，經常運用影像相加與影像相減等方法。

(1) 影像相加法

　　影像相加法是將取得的參考影像 Γ_i 與待測物受載後之影像 Γ_d，以影像處理方式相加，其數學表示式為：

$$\Gamma_{add} = \Gamma_i + \Gamma_d = 2(I_o + I_r) + 2\sqrt{I_o I_r}\left[\cos\varphi + \cos(\varphi + \Delta)\right]$$
$$= \underbrace{2(I_o + I_r)}_{\text{DC 項}} + \underbrace{4\sqrt{I_o I_r}\cos\left(\varphi + \frac{\Delta}{2}\right)\cos\left(\frac{\Delta}{2}\right)}_{\text{AC 項}} \tag{8.31}$$

　　其中 DC 項為兩影像相加後光斑干涉影像平均背景光強度，在此必須強調，由於待測物受載前後影像充滿光斑，因此 DC 項為光斑相關函數。AC 項則為高頻空間光斑雜訊函數 $\cos(\varphi + \Delta/2)$ 及單純位移函數 $\cos(\Delta/2)$ 乘積；此時所得影像包含空間頻率較低之位移相關干涉條紋。但實際上，以影像相加架構所得之光斑干涉條紋的影像條紋對比度較差，難以辨識干涉條紋所在位置，必須配合其他影像處理或硬體設備，以增加干涉條紋可辨識度，例如使用空間濾波方式，將空間光斑雜訊與 DC 項去除。

(2) 影像相減法

　　影像相減法是將取得待測物受載後影像 Γ_d 與參考影像 Γ_i，以影像處理方式相減，相減後之影像光強度 Γ_{sub} 為：

$$\Gamma_{sub} = \Gamma_d - \Gamma_i = 2\sqrt{I_o I_r}\left[\cos(\varphi + \Delta) - \cos\varphi\right]$$
$$= \underbrace{-4\sqrt{I_o I_r}\sin\left(\varphi + \frac{\Delta}{2}\right)\sin\left(\frac{\Delta}{2}\right)}_{\text{AC 項}} \tag{8.32}$$

與影像相加法不同，其表達式僅包含高頻空間光斑雜訊相位函數 $\sin(\varphi + \Delta/2)$ 及單純位移相位函數 $\sin(\Delta/2)$ 乘積。在一般影像處理時，光強度將被數位化 (digitized) 後轉換成為灰度值 (gray level)，但負值轉換成為灰度值時，將視影像處理軟硬體而有不同轉換方式；為避免負值所造成之困擾，通常會以絕對值方式處理，此時公式 (8.32) 將成為

$$(\Gamma_{sub})^{abs} = |\Gamma_d - \Gamma_i| = 4\sqrt{I_o I_r}\left|\sin\left(\varphi + \frac{\Delta}{2}\right)\right|\left|\sin\left(\frac{\Delta}{2}\right)\right| \tag{8.33}$$

　　由於以影像相減法所獲得之光斑干涉影像條紋較為清晰,因此電子光斑影像干涉術系統多數採用此影像相減法。

　　電子光斑影像干涉術除靜態位移外,也普遍應用於振動量測,主要方法為均時法 (time-average method)、閃頻法 (stroboscopic method) 及脈衝雷射法 (pulsed laser technique) 三種方法[48]。採用閃頻法及脈衝雷射法進行量測時,CCD 曝光時間非常短暫,通常使用較高能量的雷射以提供足夠照度,需採用電子快門或 Q 開關 (Q-switch) 控制光路或光源開關動作,以達成與振動頻率同步,此時待測物可視為處在靜態位移狀態,可直接以影像相加或相減方式獲得光斑干涉影像。

　　如果光路系統中不採用電子快門或 Q 開關,則 CCD 相機取像時間 (frame time, τ) 通常較物體振動週期長。CCD 取像期間,物光與參考光將不斷地由 CCD 記錄並轉換成為電子儲存於電位井內,此一機制相當於底片進行長期曝光,並且於取像時間內記錄光強為

$$\Gamma_{vib} = \int_{t_1}^{t_1+\tau} \left[I_o + I_r + 2\sqrt{I_o I_r}\cos(\varphi + \Delta) \right] dt \tag{8.34}$$

Δ 與振動量 $A\cos\omega t$ 關係為:

$$\Delta = \kappa\xi(A\cos\omega t) \tag{8.35}$$

其中,A 為振幅大小,ω 為振動頻率,此一方法稱為均時法。Wang 等人建議應用電子光斑影像干涉術均時法時,CCD 相機曝光時間應為振動週期整數倍[49],如此公式 (8.35) 可簡化為

$$\Gamma_{vib} = \underbrace{\tau(I_o + I_r)}_{DC \ 項} + \underbrace{2\tau\sqrt{I_o I_r}\,J_o(\kappa\xi A)\cos\varphi}_{AC \ 項} \tag{8.36}$$

AC 項為光斑雜訊 $\cos\varphi$ 及干涉條紋函數 $J_o(\kappa\xi A)$ 之乘積,振幅大小 A 由零階貝式函數 (zero-order Bessel function) 之區域極值決定;但如同靜態影像相加法,所得干涉條紋影像清晰度差,需以空間濾波或影像處理萃取干涉條紋。以影像相減法將振動影像與參考影像相減,可得:

$$(\Gamma_{vib})_{sub} = 2\sqrt{I_o I_r}\underbrace{\left[J_o(\kappa\xi A) - 1 \right]\cos\varphi}_{AC \ 項} \tag{8.37}$$

此時 AC 項為高頻光斑雜訊 $\cos\varphi$ 及空間低頻干涉條紋函數 $J_o(\kappa\xi A) - 1$ 所構成,振幅大小可由空間低頻函數 $J_o(\kappa\xi A) - 1$ 區域極值決定;此時光斑干涉影像清晰度較佳。

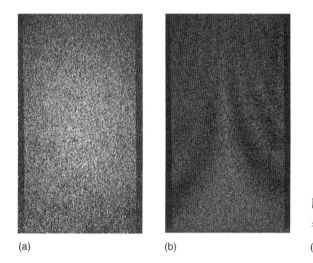

(a)　　　　　　　　　　　　(b)

圖 8.44
複合材料平板第二振型光斑干涉條紋影像，
(a) 影像相加法，(b) 影像相減法。

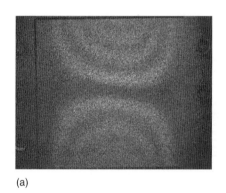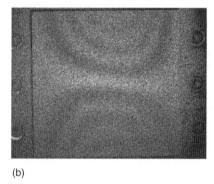

(a)　　　　　　　　　　　(b)

圖 8.45
相同致振條件下以
電子光斑影像干涉
術所得之平板振動
條紋影像，(a) 節線
為暗紋，(b) 節線
為亮紋。

　　圖 8.44 為採用影像相加與影像相減法所得之振動影像，相減法所得條紋清晰可見，相加法影像則未能辨別干涉條紋位置。雖然相減法可取得相對清晰條紋影像，但實際應用仍有影像忽明忽暗及干涉條紋反相等問題，圖 8.45 所示即為同一振動條件所獲干涉條紋黑白反相之實例。為解決此一干涉條紋漂動問題並提高量測解析度，Wang 等人[49] 於 1996 年以均時法與影像相減法為基礎，在相同表徵 (nominal) 振動推力下，以均時光斑影像取代靜態參考影像，可獲得較傳統相減法清晰並且具兩倍位移靈敏度之電子光斑干涉影像，其稱為 AF-ESPI (amplitude-fluctuation ESPI)。

　　2004 年重新審視環境雜訊對振動量測的影響，以實驗證實環境背景干擾效應可分為環境擾動力量作用於光學元組件，其來源可為空氣擾動、地面振動等，以及待測物體本身對環境干擾之動態響應。經由理論推導可得光斑干涉條紋由函數 $\sqrt{\left[\delta\varphi J_0(\kappa\xi A)\right]^2 + \left[\delta(\kappa\xi\Delta A)J_1(\kappa\xi A)\right]^2}$ 之區域極值決定，並完整建立條紋分析與誤差值。由於 AF-ESPI 為其特例，因此干涉條紋清晰度與位移靈敏度與 AF-ESPI 一樣，為完整環境雜訊相位調制電子光斑影像干涉術[50]。

8.3.3 時間及空間相移法

利用各種光干涉技術，可藉由干涉儀以獲取和分析兩個光束互相干涉形成的干涉圖 (interferogram)，或稱之為條紋圖像 (fringe pattern)，此兩光束是從相同的光源產生的。此干涉條紋圖像含有兩個干涉光束波前之間的相位差、光源的光譜內容，以及其空間分布等訊息。運用相位測量技術，藉以測試物體的一些特性，例如：表面形貌、光學系統的品質、介質的均勻性，以及標的物間的相對位置等。在工程應用上，光干涉相位的測量可用於實驗力學中測試物體的位移，或用於光纖干涉儀中感測物體的溫度和旋轉，以及用於折射儀 (refractometry) 和橢圓偏光儀 (ellipsometry) 中，測量材料的折射率和薄膜厚度等。

傳統測量相位的方法，著眼於整數或半整數級條紋，而介於其間的分數級，則多以內插或外插的方式獲得，較不精確。近年來，運用相位移及數位影像處理技術，由電腦計算可以迅速而準確的獲得干涉條紋圖像全面的相位，其精確度可達到傳統測量相位的十到一百倍。運用此一量測技術，除具備傳統干涉儀所具有的優點外，較之傳統干涉儀，其速度快且準確性更高。

相位測量分析的方法中，一般常使用多張取自不同時間的相位移干涉圖，經運算得到全場的相位，此方法稱為時間相移法 (temporal phase stepping)。時間相移法適用於分析高解析度的圖像，在對比度差的情況下，也能得到良好的結果，測量時不受背景光強起伏的影響，常用於高精度的光學量測儀系統中。此外，亦有只用單一干涉圖分析來得到相位的，稱之為空間相移法 (spatial phase stepping)。空間相移法因僅需要一個干涉圖像，故較適用於分析動態事件，或者需在特殊狀況下進行的測量。執行空間相移法的實驗系統，另一個優點是不需要複雜地改變相位的裝置。此二相移法優缺點之詳細比較，可參考文獻 51－53，關於此二相移法之原理詳述於下文中。

(1) 時間相移法

一般干涉條紋圖形中的光強度 I_1 可以表示為：

$$I_1 = I_r + I_o + 2\sqrt{I_r I_o} \cos(\Delta) \tag{8.38}$$

其中 I_r 為參考光光強度，I_o 為物光光強度，Δ 為兩道光之間的相位差，皆是位置 (x, y) 的函數。時間相移法係於干涉光場中，在物光與參考光之間，給予一已知的相位變量 ϕ，此即相位移 (phase shift)，同時造成干涉條紋圖像之分布狀況有所改變。相位移 ϕ 為一定量，與位置 (x, y) 無關。擷取此圖像，其光強度 I_2 可表示為：

$$I_2 = I_r + I_o + 2\sqrt{I_r I_o} \cos(\Delta + \phi) \tag{8.39}$$

第 8.3.3 節作者為陳元方先生。

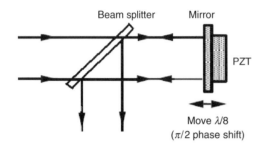

Beam splitter　Mirror

PZT

Move $\lambda/8$
($\pi/2$ phase shift)

圖 8.46
利用 PZT 移動反射鏡產生相位移。

由於公式 (8.38) 或公式 (8.39) 中有三個未知量 I_r、I_o 及 Δ，因此至少需要三個方程式，亦即三張干涉條紋圖像，方能運算出其相位 Δ。故經由數次相移步驟，分別於不同時間點，擷取各次相位移後之圖像，利用相應的數個方程式組成之聯立方程組，即可由已知的光強度與相位移，算出相位 Δ。

時間相位移法之運算有多種方式，常用的相位移法有三步、四步相位移，亦有用到五步、七步相位移者。使用時它們有一些共同點，即是運算得到的相位值都是由反正切函數而來，所以相位會介於 $-\pi$ 和 $+\pi$ 之間，並不連續。因此，當相位差超過一個週期以上時，即需利用相位展開技術以得到連續之相位分布。

相位移的產生，一般常藉由移動沿著光軸的參考光反射鏡，改變二干涉光之間的光學路徑差來達成，如圖 8.46 所示。除此之外，相位移的產生亦可透過其他方法來達成，例如運用玻璃板作一小角度的傾斜、利用光柵的移動，或是轉動二分之一波板 (half waveplate) 或偏光鏡 (polarizer)，或者使用聲光調節器等[54]。

· 三步相位移法

三步相位移法即是需取三張相位移影像，以算出其相位 Δ。以週期 2π 而言，其每一步的相位移即為 $2\pi/3$。令第一張影像為初始未相移之影像，若給予一個相位移 $2\pi/3$ 後，擷取第二張影像，然後再給予一個相位移 $2\pi/3$ 後，擷取第三張影像，即可得到三張影像相對應的聯立方程組如下：

$$
\begin{aligned}
I_1 &= I_r + I_o + 2\sqrt{I_r I_o}\, \cos(\Delta) \\
I_2 &= I_r + I_o + 2\sqrt{I_r I_o}\, \cos(\Delta + 2\pi/3) \\
I_3 &= I_r + I_o + 2\sqrt{I_r I_o}\, \cos(\Delta + 4\pi/3)
\end{aligned}
\tag{8.40}
$$

解聯立方程組 (8.40) 可以得到：

$$
\Delta = \tan^{-1}\left[\frac{\sqrt{3}(I_2 - I_3)}{2I_1 - I_2 - I_3}\right]
\tag{8.41}
$$

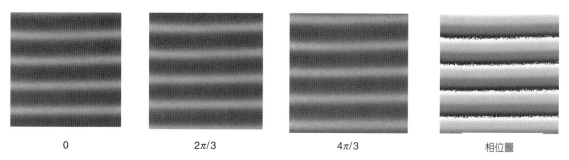

| 0 | $2\pi/3$ | $4\pi/3$ | 相位圖 |

圖 8.47 三步相位移條紋圖像及其全場相位圖。

由上式即得到干涉圖形中各點的相位值。圖 8.47 為三張相位移條紋圖像及由公式 (8.41) 所得之全場相位圖。

· 四步相位移法

　　四步相位移法是一常用的方法，需取四張相位移影像，以算出其相位 Δ。以週期 2π 而言，其每一步的相位移即為 $\pi/2$。令第一張影像為初始未相移之影像，若給予一個相位移 $\pi/2$ 後，擷取第二張影像，再給予一個相位移 $\pi/2$ 後，獲得第三張影像，繼而再給一個相位移 $\pi/2$ 後，獲得第四張影像，即可得到四張影像相對應的聯立方程組如下：

$$
\begin{aligned}
I_1 &= I_r + I_o + 2\sqrt{I_r I_o}\cos(\Delta) \\
I_2 &= I_r + I_o + 2\sqrt{I_r I_o}\cos(\Delta + \pi/2) \\
I_3 &= I_r + I_o + 2\sqrt{I_r I_o}\cos(\Delta + \pi) \\
I_4 &= I_r + I_o + 2\sqrt{I_r I_o}\cos(\Delta + 3\pi/2)
\end{aligned}
\tag{8.42}
$$

解聯立方程組 (8.42) 可以得到：

$$
\Delta = \tan^{-1}\left[\frac{I_4 - I_2}{I_1 - I_3}\right]
\tag{8.43}
$$

由上式即得到干涉圖形中各點的相位值。圖 8.48 為四張相位移條紋圖像及由公式 (8.43) 所得之全場相位圖。

　　若採用 1966 年由 Carre 所提出的等間隔、非特定相移量的四步相移法，當每次相移的大小皆為 δ 時，則經相移 $-3\delta/2$、$-\delta/2$、$\delta/2$ 及 $3\delta/2$，可得到四張影像相對應的聯立方程組如下：

$$I_1 = I_r + I_o + 2\sqrt{I_r I_o}\cos(\Delta - 3\delta/2)$$
$$I_2 = I_r + I_o + 2\sqrt{I_r I_o}\cos(\Delta - \delta/2)$$
$$I_3 = I_r + I_o + 2\sqrt{I_r I_o}\cos(\Delta + \delta/2)$$
$$I_4 = I_r + I_o + 2\sqrt{I_r I_o}\cos(\Delta + 3\delta/2)$$

(8.44)

經整理後可得到：

$$\Delta = \tan^{-1}\left[\frac{\sqrt{[3(I_2 - I_3) - (I_1 - I_4)][(I_2 - I_3) - (I_1 - I_4)]}}{(I_2 + I_3) - (I_1 + I_4)}\right]$$

(8.45)

運用此一演算法時，可不需要知道 δ 之數值，只要確定每次的相移間隔皆相等即可。然而需注意當相位 Δ 為 π 的整數倍時，上式中的分子與分母將同時為 0，其反函數值將具不確定性。

・五步相位移法

　　此法係由 Hariharan 在 1987 年所提出的一種演算法[55]，不需要知道 δ 之數值；其優點在於此法之誤差，較前述之三步及四步相位移演算法為小，亦即可獲得較好的結果。經相位移 -2δ、$-\delta$、0、δ 及 2δ 取得之五張相位移影像，其相應的聯立方程組如下：

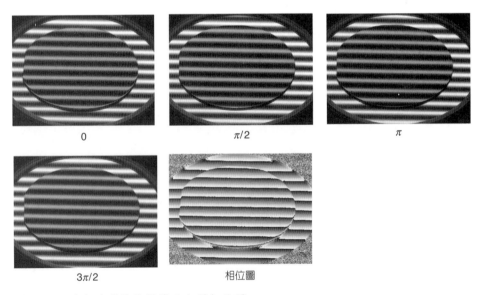

圖 8.48 四步相位移條紋圖像及全場相位圖。

$$I_1 = I_r + I_o + 2\sqrt{I_r I_o}\cos(\Delta - 2\delta)$$
$$I_2 = I_r + I_o + 2\sqrt{I_r I_o}\cos(\Delta - \delta)$$
$$I_3 = I_r + I_o + 2\sqrt{I_r I_o}\cos(\Delta) \tag{8.46}$$
$$I_4 = I_r + I_o + 2\sqrt{I_r I_o}\cos(\Delta + \delta)$$
$$I_5 = I_r + I_o + 2\sqrt{I_r I_o}\cos(\Delta + 2\delta)$$

解聯立方程式 (8.46) 可得：

$$\Delta = \tan^{-1}\left[\frac{1 - \cos 2\delta}{\sin \delta}\frac{2(I_4 - I_2)}{I_1 + I_5 - 2I_3}\right] \tag{8.47}$$

當 δ 為 $\pi/2$ 時，公式 (8.47) 可表示為：

$$\Delta = \tan^{-1}\left[\frac{2(I_4 - I_2)}{I_1 + I_5 - 2I_3}\right] \tag{8.48}$$

・七步相位移法

　　在 2000 年時，Zhang 等人提出了七步相移的演算法[56]，經相移 $-3\pi/2$、$-\pi$、$-\pi/2$、0、$\pi/2$、π 及 $3\pi/2$，得到七張相位移影像，此演算法之優點為可降低因震動而產生之誤差，其缺點則是需要擷取之影像較多。

(2) 空間相移法

　　利用空間相移法可以透過單一干涉圖測量相位，常用的方法有二：傅立葉轉換 (Fourier transform)[57] 及同步檢測 (synchronous detection)[58]。此兩個方法皆需要在參考光波前和待測物光波前之間產生一個大傾斜，亦即是在原干涉圖像上疊加一組傾斜所生的平行條紋，而此一波前傾斜的方向或者關於待測物的波前則需預先知道。運用傅立葉轉換法時，經空間相移後之干涉圖先由離散傅立葉轉換於頻率域上，經濾波去除傾斜所生的平行條紋頻率後，再由反傅立葉轉換 (inverse Fourier transform) 可得到原干涉圖像，圖像上各點的相位則經其實部及虛部的反正切函數求得。此法和時間相移法一樣，亦需利用相位展開技術得到連續之相位分布。

8.3.4 傅立葉分析

　　疊紋法或雲紋法為常用的光電量測法之一，依其量測的目的可分為測繪表面等高線的陰影疊紋法 (shadow moire)，以及量取平面上位移的疊紋法 (in-plane moire)，在此簡稱疊紋法。

第 8.3.4 節作者為劉乃上先生。

疊紋法依其所使用的光學方法又可分為幾何疊紋法及光學疊紋法 (疊紋干涉)。因為此法簡便，其敏感度及解析度的高低可以視需要而改變，且所得影像雜訊低，並且是全域的分析方法，因此為學術及工業界所廣泛使用。

　　隨著數位攝影器材及個人電腦的進步，使得以電腦為基礎 (computer-based) 的光學量測法有了新的發展，本節將介紹傅立葉轉換法於光學量測之應用，包括平面內位移、應變，以及表面輪廓量測。值得一提的是，在此所提到使用傅立葉轉換的光學量測法在數學上與疊紋法等價，而其優點為影像資料的處理幾乎可以完全自動化，且誤差可以有計畫地控制，因為此法在操作上的步驟只有傅立葉轉換／反轉換及建立選取諧波 (harmonic) 的窗口，因此可得到客觀、快速的結果。

(1) 傅立葉轉換法使用於表面位移及應變之量測

　　傅立葉轉換疊紋法 (Fourier transform moire, FTM)[59-62] 是以電腦為基礎的全域量測法，能應用於受測物表面的平面位移及應變的量測。此法藉著傅立葉轉換及反轉換，可不使用幾何疊紋法中的參考光柵 (reference grating) 或疊紋干涉系統 (moire interferometer)，而直接使用變形後格點的影像計算位移及變形，使用此方法可達到自動化數位影像處理的目的。在使用此方法時，已知間隔的等間隔光柵將事先被均勻地黏著或製作在未變形樣品的表面上，在樣品變形之後擷取變形後格點的數位影像，並對此影像作傅立葉轉換，以得到離散傅立葉頻譜 (spectra)，隔離取出一個諧波並將它移動至適當位置之後，對此移動過的諧波作傅立葉反轉換，以得到複數疊紋條紋影像 (complex moire pattern) 並由此影像計算相位及位移，藉著微分相位或位移可得到應變，其原理概述如下。圖 8.49 顯示光柵未變形前光柵亮度的強度分布，其是由交錯的明暗條紋組成，能用來量測受測物垂直於條紋方向的位移及應變。光柵亮度函數 $f(x)$ 可由傅立葉級數展開而表示為

$$f(x) = \sum_{n=-\infty}^{+\infty} C_n \exp\left[j\frac{2\pi n}{p_0}(x-x_0) \right] \tag{8.49}$$

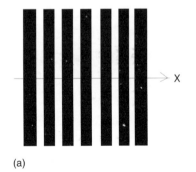
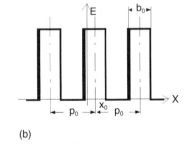

圖 8.49
(a) 未變形之光柵；(b) 未變形光柵之光亮度分布。

其中

$$C_n = C_0 \frac{\sin(n\pi b_0 / p_0)}{n\pi b_0 / p_0}$$

$$C_0 = \frac{E b_0}{p_0}$$

而 j 為單位複數，n 為整數，p_0 為光柵之週期，E 為明亮部分之強度，光柵之初始空間頻率則定義為 $\omega_0 = 1/p_0$，則公式 (8.49) 可寫成

$$f(x) = \sum_{n=-\infty}^{+\infty} C_n \exp\left[j2\pi n\omega_0 (x - x_0) \right] \tag{8.50}$$

現在讓我們考慮在物體變形前製作在物體表面之光柵的變形，假設在變形後物體上任何一點 X 的位移為 $u(X)$，那麼變形後點 X 的位置與此點變形前的初始位置 x 之間的關係可表示為

$$X = x + u(X) \tag{8.51}$$

在變形後點 X 的光柵強度函數 $g(X)$ 相等於在初始位置為 x 的光柵強度函數 $f(x)$，因此

$$
\begin{aligned}
g(X) &= f(x) \\
&= f[X - u(x)] \\
&= \sum_{n=-\infty}^{+\infty} C_n \exp\left\{ j2\pi n\omega_0 [X - u(X) - x_0] \right\} \\
&= \sum_{n=-\infty}^{+\infty} C_n \exp\left\{ -j2\pi n\omega_0 [u(X) + x_0] \right\} \exp(j2\pi n\omega_0 X) \\
&= \sum_{n=-\infty}^{+\infty} i_n(X) \exp(j2\pi n\omega_0 X)
\end{aligned}
\tag{8.52}
$$

其中

$$i_n(X) = C_n \exp\left\{ -j2\pi n\omega_0 [u(X) + x_0] \right\} \tag{8.53}$$

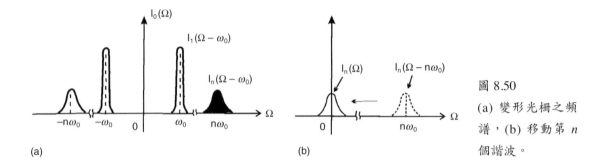

圖 8.50
(a) 變形光柵之頻
譜，(b) 移動第 n
個諧波。

對公式 (8.52) 進行傅立葉轉換可得到

$$G(\Omega) = \int_{-\infty}^{\infty} g(X)\exp(-j2\pi n\Omega X)dX$$
$$= \sum_{n=-\infty}^{+\infty} I_n(\Omega - n\omega_0)$$

(8.54)

其中 $I_n(\Omega)$ 為 $i_n(X)$ 的傅立葉轉換。圖 8.50(a) 顯示由傅立葉轉換所得之能量頻譜，每一個頻譜相對應於第 n 個諧波。雖然頻譜 $G(\Omega)$ 有實數及虛數部分，圖 8.50(a) 只顯示諧波之強度。經由濾波我們可取出一個諧波 $I_n(\Omega - n\omega_0)$，$n \neq 0$，此諧波稱為變形後光柵的第 n 個諧波。如果我們將第 n 個諧波的實數及虛數部分在頻率軸 Ω 上往原點移動 $n\omega_0$，我們將能得到如圖 8.50(b) 所顯示的 $I_n(\Omega)$。計算 $I_n(\Omega)$ 的傅立葉反轉換可得

$$i_n(X) = \frac{1}{2\pi} \int_{-\infty}^{+\infty} I_n(\Omega)\exp(j2\pi n\Omega X)d\Omega$$
$$= C_n \exp\left\{-j2\pi n\omega_0[u(X) + x_0]\right\}$$

(8.55)

將 $\omega_0 = 1/p_0$ 帶入公式 (8.55)，則公式 (8.55) 的實數部分可表示為

$$\mathrm{Re}\{i_n(X)\} = C_n \cos 2\pi n \frac{u(X) + x_0}{p_0}$$

(8.56)

當 $n = 1$ 時 $\mathrm{Re}\{i_n(X)\}$ 形成一組疊紋圖像，$\mathrm{Re}\{i_1(X)\}$ 所形成的疊紋條紋中最明亮的部分代表位移 $u(X)$ 等於整數乘以光柵之週期 p_0 所在之處所成的集合，也就是說 $u(X) + x_0 = mp_0$ (m 為整數)，此集合相當於幾何疊紋法所形成的疊紋條紋。公式 (8.55) 的虛數部分為

$$\mathrm{Im}\{i_n(X)\} = -C_n \sin 2\pi n \frac{u(X) + x_0}{p_0}$$

(8.57)

此方程式所顯示的疊紋圖像中雲紋條紋的相位比公式 (8.56) 所顯示的雲紋相位落後 $\pi/2$。我們注意到公式 (8.55) 是由雲紋條紋的實數及虛數部分所組成，其相位差為 $\pi/2$。我們稱公式 (8.55) 所表示的疊紋圖像為複數疊紋圖像，公式 (8.55) 中的相位含位移 $u(X)$ 的資訊並可被表示為

$$\theta_n(X) = -2\pi n\omega_0[u(X) + x_0] \tag{8.58}$$

使用公式 (8.56) 及公式 (8.57)，可由複數疊紋圖像計算出 $\theta_n(X)$ 為

$$\theta_n(X) = \tan^{-1}\left(\frac{\mathrm{Im}\{i_n(X)\}}{\mathrm{Re}\{i_n(X)\}}\right) \tag{8.59}$$

在點 X 的尤拉應變 (Eulerian strain) 可由在 X 點的位移 $u(X)$ 微分計算而得

$$\varepsilon(X) = \frac{du(X)}{dX} = -\frac{1}{2\pi n\omega_0}\frac{d\theta_n(X)}{dX} \tag{8.60}$$

平面內 2-D 位移分量及應變分布可藉著使用 2-D 光柵及 2-D 傅立葉轉換分析。如圖 8.51 所示，已知間隔的等間隔 2-D 光柵事先被均勻地黏著在未變形樣品的表面上，在樣品變形之後擷取變形後格點的數位影像 (如圖 8.52)，並對此影像作傅立葉轉換以得到離散傅立葉頻譜 (如圖 8.53 所示)，分別隔離取出一個如圖 8.53 圓圈位置所顯示的諧波並將它移動至適當位置，然後對此移動過的諧波作傅立葉反轉換以得到複數的疊紋條紋影像，如圖 8.54 所示，可由此影像計算相位 $\theta_n(X)$，應變可藉著微分相位得到。

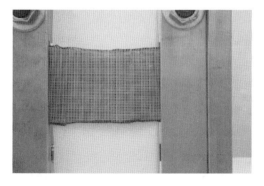

圖 8.51 等間隔 2-D 光柵覆蓋於未變形樣品的表面上。

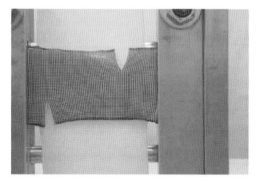

圖 8.52 樣品變形後格點的數位影像。

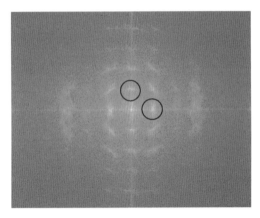

圖 8.53 變形後格點數位影像的離散傅立葉
　　　　頻譜。

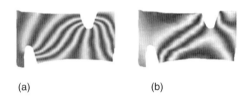

(a)　　　　　　　　　　　　　(b)

圖 8.54 複數雲紋條紋影像的實數部分，
　　　　(a) **u** 場，(b) **v** 場。

(2) 傅立葉轉換法使用於表面輪廓之量測

　　藉由光柵的投影，傅立葉轉換法可用於 3-D 物體外形之量測[63]。圖 8.55 及圖 8.56 顯示量測的方法，在圖 8.55 所示的交叉光軸幾何設定中，投影機的光軸 P′P″ 及攝影機的光軸 C′C″ 相交於虛擬的參考平面 R 上之 O 點，物體之表面輪廓 $h(x,y)$ 為相對於此平面之高度。光柵 G 其線條垂直於圖 8.55 並經由 O 點投影於平面 I 上，攝影機的像平面為 S，而 P″ 點與 C″ 點與虛擬參考平面 R 有相等的距離 l_0。假設物體為一位於參考平面 R 上的平面物件，也就是說 $h(x,y) = 0$，且如果 P″ 位於無限遠的地方，那麼經由 E 點觀察光柵投影於物體表面之影像可見規則的光柵圖像，此圖像可以傅立葉級數展開為

$$g_r(x,y) = \sum_{n=-\infty}^{\infty} C_n \exp(2\pi jn\omega_0 x) \tag{8.61}$$

其中 $\omega_0 = 1/p_0 = \cos\theta/p$，為光柵影像之基本頻率。如圖 8.55 所示，$x$ 軸為水平軸而 y 軸垂直於圖 8.55 所在的平面。若 P″ 點與參考平面之距離為有限，那麼即使 $h(x,y) = 0$，我們將觀察到光柵之週期將隨著 x 座標的增加而增加。我們可發現 P″ 位於無限遠及 P″ 之距離為有限這兩種狀況下，投射到點 A 之光線分別與參考平面 R 相交於 B 點及 C 點，因此我們可將 $h(x,y) = 0$ 時光柵投影於物體表面之光柵圖像表示為：

$$g_0(x,y) = \sum_{n=-\infty}^{\infty} c_n \exp\left\{2\pi jn\omega_0 \left[x + s_0(x)\right]\right\} \tag{8.62}$$

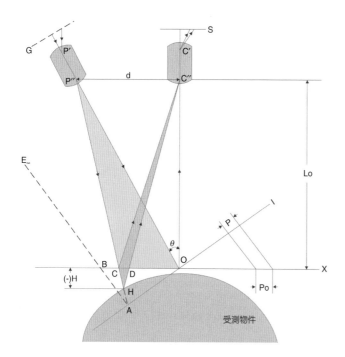

圖 8.55
交叉軸之幾何設定。

其中 $s_0(x) = \overline{BC}$ 為 x 之函數。為了便於討論，我們將方程式 (8.62) 改寫為

$$g_0(x,y) = \sum_{n=-\infty}^{\infty} c_n \exp\left\{2\pi n\omega_0 x + n\phi_0(x)\right\} \tag{8.63}$$

其中

$$\phi_0(x) = 2\pi\omega_0 s_0(x) = 2\pi\omega_0 \overline{BC} \tag{8.64}$$

對於一個高度 $h(x,y)$ 隨位置 (x,y) 而異之物體而言，從 P″ 點往 A 點方向的投射光與物體之交點為 H，可由攝影機上 C″ 點觀察到在參考平面 R 上的相對位置位於 D 點。因此投射到物件上扭曲變形的光柵影像可表示為

$$g(x,y) = r(x,y) \sum_{n=-\infty}^{\infty} C_n \exp\left\{2\pi jn\omega_0[x+s(x,y)]\right\} \tag{8.65}$$

或

$$g(x,y) = r(x,y) \sum_{n=-\infty}^{\infty} C_n \exp\left\{j[2\pi n\omega_0 x + n\phi(x,y)]\right\} \tag{8.66}$$

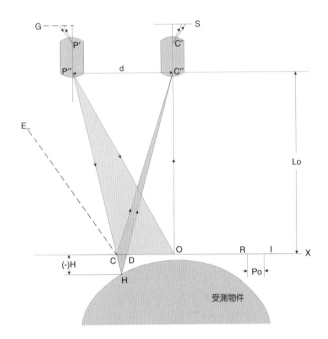

圖 8.56

平行軸之幾何設定。

其中

$$\phi(x,y) = 2\pi\omega_0 s(x,y) = 2\pi\omega_0 \overline{BD} \tag{8.67}$$

而 $r(x,y)$ 為物體表面不均勻反射之光強度分布狀態。

　　如果將圖 8.55 中 P′P″ 軸之走向改為與 C′C″ 平行且與參考平面 R 互相垂直，則成為如圖 8.56 所示的平行光軸幾何設定。如此一來光柵 G 將投影於參考平面 R 上，因此在圖 8.55 交叉光軸幾何設定中的 A、B 及 C 三點在此退化成圖 8.56 中的 C 點，因此方程式 (8.64) 及 (8.67) 將改變為：

$$\phi_0(x) = 2\pi\omega_0 s_0(x) = 2\pi\omega_0 \overline{BC} = 0 \tag{8.68}$$

或

$$\phi(x,y) = 2\pi\omega_0 s(x,y) = 2\pi\omega_0 \overline{CD} \tag{8.69}$$

因此投影於 $h(x,y) = 0$ 平面上的光柵影像仍能保持為規則的投影圖像。

　　在公式 (8.66) 中，相位 $\phi(x,y)$ 包含物體 3-D 表面輪廓的資訊，現在我們將探討如何將 $\phi(x,y)$ 從物體表面不均勻反射之光強度分布狀態 $r(x,y)$ 中分離出來。我們可將公式 (8.66) 改

寫為

$$g(x,y) = \sum_{n=-\infty}^{\infty} q_n(x,y)\exp(2\pi jn\omega_0 x) \tag{8.70}$$

其中

$$q_n(x,y) = C_n r(x,y)\exp\left[jn\phi(x,y)\right] \tag{8.71}$$

若將 y 視為常數，以 x 為變數計算式 (8.71) 的 1-D 傅立葉轉換可得

$$\begin{aligned}
G(\Omega,y) &= \int_{-\infty}^{\infty} g(x,y)\exp(-2\pi j\Omega x)\,dx \\
&= \sum_{n=-\infty}^{\infty} Q_n(\Omega - n\omega_0, y)
\end{aligned} \tag{8.72}$$

其中 $G(\Omega,y)$ 及 $Q_n(\Omega,y)$ 分別為 $g(x,y)$ 及 $q_n(x,y)$ 的 1-D 傅立葉頻譜。若是將 $G(\Omega,y)$ 及 $Q_n(\Omega,y)$ 分別類比於上一小節中的 $G(\Omega)$ 與 $I_n(\Omega)$，我們將發現此 1-D 傅立葉頻譜與圖 8.50 所示傅立葉轉換疊紋法的頻譜相似。因為在大多數狀況下 $r(x,y)$ 及 $\phi(x,y)$ 之變化遠較光柵影像之頻率 ω_0 緩慢，頻譜 $Q_n(\Omega - n\omega_0, y)$ 可以頻率 ω_0 分離，因此在上一小節中計算相位的步驟在此也適用，如果選擇單一頻譜 $Q_1(\Omega - \omega_0, y)$ 並依照上一小節提及的步驟計算經過對傅立葉反轉換之後可得

$$\begin{aligned}
\hat{g}(x,y) &= q_1(x,y)\exp(2\pi j\omega_0 x) \\
&= C_1 r(x,y)\exp\left\{j\left[2\pi\omega_0 x + \phi(x,y)\right]\right\}
\end{aligned} \tag{8.73}$$

在交叉光軸的狀況中，我們可對公式 (8.63) 使用相同的計算步驟而得到

$$\hat{g}_0(x,y) = C_1 \exp\left\{j\left[2\pi\omega_0 x + \phi_0(x)\right]\right\} \tag{8.74}$$

由公式 (8.73) 及 (8.74) 可產生下列新方程式

$$\hat{g}(x,y)\cdot\hat{g}_0^*(x,y) = |A_1|^2 r(x,y)\exp\left\{j\left[\Delta\phi(x,y)\right]\right\} \tag{8.75}$$

其中

$$\Delta\phi(x,y) = \phi(x,y) - \phi_0(x) = 2\pi\omega_0\left(\overline{BD} - \overline{BC}\right) = 2\pi\omega_0\overline{CD} \tag{8.76}$$

因為當 $h(x,y) = 0$ 時的初始相位調變 $\phi_0(x)$ 已被消去，在公式 (8.75) 及公式 (8.76) 中的 $\Delta\phi(x,y)$ 代表因為物體高度分布而產生的相位調變。為了從公式 (8.75) 中分離出相位分布 $\Delta\phi(x,y)$，我們可使用 FTM 中計算相位的方法來計算 $\Delta\phi(x,y)$ 或對公式 (8.75) 取對數可得

$$\log\left[\hat{g}(x,y) \cdot \hat{g}_0^*(x,y)\right] = \log\left[|A_1|^2 r(x,y)\right] + j\Delta\phi(x,y) \tag{8.77}$$

相位分布 $\Delta\phi(x,y)$ 可從公式 (8.77) 中的虛數部分得到而與實數部分代表不均勻照度的 $r(x,y)$ 完全分離，如此所得的相位將介於 $-\pi$ 及 π 之間，經由相位展開 (phase unwrap) 可得到在某個固定 y 值的連續相位分布，對每個不同的 y 重複上述步驟可得到 2-D 的連續相位分布。

在圖 8.55 及圖 8.56 中因為 $\Delta\text{P}''\text{HC}''$ 與 ΔCHD 相似，因此

$$\overline{\text{CD}} = \frac{-dh(x,y)}{l_0 - h(x,y)} \tag{8.78}$$

其中當從參考平面往上量測時物件的高度 $h(x,y)$ 為正值。將公式 (8.78) 代入公式 (8.76) 可得相位－高度的轉換公式為：

$$h(x,y) = \frac{l_0 \Delta\phi(x,y)}{\Delta\phi(x,y) - 2\pi\omega_0 d} \tag{8.79}$$

若是將 $\omega_0 = 1/p_0 = \cos\theta/p$ 代入公式 (8.79) 可得

$$h(x,y) = l_0 p_0 \frac{\Delta\phi(x,y)/2\pi}{p_0\left[\Delta\phi(x,y)/2\pi\right] - d} \tag{8.80}$$

我們可以注意到若 $\Delta(x,y)/2\pi$ 為整數時，公式 (8.80) 與疊紋表面量測法 (moire topography) 的公式完全相同。

8.3.5 相位展開

近年來，有關同調訊號 (coherent signal) 及影像處理技術 (image processing) 之發展及應用有明顯上升的趨勢，所謂同調處理 (coherent processing) 指的就是相位 (phase)，同調訊號之傳送或接收必須藉由時間 (temporal) 與空間 (spatial) 訊號之振幅及相位來完成；相反的，非同調處理 (incoherent processing) 則只利用訊號之振幅或強度 (intensity) 而已。

需要作同調處理之實例如：合成孔徑雷達 (synthetic aperture radar, SAR)、合成孔徑聲納 (synthetic aperture sonar, SAS)、超音波成像 (acoustic imaging)、投影與繞射式斷層掃描

第 8.3.5 節作者為黃敏睿先生。

(projection and diffraction tomography)、自適應光學 (adaptive optics)、核磁共振造影 (magnetic resonance imaging, MRI)、光學與微波干涉儀 (optical and microwave interferometry)、震測資料處理 (seismic processing)、X 光結晶學 (X-ray crystallography)，以及合成孔徑電波天文觀測 (aperture synthesis radio astronomy) 等。事實上，任何有關傅立葉合成或分析 (Fourier synthesis or analysis) 之處理，相位都是很重要的。我們需借助一些數學運算來取出相位，而這些訊號都介於 $-\pi$ 至 $+\pi$ 間，一般稱為「未展開相位 (wrapped phase values)」，必須藉由非線性之 wrapping operation 來還原成原始相位，二者之關係以數學描述：

$$\phi(t) = \varphi(t) + 2\pi k(t) \tag{8.81}$$

其中 $k(t)$ 為一整數值以迫使 $-\pi < \varphi(t) \le +\pi$。公式 (8.81) 一般在無相位不連續點 (phase inconsistency) 或殘差 (residues) (定義後述) 時，可輕易以任何與路徑相依型 (path dependent) 之相位展開演算法完成[64,65]；但當有相位不連續點或殘差時 (大部分之情況)，則必須借助於雜訊免疫型 (noise-immune) 或相位展開演算法 (robust phase unwrapping algorithm)[66-69] 為之，上述相位不連續定義如下。

所謂的不連續點，依照 Goldstein 的定義[70]，是由本身資料點的位置與鄰近三點相互比較相位差所判斷的結果，稱之為「四點環繞」，如圖 8.57 所示，其判斷法則如下：

$$\nabla_i \phi_{x,y} = \phi_{(x,y+1)} - \phi_{(x,y)}$$
$$\nabla_j \phi_{x,y} = \phi_{(x+1,y)} - \phi_{(x,y)} \tag{8.82}$$
$$N(x,y) = \text{int}\left[\frac{\nabla_i \phi_{x,y}}{2\pi}\right] + \text{int}\left[\frac{\nabla_j \phi_{x,y+1}}{2\pi}\right] - \text{int}\left[\frac{\nabla_i \phi_{x+1,y}}{2\pi}\right] - \text{int}\left[\frac{\nabla_j \phi_{x,y}}{2\pi}\right]$$

其中 int() 表最接近的整數值，若 $N(x,y) \ne 0$，則定義 $\phi_{(x,y)}$ 為不連續點。其可因雜訊或待測物原始形貌的不連續而造成。

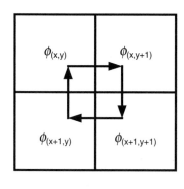

圖 8.57
四點環繞判斷不連續點。

以下將針對具相位不連續點 (phase inconsistency) 之相位圖 (phase map) 的相位展開 (phase unwrapping, PU) 方法作一簡述。

(1) 區域型相位展開法

區域型相位展開法 (regional PU method) 的相位展開技術主要的著眼點，在於將整張相位圖依照不連續特性區分為若干區域，再依照各區域之間彼此的相對關係給予其適當的 2π 移動量。此法於 1987 年由 Gierloff 所提出[71]，他將一張相位圖依照相鄰兩點相位差的絕對值超過 π 作為區域的邊界而切割成數個區域，再依相鄰區域間的相對差作接合 (merge)。這樣做可避免將單一區域內的錯誤傳遞到其他的區域，但如何正確的找到真實相同特性的像素點，並連結成相同的區域是此法最關鍵的一環，若無法找到正確的區域，則仍會產生整區重建錯誤的現象。

(2) 分支切割相位展開法

路徑相依型相位展開技術的優點在於處理速度快，花費時間相當短，可是最大缺點就是當有不連續點時，會將錯誤資訊往下傳遞，因此積分路徑必須加以修正，以迴避錯誤的積分路徑。1988 年 Goldstein 等人提出「分支切割相位展開法 (branch-cut PU method)」[70]，可成功取得必須加以迴避的錯誤積分路徑。首先利用前述四點環繞的方法，將不連續點的位置找出並標記為分支點 (branch node)，再將分支點間做適當的連結形成為分支切割 (branch cut)，積分時路徑不得通過這些分支切割，即可避免錯誤資訊傳遞的問題。

之後，由於對於分支點連接方式的不同，也陸續發展出許多不同的選擇方式，例如：最小支幹展延法 (minimum spanning tree method)[72]、網路趨近法 (network-approached method)[73]、最小不連續法 (minimum discontinuity method)[74] 等方式。

(3) 細胞自動機相位展開法

Ghialia 在 1987 年所提出的「細胞自動機相位展開法 (cellular automata PU method)」[75]，簡稱 CA，演算法步驟簡述如下：

1. 以相位圖中的一點為基準點，和其周圍正交四點做比較。當兩點相位差大於 π 時，給予 +1 的意見值；小於 π 則給予 –1 的意見值；其餘則為 0。
2. 定義「k」為意見值之總合。當 k 值為正，則該基準點加 2π；若 k 值為負，則該基準點減 2π。若 k 值為 0，且四點意見均為 0，則該基準點不變；若是四點意見值抵銷使 k 值為 0，則該基準點加 2π。
3. 依照上述步驟 **1－2** 處理過整張圖形之後，會產生一張新的相位圖，就算完成一次局部迭代 (local iteration)。當局部迭代發生，即「每相隔一次的兩局部迭代結果重複」的週期性變化時，將最後兩次結果相加取平均，如此就算完成一次總體迭代 (global iteration)。
4. 判斷經過總體迭代之後的相位圖中是否還存在著相位的不連續。若是，則重複步驟 **1－3**；否則，相位展開完成。

此演算法具有平行性與路徑無關 (path independent) 之優點，但其缺點在於演算法依靠局部迭代進入週期性重複，來判斷相位還原動作是否完成，如此增加許多運算時間，因此，這些年來也有許多改良 CA 的方法[76-78]。

(4) 區域參考型相位展開演算法 (Region-referenced PU Algorithm)[79]

此法是和 CA 一樣屬於與路徑無關的相位展開技術。以相位圖中每一點為基準點，分別求出基準點與其相鄰正交四域之均值或其週圍鄰近點均值之相位差值偵測到需要相位展開的點，以進行相位展開。只要任一區的均值與基準點之差值大於門檻值 (一般為 π)，基準點就加 2π；若四區中只要有任一區之均值小於負 π 者，基準點就減 2π。

不同於 CA 的是，本演算法只取單一的展開方向 (加或減 2π，二選一) 重複迭代，直至相位圖中不再存有任何需要相位展開的點後，就停止迭代的動作，表示整場已經完成相位展開；前述展開方向的選擇完成不會影響相位展開的結果 (二選一，重複為之，正解可得)。若是位於矩陣邊緣或角落之點，則其邊界以外圍區域不列入考慮，僅參考邊界以內有值的區域。

為更提高運算的速度，均值的計算可以參考區域內超過特定差值點數的個數取代以提高速度，再結合區塊分割與接合的技術即可大幅提升該演算法的運算效率，即便是電子光斑干涉術所得的相位圖，在不經任何濾波處理下，仍可輕易相位展開，可避免濾波所衍生的相位扭曲等問題，以提高結果的正確性。此演算法演算邏輯簡單，抗雜訊能力強，並具擴充性。

(5) L^p 演算法

前述方式對於因雜訊所造成的不連續點的相位圖展開都有一定的能力，但對含有因待測物原始形貌的不連續所造成的不連續點之相位圖，例如：差排 (dislocation) 或 shear，卻往往無法正確的展開。針對原始相位圖本身就存在的不連續現象，Ghiglia 和 Romero 在 1996 年發表的「Minimum L^p-Norm Phase Unwrapping」[80] 可以解決這方面的問題，簡單數學推導如下。

假設展開前的未展開相位為 $\psi_{i,j}$，展開後的正確相位為 $\phi_{i,j}$，其關係式如下：

$$\psi_{i,j} = \phi_{i,j} + 2\pi k_{i,j} \tag{8.83}$$

$k_{i,j}$ 為整數矩陣，$-\pi < \psi_{i,j} < \pi$，$i = 0、、、M-1$，$j = 0、、、N-1$，當相位分布無不連續點產生時，每一點與其鄰近任一點相位差的絕對值必須小於 π，且我們知道在相同的位置處，展開後的正確相位差值 ($\phi_{i+1,j} - \phi_{i,j}$) 和控制在 $-\pi$－π 之間的展開前未展開相位差值 ($\psi_{i+1,j} - \psi_{i,j}$) 必定相同，將誤差值 J 以最小 P 次方之絕對值一般通式 (minimum L^p-norm formulation) 表示為：

$$J = |\varepsilon|^p = \sum_{i=0}^{M-2} \sum_{j=0}^{N-1} \left| \phi_{i+1,j} - \phi_{i,j} - \Delta_{i,j}^x \right|^p + \sum_{i=0}^{M-1} \sum_{j=0}^{N-2} \left| \phi_{i,j+1} - \phi_{i,j} - \Delta_{i,j}^y \right|^p \tag{8.84}$$

可推得：

$$U(i,j)(\phi_{i+1,j} - \phi_{i,j}) - U(i-1,j)(\phi_{i,j} - \phi_{i-1,j}) + V(i,j)(\phi_{i,j+1} - \phi_{i,j})$$
$$-V(i,j-1)(\phi_{i,j} - \phi_{i,j-1}) = c_{i,j} \tag{8.85}$$

$$c_{i,j} = U(i,j)\Delta_{i,j}^{x} - U(i-1,j)\Delta_{i-1,j}^{x} + V(i,j)\Delta_{i,j}^{y} - V(i,j-1)\Delta_{i,j-1}^{y} \tag{8.86}$$

定義權值：

$$U(i,j) = \frac{\varepsilon_0}{\left|\phi_{i+1,j} - \phi_{i,j} - \Delta_{i,j}^{x}\right|^{2-p} + \varepsilon_0} \tag{8.87}$$

$$V(i,j) = \frac{\varepsilon_0}{\left|\phi_{i,j+1} - \phi_{i,j} - \Delta_{i,j}^{y}\right|^{2-p} + \varepsilon_0} \tag{8.88}$$

其矩陣型式為：

$$\mathbf{Q}\phi = \mathbf{c} \tag{8.89}$$

定義 residue：

$$r_{i,j} = \Delta_{i,j}^{y} + \Delta_{i,j+1}^{x} - \Delta_{i+1,j}^{y} - \Delta_{i,j}^{x} \tag{8.90}$$

定義 residual：

$$R(i,j) = W\left\{\psi(i,j) - \phi_i(i,j)\right\} \tag{8.91}$$

其中 W 為 wrapping operator，藉由加減 2π 整數倍，控制其值在 $-\pi - \pi$ 之間。Minimum L^{p}-Norm 相位展開法步驟如下：

1. 選擇 $p < 2$，假設 $p = 0$。
2. 假設外部迭代初始相位 $\phi_i = 0$。
3. 計算殘差值 $R(i,j)$，如公式 (8.91) 所示。
4. 測試 $R(i,j)$ 之殘差，如公式 (8.90) 所示。假如殘差不存在，執行步驟 5，否則執行步驟 6。
5. 利用簡單的路徑相依或最小平方相位展開法展開 $R(i,j)$，以 $W^{1}\{R(i,j)\}$ 表示之，則 $\phi(i,j) = \phi_i(i,j) + W^{-1}\{R(i,j)\}$。
6. 計算權值 $U_i(i,j)$、$V_i(i,j)$，如公式 (8.87) 及公式 (8.88) 所示。

7. 計算 $c_l(i,j)$，如公式 (8.86) 所示。

8. 求解 $\mathbf{Q}\phi_l = \mathbf{c}_l$，使用 PCG (projected conjugate gradient) 演算法。

9. 執行外部迭代 $l = l + 1$，若 $l \geq l_{max}$ 或達到收斂標準則完成迭代，否則回到步驟 3。

此法確實可以解含有原始形貌不連續的相位圖，但缺點是隨著相位圖的增大，需要的運算時間會大幅增加，且其對雜訊免疫的能力不佳。後來研究結合了區塊分割的理論[81]，在運算時間與雜訊免疫方面都有不錯的改善。

(6) 時間域相位展開技術

前述空間域的相位展開技術是以參考點像素與周圍像素來做比較，所以只需要一張相位圖來作處理；而時間域則是比較同一參考點在不同時間下的相位，當然也就必須要記錄變形時的相位資訊。

時間域相位展開技術 (temporal PU)[82] 主要的概念就是我們計算出同一像素在兩個不同時間下的相位差，然後將相位差沿時間積分，即可得到此一相位點在變形過程中的總相位變化量，再加上原始未變形的相位，即完成了相位展開的動作，由下式可知：

$$\Delta\Phi(t) = \tan^{-1}\left[\frac{\Delta I_{42}(t)\Delta I_{13}(t-1) - \Delta I_{13}(t)\Delta I_{42}(t-1)}{\Delta I_{13}(t)\Delta I_{13}(t-1) + \Delta I_{42}(t)\Delta I_{42}(t-1)}\right] \tag{8.92}$$

由不同時間下四步相移的光強圖經組合後，可以得到兩時間相位圖的相位差 $\Delta\Phi$，因為此相位差 $\Delta\Phi$ 不是分別由 t 時刻經四步相移得到的 Φ_t 和 $t+1$ 時刻經四步相移後得到的 Φ_{t+1} 相減所得到，不會有隨機未展開 (random wrapping) 的現象發生，所以只要確保在時間軸上的取樣率足夠，使得 $\Delta\Phi$ 不會超出 2π 模型，經過對時間積分 $\Delta\Phi$ 就可以完成相位展開的動作。也因為是討論同一像素在不同時間的相位關係，不同像素間並不會互相干擾，所以一般在空間域相位展開技術中很難處理的由原始形貌所產生的不連續問題就不會發生，而解決雜訊問題也有如分支切割 (branch-cut) 概念所發展出的技術[83]。應用方面在量測物體表面形貌時，時間域相位展開技術搭配條紋投射法 (projected-fringe) 的技術[84]，利用改變投影條紋的解析度，達到改變相位差 $\Delta\Phi$，也可以作靜態物體的形貌量測。

8.3.6 雙折射光學參數檢測與鎖相技術

許多光學工業上普遍應用且廣為人知的光學材料，例如波片、光罩玻璃和液晶等，皆具有線性雙折射 (linear birefringence) 性質。因此當高精度光學元件應用於現代半導體、光電和其他精密工業中時，如何準確地量測其相關光學參數是有必要的。再者，近年來，由於微奈米科技的快速發展，使得具有雙折射特性的相關晶體或生化物質，因外界變化所造成其光學

第 8.3.6 節作者為羅裕龍先生及林俊鋒先生。

主軸 (principal axis) 和相位延遲量 (phase retardation) 改變，令人產生莫大的興趣，因此希望透過精密量測得以了解彼此關係。

在 1974 年，即有 Serreze 和 Goldner 利用電光調變器 (electro-optic modulator, EOM)[85]，以及 Shindo 和 Hanabusa 利用光彈調變器 (photoelastic modulator, PEM)[86] 作為光學系統調變機構，分別提出量測光學材料雙折射變化的方法；這兩個量測系統得到的訊號皆輸入至鎖相放大器 (lock-in amplifier, LIA) 中，將相位解析出來。在量測旋光材料主軸角度變化量方面的研究上，陽明大學 Feng[87] 等人發展出一套圓偏振光外差干涉儀 (circular heterodyne interferometer)，可量測葡萄糖濃度變化所造成的主軸角度旋轉變化量。在 2002 年，Cameron 等人利用一數位閉迴路處理系統，得到葡萄糖因濃度改變而造成的主軸方位角改變量[88]；它是以共路徑外差干涉 (common-path heterodyne interferometer) 作為基本光學量測架構，並使用法拉第旋轉器 (Faraday rotator) 作為偏振向量的調變機構，經法拉第旋轉器調變後的訊號，緊接著通過待測試件，並利用第二個法拉第旋轉器作為系統的回饋補償；最後，透過一閉迴路的處理系統及鎖相放大器，即可得到葡萄糖中主軸旋轉的角度量。然而，此方法如同以往所提出的系統，有複雜及昂貴的缺點。

再者，有些測量儀器可測量線性雙折射材料之主軸方向和不同程度的相位延遲，但不能同時測量二者光學參數[89,90]。在 1996 年，Chiu 等人提出一個能辨識波片快軸和評估其相位延遲的方法，此方法是建立在共路徑干涉儀和相位區格技術上[90]。他們將鋸齒波電壓波形加諸於電光調變器，並使用鎖相放大器以量測介於測試訊號和參考訊號之間的相位差。然而，卻使用兩個不同波長的雷射，以辨識波片快軸和評估其相位延遲，因此提高光學系統的複雜度。在 2001 年，Ohkubo 和 Umeda 提出一個利用共路徑干涉儀的架構以同時量測線性雙折射材料之主軸方向和相位延遲[93]。其提出一個新光學架構，乃透過頻率穩定的橫向基曼雷射 (Zeeman laser) 作為具有雙折射對比影像量測的近場掃描式光學顯微鏡 (near-field scanning optical microscope, NSOM) 的光源，然而，由於基曼雷射的價格昂貴，且高拍頻訊號不易處理。此外，相位延遲的量測範圍受限於 57.3° 內；且利用強度方式的訊號處理以獲得相位延遲和方位角，是不容易達到精確的要求。

在光學精密量測系統設計上，外差共路徑干涉技術 (optical heterodyne common-path interference technique) 是一重要的精密量測方法；其外差的兩道雷射光源在整個量測系統是走在同一個光路徑上；據此所發展的量測系統可以有極佳的線性、穩定性與精密度，且不易受環境溫度及外界影響。有鑑於以往有些量測系統及技術皆具有複雜、昂貴和解析不易的缺點，且無法同時量測主軸角度及相位延遲量；因此本研究是利用光彈干涉理論中的圓偏光儀 (circular polariscope) 作為光學基礎架構，同時引進電光調變器作為訊號調變機構，並藉由電子訊號處理，來精確地同時量測出線性雙折射性材料的主軸方向絕對量和相位延遲絕對量。

(1) 原理與訊號處理

本研究之新型共路徑外差干涉儀之基本光學架構如圖 8.58 所示；此乃利用光彈干涉理

論中的圓偏光儀作為基礎架構；以 632.8 nm 波長的氦－氖雷射光通過偏振片 (polarizer)，接著通過以訊號產波器產生的鋸齒波電壓來調變的電光調變器，再通過第一個四分之一波片 Q_1、測試樣本 (sample)、第二個四分之一波片 Q_2，最後通過檢偏片 (analyzer)。其光電訊號處理是經由鎖相放大器所得到交流訊號之振幅項和相位項，及由低通濾波器得到直流訊號之大小來處理；由公式 (8.95) 及 (8.96) 所示，此交流訊號的振幅項和相位項與線性雙折射光學材料中的相位延遲和主軸方向有相關聯性。因此只要經由實驗求得交流訊號的振幅項與相位項，其光學參數即可經由公式 (8.95) 及 (8.96) 由求得。

根據瓊斯矩陣方法論，求得如圖 8.58 所示之光學系統的輸出電場為：

$$E_{\text{output}}^{\text{new.circular.heterodyne}}$$

$$= A(-45°)Q_2(90°)S(\alpha,\beta)Q_1(0°)EO(45°,\omega t)P(0°)E_{\text{in}}$$

$$= \frac{1}{2}\begin{bmatrix} 1 & -1 \\ -1 & 1 \end{bmatrix}\begin{bmatrix} -i & 0 \\ 0 & 1 \end{bmatrix}\begin{bmatrix} \cos\frac{\beta}{2}+i\cos 2\alpha\sin\frac{\beta}{2} & i\sin 2\alpha\sin\frac{\beta}{2} \\ i\sin 2\alpha\sin\frac{\beta}{2} & \cos\frac{\beta}{2}-i\cos 2\alpha\sin\frac{\beta}{2} \end{bmatrix} \tag{8.93}$$

$$\begin{bmatrix} 1 & 0 \\ 0 & -1 \end{bmatrix}\begin{bmatrix} \cos\frac{\omega t}{2} & i\sin\frac{\omega}{2} \\ i\sin\frac{\omega t}{2} & \cos\frac{\omega t}{2} \end{bmatrix}\begin{bmatrix} E_0 \\ 0 \end{bmatrix}e^{i\omega_0 t}$$

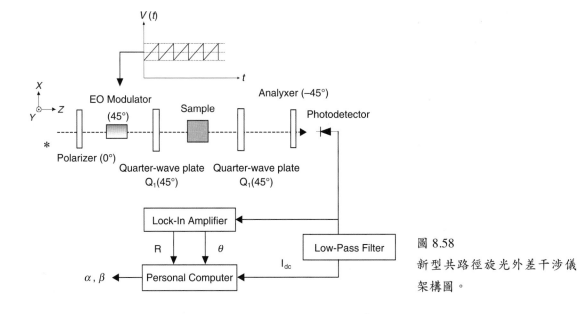

圖 8.58
新型共路徑旋光外差干涉儀
架構圖。

其中，$A(-45°)$ 表示檢偏片與 x 軸成 $-45°$ 的瓊斯矩陣，$Q_2(90°)$ 表示四分之一波片其快軸與 y 軸成平行的瓊斯矩陣，$S(\alpha,\beta)$ 表示測試樣本的瓊斯矩陣，α 是此樣本快軸的方位角，β 是此樣本的相位延遲，$Q_1(0°)$ 表示四分之一波片其快軸與 x 軸成平行的瓊斯矩陣，$EO(45°, \omega t)$ 表示以 ω 頻率的鋸齒波驅動下，其快軸與 x 軸成 $45°$ 的電光調變器瓊斯矩陣，$P(0°)$ 表示與 x 軸成平行的偏振片瓊斯矩陣。因此，由光檢測器 (photodetector) 檢測所得的輸出光強度可表示為：

$$I = \frac{E_0^2}{2}(1 + \sin 2\alpha \sin \beta \cos \omega t - \cos 2\alpha \sin \beta \sin \omega t)$$
$$= I_{dc}\left[1 - \sin \beta \sin(\omega t - 2\alpha)\right] \tag{8.94}$$

其中，E_0^2 為輸入光強度，$I_{dc} = E_0^2/2$ 為輸出光強的直流分量。從公式 (8.94)，利用一個二相型數位訊號處理的鎖相放大器，不僅能夠得到輸出光強在參考頻率下交流分量的振幅項大小，以求得如 $R = |-I_{dc}\sin\beta|$；更可得到輸出光強在參考頻率下交流分量的相位項大小，以求得如 $\theta = -2\alpha$ 所以測試樣本的相位延遲 β 和主軸方位角 α 可分別表示為：

$$\beta = \sin^{-1}\left(\frac{R\sqrt{2}}{I_{dc}}\right) \tag{8.95}$$

$$\alpha = -\frac{\theta}{2} \tag{8.96}$$

在圖 8.58 的光學架構中，I_{dc} 是由低通濾波器訊號處理得到，R 與 θ 是由鎖相放大器量測獲得。由公式 (8.94)－公式 (8.96) 得知，可以僅以一個光檢測器獲得訊號作為後續訊號處理的基礎；因此處理方式容易。然而，由於正弦函數的限制，導致所量測相位延遲值最高僅至 $\pi/2$。

(2) 校準和實驗結果

為了量測出光學材料的主軸角度絕對量和相位延遲絕對量，必須先作光學系統的校準。此乃利用一個標準 $\lambda/8$ 波片當校準的樣本。首先將鋸齒波加諸電光調變器，但電光調變器控制器之直流偏壓先調整為零，然後再精準地調整直流補償電壓和鋸齒波之交流振幅值，使得輸出訊號有 2π 週期遞迴的標準外差訊號。其次，藉由調整電光調變器控制器之直流偏壓，使得鎖相放大器的相位輸出和 $\lambda/8$ 波片樣本的已知主軸角度吻合。相關實驗參數分別為電光調變器控制器之直流偏壓為 250 V、1 kHz，鋸齒波之直流補償電壓為 -900 V 和其峰對峰交流振幅為 1.330 V。值得注意的是，相位延遲的量測是藉由交流和直流振幅之比值獲得，而由於從鎖相放大器獲得之交流振幅和由低通濾波器獲得之直流振幅，其彼此的電壓增益值不同，因此仍利用一個標準 $\lambda/8$ 波片作為相位延遲絕對量校準的樣本。

　　在完成校準和精密的調整程序後，便可開始一序列的實驗。首先，將測試樣本從實驗裝置移去，量測此系統的基本雜訊區，以便決定系統最小相位延遲量測值。實驗結果如圖 8.59 所示，顯示平均最小的相位延遲值為 0.19°，因此相位延遲量測範圍是受限的，尤其對具超微量相位延遲值的樣本而言。其次，以四分之一波片為測試樣本，每次旋轉主軸角度 5°，總共 360°；其實驗的結果如圖 8.60 所示，其量測到之交流和直流訊號變化趨勢類似；因此以 $\sqrt{2}R/I_{dc}$ 來計算相位延遲能夠有效地消除光強擾動的影響，實驗結果證實此量測系統具有相當好的高重複性。

　　為確認所提出量測系統的準確性，在四分之一波片樣本之已知 5° 主軸角度上相同的量測點，作連續 10 次測量，其實驗結果如圖 8.61 所示；發現正交化強度 $\sqrt{2}R/I_{dc}$ 為 1 ± 0.005，而且四分之一波片的相位延遲平均絕對誤差為 2.0%，主軸角度設定在 5° 時的平均絕對誤差為 0.05°。另根據圖 8.62 實驗結果，發現本文所提出的共路徑外差干涉儀在 0° 到 360° 內所量測主軸角度的平均絕對誤差為 0.94°，相位延遲平均絕對誤差為 4.88%。其實驗誤差是在美國國際標準局 (NIST)[94] 所宣稱一般商業化波片相位延遲絕對誤差不確定性至少在 5% 的範圍內；因此本文提出的新型共路徑外差干涉儀，可成功精確地同時量測到主軸角度絕對量和相位延遲絕對量。

　　本文所介紹之新式共路徑外差干涉儀，能夠同時量測到線性雙折射光學材料的主軸角度絕對量和相位延遲絕對量。因為它是建立在共路徑的光學架構上，所以環境擾動所造成的雜訊是可避免的；另光電訊號處理上，是採用光強比值 (rationmetric scheme) 的訊號處理方式來得到相位延遲絕對量，亦可不受光強擾動的影響；再者，採用鎖相 (phase lock) 技術可精確地量測到主軸角度絕對量。和過去所發展的量測系統作比較，可知本量測系統可更精簡且具有直接的訊號處理。此外，利用鎖相放大器的外差量測技術，以提高雜訊比和解析度。最後，由四分之一波片為測試樣本之實驗結果所示，其主軸角度絕對量和相位延遲絕對量的均

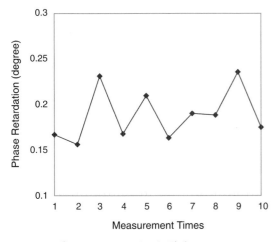

圖 8.59 最小相位延遲值 (無樣本)。

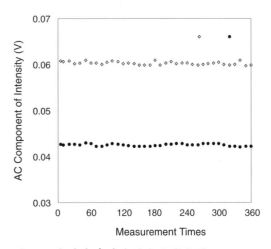

圖 8.60 交流與直流光強大小變化圖。

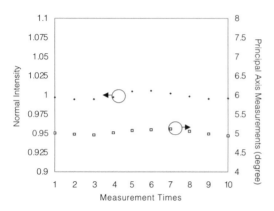

圖 8.61 四分之一波板之實驗結果 (主軸固定於
　　　5 度)。

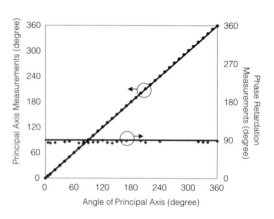

圖 8.62 四分之一波板之主軸與相位延遲同
　　　時量測結果。

方根解析度分別為 0.10° 和 1.59°；主軸角度的動態範圍最高至 360° 及相位延遲的動態範圍
最高至 90°；主軸量測的平均絕對誤差為 0.94° 及相位延遲平均絕對誤差為 4.88%。總結，此
新型量測系統的缺點是相位延遲動態範圍的限制，和必須小心地處理雜訊，方能提高相位延
遲量測的解析度。

8.3.7 壓電材料傳感器

(1) 壓電材料的基本性質

　　當對某一材料施加外力，使兩端分布電荷而造成電位差 (稱為正壓電效應)，或對其外加
電場而導致變形 (稱為逆壓電效應)，則此材料稱為具有壓電性 (piezoelectricity) 的壓電材料。
一般不具對稱中心的晶體大部分均有壓電性。

　　壓電材料必須經過極化 (polarization) 處理後才能具備壓電特性，亦即外加一強大電場，
使原本材料內部隨機分布的極化電荷產生與外加電場同向的規則排列。正壓電效應 (direct
piezoelectric effect) 輸出電場的方向和逆壓電效應 (indirect piezoelectric effect) 變形的方向如圖
8.63 所示，其中圖 8.63(a) 為正壓電效應，而圖 8.63(b) 為逆壓電效應。

　　圖 8.64 為壓電材料變形之示意圖，當外加電壓於一個已極化過的壓電陶瓷
(piezoceramic)，使其在極化方向伸張 (stiffened effect)，在此同時垂直極化方向亦會產生收縮
現象 (unstiffened effect)，極化方向之變形大約是垂直極化方向之變形的兩倍 ($|d_{33}| > 2|d_{31}|$)。

(2) 壓電材料組成律

　　若不考慮熱效應及磁效應，並以電場、應力為獨立變數，則張量型式的壓電組成律為：

第 8.3.7 節及第 8.3.8 節作者為張所鋐先生。

$$S_i = \mathbf{S}_{ij}^E \cdot T_j + d_{ki} \cdot E_k \tag{8.97}$$

$$D_m = d_{m\beta} \cdot T_\beta + \varepsilon_{mk}^T \cdot E_k \tag{8.98}$$

其中，k、$m = 1-3$，i、j、$\beta = 1-6$，依順常數 (compliance constant) $\mathbf{S}^E = (\partial S/\partial T)_{E=\mathrm{const}}$，壓電應變常數 (piezoelectric strain constant) $d = (\partial S/\partial E)_{E=\mathrm{const}} = (\partial D/\partial T)_{E=\mathrm{const}}$，介電常數 (permittivity) $\varepsilon^T = (\partial D/\partial E)_{T=\mathrm{const}}$，而張量足標 1 表示 11 方向、2 表示 22 方向、3 表示 33 方向、4 表示 23 方向、5 表示 31 方向、6 表示 12 方向。不同的獨立變數亦構成不同的組成律 (constitutive law)，共有四組，並且其係數相互具有轉換關係。僅考慮壓電組成律的線性關係，忽略遲滯現象的影響，在所有壓電方程式中，其係數均為常數。

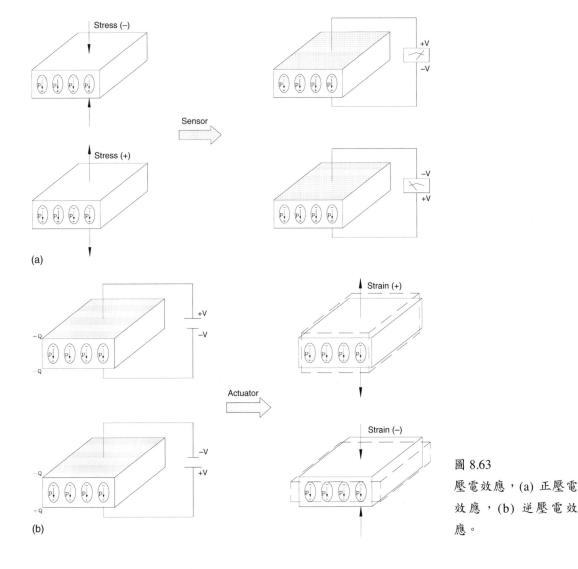

圖 8.63
壓電效應，(a) 正壓電
效應，(b) 逆壓電效
應。

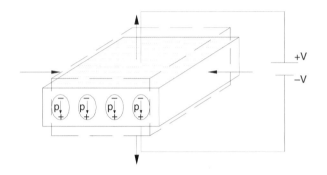

圖 8.64

壓電材料之變形。

常用壓電陶瓷 Class 32、6*mm* 點群的壓電組成律以矩陣表示為：

$$
\begin{bmatrix} S_1 \\ S_2 \\ S_3 \\ S_4 \\ S_5 \\ S_6 \\ D_1 \\ D_2 \\ D_3 \end{bmatrix} = \begin{bmatrix} \mathbf{S}_{11}^E & \mathbf{S}_{12}^E & \mathbf{S}_{13}^E & 0 & 0 & 0 & 0 & 0 & d_{31} \\ \mathbf{S}_{12}^E & \mathbf{S}_{11}^E & \mathbf{S}_{13}^E & 0 & 0 & 0 & 0 & 0 & d_{31} \\ \mathbf{S}_{13}^E & \mathbf{S}_{13}^E & \mathbf{S}_{33}^E & 0 & 0 & 0 & 0 & 0 & d_{33} \\ 0 & 0 & 0 & \mathbf{S}_{44}^E & 0 & 0 & 0 & d_{15} & 0 \\ 0 & 0 & 0 & 0 & \mathbf{S}_{44}^E & 0 & d_{15} & 0 & 0 \\ 0 & 0 & 0 & 0 & 0 & 2(\mathbf{S}_{11}^E - \mathbf{S}_{12}^E) & 0 & 0 & 0 \\ 0 & 0 & 0 & 0 & d_{15} & 0 & \varepsilon_{11}^T & 0 & 0 \\ 0 & 0 & 0 & d_{15} & 0 & 0 & 0 & \varepsilon_{11}^T & 0 \\ d_{31} & d_{31} & d_{33} & 0 & 0 & 0 & 0 & 0 & \varepsilon_{33}^T \end{bmatrix} \begin{bmatrix} T_1 \\ T_2 \\ T_3 \\ T_4 \\ T_5 \\ T_6 \\ E_1 \\ E_2 \\ E_3 \end{bmatrix} \tag{8.99}
$$

(3) 機電轉換係數

　　根據定義，機電轉換係數 (electro-mechanical coupling coefficient, EMCC) 為壓電體內部的電能 (機械能) 對於此材料內機械能 (電能) 轉換能力的比值。可藉此衡量壓電體內的機電轉換情形，壓電體的位能可表示為：

$$
U = \frac{1}{2} \cdot T_i \cdot S_i + \frac{1}{2} \cdot E_m \cdot D_m \tag{8.100}
$$

將壓電方程式 (8.97)、(8.98) 代入公式 (8.100) 可得：

$$
U = \frac{1}{2} \cdot T_i \cdot S_{ij}^E = U_e + 2U_m + U_d \tag{8.101}
$$

其中，彈性能 (elastic energy) $U_e = 1/2 \cdot T_i$，電能 (electric energy) $U_d = 1/2 \cdot E_m \cdot \varepsilon_{mk}^E \cdot E_k$，mutual energy $U_m = 1/2 \cdot T_i \cdot d_{ki} \cdot E_k = 1/2 \cdot E_m \cdot d_{m\beta} \cdot T_\beta$。

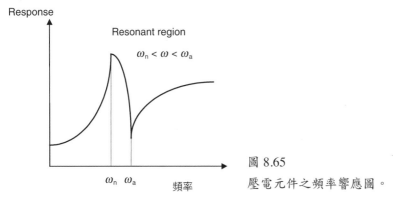

圖 8.65
壓電元件之頻率響應圖。

定義靜態機電轉換係數 (Berlincourt's formula) 為：

$$k = \frac{U_m}{\sqrt{U_e \cdot U_d}}$$ (8.102)

並非壓電致動器都利用所有的方向作機電轉換，因此 k_{ij} 表示壓電體只在 i 和 j 方向轉換能量時的效率。

當壓電體在動態時，公式 (8.102) 的定義無法用來判斷壓電體內部的機電轉換情形，因為此時不是所有能量都用來作為機電轉換，部分需應付壓電體的運動。圖 8.65 為壓電元件之頻率響應圖，其中 ω_n 為共振頻率 (resonant frequency)、ω_a 為反共振頻率 (anti-resonant frequency)。

定義動態機電轉換係數 k_d (dynamic EMCC) 如公式 (8.103)，用來衡量壓電體於共振區間 (resonant region) 振動時的機電轉換情形。

$$k_d^2 = \frac{\omega_a^2 - \omega_n^2}{\omega_a^2}$$ (8.103)

當壓電體的工作頻率位於不同的共振區間時，其 k_d 值亦不相同。

8.3.8 壓電致動微奈米定位機構

微奈米定位平台機構的應用範圍非常廣泛，而且平台的致動器型式也非常多，包括電磁式線性馬達、壓電材料致動器 (piezoelectric material actuator)，以及形狀記憶合金材料致動器等。壓電材料具有體積小、反應快、解析度高、機電轉換效率高的優點，雖然具有遲滯效應，但經過適當的控制後可消除。

以壓電材料為致動器的設計中，常見的型式有形變式、摩擦式與尺蠖式三種，形變式的

優點在於系統有較高的解析度，但是缺點為系統的最大行程往往比其他兩種設計型式短，故形變式定位平台經常搭配其他長行程低解析度的定位平台，以獲得較佳之性能；此外，形變式也有裝配容易與控制成本較低之優點。相較之下，摩擦式與尺蠖式的平台雖然有較長的行程，但是裝配的困難度較高，而且會產生裝配誤差。以下說明形變設計方式，定位範圍於 50 μm 以下，且解析度為 0.01 μm 為例。

(1) 基本機構

具有機電轉換力的壓電材料，因其質輕、體積小、反應快、解析度高等特性，已逐漸被注意，但由於遲滯現象 (hysteresis) 及輸出位移的限制，其應用大部分侷限在感測器 (sensors) 上，只有少部分使用於致動器，但近年來由於壓電材料在材料性質的改進和積層式壓電陶瓷的開發，使得壓電材料能在低輸入電壓的驅動下有較高的位移輸出，更適於致動器的用途。因為壓電致動器的位移輸出範圍有限，若要使平台的工作行程能夠達到所要求的目標，就必須應用放大機構來放大壓電致動器的輸出。

本文所介紹的壓電致動器之最大位移輸出為 11.6 μm，若要使系統的輸出至少有 50 μm，則必須應用放大機構使壓電致動器的輸出放大至少 5 倍以上。查閱相關之機構學書籍，發現放大機構的型式有數十種，但在顧及簡化機構型式之下，可採用的機構有槓桿機構、Scott-Russell機構與肘節機構 (toggle mechanism) 等。槓桿機構的型式最為簡單，並且應用的例子也最多；而 Scott-Russell 機構的機構型式較為複雜，不過 Scott-Russell 機構為一直線機構，為此機構之一大優點。

在選擇應用機構的條件上，有一點極為重要，即是簡化機構的複雜度。這是因為形變式的壓電驅動平台是以撓性鉸鍊來代替一般機構中的旋轉對，以平板彈簧代替滑動對。若機構的複雜度高，則過多的撓性鉸鍊與平板彈簧將大量消耗掉壓電致動器的能量，導致平台的輸出位移不足。肘節機構的複雜度較 Scott-Russell 機構低，且機構的剛性也較槓桿機構高，另外，肘節機構的機械迴路緊密，綜合以上的比較，本設計的放大機構將採用肘節機構。

分析對稱輸入之肘節機構的輸入位移與輸出位移的關係，如圖 8.66 所示，$\overline{OP} = \overline{PS} = 1$，$\angle POS = \theta$，三點的座標分別為 O($-x_s$, 0)、P($x_p$, y_p) 及 S(x_s, 0)，將 P 及 S 之 X 座標以 x_s 表示可得

$$y_p = \sqrt{l^2 - x_s^2} \tag{8.104}$$

在 S 及 O 分別有 Δx_s 與 $-\Delta x_s$ 之位移，若 $\Delta x_s \to 0$ 時可得

$$\frac{\Delta y_p}{\Delta x_s} \cong \frac{dy_p}{dx_s} = \frac{d\sqrt{l^2 - x_x^2}}{dx_s} = \frac{-x}{\sqrt{l^2 - x_s^2}} = \frac{-1}{\tan\theta} \tag{8.105}$$

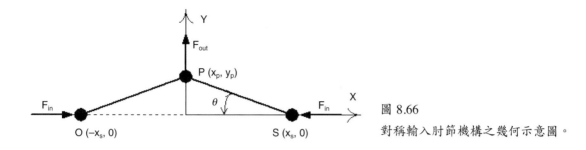

圖 8.66
對稱輸入肘節機構之幾何示意圖。

(2) 機構之微型化

一般的機構應用在精密微定位平台上時，需利用撓性結構加以微型化轉換。首先對機構中的運動對進行轉換，包含旋轉對、輸入滑動對及輸出滑動對，說明如下。

・旋轉對：撓性鉸鍊

撓性鉸鍊 (flexure hinge) 是在結構上形成一尺寸最薄處，利用其最易變形的特點來達成旋轉的功能，如圖 8.67 與圖 8.68 所示。在撓性鉸鍊受到力矩作用時，會以尺寸最薄處作為旋轉中心開始旋轉，相較於一般機構中的旋轉接頭，撓性鉸鍊具有無餘隙、不需潤滑及沒有摩擦等優點，唯一消耗能量的地方是最薄處變形時分子的內摩擦力所造成。

・複接頭：撓性複接頭

撓性複接頭是在結構上形成三個尺寸最薄處，且此三個尺寸最薄處以彼此相隔 120° 的環狀分布方式達成連接三個連桿的複接頭功能，如圖 8.67 所示。

・輸入滑動之導引彈簧

輸入滑動是以壓電致動器來替代，但事實上單靠壓電致動器是無法做到真正的滑動對，故安排導引彈簧以使滑動對合理化。如圖 8.68 所示。

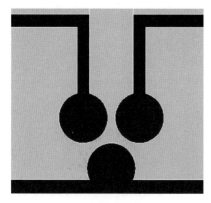

圖 8.67 撓性複接頭示意圖。

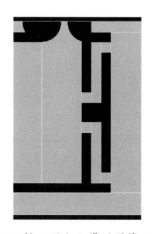

圖 8.68 輸入滑動之導引彈簧示意圖。

(3) 微奈米定位平台機構之設計與分析

　　在 xy 二自由度微定位平台上，各運動軸間的關係為串聯，意即 y 軸是搭載在 x 軸的輸出部分。採取串聯方式的優點在於可大幅消除各軸間干涉問題，且機構的設計較簡單，只需考慮單軸放大機構的尺寸配置問題。串聯方式的缺點在於 x 軸壓電致動器的負擔會較 y 軸壓電致動器重，且誤差會被逐層累積。

　　根據以上的轉換條件，肘節機構之角度選為 3 度，放大倍率為 19，繪出 xy 二自由度微定位平台的設計圖，如圖 8.69 及圖 8.70 所示，圖中每軸有二個長方形壓電驅動器。

　　在同一平面上，y 軸平台機構建構在 x 軸平台的輸出部分。所有的線條利用線切割加工，達高精密度的需求。

　　形變式壓電驅動微定位平台是利用撓性結構的變形，達到一般機構上旋轉對及滑動對的功能。撓性結構的變形會消耗掉壓電驅動器所輸入的能量，導致平台的輸出結果與一般的機構輸出結果不同。為了有效預期平台的運動行為，利用有限元素分析來探討重要的尺寸對平台運動行為之影響，且其分析的結果可驗證先前機構設計上的考量。如圖 8.71 所示，可觀察對稱輸入的肘節機構則明顯地消除掉側向偏移及旋轉的現象，而對稱輸入肘節機構的側向偏移則降低到 0.1% 以下。此外，輸入滑動的導引彈簧對平台的表現也有相當大的幫助，且導引彈簧的加入使桿件不再偏折，平台的輸出也比先前之模擬結果佳。

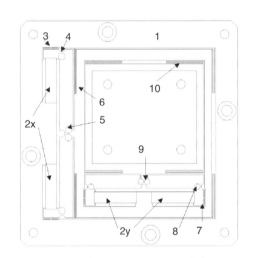

圖 8.69 XY 平台設計圖，1：xy 平台，2x：x
　　　　軸向壓電致動器，2y：y 軸向壓電致
　　　　動器，3：x 軸輸入導引彈簧，4：x
　　　　軸撓性鉸鍊，5：x 軸撓性複接頭，
　　　　6：x 軸平板葉片導引彈簧，7：y 軸
　　　　輸入導引彈簧，8：y 軸撓性鉸鍊，
　　　　9：y 軸撓性複接頭，10：y 軸平板葉
　　　　片導引彈簧。

圖 8.70 XY 平台之攝影圖。

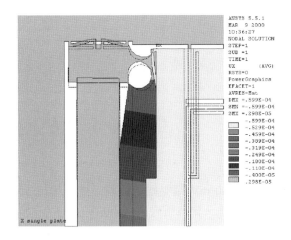

圖 8.71

對稱輸入肘節機構之局部放大圖。

(4) 設計性能量測

於精密定位系統中,常用的位移感測器有電容式感測器、線性光學編碼器、雷射干涉儀、線性變壓位移感測器 (linear variable differential transformer, LVDT),以及應變規等。其中電容式感測器具有奈米級的解析度,適合於百微米級以下之位移量測;線性光學編碼器具有高解析度 (奈米級)、長量測行程 (毫米級) 等優點;而雷射干涉儀具有架設方便、高解析度、長量測行程等優點,本實驗將採用雷射干涉儀。雷射干涉儀為一非接觸式的感測器,雷射具有高強度、高度方向性、空間同調性、窄帶寬及高度單色性等特色,可用來量測位移的雷射干涉儀,本實驗所使用之雷射干涉儀為 Polytec 公司所生產,最高量測解析度為 0.5 nm。

微動平台使用積層式壓電材料作為致動器,以轉換後的肘節機構傳動,並以平板葉片彈簧作為輸出的直線位移導引機構,實驗項目說明如下。

以波形產生器 (function generator) 將不同振幅的正弦波電壓訊號輸入壓電致動器,利用雷射干涉儀量測微動平台的位移量,則可得到輸入電壓與微動平台輸出位移間之關係,並量測微動平台的最大位移;並用低頻的正弦波電壓訊號輸入壓電致動器,量測壓電致動器之遲滯效應對微動平台的影響。

利用個人電腦及 AD/DA 介面卡撰寫階梯波波型訊號,對微動平台輸入連續的階梯波電壓訊號,量測微動平台的最高位移解析度,並觀察其位移曲線中背隙的情形。

圖 8.72 為壓電驅動精微定位機構之 y 軸向的輸入電壓與輸出位移關係圖,顯示位移 Δy (μm) = 輸入電壓 (V) × 0.41。

除了平台的行程範圍外,最重要的是平台的解析度與軸間干涉程度。接下來電壓以步階型式輸入,每次連續 10 步階增加電壓,再連續 10 步階減少電壓方式輸入,以求得平台之解析度。

當輸入電壓步階小於 0.1 V 時,因為環境雜訊過大,需要利用濾波器減少環境雜訊,始可做更小解析度之測試。

表 8.5 XY 平台干涉量測結果。

Signal	X Input 100 V	X Input 5 V	Y Input 100 V	Y Input 5 V
X Output (μm)	30.4	1.52	0.27	0.03
Ratio	100 %	100 %	0.40 %	0.43 %
Y Output (μm)	0.14	0.015	41	1.025
Ratio	0.96 %	0.96 %	100 %	100 %

　　圖 8.73 為 y 軸向的解析度測試結果，上圖為每步階 40 mV 電壓輸入訊號，連續增加 10 步階，再連續減少 10 步階，下圖為雷射干涉儀的量測訊號，其解析度為 160 mV $\times$ 0.5 μm/V $\div$ 10 = 8 nm。圖中之訊號已經濾波器的過濾，不過發現訊號中仍然包含不少雜訊，對於解析度的辨識有很大的影響。由圖 8.73 可知 y 軸之最小解析度約為 8 nm。

　　XY 微定位平台的另外一項重要的性能指標為軸間干涉誤差。軸間干涉誤差量的大小代表 x 軸與 y 軸的運動是否能彼此獨立而不互相影響，實驗的方式為將系統組裝完成後，對一軸輸入階梯波，並且同時觀察兩軸的雷射干涉儀得到之位移訊號。由表 8.5 所列測試的結果來看，在驅動軸大位移的情形下，x 軸的軸間干涉誤差為 0.96%，y 軸的軸間干涉誤差為

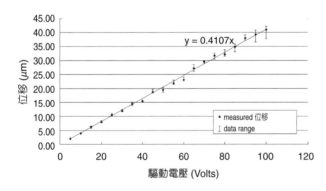

圖 8.72
Y 軸向之輸入電壓與輸出位移量測結果圖。

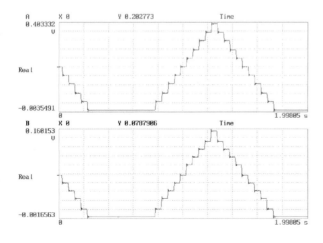

圖 8.73
Y 軸向之解析度 (8 nm) 量測。

0.4%；而在小位移的情形下，x 與 y 軸的軸間干涉情形已因為環境雜訊的影響而無法估計，不過就現有的實驗結果來看，將不致於對最高解析度造成太大的影響。

8.3.9 同調及非同調光源於干涉術之應用

8.3.9.1 簡介

在干涉與全像應用之相關技術中，光源是最重要且不可或缺的組件之一。雖然具有較佳同調性 (coherence) 之雷射光源最普遍被使用，然而亦有多數系統是採用非同調性 (incoherence) 的一般光源作為分析研究之工具，因此對光源特性的瞭解有其實際之必要性。本節從光源之度量單位出發，然後針對同調特性作一簡單介紹，並進一步說明電磁輻射與雷射激發之基本原理，同時也列舉出數種常見之同調與非同調光源以作為參考。

8.3.9.2 輻射度量單位

介紹光源之前，首先必須了解輻射度量常用之單位與名詞[95]，表 8.6 列舉常見的幾個單位及其定義，說明如下。

(1) 輻射通量／光通量

輻射通量 (radiant flux) 是指某一光源在單位時間內所輻射出之全部能量，即光源之輻射功率，單位為瓦特 (watt, W)。若以光度量用語來表示，則稱為光通量 (luminous flux)，是光源於單位時間內所發出之光線總數量，一般通稱為光束，單位為流明 (lumen, lm)。瓦特與流明間之轉換必須乘以人眼之光譜視覺響應函數 (visual response function)，在波長 555 nm 時其響應值最大，被制訂為 680 lm/W。

(2) 輻射發射率／光發射率 (Luminous Emittance)

離開單位面積之輻射源表面的輻射通量密度即稱為輻射發射率 (radiant emittance)，單位為 W/m²，亦為每秒單位面積的物體表面射出的能量或光線；若以光度量來表示，其單位為 lm/m² 或稱為勒克司 (lux, lx)。

(3) 輻射強度／光度

點光源於一已知方向放射，於單位立體角 (steradian, sr) 內所輻射出之功率或發射出之光通量稱為輻射強度 (radiant intensity)；若以輻射度量表示之單位為 W/sr，若以光度量表示之單位則為 lm/sr 或稱為燭光 (candela, cd)。以點光源為中心，半徑為一公尺作球，如貫通此球面一平方公尺面積上的光束為一流明時，則此方向之光度 (luminous intensity) 稱為一燭光。

第 8.3.9 節作者為施錫富先生。

(4) 輻射度／輝亮度

輻射度 (radiance) 係指於一已知方向的任一光照面上，自該方向觀看該面之單位面積光度的大小；若光照面法線與投射方向夾角為 θ，則有效的投射面積必須乘以 $\cos\theta$。以輻射度量表示之單位為 $W/m^2 \cdot sr$，而以光度量表示之單位則為 cd/m^2；所有的可見物體均具有一些輝亮度 (luminance)。

(5) 輻照度／光照度

輻照度 (irradiance) 是指於工作面上接受入射之輻射通量密度或光通量密度，其單位與輻射發射率或光發射率相同，差別是照度為能量之接收，而發射率則為能量之出射。SI 制之光照度 (illuminance) 單位為勒克司 (lux, lx)，一流明之光束照射在一平方公尺之工作面上可得一勒克司之照度，英美常用呎燭光 (foot-candle, fc) 表示，1 fc = 10.76 lx。

8.3.9.3 光之同調性[96]

光是電磁波的一部分，根據電磁理論，通常以正弦或餘弦函數來表示波的振動。理想的平面電磁波其波動函數在時間軸之傳播為無限長，而在空間橫向之分布亦為無限廣；但實際上卻有時間與空間上連續之限制，此即為同調性，或稱為相干性，此與光源藉以產生干涉之

表 8.6 輻射度量與光度量常用之單位與定義。

輻射度量用語 (radiometric term)	光度量用語 (photometric term)	圖示定義說明
輻射通量 (radiant flux) 單位：watt (W)	光通量 (luminous flux) 單位：lumen (lm)	
輻射發射率 (radiant emittance) 單位：W/m^2	光發射率 (luminous emittance) 單位：lm/m^2或 lux (lx)	
輻射強度 (radiant intensity) 單位：W/sr	光度 (luminous intensity) 單位：lm/sr 或 candela (cd)	
輻射度 (radiance) 單位：$W/m^2 \cdot sr$	輝亮度 (luminance) 單位：$lm/mm^2 \cdot sr$ 或 cd/m^2	
輻照度 (irradiance) 單位：W/m^2	光照度 (illuminance) 單位：lm/m^2 或 lux (lx)	

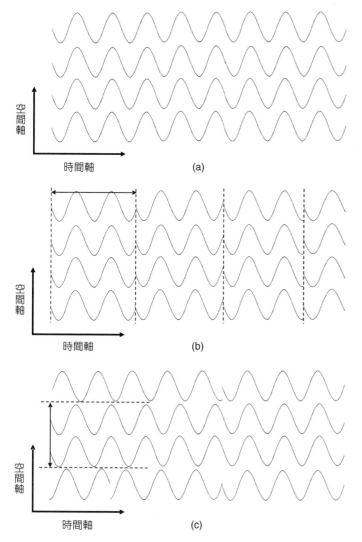

圖 8.74

同調性之圖示說明，(a) 完美之時間
與空間同調性，(b) 不完美之時間同
調性，(c) 不完美之空間同調性。

能力有關。一般可區分為時間同調性 (temporal coherence) 與空間同調性 (spatial coherence)，
可參考圖 8.74 所示；普通光源之同調性極差，一般情況下不易觀察到干涉現象，但雷射之
同調性較佳，較容易觀察到干涉之現象。

(1) 時間同調性

　　考慮某一電磁波在空間中某一特定點 P，不同時間 t 與 $t + \tau$ 時之電場 $E(t)$ 與 $E(t + \tau)$，其
中 τ 為時間延遲。若此二電場之相位差在任何時間始終保持定值，稱此波具有時間為 τ 之時
間同調性；若 τ 為任意值，則稱此波具有完美時間同調性；若 τ 僅存在於 $0 < \tau < \tau_0$，則稱此
波具有部分時間同調性。其同調時間 (coherence time) 為 τ_0，而同調長度 (coherence length, l_c)
則為 $\tau_0 \times c$，c 為光速。

(2) 空間同調性

　　另考慮在時間 $t = 0$ 時，某一電磁波之同一波前上的兩不同點 P_1 與 P_2，其電場分別為 $E_1(t)$ 與 $E_2(t)$，並且假設其在 $t = 0$ 時兩電場之相位差為零，若在任意時間 $t > 0$ 時，此相位差仍然保持為零時則我們可說此兩點間具有完美空間同調性；若發生於此電磁波波前之任何兩點則稱此波有完美空間同調性；若實際上 P_2 只落在 P_1 周圍一有限之空間範圍內，稱為部分空間同調性。

8.3.9.4 輻射理論與雷射原理[96-98]

(1) 黑體輻射

　　能將照射於其上的輻射能全部吸收 (即吸收率 α 為 1) 之物體稱為黑體 (black body)，黑體為最有效的吸收體，亦為最有效的輻射體 (即輻射率 e 亦為 1)，故一切黑體在溫度相同時每單位面積所發射之輻射能率都相同，而黑體之輻射能譜分布，亦僅與黑體之溫度有關而與其內部性質無關。近代物理證明黑體之單位面積輻射能率與黑體溫度之四次方成正比，並且溫度增加時輻射能譜向短波長遷移，輻射能譜峰值所對應之波長 (λ_{max}) 與溫度 (T) 成反比；此與日常生活之經驗相符，當物質溫度增大時發射較多熱量，且溫度增加時，物體之「顏色」由暗紅漸變成藍白 (往短波長區域發射較多的能量)。

(2) 輻射與物質之交互作用

　　每一種原子都有其特定的能階，電磁波與物質的交互作用，就能階而言，是從某一能階狀態躍遷到另一能階狀態，其躍遷過程靠著電磁波的吸收和輻射來維持平衡。

$$\Delta E = h \cdot \nu = E_2 - E_1 \tag{8.106}$$

其中，h 為浦朗克常數，E_1、E_2 分別為此二狀態的能量，ν 為輻射或吸收的頻率。

　　電磁波和物質的交互作用方式可分為吸收 (absorption)、自發輻射 (spontaneous emission) 和受激輻射 (stimulated emission) 三種，參考圖 8.75，可表示為：

① 吸收

$$\left.\frac{dN_2}{dt}\right|_{absorp} = B_{12}N_1\rho(\nu) \tag{8.107}$$

其中，$\rho(\nu)$ 為熱輻射在頻率 ν 時之能量密度，N_1 為處於 E_1 能階狀況下之原子濃度，單位為 (原子數目)/m^3，N_2 為處於 E_2 能階狀況下之原子濃度，B_{12} 為比例常數，單位為 $m^3/s^2 \cdot J$。

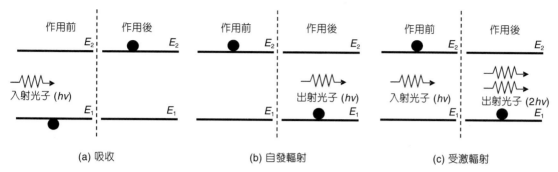

圖 8.75 三種輻射與物質交互作用之過程。

② 自發輻射

$$\left.\frac{dN_2}{dt}\right|_{\text{spon}} = -A_{21}N_2 \tag{8.108}$$

其中，A_{21} 為比例常數，單位為 1/s。自發輻射之放射率取決於由 E_2 能階躍遷至 E_1 能階之生存時間，其輻射為雜亂之隨機行為，故產生非同調性光。

③ 受激輻射

$$\left.\frac{dN_2}{dt}\right|_{\text{stim}} = -B_{21}N_2\rho(v) \tag{8.109}$$

其中，B_{21} 亦為比例常數，單位與 B_{12} 相同；所有 A、B 比例常數稱為愛因斯坦係數 (Einstein coefficient)。由於受激輻射是一個光子激發出另一個光子後呈現兩個光子，兩者間有良好的空間與相位關係，故產生同調性光，是雷射激發的主要機制。

(3) 雷射激發

利用黑體輻射以及輻射與物質交互作用之理論，可推導出熱平衡下自發輻射率與受激輻射率之比值 R 為

$$R = \frac{A_{21}}{\rho(v)B_{21}} = e^{(hv/kT)} - 1 \tag{8.110}$$

其中，k 為波茲曼常數，T 為絕對溫度。

以 2000 K 之鎢絲為例，若平均輻射頻率 $v = 5 \times 10^{14}$ Hz，利用上式可計算出 $R \cong 1.5 \times 10^{5}$，可知自發輻射遠大於受激輻射的量，故一般電熱絲燈產生的光主要是來自自發輻射；若欲使受激輻射率大於自發輻射率，則需破壞熱平衡的狀態，使處於較高能階狀態的 N_2 濃度大於處在較低能階狀態的 N_1 濃度，此過程即為所謂的居量反置 (population inversion)。能產生居量反置的雷射材料稱為活性介質 (active medium)，而用來供給活性介質能量，使其滿足居量反置條件的過程則稱為幫浦作用 (pumping)。此外另需有一光學共振腔 (optical resonator) 使光能在其中來回傳遞，達到共振放大的現象以激發並輸出雷射光；光學共振腔的主要功能在於提供一個容納活性介質的空間，並使光在活性介質中來回行進。

8.3.9.5 非同調光源[(99)]

如太陽光或電熱絲燈光，大多數之光源皆為非同調光源，主要是來自於自發輻射，故其同調特性遠差於雷射光源，此處我們介紹幾種常用之非同調光源，分別是白熾燈、低壓氣體放電燈與高壓氣體放電弧光燈。

(1) 白熾燈

鎢絲鹵素燈 (tungsten halogen lamp) 為最常被使用於研究用途之白熾光源，其主要來自於原子或分子之熱激發而釋放出電磁輻射，產生連續且涵蓋可見光與紅外光之頻譜，近似於黑體之輻射。鎢絲鹵素燈產生的光線比普通的鎢絲燈泡白，更貼近自然光，而壽命也比普通鎢絲燈泡長久，主要是因為內含的鹵素可以有效移除燈泡內表面因鎢絲高溫蒸發而沉積造成之污染，並還原回原燈絲。

(2) 低壓氣體放電燈

低壓氣體放電燈 (low-pressure gas-discharge lamp) 係利用低壓下被游離之原子或分子產生導電之行為，電流流經氣體並激發氣體之束縛電子至較高能階，當此受激氣體原子或分子之電子返回較低能階時即釋放出某些特定頻率之光子，此類光源之頻譜由多條較窄之譜線所組成，並取決於充入之氣體種類。已知波長的放電燈管常被用於作為頻譜儀校正之標準光源。

(3) 高壓氣體放電弧光燈

高壓氣體放電弧光燈 (high-pressure gas-discharge arc lamp) 是傳統光源中最為明亮的，利用原子或分子氣體在熱電弧附近被高度激發，並產生大量之電漿後釋放出熱輻射，其光譜類似於白熾光源具有較寬之頻譜分布，並涵蓋有數條譜線。最常見的是氙氣 (xenon) 與汞氣 (mercury) 弧光燈；氙氣燈之色溫大約是 6000 K，接近於太陽之色溫。

(4) 發光二極體

　　發光二極體 (light emitting diode, LED) 是利用在半導體之 *p-n* 界面進行載子注入與電子電洞復合的機制，而產生光子發光。其行為與下述之半導體雷射相似，但因無居量反置與共振腔之作用，主要為自發性的輻射，為非同調光源，可以涵蓋紅外與可見光之波段，耗電低且散熱性佳。

8.3.9.6 同調光源[99,100]

　　目前主要的同調光源是雷射，雷射因具有高單色、方向性、高亮度與高同調等特性，故廣為各工程與研究領域所運用。常見的雷射可依活性介質分為氣體、液體、固態及半導體等四大類，如下之說明。

(1) 氣體雷射 (Gas Laser)

　　此類雷射的活性介質是氣體，可以是原子氣體、分子氣體和離子氣體 (電漿)，利用受激的氣體能階躍遷所放出的光，做為雷射的光源。常見的氣體雷射有氦氖雷射 (helium-neon laser)、惰性氣體離子雷射 (noble gas ion laser)、氦鎘雷射 (helium-cadmium laser)、二氧化碳雷射 (carbon dioxide laser) 及準分子雷射 (excimer laser)。

① 氦氖雷射

　　氦氖雷射為最早被發明之氣體雷射，其活性介質為氦氣與氖氣之混合氣體。光束品質良好，結構簡單，準直與同調特性皆佳，並具有連續輸出之特性；632.8 nm 譜線最常被使用，輸出功率可達 50 mW。

② 惰性氣體離子雷射

　　其活性介質採用被游離之惰性氣體，如氬氣 (argon)、氪氣 (krypton) 等。以氬離子雷射為例，在可見光範圍中可產生 488 nm、514.5 nm 等藍綠光譜線，輸出功率亦可高達十瓦以上。

③ 氦鎘雷射

　　在氦中填加少量的鎘，利用高壓電漿將金屬氣化成氣體，可產生波長較短之藍紫光譜線，分別是 442 nm 與 325 nm。雷射能量小，但由於波長短，若用於聚焦用途可得到較小之聚焦點。

④ 二氧化碳雷射

　　二氧化碳雷射為典型之分子雷射，應用相當廣泛。其功率可達千瓦之連續輸出形式，亦可以時脈短至奈秒 (nanosecond) 之脈衝形式輸出，其輸出波長主要是落在 9 到 11 μm 之紅外光範圍。

⑤ 準分子雷射

準分子原文 excimer 為 excited dimmer 之縮寫，其活性介質不完全是分子，是只有在激態情況下才能生存的雙原子分子。當此分子放出光子而降回到基態時，即分解為原子，故表示分子中包含有惰性氣體，在基態時不會與其他分子結合，但在激態時則會。通常是使用惰性氣體與鹵素氣體混合，只要不同的氣體組合，便可得到不同的雷射光波長輸出，並且通常以脈衝的方式釋放出來，其輸出波長多為紫外線。

(2) 液體雷射 (Liquid Laser)

以液體材料為雷射之活性介質。較普遍的一類是染料雷射 (dye laser)，將螢光有機染料溶解於液體溶劑中，採用光幫浦方式激發染料分子以釋放出螢光。染料雷射可激發之光譜較寬，是與多數氣體雷射所不同的地方，一般作為可調波長之雷射。

(3) 固態雷射 (Solid-State Laser)

此類雷射所採用之活性介質是非導電之固態物質，是把具有產生受激輻射作用的離子摻入晶體或玻璃基材中，以人工方法製成的。當作基材的人工晶體主要有剛玉 (Al_2O_3)、釔鋁石榴石 ($Y_3Al_5O_{12}$)、鎢酸鈣 ($CaWO_4$)、氟化鈣 (CaF_2)、鋁酸釔 ($YAlO_3$)、鈹酸鑭 ($La_2Be_2O_5$) 等。摻入的金屬離子主要有三類：過渡金屬離子 (如 Cr^{3+})、鑭系金屬離子 (如 Na^{3+}、Sm^{2+}、Dy^{2+})、錒系金屬離子 (U^{3+})。例如釔鋁釹石榴石 (Nd-YAG) 可產生波長 1047 到 1064 nm 之高能連續式或脈衝式雷射光。

(4) 半導體雷射 (Semiconductor Laser) 或雷射二極體 (Laser Diode, LD)

以半導體材料做活性介質的雷射。若與其他雷射比較，其具有體積小、效率高、消耗功率低、使用壽命長和容易調制輸出功率及頻率等優點；其在光纖通訊、電腦周邊、資訊儲存、家電用品與精密測量上皆有廣泛的應用。半導體雷射多數為雙異質接面 (double heterojunction) 結構且必須採用直接能隙半導體，材料之發光波長為

$$\lambda = \frac{hc}{E_g} \tag{8.111}$$

其中，E_g 為半導體材料之能隙。

許多化合物半導體都存在直接能隙的結構，例如 GaAs 及 InP 等。能隙為溫度之函數，故半導體雷射之中心波長亦會隨著溫度而改變，變化率約在 2 到 5 Å/°C 左右，臨界電流也會因溫度之上升而增加。半導體雷射依光束射出的方向可分為邊射型 (edge-emitting) 與面射型 (surface-emitting) 兩類，邊射型輸出為橢圓形之發散光束，而面射型則輸出能量較為集中之圓形光束。依共振腔特性可分為費比裴洛式 (Fabry-Perot, FP) 與分布反饋式 (distributed-feedback, DFB) 或分布布拉格反射式 (distributed Bragg reflector, DBR) 兩大類，其中 DFB 雷射可得到較佳之單一縱向模態 (即接近單一波長)，且波長受溫度之影響較小。另外亦有結合半

導體雷射與非線性光學晶體組成的二倍頻雷射 (second harmonic generation laser)，可以有效地將雷射輸出波長減半、頻率加倍，常用來作為產生藍光等短波長之光源。

8.3.9.7 各種光源在干涉術上之應用[99,101,102]

若兩平面向量波分別為 $\mathbf{E}_1$ 與 $\mathbf{E}_2$，可以餘弦函數表示為：

$$\mathbf{E}_1 = \mathbf{A}_1 \cos(\mathbf{k}_1 \cdot \mathbf{r} - \omega_1 t + \delta_1) \tag{8.112}$$

$$\mathbf{E}_2 = \mathbf{A}_2 \cos(\mathbf{k}_2 \cdot \mathbf{r} - \omega_2 t + \delta_2) \tag{8.113}$$

其中 $\mathbf{E}$ 向量代表電場之振動，$\mathbf{A}$ 向量代表振幅，$\mathbf{k}$ 向量代表波傳遞之方向，ω 為振動角頻率，δ 為起始相位。則兩光波在空間中一點 P 的振動強度可表示為

$$I = I_1 + I_2 + I_{12} = I_1 + I_2 + 2\langle \mathbf{E}_1 \cdot \mathbf{E}_2 \rangle = I_1 + I_2 + 2\mathbf{A}_1 \cdot \mathbf{A}_2 \cos\delta \tag{8.114}$$

此即為兩波進行干涉之基本表示式，$\langle \mathbf{E}_1 \cdot \mathbf{E}_2 \rangle$ 為 $\mathbf{E}_1 \cdot \mathbf{E}_2$ 之時間平均，而 I 代表干涉條紋之明暗分布情形。

上式中之 δ 為

$$\delta = (\mathbf{k}_1 - \mathbf{k}_2) \cdot \mathbf{r} + (\delta_1 - \delta_2) - (\omega_1 - \omega_2)t \tag{8.115}$$

係來自於兩互相干涉波因光程差所造成之相位差，故兩互相干涉波必須有固定之相位關係，亦即必須保持相干之同調性；若兩波不具有固定之相位關係，則 δ 將呈現隨機之分布，也就不會有固定之干涉條紋呈現了。

根據上述之說明，可知同調性是光源分類的主要依據之一，亦主宰干涉之基本理論與相關應用之重要特性。一般而言，干涉術是以由楊氏干涉儀 (Young's interferometer) 為主之波前分割 (wavefront division) 與由邁克森干涉儀 (Michelson interferometer) 為主之振幅分割 (amplitude division) 所分類。波前分割干涉術所需之光源需具有較佳之空間同調性，亦即較長之空間同調距離；而振幅分割干涉術所需之光源則需具有較佳之時間同調性，亦即較長之同調長度。由於各種干涉儀之原理與應用層面甚為廣泛，在此無法作一完整之說明，故僅針對同調與非同調光源在干涉術上之各種基本應用作初步之介紹，說明如下。

(1) 同調光源干涉術

以雷射為同調光源的干涉術為最普遍之應用，雷射中心波長與輸出功率之選擇則依實際之需要而定，常見的有傳統干涉儀、剪切干涉儀 (shearing interferometer)、外差干涉儀 (heterodyne interferometer) 及斑點干涉儀 (speckle interferometer)。

· 傳統干涉儀

　　主要是以泰曼格林 (Twyman-Green) 干涉儀、菲佐 (Fizeau) 干涉儀或麥可詹德 (Mach-Zehnder) 干涉儀之架構為基礎的干涉儀，透過各種不同之干涉儀主體與次系統之光路設計，可用於光學元件之表面或穿透的光學品質之直接量測、光源之同調長度量測以及干涉儀外部之雷射光源的光學表面品質量測等。

· 剪切干涉儀

　　傳統干涉儀，如 Twyman-Green 或 Mach-Zehnder 干涉儀，其參考光束與待測光束行經不同路徑，故可能因為機械振動、溫度擾動以及不同光路上元件之變異等因素，而造成干涉條紋之不穩定，此問題可經由共光路 (common-path) 干涉儀之設計來克服，其參考光束與待測光束行經相同路徑，並且具有不需要使用精密元件來產生參考光束之優點。剪切干涉儀即為此共光路干涉儀主要代表之一，其又可區分為徑向剪切與橫向剪切兩種。

· 外差干涉儀

　　上述干涉儀之兩干涉波頻率通常是相同的；根據公式 (8.115)，若兩干涉波有微量之頻率差 $(\omega_1 - \omega_2)$，並保持為固定之常數，此即為所謂之外差干涉術，或稱為雙頻干涉術。外差干涉術通常用以作為長度、折射率或物體移動速度之量測及光通訊之應用，例如雙頻邁克森干涉儀 (dual-frequency Michelson interferometer) 等。此種干涉儀之光源採用單模雷射，經由奇曼分離器 (Zeeman-split) 之移頻作用後產生兩不同頻率之雷射光，其頻率差之可調範圍約可達 10^{10} Hz。

· 光斑干涉儀

　　前述之干涉儀大都應用於鏡面或光學等級之表面與元件之量測，若欲使用於一般物體之量測時，則因物體表面之粗糙而不適用，必須採用所謂的光斑干涉術。當雷射光照射在物體表面時，因物體表面之粗糙不平及高低變化略大於或等於照射的雷射光波長時，散射光彼此間的干涉現象，經成像後會產生散斑之圖樣，此圖樣會降低成像品質和限制干涉條紋之清晰度，但卻可利用其散斑之隨機分布應用於量測平面之位移、應變、旋轉或振動等之變化，此即光斑干涉術之主要特點。

(2) 非同調光源

　　主要之應用為白光干涉術，例如用於量測微小元件的表面形貌之顯微干涉儀 (microscopic interferometer)。如圖 8.76 為常見之米洛 (Mirau) 顯微干涉儀架構，利用白光為非同調光源，由於其同調長度極短之特性，干涉條紋僅出現於滿足光程相近之特定位置。參考圖 8.77，並搭配壓電位移控制器 (PZT) 之掃描，可藉由干涉條紋之變化而精確地得到微小元件之表面形貌，一般是採用鹵素燈為其光源，但也可以使用其他非同調光源並搭配光學濾鏡以過濾其不必要之波段來使用。

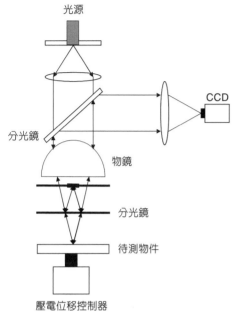

圖 8.76

Mirau 顯微干涉儀架構。

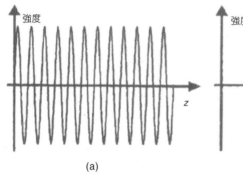

(a)

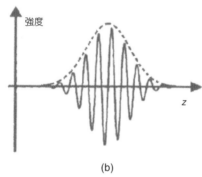

(b)

圖 8.77

同調光與非同調光之干涉條紋強度分布與位置 (z 軸) 之關係，(a) 同調光之干涉條紋，(b) 非同調光之干涉條紋。

參考文獻

1. E. H. Stupp and M. S. Brennesholtz, *Projection Displays*, John Wiely & Sons (1999).

2. L. J. Hornbeck, "Deformable-Mirror Spatial Light Modulators", *Proc. SPIE*, **150**, 86 (1990).

3. J. M. Younse, "Mirrors on a Chip", *IEEE Spectrum*, **30** (11), 27 (1993).

4. http://www.dlp.com

5. J. M. Florence and L. A. Yoder, "Display System Architectures for Digital Micromirror Device Based Projectors", *Proc. SPIE*, 2650 (1996).

6. H. Moench, G. Derra, E. Fischer, and X. Riederer, "UHP Lamps for Projection", *J. of SID*, 87 (2002).

7. E. Schnedler and H. van Wijngaarde, "Ultrahigh Intensity Short-Arc Long-Life Lamp System", *SID Digest of technical Papers*, 131 (1995).

8. E. Lueder, *Liquid Crystal Displays: Addressing Schemes and Electro-Optical Effects*, John Wiley & Sons (2001).

9. S.-T. Wu and D.-K. Yang, *Reflective Liquid Crystal Displays*, John Wiley & Sons (2001).

10. J. A. Shimizu, "Scrolling Color LCOS for HDTV Rear Projection", *SID Digest of Technical Papers* (2001).

11. R. Jain, *Machine Vision*, McGrew-Hill Corp (1995).

12. C. S. Lin and R. S. Chang, *Lasers and Optics Technology*, **29** (2), 97 (1997).

13. R.-S. Chang, C. S. Lin, and H. Z. Shieh, "Study on the Behavior of a Muscle Pulsing with Phase Moire Imaging System", *Proceeding of NSC*, **20** (2), 64 (1996).

14. C. S. Lin, R. S. Chang, and Y. J. Hu, *Optical Memory and Neural Networks*, **3** (3), 343 (1994)

15. R.-S Chang, T.-C. Chern, C.-S. Lin, and Y. L. Lay, *Journal of Optics and Lasers in Engineering*, **21**, 257 (1994).

16. C.-C. Chien, C.-S. Lin, and N. Lin, "A New Method for Measuring One's Blink in Eyeball", *CVGIP 97*, 468 (1997).

17. H.-C. Pu, C.-S. Lin, D.-C. Chen, and C.-H. Chen, "Image-Based Automatic, Device for Spacers Counter in Liquid Crystals Display Plate", *CVGIP 97*, 170 (1997).

18. C.-S. Lin, "Automated Evaluating the Characteristics of the Microstructure of an Optical Elemen", *8th Proceeding of Automation Science of ROC*, 817 (1995).

19. C. S. Lin, *The Imaging Science Journal*, **48** (2), 93 (2000).

20. C. S. Lin, Y. L. Lay, P.-W. Chen, and Y.-J. Jain, *Journal of Computer Methods in Applied Mechanics and Engineering*, **190** (1-2), 25 (2000).

21. C. S. Lin, W.-Z. Wu, A. C.-Y. Lin, and C.-H. Chen, *Optik*, **111** (11) 477 (2000).

22. C. S. Lin and L. W. Lue, *Microelectronics Reliability*, **41** (1) 119 (2001).

23. C.-S. Lin, W.-Z. Wu, Y.-L. Lay, and M.-W. Chang, *Optics and Laser Technology*, **33** (7), 523 (2001).

24. C. S. Lin, *Optics and Lasers in Engineering*, **38** (6), 13 (2002).

25. C. S. Lin, *Indian Journal Of Pure & Applied Physics*, **40**, 816 (2002).

26. Y.-L. Lay and C. S. Lin, *Indian Journal Of Pure & Applied Physics*, **40**, 770 (2002).

27. C.-S. Lin, Y.-L. Lay, C.-C. Huan, H.-C. Chang, and T.-S. Hwang, *Optik*, **114** (4), 151 (2003).

28. C.-S. Lin, L.-W. Lue, M.-S. Yeh, T.-S. Hwang, and S.-H. Lee, *Optics and Laser Technology*, **35** (7), 505 (2003).

29. C.-S. Lin, Y.-L. Lay, C.-C. Huan, H.-C. Chang, and T.-S. Hwang, *Journal of Scientific & Industrial Research (JSIR)*, **62**, 573 (2003).

30. C.-S. Lin, C.-C. Huan, C.-N. Chan, M.-S. Yeh, and C.-C. Chiu, *Optics and Lasers in Engineering*, **42** (1), 91 (2004).

31. C.-S. Lin, C.-W. Ho, C.-Y. Wu, L.-H. Miau, and L. Lin, *Journal of Scientific & Industrial Research (JSIR)*, **63** (3), 251 (3004).

32. 林宸生, 邱創乾, 陳德請, 數位訊號處理實務入門, 高立書局 (1996).

33. 林宸生, 數位訊號－影像與聲音處理, 全華書局 (1997).

34. 林宸生, 陳德請, 近代光電工程導論, 全華書局 (1999).

35. 游國清, 林宸生, LCD 組裝製程之影像定位系統研究, 2003 中華民國自動控制研討會暨生物機電系統控制與應用研討會 (2003).

36. 卓家軒, 林宸生, 透明玻璃間隙的光電量測方法研究與系統開發, 第二十屆機械工程研討會, 台北國立台灣大學 (2003).

37. 林青森, 林宸生, 洪三山, 廖盛焜, 資訊隱藏與魔術圖案, 二○○三數位生活與網際網路科技研討會, 成功大學 (2003).

38. 陳弦澤, 林宸生, 葉茂勳, 郭道宏, 改良型紅外線眼控系統之研發與應用, 九十二年度醫學工程年會暨研討會, 台北國立陽明大學 (2003).

39. 林宸生, 詹兆寧, 吳昭穎, 蔡嘉文, 李吉群, 黃敏睿, 高速化、高靈敏化數位攝影機應用於光學鍍膜之表面清潔度檢測, SME 國際製造工程學會中華民國分會九十二年度年會, 第三屆精密機械製造研討會, 國立中山大學 (2003).

40. 陳弦澤, 林宸生, 葉茂勳, 郭道宏, 遙測型眼控系統之研發與應用, 2004 年中華民國自動控制研討會, 彰化縣: 大葉大學 (2004).

41. J. A. Leendertz, *J. Physics E*, **3**, 214 (1970).

42. J. W. Goodman and R. W. Lawrence, *Appl. Phys. Lett.*, **1** (3), 77(1967).

43. U. Schnars and W. Jptner, *App. Optics*, **33** (2), 179 (1994).

44. D. Gabor, *Nature*, **161**, 777 (1948).

45. P. Hariharan, *Optical Holography; Principle, Techniques and Application*, Cambridge University Press (1991).

46. A. Macovski, S. D. Ramsey, and L. F. Schaefer, *Appl. Optics*, **10** (12), 2722 (1971).

47. J. N. Butters and J. A. Leendertz, *J. Measurement and Control*, **4**, 349 (1971).

48. R. Jones and C. Wykes, *Holographic and Speckle Interferometry*, Cambridge University Press, Cambridge (1989).

49. W. C. Wang, C. H. Hwang, and S. Y. Lin, *Applied Optics*, **35**, 4502 (1996).

50. 黃吉宏, 王偉中, 許宗偉, 科儀新知, **26** (3), 51 (2004).

51. M. Takeda and *Proc. SPIE*, **813**, 329 (1987).

52. J. Schmit, K. Creath, and M. Kujawinska, *Proc. SPIE*, **1755**, 202 (1992).

53. R. Jozwicki, M. Kujawinska, and L. Salbut, *Opt. Eng.*, **31**, 422 (1992).

54. K. Creath, *Temporal Phase Measurement Methods. In Interferogram Analysis*, Edited by D. Robinson and G. Reid, Ch. 4, Philadelphia: Institute of Physics (1993).

55. P. Hariharan, B. F. Oreb, and T. Eiju, *Appl. Opt.*, **26** (13), 2504 (1987).

56. H. Zhang, Y. Mitsuya, and M. Yamada. "Three-Dimensional Measurement Of Lubricant Spreading By Using Phase-Shifting Intertferometry," *Asia-Pacific Magnetic Recording Conference*, TP901-02 (2000).

57. M. Takeda and K. Mutoh, *Applied Optics*, **22**, 3977 (1983).

58. K. H. Womack, *Opt. Eng.*, **23**, 391 (1984).

59. Y. Morimoto, Y. Seguchi, and T. Higashi, *Opt. Eng.*, **27**, 650 (1988).

60. Y. Morimoto, Y. Seguchi, and T. Higashi, *Experimental Mechanics*, **29**, 399 (1989).

61. Y. Morimoto, Y. Seguchi, and T. Higashi, *Comput Mech*, **6** (1), 1 (1990).

62. A. Kobayashi, *Handbook on Experimental Mechanics*, Society for Experimental Mechanics (1993).

63. M. Takeda and K. Mutoh, *Applied Optics*, **22** (24), 3977 (1983).

64. K. Itoh, *Applied Optics*, **21** (14), 2470 (1982).

65. W.W. Macy, *Applied Optics*, **22** (23), 3898 (1983).

66. H. Kadono, H. Takei, and S. Toyooka, *Optics and Laser in Engineering*, **26**, 151 (1997).

67. R. Cusack, J. M. Huntley, and H. T. Goldrein, *Applied Optics*, **34** (5), 781 (1995).

68. O. Marklund, *JOSA*, **15** (1), 42 (1998).

69. A. Asundi and Z. Wensen, *Applied Optics*, **37** (23), 5416 (1998).

70. R. M. Goldstein, H. A. Zebker, and C. L. Werner, *Radio Science*, **23** (4), 713 (1988).

71. J. J. Gierloff, *SPIE*, **818**, 2 (1987).

72. N. H. Ching, D. Rosenfeld, and M. Braun, *IEEE*, **1** (3), 355 (1992).

73. C. W. Chen and H. A. Zebker, *J. Opt. Soc. Am. A*, **17** (3), 401 (2000).

74. T. J. Flynn, *J. Opt. Soc. Am. A*, **14** (10), 2692 (1997).

75. D. C. Ghiglia, G. A. Mastin, and L. A. Romero, *J. Opt. Soc. Am. A*, **4**, 276 (1987).

76. A. Spik and D. W. Robinson, *Opt. and Laser in Eng.*, **14**, 25 (1991).

77. H. Y. Chang, C. W. Chen, C. K. Lee, and C. P. Hu, *Opt. and Laser in Eng.*, **30**, 487 (1998).

78. B. Wang, Y. Shi, T. Pfeifer, and H. Mischo, *Measurement*, **25**, 285 (1999).

79. M. J. Huang and Z.-N. He, *Opt. Comm.*, **203**, 225 (2002).

80. D. C. Ghiglia and L. A. Romero, *J. Opt. Soc. Am. A*, **13** (1996).

81. 李峰政, "Minimum Lp-Norm 相位展開技術應用於電子斑點干涉術之研究", 國立中興大學機械工程研究所碩士論文 (2004).

82. J. M. Huntley and H. Saldner, *Appl. Opt.*, **32** (17), 3047 (1993).

83. J. M. Huntley, *Appl. Opt.*, **40** (23), 3901 (2001).

84. H. O. Saldner and J. M. Huntley, *Appl. Opt.*, **36** (13), 2770 (1997).

85. H. B. Serreze and R. B. Goldner, *Rev. Sci. Instrum.*, **45**, 1613 (1974).

86. Y. Shindo and H. Hanabusa, *Polym. Commu.*, **24**, 240 (1983).

87. C. M. Feng, *et al.*, *Opt. Commun.*, **141**, 314 (1997).

88. Y. L. Lo and P. F. Hsu, *Opt. Eng.*, **41**, 2764 (2002).

89. J. R. Mackey, *et al.*, *Meas. Sci. Technol.*, **13**, 179 (2002).

90. M. H. Chiu, C. D. Chen, and D. C. Su, *J. Opt. Soc. Am. A.*, **13**, 1924 (1996).

91. B. L. Wang and T. C. Oakberg, *Rev. Sci. Instrum.*, **70**, 3847 (1999).

92. G. de Villele and V. Loriette, *Appl. Opt.*, **39**, 3864 (2000).

93. S. Ohkubo and N. Umeda, *Sens. and Mater.*, **13**, 433 (2001).

94. K. B. Rochford, e*t al.*, *Laser Focus World*, **223** (1997).

95. L. Desmarais, *Applied Electro-Optics*, New York: Printice-Hill, 119 (1998).

96. O. Svelto, *Principles of Lasers*, 2nd ed., New York and London: Plenum Press (1982).

97. R. Eisberg and R. Resnick, *Quantum Physics of Atoms, Molecules, Solids, Nuclei and Particles*, 2nd ed., New York: Wiley (1985).

98. 丁勝懋, 雷射工程導論, 第四版, 台北: 中央圖書出版社 (1995).

99. K. J. Gasvik, *Optical Metrology*, 3rd ed., Wiley, 108 (2002).

100. 紀國鐘, 蘇炎坤, 光電半導體技術手冊, 新竹: 台灣電子材料與元件協會 (2002).

101. E. Hecht, *Optics*, 4th ed., Addison Wesley (2002).

102. D. Malacara, *Optical Shop Testing*, New York: Wiley (1978).

第九章 遠景與未來發展

　　要瞭解光機電整合系統的發展遠景，就要瞭解台灣主流產業發展的未來方向，目前國內主流產業包含有半導體、光電、電腦資訊、寬頻與無線通訊，以及生醫等，由於範圍甚廣，無法逐一分析。本章將以較直接相關的產業，如光電、光儲存媒體及微機電系統等，以及支援上述主流產業的檢測設備產業為主，就系統整合應用之市場前景與技術發展分析兩方面，分述於以下各節。

9.1 光電產業應用與發展

　　在光電產業中，光機電整合系統最具代表性的產品莫過於數位投影機、數位影像取像裝置、光碟機與光儲存媒體，其市場前景與技術發展分析分述如下。

9.1.1 數位投影機

　　長期以來，投影機一直是屬於高單價的資訊／家用產品，投影機購買的族群是以商務用和家庭劇院用兩種高單價的訴求為主。隨著科技的演進，面板與相關零組件的技術逐漸成熟，數位投影機的製造成本呈現穩定的下降，2003 年上半年數位投影機產品已經順利步入家用市場。

　　投影機的發展可就技術面與應用面兩部分來分析。在技術面上，數位投影機可大致區分為三大類：高溫多晶矽 (high temperature poly-silicon, HTPS) LCD 投影機、數位光學處理 (digital light processing, DLP) 投影機，以及單晶矽反射式液晶 (liquid crystal on silicon, LCOS) 投影機。其中，主導此三種投影機分類的，便是光機系統中所使用的微型顯示器面板，由於 HTPS LCD 的面板供應主要控制在 Sony 與 Epson 兩公司，而 DLP 面板則是由德州儀器 (TI) 獨家供應，因此投影機業者不論是 OEM 廠商或是自有品牌廠商，經常都會面臨到面板缺貨的狀況。因此廠商開始構思另闢面板來源，這般的市場需求便提供 LCOS 面板一個機會，因而吸引了不少半導體製造商，或是液晶面板封裝相關的國內外業者，投入 LCOS 面板的生產製作。

第九章作者為陳燦林先生、顧逸霞小姐及戴鴻名先生。

　　在應用面上，目前投影機仍以商務市場為主，商務市場主要是以靜態資料呈現為主，亮度和解析度是決定產品售價的重要因素；家用市場主要是以動態影像呈現為主，消費者對於「家庭劇院」的印象在於與電影院一般擬真的效果，對於動態影像品質的好壞、畫面對比度與色彩飽和度的要求較高。隨著 DVD 熱賣，引發消費者對於大尺寸畫面的需求，投影機正是能滿足低價大畫面的顯示產品。在螢幕長寬比部分，4：3 是現今市場主流，16：9 則是進入家庭劇院市場的最低需求。

　　在解析度部分，XGA 可以滿足大部分商用市場需求，在電腦顯示器缺乏新軟體刺激下，商用市場投影機產品解析度發展將較為受限；家用市場部分，產品解析度從 480p、1080i，乃至於進入 720p 都有發展空間。由於各國數位電視的標準與腳步不同，以現有市場來看，日本和美國部分有較強烈的需求。對於製造廠商而言，發展家用市場和商用市場是截然不同的方向，家用市場以動態影像為主，強調對比與色彩飽和度；商用市場以靜態影像為主，以亮度和輕量取勝，兩者在研發上需要不同的能力。至於網路功能的逐步加溫，廠商固然應該重視內建網路功能的機會時點，然於強調「web-broadcasting」功能之場合，則仍有待整個遠距教學環境的更加成熟，才是最適發展時機的趨近。

　　面對未來 AV/IT 的整合，投影機原有的功能已經不能完全滿足消費者的需求。新的功能將會更加強調具有一些資訊產品的屬性與特色，如內建播放影片的程式、簡單收發電子郵件 (email) 等。因此投影機產品發展趨勢部分，可歸納為以下數點說明。

(1) 高亮度

　　在亮度部分，1000 lm (流明，lumen) 左右已是入門的機種，往更高亮度的發展是投影機廠商所努力的重要方向之一。而在 2005 年，對於「高亮度」定義而言，主要是指 1800 lm 以上的產品，為了達到亮度提升的效果，在 DLP 部分，主要在導入光通道 (light tunnel) 與空間色輪 (spatial color wheel) 的技術，而 DMD 在鏡片旋轉角度上的改進，對於亮度提升的部分，則不如前面兩項明顯；而就 LCD 部分來看，開口率 (aperture ratio) 的提高與面板製程的改善，對於亮度提升有明顯改善，如果 Sony 的 BiNA 與 Epson 的 Dream 系列都能夠順利如期量產的話，穿透式 (LCD 部分) 與反射式 (DLP 部分) 技術之對決精采可期。

(2) 解析度

　　在產品解析度部分，主要可以分成兩部分來討論：一在商務用部分，主要取決於所搭配投影機的筆記型電腦規格，如果筆記型電腦主流產品解析度仍停留在 XGA 時，則 data projector 在往更高階之解析度的發展將會因此受限；另外在家庭劇院用部分，數位電視將會是一個主要的驅動力量，目前比較成熟的機型是在家用的初階家庭電影院部分，在此則 SVGA 就可以滿足這樣的市場需求。然而，比較值得注意的是：隨著 DVD 的家庭普及率迅速提升，對 video projector 將會是一股重要的趨動力；至於數位電視部分，由於各國的腳步不一，以 720p (1280 × 720) 機型來說，這樣的產品規格，目前主要在北美與日本市場，至於

其他市場的發展仍有待觀察。因此,未來 video projector 的發展,搭配 DVD 的情況,會比數位電視具有更大的潛力與機會。

(3) 輕量化

在產品重量部分,投影機製造廠商目前仍無所不用其極的將產品尺寸做更進一步的縮小,從 5 磅到 3 磅,甚至到更小的尺寸,以德州儀器公司的目標來看,與 PDA (personal digital assistant) 結合的小型投影機是 DLP 技術的終極目標。姑且不論這樣的產品是否能夠順利製造,但是以目前來看,投影機要做到 3 磅以下,需要花費的研發費用更高,讓整體的價格不降反升,而整體的性能為了要達到超輕量化所做出的犧牲,是否能夠讓大部分的使用者認同,這將是生產 3 磅以下產品之業者所面臨的重要問題。

(4) 新功能

對於投影機新功能方面,網路功能的加入將會是相當重要的一部分,根據 NAB (National Association of Broadcasters) 對於網路投影機的定義如下:
- 具有遠距離控制、查詢、檢測與控制投影機的能力。
- 投影機可以在不需要電腦的情形下,透過網路擁有存取、下載與顯示內容的能力。

在應用場合方面,除了可以適用於學校的遠距教學外,也有廠商嘗試製作類似 Microsoft Windows CE for Smart Display (之前稱為 MIRA) 的產品,讓投影機也可以成為新的智慧型顯示器。而就技術面來看,重點在亮度競賽與重量發展。亮度一直是投影機發展的重要參考指標,主流產品的亮度也從 500、1000 lm,到 2005 年以 1000−1500 lm 產品為主,亮度可算是影響投影機價格最關鍵的因素。自德州儀器公司以 DLP 晶片做出 5 磅以下的投影機之後,由於輕薄的特性,因此廣泛受到商務市場的青睞,輕量化便成為 DLP 號召與訴求的重點。這樣的迷思,也隨著超輕量 2 磅產品推出後未如預期而被打破,歸咎其失敗的原因,在於 2 磅產品犧牲亮度,且其機構散熱部分的製作困難,讓 3000 美金 800 lm 這樣高價低亮度產品未受消費者青睞。因此,展望未來,亮度仍是投影機技術發展的重點所在。

針對上述分析,總結投影機產品的市場、產業與技術的發展:

(1) 新的低價家用市場逐漸成形

目前投影機仍以商務市場而主,未來消費性市場將分成兩部分觀察,一種是傳統的家庭劇院市場,另一種則是伴隨消費者對於 DVD 播放機、環場音效等,逐步發展而起的的低階家用投影機。

(2) 強調專業分工的產業規則

產業部分,在投影機從商務走入家用、從商務簡報為主走向個人視聽娛樂之後,對目前

受困於後 PC 時代低毛利的監視器廠商,或是光電產品廠商而言,將會有更多廠商投入此一產業。在強調低價競爭的市場機制下,有志發展此一區隔的廠商必須具備規模上之優勢,否則將不容易在此一低價市場中勝出。

再者,從投影機產業的價值鏈分析,在投影機製造供應鏈中,從上至下可分成面板、光學元件/光機引擎、整機組裝廠與品牌/通路銷售,其中台灣廠商目前尚不能掌握的部分,以下游面板和品牌/通路兩大部分為主,若以低價為最終目標時,控制每一環節的費用是重要的。其中,光學元件與光機引擎的國產化會是成本控制的重要環節,以光學元件廠商而言,若不能生產一定規模的元件,對於成本控制將是一項考驗,因此專業分工對於產業發展有一定的幫助。

(3) 上下游迥異的技術發展重點

以技術發展來說,主要可分為上、下游作討論。以上游面板廠商而言,往更小尺寸發展是必須的,儘管小尺寸面板所代表的是較低的穿透率或反射率等,但此部分的缺憾可藉由使用高瓦數的燈泡來克服與解決,但是更小尺寸的面板 (0.55/0.5 in) 由於使用同一片晶圓可以切割的片數增加,因此小尺寸面板在價格上的優勢是存在的,這也是面板廠商需要努力的方向。

在下游廠商部分,在合適位置佈建大規模生產基地,是發展低價產品不可或缺的重要因素,也唯有在規模上取得優勢,產品價格才有競爭力,也是在此一市場中重要的成功因素。至於在研發部分,長期以來廠商在商務簡報所努力的亮度提升將受到考驗,在商用市場廠商喊出一流明一美金的口號,然而在不強調亮度競賽的家用市場並不易得到消費者認同,因此,積極培養適合家用市場的研發能量是廠商應及早因應的方向。

台灣投入投影機產業的發展已經有十餘年歷史,在這樣的歷程當中,真正獲利的廠商卻屈指可數,主要因在投影機產品單價仍高的情況下,對於擅長低價彈性生產製造的台灣廠商而言,並沒有太多可供發揮的舞台。但隨著產品單價不斷下滑,加上市場從企業為主的商務市場,逐步走向消費性家用市場,家用市場在 DVD 與環場音效逐步普及後,對於低價大畫面的需求持續增加,而投影機產品恰好可以滿足這部分市場,這將是未來台灣廠商發展投影機產品所應重視的方向。

9.1.2 數位影像取像裝置

影像感測器可依製造技術的差異區分為電荷耦合元件 (charge-coupled devices, CCD) 感測器與互補性金屬氧化半導體 (complimentary metal oxide semiconductor, CMOS) 感測器。而 CCD 影像感測器的品質一般被認為較佳,很多地方都採用此種影像感測器。但因 CMOS 感測器的大幅進展,且在擁有省電、易整合及價格低廉等優勢下,已逐漸蠶食低階影像感測器 (近百萬像素等級) 的市場,且積極朝向高階影像 (百萬像素以上) 市場邁進。CMOS 感測器的應用越來越廣泛,近年來十分受到專業廠商的重視。

　　數位影像取像裝置之關鍵零組件為影像感測器，因影像擷取產品的品質指標就是用影像感測器的解析度高低來衡量，故影像感測器對影像攝取產品將有關鍵性的影響。

　　CMOS 感測器之市場成長十分快速，發展迄今，2003 年的產值與出貨已逼近 165,000,000 美元與 30,000,000 套，預計在 2007 年，CMOS 感測器將樂觀超過 CCD 感測器之市場。如果用較長期之成長率分析，從 2003 年到 2007 年的營收年複成長率為 35%，2007 年之產值亦將達到 547,000,000 美元；出貨部分，2003 年到 2007 年的年複成長率為 57%，2007 年的銷售量為 221,000,000 套，成長亦相當驚人。

　　2003 年數位相機發展快速，目前卻面臨了相當速度的衰退！因為那小小的機身都已經擠進所有能想到的功能，市場飽和、消費耐性也達到相當極限。相當可玩味的因素也是數位相機快速掘起的主因，但過多的選擇功能，沒耐心的人卻視為「技術門檻」；因此市場又回歸到了一開始的像素競爭、價格血拼的年代。當三百萬像素數位相機 (經銷商的利潤低微) 交棒給四百萬像素，更甚於是六百萬以上之時，民眾購買力幾乎停滯了！一是環境因素，二是數位相機市場已然趨於飽和狀態。

　　以前消費者被試圖灌輸「像素」即是「品質、尺寸大小的保證」之觀念，但消費者的數位影像觀念傾向「行動化 (M 化)」越發明顯。而對像素的需求，那就擺放於後才加以考量了。如此數位相機輪番競爭的擂台，又來勢洶洶的多了一匹黑馬，新興的百萬像素照相手機，繼續享用著低階數位相機市場的大餅。

　　另一方面來說，其實數位相機與手機的本質差異很小。同樣都可加上鍵盤與選單操作、彩色液晶顯示幕、兩面翻轉設計，以及不斷地設計成輕薄短小。當鏡頭與感光元件這兩者不再是問題時，照相手機這時代的潮流將不得不逐漸取代低階數位相機。以目前來看，照相手機的技術發展尚在襁褓階段，對中階專業級、消費級數位相機尚不構成威脅，但對低階入門產品、PC camera，其取代性則是毫不容忽視。

　　CMOS 感光元件與鏡頭結構限制著過去照相手機的像素，約介於 10 至 35 萬間。因前述兩者的影響因素，照相手機還是無法與低階的數位相機相提並論，但由於出現了百萬像素的照相手機，照相手機頗有與低階數位相機一較長短之架勢，特別是由於新的半液固鏡片的研發，提升了對焦與聚光能力，讓照相手機更為微型化。而且百萬像素的解析效果勉強可以用於 3×5 吋相片之輸出，保存上更有吸引力。

　　相機手機模組基本上包括鏡頭、影像感測器、軟性電路板及處理晶片；鏡頭模組則包括鏡片、框架、連接線、IR-cut 濾光玻璃與週邊元件。鏡片廠商的競爭關鍵在於：如何減少塑膠鏡片之異物雜質與縮小鏡片、增加玻璃鏡片置放契機。

　　影像感測器除了考量像素之大小與間距外，如何在每一光電二極體中擠入更多電晶體數目，並與先進電路設計、半導體製程整合，是提高成像品質和提高光感度的極重要關鍵所在。

　　此外，妥善處理原始資料然後輸出 RGB 之訊號是後端晶片的工作，也關鍵性地決定了影像品質之好壞，目前有將影像感測器安排於同一晶片或模組之大趨勢，因百萬像素及手機

之其他動畫要求而往後整合成媒體處理器。因此，現有後端晶片商除要維持優秀的 raw-to-RGB 處理能力外，2D 加速、靜態 JPEG 或是動畫 MPEG-4 也是廠商跨入之基本要求；而視訊擷取，甚至 3D 繪圖功能，為技術領先之極重要關鍵所在。

除光學問題，真正影響百萬像素照相手機實用性的關鍵，其實在記憶體。記憶體規格共通的弱點，就是各據一方，弱於獲利要件。因此，依附大型手機製造商，或與目前暢銷的數位相機記憶體規格相容，是加速佔領市場之策略。

據 InfoTrends Research Group 最新市場調查分析顯示，2004 年手機出貨量約為 6 億支，彩色照相手機佔總銷售量的 25% 以上，接近 1.5 億支，而至 2008 年則將達 6.56 億支。雖然數位相機的成長力道減緩，但照相手機帶來了持續的成長動能。

CMOS 影像感測器應用市場很廣泛，舉凡數位相機、PC camera、攝錄影機、生技檢測、工業檢測、PDA 或手機的數位相機裝置、保全、多功能的數位相機、汽車用攝影裝置等種類繁多。但以成長率及市場規模來看，未來的重心應朝向照相手機與數位攝錄影機等為重點，但因為競爭相當激烈，CMOS 領域仍有許多利基值得耕耘，例如：光學滑鼠、汽車、娛樂的應用即是。

影像感測器可裝在汽車後視鏡上，在停車時用以感測後方車距；亦可用來監測駕駛座乘客眼球轉動頻率，並據此判斷年齡及精神狀態，用以微調當車禍發生時安全氣囊展開速度，或是否啟動自動駕駛。未來的汽車至少需要 20 多個以上的感測器。

另一個商場是玩具業，以前玩具在人機介面設計多以單向控制為主，如果應用影像感測器，記錄重要資訊，讓玩具可以認人，不僅僅見到主人就會反應，還能對環境產生學習效果，將可提高玩具的娛樂性與互動性。

9.1.3 光碟機與光儲存媒體

光碟機也是光機電整合系統的典型產品，在資訊用光碟機市場上，DVD 家族產品挾著高容量之特性，可以預見的是未來將逐漸淘汰 CD 家族產品。就現今態勢來看，在唯讀型光碟機市場上，DVD-ROM 取代 CD-ROM 已為不可避免之趨勢；而在記錄型光碟機市場上，由於記錄型 DVD 光碟規格渾沌不明，DVD-RAM、DVD-RW、DVD+RW 之終極規格尚未確定之前，CD-RW 仍有相當大的成長空間，因此可預期的是近期內資訊用光碟機市場中將以 DVD-ROM 及 CD-RW 為市場主流。

在這波光碟機產業世代交替之際，combo 光碟機便是廠商所推出的利基產品，其兼具 DVD-ROM 及 CD-RW 功能，在一台機器上同時滿足消費者對於兩者之需求，就現階段而言，不失為一種最簡便的光碟機升級方法。然而，combo 光碟機所面臨的最大問題，在於與消費者平日使用電腦的習慣相違，無法在電腦上同時進行資料讀取及備份的動作；且生產 combo 光碟機廠商必須同時支付 CD-RW 及 DVD-ROM 之權利金，這也是台灣光儲存產業的難題。

　　台灣的光儲存產業完整，從晶片組、光碟機組裝，到光碟片的生產，都具有相當規模。但從 1991 年發展至今，技術仍被國際大廠箝制，並須支付高額的權利金，因此與世界同步開發和制定下世代光儲存媒體，HD-DVD 就成為突破此困境的最佳手段。

　　在固定面積的光碟片上，欲提高儲存容量，就必須提高單位面積的儲存密度。提高密度的方式有很多，例如：藍紫色雷射光 (blue-violet laser)、超解析度儲存技術 (super RENS)，以及 3D 立體儲存技術 (multi layers；multi levels) 等，這些技術中，又以短波長的藍紫色雷射光技術發展最為迅速。

　　透過縮小光點的方式，可提高單位面積的儲存密度。而光點大小與「波長／數值孔徑 (NA)」呈正比。因此，提高記錄密度的實際作法，可朝兩方向進行，一為縮短分子光波長，另一則為提高數值孔徑。若以量產為前提，分子光波長受限於雷射二極體的材料，目前最短波長雷射光為藍紫光雷射，其波長為 405 nm。而就數值孔徑而言，0.85 可說是極限的數值。因為碟片在射出成形時，外側迅速冷卻、內側仍保持熱度，由於冷卻時溫度分布的不平衡，會產生彎曲的現象。但當數值孔徑提高時，透鏡焦點距離縮短，使得光學讀取頭更加貼近碟片，對於碟片的平整度要求就更為嚴格。因此，數值孔徑無法無限擴大。配合數值孔徑的增加、透鏡焦點的縮小，雷射光透過基板的厚度越薄，越能有效對應彎曲的光碟片表面。因此，為了實現高密度化，就必須縮小保護膜厚度。

(1) HD-DVD 以藍光為光源

　　過去光儲存產品如 CD、DVD 在規格制定上，皆由唯讀型產品開始，此乃因為記錄型產品所需光學讀取頭的雷射二極體輸出功率較大、發展較慢。但高功率的藍光用雷射半導體較預期提早進入實用化。日亞化工於 1999 年，即成功提高 GaN 半導體雷射輸出功率至 30 mW 與延長使用壽命，在各大企業取得樣品並測試通過後，進而促成九大跨國企業、Toshiba 與台灣廠商採用為下一世代光儲存產品的雷射光源。這九家廠商簡稱「9C」，分別有日本的 Sony、Pioneer、Sharp、Hitachi、Matsushita，韓國的 LG、Samsung，荷蘭的 Philips，法國的 Thomson 等，目前已擴增至 13 家。

(2) 下世代光碟的規格制定

　　早在 9C 協議階段，藍光雷射所使用的雷射二極體屬日亞化工的專利產品，在與各家公司秘密保持契約的前提下，無法在 DVD Forum 的公開場合內提出，直到 2002 年，才透過訴訟突破日亞建立的專利門檻。Toshiba 原本也在 9C 制規的邀請行列中，但因 Toshiba 不願放棄其所主導的規格內容，並堅持 DVD 的下一代規格應該在 DVD Forum 內討論，所以與 9C 分別提出藍光雷射之光儲存產品規格。

・9C 的「Blu-ray」規格

　　最早於 2002 年 1 月，由九家主要設備與媒體製造廠商共同制定的藍光雷射規格，稱為「Blu-ray」。

　　Blu-ray 碟片格式為 0.1 mm 保護層構造的相變化型光碟、擴大至 0.85 的高數值孔徑係數，以及波長 405 nm 的藍紫色雷射光源組成。而促成 13 家公司合作的最大原動力，在於 Matsushita 放棄採用與現行 DVD 保護層厚度相同的 0.6 mm，改採厚度 0.1 mm 的保護層。因為當時以 9C 方面的技術，只要使用藍光雷射，即使保護層厚度為 0.6 mm，也無法輕易與現行的 DVD 互換。此外，也因為保護層僅 0.1 mm，當碟片被指紋和灰塵附著時，會影響資料的讀取，為強化碟片，Blu-ray 規格增加了碟片的卡匣設計。另一方面，因 9C 無法克服以 land/groove 記錄時，鄰接軌道軌距變小致使訊號消除的現象，遂以 groove 的記錄方式取代 land/groove。除此之外，「Blu-ray」的單面媒體單層的最大記錄容量達 27 GB 也是目前規格最高者。

・Toshiba 的「HD-DVD」規格

　　由 Toshiba 與 NEC 在 2002 年 8 月提出的規格，稱為 Advanced Optical Disc，簡稱「AOD」，目前 Toshiba、NEC 與其他廠商於「DVD Forum」內提案制定「HD-DVD」規格。AOD 規格同樣為波長 405 nm 的藍光雷射，但保護層厚度 0.6 mm、數值孔徑為 0.65，記錄上也採用 land/groove 的方式，其他還有一些如調變、錯誤訂正、定址等細部差異。Toshiba 著眼於沿襲 DVD 的做法及資源，規格設計上主要考量與 DVD 的相容性，故採用兩片貼合，保護層 0.6 mm 的厚度規格。記錄方式上，Toshiba 認為提高記錄密度就必須縮短軌距大小。Groove 的記錄方式，在超過某種程度後，軌距就無法再縮短，但 land/groove 則可以。因此，Toshiba 透過材料的改良，克服造成訊號消除的溫度左右擴散問題，採用了 land/groove 的記錄方式。單面媒體單層的最大記錄容量為 20 GB。

・其他下世代光碟的規格制定

　　亞洲下一代光碟的標準，目標在中國市場，目前大陸已於 2003 年底發表 EVD 規格，採用波長 650 nm 的紅光雷射，數值孔徑為 0.6，單面媒體單層的最大記錄容量為 4.7 GB。而台灣的工業技術研究院也於 2004 年 10 月發表 FVD 規格，亦採用波長 650 nm 的紅光雷射，數值孔徑 0.6，單面媒體單層的最大記錄容量為 5 GB。另外，工業技術研究院也結合國內 27 家廠商成立前瞻儲存研發聯盟，於 2002 年 11 月發表藍光雷射規格。同樣使用 405 nm 波長的藍光雷射，但軌距縮小至 0.41 μm；在影音方面，採用光電所新開發的多層動態影像壓縮與解碼、高效能靜態影像壓縮儲存、分離式播放導引資料結構，以及子母畫面選擇播放等技術。

　　光碟機與光儲存媒體的規格制定息息相關，下世代光儲存媒體的規格制定，台灣不再缺席，這也是國內下世代光碟機完全自主開發的最好時機。

9.2 微機電產業應用與發展

由於微機電系統 (micro-electro-mechanical systems, MEMS) 工程的興起，使得許多不可思議的科技逐步被實現。最普遍的應用實例包括車輛上用的安全氣囊感測器，能在最關鍵的瞬間保護乘坐者之生命；還有德州儀器設計之數位顯示投影晶片，讓大眾實現了在家享受高畫質影像之渴望。微機電工程研究將許多學門聚集在一起，包括物理、化學、生物學、材料科學以及工程技術等；它同時也彰顯了讓基礎與應用科學共同合作，可以產生巨大而快速的效益。若謂微機電工程引發一場所謂微工程革命，實不為過。

由於微機光電系統 (MOEMS) 技術可廣泛應用於半導體、無線通訊、光通訊、醫療及生物晶片模組等領域，近年已有許多國內外廠商陸續投入此產業。此產業經十餘年的發展，目前國內及國外投入微機電領域的廠商中，主要以設計公司 (design house) 為主，中下游的晶圓代工及封裝廠投入較少，目前的趨勢是由關鍵微元件或模組設計製造，走向以微系統的設計與製造為主。

奈米科技則又是最近熱門之話題，許多炫目的市場預估數字固然令人興奮，但同時也令人無所適從。由於奈米產業在若干方面與傳統產業的人纖、紡織、建材、塗料、顏料、金屬、合金及塑化產品等有關，涵蓋與影響範圍更廣，預料至少未來數年仍會是全球科技研發之訴求重點。此外，由銜接 MEMS 概念而被提出之奈米機電系統 (nano-electro-mechanical systems, NEMS) 也正被廣泛討論。雖然奈米科技目前只可視為研發階段，但其背景與趨勢亦值得注意與觀察。

面對上述之具有遠景、卻又難以掌握何時方能創造龐大產業之技術，需要就其主力產品與技術本質上有一了解，方能對其有一務實之期待，此為本文之主要目的。

9.2.1 微機電系統與奈米科技綜觀

微機電系統為一種多元整合技術，包括機、電、光、材料、控制、化學、物理及生物科技等多重科技整合的技術，應用範疇涵蓋工程、科學和醫學領域。由於微機電系統可整合電子、機械與光學等系統，且具有與 IC 相同之生產特性，造成相關產業連動變化，商機具有想像空間。至今更發展到目前相當重要之無線、光通訊及生物產業，未來市場的潛力雄厚。目前繼微機電技術後而成為話題之奈米技術，更有可觀之部分需借助微機電系統技術來加以實現。因此，微機電系統技術不單被視為延續半導體之後的重要產業，更被視為進入新興奈米科技不可或缺之門檻技術。

根據最近 Frost & Sullivan 報告指出，過去五年來，工業、醫療、航太、國防領域展現強勁年成長率。進步的生產技術使產品價格快速下降至具有競爭力的水準，並使得產品迅速擴散至市場。在 2001 年，整個北美在微系統感測器的市場達 13.9 億美元。比起前一年的 12.2 億美元成長約 13.7%，主要銷售來自於汽車、工業、航太與國防及醫療市場等。雖然 2002

年銷售成長率下降至 8.8%，但預期當經濟曙光重現時會快速恢復成長。據估計 2004 年 MEMS 感測器能以 10.7% 的成長率，達到 18.5 億美元之銷售額。在 2008 年，預期整個北美在微系統感測器的綜合成長率約 11.2%，達 29.1 億美元。當其中汽車領域佔 56.4% 時，其他領域因在市場成長階段，亦可望迅速攀升。

　　根據調查顯示，微機電系統技術可應用之產業包括：資訊產業、網路通訊、消費性電子、工業生產、生醫保健及環保工安等，目前集中在感測、資訊、無線通訊、光通訊與生物科技五大領域。目前應用 MEMS 技術生產的商業產品有：壓力計、加速度計 (accelerometer)、生化感測器、噴墨印表機噴頭 (ink-jet printer head)，以及諸多可丟棄式醫療用品等。

　　至於奈米科技一般泛指藉由降低特徵尺寸至 100 nm 以下，而產生之特殊現象與效果，所展現之新穎技術。部分奈米技術需要借助 MEMS 平台技術來加以驗證或實現，例如進行材料研發所需要之掃描探針顯微鏡，其中所用之探針是以微機電製程技術所達成的。以工業技術研究院來說，目前奈米科技發展重點分為數個區塊，分別為奈米基盤材料、傳統產業、奈米電子、次世代顯示器、奈米光子元件、次世代儲存技術、無線通訊與生物醫學。另外，由於目前奈米科技也無若半導體產業有特定明確的對應產業，因此諸多預測數字仍宜謹慎觀之。雖然目前仍然很難精確預估總體能夠創造之產值，但可以預期的是，它將對人類環境、健康、生活品質產生巨大影響。

　　目前已有許多 MEMS 元件，如裝設在汽車安全氣囊、數位投影晶片，以及可用於攝影機穩定系統上的慣性感測器等，已開發出龐大的市場，而未來居家護理的醫藥應用，及光電產業需要的投影或是降低系統尺寸之微小零件，需求量都相當可觀。但由於微機電技術並不同於半導體製程的規格統一，研發技術端視不同材料與元件而有所不同；且現階段許多待開發元件仍無標準化製程可循，再加上封裝價格差異甚多，因此元件及封裝製程的標準化對發展微機電技術而言，將是不容忽視的一環。中小企業因具備足夠的活力與彈性，反而較大企業更適合投入研發。

　　若就短期而言，半導體產業對於微機電技術的茁壯有正面的幫助。然而，國內微機電系統市場若想發展為高獲利的市場，將比當年微電子產業面臨的困難度更高。此乃因為半導體僅要取代早期真空管與電晶體處理電子訊號即可；微機電系統則不同，其所要面對的為市場上所有需要朝微小化趨勢發展的產品及功能進行研發，在封裝、環境變化耐受性上困難度相對較高。

　　由於微機電系統與奈米科技技術除了本身具有多方面的應用外，也關係未來多項關鍵工業的發展，如國防、生物等科技，因此各先進國家皆投入大批人力與財力進行研發。目前國內除了學校外，也有許多單位參與 MEMS 與 NEMS 的研發，如工業技術研究院、國研院儀器科技研究中心、國家同步輻射研究中心、國家高速網路與計算中心，以及中山科學研究院等。下面將討論重心放在已有明確產業製品與統計數字之部分，以期能得鑑往知來之功效。

9.2.2 汽車安全氣囊感測器

MEMS 技術早期於汽車上之應用是壓力感測器。這種感測器是採用標準 IC 製程，在半導體矽上製作出惠斯登電橋，並在矽基板上蝕刻出半球形的振動薄膜。當感測器中壓力變化時，薄膜改變其形狀，進而影響到其電阻值。這樣在電橋上就產生了不平衡，根據讀出感測器形狀改變大小，即可以知道施加的壓力。

採用 MEMS 技術的感測器，其架構要比以前的感測器複雜得多。這項新技術取代汽車安全氣囊中的傳統加速度計。傳統加速度計使用高達 $5g$ (重力加速度) 的切換開關，其由離散機械和電子元件所製造。它安裝於車輛的前部，附加的隔離電子裝置安裝在氣囊附近。因為需要一個小球來回應慣性的變化，所以這些感測器相對滯後 (lag)，而且非常昂貴 (每輛車要 50 多美元)。而 MEMS 技術則允許加速度計和電子元件整合在一個矽晶片上。由於不必連接到系統的所有部分，這種方法更簡單、更可靠、重量更輕、價格更低 (每輛車還不到 10 美元)。更佳的是，利用 MEMS 技術所傳遞的資訊更為準確，這是使氣囊得以實際應用的另一個原因。這些相同的感測器可用作系統的部件，並根據乘客的身體大小和位置來對氣囊的回應作最佳化。

Fujikura 公司開發出一種利用壓阻技術的感測器。它用於安全氣囊 (ABS) 和牽引控制系統，在此只需要測量相對較低的加速度 $(1g-2g)$。它的尺寸小於 1.4 平方英寸 $(5 \times 5 \times 2.6$ mm)，也可以測量三個平面的加速度。這個感測器元件就像由矽、玻璃與矽三層所組成的三明治。第一層布有 3 組惠斯登電橋測量電路，每個電路包含有 4 個由半導體平面工藝製造的壓敏電阻，對面的振動膜由矽蝕刻而成，黏合於此面的是玻璃層。在玻璃層背面切出一個方形槽，振動質量或者說標準質量安裝在方形槽的中間。這個質量的作用類似於鐘擺，它負責對加速度回應，當質量使振動膜移動會改變電阻的形狀，進而影響阻值大小。而阻值的改變可以被電腦用來確定加速度的大小。第三層矽用來對標準質量限位，同時也用來定位感測器。

MEMSIC 公司 (位於 Andover, Mass., USA) 則製造出完全不同的加速度計，其內部沒有移動部件。此種加速度計的獨特之處，在於其利用矽裡面加熱空氣的氣泡來測量加速度，而不是利用標準質量。這要在矽基板內蝕刻出小腔室，腔室的中間放置一個熱電阻，熱電耦放置於腔室的兩邊。只要沒有加速度，加熱器中的熱空氣與兩端熱電耦等距。當有加速度變化時，熱空氣會流向其中一個熱電耦，溫度的相對變化可以由對應電子裝置讀出，並轉化為測量到的所發生的加速度輸出資訊。

9.2.3 噴墨列印頭

噴墨印表機中的噴墨頭是 MEMS 在消費性電子資訊產品的應用上，與投影機投射晶片並列之兩個代表作之一。其中在印表機的噴墨頭方面，以往用於電腦週邊設備的噴墨列印頭

(ink-jet printhead) 主要有壓電式 (piezoelectric) 噴墨印頭和熱氣泡式 (thermal bubble) 噴墨印頭。不過由於這些噴墨印頭的製程及成本已逐漸被 MEMS 製程所取代，加上看好印表機的消費性市場，並因應產業需求，國內各研究機構已如火如荼的規劃並進行相關方面之研究，最早由工業技術研究院著手此方面之研究，1990 年從事有關噴墨噴嘴頭之研究，1996 年後更擴及各領域之中。

國內研究單位已開發出 2400 × 1200 dpi 高頻微墨滴彩色印頭產品，可直接用於 HP DJ-900 系列印表機。其規格與目前 HP、Canon、Lexmark 最高階之耗材型印頭同級，列印品質於一般模式與最佳模式下均與 HP 同級產品相同。另外，還開發出多項關鍵子技術，如新式晶片製程技術，與 HP、Lexmark 等大廠之噴墨晶片相比，具有製程簡單、高製程相容性，以及低成本之優勢。

9.2.4 投影機數位微面鏡元件

MEMS 在消費性電子資訊產品的應用上，投影機之投射晶片為另一具有代表性的產品，是目前影響所謂家庭多媒體產業的重要主角之一。一般公認德州儀器 (TI) 設計之數位光學處理 (digital light processing, DLP) 投影晶片，是將 MEMS 技術的特性發揮至淋漓盡致。另外，液晶投影機的畫面自動回饋補正 (autokeystone correction) 技術，其晶片設計也是由 MEMS 製程技術來完成。

DLP 是德州儀器公司自 1987 年開始發展的技術，由於 DLP 所使用的光學元件為數位微面鏡元件 (digital micromirror device, DMD)，在 DLP 系統成像的原理部分，主要是利用 DMD 晶片上的反射鏡反射光線 (DMD 晶片上共有 50 萬片微小鏡片)，將影像投射成像的技術；和穿透式 LCD 技術不同，DLP 屬於反射式技術。

DLP 晶片中擁有機械式的運動機構，在單一晶片中是由數百萬個微小的反射鏡片組所組成，每個鏡片組都有獨立的驅動電極與支撐柱、轉動軸，形成電路層、驅動層與反射層等三個實體層，鏡片組受電壓驅動後，可進行正負 10 度的傾斜，並藉由面鏡的調整以對應 **0** 與 **1** 的訊號。當光源照射在 DLP 晶片上，若對應到 **0** 的鏡片時，會將光線反射至光吸收器而無法投射光線；反之在對應 **1** 的鏡片時，則可將光線反射進投影鏡頭，並聚焦於屏幕上形成影像。DLP 將 MEMS 的特徵完全發揮，並已成為三維 MEMS 設計之標準典範。

9.2.5 MEMS 光開關

光通訊為有線通訊產業中的要角，佔目前 MEMS 通訊領域應用市場中的絕大多數，據 In-Stat/MDR 的資料顯示，雖然電信市場持續下滑，但為光學網路提供 MEMS 解決方案的供應商卻表現出色。其中 2001 年光通訊 MEMS 應用市場銷售量佔通訊市場的 93.3%，預計未來五年內仍佔九成以上。

不過由於在 2001 年網路泡沫化的情形下，各業者仍有庫存問題，因此預估 2004 年光通訊 MEMS 市場才能逐漸復甦。由於目前 MEMS 光通訊元件使用量甚少，因此估計 2006 年全球使用量將可成長至 192.5 萬顆。主要是微鏡陣列 (mirror array) 在光纖網路的應用性頗佳，雖然市場使用量不算極高，但高單價確是深具市場魅力。

從未來市場的產品面來看，通訊手機及網路傳輸帶動了輕巧短小的電子產品趨勢。舉凡 GSM、3G 的 CDMA，甚至連全球衛星定位系統 (GPS) 都需整合在一塊手機板上，此時 MEMS 便是最佳解決方案。MEMS 的代工商機在通訊上最明顯的例子，就是光通訊的各種 MEMS 製成零組件。至於市場趨勢，投入量產的 MEMS 元件類型產生了變化，越來越多的公司提供各種光學衰減器和可調濾波器。In-Stat/MDR 預測，2004－2005 年，市場對 MEMS 解決方案的需求將會大幅成長，而委託設計的數量也會上升，因而使得在 2006 和 2007 年 MEMS 公司的收入會增加。

以通訊發展角度來看，近 10 年隨著技術的日新月異，其中最具代表性的莫過於近兩年來朗訊 (Lucent)、阿爾卡特 (Alcatel)、思科 (Cisco)、康寧 (Corning)，以及北電 (Nortel) 等國際光通訊大廠爭相投入研發的「光開關 (optical switch)」市場。MEMS 運用在光開關，主要是以靜電驅動數千或數萬面超小型反射鏡將訊號切換至其他光纖，以大幅減少訊號轉換過程中的延遲。在這些研發之中，就是在較量誰能在最小的面積或空間中，完成最密的訊號切換及最少的功率損耗。

MEMS 交換器可以避免訊號轉換的需求，更以較低廉的價格達到較高的資料傳輸率，業者估計 MEMS 將會對網路業帶來巨大的衝擊。在 2000 年上半年幾個單位的高量採購就反映了一個快速成長的聯合市場 (coalescing market)。雖然 MEMS 技術在光纖網路的應用將帶來無限的驚喜與成就，但這並不代表在這商業化的過程是簡單的。

9.2.6 無線通訊 RF MEMS

雖然半導體被廣泛應用於可攜式的射頻開關，但是在整體上，半導體開關並不如 MEMS 開關更具有吸引力，因為後者在隔離、插入損耗和線性等性能方面更加優異。然而，在眾多的航空和電信應用中，RF-MEMS 開關儘管處於優勢，但是在應用較大的市場，如行動電話及終端市場上的可行性，其關鍵取決於低價的單晶片系統 (SoC) 內是否具備整合這些開關的能力。

目前在無線通訊系統架構上，通常可能有二處會用到微切換器，一個是天線的微切換器 (雙天線時使用)，另一個則是傳送 (transmit) 與收發 (receive) 微切換器，其他如阻抗匹配及訊號改道等亦會使用。目前主要是採用分離式之固態電子微切換器，以微機電技術發展之微機械式切換器將具有傳統機械式及電子式之特點，甚至可以提供上述二者所沒有之優點，未來微機械式切換器如能與其他元件有效整合，當能提供更多新的模組。另外，可切換式濾波器及可切換式天線亦是可能之應用模組。

　　可攜式無線裝置通常必須對下列三種因素作一妥善處理：能源損耗、敏感度及所需體積。改善元件之能源損耗及敏感度，可以增加電池壽命及裝置收訊範圍，亦可改善使用頻段間互相干擾的問題。元件體積縮小亦有助於使用較大之電池，方便未來增加新的功能。目前最常用的通訊系統結構仍是沿襲早期收音機時代就已發展成熟之超外差 (super heterodyne) 結構。

　　從系統的觀點來看，未來最重要的影響可能是在單一晶片系統的實現及新通訊架構的出現，這都是 RF-MEMS 的利基，台灣應盡早切入以掌握先機。目前奈米科技及微機電技術皆被視為未來的明星科技產業。尤其微機電技術乃是由半導體所發展延伸出來，對於目前台灣蓬勃的半導體產業尤具吸引力。未來如能有效利用目前台灣半導體已無競爭力之 5 吋及 6 吋生產線，不但可以再創產業高峰，且進一步結合目前台灣在 IC 設計的經驗，可望在微機電與 IC 設計整合方面領先世界。

　　在無線通訊元件方面，利用 MEMS 技術所製作之元件具有某些優良特性，可取代現有元件，其製程與 IC 製程具有相容性，使其可與一般主動 IC 晶片整合，將使得通訊系統做成單一晶片的可能性大增，預期對於通訊系統及一般被動元件產業將造成重大之衝擊。展望未來，整合無線及傳感器之無線微機電傳感器，將可創造龐大商機，也讓許多的應用產品被陸續開發，使市場產值逐步增大。

9.2.7 奈米科技產業

　　奈米科技在媒體上已經常見許多充滿想像力的應用，目前奈米科技發展重點分為數個區塊，其為奈米基盤材料、傳統產業、奈米電子、次世代顯示器、奈米光子元件、次世代儲存技術、無線通訊、生物醫學。奈米基盤材料包含了電漿子共振材料、超解析近場材料、奈米壓印材料等研發。傳統產業範疇則廣布纖維、紡織、建材、塗料、顏料、金屬、合金、塑化及環保產品等。奈米電子最主要是指單電子元件、磁性隨機記憶體元件等。次世代顯示器包含了場發射顯示器、撓性顯示器與有機薄膜電晶體。奈米光子的元件研發則聚焦在創新之光源開發上。次世代儲存技術企圖將目前 DVD 容量由 4.7 GB 提升至 TB (tela byte)。無線通訊研發重點在高效能且長時間電池、節能電器，以及更輕巧的個人化裝置之開發。

　　奈米科技產業雖然一般被視為五年至十年後之市場，但由於其能成為傳統產業之基本智能技術，提供改善現有產品之思維與創新機會，以及激發智慧財產權之爭取，咸信此部分很快能發揮與市場互相導引之功效。以目前諸多粉體、觸媒、抗菌材料及親疏水材料等已經陸續上市的狀況觀之，奈米科技將會是較半導體產業更能廣泛與深入影響所有平民生活與產業之技術所在。

9.3 檢測設備產業應用與發展

9.3.1 自動光學檢測設備

　　傳統產業在生產製程中，檢測工作全都是以人工來進行，容易產生不穩定的問題，且手工檢測缺乏效率及可重複性，檢測結果無法定量。隨著科學技術的發展、產品生命週期的縮短，以及全球化進程的加速，使得企業競爭條件日趨嚴苛，不論是傳統產業或是高科技產業，在製程上都需要快速、高精度整合型的精密檢測儀器輔助運作，以達生產優良產品的目標，因此自動檢測在整個製程中扮演著相當重要的角色。由於自動檢驗的需求，發展出自動光學檢測 (automatic optical inspection, AOI) 技術，減少過去人工目測檢驗的誤判，從而提升產品品質及生產產能。

　　所謂「自動光學檢測」是指一個能自動提供控制訊號的影像分析器，經由影像偵測器，從目的物擷取原始影像，分析可見的影像資訊，將所得結果以數位或類比方式輸出，可用於自動檢測、分類、加工、連結與偵測監視。AOI 系統將取得的影像資料，藉由電腦內所設計的軟體演算法則來計算處理，將各項資料作特性分析，以得到相關數據提供決策判斷。

　　AOI 檢測儀器已廣泛應用到各種產業領域，不論半導體、光電、寬頻通訊、電子製造、生技以及微機電／奈米等。以下針對 LCD 顯示器、電子業及半導體三大領域加以敘述 AOI 檢測儀器的應用。

(1) LCD 顯示器

　　LCD 的上中下游，如 ITO 玻璃、濾光片、背光板與面板等，其亮度與均勻度的檢測，每一個環節都需要借助 AOI 檢測儀器，為製程中不可或缺的工具。相較於 CRT 的檢測技術，LCD 的檢測是以二維或三維的影像光學檢測技術為主。歐美國家因具有過去國防影像光學的技術，在發展應用於 LCD 的 AOI 檢測技術具有相當的優勢，目前雖有產品問世，但其功能尚不盡完整，特別是在線上檢測系統，其研究發展空間仍相當大。國內研究單位已投入 LCD 面板的檢測技術領域，整體而言，因進入時間較短，技術層次與國際相比仍尚待努力。

(2) 電子業

　　電子產業包括印刷電路板 (PCB)、表面黏著技術 (surface mount technology, SMT)、電子封裝等，其所需的 AOI 檢測儀器相當多，例如在 PCB 應用上，AOI 檢測主要是利用 PCB 線路及基材對光線反應的不同，將影像以 CCD 讀入儲存，經電腦軟體加以比對、辨識、分析，檢測出具有斷路、短路、針孔、線寬粗細，以及殘銅等缺陷的線路。目前國內 PCB 檢測技術，因應其製作技術利用精密構裝及雷射鑽孔等技術，PCB 板的 AOI 檢測精度也已推升到微米級，未來將朝奈米級的層次努力。

　　另外，在電子封裝應用上，由於 IC 晶片 (chip) 的接腳數逐年增加，體積日漸縮小，為有效將 IC 晶片焊接在 PCB 板上，各種封裝焊接方式如 BGA、μBGA、flip chip、CSP 技術相繼發展，而新一代技術對於 PCB 板上的焊錫高度及晶片上的錫球高度要求甚高，因為其品質不良將導致 PCB 與晶片無法有效接合造成斷路。AOI 技術之三維形貌檢測系統就可提供這方面需求，目前市場上由於業者對空間解析度及檢測速度要求很高，且產業需求甚殷，雖然國際上已有部分產品出現，但是尚無法滿足使用者需求，國內已在發展這類檢測儀器設備的廠商而言，有相當大的發展機會。

(3) 半導體

　　半導體產業對於 AOI 檢測技術依賴甚重，舉凡積體電路光罩、晶圓、積體線路都需經過 AOI 檢測，由於半導體檢測所要求之空間解析度已超越可見光之繞射極限，目前此一應用領域雖然是市場規模最大，但是競爭者少，形成獨佔局面；由於技術門檻高，國內業者目前尚未踏入此一應用領域。目前國內已有研究單位投入 III-V 族半導體晶圓雜質缺陷，以及光電半導體發光光譜缺陷的自動光學檢測設備開發。

　　無論是傳統產業或高科技產業，在製程品管上都需要線上整合性的檢測技術，在測試系統自動化要求下，就技術與人才需求方面而言，AOI 技術發展的五大趨勢為檢視高速化、分辨能力微小化、軟體智慧化、應用多元化，以及系統模組化。而技術瓶頸為軟體分析方法、影像解析度、光源均勻性、檢測速度與檢測穩定度。未來技術方向則朝向多 CCD 與多 PC-based/multi-processor 整合、3D AOI 技術、多層顯微 AOI 技術，結合統計程序控制 (statistical process control, SPC) 技術提高良率並改善製程。所欠缺的人才有系統分析、軟體設計、機構設計、系統整合、光電測試、製程改善，以及行銷企劃。以下就未來檢測技術幾個主要發展方向與產業應用分述如下。

(1) 2D AOI 技術

　　2D AOI 技術發展主要有顯微尺度大面積檢測技術 (< 100 μm) 及多光學模式整合檢測技術兩大重點。例如在彩色濾光片大面積檢測上，可藉由多個 CCD 攝影機高速同步觸發取像控制，利用多個影像處理器 (image processor) 的影像平行處理技術進行檢測分析，為目前技術研發重點之一；而在國際上 HDI-PCB 之設計及製造正朝 20－125 μm 細線路線寬及線距、小孔徑、高密度、10－20 層以上多層板之方向發展；雷射鑽孔製程的自動監視及品質監控，與電極材料製程中不同金屬鍍層之品質，也都需要多光學模式的整合檢測系統。

(2) 3D AOI 技術

　　3D AOI 技術包括光干涉微 3D 檢測技術及 X-ray 3D 檢測技術等。在光干涉微 3D 檢測技術發展上，隨著光通訊、平面顯示器、深次微半導體等產業高精度檢測技術需求，整合多波長和寬頻光干涉技術、垂直掃描技術、CCD 影像顯微量測技術及奈米精度定位技術，利用 Fizeau 式單頻／多頻光干涉表面形貌顯微技術，以及 Mirau 和 Linnik 式白光干涉表面形貌顯

微技術，以達到微米以下，甚至奈米精度的尺寸量測，是未來主要發展趨勢。X-ray 3D 檢測系統目前技術發展已經可達 micro focus 光學解析度 < 10 μm，最大具備 150 kV、1 mA 之輸出功率，並且具有 3D 圖像重組及自動判讀功能。

(3) 光譜 AOI 技術

　　光譜 AOI 有兩大發展主軸，分別為寬頻光電元件光學檢測及晶圓缺陷自動光學檢測。通訊 AOI 測試儀器在國內之發展大多屬於萌芽期，針對光通訊主／被動元件製造業者及光通訊檢測產業，提供光頻與時頻檢測技術，未來高速光電轉換時間檢測及光譜特性分析技術的開發是研究發展重點。晶圓缺陷自動光學檢測技術著重在磊晶製程中雜質、缺陷、應力、成分不均勻性的檢測，取代一般的自動光學檢測系統直接以 PL 光譜影像來判讀晶圓的缺陷，此方法在檢測多層鍍膜、低膜厚、窄線寬、量子結構時，常會因僅使用單一光譜造成誤判，整合多種光譜、顯微和影像技術，將可解決單一光譜誤判問題。

(4) 製程 AOI 技術

　　製程 AOI 技術應用相當廣泛，在 IC 元件電性檢測／封裝視覺輔助上，有 IC 元件特性檢測視覺輔助系統及打線接合機台 (wire bonder) 視覺對位輔助系統等，在光通訊組裝對位自動檢測上，例如準直儀 (collimator) 半成品耦光功率輔助系統對製程中的對準與上膠檢測可提供相當大的助益。另外在 CMOS 影像感測器組裝檢測方面，為配合數位相機、PC camera、手機相機、玩具業等產品製程上之檢測需求，光學鏡頭與感測器組裝調整檢測儀器是發展重點之一。

　　分析整體國內儀器產業，國內儀器設備之信賴度仍定位在中低階產品，中高價位產品仍倚賴國際儀器大廠進口，國內廠商應利用產品品質在可靠度、地域性及服務佳之優勢，發展中階產品及生產線上用得較多的檢測設備潛力產品，並透過政府大力支持、國內外學研合作方式突破關鍵技術，若再配合產業技術聯盟方式以提升產業整體競爭力，在半導體、光電、寬頻通訊、電子製造、生技、微機電等產業快速發展的今日，國內 AOI 檢測儀器產業有著絕佳的發展機會。

9.3.2 微／奈米檢測設備

　　近年來產品製造精度由微米、次微米，逐漸發展至奈米級精密加工，促使高解析度表面顯微分析技術成為重要關鍵技術之一。表面顯微分析技術一向是以光學或粒子束為主要檢測技術，例如光學顯微鏡與掃描電子顯微鏡等。然而，於1980 年代，發展出以奈米探針檢測技術為基礎的掃描探針顯微鏡 (scanning probe microscope, SPM) 後，由於 SPM 具有原子級表面形貌解析度，可檢測多種奈米級表面特性，例如力學特性、電性、磁性與熱等，且儀器本身所佔體積小、待測樣品無需特殊處理，並可在任何環境下進行測量，使其成為奈米科技最被寄予厚望的奈米檢測設備。

　　掃描力顯微鏡 (scanning force microscope, SFM) 是 SPM 家族中應用最廣泛的一組成員。SFM 之操作原理是使用彈性微懸臂，以進行材料表面形貌的檢測，此微懸臂是一端固定而另一端裝置有探針可自由振盪，當探針非常靠近材料表面時，探針與樣品間的交互作用力 (包括各式排斥力、吸引力、黏附力、摩擦力，以及磁力等) 會引起微懸臂的形變，再以極靈敏的感測裝置取得微懸臂形變量，例如以雷射光照射微懸臂背面，其反射光以光電檢測器取得光強度差，如圖 9.1 所示。回授系統根據感測器所測得形變結果，調整探針－樣品間的距離，以保持作用力的恆定，此時讓探針在 x-y 方向掃描，可得到材料表面奈米尺度的形貌解析。

　　探針感測裝置感測探針和樣品之間距，並且透過垂直方向的壓電致動器修正，使間距保持一定，有多種常見的感測方式，包括光槓桿 (beam deflection)、電子穿隧 (electron tunneling)、光干涉 (interferemetry)、電容 (capacitance)、壓阻 (piezoresistance)，以及壓電 (piezoelectricity) 等，其中以光槓桿感測方式最普遍。

　　近年來，相關技術蓬勃快速的發展，類似的原理不斷被加以利用，各種新儀器不斷推出，例如磁力顯微鏡 (magnetic force microscope, MFM)、摩擦力顯微鏡 (lateral force microscope, LFM)、靜電力顯微鏡 (electric force microscope, EFM)，以及近場光學顯微鏡 (scanning near-field optical microscopy, SNOM) 等一系列儀器，由於都是採用探針透過掃描系統來獲取圖像，因此這類顯微鏡均被歸類為掃描探針式顯微鏡，而其相關技術亦被稱之為掃描探針式顯微術。此技術為奈米科技的發展基礎，目前已受到全球科技界的高度重視，並廣泛應用於電子、光電、微機電、材料、生化和醫學等領域。

　　SPM 的發明，使得探測及操縱材料表面的原子、分子不再只是夢想。此技術自 1980 年代初期發明至今，短短 25 年間，已蓬勃發展，應用範圍涵蓋物理、化學、生物及材料等科學領域，並衍生出各式各樣的顯微技術及應用，預測不久的將來 SPM 將朝下列方向發展：

1. 多功能 SPM 設計，結合多種掃描方法於一體之 SPM，可應付不同量測需求，例如同時涵蓋 STM、AFM、LFM 功能的機種。
2. 將 SPM 結合其他各種不同尺度或檢測需求的機種，例如結合可觀察到次微米等級的光學顯微鏡之 SPM，或結合電子顯微鏡 (SEM) 的 SPM，或結合光干涉儀之 SPM 等。
3. 模組化設計，讓使用者很容易更換不同的探頭及電路模組，即可執行不同的檢測方法。
4. 全數位回授控制迴路，以利使用者很容易在軟體上進行各種參數設定和資料擷取。

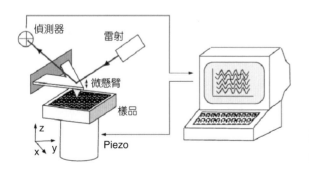

圖 9.1
掃描力顯微鏡操作原理。

5. 使用者取向之高解析度 A/D 和 D/A 介面，可讓使用者依照實際實驗需求定義 A/D 和 D/A 介面之用途。
6. 結合奈米加工能力之 SPM，可由電腦載入加工圖案。
7. 朝向多功能、小體積、抗振動干擾等趨勢之可攜式 SPM。
8. 具有多通道圖像同步掃描之能力。
9. 高解析度取像處理，使掃描得到之圖像可部分區域放大而不失真。
10. 普遍提升解析度至次奈米，擴大長行程掃描範圍至微米。
11. 具有即時校正之功能，可使圖像不失真。

參考文獻

1. 范哲豪, CMOS Sensor 的未來發展趨勢, In-Stat, 工業技術研究院 IEK-IT IS 計畫整理 (2004).
2. Digi Thomas, 戰國時代的數位相機市場, 數位影像坊－產業分析 (2004).
3. 電子工程專輯編輯室, 全球相機手機高度成長—開啟模組廠商新商機, 電子工程專輯 (2004).
4. 賴昱璋, 從影像感測器看台灣封測廠商未來的發展策略, 新電子科技雜誌 (2003).
5. 拓墣科技主筆室, 光機電整合系統, 拓墣科技研究報告 (2002).
6. 黃欣怡, 光儲存產品的技術趨勢與探索, 工業技術研究院產業經濟與資訊服務中心, 產業評析 (2003).
7. 劉大鵬, 前投影顯示器於視訊用途的技術現況與瓶頸挑戰, 工業技術研究院產業經濟與資訊服務中心, 產業評析 (2003).
8. 劉大鵬, LCOS在投影顯示器發展現況與挑戰, 工業技術研究院產業經濟與資訊服務中心, 產業評析 (2003).
9. 工業技術研究院機械所微機電系統研究部, 機械工業, **173**, 116 (1997).
10. 楊龍杰, 張培仁, 機械月刊, **293**, 344 (1999).
11. 林明定, 電工資訊雜誌, **129**, 6 (2001).
12. 詹前疆, 產業調查與技術, **138**, 87 (2001).
13. 楊啟榮等, 電子月刊, **66**, 114 (2001).
14. 楊啟榮等, 科儀新知, **120**, 33 (2001).
15. 彭成鑑, 工業材料, **166**, 149 (2000).
16. 林敏雄等, 電子月刊, **48**, 56 (1999).
17. 吳東權等, 機械工業, **141**, 201 (1994).
18. 吳清沂, 鍾震桂, 科儀新知, **95**, 26 (1996).
19. 張振堉, 黃蓉芬, 盧榮富, 高科技檢測設備之研究, 工業技術研究院 IEK 中心專題報告, ITRIEK-0453-S210 (92) (2003).
20. AOI 技術介紹, 儀器發展與服務雙月刊 (2003).
21. 陳譽元, 量測資訊, **93**, 16 (2003).
22. 陳燦林, 陳譽元, 戴鴻名, 機械工業, **255**, 195 (2004).

中文索引

英文索引

光機電系統整合概論

Introduction to Opto-Mechatronic Systems

發 行 人 / 楊燿州

發 行 所 / 財團法人國家實驗研究院台灣儀器科技研究中心

　　　　　新竹市科學工業園區研發六路 20 號

　　　　　電話：03-5779911 轉 313

　　　　　傳眞：03-5789343

　　　　　網址：http://www.tiri.narl.org.tw

編 　 輯 / 伍秀菁・汪若文・林美吟

美術編輯 / 吳振勇

初 　 版 / 中華民國九十四年七月

初版四刷 / 中華民國一○九年四月

行政院新聞局出版事業登記證局版臺業字第 2661 號

定 　 價 / 平裝本　新台幣 750 元

打字 / 文豪照相製版社 03-5265561

印刷 / 友旺彩印股份有限公司 037-580926

ISBN 978-986-814-090-5 (精裝)

ISBN 978-986-814-091-2 (平裝)

國家圖書館出版品預行編目資料

光機電系統整合概論 ＝ Introduction to opto-
mechatronic systems ／ 伍秀菁，汪若文，林
美吟編輯. -- 初版. -- 新竹市 ： 國研究院儀
器科技研究中心, 民 94
　　面 ； 　公分
含參考書目及索引
ISBN 986-81409-0-0 (精裝). -- ISBN 986-
81409-1-9 (平裝)

1. 光電工程　2. 電機工程

448. 68　　　　　　　　　　　　94012379